What to Expect the First Year

新生兒父母手冊

【新世代增訂版】

0~12 個月寶寶的學習發展與健康照顧

Heidi Murkoff
and Sharon Mazel 著
劉慧玉等 譯

推薦分享

寶寶的第一年，也常常是新手父母的人生中最特別的衝擊挑戰；一方面滿懷期待喜悅，另一方面卻又對於帶養照顧過程充滿未知的焦慮。本書從家長的需求面談起，將第一年中可能面臨的各種疾病照顧、生長發展、常見困擾與疑問，還有特殊需求都一一詳述，誠為父母最佳的手邊參考工具書，個人鄭重地推薦這一手冊。

——周怡宏小兒科診所院長．前長庚兒童醫院新生兒科主任 **周怡宏**

我始終相信，沒有親自撫育過孩子，無法成為圓熟的小兒科醫師。許多育兒經，都是新嬰親自教你，而非來自教授或課本。《新生兒父母手冊》是一本不可多得的實用指南，其中詳盡的百科辭條，為缺乏經驗的年輕父母，解決即刻的慌張失措。對我來說，更吸引人的是接近親子小品的動人文體，得力於書寫者的切身介入與細膩思辨。相見恨晚，多希望二十二年前，第一個初為人父的四季，就遇見這本體貼的好書。

——作家．內兒科執業醫師 **莊裕安**

臺灣已進入少子化的時代，每個家庭中養育的孩子大多為一、二個，加上社會型態傾向於小家庭，新手父母面臨新生嬰兒的降生，往往是戰戰兢兢。這本《新生兒父母手冊》是以新生兒父母的觀點，提供即將成為父母者須做的日常照顧的準備，孩子在未來的一年中每個月的進展，生活上該注意的事情，可能遇到疑難雜症，一一加以解答，建立正確的育兒觀念。此外對於嬰幼兒常見的健康問題，如何就醫，認識各種常見的疾病，如何急救，認識早產兒與有特殊需求的寶寶，更特別的是對於收養嬰兒、產後母親身心的調適、父親可能面臨的狀況等等，多方位的提供父母最實用的資訊與支持，將可幫助父母養育健康的下一代。

——馬偕紀念醫院小兒部資深主治醫師 **許瓊心**

養育幼兒，充滿著挑戰、挫折與喜悅的感覺；稱職的父母，除了愛心、耐心、彈性、犧牲奉獻的精神外，還要有正確的育兒知識。《新生兒父母手冊》即是可滿足您此一需要的良伴。

——臺灣新生兒科醫學會理事 **鄒國英**

目錄

英文版推薦序

新育兒聖經

出生的第一年無可取代——按理說，這是往後的歲月中影響每個人最深遠的階段：是否健康，有多快樂，甚至會對未來的人生有多大影響。很明顯的，對那些小小嬰兒來說，第一年的象徵意義非常巨大。

就成長方面來看，一般而言，出生後 20 週的體重是出生時的兩倍，滿一歲的體重是出生時的三倍，長度（或說身高，經過一年你的小孩應該會站了）已經成長 50%，腦部的成長（以頭圍的粗估）也已提升了 30%。

一歲小孩的身高，已經有成人時高度的 40%，腦容量也接近成人尺寸的 80%。除了嬰兒之外，還有誰能在一年之間長高 25 公分？不過，生理方面的成長還不是最值得注意的轉變。在出生的幾分鐘到幾小時之間，小嬰兒就能從原本只適應子宮生活的生理機能，非比尋常地轉換成能夠存活下來的獨立個體。出生之前，氧氣的供給不是來自空氣，而是透過母親體內的血液循環輸送到胎盤，而且經由同樣的路線得到該有的養分，避開他們從未使用的消化系統，同樣的，也會以相同的方式來清除新陳代謝物。

不過，一旦臍帶被切斷，血液的流動便急劇的從胎盤轉移到肺部，開始進行呼吸作用交換氧氣和二氧化碳。不用多久，一旦新生嬰兒接受母乳或是奶瓶餵食，消化道也會立刻接受徵召、開始執行新任務。

還好，這一切都不需要為人父母的多費心力。出生當下的轉變，不但大都是無縫接軌般自動發生，而且是完美無瑕依序完成。媽媽（爸爸）們很快就會明白，比起懷孕、分娩的考驗，橫在眼前的是更大的挑戰：新生兒的養育。

新生兒大部分成套的行為特性（

behavioral repertoire）——以討喜卻不完美的話來說——是「內建」的。也就是說，新生兒的大腦和神經系統都是預設的程式，好讓嬰兒為了生存和茁壯成長而去做他該做的事——至少初始階段是如此。嬰兒被設定成會哭鬧和吸吮，也被設定成易受驚嚇和能接受撫慰，可以毫不遲疑與父母親進行眼神的接觸。而且，最重要的一件事是，他們被設定為喜愛微笑。無需刻意教導，嬰兒就自然會享受父母親的話語或歌聲，天生內建生理時鐘可以調節適應父母日常作息的節奏——雖然你們大多很快就會發現，這種調節適應需要一點時間。

然而，以嬰兒出生時最前幾個月的發展而論，如果再用機器「連線」的隱喻來看，就能發現一種初期持續進行的重新連線過程——那是因為嬰兒大腦裡的神經線路有高度的可塑性。嬰兒期和學步階段的重新連線（或者說：微調），如今已是現代神經系統科學研究裡一項重大而深刻的見解。寶寶在學習語言和運動的技巧、發展社交的能力外，也藉著運用所有的感官能力——特別是傾聽人類的聲音——來探索世界，重組新資訊；這一切，都有助於嬰兒腦部的重新連線。經由聆聽爸媽說故事，在客廳地板上和父母玩耍互動，更都是神經系統科學運作的好例子。在重塑和微調這些神經線路方面，親子關係扮演了很重要的角色，因為出生後三年是大腦發展的最重要時期，前十二個月更是關鍵期。一切能否美好地發展，父母的影響至鉅——提供嬰兒生理和情緒上的需求，確保孩子的安全和健康，還有協助早期的學習。

這些聽來都像不可承受之重——不但只有成人做得來，還需要具備專業能力才行。如果這是你的第一個小孩，有些時刻你不但會手忙腳亂……，還可能覺得茫然無助。必須陪同孩子度過生命中最重要時光的，竟是其實毫無經驗的你們——新手爸媽，這到底是怎麼回事？

還好，正如新生兒天生具有某些必備的生存工具一樣，身為父母也是如此。父母的本能或許不能如嬰兒般迅速且不自覺的應對——卻也並不需要擔心。在接受自己一如新生兒一般無知後，為了尋求養育的方法（以及支持和建議），他們都會轉向朋友、家庭和網路的線上溝通與專業人員的諮詢，出乎意料地快速弭平這道鴻溝，而且順利地走完這趟旅程。

你越早明白這份工作，就能越快速地上手。二十五年前《新生兒父母手冊》（*What to Expect the First Year*）問世時，很快就成為育嬰「聖經」——就像是我把 2500 頁的兒科教科書當作我自己的兒科「聖經」一樣。即使現今社會只要藉著指尖在智慧型手機上滑動，就可以取得所有關於養兒育女的資訊，我仍對於這次的新世代增訂版深具信心，相信它會提供新世代的父母具體周到的指導，書中的獨到見解，更非其他資源所能企及。

不是每位父母都有閒暇——或意願——逐頁閱讀像這樣的一本書，而且還帶著愉悅的心情，所以你可以不用勉強。透過獨特的直覺來安排，你可以挑選想要知道的部分或當你需要知道的時候再閱讀，所有新手父母，可以依自己的步調一次看完第一年（或某個月）的內容。按月編排的每一章，都附上「本月重點」，好讓你掌握睡眠、飲食和遊戲的各月發展狀況：這三大區塊將為你可能有所期望的目標，提供一個基本架構。父母親可以更仔細地閱讀有關「哺餵你的寶寶」、「你會擔心的各種狀況」（等同常見的 FAQ）的討論。整體來說，那是與父母相關的生活和需求的討論——他們如何適應這段必要的、以嬰兒為中心的歲月。接下來的部分，討論的主題則是比如有關產後憂鬱症的困擾、夫妻相處的時間被切割、決定是否重返職場、幫助兄弟姊妹的和諧相處等等問題。本書含蓋許多實用的細節，特別是有關哺乳和奶瓶餵食、受傷和急救時的護理、選擇合適的醫師、睡眠的模式和問題等等，是一本得到絕對認可的專書，無數的爸爸媽媽，都可以在這二十一世紀的第二個十年間，使用這本多元資訊來源的手冊養育自己的小孩。

當然，父母們也還是會藉由電子資訊——像是網路聊天室、醫療網站和社群網站——來補充他們的知識，也確實應該這麼做。在這個電子化的時代，有一個詞突然浮現在我的心裡，而我相信，那正是對本書作者海蒂精湛作品的精確描述。這個詞就叫做「策展」（curate，譯註：網路時代篩選、整理、揉合資訊給讀者享用的說法）。海蒂已經成為父母和孩童保健相關議題的大量資訊的策展人，因為並不是所有的訊息都有同等的品質和確認有效，所以，她把裡頭最好的（也就是最相關、最有益和最有趣的）挑選出來，經過選擇和組織，成為可以儲存在筆電、放在書架上，或是攤在廚房餐桌上的內容，包含了可靠的精簡訊息、指引，而且通常都經過再三確認。書中的每個章節，都會提供資料、說明或解釋，比如：我的醫藥箱裡頭需要擺放什麼東西（參見第 2 章）？儲存母乳的注意事項（參見第 6 章）？我該怎麼為會走之前和還不會走路的寶寶挑選鞋子（請分別參考第 11 章和 16 章）？我該學習或教寶寶手語嗎（請參見第 13 章）？為什麼我的小孩會咬我（參見第 15 章）？施打疫苗的安全性（參見第 19 章）？

父母能從海蒂在書上提到鉅細靡遺的經驗之談中獲益良多。她既是教養專家，也為人父母、為人祖父母，又很清楚現代爸媽的需要、懂得怎麼寫才能夠吸引父母的眼球。本書十分重視讀者的需要，讓我們可以仰賴以邊欄形式呈現的育兒訣竅，以及友善親切的問與答模式。強大的「實用速查目錄」設計，讓你能夠快速又有效率地尋找任何目標，不輸給任何搜索引擎（可以得到更標準、更可靠的結果）。更重要的是，這本書的目的是補充新手父母所需，而不是要取代來自其他途徑，比如親戚、朋友、醫師的建議和資訊，更不像——無論是好是壞——網際網路那樣眾聲喧嘩、未經管理。

海蒂的貢獻實在非比尋常（做為一個新手祖父母，我很能體會她作品中的整體性和可靠性），隨著時間的推移，本書第一版的成功應該歸功於它的可靠性——然而，同等的或應該說更大的成功，則來自一直以來的改寫和修訂。第一版已經完全得到新生兒父母的信任，這一版更是無庸置疑。無論你是新手父母或有經驗的老手，都會發現這部更新的版本是可以長伴且永遠依賴的好書。

——馬克・威登醫師
（Mark D. Widome, M.D., M.P.H）
美國賓州兒童醫院小兒科教授

前言

特別不一樣的第一年

你知道升格為祖母級的人都會說些什麼話嗎？「真是太奇妙了……你一定會樂在其中……」包含最讓父母親開心的部分——卻一定不會提到睡眠被剝奪的痛苦。

沒錯，祖父母都不會提起月亮的另一面。當雷納克斯在 2013 年 2 月 12 日進入這個世界時，我的身分就成了外婆，幾分鐘過後，我張開迎接的雙手，感覺到生命出現變化，樂昏頭了，興奮到無以名狀……，一股震顫直透心底。天堂之門為我開啟，大地也隨之震動。第一次抱起散發香氣、睡得香甜的嬰兒的那一瞬間，愛如潮水般洶湧而來，那樣強烈、那樣直接……如此驚心動魄，也當真讓我雙腳酸軟。我迷亂了。

我只知道怎麼懷抱著他。

二十九年前我懷裡也曾有個嬰兒，但畫面卻有些微不同。人們說的一點也沒錯，嬰兒是不會帶著說明手冊來的（附註：那時的我還沒寫《新生兒父母手冊》，所以也沒有辦法參考）。徬徨無助？這樣說也許還太客氣，應該說當時的我完全不知如何是好：不知道該怎麼抱我女兒艾瑪（Emma），不知要怎麼哺餵、怎麼換尿片，何時應該搖她、何時應該拍嗝或安撫她，甚至不知道該不該和她說話。我知道我非常愛她，卻也覺得這位吸吮著我的乳頭、啼哭到滿臉通紅的小陌生人感受和我大不相同。但我怎能責怪她呢？沒錯，生產前我從容自在地懷著她、滋養她——就連生產過程也只當小菜一碟（假如不算上三個半小時的擠壓催生）。當我試著撐住她那搖搖晃晃的頭顱，將她鬆軟下垂的小手塞進衣服袖子裡，或引導我的乳頭進入那很不情願的小嘴巴裡時，所有的動作看起來都無比

笨拙，因此我只能祈求，母性本能可以解救我的挫折（我已經夠挫折了）。

崩解的信心並沒有留在醫院。假如你聽過下面這一段，就跳過去別讀了吧：兩個新手父母帶著啼哭的嬰兒進入一間公寓……突然之間他們明白了一件事，他們不只擁有這個當下哭個不停的嬰兒——還有接下來無窮無盡的責任……我的眼淚不禁隨之掉落。還好，我老公的直覺反應比我快了很多，在他的冷靜思維和不凡的天生能力、以及我瘋狂地快速翻閱母親從史波克醫師（Dr. Spock）那兒拷貝來的斷簡殘篇之下，我們總算找出自己的處理方法，一一解決每個問題：一條飽脹的尿布，一個手忙腳亂的嬰兒澡，一個無眠的夜晚，一場午後的腸絞痛……。

那麼，接下來我做了些什麼呢？我做了每位年輕、天真、手足無措的母親會做的事——以一位新手母親的身分出發，我決定寫書來幫助其他父母，正確的引導他們，讓他們更有信心、更有常識、更愉悅、更沒有壓力的走過嬰兒出生的第一年（雖然不是第一本，但我懷孕時所寫的《懷孕知識百科》〔*What to Expect When You're Expecting*〕也算是育兒的書）。我不是一五一十寫下自己的經驗——我們得實際一點，不能只是鉅細靡遺的描述家裡的事，不理會讀者的感受——但我是憑經驗判斷來寫。我曾經歷過，也曾做過那樣的事，我也生動愉快的將它寫下來——我是說，那是經過一番學習之後，透過研究再研究與它相關的每件事情的成果。當第二度（這一回，來到我家的是一個名喚韋特〔Wyatt〕小男嬰）的第一年到來時，我已經有一本手冊可以參考了，也不只是我，還是許多媽媽求助時的可靠幫手。那些知識和技巧，正是強而有力的親子力量的源頭。

這個故事的寓意是什麼？今日身為父母的人，真正面對新生兒第一年的考驗時，絕對擁有取得資訊上的優勢（不只是從一本書，而且可經由網站和 APP 得到相關的訊息，我們的女兒艾瑪就很幸運能透過這三種方式取得資訊），但小小嬰兒仍然可以帶來相當巨大的挑戰，特別是對新手爸媽來說。即使擁有仍在不斷膨脹發展中的相關資訊，新手父母仍然得步步為營的邊做邊學，在戰壕裡奮鬥……很像三十年前的我和我先生。

然而，你知道的愈多，必須學習的就愈少。這也是新世代增訂版《新生兒父母手冊》問世的原因——為全新世代的新手父母準備的嬰兒照護指引。

這一版有什麼不一樣的地方？使用起來很順手，容易找到不可不知的訊息（沒錯，甚至是在你急如星火之時），也比前一版更能一氣呵成的閱讀。它有如同以往的同理心和鼓勵安慰（因為我們都需要有一隻溫暖的手可以緊握，一個肩膀可以倚靠哭泣，當事情愈來愈艱困時有家長之間互相打氣的對話），閱讀起來則更津津有味（因為我們也需要放鬆的開懷一笑）。它含蓋了永久不變的嬰兒最基本的需要（比如怎麼換尿布）和嬰兒時尚潮流（比如一體式布尿褲），還有更多關於有效率的哺乳（包括回到職場後如何繼續哺乳），嬰兒教室和嬰兒科技（i 寶寶？），還有怎麼為寶寶添購物品（所以你可以從琳瑯滿目的物品中，找到獲得你青睞和刷下信用卡的育兒用品……）。有一個全新開發的時間表讓你監看寶寶的里程碑，給新手父母（包括在家奶爸）的實用提點，還有一章專為早產兒的父母而準備（你會反覆看到環繞新生兒加護病房〔NICU〕的許多醫學名詞），以及一目瞭然的針對每月睡眠、飲食和玩耍的重點，研究出新的對策，讓你能更有效率的哺餵寶寶、讓嬰兒安然入睡、提升寶寶的腦力發展（不需要令人緊張兮兮的課程）。當然了，有關你家寶貝健康的最新資訊（從最近的疫苗和維生素補充到了解另類療法、益生菌和順勢療法的真相）和安全（選擇使用最安全的產品，每個緊急狀況的急救方式）。

我寫《新生兒父母手冊》的初版時，女兒艾瑪剛好即將週歲——經驗仍是鮮明的，我能夠輕易喚起新生兒香甜清新的氣味記憶（其他種種不那麼好聞的新生兒味道這裡就不提了）；寫新世代增訂版時，正值孫子雷納克斯的週歲——才不過五分鐘前，我正在享受他那令人愉悅的奶香味，那啟發了我的靈感，喚醒我的記憶，不但提供我如山高的新材料（從餵食過度、胃食道逆流到臍帶感染而得將他送醫院）而且還有林林總總更全面的視角。

我要謝謝雷納克斯，因為他就是啟動這一切的寶寶——又一次讓我充滿驕傲和喜悅。

我知道如何將他好好抱個滿懷。

——海蒂・穆柯費
（Heidi Murkoff）

1 你準備好了嗎？

經過九個月的等待，似乎永無止境的隧道終於露出一絲曙光了。在距離臨盆只有幾週的此刻，當你的寶寶已經準備好要來到這個世界的一切時，你準備好了嗎？

即使你是個懷過三胎或甚至更多胎的箇中老手，也絕不可能在身心兩方面同時處於完全準備好的完美狀態；但是，的確有些可以讓一切進行得比較順利的步驟——像是怎麼為寶寶取名、選嬰兒床到找個好醫師，考慮餵母乳還是配方奶粉，要用傳統尿布還是紙尿褲，甚至從你為了這一刻的自我建設到計畫如何訓練家中的小狗，讓牠能夠適應家中即將來到的新成員——諸如此類的層出不窮事件，某些時候可能令你頭昏腦脹。

步入真正精彩的後半段時，你將會為了做好準備功夫而慶幸。

哺餵你的寶寶：母乳？還是嬰兒配方奶粉？

對許多女性來講，這根本不是問題，只要閉上雙眼，就立刻能清楚勾勒出那幅美麗畫面：寶寶正躺在懷裡，心滿意足地吸吮著她（們）的乳頭；要不然，就是正用奶瓶專注而幸福地哺餵臂彎裡的小天使。不管原因是出於情緒上的，醫療上的，或者遷就於現實，這些母親早在懷孕初期——搞不好還更早——就已經決定好哺乳的方式了。

其他的某些女性朋友，畫面可就沒那麼清晰了，也許壓根兒無法想像自己哺乳的鏡頭，但在聽了許多關於母乳對嬰孩的好處之後，卻也沒辦法想像自己會讓孩子喝沖泡的牛奶。也許你自己就很想試試哺餵母乳，但又擔心影響工作、睡眠，甚至夫妻間的親密關係；也許你的

當你不能或不該餵食母乳時

對某些母親來說，餵食母乳的好處已經是理所當然的事了。除非因為自己的健康狀態不佳（舉例來說，腎臟病的必要醫療會在哺乳期間造成傷害）、嬰兒的健康有問題（新陳代謝失調，像苯酮尿症〔PKU〕或是嚴重的乳糖不耐症，會讓嬰兒甚至連人類的乳汁也沒辦法消化吸收，另外如唇裂或顎裂等，則會干擾嬰兒吸奶），或是因為乳腺組織不健全（順道一提，這與乳房的大小無關）損害了供應到乳頭的神經（如源於受傷或外科手術），或是一種內分泌失調等，要不然，很多媽媽都只想讓寶寶喝母乳。

針對徹底禁止哺乳的情況，有時候還是有一些解套的方法。例如，有唇顎裂的嬰兒可以使用一種特殊的口腔裝置來吸吮母乳，或者以母乳擠乳器的方式餵食。必須接受醫療的媽媽，也能偶做調整。無法產生足供寶寶所需奶量的媽媽，可能是因為荷爾蒙失調或過去曾做乳房手術（縮胸手術比隆乳手術更像是導致奶量供給問題的因素），就算需要用上嬰兒配方奶粉，或許分泌出的少量乳汁也仍足以體現母乳的價值。無論如何，若你不能、不應該（或是不願意）餵食母乳，不但不必擔心，更不用有罪惡感，別沮喪也別懊惱；適合的嬰兒配方奶粉一樣可以提供營養給你的小孩——只要你的愛滿注在那奶瓶上。

另一種選擇：你可以從母乳銀行補充母乳。參閱第 108 頁更詳盡的資料。

母親就對你說過，當初她便是用奶瓶把你養大的，瞧，你這不是長得也挺好的嗎？可朋友們卻不斷灌輸給你「母乳最好」的觀念。也有可能你只是準備產假結束後就馬上回去上班，這才不敢嘗試哺餵母乳；也有可能是準爸爸（或者母親、朋友）不肯表態，因而影響了你的想法。

不論原因為何，解決這種困擾的上上之策都是先了解眾說紛紜下的真相。

❖母乳哺育

什麼是嬰兒最好的食物來源和食物的最佳輸送系統？毫無疑問：母乳遠優於其他選擇。以下就是一些你應該知道的理由：

- 母乳是專為寶寶而製造的。母乳當中至少有一百種成分是牛奶中不存在，實驗室也無法合成的。而且，不像嬰兒配方奶粉，母乳的組合成分會配合嬰孩的需要而變化——早晨分泌的乳汁和傍晚就不同；孩子滿月時和七個月大時得到不一樣的養分；而為早產兒所製造的母乳也會不同於一般足月兒所得到的。母乳中的營養是專為嬰兒量身訂製的，比如母乳中的鈉含量比配方奶少，讓嬰兒的腎臟不至於負荷太大。
- 容易消化。母乳是專門為了人類嬰孩稚嫩、尚在發育的消化系統而設計，不是為了小牛。它所含的蛋白質（多為乳蛋白素）和脂肪，比起牛奶所含的蛋白質（多為酪蛋白原）及脂肪，更適合小嬰兒。而且母乳中的微量營養素也比牛奶容易為嬰兒所吸收。實際結果顯示：母乳哺育的嬰兒比較不會出現腸絞痛、脹氣，也比較不會吐奶。
- 比較不會發生便祕或是腹瀉的情形。母乳能促進腸子的蠕動及排泄功能，所以喝母乳的寶寶幾乎不會發生便祕的情形，而且儘管他們的排便較為稀軟，也不至於瀉肚子。母乳能減低消化不良的原因有二：第一它直接消滅一部分有害的微生物，而另一方面，則藉著刺激有益微生物的生長來抑制那些有害的。
- 比較安全。來自你的乳房的乳汁無需準備、煮沸，或擔心不乾淨（前提是，你沒有罹患會影響你餵母乳的疾病，某些疾病對嬰兒有害）。
- 比較不易引起過敏。嬰兒幾乎都不會對母乳過敏，雖然有時也許會經由母乳對母親攝取的某些食物有些敏感，但基本上他對母乳本身的接受度卻是毫無問題的。反過來看，有超過 10% 的嬰孩在飲用配方奶之後出現了過敏反應。（這種時候，讓寶寶改喝豆乳或水解乳粉配方多半可以解決問題，只不過，此類嬰兒配方比起牛奶為主的配方奶粉，又更不像母乳的成分了〔註：營養上來說，豆乳並不十分恰當，牛奶也一樣，最好還是餵配方奶〕。）
- 不會散發出惡臭難聞的氣味。餵食母乳的寶寶尿片裡的排便聞起來更為清新——除非開始進食固體食物。
- 比較少引起尿布疹。喝母乳的寶寶排出的大便，一來比較不臭，二來也比較不會導致尿布疹。可是一旦孩子開始吃副食品後，這點好處就不存在了。

- 增加寶寶的免疫力。寶寶在吸母乳的同時，也從中得到增強他們抵抗力的抗體，因此對健康比較有益。整體而言，他們比喝配方奶的嬰孩更少生病（如感冒、耳疾、呼吸道感染、尿道感染等）；即使病了，也復原得比較快，而且不容易產生併發症。餵母乳還可增進免疫力，預防大部分的疾病（如破傷風、白喉、小兒痲痺），此外，還可防止嬰兒猝死症（SIDS）。
- 較少引起肥胖症。一個可能的理由是喝母乳的寶寶可依其胃口需要來控制食量，而喝奶瓶的寶寶們呢，卻常常被強迫著喝完最後一口奶。另一方面，母乳具有一種調節機能：每次寶寶吸著媽媽的奶，乳汁中的卡路里含量是逐漸提高的，所以寶寶感覺到飽，然後喊停。有些研究顯示，母乳中這種抑制肥胖的機制可以維持終生，和餵食配方奶的孩子比起來，餵母乳的孩子到青春期比較不會過重，而且餵得越久，成效越佳。餵母乳的另一個好處是，可降低母親的膽固醇和血壓。
- 增進寶寶的腦力。餵母乳可稍微增進寶寶的智商，至少可持續至十五歲，或持續到成年。其原因除了母乳中含有促進腦部發育的脂肪酸（DHA）外，哺餵母乳時母嬰之間的親密互動也可促進心智發展。
- 比較能滿足吸吮的需要。即使吸著一個「空了」的乳頭，也比吸一個空了的奶瓶，更能讓寶寶充分享受其中的樂趣。
- 口腔的發育較好。雖然在一開始可能會出現問題，可是實際上母親的乳頭和嬰兒的嘴巴構造真正是天造地設。最先進的科技所設計的奶嘴，也絕對無法像母親的乳頭一般，給予寶寶充分的機會運動到下顎、牙齦和牙齒，使他們得到最好的口腔發育。另一方面，喝母乳的孩子日後也比較不會蛀牙。奶瓶必須利用舌頭向前推擠，這會使寶寶日後牙齒需要矯正的機會增高。

對母親（以及父親）來說，哺餵母乳也有一些好處：

- 方便。再沒有比母乳更方便的食物了；隨身攜帶、衛生、立即可食，而且保證適溫。你不會碰到奶粉用光、瓶子沒洗沒得用、每次出門得揹上一大包瓶瓶罐罐等

種種麻煩。更好的是，不管在哪裡——床上、車上、餐廳或者郊外——你永遠不愁寶寶的食物沒有著落。如果母親和寶寶必須分開一晚、一整天或一星期，可以事先擠出母乳，貯藏在冰箱中。

- 免費的母乳，免費的輸送過程。人生最美好的事情就是免費，也包括母奶和母奶的傳送。換句話說，以奶瓶餵食（一旦你把奶粉、奶瓶、奶嘴和清洗用具的因素算進去的話）是件昂貴的事情，而以母乳餵食則一點都不浪費，嬰兒這一回沒能喝個飽足，下一餐喝到的仍是最新鮮的母乳。
- 成本低廉。比起奶粉，母乳可以說是免費的。你不需準備奶瓶、買奶粉，喝不完也不會浪費，還省下不少醫療費用，因為餵配方奶的孩子比較容易感染疾病。沒錯，一個哺乳的媽媽應該吃得比較多，比較營養，但那也不過只增加一些食物費，說不定還省下一些呢！舉個簡單例子：自己打的果汁絕對比店裡買的（而且還是加了糖的）便宜多了；一碗全麥穀類或新鮮水果，也比精緻糕點划算，而較經濟的食物才是哺乳的母親所需要的。
- 幫助母親產後復原。餵母乳對媽媽的身材是有好處的，因為這是懷孕→生產→為人母的自然過程中的一環，造物者如此設計，不會只考慮嬰兒而已。它可以幫你早日恢復懷孕前的模樣（生產後幾天當寶寶開始吮奶時，你可能會感覺到子宮收縮），同時也加速惡露排除（亦即減少失血）。

> **授乳團隊**
>
> 哺乳只需要母子兩人的合作，但是，如果還能有更多母子加入，則會讓哺乳工作更圓滿。首先，授乳專家是授乳團隊不可或缺的人員，如果在授乳過程中遭逢困境，授乳專家尤其能幫你度過難關；去哪兒找呢？先從你待產醫院提供的聯絡人名單中，詢問工作人員裡是否有授乳專家，以及生產過程中是否會自動來會合。其次，讓你的產前醫師和小兒科醫師知道，你希望一生產完後就有良好的哺乳服務；比較實際的做法，則是請教他們是否有任何授乳專家的建議人選。你也可以善用親友或網友的支援，請他們推薦授乳專家。需要一位陪產婦嗎？她或許也能夠幫你成功地開啓哺乳的路程。更多授乳專家方面的問題，請參閱第 78 頁。

關於哺餵母乳的迷思

迷思：若乳房太小或者乳頭太平就不能夠授乳。

事實：形狀、大小、外觀不同的乳房和乳頭，都可以滿足一個飢腸轆轆的寶寶。

迷思：餵母乳是一大麻煩。

事實：一旦你掌握訣竅，這實在是再簡單不過了。乳房不像奶瓶得事先準備，出門在外也不會忘了帶，更不必擔心乳汁放久了會壞掉。任何時候、地點，只要寶寶需要，隨時就有。

迷思：餵母乳的媽媽會被綁得死死的。

事實：基本上，授乳對一個準備長時間陪伴嬰孩的母親而言，的確比較不成問題。但只要你願意花時間和精力先擠出乳汁備用，那麼無論想做什麼，仍有相當大的空間。而從另一個角度看，如果是和寶寶一道出門，那反而是授乳的媽媽比較輕鬆愉快，隨時可以上路，也不用急著趕回家。

迷思：授乳會傷害你的乳房。

事實：並非如此，反而是懷孕會影響乳房的大小。懷孕時，乳房為了準備泌乳（即使你不想餵母乳），會產生一些永久性的改變。倒是其他有些原因則可能造成產後乳房鬆弛，像是遺傳、年紀、缺乏適當支撐（如不穿胸罩），或是懷孕期體重增加太多。

迷思：生頭胎乳房不泌乳，以後就不會再有乳汁。

事實：即使你無法哺育你的第一個寶寶，第二胎還是可以餵母乳的。

迷思：爸爸無法與寶寶有親密的連繫是因為他無法哺乳。

事實：爸爸是無法哺乳，但新生兒照護的每一個區塊父親都可參與。從沐浴、換尿布、哄抱、更衣、輕輕搖晃、嬉戲、用奶瓶餵食擠出的母乳或是嬰兒的副食品，還有後來以湯匙餵食某些固體食物等，都會有很多機會提供爸爸和嬰兒發展親密關係的活動。

迷思：我必須強化我的乳頭，哺乳的時候才不會痛。

事實：女性的乳頭就是設計來哺育的。除了很少數的例外，她們是十分勝任這份工作的，不需要任何（是的，任何）的事前準備工作。

而且，一天多燃燒五百大卡，對減輕過剩的體重是很有用的喔！這些增加的脂肪可幫助你產生乳汁，而哺乳可消耗脂肪。

- 提供一些避孕功能。通常一個哺育母乳的婦女在產後的幾個月，可以享受沒有月經煩惱的日子，因為這個階段卵巢的排卵功能受抑制，直到寶寶吃副食品為止（只是，很遺憾地，這並不表示你不會懷孕；因為在產後首次月經來臨之前，卵巢便已恢復正常運作，所以，只靠此避孕其實是很不保險的。
- 對健康有幫助。某些證據顯示，餵母乳可以減低婦女罹患子宮癌、卵巢癌及停經前罹患乳癌的危險性，也可降低日後骨質疏鬆的危險。
- 停下來休息。照護新生兒得花很多時間在餵食上——意思是負責照料的媽媽會花很多時間或坐或臥。結果？在一開始就累壞的前幾週，你會因為哺餵母乳而得經常得以休息，不管你覺得有沒有空檔，你都會被迫得歇一會兒。
- 夜間餵食這檔事，簡直（相對的）不費吹灰之力。有遇過半夜兩點飢餓哭鬧的寶寶嗎？那當然。當你真碰上了，又如果你是親自哺餵母乳，就會感到很欣慰，發現自己能夠很快速地餵飽你家寶貝的肚子，不用跌跌撞撞地衝進廚房，在一片黑暗中準備奶瓶。你，只要把暖哄哄的胸脯放進那個溫暖的小嘴巴就可以了。
- 建立牢不可破的母子親密關係。大概所有親自哺育寶寶的媽媽都會同意，餵母乳最棒的就是這一點了。你和新生的寶寶，眼對著眼，肌膚相親，緊緊摟著他，嘰嘰咕咕地逗著他。當然，用奶瓶餵也可享受這些樂趣，但必須更刻意地去做（參見第 140 頁）。只是有太多可能的原因使得餵奶的人不是你，比方你太忙太累，那樣建立的親子關係自然不像餵母乳一般深厚了。還有另一個好處：研究顯示，餵母乳的婦女比較不會有產後憂鬱症。

❖以配方奶哺育寶寶

餵寶寶配方奶當然也並非全無好處。事實上它的確具有一些優點，而且對某些為人父母者而言，這些優點遠勝於親自哺乳的諸多好處：

- 帶給寶寶較長時間的飽足感。牛奶對嬰兒來講比較不好消化，而且它形成的塊狀膠質也會在寶寶胃中停留比較久，使得寶寶即使在很小的時候，餵奶時間便可以間隔到 3~4 小時之久。和這點比較起來，母乳的容易消化吸收導致寶寶簡直是片刻離不開母親似的，這在某些時候的確是很累人的。

- 容易控制食量。缺乏經驗的媽媽在哺育母乳時，很容易因為不知道寶寶究竟吃了多少，而擔心他們是否吃得太少（剛開始餵母乳時，寶寶想吃多少就吃多少，但這種情形較少見）；餵奶瓶的話就完全沒有這方面的顧慮，只要瞄一下奶瓶，就知道寶寶喝了多少（然而這可能成為一種缺點：某些過慮的母親可能不會針對嬰孩真正的需要，而迫使他們喝下超過他們所需的量）。
- 給媽媽比較多的自由度。任何時候，媽媽想做任何事的話，沒問題，只要交代一聲，這份餵奶的神聖使命絕對不愁沒有人可以替代，祖父母或保母都是很好的幫手。如果媽媽突然想出去上班，也完全不會有轉奶或者脹乳的麻煩（當然，餵母乳的媽媽也可以將乳汁擠出來後貯存）。
- 任何人都可接手。辛苦工作的職業婦女需要有足夠的休息，如果半夜或清晨必須餵奶，爸爸、祖父母、保母等人都可以接手。對於剛分娩的媽媽來說，也可免去早晚餵奶的辛苦。
- 不會阻礙到追求時尚打扮的媽媽。哺育母乳的母親，在穿著上當然不再像懷孕時那麼沒變化，但是仍得力求簡便，才好隨時敞開胸懷。反觀餵奶粉的媽媽，很快地便可以隨心所欲，愛怎麼穿就怎麼穿了。
- 可任意選擇避孕方式。餵母乳的母親就不適合吃避孕藥，而必須從其他無害於寶寶的種類中做選擇。餵配方奶的媽媽就沒這麼多限制。
- 飲食較無禁忌。餵配方奶的媽媽可以不吃蛋白質和鈣，也不必像懷孕時那樣補充維生素；她可以在聚會上喝點酒；吃藥也較無禁忌；也可吃她想吃的辛辣食物和蔬菜（雖然喝母乳的寶寶不會不喜歡這些東西）。產後六週（六週內不行，身體仍在恢復期），如果你讓寶寶吃配方奶，今天心血來潮想喝酒助興，很好；如果你想控制飲食以恢復苗條，也隨便你。但哺乳的媽媽就不行，除非等到孩子改吃副食品，因為分泌乳汁需要熱量。不過，這並不

意味著後者就無法在哺乳階段恢復身材，因為她每天至少都會消耗掉五百大卡在餵奶上。

- 隨時可在公共場合大方的餵奶。沒人會多看一眼在用奶瓶餵奶的媽媽，但是，餵母乳的女性可能就容易引起很大的注意了，而且餵完奶後還必須整理服裝（繫胸罩、扣鈕釦、紮襯衫），但這些尷尬很快就會過去（有些媽媽即使在擁擠的餐廳裡哺乳，也神色自若）。
- 無礙於夫妻的魚水之歡。經過幾個月不是很理想的夫妻生活，許多夫妻都會想重拾過往的親密關係。但哺育母乳對母體則有生理上的影響：由於荷爾蒙改變而使陰道乾燥，再伴隨著可能因摩擦而疼痛的乳房，或者滴著乳汁的乳頭，這些情況多多少少會影響這位媽媽的性慾。餵配方奶的媽媽則沒有任何因素會影響她和配偶的關係（除非嬰兒忽然醒來，並哭喊著要媽媽）。

❖你的感受

也許你已被事實說服了，但內心的懷疑還是讓你跨不過那道門檻；沒關係，我們就來看看怎麼克服一般哺餵母乳時常會碰到的負面感受吧：

不切實際的感受。你真的很想親自哺餵母乳，卻又擔心這會讓你脫不了身、不能再回去上班嗎？很多過來人都已發現，就算寶寶還很小就回去上班，也不妨礙自己授乳，所以你只需要放膽一試；不論你的產假是只有幾週或超過一年，只打算全程哺餵母乳或和嬰兒配方奶交替哺餵，即便只能哺餵幾次，對你和寶寶來說也都有利無害。而且，如果你還肯多做一些奉獻和計畫（好吧，也許是很多奉獻和計畫），你應該還很快就會發現，一邊工作一邊哺乳遠比你想像中容易（參見第277頁）。

無法樂在其中的感受。很難想像有個寶寶吸吮你乳房的畫面——又或者覺得親自授乳不是什麼好主意？在你完全剔除哺乳的選項之前，建議你：試試看吧，說不定你會喜歡，甚至還可能愛上哺乳。要是你已經努力了三到六週（差不多是媽媽和寶寶培養出美好感受的時間），卻還是感受不到哺乳之愛，就算決定放棄，你也已給了寶寶的健康人生一個好的開始。全無壞處，好處多多，尤其是你能為寶寶的免疫系

尿布的選定

採用布製品或是用完即棄？儘管在有個小屁股需要被覆蓋起來之前，你都還不必決定要為寶寶選用何種形式的尿布，但現在就好好考慮也是很合理的（一旦真的開始用尿布時，也隨時可以改變主意）。有關尿布的選擇和特色的提點，請參閱第 43 頁。

統提供許多抗體，如果能哺餵到六週大，更是對寶寶大有助益。不論寶寶喝了多久的母乳，每一滴都算數、都有助於他的健康。

孩子的爹不贊同的感受。研究顯示，得不到老公支持的媽媽都比較不願意親自受乳；那麼，要是孩子的爹不喜歡你親自授乳——不管他是不認同、不自在，還是根本就不願意和寶寶共享你的乳房——的話，你該怎麼辦呢？你不妨以事實來爭取他的支持——畢竟，哺餵母乳的好處實在太多了。讓老婆親授母乳的別家先生來和你家這口子談談也不錯，既可以讓他自在許多，也可能更有說服力；又或者，你可以讓他全程參與一次你的哺乳過程——很有可能這會讓他快速改變想法。即便這一切都還是扭轉不了他的想法，最少，他也會感激你為了寶寶和你自己的健康所做的努力。

如果你決定了最少也要試他一試——不管說服你的是事實、感受還是情勢所逼，也不論你堅持多久，你很可能都會覺得努力沒有白費。健康和情感的雙重收穫之外，你應該也會發現，那是你哺餵寶寶最簡單也最方便的方式，隨時唾手可得（最終就連雙手都得以自由）。

但是，如果你選擇不自己授乳或實在沒辦法授乳，還是你可以但只想哺餵寶寶一小段時間，也都不必質疑自己、懊悔或有什麼罪惡感，幾乎所有你為寶寶做的事，只要你的感受不好寶寶也不會好受——當然也包含了授乳在內。即使都用嬰兒配方奶，你也還是能提供寶寶足夠的營養和關愛——事實是，充滿愛心地用奶瓶哺餵寶寶，總還是比不情不願地親自授乳好得多。

爲寶寶命名

對於新生兒來說，你想叫他什麼都可以，但一旦他上了學以後，朋友和外在世界開始在他的生活有了舉足輕重的地位，也可能討厭你替

他取的名字。的確沒人可以保證這一點，但是一些心思以及考量，有機會降低那種情況的發生：

- 你和你先生都喜歡這名字——包括叫起來順不順耳、看起來奇不奇怪，或會不會引起任何聯想。將心比心便是。
- 取個有意義的名字——像是紀念某個家人，或重要人物，或某件大事；讓他感覺到一種歸屬感。
- 取個適合你寶寶的名字——取個對你來說有精神寄託或象徵意義的名字，或可以紀念他出生的名字。替他取個合適的名字可讓他感覺很特別，不過也可能得等到他出生後再做決定。
- 想想看：別人聽到這名字會怎麼想？也許它的諧音在來日會使孩子成為笑柄。是不是很容易被人取綽號？會引起爭執嗎？如果名字太特殊，可能就不是很適合。
- 選個好念好寫的名字——深奧到連老師都會念錯寫錯的名字，恐怕不會帶給孩子驕傲。不過，有些孩子（特別是長大後）很喜歡有個與眾不同的名字。
- 不要趕流行，或取個有政治色彩的名字。有些父母會為孩子取個和當今某位紅得發紫的名人相同的名字，這樣容易引起注意，也許將困擾到小孩。
- 取正式的名字，不要取小名。孩子還小的時候可以叫小名，長大後就得叫正式的名字。
- 避免和別人同名。不要取今年流行的名字，許多育兒雜誌或網站都會列出今年流行的名字。也可打聽一下鄰近的小孩都叫什麼，或是到遊樂場逛逛，看父母都叫小孩什麼。
- 考慮一下家人的感覺，但不要讓他們主導。如果你不喜歡家族的輩分排名，但你的父母既傳統又懷舊，找個可替換的字，或意義相同的名字。有些不錯的命名書也能幫你。記住：無論你替孩子取什麼樣的名字，你的父母和祖父母都會愛這個孩子（雖然一開始可能會不高興）。
- 要確定你取的名字聽起來悅耳、和諧，音節順暢、動聽。

找誰幫忙最好？

新生兒沒辦法開口請求誰來幫他，新手爸媽就不一樣了。事實上，一從醫院回到家裡的那時起，你就應該盡量尋求援手了，而且不只是幫你做那些嬰兒沒辦法自己來的事（換尿片、洗澡、安撫、餵食、拍嗝等），還包括幫你做沒空打理或會讓你精疲力竭的事（比如採買、煮食、拖地、洗衣……）。

找誰好呢？首先，你得先弄清楚自己需要的是哪方面的協助，其中又有哪些唾手可得；其次，如果你只能花錢取得必要的協助（至少是兼職的協助），你的荷包又能負擔到什麼程度——而且不至於讓你過意不去。在第一週和第一個月裡，想像中，你會需要哪樣（或哪些）幫手：有寶寶的祖母（或者加上外婆）就夠了？得有保母才行？還是你也需要個看護？或者任何你所找得到的、關心你和寶寶的幫手你都想要？

❖專業保母

如果你有足夠預算想請保母（專業保母的收費都很高），在下決定前，必須同時考慮一些其他因素。在下列的狀況之下，你可以去找一個來試看看：

- 你毫無經驗，沒上過父母教室，也不想拿孩子當實驗品，那麼是可以請一個有經驗的保母來指導你如何幫寶寶洗澡、換尿片、拍嗝，甚至餵母奶的正確方式。但是，必須先確定一點：你請的這位保母有足夠的教學熱忱。萬一保母不喜歡母親在旁邊看的話，那你可就白請了。
- 不想半夜起來餵奶。如果你餵配方奶，在產後幾週身體虛弱時想好好睡個覺，可以請個 24 小時或者是大夜班的保母來幫忙。
- 為了多陪伴較大的孩子。有些父母請保母是為了安撫較大孩子的嫉妒和不安；若是基於這樣的理由，可以只請幾個小時。但有一點必須認清：這麼做只是在拖延時間而已，等保母離開的那一天，較長的孩子同樣會產生不平衡的問題（關於處理這類手足適應問題，參見第 25 章）。
- 假如你是剖腹生產，或者經過了非常漫長艱鉅的自然生產過程，需要一段時間的充分休養，那麼保母應該可以幫你解決問題。不過，在產前你無法知道自己是不是屬於上述情況之一，所以，最好先稍微探聽認識一下，以備不時之需。

而你若處於下列情況當中，保母可能也幫不上什麼忙的：

- 你餵母乳。一般說來，新生兒花最多時間的一件事就是喝奶，而這件事沒人能夠代替你，那麼請

招聘的考量

你想僱用一位嬰兒保母或是照顧產後媽媽起居飲食的到府坐月子保母，但是沒有把握能找到合適的人選嗎？照例地，你最佳的推薦來源是其他的父母——先前曾經僱用（而且相處甚歡的）保母和到府坐月子保母的朋友、同事，以及街坊鄰居閒談間釋出的訊息。代理機構也是另一個不錯的來源——假如有滿意度高的父母親顧客的轉介，或是網路上有看來正面且客觀評價的介紹，那就更好了。千萬記得代理機構可能索費不貲，有時候你還得具有年費制的或月費制的會員資格，有時候每項服務都要額外收費，有時這兩種狀況更都同時存在。

在開始考慮應徵者條件之前，就先想好你需要的工作內容。你需要的只是照顧你家寶貝嗎——還是得兼做或只做家務活、跑腿（有沒有自己的車）和烹飪？全職或兼差？包住或是外宿？夜班或是日班，或是不拘日夜？產後一兩週的時間，或是一兩個月——或是更長時間？你希望能從這些提供服務的人員身上學到一些嬰兒照護的基本知識，或只是想付錢得到額外的休息？假如價錢是重要考量，你能負擔的預算是多少？既然你無法從白紙黑字（或透過電話，或電子郵件往來）來判斷一個人，親自面談似乎是無可取代的方式。也要仔細地審查推薦人，如果是透過組織僱用人員，要確保供你挑選的都是有執照、有擔保的人。任何提供照護的人員，都應該出示最近的疫苗接種記錄（包括百日咳加強劑的疫苗和每年流感疫苗的注射），還有肺結核的篩查。對方應該接受過（如果是很早以前，要有最近三到五年的重新認證）心肺復甦術和急救及安全事宜方面的訓練，還有新近嬰兒照護的練習技巧（例如，仰睡或育兒專家推薦的其他安全睡眠法）。

個保母就沒什麼意義。但也許你可以請人幫忙你分擔一些家務，你將輕鬆很多。

- 你不喜歡家中住一個外人。這種情況下，可以考慮請個鐘點計時的保母，或者尋求其他支援。
- 你寧可自己來。也許你想抓住和寶寶在一起的每個機會，幫他洗第一次澡，捕捉他的第一朵微笑，看他在你懷中停止哭泣，重新入睡（即使那是半夜兩點）；那麼，別找保母，找個幫傭的做些

給爸媽：教導寵物接受小寶寶

家裡已經有個寶貝——那種有四隻腳和一條尾巴的？如果你一向把寵物狗當自己的小孩養，等到真的寶寶出生後，牠可能會很難受，但牠必須接受這個事實。一開始牠可能會覺得失落，你最好是從現在起就預防牠嫉妒，尤其要避免牠有攻擊性的反應。以下，是你應該做好的準備工作：

- 若是你的寵物狗從未受過訓練，那麼，下點工夫；訓練並不會抹煞牠的本性，卻能幫助牠性情平穩，比較不會傷害你的孩子。
- 在產前就利用各種機會讓小狗適應小寶寶的存在。請朋友帶孩子來家裡玩，帶牠去公園遛達時，在家長的陪同下，讓牠多親近小孩，以熟悉小孩的氣味和行為。
- 逐步教導牠有寶寶加入後的生活狀況——可以用一個大小相當的洋娃娃，來演練一些照料新生兒的步驟：換尿片、哄抱啦，放在搖籃裡帶著去散步啦，有時甚至可以放一卷寶寶哭的錄音帶。
- 讓小狗習慣自己睡。如果你生產後打算讓牠自己睡，先讓牠習慣一下，以免突然改變讓牠受到衝擊。在房間角落替牠做個舒適的窩，放進牠喜歡的枕頭、毯子。讓牠待在沒有孩子的地方，因為即使是最溫馴的小狗，若有小孩爬進牠睡覺的地方，也會出現攻擊性反應。
- 帶牠去獸醫那兒做一次完整的體檢。定期注射狂犬病疫苗，並施用防跳蚤藥物（詢問你的獸醫，這些除蟲法對你的寶寶是否有害）。立刻帶牠去打蟲，因為通常那些蟲卵經由狗糞排出，會引起嚴重的幼兒疾病。
- 如果想讓寶寶單獨睡嬰兒房，那就

家務雜事。

- 你希望做爸爸的加入。如果你和你先生都想參與寶寶的照料工作，而他又有育嬰假，就不必請保母了。

如果你真的想要找一位稱職的短期專業保母，最好是透過有經驗的朋友介紹，必須確定你找到的是稱職的好幫手。有些人能幫你做飯、做些簡單的家務，或是洗衣服。有些性格溫和，當過母親的保母可增加你為人母的能力，讓你更有自信；但有的人卻專斷、冷漠、高傲，讓你覺得不適任。有些擁有執照的

要訓練狗在你不在時不可踏入那個房間；裝個安全護欄是很便利的。若是將嬰兒床放在客廳時，千萬注意安全，免得一個不小心，狗兒從床下竄過去，把小床給撞了下來。

- 確保狗兒進食區不會是將來寶寶容易接近的地盤，把它移到地下室、車庫或其他地方；再友善的狗，為了保護牠的食物不受侵犯，也可能突然具有攻擊性。若是房子小，就將牠的吃飯時間安排在傍晚，此外的任何時刻把牠的盤子收起來。不要把狗食到處放，因為這些美味的食物也會吸引小孩，可能會讓小孩噎到。小狗的水盆要不易翻倒，否則你就得常常擦地板。
- 孩子誕生後，在你們還沒出院前，讓先生先帶一件尚未清洗的嬰兒服回家，給狗兒習慣這種味道。孩子回家後，在你和寵物打招呼的時候，讓你的伴侶抱著孩子，然後把狗繫好，護住寶寶的頭和臉，讓牠聞一聞，以滿足牠的好奇心。
- 你對寶寶全神貫注是自然的，但也別反應過度，尤其對狗兒。突如其來的態度轉變，會讓小狗心理不平衡。讓你的寵物接納新來的成員，讓牠知道牠仍是家庭中受寵的一員。餵寶寶奶的時候安撫牠，帶寶寶出去散步時也帶牠出去，當你在寶寶的房間時也讓牠進去。每天至少和牠單獨相處五分鐘，但如果牠稍微對寶寶有攻擊的意圖，就得馬上斥責牠。
- 若是你做的所有努力都無法減輕牠的敵意，那麼，得栓住牠，並與寶寶保持安全距離，直到牠能完全接受寶寶後再放開。即使是從不咬人的狗，也無法保證牠在禁制之下不會咬人。如果這些措施都沒用，恐怕得為牠另覓新家（公狗結紮後可降低攻擊性）。

保母受過專業訓練，能照顧好媽媽和寶寶，加強母嬰關係，教你哺乳及照顧寶寶的基本技能。面對面的談話是非常重要的，藉著這個機會，可以深入了解對方是不是你所希望的典型。最好能委託專業的仲介，才能有好的保障。此外，由於保母和寶寶有太多親近的機會，她應該接受傳染病的檢驗，也必須會心肺復甦術和幼童救護，以及與時俱進的照顧知識（如讓嬰兒仰睡，把玩具、枕頭、毯子放在嬰兒床外等等）。

給爸媽：祖父母沒完沒了的干擾

有一對（或兩對）父母親，尚未完全接受你自己即將為人父母了？這並不讓人感到意外——畢竟，你可能還沒有完全進入現實狀況。然而，小心祖父母的干預可能……或者說已經來臨。

做為父母親的初始責任之一，就是讓你的父母親明白，且幫忙他們從容自在地進入祖父母的新角色（是配角不是主角）。

早一點說明（如果有必要的話，經常提起都不要緊），口氣要堅定，但親切的態度也不可少。對任何懷著善意但好管閒事的祖父母說明，他們確實在養育你和你配偶這方面的工作上做得很不錯，但是，現在該換你們來承擔父母的角色了。有時候你們會欣然接受他們的本事（特別是外婆在腦海中保留下來的大量經驗談，以及安撫哭鬧的新生兒的訣竅），但也會有某些時刻，你會想從小兒科醫師或專家、參考相關書籍、網路、社群網站、家長之間或是犯錯中學習——就如同他們當年可能也會做的那樣。同時也要說明，對你而言，不只訂下規矩是件重要的事（就像他們第一次做父母一樣），也得讓他們明白，打從他們接手父母的工作以來，很多規則都已經不一樣了（不再讓寶寶趴睡或定時哺餵），也就是說，他們處理事情的方法可能已經過時。千萬別忘了，要以幽默詼諧的態度來和老人家對談，委婉地指出風水輪轉，這一天他們的孩子已經為人父母——而且無法接受已經被時代淘汰的老觀念。

這麼說吧，試著把兩件事情記在心裡——特別是當你在頂撞哪個插手干涉你事情的祖父母時：第一，他們可能不只讓人感覺像萬事通而已，也真的比你懂得更多，甚至超出你能信任的範疇——你也真的能夠從他們的經驗裡學到東西，哪怕只是一些千萬別做的事；第二，父母的身分是一項責任（它確實是），而祖父母的身分就是該得到一種回報（本應如此不是嗎）。

❖產後看護

你以為只有產前才需要看護嗎？懷孕末期，專業的產前看護確實對你和家人都很有幫助，可產後看護（編按：有點像我們所稱的「做月子」）卻也不遑多讓，能讓你順利度過最累人的產後幾個星期。不像

保母的工作只是照料嬰兒，產後看護的工作範圍幾乎無所不包——從做家事到煮食到協助你育嬰到照顧大一點的兄姊；優秀的產後看護是新生兒家庭最大的安定力量（從照顧寶寶到照顧媽媽），是新手媽媽的左右手（和哭泣時可以倚靠的肩膀），更是為你打氣的啦啦隊——不但幫你轉緊發條，又同時給你身為人母的信心。所以，你也不妨把產後看護看做養育專家——你這新手媽媽的老手媽媽（或爸爸）。

產後看護的另一項好處是很有彈性——有些只在白天或夜裡幫忙幾個小時，有些專做夜間看護，也有些就像朝九晚五的上班族。所以，你可以視需要只聘個幾天或甚至一請來就是好幾個月。當然了，既然大多是以時薪計費而不是週薪，費用的累積可能會很嚇人，聘用前一定要盤算清楚。

❖祖父祖母／外公外婆

不論是什麼樣的情況，一個女人和母親（或婆婆）間的關係，絕對是一輩子當中最複雜微妙的關係之一。這種情形在女兒成為母親、母親升格為祖母後更為明顯。你的想法肯定會和長輩們有衝突，所以你事先就得決定是否要讓長輩幫忙。

也就是說，讓不讓長輩幫忙是為人父母必須做的第一個決定。和大部分的決定一樣，這個決定必須適合你們和寶寶。如果你們覺得三人世界適合你們，長輩的幫助沒什麼作用，那就必須讓他們知道，你們想和孩子有自己的空間，先不必急著過來。向他們解釋，這段時間可讓你們適應一下為人父母的角色，適應新生活，並加強與孩子的親密感。請他們過幾週後再來，對孩子和你們更有幫助。屆時寶寶會更活躍、更好玩、更清醒，更適合拍照（睡著的寶寶看起來都差不多）。

剛開始時，你的母親可能會覺得受到傷害，甚至有點生氣，可是等到她一旦抱到孩子時，那種受傷的感覺很快就會消失無形，而且會明白你們不想過早依賴長輩的心意。

當然也有些年輕父母非常歡迎饒富經驗的母親在坐月子期間前來幫忙，尤其是在後者不會想事事插手的情況下。如果真有此需要，那麼也大可坦白相求：「媽，拜託，我想我們應付不了。」

不可不知：找對醫師

你已經很習慣你那未出世的孩子

健康家庭的醫療保險

沒有孩子的時候，選擇醫療保險已經夠複雜了。一旦做了父母，你要考慮的就不只是你自己（和你的伴侶），你必須選擇最適合全家的保險，尤其是孩子的保險計畫。請留意以下幾點：

- 保險涵蓋的範圍。
- 保險是否有限制，是否有分健康的寶寶或生病的寶寶。
- 保費支付的方式，部分負擔、預付制或月繳制。
- 因應緊急情況或長期需求的保險級別有哪些。

你必須知道你的保險中有哪些特別的條款，最好包含：

- 預防性及例行性的檢查照護：疫苗接種、往視診、語言／聽力／視力檢查、檢驗和 X 光檢查、處方藥。
- 主要醫療服務包括專家諮詢、住院、急救。
- 特別照護：包括物理治療、語言治療、職能治療或其他復建治療；還有長期照護、家庭照護及安寧照護。

你也應該清楚目前有哪些種類的保險。一般人習慣接受傳統付費的健康保險，由保險公司支付全額或部分醫療費用。現在，有許多人則參加工作單位的保險。（編按：目前臺灣施行全民健保，寶寶出生後應盡速至戶政事務所辦妥戶籍登記，然後向家長投保單位申請加保，寶寶未完成加保前，如需就醫，可依附於媽媽健保 IC 卡內，期限為一個月。）

把你的肚皮當成沙袋似地拳打腳踢了，你也明白他愈來愈想出來了。然而在出來之前，你最好能先找到合適的醫師和醫院。

如果決定得太晚，那麼若孩子早產，就得讓不認識的醫師照顧他，而且在寶寶出生後混亂的頭幾天沒人可供諮詢，寶寶若是有問題，你面對的是些陌生的面孔。

這位醫師可能將照顧你的孩子到十幾歲，醫治他的感冒、發燒、肚子痛、任何腫痛、瘀青甚至骨折等等。你不必和這位醫師住在一個屋簷下，但仍須確定一點：他使你感覺可以充分信賴，可以依靠。

首先，你得先畫出一個基本輪廓來。

❖選擇小兒科醫師還是家庭醫師？

在過去，寶寶若是流鼻涕或長尿布疹，父母通常會帶他去看小兒科醫師，偶爾也會帶他們的寶貝去找負責照顧家中各個成員的醫師，也就是家庭醫師。不過最重要的還是要找對醫師。（註：如果產前診斷或你的家族史顯示你的寶寶可能會有特殊的健康問題，如唐氏症、過敏症、氣喘，最好能找一位小兒科醫師，或是專精這些問題的家醫科醫師。）

小兒科醫師。他們的客戶就是小孩，包括嬰孩以及青少年。這些醫師除了在醫學院共同修習的科目之外，還得另外接受特別訓練。選擇他們的最大好處自然是因為他們最了解這些小病人，也很了解通常困擾父母的情形該如何化解。

而相對的壞處是：正因為小兒科醫師僅專注於幼兒病人本身，可能常常忽略了有些病情和其父母及家族的關係。另一個相關的缺點是：假如家中其他成員也需要接受同樣病症的治療時，大概就得另請一位醫師。

家庭醫師。同樣有接受特別訓練課程，一個家庭醫師所必須理解的，要比小兒科醫師廣泛多了：內科、精神病學、婦產科……等，而不只是小兒科。全家人看同一個醫師的好處是他熟悉每個人的狀況，也易於對症下藥。帶新生兒去，就像是帶給一個可靠的老朋友看。

缺點是：他們畢竟不如小兒科醫師那樣專精，有些病症也許無法順利指出問題所在。所以，若真要找個新的家庭醫師，盡量找那種有很多小病人的比較適合你。

❖哪種診療方式最好？

對某些父母來說，診療方式和醫師一樣重要。這得視你個人的偏好以及考慮的重點而定。

個人診所。只找一個醫師的優點是能建立深厚的一對一關係，但問題是，他不可能全年無休地 24 小時待命。萬一小孩必須掛急診，而主治醫師剛好休診，那你最好事先有心理準備，了解要找哪位醫師代理，並且確定可取得孩子的病歷。

兩位醫師合夥的診所。以就診時間而言，兩位比一位好多了。而藉著第一年的定期檢查、預防接種，你應該有很好的機會熟悉兩位醫師。

必須與醫師討論的主題

你正在尋找適當的醫師嗎？你可能尚未臨盆，但腦子中盤繞的盡是以嬰兒為中心的問題。而你當然可以留下一些問題，直到第一次帶著寶寶去看醫師（要謹記在心，有可能診療時間從頭到尾都充滿寶寶的哭鬧聲）時再提問，有些醫師更樂意在產前提供Q&A。因為有些你想要討論的議題，可能是在生產當下或是產後馬上會遇到，而醫師的建議特別幫得上忙。以下就是一些可以考慮商討的議題：

過去的產科史和家族病史。這些記錄，對新生兒的健康會產生什麼樣的影響？

醫院的處理程序。你可以詢問：有關儲存臍帶血和延遲斷臍（delayed cord clamping）的看法？有什麼產後例行檢查和預防注射？黃疸該如何處理？建議住院多久？如果你想要在家生產，必須注意哪些步驟？

割包皮。正反雙方的看法？是誰該執行，在什麼時候，你是不是有選擇？針對新生兒來說，能夠減輕感知的疼痛嗎？

哺育母乳。假如經過第一次診察評估，你仍然有照料上（或只是想要在技巧和過程上的護理）的困難，可以安排每週一到兩次額外的產後看診。醫院有沒有學習中心，或是你可以諮詢的人？

奶瓶餵食。不管妳是否以配方奶粉、加了補充營養的奶粉，或是用奶瓶哺餵母乳，你都該問問用什麼形態的奶瓶、奶嘴較好，醫師又推薦哪種嬰兒奶粉。

嬰兒用品和設備。尋求像是對乙醯氨酚（acetaminophen）退燒塞劑、溫度計和尿布疹護膚軟膏，還有像是車用嬰兒座椅等設備的建議。

一般來說，兩位合夥人的治療概念及處理方式會很接近，然而部分歧異仍在所難免，發生這種情形時，也許令你有些無所適從，但有些時候卻有意想不到的好處。

是否選擇這種診療方式，你必須先弄清一點：有沒有辦法在希望的時間選擇你比較喜歡的那位醫師？如果不行，而很不幸地，你又不喜歡另一位的話，你打算怎麼做呢？

聯合診所。兩個比一個好，三個或

四個豈不更佳？那可不見得。雖說聯合診所大致都能提供 24 小時的應診服務，但是要與醫師建立進一步的彼此了解就難多了，除非你一直選擇同一位醫師（或兩位）。另一個問題是：當你輪流就診時，你可能常常碰到相左的意見或診斷，長久下來，也許會影響你對他們的信心。

❖尋找最合所需的醫師

每個病人都會有一個適合他的醫師。一旦你知道了你要的類型，便可以透過下列方式的任何一種（或者幾種）去找尋了。

問問你的婦產科醫師或助產士。通常惺惺相惜的醫師之間，會頗有相似之處；所以，如果你很習慣你的婦產科醫師，何不請他推薦一下？

向婦產科或兒科護理師、產後看護或授乳專家打聽。如果你認識這麼一位護理師小姐或看護等，那麼應好好利用這寶貴的資料庫去打聽醫師的風評。如果你沒有熟識的護理師，也不認得哪個產後看護或授乳專家，可以打電話向小兒科的護理站或醫院的育嬰室詢問。

問問其他的家長。沒有人比病人更能體會醫師的作風及醫德了。這位小病人的家屬，主要是父母，更會感同身受。當然，個人看法差異也許很大，盡量找與你們想法、教養小孩心態接近的父母來徵詢意見。

醫院或其他諮詢組織。有些醫院、醫療團體和企業中的諮詢服務能提供特別領域的醫師名單，醫院也會推薦院內的權威醫師。諮詢服務機構除了提供醫師的專長、訓練和執業資格外，也會提供是否有醫療糾紛的資訊。

醫療保險公司。你的保險公司也可提供保單中所規定的醫療諮詢。

查閱電話簿。走投無路之餘，翻開電話簿，你一定找得到名單的。但得記住：這兒的資料並不齊全，有些優秀的醫師並不需要以這種方式招徠生意。

❖確定中選的醫師真的適合你們

以上提到的方法都很初步，如果想把範圍縮小，就得多做些調查、打電話，或是親自跑一趟。

在懷孕七、八個月時，可以先和你的決選名單上的醫師約個時間，親自去了解一下：

診所地點。太遠總有許多不便，尤其在惡劣的天候下。當孩子需掛急診時，不用說你將是多麼盼望走個幾步便可以找到你的醫師。話說回來，若是真找到一位你能全心信賴的醫師時，稍遠一些也是值得的。

看診時間。什麼時間較好，要視你們自己的作息而定，能和你們的上班時間錯開，自然是最理想的。

氣氛。通常，一通電話打過去，你大概便心裡有數，話筒中冷淡的語調，你也不必期待當面會有什麼熱忱招待了。然而，親自去一趟更可具體掌握諸多重要訊息，像是：掛號兼服務臺的小姐究竟是否可親？抑或如同被消毒水浸泡過般的冷漠不可侵犯？診所裡的工作人員對小病號們的態度和藹愉悅嗎？

布置。一位以孩子為主要客戶的醫師，理當在候診室多擺幾本雜誌、牆上掛個幾幅印象派的畫作，設法弄出恰當而怡人的氣氛。候診室對小病人的情緒平緩或者移轉有相當程度的影響力，所以不可忽視。此外，環境是否清潔、玩具維護良好、書籍適合各種年齡的小孩、椅子的設計符合孩子的身形等，都是評選的重點。

候診時間長短。讓病人等太久有幾種可能：診所裡的組織功能不良，病人太多，或是醫師的能力無法應付那麼多。但是，這並無法告訴你真正的醫療品質如何，有的好醫師並不擅於管理，或他們也許對自己在一個病人身上花了多少時間沒有概念，遂造成候診室一堆枯等的、不耐的、雞飛狗跳的小病號。

是否可電話諮詢。新手父母如果一有問題就衝到醫院找醫師，不但會擠爆醫院，帳單也會讓人吃不消。可詢問醫師他是否接受電話諮詢，以及什麼時候打電話較方便。

線上服務。有些時候（尤其是你覺得最重要的這第一年裡）當問題和擔憂出現時，會讓你感到不舒服，等不及寶寶下一個預約看診時間的到來，就想要有個能夠消除疑慮的答案。那麼，就使用電話吧——要是你很熟練，電郵或簡訊也可以。處理家長電話時，每家診所都有自己的方式，所以要先確定詢問方面的規矩。

有些醫院會安排提供家長詢問的時間：醫師每天會騰出特定的時間，來處理這方面的電話、簡訊或電郵——這就表示，如果在指定的時間打電話過去，就能確保你可以得

到需要的解答。有的診所會使用電話留言系統——醫師（或醫師助理或是兒科護理師）會在看診的空檔或是一天的工作結束後，再回覆你的電話、解答疑問（通常也會有專門的工作人員篩查問題和決定優先順序）；如果你懷疑自己是那種能忍受只限於早晨七點到八點或十一點到中午時段才能詢問的父母，或是無法忍受自己悶在心裡胡思亂想、直到明天的電話時間到來才能解除今日的擔憂，那麼電話留言就可能更適合你。

另外，也有些小兒科診所如今已採用了線上服務，會回答一般性的問題也會給予建議，更會將緊急和複雜的醫學問題交給醫師處理；護理人員也可以視實際狀況做「優先分配」的判定，幫助家長決定是否寶寶必須帶到醫院就診，以及安排就診時間。這個制度通常可以提供即時回應，很快就能解決家長的壓力。

緊急事件的處理。出現緊急狀況時——做為即將為人父母者，就你而言，會很想知道醫師會如何處理自己所擔憂的事。有時候，處理人員會就緊急案例指示家長去急診（雖然你最保險的計畫可能是先和醫師通個電話）；有些醫院則會要求你先打電話給特定人員，讓他們依據疾病和受傷的性質，決定是在一般會診時觀察你的寶寶，還是直接在急診室與你們碰頭。有些醫師，只要他有空暇（除非出遠門了），不論白天、晚上或週末都肯處理緊急案例，有些則會請同事在他下班時代行職責，或者直接轉介你到提供緊急護理的醫院。

住院條件。大部分寶寶不需住院，但為了以防萬一，還是得先確認你的醫師能安排住院事宜。有些醫院有很好的兒童醫療設備（兒童醫院是首選，但不一定在你家附近）。

風格。這情形有點類似你在挑選嬰兒家具，你會依照你的風格選擇。醫師亦然，你會喜歡一位平易近人的好醫師，還是一板一眼、道貌岸然的？

一般而言，做父母的都會希望這位醫師至少樂於傾聽、接受詢問，而且耐心回答；最重要的，他要十分喜愛小孩。

行醫理念。即使是最融洽的醫病關係，也有意見分歧的時候，因此最良好的醫病關係是雙方在主要議題上大多能取得一致的看法。

❖與理想的醫師合作

一旦你找到了符合理想的醫師，並不是說你就可以把所有孩子的健康問題一股腦兒地丟給醫師去操心，而你只要坐在候診室翻翻報章雜誌。醫師毋寧說是你的合夥人，而你們的合作事業即是孩子的健康身心。身為病人的家長，你有的是一堆責任：

守時。如果你們有預約，就要準時就診。不能去，要盡早通知對方。

預防重於治療。你負責預防的部分，注意孩子營養是否均衡，有充分的休息和娛樂，遠離病菌，提防任何可能的意外災害。你必須幫寶寶養成健康且安全的習慣，孩子將一生受益。

把你的顧慮寫下來。照顧孩子一些時日下來，你可能就浮起了不少擔憂，像是：「娃娃怎麼到現在還沒長牙？」「要怎麼讓他喜歡洗澡？」不可能每件事都打電話去問醫師，所以，把這些一一記下，機會到時才一併提出。

記下醫師的指示重點。孩子出世後的種種繁瑣事務，讓你確信自己得了健忘症——你帶孩子去注射第一劑預防針，對醫師的交代滿口稱是；一轉身回到家，孩子發起燒來，你便慌了手腳：「那醫師說了什麼來著？」竟然一件也記不起來。這是很容易克服的：隨時做筆記，記下醫師說的指示。這不是很容易，因為你還得應付懷中的寶寶，所以看診時最好父母都去，或是要求醫師或護理師幫你記。打電話諮詢時也要做筆記，因為放下電話後你可能什麼也記不起來。

打電話給醫師。真多虧了貝爾，你在手足無措時只須掛一通電話就可以解決。當然，這是不能濫用的權利。有些疑難雜症，任何一本育兒手冊就可以輕鬆打發。剛開始幾個月，寶寶的醫師會希望你打電話給他，尤其是新手父母。

遵照醫師指示。在所謂的合夥關係中，雙方都應當貢獻所長。在此，孩子的醫師貢獻的乃是多年經驗加上訓練。想讓他發揮最大程度的效用，你就必須盡量配合他所說的；萬一不行，一定要讓他知道，尤其牽涉到用藥的情形。舉例來說，醫師開了抗生素來治療孩子的咳嗽，寶寶嘗了一口，全部吐了出來，然後說什麼也不肯再吃第二口。奮戰了一兩天，你感覺他的咳嗽症狀已

減輕許多，決定不再勉強灌藥，而你也因此沒去驚動醫師。好啦，再過兩天，寶寶體溫突然上升，咳嗽咳得更為凶猛。假使你當初預備停藥時有先聯絡醫師的話，他會告訴你，孩子吃藥之後症狀雖有改善，但除非徹底治療到好，否則病菌會更厲害的；另外，他其實也能提供你其他有效的餵藥方式。

表示意見。「遵照醫師指示」並不意味著父母一定不比醫師了解病情，有時可能相反。所以，如果你確實觀察到孩子的病情在服藥之後反而加重，你應該說出來，但是小心別讓醫師覺得被質詢。告訴他你為什麼感覺不對勁，然後請教他的意見。從彼此身上，你們都可以學到更多東西。

如果你聽說有哪些新的療法能改善寶寶的腸絞痛和流鼻水，或任何對寶寶有益的事，也可詢問醫師。或是讀到哪些資訊，也可告訴醫師。他可能早已知道這些資訊，可幫你分析利弊；如果他還不知道，也許會想知道更多。不過網路上的資料良莠不齊，你必須小心選擇。

中止惡劣的合夥關係。沒有十全十美的醫師，也沒有十全十美的家長，雙方關係再好，也有意見不同的時候，如果歧見過多，在你決定中止關係前，最好能找機會和醫師釐清你對他不敢苟同的部分；可能你原先以為的根本看法的差異，只不過是言詞語意上的小誤解。那麼犯不著換掉醫師。如果不幸，事實顯示這位醫師完全不適合你或你的寶寶，那就趕緊再去找一位好醫師。在找到新的醫師之前，最好繼續跟原來的醫師保持良好關係，以免寶寶有段時間沒有醫師。一旦找到了，最好探詢一下小孩的病歷是不是能夠轉到新醫師手中。

理念。你不會在每個主題上都同意寶寶的醫師的看法，最好能預先發現（也就是做出承諾之前）是否在這主題上意見一致。為了確認你對寶寶的照護理念能夠與可能照料你寶寶的醫師相去不遠，不妨詢問一下你會在乎的親子主題或養育趨勢：從哺餵母乳到割包皮，從親密育兒法到父母與孩子同睡，從輔助與替代醫學到免疫接種的各類問題。

2 爲寶寶採購用品

這一天你可等了好久了。此刻，不需要再按捺這股衝動，你真的必須要去為寶寶準備必需品了。

但是，你可得按捺住另一股想把每樣東西都買下來的衝動。

採購方針

上街之前先做一些準備的功課。算算最基本的需要是什麼，並且，武裝好自己，以面對售貨員的三寸不爛之舌。

- 不要買店裡所推出的整套嬰兒衣物，因為每個寶寶的需要不同。
- 以你多久清洗一次衣物來估量需要多少嬰兒服。如果你幾乎每天都會清洗，那麼就少買一點；如果你一週送洗一次，就得多準備一些。
- 在剛開始的幾個月，寶寶可能一天得換好幾次衣服，這麼多衣服不但占空間，也得花一大筆錢。所以若有朋友或家人能給你舊的嬰兒服，就高高興興地收下吧。這些衣服也許不那麼合身，但能幫你度過一段來不及清洗髒衣服的日子。將借到的或是親友給的（二手貨也好）衣物從購物單上劃掉吧。
- 如果親朋好友問你需要什麼，不用不好意思回答。你可以給他們幾樣價格不同的東西任其選送；但是不要告訴所有人你需要某件物品，否則你會發現不知如何處理多餘的學步車。
- 非迫切必需品，暫緩購買。也許你會收到這項禮物。如：嬰兒餐椅、洗澡椅、較大一點才能玩的玩具、成套的睡衣、T 恤等。
- 選購衣物的尺碼，以六到九個月大為主；合身衣服一兩件即可，再加上兩件三個月大的 T 恤，

防止過度採購的原則

幫寶寶買衣服最棒的一點是：寶寶實在太可愛了；然而，幫寶寶買衣服最怕的卻也是：寶寶實在太可愛了。一個不小心，你就可能買光一家店的可愛衣服（然後再去買光下一家、下下一家），回家以後，才發現寶寶的衣服已經多到小衣櫥的門都關不上了；再過一陣子又發現，半數以上的衣服都還來不及亮相，寶寶就已經穿不下了。為了提防過度採購，請牢記以下的原則：

- 寶寶不會在意二手衣。七、八年前，嬰兒的二手衣可能很難買得到，現在就大不相同了——更別說，寶寶天生就不必追逐時尚；就算你自己很在乎流行，也無需多久就會發現，還好寶寶吐奶在上面的、尿片溢漏沾上的，都是一件又一件的二手衣……而且只要丟進洗衣機清洗就好。二手衣沒有那麼好看？那才不是問題呢——就算是你花大錢買的新衣服，寶寶再穿第二次時不也是舊衣了嗎？所以，如果你運氣很好、寶寶有二手衣可穿，那就笑納吧；當然，有了二手衣後，別忘了劃掉採購單子上相同的項目。
- 洗滌衣物的習慣。盤算寶寶衣物的購買數量時，請先考慮一下你多久洗一次衣服；如果你有天天都洗衣服的習慣，那麼就可以盡量少買——布製尿片也是。反過來說，如果你忙到只能送洗或是只有週末有空，就只好多買幾件囉。
- 舒適與方便最重要，可不可愛先放一邊。衣服上有很多小鈕扣當然好看，可等到你急著幫寶寶換衣服時，那些很難剝開的小鈕扣就會讓你抓狂了；蟬紗派對裝掛在衣櫥裡也許賞心悅目，但等寶寶當真穿上、在派對上被磨搓得很不舒服時，你大概就會悔不當初。水手服是很時髦沒錯，但要換尿片時你就會發現只能整件脫掉；嬰兒緊身衣？用……想也知道最好不要。

也就是說，你一定要學會抗拒漂亮的（和不實用、不方便、難穿脫的）衣服，而且牢記寶寶舒服時最

就足以應付所需了。小嬰兒長大得很快，買大一點的衣服，也許剛穿起來顯得笨拙，但沒多久就剛好了。而有些衣服買回來別急著拆開，等寶寶生下來，如果是個特大號的娃娃，可以請人幫你

快樂，爸媽幫寶寶穿脫衣服更是最快樂的事，而不是惡夢一場。這一來你就知道，你們得幫寶寶買一整套質料柔軟、只需水洗、容易穿脫（沒有鈕扣也就確保寶寶不會咬下來吞進肚子裡）的衣服；如果是套頭裝開口就要夠大，胯部更一定要容易翻開來更換尿片，購買前，別忘了要先用手摸摸內裡（這才是寶寶肌膚接觸的地方）是否柔軟。為寶寶長大預留空間則是另一個考量重點：肩寬要稍大一點，布料要有彈性，腰身最好有鬆緊帶。最後，安全性也得注意——衣服上不能有超過 15 公分的細繩或絲帶。

- 加大一號是明智之舉。既然新生兒很快就不再是新生兒了（有些寶寶一出生就忙著長大），因此，除非你很確信寶寶長得很慢，要不然就要幫他買大上一號的衣服，寧可前幾週都得捲起衣袖或褲管來穿，也要幫他買可以穿到六個月大的衣服。一般來說，最少要大上一級（六個月大的寶寶多半能穿預設給九到十二個月大寶寶的尺寸，有些還能穿一歲半的）；不過，結帳前最好還是多看兩眼，因為有些商家（尤其是進口貨）的型號會大上一些或小一點。一旦無法確定，就先買大一號的吧，記得：寶寶會長大，衣服會縮水。
- 季節的變換。如果寶寶的預產期剛好在兩個季節的交會點附近，當季的合身衣服就盡量少買，多買一點下一季用的、大一些的衣服；不論寶寶多大，每逢採購，都要先想清楚寶寶那時穿的應該是冬衣還是夏服——尤其是提前採購時。秋季大拍賣的價格也許很誘人，但如果寶寶要穿時卻是夏天，那就全白買了不是嗎？
- 別急著拆掉標籤。當然了，衣服一買回家你就會想拆光那些標籤再擺進寶寶的衣櫥，但最好還是忍著點。只要還沒要給寶寶穿，每一個標籤（和發票或收據）都該留著，免得要穿時寶寶過大或太小——甚至性別出乎預期——卻不能退換。一般來說，只要沒穿過、標籤和發票都還留著，店家都願意讓你改換大小或花色。

原封拿回去換較大的尺碼。

衣服至少要買大一號的（大部分六個月大的寶寶可穿九個月至一歲的衣服，有些甚至可穿一歲半的衣服），但買的時候要留意，有些衣服（尤其是進口貨）都比一般尺寸大或小，如果無法拿捏，就買大的，因為寶寶會長大。

- 考慮氣候因素。如果寶寶出生在季節剛開始的時候，先買幾件當時得穿的衣服，再買幾件大一點且能應付換季的衣服，必須要考慮到寶寶長大點之後還能穿。可能有一件非常可愛漂亮的露背裝（九個月大適穿的）正以半價清倉，而等你的寶寶長到那麼大的時候，正是過年前後，冬寒時分——買了包你後悔。
- 替寶寶買衣服時，方便舒適優先考慮，樣子時髦逗人次之。領口有小釦子很可愛，可是替寶寶換衣服時若他不停扭動，就很難扣好了；薄紗禮服看起來很迷人，但如果寶寶的皮膚會過敏，還是放棄吧。

最好選擇質料柔軟、容易清理且帶按釦的外套，不要有鈕釦（不方便，且容易被寶寶咬掉，很危險），領口寬鬆（或有按釦），褲子是開檔的，方便換尿布。棉線或絲帶不可過長（不超過15公分），以免危險；接縫太粗糙會讓寶寶不舒服。預留成長的空間也是一個重點，肩部最好可調整；選可伸縮的料子；不要有腰線，或腰部可伸縮；睡衣最好有兩排按釦；褲腳可以捲起來；連著襪子的長褲長度要適當，或在腳踝處可伸縮。

- 若是不知道寶寶的性別，可盡量買些中性色，紅色、藍色、海軍藍、白色、奶油色都可以。孩子出生後你就可以買適合的顏色。有些商家可以先預訂，等寶寶出生後再挑顏色。
- 選購嬰兒家具時，實用性以及安全性遠勝於外觀風格。一張古董嬰兒床也許使房間生色不少，但也有可能它的某部分已逐漸鬆脫，隨時會讓寶寶掉下來；另外，它所使用的大概是含鉛量過高的舊漆，那對寶寶的潛在危害更大。如果有養狗，搖籃就不可太接近地面。記住：一些家傳的舊嬰兒床和搖籃往往不符合現代的安全標準。推著一輛勞斯萊斯嬰兒車在街上走的確很引人注目，但要上公車時你就頭大了。更多嬰兒家具的資訊請見下一節。
- 潔膚用品。只買需要的，還有幾個要點：不含酒精（酒精會使寶寶皮膚乾燥），盡量不加人工色素、防腐劑或其他化學添加物。
- 醫藥箱。這你倒別擔心準備太多了，把可能需要的藥品全都準備進去，免得哪天半夜醒來，寶寶

突然發高燒，你卻沒有任何退燒藥可用；或鼻子不通睡不著時，你找不到通鼻器。

採購指南

你已經摩拳擦掌，打算上街去血拚寶寶的種種必需品了嗎？沒錯，你家寶貝確實是光溜溜地來到人間的，但是，未來這一年裡，他長大的速度可比待在子宮裡那九個月快得多了；所以，在你還沒走出家門去買他的衣服、清潔用品、家具之前，請記得，以下的說明只是一個指南，並不都是非買不可（或借）的東西——更不要一次就想全都買足。不管是眼前或將來，你家寶貝（和你）的需要都不會和別人一模一樣。

❖人之初的所需衣著

寶寶那些可愛的小衣服顯然是會讓人很感興趣，不過，你必須控制你的購買慾，以免塞爆寶寶的衣櫥（尤其是那些華而不實的衣服）。可依循以下建議選購。

5~10 件內衫。前開襟有按釦是最方便的，寶寶幾週大時較易穿脫。臍帶頭未脫落前衣服不可太緊，以免摩擦到臍帶頭。臍帶頭脫落後，就可穿套頭的連身服，比較平滑舒適，在天冷時也比較能確保小肚子不露出來。

4~7 套包腳的連身服。這是給秋冬出生寶寶的，若是在春末或夏季出生，就只需準備 3~4 件。穿這類連身服就不必穿襪子（也穿不住）。褲襠必須有按釦（或拉鏈），以方便換尿布。

兩件式套裝。較不實用，買 1~2 套即可。腰部要有按釦，褲子比較不會掉，上衣也不會縮上去。

3~6 件連身短衫（短袖，無褲腳，胯下有按釦）。給春末或夏天誕生的寶寶用。

3~6 件睡衣，底部有收緊繩。連身服也可充當睡衣，在前幾週時，半夜給寶寶換尿布較方便。等寶寶會動會玩時，應將繩子抽掉，避免危險。

2~3 件毛質包毯。如果寶寶出生在秋冬，睡覺時更要注意保暖。這種包毯可以防止寶寶窒息或猝死症（參見 286 頁）。不過寶寶五個月以後就不能用包毯了。

1~3 件套頭衫。夏天一件輕薄的罩衫即可；天涼時則需準備較厚、較暖的。要買那種容易清洗晾乾且穿脫方便的。

1~3 頂帽子。夏天要準備一頂質輕、有帽沿的來擋陽光；冬季則最好是附耳罩，但不是太緊的帽子來保暖（許多寶寶都會由頭部散熱，而寶寶的頭部比例通常較大，因此容易造成熱量的流失）。

1 件附有手套的睡袋或防雪裝。為秋末或冬天準備的。買睡袋時，要找底部有窄縫的，好讓汽車安全帶能固定。

5~6 雙包鞋或襪子。選購不容易掉落的。

3 件可洗的圍兜兜。在還沒開始吃副食品之前，也需要這個來防止寶寶的衣服被口水滲溼。

3~4 件防水褲。或者尿布包——假使你使用棉尿布的話。

❖毛巾被毯

不論你選什麼顏色及樣式，最重要的是尺寸要合。床單和床墊都不能鬆動，以免發生危險。

3~4 條床單。鋪嬰兒床、搖籃、嬰兒車等。所有床單都必須能緊貼床墊，不會鬆動。你也可以買幾條一半尺寸的床單，綁或扣在床的圍欄上，鋪在床單的上半部，如果寶寶吐了，就只要換這條小的床單。注意：小床單也要安全的平鋪好。

2~6 件防水的墊子。用來保護嬰兒床、搖籃、推車以及其他可能遭殃的家具。

2 條夾層的墊褥。可鋪在搖籃裡保護床墊，必須服貼舒適。

2 條可換洗的毯子或被子。放在嬰兒床、搖籃或汽車安全椅中。但毯子不能讓寶寶睡覺時蓋（尤其是滿月以後），以免發生嬰兒猝死症。睡覺時最好用毛質包毯或溫暖的睡衣。如果要蓋毯子，一定要選質輕透氣的，不能有長流蘇或會散開的邊邊，得把它塞在墊子下，被子只能蓋到腋下。寶寶滿月以後比較好動，就不能蓋毯子睡覺了。

1~2 條放置在推車或嬰兒躺椅上的毯子。夏日寶寶則僅需一條質料輕的即可。

2~3 條浴巾。最好是有罩頭，寶寶洗完澡可保持頭部溫暖。

2~3 條小毛巾。

12 條方巾。當你為寶寶拍嗝時可以保護你的肩膀，當寶寶吐奶時可維持床單清潔，緊急時當做圍兜，還有多種用途。

3~5 條包巾。依季節天候取決。新生兒喜歡被布包住，而包巾正可以讓寶寶感覺舒適。參見第 175 頁「如何安全包住寶寶」。

❖尿布

自古以來，父母就必須面臨如何選尿布這個難題。數千年來，人們想了許多解決的方案。比如，美洲的印地安人為了維持寶寶的屁屁及媽媽背部的乾爽與舒適，採用細條狀的軟香蒲來包裹嬰兒。

幸運的是，今日的父母已不需要為了寶寶的小屁屁，到沼澤溼地採香蒲。但你還是得在琳瑯滿目的產品中，選擇適合寶寶的尿布。

你所選的未必和你鄰居所選的一樣。在這場尿布大賽中，沒有誰是贏家，個別的因素是主要關鍵，而科學和經濟也是選擇的標準。

紙尿褲。方便對忙碌的父母來說，是最大的好處，不必收拾、洗濯滿屋子的髒尿布，可以節省許多時間和精神。穿脫都極為簡易，而且不需要別針（如果你的寶寶非常好動的話，這點尤其重要）；新推出的產品（價格較高）在吸收能力方面不斷提升，比較不會引起尿布疹，同時也比較不易滲漏。

但這個優點的另一面，卻又不折不扣是個缺點：由於紙尿褲的吸水量增大，當父母真的感覺到太溼的時候，那已經是溼到足以令寶寶快得尿布疹的地步；也讓父母無法確認寶寶的排尿量，因而不知該餵寶寶多少奶。此外，紙尿褲的便利好用，也使得訓練寶寶控制大小便相形困難。紙尿褲還有一項重要缺點：危害生態環境，因為它並非有機物，無法被大自然分解利用（雖然棉尿布也會用許多水和清潔劑），而且還必須出外購買；不過現在已經可以打電話或上網訂購。

市售棉尿布。對不願用紙尿褲的父母來說，柔軟、舒適、衛生及較環保的棉尿布更具吸引力。有些研究顯示，棉尿布可減少溼疹（常被棉尿布廠商引用）；但有些研究卻表示，紙尿褲吸收力強，才能減少溼疹（紙尿褲製造商常引用）。如果寶寶學走路前一直使用棉尿布（許多父母會在這之前改用紙尿褲），可讓寶寶較容易養成上廁所的好習

棉製尿布知多少？

為了寶寶的屁屁——和你自己的荷包，很想嘗試一下布尿褲嗎？先讀讀以下的簡單說明，再決定要用哪一種：

方形尿布。最簡單的布尿片。看來極其單純（很像你曾祖母當年包在你祖母屁屁上的布片），好像也應該很容易使用（又一定最省錢），但其實沒有兩把刷子是用不來的：你必須仔細比對你家寶貝的屁屁，才不會包起來時歪一邊，用別針或子母扣（魔鬼氈）固定時更沒有想像中容易（別忘了小傢伙可是會動來動去的），另外還得再穿上一件防滲尿布褲，才比較不會滲漏。

曲線形尿布。尿布縫製成沙漏狀，就意味著使用上更方便，固定時也大多使用別針或子母扣，但也還是要考慮加穿防滲尿布褲的可能性。

內褲形尿布。看起來就和一般的紙尿褲沒有兩樣，穿脫也很容易；拜腰部和腿部的鬆緊帶之賜，比上述兩種尿布都更合身——也就是說，比較不會出現滲漏。不過，還是建議你再加上一件防滲尿布褲。

一件式布尿褲。除了腰部和腿部都有鬆緊帶，容易穿脫，還有各種花樣與設計，更無需再加穿防滲尿布褲，因為買來時就已縫在尿布外了（也因此才能說是「一件式」）。這種尿布的防漏力很強，但價錢也很高貴；另外，由於同時擁有兩種材質，清洗起來也更費力又費時。

口袋式布尿褲。和一件式尿布一樣，這種尿布也有布面層和防水層（所以穿脫都只要一次），但尿布留有一個口袋，可以讓你置入吸水厚棉布。好處是：如果你預期寶寶會尿很多，便可多墊一層厚棉布。

兩件式布尿褲。概念其實近似口袋式布尿褲，只不過另外添加的厚棉布並不是放進口袋裡，而是直接襯在尿布上；這一來，如果不是溼得太厲害，你就可以只換那塊棉布就好。當然了，清洗或烘乾也都方便很多。

加厚式布尿褲。每一種型式都有（包括口袋式），吸溼力很強，適合夜間或白天裡睡得較久時使用；缺點是有點厚重，寶寶清醒時會妨礙他的活動。另外，由於加強防滲漏而多加一層棉布，所以清洗起來頗費力，特別是寶寶開始吃固態食物後，大便如果很黏就更難清洗了。

慣；因為溼透的尿布貼在皮膚上很不舒服，會讓寶寶很想使用馬桶。

這種尿布的缺點是，尿布和防漏褲是分離的，更換較麻煩（也有合在一起的產品），如果寶寶不斷扭動，會更難更換。而且防漏褲較不通風，易引起溼疹，不過也有一些較通風的棉或毛的尿布能解決這個問題（通常襯裡墊了透氣且吸水的泡棉）。由於吸收力的限制，對於多尿的孩子，或是晚上睡覺時，必須墊兩塊尿布才夠。男孩的小便會集中在前方，所以必須墊上紙的襯裡。此外，從外面回來的話，也得帶一大堆難聞的髒尿布回家。

此外，棉尿布雖然較環保，但清洗的污水還是會對環境造成影響。

自製棉尿布。這種尿布無法和前兩種相提並論，因為無法有效消毒，更容易引起溼疹。雖然便宜許多，但清洗也要用掉許多清水、清潔劑，也花費許多時間（浸泡、清洗、晾乾）。

無論你選用哪一種尿布，寶寶都有可能在短期內得到尿布疹。若真如此，犯不著苦苦作戰，只要試試另一種方法（原來使用布的換用紙的，或者反過來），或者是試試其他廠牌的紙尿褲。

如果你用紙尿褲，先買一兩包新生兒用的即可，等到寶寶出生後再依他的尺寸購買數打。如果你用棉製尿布，並準備自己清洗，就買個 2~5 打，再買 2 打紙尿褲，以備外出或緊急時使用。如果你的寶寶是男生，就得買些尿墊墊在尿布前方，因為男孩尿尿大都集中在前方，容易滲漏。晚上睡覺時也可用尿墊防漏。

❖清潔用品

寶寶身上的味道是天然的，清潔用品用得越少越好，最好買添加物和香料較少的產品（因為寶寶的皮膚很柔嫩）。許多向父母大力推銷的產品其實都是不必要的，以下所列的產品可依需要選購。換尿布所需要的種種東西，都應置於夠高的架子上，以免讓嬰兒拿到手，但必須能夠讓你輕鬆搆得著。

嬰兒洗澡用的肥皂或沐浴精。每次用微量即可，配方要柔和。

不刺激眼睛的嬰兒洗髮精。很小的寶寶，其實用不刺激眼睛的沐浴精來洗頭髮即可。

嬰兒油。如果寶寶大便黏住肛門而疼痛，可用手輕輕擦拭。也可用來

環保的考量

男生用藍色，女生用粉紅？不，當今最受矚目的顏色是代表環保的綠色——尤其是嬰兒清潔用品。從有機洗髮乳到純天然沐浴乳，嬰兒用品店的貨架（和購物網站的首頁）上，全都擺滿了你家寶貝用得上的環保產品；這當然是因為，現代爸媽不但都很有環保概念，更不想在心愛寶寶的柔嫩肌膚上塗抹任何化學製品。

但是，你真的有必要為了環保而花上大把銀子嗎？

好消息是，如今給寶寶使用的環保產品不再那麼昂貴了——在眾多家長的需求推動之下，綠色嬰兒用品已經愈來愈便宜。最能彰顯嬰兒用品綠化的例子，就是許多商品都不再使用鄰苯二甲酸酯（phthalates）——這種過去常用在嬰兒洗髮精與乳液上的塑化劑，研究發現，可能會造成嬰兒的內分泌與生殖系統問題；其他嬰兒用品，也去除了甲醛（formaldehyde）和1.4-二氧六圜（1.4 dioxane）——另外兩種環境保護團體和家長認為不安全的化學物。同樣可能有害嬰兒的化學物質，例如對羥基苯甲酸酯（parabens），嬰兒用品大多也已不再添加。

只要小心閱讀標籤上的說明，你就可以避開可能會傷害寶寶的商品——不管是為了環保還是擔憂刺激性的成分。要選擇不含酒精（因為酒精會讓寶寶的皮膚變得乾燥）、未加色素與香料（或者加得極少）、以及其他化學添加物的商品（真正的綠色商品，包裝盒上都會清楚註明）。

除了精挑細選，你自己也得做些功課，到相關網站上搜尋可靠的資訊，了解哪些成分可能危害寶寶，再看看你想買給寶寶用的東西裡有沒有這些成分。

必須謹記在心的還有：你不想用在寶寶身上的清潔用品，可不是只有加入化學物質的那一些，還包括可能會引發過敏的堅果類（也許你的家族有對堅果過敏的體質，即便吃堅果的是你，要是哺餵母乳也可能影響嬰兒）。最好請教一下醫師，看看寶寶是否必須避開含有堅果成分的產品（例如杏仁油）；同時，也要提防可能會傷害寶寶的內含精油製品——這方面，小兒科醫師也會是你的最佳幫手。

擦拭頭皮的乳痂。

嬰兒爽身粉。寶寶其實不需要（夏天可用一些）；如果要用，最好買玉米粉做的，千萬不要選含滑石粉的。

治療尿布疹的軟膏或乳膏。大部分的尿布疹乳膏或軟膏都是屏蔽的性質——意思是說，它們會在寶寶排便、撒尿時，扮演幫忙柔軟的小屁股對抗刺目粗糙的疹子的屏障保護角色。軟膏會保持清爽，而乳膏（特別是含有氧化鋅成分的）通常會留下白色痕跡。乳膏一般都比軟膏來得濃稠，也更能對治——或甚至有效預防——尿布疹。有些廠牌也含有其他舒緩的成分，例如蘆薈或是羊毛脂。

當你開始備貨之前，最好先能試出一種理想的品牌——有些廠牌會對某些寶寶特別有效。

凡士林。在使用肛溫計時可作潤滑用；但不能用來自行治療尿布疹。

溼紙巾。很方便，換尿布、擦手等等皆可。在最初幾個星期則最好是以棉花球沾純水來清潔小屁股，患有尿布疹時亦然。如果你重視環保概念，或是你的寶寶對特定的廠牌產生過敏現象，也可以採用可重複使用的布製品。很想購買濕紙巾保溫器？雖然有些父母信賴溫紙巾（尤其是在寒風刺骨的晚），關鍵是它們並非必需品。寶寶的小屁屁已經十分暖和了，不需要用到加溫的濕紙巾；更別說，保溫器還一不小心就會烘乾裡頭的紙巾。假如你仍然想用保溫器，那麼還有另一個考量：溫紙巾對嬰兒來說是很容易認同的習慣，往後他們可能會不願意接受紙巾不加溫的狀態。

消毒棉球。寶寶出生後幾週內用，以清潔寶寶眼部，以及在有尿布疹時，當做換尿布的清潔品。

嬰兒用指甲剪。因為寶寶會扭動，不可用成人用的鋒利指甲刀，不過寶寶的指甲很容易剪。

嬰兒用的梳子及髮刷。頭髮溼的時候，只能用大齒梳來整髮。

新生兒浴盆。新生兒全身溼透時是十分滑溜的——更別提處在不自主的蠕動狀態下。面對寶寶的第一次沐浴時，就算信心滿滿的父母也會緊張得手忙腳亂。為了確保寶寶在澡盆裡能夠得到泡泡澡的樂趣又無安全顧慮，最好花錢買或者借個新生兒浴盆——大都是根據新生兒的輪廓而設計的，具有支撐的巧思，很能防止寶寶滑入水中。種類和風格也變化多端：大多是塑膠製品，也大多有泡棉軟墊，有的還附有網狀吊帶。有些產品即使寶寶長大了也還能用，可以一路陪伴寶寶度過蹣跚學步的歲月（那時可以置放於一般的浴缸內）。

購買嬰兒浴盆時，要找底部有止滑設計的類型（包括內部和外部），有流線形的邊緣設計，浴盆滿水（還有嬰兒在裡面）的狀態下都不致變形，容易清洗，排水快速，尺寸寬敞（大到能夠容納四到五個月大的寶寶），可以支撐寶寶的頭部和肩膀，可以攜帶外出，有防黴泡沫墊更好。

❖醫藥箱

未雨綢繆，總勝過臨渴掘井。可以請教醫師的意見。記得，要把這些物品收藏在孩子找不到、碰不著的安全所在：

解熱鎮痛劑。像是嬰兒用藥泰諾（Infant Tylenol），要兩個月大後才能夠使用。寶寶滿六個月後，才可以服用含有布洛芬（ibuprofen）的藥品（如嬰兒安舒疼〔Infant Advil〕和嬰兒摩純〔Infant Motrin〕）。

消炎藥膏。例如枯草桿菌素（bacitracin）或新黴素（neomycin），有輕微割傷或擦傷可用。

痱子膏或止癢軟膏。如卡拉明藥水（calamine lotion）或乙酸皮質醇軟膏（hydrocortisone cream, 0.5%），在蚊蟲咬或皮膚癢時可擦。

電解液（電解質平衡鹽溶液，比如Pedialyte小兒培得賴維持液）。這是寶寶腹瀉時可以採取的補液療法，但只有在寶寶的醫師特別推薦的情況下才可以使用——依據你小寶貝的年紀大小，醫師會調整劑量。

防曬乳液。在六個月大以前不可給寶寶使用，要選配方溫和的。

消毒用酒精。用以清潔臍帶頭及溫度計，但不能擦身體。

餵藥器、滴管或口腔注射器。餵藥用（如果可能，盡量使用藥品附加的工具）。

消毒繃帶及紗布。準備各種大小尺寸。

膠帶。以固定紗布用。

鑷子。夾出小碎片用。

吸鼻器。你一定得知道、而且會愛

用這項絕對必要的產品。只要使用過，你就會慶幸嬰兒清潔照護系列裡竟有這個「吸鼻涕達人」。傳統的球狀吸器價錢便宜，而且清理鼻塞的效果也不錯，所以你可能不必非得買個電池操作型。此外，市場上也還有其他可供選擇的吸鼻器，包括一種由你將它吸出（透過一條管子吸出）的產品。

室內加溼機。假如你決定要買一臺溼度調節器，噴霧冷卻機種就是你最好的選擇了（暖霧或是蒸氣加濕器可能導致燃燒）。記得，一定要遵照廠商的指示，定期且徹底清洗，以避免滋生各種細菌和黴菌。

體溫計。參閱 604 頁，了解如何選擇和使用體溫計。

熱敷墊和熱水袋。舒緩腹痛或是其他疼痛——但要小心，別將這發熱的物品老是裹在被套或布尿片裡。

❖嬰兒的哺育用品

如果你打算全程哺餵母乳，那麼你已經擁有兩個很重要的配備了。如果不是，就得備妥以下的某些或全部配備：

奶瓶。不含雙酚 A 的嬰兒奶瓶和奶嘴（所有的奶瓶和奶嘴，都必須達到不含雙酚 A 的 FDA 標準；參閱第 361 頁），有讓人眼花撩亂、各取所需的選擇——從斜頸瓶到即棄式專用奶袋，從寬口瓶到自然流量，從正牙奶嘴（預防牙齦變形）到乳頭形狀的奶嘴，還有會隨著寶寶的移動而跟著轉動的奶嘴設計。為你的寶寶選擇適當的奶瓶和奶嘴時，必須基於反覆試驗、朋友（和網路上的朋友們）的推薦介紹，加上你自己的偏好。假如一開始你是依它的外觀和感覺來決定，但是結果並不適合你的小寶貝，也不必太懊惱——只要改變式樣，直到合適的一組品牌出現（這正是在你備貨之前，要先進行嘗試的好理由）。你可以從下列奶瓶的式樣介紹裡挑選：

- 直筒瓶或弧型的標準型奶瓶，而且是不含 BPA 的塑膠、玻璃或甚至不鏽鋼製品。有些奶瓶的底部有調節閥，應當是用在餵食過程中降低空氣的吸入——理論上是減少你的小寶寶肚子裡的氣體流入。
- 寬頸瓶。外觀比標準瓶更短更胖，本來就是搭配較寬的奶嘴。這種設計會讓嬰兒感覺就像是在吸吮母親的乳房。也有一些寬頸瓶

用餐椅：寶寶長大了

寶寶出生後的前六個月，乳房或是奶瓶會將營養食物輸送給他；這也就是說，你的寶貝一開始只能在你的懷中進行所有的飲食行為。但是，即使小餐椅還不在馬上就需要的清單裡（你的即刻必需品清單是不是已經太長了？），你還是可以稍微想像一下寶寶未來的進食情形。現在就開始記下那些未來所需的物品，對你有利無害。

嬰兒餐椅。除非你的寶寶已經開始接受各種固體食物，否則你目前都還不需要一把嬰兒餐椅，大概要到寶寶六個月大左右，你才會用得到；而且，就算六個月大了，剛開始以湯匙餵食的時候，嬰兒椅也還是比較實用。然而，在嬰兒床、汽車安全座椅的選項之外，比起其他你為寶寶購買的配備，嬰兒餐椅可能還更常使用（甚至可能過度使用）。你會發現，光是一張嬰兒餐椅，你就有各種特色、無數設計模式可供選擇：有些具有調整高度的功能，有些是椅背可以放低讓寶寶斜躺（使得它們成為六個月以下寶寶完美的餵食幫手），有些還能夠折疊起來，方便收納。嬰兒餐椅可能是塑膠或金屬製成，也可能是木製品，某些產品的下方備有置物籃，有的還具備餐盤設計（你會發現，這種設計非常實用）。很多種產品的椅腳都附有滾輪，方便你從廚房到餐廳自由地來回移動。

會配個像母親乳頭形狀的奶嘴。假如你正打算搭配組合（哺乳和奶瓶餵食），這種奶瓶可能就是你較好的選項。

- 斜頸瓶。這種奶瓶的頸部是彎曲的，方便你手握，但是對你的小寶貝來說，一旦他們要開始自己握住奶瓶時，就會比較吃力。斜頸瓶可以讓母乳或是配方奶粉集中在奶嘴裡，讓你的寶寶比較不會吞進空氣。雖然這種型態的奶瓶方便你的小寶貝以半直立的姿勢喝奶——特別重要的是，假如他有吐奶、脹氣或耳朵發炎危險的話——卻可能不容易裝填（要倒入液體時，你可能必須側向一邊，或是借助漏斗狀的器具）。
- 拋棄式內襯奶瓶。這種奶瓶有一個堅硬的外掛固定物，可以從那兒塞進拋棄式內襯（儲奶袋）。當你的寶貝用這種奶瓶喝奶時，裡頭的儲奶袋便會自然塌陷，不

選購嬰兒餐椅時，要找底部堅固、不易傾斜翻倒的產品，托盤要能夠用單手輕易地拿下或是套上，椅背的高度足以托住嬰兒的頸部，要有舒服的襯墊，還有穿過小寶貝臀部和兩腿間的安全帶（它會讓你家的脫逃大師幾乎不可掙脫），假如椅子可以折疊起來，就不能有銳利的邊角，還要有安全鎖的設計。

輔助座椅。對長大一點或是學步期的小寶寶來說，輔助椅是一個值得擁有的用具。輔助座椅有塑膠製座位，可以繫牢在餐桌旁的一般椅子上（或是單獨放在地板上），有夾掛設計的座椅則是讓你直接鎖在桌子上。有些是用於六個月大的寶寶（或是更小），有些更適合較大的或已經到學步期的寶寶（當好動的小寶寶開始抗拒被限制活動在嬰兒餐椅上，或是已經在覬覦餐桌旁的成人椅時，輔助座椅就可能是你不可或缺的用具了）。當你探望友人、拜訪其他家庭或是到餐廳用膳，當下無法提供寶寶適當且安全的座椅時，輔助餐椅（特別是夾掛式輔助椅）也會是極為有用的配備。如果以最輕便為考量，就選擇夾掛式的輔助椅吧，不但很輕巧，還通常配有旅行袋。很多輔助餐椅都有可調節座椅高度的功能，有些可附加餐盤。如果你的嬰兒餐椅已具備多重功能，便可能可以轉變成輔助椅，就不同的年紀、個頭、飲食階段和桌子的高度來做適當的調整。

會留給氣體進入的空間——雖然空氣可能終究還是會找到方式跑進寶寶的肚子裡。餵食過後，只要丟棄空的儲奶袋就可以了。

- 自然導流的防脹氣奶瓶。奶瓶中心有一支像吸管的導氣管，目的是減少會導致脹氣的泡泡產生。餵食完畢後，最需要清洗乾淨的地方就是奶瓶底部了——不只是底部，導流管的裝置當然也要保持乾淨——那可能會讓你覺得很煩（也許你會覺得，比起不讓寶寶受到脹氣之苦，那也算不上有多麻煩）。

先儲購 4 支 120CC 還有 10~12 支 240CC 的奶瓶備用。如果你是結合奶瓶餵食與母乳哺育，4~6 支 240CC 的奶瓶就應該很足夠了。假如你只採用哺乳方式，那麼，買一支 240CC 的奶瓶以備不時之需就夠了。

有關嬰兒床安全性的注意事項

值得慶幸的是一提到嬰兒床的安全性，就會有官方來替你背書——也幫你的寶寶提供保障。美國消費品安全委員會（Consumer Product Safety Commission, CPSC）早就把嬰兒床的安全性列為最優先考量的重點，針對工廠和商家制定了一套嚴格的要求標準。系列規定中，包括堅固的床架和護欄、極耐用的嬰兒床裝備、嚴格的安全測試。雖然你還是得透過下列的清單考慮嬰兒床，但是，有了官方的標準規定後，最少你在選擇嬰兒床時可以更安心。

以下列出的條件，便是確保你能買到（或是借用）一組安全嬰兒床的準則：

- 嬰兒床的護欄和角柱的距離應該不能超過6公分寬（比一般汽水罐的直徑還小）。對一個小小頭顱而言，更寬的欄距就有陷入困境的潛在危險。
- 角柱和護欄應該齊高（或者相差不超過0.15公分高）。
- 零件器材——插銷、螺絲釘、支架——應該要保證穩固，沒有尖銳的邊緣或粗糙不平的區域，而且不能出現會夾住人的地方，否則會傷害到你的小寶貝。嬰兒床使用的木頭不可以有任何裂口，而且不應該出現任何掉漆的現象。
- 標準尺寸嬰兒床的床墊應該是堅固的，長、寬至少要有68公分、128公分，而且厚度不可超過15公分

使用嬰兒配方奶粉所需的器具。依據你計畫使用的配方，才能確實地找到合你需要的器具，但是，購物單上通常都已包括奶瓶和奶嘴刷具，如果你使用配方奶粉，就要用到帶柄的大水罐量器或是量杯，也可能需要一個開罐器（容易清洗的那種）、一支長柄攪拌匙，和可以防止奶嘴和瓶口環狀物在洗碗機裡到處散落的洗碗機用籃。

一組置放奶瓶和奶嘴的乾燥架。就算你是利用洗碗機清潔大部分的奶瓶，也還是用得著特別設計來撐托和有條理地分裝奶瓶和奶嘴的乾燥架。

擠奶器。如果你是採取哺乳方式餵養小寶寶，所以有時得另外擠奶，就不能沒有這項產品了。而且你需要的還不只擠奶器（請參閱第179頁有關選擇一組實用品項的提議和

。若是橢圓或是圓形的嬰兒床，就需要特別設計的相應床墊，以符合溫暖舒適的要求。

- 確保床墊能夠完美貼靠嬰兒床的內部。假如床墊與外框之間超過兩指寬，這種床墊就不是好的選擇（對你來說，嬰兒床的製造愈堅固，你家寶貝的安全就愈有保障）。
- 絕對不要放置長毛絨、柔軟的充填玩具，或是沒有固定好的床上用具（甚至是與嬰兒床組配套的討喜枕頭和棉被），讓寶寶身在其中，因為它們會有導致窒息的威脅。美國小兒科醫學會也強烈警告，反對家長使用嬰兒床沿緩衝墊（就算是很薄的、可透氣的設計，或是欄杆護墊），因為它們有可能會增加嬰兒猝死症、窒息和讓寶寶被夾住的風險。
- 不要使用舊式家具或超過十年壽命的嬰兒床。你可能很難避開接手、傳承二手嬰兒床的機會，但是一定要堅持。老舊的嬰兒床（特別是在1973年以前製造的，也有一些是1980年代到2000年代早期的產品）可能雅致、迷人，或帶有意義深遠的情感價值（而且也有實際價值，如果是便宜的或是免費的），但是那時的產品通常達不到目前的安全標準要求，也許護欄間距太大，或許使用了含鉛的塗料、有裂縫、木片有開口；此外，你也必須詳細檢視（尤其是下拉式側欄）或探詢你根本不容易注意到的風險——像是不安全的角柱。

相關訊息，還有承保範圍的資訊），還得有儲存袋——當然是為了儲存和冷藏母乳而設計的袋子（都是無菌產品，比一般塑膠袋或即棄式奶瓶內襯都更厚，而且內部以尼龍為襯，防止油脂沾黏容器內側）和瓶子（塑膠或是玻璃製）來收集或是冷藏母乳，有需要運送母乳時，隔熱袋有保鮮的功能；另外不管是加熱或冰涼，保溫袋都可能舒緩乳房腫脹，助長奶流。

安撫奶嘴。嚴格說來這並不是餵食用具，卻可以滿足兩餐之間的吸吮需求。更進一步來說，既然安撫奶嘴已被證明可以減少嬰兒猝死症的風險，所以建議在睡眠期間使用安撫奶嘴。安撫奶嘴也有很多樣式和尺寸可供選擇——不同的寶寶會有各自的偏愛，所以最好事先就準備

揮別減震物品

沒有什麼東西比毛絨被和柔軟的減震物品，更能把嬰兒床點綴得更可愛舒適。但是，根據美國小兒科醫師學會的指導方針（馬里蘭州和芝加哥已禁止販售，其他的州也有些已在考慮禁售），是該要求重新製作傳統寶寶鋪墊的時候了，最主要的考量就包括尺寸合適的床單。專家建議，一歲年紀以下的小孩唯一安全的睡眠場所，應該是一個沒有毯子、棉被、枕頭、填充玩具——沒錯，以及減震物品——的堅固平面。這是因為減震物品和其他的寢具會增加與睡眠相關的死亡風險，包括窒息、讓自己捲入其中和嬰兒猝死症。嬰幼兒的頭往往容易陷入鬆軟的減震物品和護欄間，小寶寶也可能不小心翻身到毯子或填充玩具之上，或是因為鼻子不巧頂住一個減震物品而窒息。機靈好奇的年紀稍大或學步期的寶寶，想要翻越嬰兒床時，便可能會拿減震物品當墊腳石。

你的小寶寶不用減震物品來避免受傷這件事，你還會感到疑惑嗎？頭上的一點小碰撞，或手腳稍微受困，相對來說都不是多大的危險，因為減震物品（甚至是「透氣的」網狀物，或是那些個別固定在嬰兒床護欄上的物件）的堆疊做法裡，便潛伏著威脅生命的風險。

所以，請你從寶寶的嬰兒床上拿開減震物品，被子和枕頭也要一起移走。假如來了一套床組，你可以巧妙地利用它們來佈置寶寶的房間（減震物品可沿著牆壁掛起來、當作窗戶的短帷幔、裝飾大籃子或換尿布臺，或是給銳角桌加墊子）。如此一來，你寶寶的安全就更有保障了。

好替換的款式，再慢慢從裡頭找出寶寶的最愛。

標準型的安撫奶嘴大多有著正統的、加長的奶嘴，齒列矯正型奶嘴則有著圓形的頂部和扁平的底座，而「櫻桃形狀」的奶嘴呢，就像是一個主幹往底部伸展而形成的球狀。奶嘴本身可以是由矽膠或是乳膠製成，選擇矽膠製品的理由之一是：比較堅實，可置於洗碗機架上清洗。乳膠比較柔軟而且更有彈性，但品質比較容易惡化，磨損也快，往往會被寶寶的牙齒咬穿，而且不能用洗碗機清洗。另外，寶寶有可

能（有些成人也會）討厭乳膠或甚至過敏。

有些一體成型的安撫奶嘴就是乳膠製品，然而，大部分奶嘴都有塑膠保護罩，上面通常留有透氣孔。保護罩各種顏色都有（或者透明），形狀也五花八門（蝴蝶形、橢圓形、圓形等等）。有些保護罩的曲線朝向嘴巴，有些是平坦的；有些安撫奶嘴的背面有個環形物，有些則是安置按鈕。環狀的把手使得安撫奶嘴容易取得，按鈕把手則是為了讓寶寶更容易握住，有些奶嘴把手甚至會在黑暗中發出光芒，讓你夜間時更方便找尋。

有的安撫奶嘴會內置覆蓋物，如果不慎掉落，覆蓋物就會自動瞬間封閉奶嘴。有的則搭配自動反應瓶蓋，可以幫忙保持奶嘴的清潔（雖然蓋子也是一個必須小心提防的物品——你必須防止寶寶把玩，因為它是一種會導致窒息危險的物品）。至於危害品，記得：不管你有多想把奶嘴固定在寶寶的衣服上——特別是從嘴巴掉到地板上十二次之後——也絕對不要在安撫奶嘴上綁著超過 15 公分長的細繩或緞帶。這方面，專為安撫奶嘴設計的夾子和較短的繫繩是不錯的考量。

❖家具與寢具

市面上許多商店中的家具產品都是不必要的，不過你還是很想幫寶寶布置他的房間。但新生兒其實不怎麼在乎他的房間或小床有哪些裝飾品，最重要的還是要有安全的環境，比如，嬰兒床是否符合安全標準，防護是否適當，換尿布的桌子是否穩妥，家具塗料不可含鉛等。

一般情況下，若要油漆粉刷，使用無鉛的漆；家具構造要堅固，周緣應平滑呈圓弧狀；其他設備最好配上安全綁帶，固定住腰間。選購時要盡量避免：粗硬危險的邊緣，銳利的角或是可能鬆脫的小物件，還有裝飾用的長流蘇及附在家具寢具上的繩索、絲帶。務必遵照廠商的指示使用以及定期維護，對於寶寶的嬰兒床、躺椅和其他裝備，應定期檢查有否鬆脫的螺絲釘、零件或其他任何需加以修護之處。

嬰兒床。當然了，時尚的床墊並不就代表相對安全（參閱第 52 頁的注意事項）、舒適、實際和經久耐用，特別是，如果你期望未來的弟妹還可以再利用——只要那時候安全標準仍維持不變——就應該更留心。

嬰兒床有兩種基本款式——標準

式和成長型：標準嬰兒床大多有鉸鏈的活動裝置，能夠更輕易地抱出寶寶（不要把它和 2010 年被美國消費品安全委員會禁售的下拉式側欄嬰兒床搞混），有時底部還會有抽屜，方便你儲存物品。成長型嬰兒床理論上更經久耐用，可以讓你的小寶貝一路使用到身材高大的青少年，從嬰兒床（有時候甚至是迷你嬰兒床）變身成幼童床，然後轉換成坐臥兩用沙發床或是全尺寸的床，一路承載了無數個甜美的夢。

你應該找一組有金屬床架的嬰兒床（比木製品更禁得起幼童的跳躍衝撞），床架可以調整高度，隨著寶寶的成長而逐次降低，而且還有為機動性而設計的腳輪（有滑輪扣鎖）。

大多數嬰兒床是典雅的四方形，不過也有些是橢圓形或圓形，為你家小寶貝提供一個類似繭的環境。買這類的床時，別忘了你還得買一組尺寸合宜的床墊、床套和被單——標準尺寸的嬰兒床就不需要。

嬰兒床墊。因為寶寶會很有長一段時間睡在上頭（希望如此），所以，你一定會想確保自己買的嬰兒床墊不只很安全、夠舒適，而且要能堅固持久。有兩種形式內裝彈簧和海棉的嬰兒床墊：

- 這兩種型式的床墊因為內裝彈簧製品，所以比較重，通常也意味更經久，更不容易變形，而且提供更優良的支撐。當然了，也比泡棉材質的價格更昂貴。根據經驗來看（雖然不是絕對的），選擇內裝彈簧的床墊，就必須要求高數量線圈數的彈簧。彈簧愈多（通常是 150 或更高），就會是更堅固（品質更佳、安全度更高）的床墊。
- 泡棉床墊由聚酯纖維或聚醚材質製成，重量輕於內裝鋼製彈簧的床墊（表示你可以更輕易地舉起它來換床單），而且都比較便宜（但是使用的壽命可能就沒有那麼長了）。假如你要買泡棉材質，就挑泡棉高密度的床墊，因為那意味著你的寶寶能有更強的支撐和安全性。

挑選嬰兒床墊最重要的準則是什麼？安全性。確認床內的床墊是堅固的而且要緊貼邊緣，床墊和邊框之間的空隙，不要超過兩根成人指頭的寬度。

搖籃車或是搖籃。你當然可以略過這二擇一的愜意舒適選項，從第一天開始就使用嬰兒床，但別忘了，

它們都可以帶著走。首先，它們是可攜式——不論你身處於屋子裡的哪個房間，可以輕鬆地把小睡中的寶寶帶在身邊；有些還可以乾淨俐落地折疊起來，帶上車旅行，然後在外婆家或是旅館房間內輕易地架好，讓寶寶能夠有個安穩的睡眠或小憩。另一方面，對新生兒來說，搖籃車或搖籃所能提供的溫馨睡眠空間，可能比嬰兒床較寬廣開放的空間更舒適。而且，搖籃還有另外一個好處：高度通常十分接近你的臥床，讓你在半夜裡觸手可及，輕鬆地安撫（或抱起），甚至不必下床。剛開始的前幾個月，你有計畫與寶寶同住一間房嗎（如小兒科醫學會為了更安全的睡眠而提出的建議，參閱第 286 頁）？與嬰兒床相較之下，搖籃在你臥室所佔的空間更小。

假如你想買搖籃，就找底部寬廣穩固的產品。同樣的，確保搖籃的四周——從床墊（一定要堅固而且內部要妥善合貼）到頂端——都至少有 20 公分高。附有輪子的設計，會讓搖籃車在房間之中穿梭起來更順暢，但是應該有安全扣鎖的裝置——如果是折疊式，腳部也應該能安全地固定。如果附有護罩，只要把護罩往後折疊，你就可以很順利地將手中睡著的寶寶轉移到舒適的小空間。盡量別買手工製品或古董搖籃——雖然它們可能很珍貴，卻也大多不安全。任何你所使用的款式，一定要達到目前規定的安全標準。

安全比睡眠重要

床邊嬰兒床的三個邊都有加高的附墊框，只一個邊是開放的，剛好可以緊靠成人床墊同等高度的邊上。床邊嬰兒床方便媽媽接觸、照料嬰兒（半夜裡更容易撫慰不安的寶寶）。但是要提高警覺：有很多款式因為安全問題的考量已被召回——寶寶會陷在嬰兒床和成人床中間。假如你還在考慮使用床邊嬰兒床，就要確定它符合 2014 年 7 月開始實施的美國消費品安全委員會的標準。

遊戲床／可攜式嬰兒床。遊戲床（也就是大家都很熟悉的、可提式或旅行用的嬰兒床）通常是四方形，有個底板、網狀邊，還有為了容易（而且安全）拆下與折疊的橫杆。大多數都是折成長方形，為了方便運送也都會有個收納提袋。有些遊戲床備有輪子，有的可以在最頂層架上大小合宜、附有可拆式軟墊的尿布更換檯，有的還附專有為新生兒內置的搖籃、側邊儲物區，甚至有個天篷可遮陽（假如你想帶遊戲床到戶外去，就派得上用場了）。

出外旅行時，遊戲床也能成為可攜式的嬰兒床，要是你決定不花錢買搖籃（或不打算購買嬰兒床），遊戲床甚至可以當作嬰兒前幾個月（或年紀更大時）的最初住處。要記住，一旦不使用內置的搖籃，爸媽就會發現，個頭小的寶寶躺在遊戲床底部時空間顯得更寬敞。當你選擇遊戲床時，要挑網邊是細孔結構的，才比較不會勾到指頭或是鈕扣；還要注意軟墊是否牢固、不容易撕裂，有沒有防止寶寶倒下來的裝置，是否可以快速拆架、輕便且可攜帶。同時，你也應該先買幾條替換用的、而且容易清洗的同尺寸床單。

換尿布的空間。你需要一個舒適的地方換尿布，方便、安全、容易清理。沒必要去買換尿布專用的檯子，可以找張桌子，或某個櫃子的上方，再買塊附有安全帶的厚墊子（能固定在檯子上），讓寶寶安全又舒服地換尿布。高度要剛好，寶寶在上面扭動時墊子不能滑落。

如果你想買換尿布的桌子，有兩種選擇：專門換尿布的桌子，桌子和桌腳要穩固，有防護欄、安全帶、可清洗的墊子，放尿布的地方方便拿取，放清潔用品的地方寶寶構不著；另一種是兩用桌，可當化妝檯，桌面要大，或可伸長。不要把寶寶放得太外面，以免他掉下來。

如果你想買專門換尿布的桌子，一定要有可以放寶寶衣服的抽屜或空間。

折疊式換尿布檯

如果你家的嬰兒房（和尿布檯）設置在樓上，而寶寶一天中大部分的時間都待在樓下的話，你就需要這種折疊式的換尿布檯了；也可能因為在房子另一頭已經到了非換尿布不可的情況，如果附近就有第二個尿布檯，那真是特別省事——而且又不必花多少錢。你只要額外準備一個裝滿換尿布相關物品的盒子（尿布、紙巾和乳液），以及另外準備一片方便存放的尿布墊就行。

鞦韆椅。傳統的搖椅比較常見，近年流行的是鞦韆椅，坐在裡面可水平搖動。鞦韆椅比搖椅安全，因為它不會翻倒壓到寶寶。鞦韆椅可用

來餵奶或安撫寶寶，通常附有擱腳墊，可把疲勞的腳放在上面。鞦韆椅的另一個優點是，可用很久，寶寶長大後還可以用。

鞦韆椅有很多種，大都有坐墊和靠墊，有些還有扶手墊。購買以前可以先試坐看看。

嬰兒監視器。嬰兒監視器可讓父母不必守在嬰兒床邊也能密切監視熟睡的寶寶。如果育嬰室離你的臥室較遠，這會是很理想的設備。白天寶寶睡午覺時，你可以在屋子裡忙自己的事；晚上也不必和寶寶睡同一個房間。

監視器有兩種：聲音監視器和影音監視器。聲音監視器的發送器放在嬰兒房，接收器可夾在身上（用電池）或放在房間裡。有些監視器有兩個接收器，父母可各拿一個（或一個放在臥室，一個放在廚房）。有些聲音監視器附加了「聲光」裝置（LED 燈），可讓你「看見」寶寶聲音的大小。影音監視器可透過小型攝影機和螢幕，讓你看到並聽到寶寶的動靜；高科技的影音監視器更附有紅外線，即使嬰兒房很暗，你也能看得很清楚。

選購嬰兒監視器時，必須先確定你需要的是窄頻（49 兆赫）還是寬頻（900 兆赫）的。如果你住在樓層高的公寓或人口密集的區域，選用窄頻監視器可能會受到手機、無線電話或收音機的干擾，最好選 900 兆赫的（新型可達 2400 兆赫，更清晰），而且提供不止一個頻道（如果受到干擾可以轉換頻道）。選購可用電池也可插電的，並可控制音量（可聽寶寶的呼吸聲），體積要小，安全（不會漏電）。發送器和接收器不可讓寶寶和大一點的孩子接觸到。

夜燈。半夜跌跌撞撞地起床餵寶寶時，你一定很希望嬰兒房裡有盞夜燈（或微亮的立燈），這可讓你不被玩具絆倒，也不必把燈打開（燈光很刺眼，讓人不容易再入睡）。選購有插頭的夜燈，即使一直亮著也很安全。記住，要插在孩子碰不到的插座上。

夜燈還有做為安撫寶寶物品的雙重功能。你不妨想像，有種令人愉快而且溫暖的畫面——星辰、深海景觀、一座雨林——在天花板上緩慢旋轉的情景；有的可以播放音樂——搖籃曲或是平穩的大自然海洋白噪音。關掉大燈後，大多數人只會留下一盞夜燈，所以當你半夜要進房去換尿布時，如果夜燈夠亮就不用摸黑了；但可別為了方便，就在孩子安睡的嬰兒房安裝強光刺眼的夜燈，因為那會干擾自然的睡眠節奏。如果是可播放音樂的夜燈，記得讓音樂保持在低音量狀態，而且不要直接放在寶寶的嬰兒床旁，以保護寶寶脆弱的耳朵。

❖外出裝備

即使你不上班，也不會整天待在家裡，因此必須準備一些帶寶寶出門的工具，推車和汽車安全座椅是基本配備。這些外出裝備的樣式同樣令人目不暇給，但是你最重要的原則仍是：選擇安全、舒適及負擔得起的產品。在選購外出裝備前必須先檢視一下你的生活型態：你常開車外出嗎？常步行至街角的商店購物嗎？常帶寶寶搭公車嗎？

一般來說，選購的產品必須符合國家安全標準，胯下及腰部要有合適的安全帶；避免購買邊緣粗糙、尖利或有易碎裂小零件的產品；鉸鏈或彈簧不可露在外面，不可有帶子、細繩、絲帶。所有產品都必須依說明書使用和維修，並且要定期檢查推車、汽車安全座椅等設備的螺絲是否鬆動，帶子是否磨損，支架是否斷裂等等。記得將保證卡寄回，以便獲得維修服務。

推車。嬰兒推車的種類繁多，有摺疊式推車、四輪推車、旅行用推車、慢跑用推車、多功能推車等，你必須依自己的生活型態來挑選：你會長時間帶寶寶在郊區道路（或公園）散步嗎？會帶他去慢跑嗎？會長時間開車嗎？常搭公車、捷運嗎？常到街角商店買東西嗎？會帶寶寶搭飛機、火車嗎？家中還有仍然想坐推車的小孩嗎？你（或你的家人）是高是矮？你住的公寓是只有樓梯，還是有電梯？門前有許多臺階嗎？你有多少預算？以下幾種類型推車可讓你參考。

- 全功能嬰兒手推車。假如你想要買的，是一部可以陪寶寶度過整個學步階段的嬰兒手推車——而且，當你第一個寶寶有了同伴（也就是說新弟妹）時，還可以轉換成雙人推車，那麼，你就可以參考全功能嬰兒手推車。這種功能全方位的高檔手推車，配備不只讓小小嬰兒能夠享受愉悅的搭乘（玩具的附加裝置、水瓶架、長毛絨棉、可完全平躺的座椅，在某些情況下可以添加搖籃，或者放入其他新生兒或寶寶），而且可以讓你的生活更輕鬆愜意（

當成大型的儲物籃來用，甚至可以播放 iPad 給寶寶看）。大部分的款式都能輕易地摺平收納，雖然比起較輕便的手推車更笨重而且不好攜帶，卻比較耐用，而且使用壽命較長（接收者不嫌棄的話，歷經得起許多小朋友的使用）。你也可以說這是一套高貴的用具，因為這種手推車通常索價不菲。

大型手推車也有缺點——體型太大，有時候在人群中、出入口和過道上難免會比較不好通行。加上它們額外多出來的重量（有些樣式甚至重達 16 公斤），使得你在上下樓梯時痛苦不堪（別忘了還得加上寶寶的重量）。

- 旅行用推車。這種推車非常方便，集汽車安全椅和推車於一身。在標準的推車上扣上一張嬰兒座椅，可以把熟睡的寶寶直接從車裡放到推車上。寶寶長大到可以用汽車安全椅時，其底部可成為單獨的推車，類似中等大小的推車。這種推車比標準型推車重（但不如標準型結實），但對開車族來說非常方便。另有種輕便的推車支架，可把任何廠牌的汽車嬰兒座椅扣在上面，但寶寶長大後，其車架不能單獨使用。
- 傘柄推車（輕便型推車）。因把手彎曲像傘柄而得名，很輕便（約 2~7 公斤），容易摺疊，摺疊後體積小，容易攜帶和收藏。大多不可倚躺，也沒襯墊或支架，小嬰兒不適用，但對大一點的寶寶來說，旅行、搭大眾交通工具或上下車都很方便。可以等寶寶大一點再買（這種推車有腳架，可讓你抱起寶寶時不會翻倒）。
- 慢跑用推車。如果你喜歡慢跑，或想帶寶寶在鄉間散步，這是不錯的選擇。這種推車有三個輪子，避震性佳，在各種道路上都能滑順平穩地推動，很輕便。大部分有煞車系統、腕帶及儲物空袋或籃，操作靈活（雖然只限於平坦的路面上）。這種車不是為新生兒設計的，如果你想盡早慢跑

認證標準

購買寶寶的任何設備之前，要確定它有經過青少年產品製造商協會（JPMA）的認證。全球各地的青少年產品製造商協會，都會在達到嚴格安全標準審核的產品上蓋章認證——你應該為了它的存在攸關你家小寶貝的安全而心懷感激。

，可以買一輛附有嬰兒椅的車，寶寶坐起來才會舒服安全。

- 雙人座（或三人座）推車。如果你生的是雙胞胎或三胞胎，就得買這種推車。雙人座有兩種：坐位並排及坐位一前一後的。如果你想買並排座的推車，必須有可倚躺的位子，寬度要能通過門口和走廊；前後座推車可帶一個新生兒和一個較大的寶寶，但較難推，而且寶寶大一點後，會爭坐前座。如果你有大一點的孩子，有些推車的前面或後面附有坐架或站板，你可以推著兩個孩子上街。

不論你想買哪種推車，都應該找有安全認證標誌、底輪寬並能迴轉、操作靈巧，還要有良好的煞車。尼龍或金屬輪比軟塑膠輪耐用、易操作，行走也較平順，但較貴。好的扣帶上的扣環方便你（而不是較大的孩子）扣緊或解扣，寶寶胯下和腰部的帶子要舒適合身。慢跑用推車必須有五點式帶子（肩部也要有），以確保安全。塑膠製推車輕便易攜帶，但和鋁製推車一樣不夠結實也不耐用；鋼製推車很結實，但又太重。車上的織品和坐墊必須可換洗，以防寶寶的尿布滲漏或果汁打翻。

每一種推車都要有自己的鈴聲和笛聲，附加的各種裝置更是琳瑯滿目，你必須確定哪些是你需要或不需要的：大籃子或儲物空間可放尿布袋、雜物或玩具（但不可放太多東西，以免寶寶和推車一起翻倒）；把手的高度必須可以調整，以因應不同高度的大人；雨篷、寶寶的餐盤、大人的杯架、吊尿布袋的勾子、拆除的遮罩、遮陽罩或傘、可調整的腳踏板、可單手摺疊及單手操作方向。

推車中的靠墊對小嬰兒來說是不可缺少的，即使寶寶長大了，也可靠著睡覺。如果你得常常摺疊推車（收藏在家中，或帶上車及公車），就必須找一輛當你抱著寶寶也能夠很容易收起或打開的推車。

最後，購買前一定要在店裡試著推推看是否順手、你和寶寶是否覺得舒適、要如何摺疊等等。

汽車安全座椅。預備汽車安全座椅不只讓你安心或保護寶寶，還是法規規定的。如果你沒可以安全地繫在汽車後座的嬰兒安全座椅，大部分醫院是不會讓你把嬰兒帶走的。即使你沒車，還是得搭計程車、別人的車，或是租車，你都得有汽車

安全座椅。所以在你必須準備的購物單中，汽車安全座椅應是首選。

不可使用舊的或發生過事故的安全座椅。而且一定要記得寄回保證卡，以獲得應有的維修服務（參見162頁，如何安裝汽車安全座椅，以及安全使用的竅門）。

嬰兒出生後的前兩年，你的小寶寶最好是面對汽車後方而坐（只在後座裡——絕對不要放在前座）；這是因為，萬一發生車禍時，面對後方的安全座椅比面對前方的座椅更能夠保護小寶寶。

坐在面向車尾的安全座椅中的嬰兒，頭部、頸部、脊椎會得到更好的支撐，造成嚴重傷害的風險也因而更低。調查報告顯示，車輛行駛中，假如孩童是面朝後方而坐，就算發生車禍，75% 兩歲以下的孩童較少受到嚴重或致命的創傷。

針對臉朝後的安全座椅，你有兩種選擇：

- 嬰兒用安全座椅。大部分的樣式都有可拆卸式的底座，讓你能夠很快速地安裝在汽車上（確定鎖上寶寶的安全扣之後，只要把安全椅卡進固定的基座上就可）；一旦到達目的地時，簡單俐落地移除即可。同時，這種座椅也可在車外使用（無論你走到哪裡，都可以隨身攜帶或是讓寶寶坐在上面）。嬰兒用安全座椅最大的優勢是，它是為小小嬰兒量身打造的，可以讓新生兒坐起來很舒適——以及提供強而可靠的最佳安全保障。嬰兒用安全座椅的缺點呢？你的寶寶很快就長大了，一旦他的肩膀高過最高的安全帶位置，或是你活潑好動的小寶貝的體重達到嬰兒座椅的最高限重（依據你寶寶的個頭而定，從 9 到 18 個月都有可能超重）；果真如此，就是讓你的寶寶換用新座

圖 2.1 五點式汽車安全座椅都該有五點式安全帶：兩條在肩膀，兩條在臀部，一條在胯部。所有新近生產的嬰兒座椅，都必須配備這種五點式安全帶——這真是一件好事，因為它提供了更多的保護。

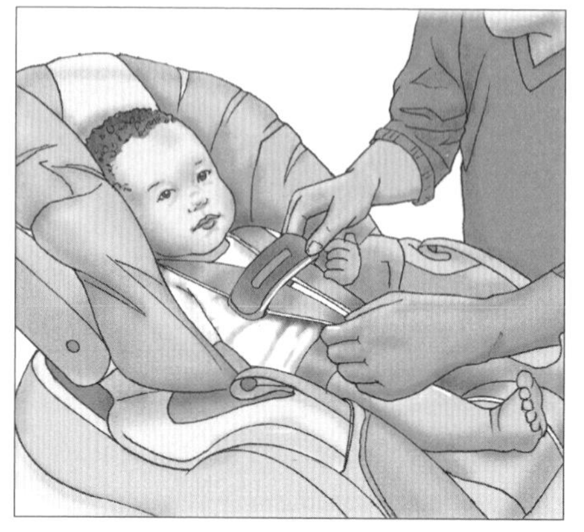

圖 2.2 面對車後方的汽車安全座椅，應該只使用到兩歲——或是直到小孩長大到重量限制（通常是 16 公斤左右）。安全帶的插槽位置，應該低於寶寶的肩膀或是與之平行；安全帶的胸扣，則應該與嬰兒的腋窩齊高。絕對不要把面向車後方的安全座椅放在前座。

圖 2.3 成長型座椅。特別為從出生到大約 18~27 公斤的孩童而設計，嬰兒時期半躺面向車後方使用，寶寶長大之後（超過兩歲）則轉換成直立式，位置也轉成正向汽車前方，肩帶移到孩子肩膀上方的插槽。如圖所示，安全帶的胸扣要與孩子的腋窩同高。同樣地，這種安全座椅（所有 13 歲以下的孩童）也只能用在後座。

椅的時候了。

既然你的小寶貝必須待在後座，至少到他兩歲以後，你就得讓他改用幼兒安全座椅（參閱下個項目）。既便是嬰兒用汽車安全座椅，對你家小寶貝（或是早產兒）來說是太大了？那你恐怕就得花點工夫，找找專為小小嬰兒打造（大都是提供給出生時重量 1800~2300 公克的嬰兒使用）的汽車安全座椅。但也有些汽車安全座椅，會附帶為早產兒或是體型特別嬌小而設計的嬰兒座架。

- 兩用型汽車安全座椅。這種成長型汽車安全座椅可以調整，寶寶很小時是背向型嬰兒座椅，長大後就調整成正向型幼兒安全座椅——但是就實用性來說，如果寶

可省略的車用安全座椅配件

身處寒冷天候的室外時，你就得幫寶寶穿上雪衣，或是其他厚重的大衣。問題是，把包得像粽子一樣的寶寶扣在安全椅上是不安全的，因為椅子的安全帶得盡可能地貼近寶寶的身體，才能確保安全無虞。那也就是為什麼，很多父母親轉而購買（或是收受贈品）厚實而且超級可愛的安全座椅套；它可以穿過安全帶，整體看起來活像一個睡袋——甚至在極其寒冷的日子裡，都能讓寶寶感到舒適溫暖。聽起來很棒不是嗎？錯了。你最好還是別用這些安全座椅配件比較好，因為此類配件都不符合美國聯邦安全準則（不管廠家在包裝上如何聲明），對你的小寶寶而言，就代表是不安全的產品。任何存在你寶寶身體和安全帶下方或是背後的東西，都會使得肩帶太過鬆弛、進而妨礙到正常的——和提供保護的——安全帶的功能，讓你的寶寶不安全，更容易在車禍意外中受到傷害。事實上，如果你使用汽車座椅罩，很多汽車安全座椅廠商都會取消擔保。

同樣的理由也適用於任何你為寶寶購買的汽車座椅的配件（頭部定位器、玩具條帶、防逃夾等等）。假如不是汽車座椅本身的附帶配件，就不能說是經過同樣嚴格審查的產品，因此確實會讓你的小寶寶更不安全——更何況，使用它們會失去廠家的保證。

寶體型較大，第一年會更具有實質效益，因為它會比嬰兒用安全座椅更能容納更大更重的寶寶。同時，這種座椅的使用壽命也比較長，能夠適用成長到18~27公斤左右的孩童。唯一的問題是：對新生兒來說，大、小都合適的成長型座椅安全性相對稍嫌不足，所以如果你選擇了這種款式，就要確保你的寶貝在裡面是緊貼而且舒適的。

如果你挑選的汽車座椅顯得有點鬆，不適合你的寶寶，就利用頭部護墊，或是捲起毯子墊在他的身體四周（不是他身體的下方或後面，那樣可能會影響到安全帶的正常功能），讓寶寶的身體免於晃動。固著上，則只能使用汽車座椅本身附加的固定器和嵌入物。配件產品（的確是為汽車安全座椅而製造的商

LATCH 系統

你的汽車安全座椅的固定裝置，是符合 LATCH 系統（專為孩童汽座設計的固定扣座和固定座的安全設備）的產品嗎？LATCH 系統產品都比較容易正確、省力地安裝，因為你不再需要用汽車座椅的安全帶來固定它。

美國 2002 年以後出廠的車款，後座椅背與椅面夾層內都有固定扣座，可以使朝後或向前的安全座椅更安全妥適地鎖住。面朝前的孩童安全座椅都備有頂端固定用繩，這條固定繩可以調整，更能固定兒童汽座，而且減低撞車時兒童頭部往前撞的潛在危險。如圖所示，固定繩是固定在兒童汽座的椅背上方，勾住車子後架區或是地板上。

總而言之，下方的固定扣座和上方的固定座組成了 LATCH 系統。記住，假如你的車子是在 2002 年之前出廠的，也仍然要利用車裡的座椅安全帶來固定兒童汽車座椅。

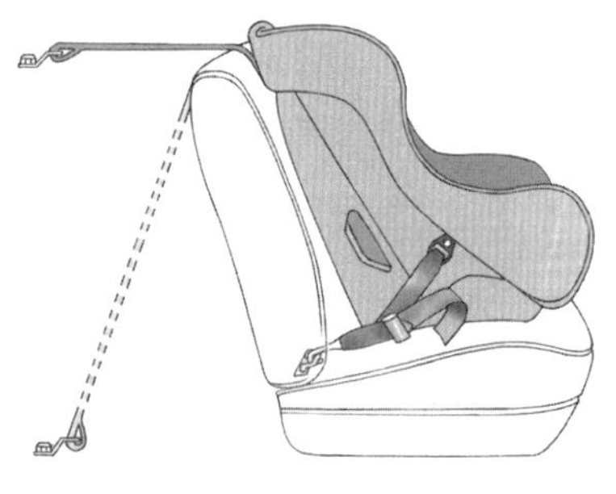

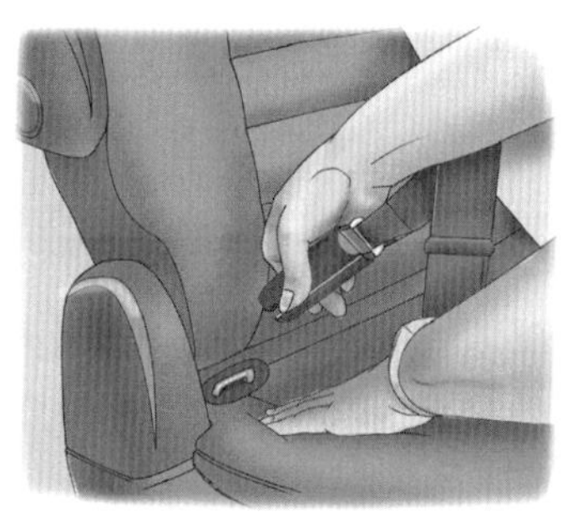

品，卻不與汽座同時出售）並非正式的品項，不一定都有通過衝撞或安全測試，可能會讓你的寶寶更沒有安全保障。更嚴重的是，使用這些配件會讓你失去安全座椅的商家保證。

尿布袋。沒有尿布袋就無法帶寶寶做長程的旅行。對許多父母來說，沒有尿布袋根本無法出門。但是要選哪一種呢？很簡單，選你最需要的。比如說，你得用奶瓶餵奶，就得選可放奶瓶的尿布袋。還要考慮大小及揹起來是否舒服。你不會想要只能放一塊尿布和一個奶瓶的尿布袋吧，但太大揹起來又不方便。必須選防水材質的，如尼龍或塑膠

的；裡面得有許多隔間，這樣才能把尿布（尤其是髒尿布）和奶瓶及食物分開放；肩揹或後揹式；主要隔層得有拉鏈開口；襯墊可拆下清洗。有些父母會在意款式，比如時髦而精緻的尿布袋可變成大的手提包；有的人喜歡一些可愛的圖案，或花色能和推車或嬰兒毯相配的。你也可以用其他袋子裝嬰兒用品，如運動袋、背包或大的手提袋。

推車包覆墊。不算必需品，卻絕對值得購買。所謂的推車包覆墊——設計來包覆大賣場推車上可以打開來讓小寶寶坐的那小空間的布製品，可以在你帶著寶寶逛大賣場時，不會碰到或沾上細菌，而且坐起來更舒適溫暖；有些包覆墊還設有口袋供你擺放寶寶的小玩具或用品，好讓他不會在你逛到第三排（或第四排、第五排）貨架時就耐性全失。購買時，請選擇包覆最完全的產品，以免突出的金屬物傷到寶寶；如果還附有安全扣帶——其中之一用來固定寶寶，另一個用來鎖住推車——就更好了，使用時一定要兩個都固定好。

❖安置寶寶的地方

你當然可以整天都把寶寶抱在懷裡（而剛好他又是你的第一胎，所以你很想這麼做），但手邊總會有些不能不做的事——像是做晚餐、整理上傳寶寶的照片，甚至是（嘿，偶爾也會遇到這種情形的！）必須馬上洗個澡；也就是說，你會需要一個可以放心暫時安置寶寶的地方——不論是吊掛在貼近你跳動的心臟前，讓他坐在彈力椅上，或是擺放到固定式的娛樂器材裡、遊戲墊上，又或者讓他自己坐在嬰兒椅或他專用的鞦韆裡。

> **監看的角色**
>
> 不管你的寶寶是否已經很滿足地躺在汽車安全座椅或嬰兒椅上呼嚕地睡著了，也不管他是在嬰兒車裡看著人來人往、坐在鞦韆裡晃盪，或者脖子上套著純棉製的授乳枕，都別忘了最重要的、寶寶就座的規則：監看。不管坐在任何種類的座椅上，就算很牢固地被安全帶扣住，也都永遠別讓小嬰兒處於沒有人照管之下。

前揹帶或嬰兒揹巾。假如你和大多數的父母一樣，喜歡前揹帶或是嬰兒揹巾，一定是因為它們可以讓你不需要用到雙手就能安撫寶寶——

既能給抱著寶寶、不停搖動的疲累雙臂一個休息的機會，還可以讓你在進行多樣事情的同時，方便安撫你的小寶貝。再沒有其他更輕鬆的方式可以讓你像這樣帶著寶寶散步了，折疊洗乾淨的衣物時不用放下寶寶，可以自由自在地逛賣場或市場，或是能一隻手護住小小孩，另一手推動大小孩盪鞦韆。

但是，「穿」著一個小寶寶的好處，可不僅只於讓你空出雙手的方便性和效益而已。研究報告指出，寶寶平時的狀態是疲累多而哭鬧少（一天之中只會有少數特別難取悅的時間，比如你的寶貝患有腸絞痛的話），如果你想讓他緊緊貼靠在胸前，像被子宮很舒適地包裹起來那樣，我一點也不覺得那有什麼好奇怪的。除了身體的親密接觸，揹帶或揹巾更能讓累壞的嬰兒也可以享受親子之間緊密的結合——更何況，那本來就是一種美妙的感覺。你很快就會發現，你的幸福感總來自一個溫暖的小寶貝。

從基於什麼理由需要買或借個揹具，就可以找出很多前揹帶或是揹巾可供選擇的樣式。請記得，來自其他家長的評論和推薦是很有幫助的，但不同的爸媽也許需要不一樣的揹具（假如試揹時你就是認定鼓起的揹包很礙事，那麼，購買前再怎麼試揹也幫不上你什麼忙）。以下是考慮的選項：

- 前揹帶（有人稱之為「烏龜揹巾」）有兩條肩帶支撐著布製的隔層，把負重很平均地釋出到肩膀和背部。如此簡便的設計，不但讓你的寶寶可以面對著你（尤其是當你的寶寶睡著了，或是新生兒尚不能穩定地控制自己的頭部時，這種揹法特別有用），或是臉面朝外（如此一來，年紀稍大的嬰兒可以和你一樣享受相同的視野，但話說回來，如果你沒有把寶寶妥當固定好，也會產生一些潛在缺點，參閱第 410 頁）。大部分的揹帶都有容量上的彈性，可以用到寶寶重達 13.5 公斤左右，雖然也有些家長會傾向於在寶寶超過六個月大時就換成後揹式——事實上，有些前揹帶就可以直接轉成後揹式（甚至提供了面朝內、面向外、側揹和後座式的選擇）。選擇前揹帶時，要找那種不需要協助就能輕易穿戴和解下，也就是不必弄醒熟睡中的寶寶就能鬆脫下來的產品。揹帶必須可以調整，有襯墊的揹帶不會戳痛你的肩膀，也要選容易清洗且透氣的織品（寶寶才不會

太悶熱），能提供寶寶頭部和肩膀的穩定度，而且要有寬鬆的坐席來支撐屁股和大腿。

- 揹巾（或是環揹巾、袋形揹巾、盤繞式長揹巾）是用一條長布橫跨寶寶、然後懸掛起來，由肩帶撐住；嬰兒能夠很舒適地躺在裡頭，臉面可以朝內或朝外。由吊帶支撐時，連大小孩可以跨坐在你的臀部上。對哺餵母乳的媽媽們來說，揹巾還多了一個優勢：提供一個周全又方便的餵食母奶用具。選擇揹巾時，要找容易清洗、透氣的織品，有優質的襯墊和舒適的揹帶，而且整齊（別讓多餘的質料弄得反而笨重）。要知道，不同寶寶和父母對各式的揹巾會有不一樣的舒適感，所以太早購買也許不是明智之舉，還是帶著寶寶試用比較好。此外，揹巾或許也需要時間來適應。
- 至於揹架，是有一個金屬或塑膠製的框架做成的背囊，其中有個布質座位。不像前揹帶將寶寶的體重分攤到你的肩頸，嬰兒揹架是把寶寶的重量分散到背部和腰部。這種模式的揹帶不建議用在小於六個月大的嬰兒，但是適用於體重達 22.5 公斤左右到或三歲左右的寶寶（要看他的個頭有多大）。選擇的時候，找有內置架子的產品——會更方便負載和坐入。你也應該要求其他的好處：防潮且易清洗的材質、可調整，有安全帶或保護帶可以防止小寶寶爬出，有厚實堅固的肩帶襯墊，有腰部支撐好幫重量分散到臀部，有為寶寶準備的儲物袋（如此一來，你的肩上就不用另外拖個媽媽包）。

嬰兒椅。彈力椅、搖搖椅或是嬰兒活動椅（從新生兒到八或九個月的成長階段而設計），是一種能讓寶寶和忙碌的父母都很開心的用具。對寶寶來說，嬰兒椅提供了十分舒適的座位、寬敞的視野，而且通常都內置很窩心的娛樂設備。對你而言，那是一個安置寶貝的地方，他們可以很安全地坐在裡頭看著你忙東忙西——不管是整理床舖、清洗餐盤、處理雜務、上洗手間或是洗個澡。因為嬰兒座椅很輕便而且不占什麼空間，當你轉換場所時，寶寶也可以跟著從廚房移到浴室或到臥房。

基本款式的嬰兒座椅包括了：輕巧的框邊座椅（像是彈力椅），布質的椅座套住有彈性的椅框，藉著寶寶的體重和活動，就可以自動彈

為寶寶買未來

幫寶寶買了一大堆第一年必備的生活用品後，你應該考慮一些商店裡買不到的東西，也就是為寶寶的未來著想。

撰寫遺囑。大約有四分之三的美國人沒立遺囑，一旦發生不幸意外，沒有遺囑會有很大的麻煩，對年輕的家庭來說更甚，如果父母去世，孩子將沒有監護人。即使你沒有多少資產，至少也應指定一名監護人，如果你和你的伴侶去世，孩子還未滿十八歲，監護人可撫養你的孩子。如果你沒有遺囑陳訴你的意願，法院會替你的孩子指派監護人。

開始儲蓄。撫養孩子的花費可能比你想像的還多。越早開始為孩子未來的花費儲蓄越好（尤其是教育經費），一開始的投資可能很少，但會積少成多。從現在就開始，十八年後，你會得到報償的。

為自己買保險（不是為寶寶）。你必須買對保險，大多數保險經紀人都會推薦父母買終生壽險，一旦你過世，你的家庭將會得到保障。這類保險不需儲蓄就能替逝者提供救濟。你也得考慮意外險，年輕人總是較容易因意外而失能（可能影響收入）。

跳或前後左右擺動；以硬殼包覆電池的電動嬰兒座椅，一打開電源就可以提供舒服的擺動或震動。這兩種嬰兒座椅通常都有遮陽篷（如果你要在戶外使用，有沒有遮陽篷就差很多），以及可拆式的玩具桿，能夠帶給你的寶寶帶娛樂和活動。有些型式還能發出聲音和音樂，可以在特別時刻用來轉移寶寶的注意力（這表示你甚至可以在淋浴時多偷個五分鐘——正好可以用來烘乾你的頭髮）。多重功能模式的嬰兒座椅甚至兼具旅行用搖籃的功能，也有些款式可以隨著寶寶的成長變身為學步椅。

購買嬰兒椅時，要挑選底座寬敞、牢固、穩定的產品，要有防滑底部、可以繞過寶寶的腰部和兩腿間的安全帶、舒適的軟墊，以及可拆式的隔板墊——座椅便不但方便新生兒使用，還適用成長後更大的嬰兒。選擇輕便的、可攜式的樣式，如果是以電池供電的款式，要有可調整速度的功能。使用時，為了更完備的安全考量，必須永遠確認寶寶已牢固地扣上安全帶，而且都處

於有人監看之下。就算你在孩子旁邊，也千萬別把他留在桌上、櫃臺上或會讓他靠近某些東西（比如一道牆）的嬰兒座裡，因為他有可能突然被推開。不要提著裝有寶寶的嬰兒椅走，也不要把嬰兒椅當汽車安全座椅來使用。

嬰兒椅的另一個附帶選項，就是柔軟的支撐枕頭（比如多功能哺乳枕）。這種 C 字型的枕頭是具有多種用途的——授乳時你可以利用它（只要塞在腰部附近，把寶寶放在上面，就能揮別頸部、背部和手臂的緊繃），或是寶寶趴著時可以提供支撐（參閱第 246 頁）。等到寶寶能夠自己控制頭部時，這種枕頭還可以拿來當半躺的「座椅」。為了安全的理由，當寶寶使用支撐枕頭時，一定要有人監看，而且不能讓寶寶睡在上頭（會有嬰兒猝死的風險）。

最後，市面上還有一種加了座墊、嬰兒椅形狀的用餐輔助椅，可以放在地板上當嬰兒座椅使用。這種嬰兒椅都備有可拆卸的托盤，可以用來放玩具、書本和吃飯用的碗盤。不過，在使用這種座椅之前，要先確定寶寶能夠熟練地控制頭部的活動（三個月左右）。

嬰兒鞦韆。嬰兒鞦韆之所以大受新手爸媽歡迎，是有特別原因的——鞦韆是一種極方便、幾乎不勞父母動手就可以安撫大部分哭鬧的嬰兒的好東西（有些寶寶就是無法用機械式的搖動來擺平）。然而，鞦韆也絕對不是「必備品」。在購買或借用之前，請詳細查看廠商建議的使用重量和年齡，還要檢查安全功能，包括安全帶、穩定的基座和框架。另外，還要考量你是否會將它打包出門——如果是，就必須選擇輕便的、可攜帶的款式，才能讓你在拜訪親戚朋友時都可以隨身帶著走。

切記，只有你和寶寶在同一個房間時，才能使用鞦韆——千萬不要把它當作照護者的替代品。雖然寶寶往往會在鞦韆上睡著，但最好的處理方式，還是讓他盡可能躺在一個安全舒適的搖籃或嬰兒床裡（鞦韆上的睡覺習慣，養成後可能很難糾正）。同時也要限制寶寶花在鞦韆活動的時間量，尤其是高速狀態，因為有些寶寶會因為盪鞦韆太久而出現頭暈的現象。更進一步說，特別是寶寶成長發育的階段，太久的鞦韆活動會相對剝奪他花在肌肉活動的時間，對於他的運動發育會有不良影響。

學步檯（ExerSaucer）。這一類的學步檯（由於 ExerSaucer 佔據了大半市場，一般都直接叫它 ExerSaucer），讓可以撐住自己身體的小寶寶（約四個月大的時候）上下晃動、跳躍、旋轉，安全地待在一個地方遊戲。

選擇產品的時候，要查看是否可以調整高度（那麼它就可以陪著寶寶成長），有沒有加襯墊和可清洗的座位，座位能不能三百六十度轉動，基座是否牢固又穩定，有沒有多樣玩具和活動的選擇。如果你真的決定購買固著式遊戲臺，要確保自己不會把小寶貝長時間留在那裡（參閱第 391 頁的原因說明）。

嬰兒活動架。除了解放你的雙手，還想要在寶寶的遊戲時間加上一些彈跳活動嗎？嬰兒活動架——不論是固著式遊戲臺或者是門框式嬰兒活動架——正是你所需要的東西。有一些選項可考：

- 嬰兒固著式彈力活動檯。乍看之下，就像是跳跳學習椅和會發出輕微彈簧聲音的鞦韆的混合體。支撐座椅的框架間有彈簧懸吊著，讓你好動的小寶寶忽上忽下的彈跳時，雙腳都能屈曲或伸展活動，促進成長中的腿部肌肉。這種活動檯大多因為一大堆排列玩具和多種活動的功能而顯得擁擠不堪，甚至唾手可得、具有聲光效果的玩具。少數款式具有可隨著寶寶成長而調整高度的設計，有些更可以折疊起來存放或帶著趴趴走。
- 門框式嬰兒活動架，是在門框頂部繫上彈力繩垂掛下來的座椅。一般認為，門框式嬰兒活動架比固著式活動檯不安全，因為彈力繩或是夾鉗可能會斷裂（導致嚴重的摔跌），精力旺盛的跳躍者可能就衝撞到門框邊（結果導致小小的手指和腳趾因而擦傷）。

購買上述任何一種嬰兒活動架之前，你都要先知道，即便再多的跳

哪一種學步車都不安全

不要去買或是借用一臺會讓寶寶自己東奔西跑的學步車（包括所謂的「嬰兒學步車」）。不只是因為育兒專家都不推薦使用，更因為學步車所具有的、可能導致幼兒受傷甚至死亡的風險，美國小兒科醫學會已經呼籲禁止製造和販賣學步車。別忘了：哪一種學步車都不安全。

躍也不能加速小寶寶的運動發育，要是花太多時間在震動跳躍上，更只會得到反效果。同時你也要小心，因為有些小寶寶就是從那些上下晃動的活動中罹患了動暈症。假如你決定購買（或是借用）一組，那麼，在開始把寶寶放進活動架之前，就絕對要確定他已經可以穩定地控制頭部——而且，一旦寶寶開始攀爬時就要拿開活動架。

遊戲墊。寶寶不一定要老是「待在某個東西裡」自娛。一般來說，最好而且最有效益的遊戲時間，是當你的小寶寶可以無拘無束活動的時候——甚至早在他能夠到處活動之前。更何況，你的寶寶本就需要練習趴著玩（參閱第 246 頁），而那是他被你抱在懷中或是固定在嬰兒座椅上時無法做到的。進到遊戲墊（或學爬、學趴墊）時，寶寶觸手可及的正是一個充滿視覺饗宴的公園。

遊戲墊有各種形狀（圓形、正方形、長方形）和設計圖案。大都是明亮多彩的色澤和圖案設計（甚至採用不同的質地），有些會發出聲響和音樂，有些配有鏡子和長絨棉玩具，不是附在塑膠圈上就是吊掛在拱形活動桿上（這對發展重要的小肌肉運動技能很有幫助）。對遊戲墊來說，尺寸大小絕對是重要的考量——你一定會想要選擇容納得了寶寶體積的樣式（新生兒當然都沒問題，可一旦當真考慮購買時，就要先設想最好能夠配合寶寶的成長）。另一個重要的特點是：可以清洗（經過三次的吐奶和兩次的尿濕你就明白了）。地墊最棒的額外優點？容易收納而且通常是簡潔緊密的——非常方便儲存或帶著外出旅遊。

3 哺餵母乳的基本須知

你看過那些媽媽，她們讓這事兒顯得那麼輕鬆，談天毫無中斷，沙拉一口接著一口，撩起上衣，讓寶寶自個兒在裡頭吮奶。那麼熟練冷靜，好像這是全天下最自然不過的一件事。

實際上，儘管母乳來得自然，哺乳的優雅跟知識卻不見得如此——尤其對新手媽媽來說。有時是身體因素造成起步不順，有時則純粹因為雙方實在都太嫩了。

你一開始也許很幸運——寶寶順利含住乳房吸吮，直到心滿意足。更可能的情況是：儘管你盡了最大的努力，卻怎麼也無法讓寶寶咬住乳頭，更別提吸奶了。寶寶開始哭鬧，你滿心挫折；沒兩下，你們倆都成了淚人兒。

如果後者恰似你跟寶寶的寫照，先別急著把哺乳胸罩扔掉。你沒有失敗，這只是開始。哺乳跟其他很多當父母的基本工作一樣，不是本能，要靠後天學習。時間加上一些指點，寶寶跟乳房很快就可以配合地天衣無縫。有些最棒的例子，是經過了幾天、甚至幾週的手忙腳亂甚至涕淚縱橫之後，在你自己沒察覺前，你已經讓哺乳這事兒顯得絲毫不費力——而且渾然天成。

開始哺餵母乳

成功的哺乳關係沒什麼神奇公式可言，但的確有不少步驟可循，讓你們邁向成功：

充實知識。多蒐集一些哺餵母乳的相關資訊，可以讓你有個好的開始。你是不是覺得，也許在正式哺乳前應該接受一點訓練？那麼，就多走幾家醫院，多問問育兒專家，或者走一趟離你家最近的國際母乳會

（La Leche League，譯註：全球性的非營利機構，臺灣有分會，類似臺灣母乳協會），詢問一下有沒有適合你的哺乳課程。每一種哺乳課程教的東西都由淺入深——哺餵母乳是怎麼回事，如何增加你的出乳量，怎麼讓寶寶和你合作無間，以及會碰上哪些問題又如何解決。這些哺乳的相關教育，往往也包含了爸爸的角色在內（讓新手爸爸也能參與其中的好方法）。

盡早開始。愈早開始的寶寶愈容易進入狀況。假如情況不錯，寶寶一出世就可以開始——產房是最理想的起點。嬰兒出生後兩小時內對吸東西興致勃勃，半小時內的吸吮反射最為強烈。但要是錯過這段時間也別擔心。若你們經歷一場辛苦的分娩而筋疲力竭，硬要嘗試哺乳只會造成反效果。將寶寶抱在胸懷也有足夠的撫慰效果。請護理師在必要程序結束後，盡快把孩子帶來房間。記住：開始得早不保證立即成功，你和寶寶仍須充分演練才能有完美的演出。

多多相處。盡量跟寶寶在一塊兒，對哺乳絕對有幫助，因此，母嬰同室頗值得推薦。要是你生產過程太累，或不確定自己有辦法 24 小時面對新生寶寶，半同室（只有白天相處，晚上各自休息）也是不錯的選擇。這樣，白天寶寶在你身邊，你隨時可以滿足他的哺乳需求，晚上則等寶寶醒了由護理師抱來你房間。你應該可以獲得充分休息。

如果不能選擇 24 小時母嬰同室（有些醫院只允許自費病房這麼做，或必須同病房兩位母親都有此意願），或你不想這麼做，可以請院方等寶寶醒來或餓了就抱過來，但至少每隔兩、三個小時一次。

要求配合——並且禁用奶瓶。誰都知道，醫院的產科是個非常繁忙的地方——任何時刻都充滿了必須料理的嬰兒啼哭聲；所以，如果護理師沒能即時把奶瓶送到寶寶嘴邊，誰也不會大驚小怪。你可以體諒，卻不能因而讓自己的哺乳計畫一開始就打了折扣，因為不管是葡萄糖水或嬰兒配方奶，都會破壞你親自授乳時寶寶的胃口，讓他一開始就不大有吸吮的意願；更何況吸吮奶瓶本來就比吸吮母親的乳頭輕鬆，也許你家寶貝更會因為必須多花力氣而不開心。更糟的是，要是你無法堅持或堅持無效，你的出乳量還會跟著減少——這就開啟了惡性循環，打亂你和寶寶建立正常供需的

腳步。

所以，別讓醫院系統凌駕你的哺乳系統。輪到你哺乳時不妨專橫一些，讓醫院工作人員明確理解你哺餵母乳的決心（只讓寶寶喝母乳，除非緊急情況，否則你拒絕讓寶寶以奶瓶喝下任何營養品或嬰兒配方奶；除了你的乳頭，你不想讓寶寶含、吸任何奶嘴）——萬一對方抗拒，就直接找你的醫師表明立場。除此之外，你也可以考慮一下，在寶寶的嬰兒床上貼張紙條，幫他聲明：「我只喝母乳——請不要給我奶瓶。」

供其所需——但別消極等待。哺餵母乳的最高指導原則——讓寶寶想喝就喝。然而寶寶初出人世的那幾天，恐怕想睡多過想吃，因此你大概得經常把他弄醒。目標：不管寶寶自己的意思如何，一天至少餵 8~12 回。這不僅可滿足寶寶，且讓乳汁產量保持應有的水準。若枯守 4 小時一次的哺乳頻率，只會加劇乳房腫大，反而導致寶寶吃不飽的後果。

了解飢餓的訊號。理想上，你最好在寶寶流露飢餓或想吸吮的訊號時餵他喝奶，這些訊號可能像是吃手指、嘴巴拚命湊向乳頭，或顯得格外警覺等。哭並不是餵食訊號，所以盡量別等到寶寶嚎啕大哭——表示他已餓過頭了——才開始哺乳；這個時候，別忙著塞奶進寶寶嘴巴，先輕輕搖一搖，或讓他先吮你的手指平靜下來。對一個缺乏經驗的小傢伙來說，安然無事的情況下要找到乳頭已經夠難了，更別說是在歇斯底里的情況下了。

練習，練習，再練習。如果奶水還沒來，就當這些哺乳動作是「純排演」。先別擔心寶寶會餓到，母乳供應量操之在寶貝需要多少，而眼前，那需求量相當有限。實際上，新生兒的胃口只有一點點，你的初乳已經綽綽有餘。利用這初期階段致力改進哺乳技巧，儘管放心：這段學習過程，寶寶不會餓著的。

多給彼此時間。順利哺乳的母子關係，不是一兩天就建立起來的。剛離開子宮的寶寶當然毫無經驗——這若是你的第一胎，你也一樣是新鮮人。你們倆都有很多要學，也都必須很有耐心。在供需唱起協奏曲之前，可有一堆嘗試跟無數的錯誤等著。即便你之前曾順利哺乳過，但每個寶寶不同，這回可能整個過程截然不同。

而且，如果生產過程不是十分順利，尤其你有麻醉的話，哺乳上軌道的時間可能又要延後。昏昏欲睡的媽媽跟懶洋洋的寶寶恐怕沒有半點欣賞哺乳藝術的興致。別急，先跟寶寶都充分休息之後，再迎向挑戰吧。

尋求援手。不妨為你和寶寶組成的哺乳隊伍找位教練（或甚至一群教練），來為你們創造一個好的開始、提供哺乳技巧的巧門，並且在你遇上挫折時幫你加油打氣。幾乎每一所醫院和生產中心都會提供這方面的協助——如果你生產的地方就有，那麼，最少在一開始的那幾次裡，授乳專家都會陪你哺乳，看情況當場給你提醒、建議或協助；如果很不巧地那兒沒有這類的幫手，也別客氣，就請他們設法提供援助（而且要在還沒生產前就提出要求）——萬一你的要求落空了，就看看生產地點或月子中心附近有沒有授乳顧問，或護理經驗豐富、可以提供各種授乳技巧、指導你正確授乳的資深護理師。如果荷包負擔得起，不妨乾脆聘用一位授乳專家；要是在出院前都還找不到幫手（但願不至於如此），最少也得在回家的一兩天內，就能有個熟知授乳知識的某人——寶寶的醫師、你的看護或醫院外的授乳專家——到家裡來看看你的哺乳方式正不正確。

當然了，你也可以聯絡在地的國際母乳會分會；哺乳會裡的志工，不但都是擁有豐富哺乳經驗的資深媽咪，而且也都受過專業訓練。另外，你也不妨向有哺乳經驗的親友尋求協助——總而言之，就是別讓自己孤軍奮戰。

保持輕鬆冷靜。要做到這點可不容易，尤其是新手媽媽，但這對哺乳成功影響至鉅。緊張會阻礙奶水分泌，換言之，你若不放鬆，乳汁可能流不出來。需要的話，授乳前請訪客先離開。有人覺得做些放鬆運動有效，也可以看書報雜誌，或閉目聆聽音樂。

哺乳基本須知

跟寶寶建立美滿的哺乳關係，適當的技巧與知識很重要。了解哺餵的祕訣，學習怎麼把寶寶擺在胸部，確定他姿勢正確，知道什麼時候結束，他何時該吃下一頓，這些都會累積你的信心，讓你覺得自己「做對了」。為了提高成功機率，先接受一番迷你訓練，再把寶寶抱來

開始吧。

❖泌乳的整體運作

泌乳是整個自然生殖週期的尾聲，它的運作要點如下：

- 母乳是怎麼來的：當胎盤一擠出體外，乳汁製造系統立刻啟動。過去九個月你在體內哺餵胎兒，如今身體忙著荷爾蒙的調整，好讓你能從體外哺育孩子。生產結束，雌激素與黃體激素驟降，泌乳激素（負責泌乳的荷爾蒙之一）相對迅速上升，啟動乳房製造奶水的細胞。然而，荷爾蒙雖能啟動泌乳機制，但若缺乏一些外力，還是無法製造奶水——這外力就是寶寶的小嘴啦。當這小嘴吸吮住乳房，泌乳激素升高，奶水開始製造，同時也展開了一個重要的循環——確保奶水不斷生產的機制：寶寶從乳房吸走奶水（需求產生），乳房製造奶水（供應產生）。需求愈多，供給也愈多；相對的，會阻礙寶寶吸吮奶水的任何狀況也會影響供給。哺乳次數太少或太短、吸吮不正確，都會導致乳汁迅速減產。你可以這樣看：寶寶喝的奶愈多，乳房就會製造愈多乳汁。
- 怎麼流的：生產乳汁還不夠；如果製造奶水的微小腺體不通，寶寶吃不到奶，之後的乳汁生產也會降低。因此，影響哺乳的最重要因素是排乳反射：寶寶的吸吮釋放了催產素，進而刺激乳汁流出。等乳房熟於這項功夫，可能只要一接近吸吮狀態——像是寶寶準備要吃奶了，甚至光是想著寶寶——就立刻排乳了。
- 怎麼改變：寶寶從你身上吸到的奶水，不像嬰兒奶粉那樣完全一致。母乳成分不僅每次哺乳都不相同，甚至同一次裡面也分成幾種。寶寶開始吸吮時，首先流出的前乳（foremilk）有「止渴飲料」之稱，比較稀，脂肪含量也較低。接下去乳房便製造出後乳（hindmilk）——蛋白質、脂肪和熱量都高。若餵奶時間太短，寶寶就喝不到多脂、高營養的後乳，容易餓，甚至影響發育，因此每次哺乳至少要餵完一邊，寶寶才喝得到後乳。如果乳房比開始軟很多，就代表有喝光（記得，泌乳中的乳房絕不可能完全空掉；奶水隨時都在製造當中）。此外你可發現，乳汁流量減少為涓滴，寶寶吞嚥次數也明顯較開始為少。

❖自在哺乳

下列的方法，能確保奶水到它該去的地方：

- 讓心靜下來。在這成為你跟寶寶的第二天性之前（一定會的！），你們需要專注。找個安靜、不易被打擾的地方。等你逐漸熟練後，就可以邊餵邊翻雜誌了（但別忘了隨時停下來跟寶寶互動一番；這不只是哺乳的樂趣，對寶寶更有好處）。初期，講電話可能讓你太分心；先關掉鈴聲，讓答錄機負責就好。最好也先別看電視，直到你能輕鬆哺乳。
- 盡量舒適。找個讓寶寶跟你都覺得舒服的姿勢：坐在客廳沙發（不能太深）、寶寶房間的搖椅、書房的扶手椅，或靠在床上。坐著時，可以放個枕頭在腿上把寶寶墊高，如果你剖腹生，這樣也可減輕你承受的重力。注意手臂要有枕頭或扶手支撐；一手負擔3~4 公斤重，肯定會受不了的。腳也盡量抬高。多試試，找出最理想的位置——最好能讓你撐很久而不至於緊張僵硬。
- 記得自己也要止渴。身邊放一杯牛奶、果汁或水，餵奶時也要補充水分。避免燙的飲品（萬一打翻了，你跟寶寶才不致受傷）。如果你不想喝冷的，可以弄溫的。若上一餐已過了很久，補充些健康點心。你吃得愈好，寶寶就喝得愈好。

❖用對姿勢

你們會不斷嘗試各種姿勢，但一定要知道這種「基本」姿勢：讓寶寶側躺，正對你的乳頭。寶寶整個身軀務必對著你——因此你們肚子貼肚子——而他的耳朵、肩膀、小屁股則呈一直線。他的腦袋不應轉到一側，要跟整個身體一直線（想想，你要是把頭轉到一邊，吞嚥有多難。寶寶也是）。

哺乳專家建議，剛開始幾週採交叉抱和美式足球抱球（或擒抱）姿勢，等順手後再加上懷抱式跟側躺式。請先就基本位置，再多練習：

- 交叉抱法：用哺乳邊的對面那手扶著寶寶的頭（若你在餵右乳，就以左手扶）。手腕枕在寶寶兩側肩胛骨之間，大拇指在一隻耳朵後面，其他手指在另一隻耳朵後方。右手圈住右乳，大拇指在乳頭及乳暈上方，讓寶寶的鼻子可觸到乳房；食指則應放在寶寶臉頰可碰到乳房之處。輕輕擠壓

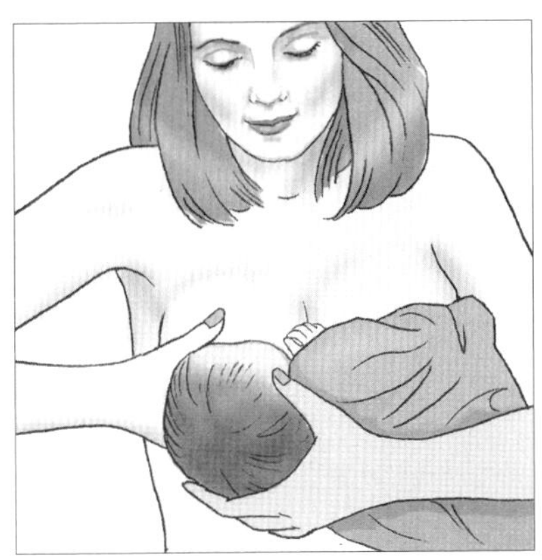

圖 3.1-1 交叉抱法

圖 3.1-2 美式足球抱球或擒抱姿勢

圖 3.1-3 基本懷抱法

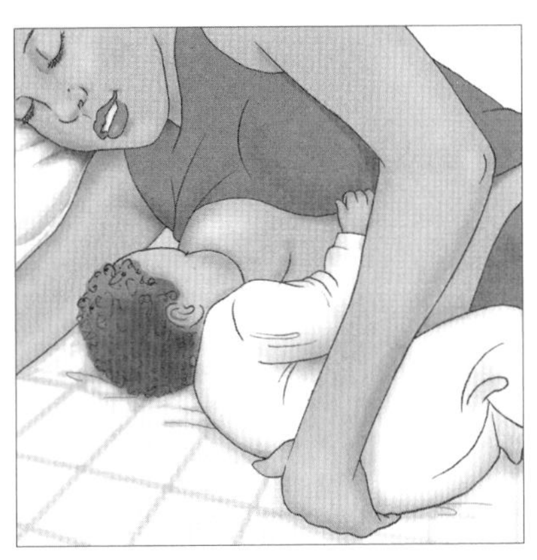

圖 3.1-4 側躺

乳房。這會把乳房變得比較接近寶寶嘴巴的形狀。這時，就可以等著寶寶開始吸吮。

- 美式足球抱球或擒抱姿勢：若你剖腹生產，不想讓寶寶靠在肚子上；若乳房很大、寶寶體型很小或早產；或者你要哺乳雙胞胎，這種姿勢特別有用。不需要真的練過美式足球，只要把寶寶像美式足球似地塞到腋下，讓他半坐在你的身側面對你，兩腳在你手臂下方（餵右乳的話，就用右手）。用枕頭將寶寶墊高到乳頭水平，右手扶他的頭，左手圈住乳房，有如交叉抱所做那樣。
- 基本懷抱法：這是個典型的哺乳

姿勢，寶寶的頭靠在你肘部彎處，你的手撐住寶寶大腿或屁股。寶寶下側那手（若餵右乳，則為左手）夾在你腋下或腰部。用左手圈住乳房（如果餵右乳），照交叉抱那樣。

- 側躺：當你半夜哺乳，或需要休息時（只要有機會可以休息，總是不嫌多的），這個選擇不賴。你側著躺好，頭部靠著枕頭，讓寶寶正對著你側躺，兩人肚子貼肚子。務必讓他的嘴巴跟你的乳頭對準。照其他方法以手支撐乳房。可以在寶寶背後也擺個枕頭，讓他更貼近你。

不管哪種姿勢，你一定要讓寶寶主動靠近乳房——不是乳房去找寶寶。很多哺乳問題就是因為媽媽拚命彎向寶寶，努力把乳房塞進寶寶嘴裡。你要挺直背脊，引領寶寶找到乳房。

❖掌握正確咬合

好的姿勢是成功的第一步，但要確保哺乳成功，你一定得掌握咬合技巧——讓寶寶跟乳房正確貼住。要做得好，需要一些指導和技巧：

- 正確咬合的外觀：寶寶連同乳暈一起含住乳頭，牙齦緊扣乳暈跟底下的輸乳竇讓乳汁流出。只吸到乳頭的話，不僅寶寶吃不飽（因刺激腺體分泌的力道不夠），也容易使乳頭酸痛甚至破皮皸裂。要留意別讓寶寶隨便咬住乳房其他部分就猛力吸了起來；新生兒吸吮慾望強烈，吸不吸得到奶他們不管。牙齦猛力吸吮，容易造成敏感乳房的疼痛瘀青。
- 為成功咬合做好準備：找到舒適的姿勢之後，用乳頭輕觸寶寶嘴唇，直到他張大嘴巴——跟打呵欠一樣。有些專家建議先以乳頭輕擦寶寶鼻子，再往下碰他上唇下方，寶寶嘴巴就會張得非常之大；這可以避免寶寶吸到自己的下唇。如果寶寶不張嘴，試著擠一些前乳到他唇上。

  若寶寶把頭轉開，輕輕摩擦他靠你這一側的臉頰，泌乳反射會讓他立即轉過來尋找乳房（別同時碰兩頰，這會造成困惑）。等寶寶上手，只要一碰到乳房、甚至一聞到奶味，馬上知道轉頭找奶喝了。
- 大功告成：等寶寶嘴張得夠大時將他拉近一點。別把胸部靠向寶寶，也別把寶寶腦袋往乳房壓，更別硬將乳頭塞進他嘴巴。讓寶寶自己來。也許要好一會兒功夫

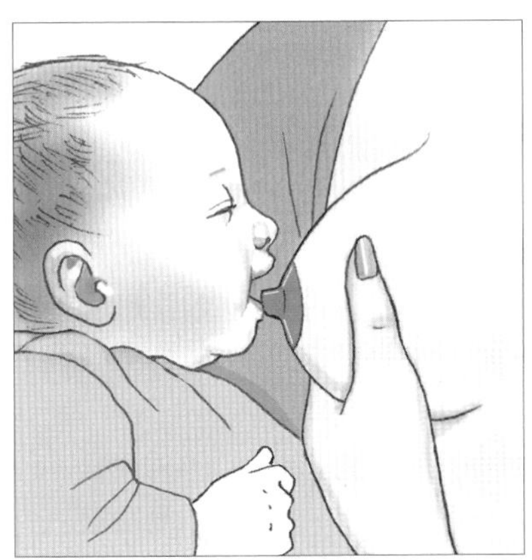

圖 3.2-1 逗弄寶寶嘴唇

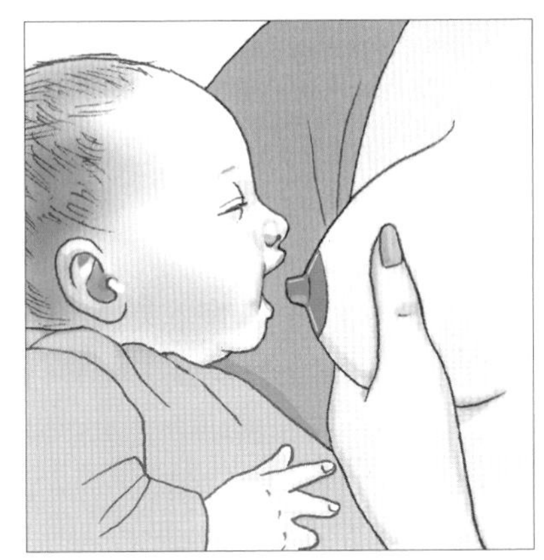

圖 3.2-2 咬合吸吮

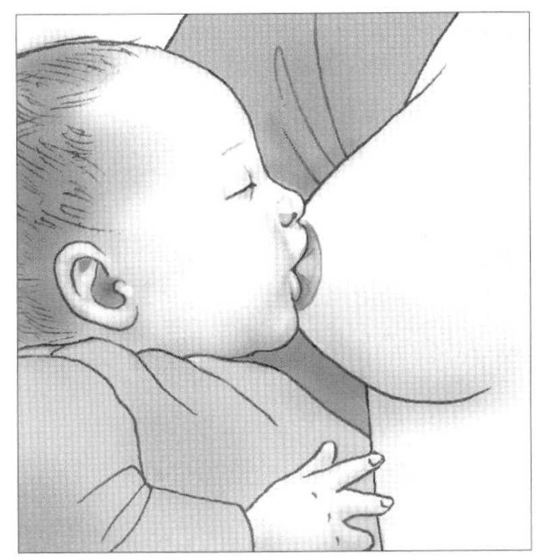

圖 3.2-3 寶寶張大嘴巴

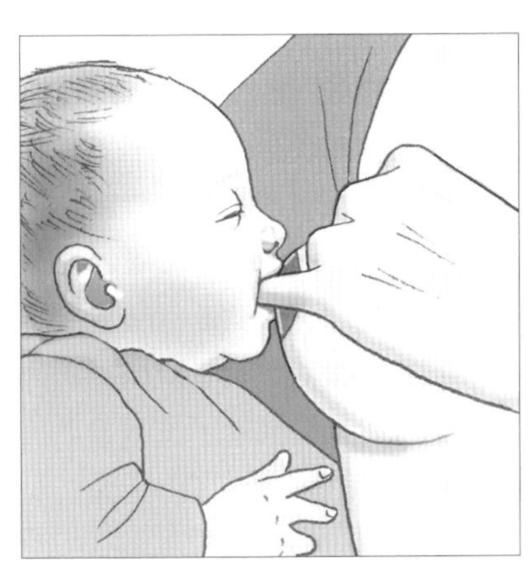

圖 3.2-4 中止吸吮

，寶寶的嘴才大到能順利哺乳。記得：在寶寶咬緊乳頭、順利吸吮之前，務必將乳房扶好，別太快放手。

- 確定咬合正確：若小傢伙的下巴跟鼻尖有碰到乳房，那就對了。寶寶吸奶時，乳頭會被扯向他喉嚨後方，小小牙齦壓迫著乳暈。寶寶嘴唇應該往外噘，跟魚嘴巴一樣，而不是往裡頭縮。也要注意他沒吸到自己下唇（新生兒什麼都吸）或舌頭（因為乳頭跑到了舌頭下方）。你可以在餵奶時稍稍拉開寶寶下唇，萬一真的吸到舌頭，就用手指伸入寶寶跟乳房間調整一下，確定寶寶舌頭在乳頭下方再重新開始。若寶寶吸到自己下唇，在他吸吮時輕輕把下唇拉出來。

如果方法正確，哺乳絕對不痛（當然，若乳頭皸裂或感染又另當別論）。要是餵奶時乳頭會痛，可能是寶寶只咬著乳頭，沒有連乳暈一起含住。把寶寶拉開（請見前頁），重新來過。若聽到喀答聲，也表示咬合不對。

- 給寶寶呼吸空間：要是乳房塞住了寶寶的鼻子，輕輕以手指把乳房下壓，或者稍微抬高寶寶。但動作千萬小心，免得好不容易達到的咬合輕易破功。
- 小心放開：若寶寶吃飽卻還咬著不放，千萬別硬扯，否則會傷了乳頭。從寶寶嘴邊伸進手指，在牙齦間慢慢施力，直到他放開。

> **吸 vs. 吮**
>
> 這個細小差別，決定哺乳的成功與否。要判定寶寶有在吮（也就是從乳房汲取乳汁）而不只是吸（含著乳房白忙），觀察是否有一種有力穩定的吸─吞嚥─呼吸的模式。寶寶的雙頰、下巴、耳朵，應該有充滿節奏感的律動。等乳汁流出，你也會聽到咕嚕咕嚕的吞嚥聲，那就沒問題了。

❖一次餵多久？

以前大家認為，哺乳一開始應該不要太久（每次 5 分鐘就好），乳頭才不會痛。其實乳頭疼痛是寶寶在乳房上的姿勢不良，跟時間長短無關。只要姿勢恰當，哺乳時間毫無限制。讓寶寶自行決定；每個寶寶在這方面都有主意，照著走，寶寶跟乳房都可獲得滿足。剛開始要有跑馬拉松的心理準備，有些新生兒一次可花上 45 分鐘（一般大約 20~30 分鐘）。因此，絕對不要因為 15 分鐘到了就換邊。等寶寶要換才換，不要勉強。

理想上，每次至少要清空一邊乳房（雖然實際上不可能「空」，只是吸得差不多），這比每次兩邊都要喝到還重要。這樣，才能確保孩子喝到（比較多脂的）後乳。

最好的結束方式，是等寶寶自己放掉乳頭。如果他沒放（寶寶往往邊吃邊睡），而每次吞嚥的吸吮次數降到四次，就是差不多了。一般來說，寶寶第一邊喝到尾巴就會睡著，接著可能會醒來繼續換邊（如

果先好好拍嗝，參見第 165 頁），或一直呼呼大睡。下一回，從還沒開始或沒喝完那邊餵。你可以在哺乳胸罩上別個別針當做提醒，也可以塞個防漏乳墊，這墊子也可以順便吸收滴奶（沒餵到的那邊，會因為預期心理而排乳）。

❖多久餵一次？

一開始一定要盡量餵—— 24 小時至少 8~12 次（如果寶寶要的話，有時更頻繁），每一次至少清空一邊。平均算下來等於每 2~3 小時餵一次（從每次開始時間計算）。但別受時間控制，把決定權交給寶寶（除非寶寶不肯起來吃奶）。記住：每個孩子的模式不同。有些新生兒需求非常頻繁（每 1.5~2 小時），有些隔比較久一點（每 3 小時）。若是前者，你中間就大概只有 1 小時出頭的休息——乳房挺辛苦的。但別擔心，這只是過渡期；隨著奶水量增加、寶寶每天長大，間隔自然逐步拉長。

間隔程度也因人而異。有些體貼的寶寶，白天隔 1.5~2 小時就要奶喝，到了晚上卻可以延長到 3~4 小時。如果你的寶寶屬於這型，你很幸運——但要記得時時檢查尿布的排出是否正常（參見 187 頁）。有的寶寶可能精準得像個時鐘——不管白天或半夜，兩個半小時就是兩個半小時。但這類寶寶也會在之後幾個月逐步拉長間隔；當他們懂得區分日夜，晚上能睡久一點時，父母簡直感激涕零。

雖然你很想趕快拉長哺乳間隔，但一定要按捺這股衝動。奶水量跟餵奶頻率、哺乳時間呈正相關，最初幾週特別如此。若把必要的頻率減低——或縮短每次餵奶時間——奶水產量很快就會下降。當寶寶該吃奶時任由他睡過頭，也會導致同樣的後果；所以如果寶寶上次吃奶已過了 3 個小時，就該叫醒他了（喚醒寶寶的技巧，參見 149 頁）。

哺乳的標準時間

還記得（其實只是昨天——或甚至昨晚的事？）你是怎麼記算那一次又一次的陣痛的嗎？那麼，先別急著忘記那個計算的方法，因為哺乳時間的計算也是這麼回事——記住這一回、下一回、再下一回……開始哺乳的時間。你會發現，相隔的時間其實沒有你想的那麼久（就像你陣痛開始後你就沒有多少時間可以休息）。

你家奶娃是哪一型？

人人個性不同，寶寶吃奶的風格也各異。你家寶寶也許落在研究區分出的下面幾種之一，也可能發展出獨一無二的吸奶格調。

海狼型。若寶寶幾乎都牢牢黏在乳房狼吞虎嚥10~20分鐘，就屬於海狼型。海狼寶寶絲毫不打馬虎眼，哺乳時間可不是拿來開玩笑的。偶爾，媽媽乳頭會被寶寶的過度認真而吸到痛。萬一你就是這樣，別擔心——碰到鯊魚時，乳頭也會自動變得強韌（緩和疼痛乳頭，參見92頁）。

激動白忙型。若寶寶一看到乳房就往往興奮得讓到嘴的食物又溜了，那他大概就是這種啦。這種奶娃兒的母親得特別有耐性。每回中斷之後，你要溫柔平靜地重新引導他。一般來說，隨著逐漸上手，他們不再那麼激動，成功率也會提高。

悠哉型。這一型就很會拖。他們似乎要到第四、五天奶水來了，才開始對吸奶產生興趣。勉強他們完全沒好處，耐心等應該最保險。當他們準備好了，這型奶娃兒多半就會辦起正事來了。

老饕型。若寶寶總是跟乳頭玩得不亦樂乎，含一含、嘗一嘗、咂咂嘴，像個美食評鑑大師似地細細玩味每一口，那他大約是個老饕型。對他們而言，母乳可不是速食，若被不斷催促，老饕奶娃兒可會老羞成怒——所以，還是讓他們慢慢享受吃奶樂吧。

小歇型。這一型喜歡喝一陣歇一陣，有些甚至偏好交替戰術：吃奶15分鐘，睡個15分鐘，再醒來繼續喝奶。對付他們只有耐性，催促只會造成反效果，就像上面的老饕一樣。

你會擔心的各種狀況

❖ 初乳

我分娩完沒幾個小時，現在累得要命，女兒也睡得很熟。真有必要馬上哺乳嗎？我甚至還沒奶水呢！

愈早開始，奶水來得愈快，因為供給是由需求決定的。不只如此，更重要的是能讓寶寶獲得充分的初乳，這是剛來到世上頭幾天的小生命最理想的食物。這股稠黃色（有

時呈透明）的液體號稱是「液態黃金」，富含抗體及白血球，可以幫寶寶對抗各種病毒細菌。研究甚至指出，它能刺激寶寶免疫系統製造抗體。初乳也可以在寶寶的腸道形成保護膜，阻止有害病菌侵襲稚弱的消化系統、對抗過敏等問題。這樣還不夠的話，初乳還可刺激寶寶排便（胎便，參見第160頁）、消除膽紅素、減低黃疸機率（參見第159頁）。

初乳來之不易，寶寶大概只會啜到幾口——驚人的是，這幾口已經綽綽有餘。它非常好消化——蛋白質、維生素、礦物質很多，且低脂低糖——是面對未來營養挑戰很棒的開胃點心。

初乳吃個幾天，不僅能滿足寶寶的細緻口欲，更能讓他邁開健康的第一步。此外，還可刺激過渡乳（transitional milk，參見「母乳的階段性變化）。

所以，只要一有機會就和寶寶小睡一下吧——醒來時，就又得讓他飽餐一頓了，怎能不讓身體好好製造些乳汁呢！

❖乳房腫脹

我的奶水今天報到，乳房脹成原本三倍，又硬又痛，我簡直受不了了。這樣怎麼哺乳？

懷孕九個月，它們不斷長大——就在你以為已經不可能再大了（整型自是另當別論），結果產後第一週又讓你跌破眼鏡。而且很痛——痛到連戴胸罩都是折磨。更糟的是此刻奶水充盈，哺乳的挑戰度更高——乳房痛是原因之一，而且變得腫脹堅硬，可能把乳頭拉平，寶寶很難吸到嘴裡。

這個腫脹過程來得突然而戲劇化，往往就在幾小時間。一般發生於產後三、四天，快的第二天也有，慢的一個星期。腫脹表示乳房裝滿奶水，也表示血液加速來到，確保這製奶工廠全力上工。

這種情形在某些婦女身上比較常見，懷第一胎也比較容易有，而第一胎發生時間又通常晚於第二胎以後。有些幸運的媽媽（大概是第二或第三胎）奶水的來臨並未伴隨腫痛，尤其是一開始就經常哺乳的。

好在這只是暫時的，等奶水供需系統建立好就會逐漸消失。大致不超過24~48小時，少數得忍受一週之苦。

解脫前，有些減緩不適的技巧：

- 當哺乳開始，短暫以熱來軟化乳

母乳的階段性變化

你今天讓寶寶喝的是什麼樣的母乳呢？坦白講，這很難說。從第一天他開始吸吮到第五天、第十天……，寶寶每又長大一點，你的乳房就自然會分泌不大一樣的乳汁：

- 初乳。一開始，你的出乳量既不大，乳汁也很稠黃（有時是透明狀），那是因為裡頭充滿了抗體和白血球，所以被稱作「液體黃金」。
- 過渡乳。初乳之後、常乳之前，有一段時間你分泌的是所謂的「過渡乳」，看起來很像混入了橙汁的奶水（還好，新生兒似乎都喜歡這種口味），裡頭的免疫血球素與蛋白質雖然都比初乳少，卻多了乳糖、脂肪和熱量。
- 常乳（mature milk）。常乳差不多會在產後的 10~14 天出現，比初乳稀薄，顏色也更偏淡白（有時會帶點藍色）；雖然看起來有點像是稀釋了的脫脂奶，卻飽含寶寶成長所需的各種營養素。常乳可以粗分成兩種型態——前乳與後乳，沒錯，第 79 頁已經介紹過了。

暈跟刺激奶水。你可以拿毛巾浸在溫水（不要熱水）貼放在乳暈部分（只有這個部分）；或者，也可以直接傾身泡入一盆溫水。寶寶吃奶時，輕輕按摩同一個乳房，也有助於乳汁流出。

- 哺乳後冰敷，可減緩腫脹。冰涼的高麗菜葉也有驚人的舒緩功效（用外層的大片菜葉，清洗後拍乾，以乳頭為中心擺放），雖然聽起來、看起來都很好笑。也有那種塞在胸罩的涼片。
- 隨時穿戴適合的授乳胸罩（寬肩帶，沒有塑膠襯裡）。腫脹疼痛的乳房一絲壓力都難以承受，所以胸罩和衣服絕不能太緊，別讓它們摩擦到敏感的乳房。
- 對付乳房腫脹最好的辦法就是經常哺乳，所以，千萬別因為痛而想省略這件事。寶寶吸奶次數愈少，乳房愈是腫脹，疼痛就愈不堪。相對地，哺乳次數愈多愈容易消腫。要是寶寶吸吮程度不足以減緩腫脹，哺乳後可使用吸奶器，但腫脹一消就停，否則反而刺激過量生產，導致供需失衡，乳房腫脹將更嚴重。
- 每次哺乳前，先稍微擠出一些乳

汁消腫。這可促進乳汁流出，幫助乳頭軟化一些，寶寶也比較容易入口。

- 改變寶寶每次哺乳的姿勢（這回用美式足球抱球法，下次就改用懷抱式；參見第 81 頁）。這有助消除奶塊，進而減緩腫脹。
- 實在太痛，可考慮請醫師開乙醯氨酚（如泰諾〔Tylenol〕）或布洛芬（安舒疼〔Advil〕或摩純〔Motrin〕）等止痛劑。如果服用藥物，記得只在哺乳之後服用。

我剛生完第二個寶寶，乳房腫脹程度遠不如頭一胎，是不是奶水也會比較少？

不會，這只表示你比較不會痛，哺乳也會比較輕鬆——絕對是好事一樁。儘管還是有少數媽媽比較可憐，第二胎之後的乳房腫痛絲毫不減，甚至更糟，但大多數的母親則是相對感到輕鬆不少。或許是乳房有經驗了，知道該怎麼應付奶水來的情況；也或許是你自己的經驗使哺乳從一開始就比較有效率（也比較能餵乾淨）。說到底，寶寶愈快進入狀況，腫脹問題就愈小。

在非常少的情況下，不腫不脹意味奶水不足，而通常只有第一胎媽媽會如此。一般情況是：就算第一胎媽媽沒碰到乳房腫脹，奶水也充足得很。實際上，除非寶寶真的餓到了，否則實在不需要擔心奶水不夠的問題（參見第 187 頁）。

❖ 排乳

每次我哺餵寶寶時，乳汁才剛開始流出，乳房就會傳來一種讓我坐立不安的怪異感覺，幾乎可以說是疼痛——這是正常的嗎？

你所描述的感受，一般稱之為「排乳」（或噴乳，let-down），不但很正常，還是哺餵母乳的必要過程——母乳已被製造出來、注入乳腺送出的徵兆。排乳的感受有時很像刺痛，讓人如坐針氈（有時也真的有如針刺般難受），但大多只會讓媽媽感到滿足又溫暖。大致說來，剛開始哺餵母乳的前一兩個月，這種感覺會比較強烈（每一次哺乳的開頭時分，也可能哺乳之間會一再有這種感受）；等到寶寶稍大了之後，這種感受就會在不知不覺間變得若有似無。有時，你感覺到排乳的這一邊乳房，但寶寶吸吮的卻是另一邊，有時是在你預期很快就得哺乳時，或者在預期之外的時間哺乳時（參見第 91 頁）。

壓力、焦躁、疲倦、生病或心神

不寧等都可能會抑制排乳反射（let-down reflex），酒精的影響尤其明顯；所以，只要你一發現自己的排乳反射不佳或來得很慢，哺乳前就要設法先讓自己放鬆下來，哺乳時要選個安靜的場所，更要嚴格限制自己只能偶爾小酌一杯。哺餵前輕柔地按撫乳房也有刺激出乳的功效，但別太擔憂排乳的事，真正的排乳問題極其少見。

剛餵完奶就感覺乳房有種深層的陣痛嗎？那只是你的身體正在加緊生產乳汁好裝滿乳房的徵兆——沒有意外的話，生產完幾個星期就不會有這種陣痛了。

❖奶水過多

雖然乳房已經不脹了，我的奶水還是多到每次都嗆到我女兒。我的乳汁分泌太多嗎？

雖然現在你的乳汁簡直像能供應整個社區——至少一間托兒所——安啦，很快就會降到剛好夠你的心肝小寶寶吃。你可能也發現目前的過量導致滴奶、溢奶，讓人不舒服又尷尬（尤其是在公共場所）。或許眼前供過於求，或許奶水來了而寶寶還沒準備好。不管怎樣，一切會漸上軌道。在那之前，隨時準備一條毛巾在身邊，也可試試下面這些方法：

- 若奶水剛來，寶寶喝得上氣不接下氣，就先讓他離開乳頭一會兒，等乳汁流量穩定些再繼續。
- 每次只餵一邊。這樣，乳房不但可以清得比較徹底，寶寶每次也只需面對一次洪水爆發，而不是兩次。
- 哺乳時輕壓乳暈，可稍稍遏止一下流勢。

哺乳時的疼痛

正要哺乳前出現的疼痛，起因可能是排乳；要是哺乳完畢後才出現，就可能是你的乳房正忙著補充乳汁以待下次哺乳之用。一般而言，幾個星期後這兩種疼痛就都會明顯減弱或甚至消失——更重要的是，兩者都很正常。

真的不正常的，是哺乳過程中出現針刺般或燒灼似的疼痛。這類的疼痛，很可能與鵝口瘡（thrush）有關（從寶寶的嘴巴到媽媽乳頭的念珠菌感染，參見第159頁）；另一種哺乳中常見的疼痛，則可能來自錯誤的哺乳姿勢（請參見第81頁，調整一下寶寶的吸吮方位）。

- 調整寶寶姿勢，讓他上身高些。有些寶寶還會讓乳汁流出嘴巴，緩和情況。
- 對抗地心引力：你上身盡量往後倒，甚至平躺著讓寶寶趴在身上喝（只是這樣不大舒服，沒法常做）。
- 一開始量太大時先擠出來，順了以後再餵寶寶。
- 別企圖少喝水。水喝多喝少跟出乳量一點關係也沒有，喝太少只會影響你的健康。

有些婦女奶水一直大量盛產。如果你也如此，別擔心；隨著寶寶長大、技巧成熟，他多半可以應付得很好。

❖滴奶與溢奶

我好像老在滴奶。這正常嗎？要滴到什麼時候才會停啊？

如果有弄溼上衣比賽的話（或弄溼睡衣、胸罩、甚至枕頭），剛開始哺乳的媽媽穩贏不輸。頭幾週幾乎都這樣，滴乳還算小事，甚至還會經常噴奶。不分時間地點，毫無任何警訊。你閃過念頭感到奶水要來，還來不及拿什麼遮掩，低頭一看，胸前已大片濡溼。

排乳這種生理狀態跟心理密切相關，只要想著寶寶、談到寶寶、聽到寶寶哭，就可能觸動這個機制。沖個溫水澡也可能。但很多時候則完全出其不意——可能你壓根兒沒在想孩子（例如你在睡覺、付帳）；場合超尷尬（例如在郵局排隊、準備上臺簡報、做愛做到一半）；如果今天餵奶時間晚了點或你正想著這件事（尤其如果寶寶是非常準時的奶娃兒），也有可能。還有就是：餵著這邊，滴著那邊。

這當然不好玩，有時還讓人很不舒服，甚至帶來無邊困窘。但這絕對非常正常，尤其在初期（而不滴奶或情況很輕微也絕對正常，第二胎以後通常都趨緩）。時間過去，供需成熟，情況就會一路好轉。在那之前，試試這些撇步：

- 隨身帶著一疊防漏乳墊。它們可

給爸媽：三人成哺

哺乳是你和寶寶的私事嗎？錯了，爸爸也不能置身事外。研究顯示，得到爸爸支持的媽媽都更有哺餵母乳的意願——也更能堅持不懈。換句話說，比起只是一對一的哺乳，三人一起努力會更圓滿。

以救命（至少救你的襯衫）。別用防水或塑膠襯裡，它們不吸溼不散熱，容易引起乳頭發炎。找出最適合自己的；有些人喜歡可拋式，有些則喜歡棉質觸感。

- 保護床鋪。如果夜裡容易滲奶，上床前在胸罩裡多放幾片墊子，或身子底下鋪個大毛巾。這個階段，你可不想天天洗床單——更別提買個新床墊了。
- 衣服盡量挑印花的，深色更好，它們最能遮蔽印漬。有人問家有新生兒為什麼該穿可水洗的衣服嗎？因為滴奶。
- 別想靠吸奶器幫忙。刺激愈大，供應愈多。這只會幫倒忙。
- 施壓。等哺乳上手、乳汁產量充足（別太早），你可以這樣減緩滴漏：奶水來時，按著乳頭（公共場合恐怕有點不雅）或雙臂夾緊乳房。前幾個禮拜別這麼做，否則可能妨礙排乳，而且造成乳腺阻塞。

❖密集哺乳

我那兩週大的寶寶喝奶時間一直很規律，大概每隔2~3小時。但是忽然之間，他每個小時都吵著要喝奶。怎麼回事？有可能是他喝不夠嗎？

聽來你似乎是有個飢餓的小傢伙。也許他正經歷快速生長期（常見於三週大，然後六週大），或他就是想要多喝一點。總之，這叫「密集哺乳」；本能告訴他，每個小時喝20分鐘，要比每2~3小時30分鐘更能提高乳汁產量。於是他把你當成點心小棧，不是餐廳；才快快樂樂喝完一頓，轉眼他又黏著乳房打轉，準備再度大快朵頤。

這種馬拉松式的哺乳令人筋疲力盡——你可能開始覺得，寶寶簡直跟你的乳房分不開了。還好，通常這維持不到兩天，目的在提高乳汁產量以應付孩子成長所需。之後寶寶的哺乳間隔就比較穩定——也文明得多。而這段時期裡，就盡可能滿足寶寶的需要吧。

❖乳頭疼痛

我一直都想要餵母奶，但乳頭痛到沒法忍受，我不知道自己還能不能繼續這樣餵女兒。

一開始，你擔心寶寶能不能順利吸奶；而你還沒來得及反應，她已經把你的乳頭吸到發痛，使哺乳成為夢魘。好在多數女性不用受苦太

久，乳頭很快就適應了，哺乳不再恐怖，開始變得美好。但確實有些女性的乳頭疼痛皸裂惡化，以致愈來愈怕哺乳——尤其當那些寶寶姿勢不當，或屬於「海狼型奶娃」的更是如此。不過，解決辦法還是有的：

- 確定寶寶姿勢正確，面對乳房，整個乳暈有含進嘴巴（而非只有乳頭）。若只吸到乳頭，不僅容易造成乳頭疲乏，寶寶也喝不到什麼奶，讓他更心焦氣躁。如果乳房腫脹，寶寶很難咬住乳暈，可以先擠掉一些乳汁。
- 每次哺乳完，讓乳頭稍微風乾一下。避免衣物等的摩擦刺激。穿胸部護罩（breast shells，不是乳頭保護罩〔shields〕）。如果會滴奶，防漏乳墊要經常更換。防漏乳墊不要有塑膠襯，以免溼氣無法排除，讓情形惡化。
- 若環境潮溼，可以用吹風機（中溫，距離 15~20 公分）對著乳房來回吹個兩、三分鐘（不要超過）。乾燥氣候下，可能要加強保溼——哺乳後，讓乳房自然乾，或以幾滴乳汁塗在乳頭上。穿胸罩前，務必確保乳頭已經完全乾燥。
- 只用水清洗乳頭，不管乳頭疼痛與否。絕對不要用肥皂、酒精、複方安息香酊、溼紙巾。寶寶已經能抵抗你身上的細菌，而乳汁本身是很乾淨的。
- 乳頭原來就有汗腺與肌膚油脂的天然保護，不過，改良的羊毛脂產品有助預防、治療乳頭皸裂。哺乳後可以塗一點（像是孕婦餵乳保養霜），但避免石化成分（如凡士林）或油性的產品。
- 將浸過冷水的茶包置於乳頭上。茶的成分有鎮定治療作用。
- 盡量變換哺乳姿勢，讓乳頭平均受力。但記得：寶寶永遠正對你的乳房。
- 別因為一邊乳房不痛或沒裂，就只餵這邊。每次盡量兩邊都餵，即使幾分鐘也好；從較不痛那邊開始，因為寶寶餓時會吸得比較凶。若兩邊一樣痛（或不痛），記得從上次沒餵完那邊開始。
- 哺乳前，休息個 15 分鐘。放鬆有助於出奶（寶寶就不用那麼大力），緊張則相反。
- 如果太痛，問醫師可買哪種止痛藥。

有時候，細菌會通過皸裂的乳頭進入乳腺——所以，只要乳頭出現皸裂現象就要特別注意有沒有乳房

乳頭凹陷

如果你有乳頭凹陷的問題（理當向外凸出的乳頭卻內縮至乳暈之內），別擔心，只要哺乳時間一到，大多數內翻的乳頭就都會即時恢復原狀，順利加入哺乳工作；要是沒有，你也可以在開始哺乳之前稍微用手掌擠壓一下乳房（別太用力擠——你只是想擠出乳頭，不是為了擠奶）。如果就連擠壓都不見成效，那就試試護乳器——本是用來給乳暈部位施加壓力以舒緩脹奶痛苦的，但也有推出乳頭的功效。缺點則是，衣服底下有個護乳器會讓人有些尷尬，也可能導致出汗或出疹。

受到感染的徵兆。同時，乳頭疼痛也可能是受到念珠菌感染的後果，請參閱第 100~101 頁和第 159 頁有關乳腺阻塞、乳腺炎（mastitis）與鵝口瘡（念珠菌感染）的說明。

❖花在哺乳的時間

怎麼沒人告訴過我，每天我得花 24 小時餵小孩？

可能因為你不會相信，或是沒人想嚇壞你。無論如何，現在你曉得了。頭幾個星期，許多媽媽都覺得哺乳簡直沒完沒了。但時間過去，你不會再像是小傢伙的俘虜；上了軌道，喝奶次數會減少。等寶寶睡過夜，大概只需餵五、六次，一天總共只要 3~4 小時。

同時，把其他一切待做事項拋在腦後；好好放鬆，享受跟寶寶擁有的親密時光，這是只屬於你的特權。你可以順便寫寶寶成長日記、讀讀書、寫寫計畫。很可能等寶寶斷奶後，你回頭一看，才發現自己多懷念那段哺乳時光。

❖哺乳到自己睡著的媽媽

這些日子以來我真的是累壞了，有時就連哺餵寶寶時眼睛都睜不開；餵奶餵到睡著沒問題嗎？

喝奶時的寶寶都像被催眠了——信不信由你，餵奶的媽媽也是。這是因為，會讓你家寶貝在吸奶時放鬆下來的荷爾蒙——催產素（oxytocin）與催乳素（prolactin）——對你自己也有同樣的效果。這種由荷爾蒙引發的、感覺良好的麻木感，如果再加上剛成為新手媽媽的身心兩方面的挑戰，以及跳針式哺乳所導致的睡眠剝奪感，就會讓你在哺乳時抵擋不住瞌睡蟲的侵襲；更

別說，懷中抱著的那個溫暖、可愛的小寶寶也很有鎮靜心神的作用，要是你還選擇躺臥式的哺乳方式，那就幾乎可以保證，三不五時你就會在哺乳時打起瞌睡。

好消息時，邊睡邊哺乳並沒啥好擔憂的。只要確保哺乳時的姿勢沒有什麼危險性（你和寶寶都有可靠的支撐），也別在哺乳時有一隻手還握著燙手的飲料（即使不在哺乳中，只要抱著寶寶就一定要避免）；此外也請你記得，一定要讓自己保持在隨時都能清醒過來的狀態——這點應該不會太難，新手媽媽早就都習慣時睡時醒了不是嗎？總之，你與生俱來的媽媽雷達必須維持高度警覺。理論上，只要寶寶在哺乳時有多警覺，你就會有那麼警覺。

❖哺乳媽媽的穿著要點

懷孕時，我急於重新穿上一般服裝；可現在，當了女兒的奶媽後我才發現，自己能穿的衣服還是那麼幾件。

看起來實在不大公平。你好不容易找回一點腰身（多多少少啦），穿什麼卻仍是個問題。好在，此時的選擇絕對比懷孕時多。沒錯，你的衣櫥可能需要一些調整，尤其上衣的部分，但只要注意實用性，你還是可以兼顧寶寶的肚子跟自己的品味：

阻礙叢生？

一生完小孩，雖然醫院的哺乳專家近在咫尺，但通常你兩天就出院（除非開刀），哺乳還沒上軌道（甚至奶水都還沒來）。而大多哺乳問題卻都在產後一週或兩週才浮現。如果你發現哺乳成功之道竟然阻礙重重，千萬不要放棄。打電話給哺乳顧問，約個時間請她來家裡。很多碰到挫折的新手媽媽從中獲得莫大助益。別拖延，空想不會讓情況會自動轉好。愈早面對愈好解決，你也不至於沒必要地放棄哺乳。所以，繳械投降前，務必考慮求援。這是寶寶跟你的權利。

適當的胸罩。哺乳服裝最重要的單品，應該就是這件只有你、寶寶還有老公才看得見的東西：胸罩。理想上，你應該在生產前至少準備一件，以便在醫院就能派上用場。但有些人發現，奶水來了之後，整個胸部大到之前準備的根本就穿不下，錢就這麼丟到水裡了。

母乳可不只是食物而已

誰都知道，母乳是天然的神奇食品——但你可知道，母乳也是最棒的藥品？當然了，每一滴來自媽媽的乳汁都是為寶寶量身定製的營養來源，除此之外，母乳的功效還多著呢。現在的你，一定知道母乳可以治療乳頭的疼痛，卻不見得明白你的乳汁還有更多神奇療效。

寶寶罹患了淚腺阻塞症嗎？在寶寶的眼角滴上幾滴母乳就可能加快痊癒的速度；寶寶有頂「搖籃帽」（cradle cap，漏脂性皮膚炎）？在他頭皮塗抹一些來自你乳房的超級藥水；小傢伙的嫩臉上長了粉刺？母乳也有療效（就像是寶寶的第一份抗痘乳膏）；由於兼具抗菌特質，母乳也能對治鼻塞（滴幾滴到寶寶的鼻腔裡，就能緩解鼻塞）、尿布疹、濕疹和其他的疹子問題，還包括蚊蟲的叮咬等等。

母乳最棒的地方？當然是免費又唾手可得了（不需要在半夜三點衝進醫院或叫醒藥房老闆）。

授乳胸罩有各種樣式——有無支撐鋼絲、平實無華（可能也平淡無趣）、罩杯由邊緣或中央打開、或可直接拉向一邊的。多試試，把舒適跟便利擺第一——要記得，你得一手抱著個餓得哇哇大哭的寶寶，只能靠一手操作。不管樣式如何，質料必須是強韌、透氣的棉質，並且有空間容納繼續膨脹的胸部。胸罩太緊會導致乳腺阻塞，乳房腫脹跟乳頭疼痛引起的不適就更不必講了。

兩件式。哺乳時，這種最具時尚感——尤其可直接撩起的上衣（但不能太緊）。前面可拉開的拉鍊或排扣也不錯（從底下拉開的比較適於公共場合）。有些隱藏開口的特殊設計能讓哺乳神不知鬼不覺，而且很適合哺乳媽媽的大胸部。

少穿素色的衣服。素色跟白色都很容易讓污漬現形，深色印花不僅有遮蔽作用，還可掩飾防漏乳墊的存在。

水洗衣裳。面對奶水滴漏跟寶寶吐奶，乾洗店老闆對你生寶寶的歡欣之情不下於你——除非你的衣服都可以直接丟進家裡的洗衣機。一旦你的高級絲質衫碰上幾次不幸，以

後你大概都會穿可水洗的衣服了。

防漏乳墊。哺乳媽媽最重要的配件就是這個了。不管你穿了什麼，都要記得往胸罩裡塞一兩片墊子。

❖在公共場合哺乳

我打算餵母奶餵到女兒六個月，但我不可能一直關在家裡，卻對在公共場所哺乳存有顧忌。

在很多國家裡，餵母乳就跟餵奶瓶一樣司空見慣；但在美國，接受度進展慢些。諷刺的是，電影雜誌對胸部之美的稱頌不遺餘力，面對哺乳卻彆扭了起來。

幸好，這種情況已在不斷改善之中，許多州甚至立法保障母親在公共場所哺乳的權利，並強制工作場所特闢哺乳、擠奶的地方。所以，哺乳並不意味你被軟禁，而且只要稍加練習，你可以做到只有你跟女兒曉得她正在吃奶。讓這件事保有隱私的幾個點子：

- 藉助哺乳衣。穿著合適的話（參見上個問題），你盡可在人群中大方授乳而不露半點肌膚。從下面解開襯衫或稍微撩起上衣；寶寶的腦袋也可幫忙掩護你可能露出的胸部。
- 先對鏡練習。你會發現，策略性的姿勢及位置可提供充分掩護。或者，剛開始幾次出去，找老公（或好友）幫你當哨兵。
- 在肩上披一條毯子或方巾（如圖 3.3 所示），就成了寶寶的帳棚。但要注意，別把他完全罩住；他需要呼吸，所以這帳棚一定要通風。在外哺乳時，大餐巾也頗有用。
- 把寶寶包在身上。比如揹巾，就可以為哺乳提供極度隱私；以此方式帶著寶寶，你吃喝看電影都行，甚至可以邊餵奶邊逛街，人們會以為寶寶只是在睡覺。

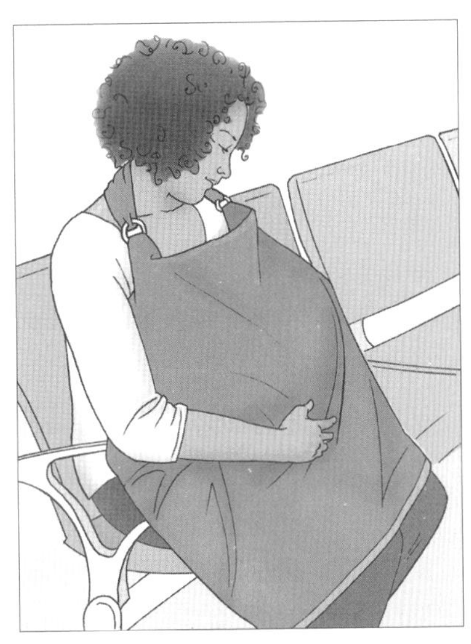

圖 3.3 在公衆場所哺乳

- 打造私密空間。樹蔭下找一張長椅，書店角落挑個寬闊椅子，餐廳裡選張舒適沙發。寶寶準備開始時，背向人群；等寶寶完全就位，便可以怡然面對一切。
- 尋找專用設備。很多大型商家、購物廣場、機場、甚至主題遊樂園，都設有哺乳專區，裡頭還備有舒服的搖椅、換尿片檯。闢有獨立休息室的洗手間也不錯。如果目的地沒有這些設備，而你又希望避開人群，可以先在車上完成，但要留意車內溫度。
- 適時開動。別等到寶寶歇斯底里才餵他，這時只會引起人群的注意。適時留意寶寶的飢餓訊號，先發制人。
- 了解你的權利——坦然運用。美國二十多州立法賦予女性於公共場所的哺乳權——袒胸餵乳不傷風化，也不犯法。1999 年通過一聯邦法令，確保婦女可在美國聯邦所屬任何地方哺乳。換言之，不管哪一州，你都有權在任何地方給寶寶喝母乳（開動的車上例外；此時，再餓的寶寶也必須坐在兒童安全座椅內）。
- 順其自然。如果在外哺乳感覺還好，就那麼辦；如果不自在，就盡量找隱密處。

❖協力車哺乳

懷了新一胎以來，我都還在哺餵寶寶之中，也還沒打算讓大寶寶斷奶；小女兒誕生後，我是不是可以繼續哺餵大寶寶母乳呢？我的奶水會不會沒辦法同時供應兩個寶寶？

你的狀況，哺乳媽媽們都用「協力車哺乳」來形容；也就是說，當寶寶一前一後到來時哺乳工作也跟著延續下去。對哺乳媽媽來說，這當然不是簡單任務——尤其是小寶寶剛誕生後的前幾週（只要想想兩個寶寶不見得會同時肚子餓、卻又隨時都可能要你哺餵，就不難體會其中辛苦）；不過，一旦你度過最難熬的開頭階段（你自己不畏艱難，親友也不吝鼓勵支持）之後，協力車哺乳就會讓你領受三人行（這裡是指你和大寶寶、小寶寶）的樂趣和滿溢的幸福感。更棒的是，所有堅持到底的媽媽後來都發現，協力車哺乳還讓大、小寶貝更親近；因為一起接受哺乳，大寶寶既覺得和弟妹更親密，也不會有受到新生兒排擠的感受。

現實的障礙呢？首先，別擔心你的乳汁會不會不夠他們喝；相關研究早已證實，哺乳中的媽媽不但可同時哺餵兩個寶寶（只要問問雙胞

他要我也要

你家的大寶貝，是不是會在意（說不定還有點妒嫉）小寶貝的獨佔乳汁？那麼，就算已經斷奶多時，如果哪天他又突然想喝母乳你也別太吃驚——有了新生弟妹的寶寶往往會有這種反應。不可理喻？沒那麼嚴重啦——這和向你要求抱抱或搖搖既沒多大差別，更可以說，只是他追求公平對待的一種方式（「他有的我也要有」）。

立刻塞個乳頭給他嚐嚐，以免事態繼續擴大？好主意。很可能他會馬上發現，小寶寶猛啃的那片青草並不那麼鮮嫩——進入嘴裡的乳汁也沒有想像中的美味。沒辦法接受大寶寶的這種要求？那就給他大小孩才能享用的點心或活動，轉移他的注意力吧。

要是大寶貝始終很在意，或者就是不肯讓弟妹獨享你的乳房，很可能他渴望的並不是你的乳汁，而是你的關愛——以及他獨享的哺育時光。那麼，每回他當真肚子餓的時候，就要為他準備最愛吃的東西，讓他感覺得到自己也有獨享媽咪的時刻，比如為他朗讀故事書、陪他拼圖或一起聽音樂，更別忘了相互依偎。只要你不是在哺餵小寶貝，就要提醒自己多給大寶貝一些摟摟抱抱。

胎的媽媽就知道），很多協力車哺乳媽媽還發現，她們的問題不是出乳不足，而是出乳過多。事實是，你的乳房一碰上必須同時哺餵兩個寶寶的情況時，很快就能趕上大、小寶寶的需要（別忘了，這時的大寶寶幾個小時才需哺餵一次）。不過，如果兩個寶寶同時肚子餓，請記得要從新生兒先餵起——尤其是產後你的身體開始生產初乳的那個階段；畢竟，新生兒如果沒有喝到你富含抗體與白血球的初乳，就很難刺激免疫系統來製造自己的抗體。一旦你的出乳持續增加、跟得上需求，誰先喝、誰後喝就差別不大了；說不定你還會發現，同時哺餵兩個小傢伙更輕鬆——雖然你免不了得先熬過最初的困難階段，才摸索得出同時哺餵大、小寶貝的最佳方式。同時哺餵時，記得一定要先安置好小寶貝，再讓大寶貝搭上這部協力車（說不定你家大寶貝可以自己決定要用哪個姿勢喝奶），更要確定新生兒吸吮的是乳汁比較飽滿的乳房（切記，小寶貝所需的每一種營養都來自你的乳汁，大寶貝則已經能從其他食物獲得補充），也每一次都能喝到飽。

協力車哺乳當然是件苦差事，可是，每當你和那兩雙可愛的眼睛深情互望時，你就會覺得辛苦沒有白費、幸福感滿溢胸懷。當然，如果同時哺餵兩個寶貝實在力有未逮，所以你不得不就此讓大寶貝斷奶，也別因此感到內疚（讓大寶貝斷奶的訣竅，請參閱第 539 頁）。

❖乳房腫塊

我在胸部忽然發現一個敏感發紅的腫塊。那跟哺乳有關嗎？還是什麼別的東西？

只要發現乳房有腫塊，誰都不可能不擔驚害怕；就算感覺得出那不會是什麼大問題，陰影也總是揮之不去。還好，你所描述的腫塊多半只是乳腺阻塞，導致乳汁回流而積聚成塊，也通常會發紅、敏感。雖然乳腺阻塞本身不是什麼大毛病，卻可能因而導致乳房感染，所以絕對不能輕忽。最好的對策，則是保持乳汁的流暢：

- 熱敷。每回哺餵寶寶前，都先用熱毛巾或暖暖包熱敷一會兒乳腺阻塞的部位；哺餵前與哺餵時，都要輕柔地按摩腫塊所在。
- 喝個精光吧，寶貝。每次哺乳時，都要先讓寶寶喝有腫塊的那個乳房（假設你家寶貝每次都得用上兩個乳房來哺餵），而且鼓勵他盡量多喝；要是寶寶都已吸飽喝足了，你卻還明顯感覺得到存乳頗多（比如一擠就會噴出而不是滴落），就得以手或用擠乳器擠出存乳。
- 隆起部位避免受壓。胸罩絕對不能太緊，衣服亦然。每次餵奶姿勢變換一下，平均各管道受力。
- 讓寶寶當你的按摩師。調整寶寶位置，使他吸奶時下巴剛好可以按摩到阻塞區。這也有助清通乳腺。
- 懸空式哺乳。這種居高臨下的哺乳方式（寶寶在床上平躺，你彎下身子哺乳）也許不大舒服，卻可以充分利用地心引力來使出乳更加流暢。
- 有時乳頭會有一些乳汁殘留，乾掉後導致阻礙出乳，進而使得乳腺阻塞；因此，每次哺乳之後都要用溫水洗淨乳頭。
- 別因此而停止哺乳。既然腫塊是乳腺阻塞導致的，就不會是你讓寶寶斷奶或減少哺乳的時候——

相反的，停止哺乳只會讓阻塞雪上加霜。

要是很不幸地，你的所有努力都不見成效，最後還是造成感染，而且腫塊還愈來愈痛、變硬、發紅、甚至發燒，就應該給醫師診治（請見下個問題）。

❖乳腺炎

我兒子是個狼吞虎嚥的奶娃兒，雖然我乳頭皸裂疼痛，一切其實都挺好的。可是忽然間，一邊變得極其敏感而且很硬——比奶水剛來的時候還糟。

多數婦女結束一開始的不順之後，哺乳便成為一條坦途。然而，其中少數——聽來你也在內——因乳腺炎而產生不少困擾。它可能發生在任何時間點，但最常見於產後第二到第六週之間。雖然你家寶貝絕無此意，但他的不良吸吮習慣，只怕真的必須負起讓你疼痛不堪的部分責任。

一般來說，乳腺炎是細菌從寶寶口中透過皸裂乳頭進入乳腺。頭胎婦女較常發生乳頭皸裂，因此乳腺炎發生率也較高。症狀包括嚴重疼痛、硬塊、發紅、感染區域腫大、畏寒，體溫通常升高到38.3~38.9℃——也有可能，唯一的徵兆是發燒、疲倦。即時診治非常重要，所以，務必馬上知會醫師。處方一般是抗生素，可能還建議臥床，服用止痛藥、退燒藥。

受感染的乳房哺乳會很痛，但你要撐過去。你甚至應該增加哺乳次數，保持乳腺暢通。若寶寶吃得不徹底，一定要自己把乳房擠乾淨。別怕把感染傳給寶寶；最初，那細菌恐怕就是從他嘴裡來的。

拖延治療可能會導致乳房膿瘡，症狀為極難忍受的抽痛，以及膿瘡部位腫大、敏感發燙，體溫徘徊在37.8~39.4℃之間。一般治療為抗生素，局部麻醉進行切開引流也相當常見。若發生膿瘡，則必須暫停哺乳，但仍應繼續使用擠奶器；治癒後就可恢復餵奶。在此同時，用沒感染的一邊哺乳並無問題。

❖偏愛一邊乳房

我的寶貝幾乎都只從左邊乳房喝奶——只在她心血來潮時才肯接受右邊。好一陣子下來，我的乳房也真的變成一大一小了。

有些寶寶就是會偏愛某個乳房。也許是因為習慣了你經常抱她的方式，所以喝奶時也偏愛那一邊；也可能是因為你常在哺餵她時用右手做些別的事，養成了她的左傾習慣（如果你是左利者，她就會反過來偏愛右邊乳房）。不論起因是前者或後者，都會使得某一邊的乳汁產出減少，導致乳房縮小——也就是說，偶爾寶寶換邊喝時會供應不足，使得她更偏愛另一邊，很可能因而成了惡性循環。

怎麼辦呢？恐怕你也只能看開點了；不論寶寶究竟是為何偏愛其中一邊，一旦她選了邊，你的乳房就免不了要一大一小。別以為每天努力擠乳就可以解決問題，也別以為每次都先用另一邊乳房哺餵她會有用——這方面寶寶可是很偏執的。只有等到她斷奶以後，你的乳房大小才可能趨於一致；不過，也有可能終你一生都會有一邊稍微大上一些。

❖媽媽生病時

我感冒了。這樣能繼續餵奶嗎？我可不希望她被傳染。

別擔心，與其說你家寶貝不會從你的乳汁感染感冒病毒，不如說他之所以沒感冒就是因為喝了母乳。母乳是不會夾帶病菌的，反而會攜帶威力強大、可以幫寶寶強化免疫系統來抵禦各種病毒的抗體。

然而，哺乳之外就是另外一回事了，因為寶寶確實可能會因為和你接觸或依偎而感染你身上的病毒；所以，比起沒生病時，媽媽感冒了更要重視衛生。想降低傳染風險的話，哺餵或懷抱寶寶前後，以及碰觸她的用具前都要洗手，更別忘了打噴嚏或擤鼻涕時都要以衛生紙（而不是手掌）封緊口鼻，暫時別親她的小嘴——以及病菌會沾附其上的小手。如果這樣她還是感冒了，可參見 616 頁的應付技巧。

如果你想盡速康復並維持乳量的話，要多喝水（清醒時，每個小時喝一杯水，或果汁、湯、不含咖啡因的茶）；記得補充維生素，飲食務必均衡。如果想服藥，一定得經過醫師同意。

如果你感染了「腸胃型病毒」而引起腸胃炎，一樣得小心別傳給寶寶——雖然風險很低，因為喝母乳的寶寶似乎對這類感染的免疫力很強。務必勤洗手，尤其如廁後、接觸寶寶或任何可能被她放進嘴裡的東西。補充大量飲料（如稀釋果汁、無咖啡因的茶）；上吐下瀉容易導致脫水。

避孕與哺乳媽媽

以往，餵母乳的媽媽這方面只能仰賴隔絕避孕法，像是子宮帽跟保險套。今天，她們則可以選擇「小藥丸」（只含黃體激素的避孕丸）或其他適用於哺乳的荷爾蒙法。如有疑慮，不妨和你的醫師聊聊。

❖月經重來時

雖然我餵母乳，月經還是提早回來了。這會影響到我的乳汁嗎？我還可以繼續餵奶嗎？

的確，很多只餵寶寶母乳的婦女一直到寶寶斷奶（或部分斷奶）月經才來，但還是有幾乎三分之一的媽媽在產後三個月就來潮了，像你一樣。

而這不意味著哺乳必須告終。月經來潮時你仍應該繼續餵母乳，只是可能會經歷暫時性的奶量衰退，可能是因為荷爾蒙變化所致。頻繁地餵奶應該有幫助，不過這種現象可能只跟月經有關；過幾天等荷爾蒙恢復正常，出乳量也正常了。而在月經前後，母乳味道可能也稍有不同，仍是荷爾蒙的作用。寶寶可能絲毫不受影響，也可能不像以往那麼帶勁兒，拒絕一邊甚至兩邊，也可能只是比平常愛鬧性子。另一個可能的影響是：在排卵期——或來潮前幾天，或兩個時段——你的乳頭變得格外敏感。

❖運動與哺乳

我的孩子六週大了，我很想重拾運動。但我聽說那可能導致奶水變酸。

你聽說的（運動後乳酸提高可能導致奶水變味）已經不是新聞了。可喜的是，最新研究指出：中強度的運動（如每週四、五次的有氧運動）不會產生這樣的結果。另一份最近的研究也發現：適量運動，並不會減少母乳中重要的脂肪酸。

所以，儘管動吧，只要別太過頭了（若感覺過度疲勞，乳酸提高程度確有可能讓乳汁變酸）。為了安全起見，盡量把運動時間排在哺乳一結束，那樣，就算乳酸真的高到讓奶變酸，也不至於影響到寶寶下一頓的味道。這樣做的另一個好處是：你的乳房不會脹到那麼難過。假如實在有困難，最好事先把奶擠出來，寶寶餓了就用這個應急。另外，鹹奶恐怕不比酸奶好喝，所以運動完記得先沖個澡再哺乳（至少

我得開始儲備衛生棉了嗎？

儘管你的產假還很長，有點心理準備也無妨，因為研究數據顯示（雖然比例很低），即使是親自哺乳的媽媽，也有人產後六週就又有月經了。三成左右的媽媽會在產後的三個月內重來月經，六個月後才有月經的則超過五成（不完全哺餵母乳的媽媽可能還會再早一點）；當然了，有些媽媽會直到孩子屆滿週歲前才又有月經，而某些沒讓孩子在週歲後就斷奶的媽媽，更可能要到第二年中才需要購買衛生棉。

純就數據而論，不哺餵母乳的媽媽月經會回來得早一些：最早的，甚至在產後四週就有了（沒錯，比例很低）；產後六週便來潮的約有四成，產後十二週以前來潮的佔六成五，高達九成會在產後二十四週便來潮。

雖然還是會有少數媽媽遭逢排卵延遲的麻煩，但從研究結果來看，似乎來得愈慢卵子就愈更容易受孕（要是你還不打算生下一胎，就得採行可靠的避孕方法）。

要先擦乾乳房殘留的汗水）。

記得：如果你經常運動過度，奶水量可能會受影響。也許是因為乳房不斷運動、衣服跟乳頭接觸過度，所以，運動時務必穿上支撐力夠的棉質胸罩。此外，費力的運動有可能導致乳腺阻塞，舉重時得留意些。

最後一點：運動前後都要記得喝杯水（或其他飲料），以補充流失的水分。夏天尤須注意。

❖結合母乳與奶粉

我知道母乳的種種好處，但我不想只餵女兒母乳。是不是可以結合母乳跟嬰兒奶粉？

雖然大家都同意，百分百餵母乳是對嬰兒最好的選擇，有些婦女卻很難——甚至不可能——做到。或許是因為生活形態（太常出差）、困難度太高（乳頭嚴重皸裂疼痛、乳房多次感染、長期奶水不足）、太花時間（工作與其他責任不允許），或純粹太累。這時，結合母乳與嬰兒奶粉應該是最好的選擇。雖然這不怎麼被放上檯面（婦女大多以為，這是二選一的問題），但卻是許多情況下擷取兩者優點的做法

。記住：或多或少的母乳，絕對聊勝於無。

話說回來，如果你真打算給寶寶來個「雙份特餐」，請留意這些重要提醒：

奶瓶上場的時間能晚則晚。要餵寶寶配方奶，至少要等哺乳已完全沒問題——大約二到三週左右。這樣，你才有足夠的乳汁，寶寶也在碰到奶瓶之前（吸這東西很輕鬆）先習慣了吸母乳（相對比較費力）。唯一的例外是：如果寶寶長得不夠健壯，而且只能透過配方奶粉來補充營養時，奶瓶就該早點登場了。

慢慢來，不要急。別乍然轉換，第一瓶配方奶粉上場的時間，最好在母乳餵完後一兩個小時（寶寶有點餓，但還不至於太餓）。慢慢增加奶瓶次數，餵母乳相對減少。最好每增加一瓶配方奶粉之前，先有幾天緩衝，直到每次母乳之後接著就是奶瓶（這標準可由你自行決定）。慢慢轉換，可避免乳腺阻塞與乳房感染的機會。

留意你的供乳量。一旦使用替代食品，你的母乳供應量就可能急速減退。這點要特別注意（對大多數婦女來說，每 24 小時徹底哺乳六次，應足以分泌新生兒所需的母乳量了）。你可能也需要偶爾擠奶。如果寶寶哺乳次數不夠（或你自己沒有擠奶來維持產量），結果可能是你沒有母奶可餵了——這下，雙份特餐的報應來了。

選擇正確的奶嘴。你為哺乳準備好你的乳頭，現在，也得為奶瓶找個適合的奶嘴——找那種神似天然的：底很寬，流量慢。這種奶嘴讓寶寶把整個底部牢牢吮住，而非只吸上面。流量慢，寶寶就必須奮力吸奶，跟吸母奶很像。請記得，有些寶寶很挑奶嘴，所以你可能得歷經一段找對奶嘴的試誤過程。

選擇正確的配方奶粉。決定要用哪種配方奶粉之前，先聽聽小兒科醫師的意見，因為嬰兒配方奶粉品類繁多（參見第 136 頁），比如就有一種營養成分特別設計過的配方奶

掌握分量

想知道在結合兩種奶水哺餵時，究竟該讓寶寶喝多少母乳與奶粉嗎？請根據本書每個月「本月重點」的指示後，再考慮哺餵寶寶多少母乳與配方奶；當然了，問問醫師的看法也是不錯的主意。

乳頭混淆讓你不知所措嗎？

你可能有意嘗試母乳及配方奶的「雙份特餐」，或打算只試個一瓶，以便可攻可退。但你聽人講過，太早讓寶寶接觸奶瓶或方法不對，可能會造成「乳頭混淆」，所以現在不知究竟如何是好。很多哺乳專家確實對此提出警告（若在寶寶吃母乳的技巧尚未熟練就這麼做，的確可能造成哺乳障礙），但大多數的嬰兒其實很能悠遊於兩者之間。

時機很關鍵（太早引進奶瓶會讓寶寶拒喝母乳，因為後者忽然顯得如此費力；太晚進場，寶寶可能已太習慣媽媽的乳頭而對工廠生產的替代品不屑一顧），但個性也有關係（有些寶寶頗樂於接觸新世界，有些天生就是習慣的動物）。而最要緊的還是堅持（無論是寶寶或是你）。儘管寶寶一開始可能對奶瓶莫名的排斥，最後來者不拒的練成機率卻很高。但也要記得，有些寶寶就是固執地喜歡一種，怎樣都不肯接納另一樣。更多相關資訊，參見第 249 頁。

粉，就包含了母乳中也有的葉黃素，另一種則納入會軟化寶寶大便的益生菌。

❖重回純哺乳／擠乳備戰

我兒子出生十天，打一開始我就同時餵他母乳跟嬰兒奶粉，但現在想讓他只喝母乳。辦得到嗎？

不容易——儘管時間不長，乳汁分泌量卻已受到影響——但絕對可能。只要付出時間、努力，和耐心——加上飢餓寶寶的合作——你很快就能回到純粹哺乳。關鍵在於能產出足夠的乳汁。下面就是幾個技巧：

- 務必餵乾淨：母乳製造，主要就在給乳房頻繁且固定的刺激（愈常用，生產愈多），所以你要盡量清空乳房（讓寶寶吸吮也好，用擠奶器也行），白天至少每 2.5 小時，晚上 3~4 小時一次。要是寶寶還喝不夠，就再多餵一些。
- 佐以擠奶器。每次餵完奶，再繼續擠奶 5~10 分鐘，確保乳房徹底清空。這有助於刺激更多乳汁分泌。擠出來的奶可以冷凍起來稍後再用（參見第 183 頁），或加進配方奶粉裡面給寶寶。

配方奶粉登場的時機

你很想一直哺餵寶寶母奶，卻還是敵不過客觀因素（比如因為荷爾蒙分泌失調而出乳不足，或寶寶吸吮效率欠佳），所以醫師要你結合配方奶粉來補足寶寶所需的營養；但你還是不想半途而廢，畢竟，人人都一直告訴你母乳有多好——你當然也只想讓寶寶喝最好的東西。你也知道哺餵母乳並不簡單，而且需要一些時間才能水到渠成——所以囉，你還想再多給自己一點時間；更別說，配方奶粉會降低哺餵母乳的成功機會，你當然很不願意就此妥協。

誰都能理解你的考量——因為你的每一個考量都很合理，然而，這裡還是有些你不得不三思而後行（暫時或長期搭配哺餵配方奶粉）的理由。真相是，「哺餵母乳最好」的這個說法，只有在寶寶能從母乳得到最好的滋養時才能成立；要是寶寶明顯不夠健康，你也許就不能不借重嬰兒配方奶粉的助力，才能讓寶寶往健壯之路邁進（在某些極端的情況下，才更能讓寶寶存活下來）。

如果你家寶貝的醫師（或醫院裡的工作人員）提醒過你，寶寶必須補充營養才能正常成長，就請他們告訴你理由何在——以及你有沒有別的選項（比如用擠奶器多擠些母乳來哺餵或讓授乳專家協助你）。很多時候，醫師的建議只是一種例行公事，比如寶寶血糖有點低就會要你哺餵可以補充血糖的配方奶粉，但其實很多專家都相信，光喝母乳就可以提升寶寶的血糖（除非血糖值真的已經很低）。要是你家寶貝的情況還好，就再問問醫院以外的專家。

如果結論是哺餵嬰兒配方奶粉勢在必行，那就千萬別猶豫——更絕對不要等到醫師有指示才聽從。明知醫療上有其必要，卻仍拒絕配方奶粉，有時會置寶寶於危險的境地之中。

你應該謹記在心的是，即使為了寶寶的健康而給他喝配方奶粉，也不代表你就得完全放棄哺餵母乳；最好的做法，很有可能是同時結合母乳與配方奶，或者是稍後再重回純哺母乳。當然也別忘了，不論營養從何而來，沒有什麼比寶寶的健康和幸福還重要。

母乳銀行

你想哺餵寶寶最天然的好食物——你自己的奶水，但如果你就是沒有足夠的奶水，或者客觀情況不容許呢？其他媽媽的母乳，會不會是哺餵寶寶次好選擇？

很有可能。研究顯示，他人捐贈的母乳同樣可以提供寶寶所需的營養；安全嗎？就不一定了。雖然你有不少管道可以取得其他媽媽的母乳，比如鄰居或親友或網路上的集乳機構，相關研究卻也顯示，外來的奶水未必都安全可靠——如果在擠乳、收集、儲存、運送上不夠嚴謹，有些母乳會帶有傳染病或有害的細菌。值得你信任的、擁有國家級認證的母乳銀行，都會先檢驗每一位母乳捐贈者，更會在冷藏和運送到醫院或家庭前先消毒，以確保安全無虞。

編按：美國的母乳銀行近年來漸成風氣，但在臺灣目前只有少數幾家醫院設有「母乳庫」，有需要的讀者，不妨先聯繫一下臺灣母乳協會。

- 逐步減少配方奶粉。別猛然斷掉寶寶的奶粉。在母乳產量充足以前，替代食品有其必要，但只在哺乳完才端上奶瓶。隨著母乳量提高，每次泡的奶粉量遞減。如果你把寶寶每天喝下肚的奶粉做個紀錄，就會發現那跟你的母乳供應呈緩和的反比。
- 考慮哺乳輔助器（supplementer，譯註：一個瓶子與細管子，將管子連接於母親的乳房，當嬰兒吸吮乳房時，可由這個管子吸到瓶子內的人工奶水或擠出來的母乳）。像是 Medela Supplemental Nursing System 或 Lact-Aid Nursing Trainer System，都有助寶寶從吃奶瓶順利轉成母乳。藉由這類工具，你可以讓寶寶吸著你的乳房，卻喝著嬰兒奶粉（參見第 188 頁）；如此一來，乳房獲得足夠的刺激，寶寶也獲得充足的養分。
- 記錄寶寶排出量。記得追蹤寶寶尿尿便便的情況，好確定他進食量確實足夠（參見第 187 頁）。也經常請醫師測量寶寶的體重。
- 或許也可嘗試藥物。藥草（有些哺乳專家建議，少許葫蘆巴或藥草類茶飲如 Mother's Milk Tea 都可刺激乳汁分泌），甚至消化系

統用藥 Reglan，有時也拿來刺激母乳製造（註：Reglan 雖未獲美國食品藥物管理局認可其刺激母乳分泌之效，然多項研究證實，該藥物對寶寶無害，且確實提高母乳產量。然而此藥也會引起媽媽瞌睡）。但不管哪一種，務必經過醫師（你的醫師、寶寶的醫師或了解你個人狀況的合格哺乳專家）的同意和指導。此外，除非你的泌乳確實碰到問題，否則不要走這條路。

- 考慮採用另類療法（Complementary and alternative medicine, CAM）。比如針炙，就可能有刺激出乳的效果；請教一下授乳專家或小兒科醫師，看看他們能否介紹信譽良好、懂得如何刺激出乳的另類療法專家。
- 耐住性子。這條路有些漫長，成功取決於良好的支持網絡。可能的話，把老公、家人親友都列入其中。向哺乳專家尋求建議支持。哪兒找得到哺乳專家？醫院、你的醫師、助產士、本地的國際母乳會都可提供資訊。

重回單純哺乳這段過程，可能要整整幾天、甚至幾週的日夜奮戰。挫折難免，但成果終究很值得。然而也還是有人竭盡所能仍無法達成目標，萬一你恰巧如此，甚至得完全仰賴奶瓶時，別自責。你該為所盡的這番努力而自傲，並且牢記：只要餵過母乳——即便時間很短——寶寶也受益匪淺。

不可不知：保障母乳的健康安全

當寶寶離開子宮，為了哺餵他而必須留意自己飲食的程度就沒那麼大了。話雖如此，只要還在哺乳，你還是要小心自己吃了什麼，以確保寶寶喝下肚的母乳品質可靠。

❖哺乳媽媽怎麼吃

嚴格控制飲食令你厭煩了嗎？這消息應該會讓你開心點：比起懷孕期間，哺乳造成的飲食限制微乎其微。人奶所含的基本元素：脂肪、蛋白質、碳水化合物，其實跟媽媽吃進肚子的東西沒什麼直接關聯。實際上，各地婦女儘管飲食不同，還是會製造出充足且適當的乳汁。即使媽媽攝取的熱量跟蛋白質不足以應付乳汁分泌所需，她的身體卻會從老本汲取——直到連這些本都沒了為止。

話雖如此，不代表你就可以任意進食。不管身體儲存了多少養分，哺乳絕不應該耗損這些存糧——那風險太大，會讓你暴露在各種健康問題之前，包括潛在的骨質疏鬆。所以，一定要吃（不管你有多想減肥），還要吃得好。

事實上，吃各種食物有益哺乳，也不僅著眼於營養。你吃下去的東西會影響乳汁的味道，因此，早在寶寶能坐在餐桌前，就已經嘗遍各種口味了。換言之，這會影響到他將來的飲食習慣。這可能也是飲食文化習慣的形成原因。例如說，一個印度學步兒往往可以輕易地把咖哩食物吞下肚——可能就是因為他在娘胎就已經習慣這個味道，哺乳時又繼續加強。同樣地，墨西哥小孩對辣醬的接受度比較高。另一方面，若媽媽懷孕跟哺乳階段都吃得清淡，寶寶準備吃副食品時，就可能毫不猶豫地把那碗辣椒推開。

偶爾，一個挑剔的寶寶在媽媽吃下某種像大蒜那樣味道強烈的食物（再次提醒，可能那是因為味道陌生）之後，會拒絕吸奶；另一個寶寶卻可能在媽媽飽餐一頓香蒜大蝦後吸得更津津有味。如果你想讓寶寶嘗點蔬菜味，聽聽這個：某研究指出，母親懷孕及哺乳時喝胡蘿蔔汁的寶寶，明顯比那些媽媽不碰胡蘿蔔的寶寶對胡蘿蔔拌穀物有興趣多了——證實你現在吃的東西，對母奶寶寶將來的飲食習慣有正面影響。不止如此，他們坐上餐椅時，表現也優於只喝配方奶的對手。母奶寶寶通常能輕鬆接受副食品，可能因為他們從媽媽奶水中，便已嘗過種種不同的風味。

但也不是每種食物下肚都會產生令人滿意的結局。有些媽媽吃了像高麗菜、花椰菜（綠的或白的）、洋蔥、抱子甘藍（Brussels sprouts）這類食物之後，發現寶寶變得很會排氣（但科學家找不出確切佐證）。有些寶寶的腹絞痛跟乳製品或是咖啡因、洋蔥、高麗菜、豆類有關。而若母親吃太多甜瓜類、桃子等水果，有的寶寶會拉肚子。紅椒引起部分小傢伙出疹。還有些寶寶對母親嚥下的一些食物過敏，包括牛奶、雞蛋、柑橘類水果、核果、穀類等。食物也可能改變母乳顏色，甚至寶寶尿尿的顏色也跟著改變；例如喝橘子汽水，母乳可能呈橘粉紅，寶寶尿液則是明亮的粉紅（無害，但乍看絕對讓人慌了手腳）。海草藻類（藥丸狀）與其他天然健康食品製成的維生素，也曾導致母奶呈綠色（在某些特殊節日也許不

哺乳期的鈣質補充

哺乳確實是一種付出——對你的骨骼而言尤其是如此。相關研究告訴我們，哺乳媽媽會流失 3~5% 骨質密度；但就是因為你的這個犧牲奉獻，寶寶才能得到足夠的鈣質。還好，只要寶寶斷奶了，六個月內你的骨質密度就能回到從前——但這可不是說，哺乳期間你就不能補充鈣質。專家的建議是，媽媽們如果想均衡哺乳期的飲食，一天就最少要補充 1,000 毫克的鈣；既然這是「最少」，聰明媽媽便不妨調高點——比如一天補充 1,500 毫克，均分在五次含鈣飲食之中（也就是比懷孕期的一次再加四次）。

不論你的鈣質是來自牛奶或其他乳製品、強化果汁、其他非乳製含鈣食物（如強化豆漿或杏仁奶、豆腐、杏仁、綠色蔬菜、未去骨的鮭魚罐頭），又或者是直接服用鈣片等，你都是在為你家寶貝的骨骼健康打下堅實的基礎——也讓你自己的骨骼有個好將來。除了補充鈣質，也不妨替骨骼增添一些維生素D和鎂。

考量哺乳期的均衡營養時，也別忘了攝取大量富含 DHA（二十二碳六烯酸，一種不飽和脂肪酸）的食物，好讓你的母乳可以幫助寶寶的大腦發育。哪些食物裡含有這種價值非凡的脂肪呢？胡桃、亞麻籽油，以及所謂的「健康聰明蛋」（omega 3-enriched eggs）都是好選擇；此外，育兒專家也建議哺乳媽媽多吃魚——每週最少吃 240 公克的魚肉（第 116 頁有含汞量較低的魚類與水產說明）。就是不愛吃魚嗎？那就借助為產婦或哺乳媽媽專製的 DHA 補充錠劑吧。

說到補充錠劑就不能不提醒你，產前或產後的維生素補充錠劑仍得繼續服用。擔心熱量過多？哺乳可是很耗熱量的——每天超過 500 大卡。別忘了：寶寶愈大、愈飢餓你就愈需要補充熱量，但如果你既哺乳又餵寶寶配方奶或固態食物，又或者你確實有減脂的必要，就得降低熱量的攝取。

錯，但平常你可不希望看到這種光景）。

食物下肚到影響母乳味道，大約要 2~6 個小時，因此你若發現在你吃了某樣東西幾小時後寶寶不斷放屁、吐奶情況較嚴重、不肯喝奶、焦躁不安的話，那就先別碰那樣食物，觀察幾天看看寶寶的情形是

食物能助長出乳嗎？

每個餵母乳的媽媽多少都聽說過：某種食物、飲料、草藥，可以增加奶水。範圍無遠弗屆——從牛奶跟牛肉，到茴香、聖薊、大茴香、蕁麻、紫花苜蓿做成的茶；從鷹嘴豆跟歐亞甘草，到馬鈴薯、橄欖與胡蘿蔔。儘管有些媽媽言之鑿鑿，部分專家則說，這種「造奶劑」的效果多半來自心理因素。當媽媽深信自己吃的有利產奶，自然會放鬆；一旦放鬆，排乳反射就相當不錯。這麼一來，就會認為自己的乳汁頗多，也代表那一帖可真有用。請記住：提高產奶量最好的方法——也是唯一經過驗證的——就是盡量多餵寶寶喝母乳。

否有改善。如果完全沒差，那就沒有不再食用的理由。

❖哺乳媽媽怎麼喝

你該喝多少水分，寶寶才夠？實際上，跟平常一樣即可：每天八大杯的水、牛奶或其他飲料。喝得太多，反而會導致母乳量減少。

話雖如此，但是實際上多數人平常喝水量根本不足，包括哺乳媽媽在內。你可以在哺乳時放杯水（或一瓶）在旁邊（這樣就起碼一天八次）；寶寶喝奶時，你也應該喝你的飲料。如果水分不足，母乳量看不出來（除非你嚴重脫水），但可以從尿液觀察——量變少、顏色變深。基本上，當你感覺口渴，表示你已經太久沒喝水了（分娩後通常特別渴，因為大量流失體液且補充不足；一定要盡快補充足夠水分，否則會影響健康）。

餵母乳期間有些飲料應該避免，或至少應減量（參見第 114 頁）。

❖服藥須知

絕大部分的藥物——包括成藥及處方藥——都不至於危及母乳及寶寶健康。雖說你吃進去的東西會影響母乳，但最終到寶寶嘴裡的量已經微乎其微。許多藥物對哺乳寶寶毫無影響，有些稍有一點點暫時性的作用，極少數則可見確實有害。但畢竟藥物對寶寶的長期效果如何仍不甚明確，所以，餵母乳的媽媽對於吃藥務必格外警覺。

所有可能影響哺乳寶寶的藥物，

想吃就吃吧

有人說你不能再吃壽司了嗎？懷孕期間吃了九個月的蒸火雞肉三明治？已經快要忘了重口味漢堡的味道了？很想重溫想念得緊的queso起士的滋味？啊哈，你不必再那麼忌口了。哺乳期間的食物禁忌，其實沒有你想像的那麼嚴苛——也就是說，以下食物你可以想吃就吃：

- 壽司、生魚片、生火腿（crudo）、生魚沙拉（ceviche）、生牡蠣以及各種懷孕期間你不敢入口的各種生食，當然也包括生鮭魚、干貝，不過，還是要避開含汞量較高的水產（參見第116頁）。
- 未經高溫消毒的軟起士（feta, queso blanco, queso fresco, brie, camembert cheeses, blue-veined cheeses, panela）。
- 冷盤。不用再吃食之無味的蒸火雞肉三明治，也不用再理會什麼冷盤要熱了才能吃的胡說八道。熟肉冷盤可以重回餐桌，煙燻魚、肉也一樣。
- 半熟、甚至全生的肉類。不喜歡烹調得太熟的牛排或漢堡肉？如今你想吃幾分熟就可以吃幾分熟了。
- 偶爾還可以喝點酒喔，但請參見「什麼應該避免」這一節裡的說明。

都貼有警告標語。如果其好處大於潛在風險，醫師應該會同意你購買成藥（像一些感冒藥跟溫和止痛藥），或必要時開藥給你；該吃藥就要吃，否則反而對寶寶沒好處——懷孕期跟授乳期同樣道理。當然，醫師開藥時，記得提醒他你有餵母乳。

想知道最新藥物安全資訊，可詢問小兒科醫師或美國新生兒缺陷基金會（March of Dimes，譯註：致力於嬰兒健康的美國慈善團體）網站 www.modimes.org。根據最新研究，對哺乳媽媽而言，絕大部分的藥物：包括乙醯氨酚、異丁苯乙酸（ibuprofen，治療關節炎的止痛退燒藥），大部分的鎮定劑、抗組織胺、去充血劑（decongestants）、某些抗生素、抗高血壓劑（anti-hypertensives）、抗甲狀腺激素劑（antithyroid）都沒問題；有部分顯然有害，像是抗癌藥物、鋰鹽、麥角（ergot，治療偏頭痛的藥）；還有一些則仍存疑。某些情況下，授乳期間可以安心中斷服藥，有時則可用比較安全的藥物來替代。若藥物對授乳有不良效應，但只是暫時服用，可以暫停授乳（將奶擠出丟棄），或是注意服藥時間——緊接在哺乳之後或寶寶睡大覺之前。老話一句：服用任何藥物——包括天然草本跟營養補充品——務必先徵得醫師同意。

❖什麼應該避免

比起準媽媽，雖說授乳媽媽在飲食跟作息上海闊天空不少，但還是有些東西最好別碰，至少盡量少碰。還好，以下所列有很多都是你在懷孕期間可能就已經戒掉的：

尼古丁。香菸當中有不少有害物質會進入你的血液，然後到母奶裡。吸菸過量（每天超過一包）會導致母乳減產，可能引起寶寶嘔吐、腹瀉、心悸、躁動。雖說對寶寶長期確切的影響還不清楚，但可以確定一點：可能的影響都不好。值得注意的是，我們已知吸菸父母會導致孩子的健康出狀況，像是腹絞痛、呼吸道感染，且猝死風險提高（參見第 286 頁）。萬一你真戒不掉，餵母乳還是比嬰兒奶粉給寶寶更多好處；但請盡量少抽，更不要在授乳前吸菸。

酒精。酒精會影響母奶，雖然到寶寶口中時，已明顯降低很多。一週喝個幾杯也許無礙（一天不要超過一杯），但授乳期間，最好還是盡量少喝。

飲酒過量有別的副作用。大量的酒精會導致寶寶困倦遲緩，吸吮能力變差。更大量時，母乳分泌變差。你自己的功能也會受影響（不管有沒有授乳），讓你照顧寶寶的能力降低，也容易憂鬱、疲倦、判斷力變差、排乳反射也不理想。如果你仍想偶爾喝一杯，請選在授乳剛結束時（別在餵奶前），容許幾個小時的時間將酒精代謝掉。擔心來不及代謝嗎？美國有一種名喚 Milkscreen 的母乳酒精濃度測試棒，只要花上兩分鐘，就可以簡單測出當下母乳裡的酒精含量。

咖啡因。一天一兩杯含咖啡因的飲料（咖啡、茶、可樂）不要緊——產後頭幾個睡眠不足的禮拜裡，你可能得來點咖啡才有力氣撐下去。但過量可就不好了；喝太多，你們母子至少有一個可能會變得緊張易怒、睡不好（這絕不是你樂見的）。咖啡因也跟某些寶寶的胃食道逆流有關。記住：寶寶代謝能力不如大人，咖啡因可能會堆積在他們體內，所以授乳期間少喝一點，或改喝不含咖啡因的飲料。

草藥。草藥雖屬天然，不盡然代表絕對安全，尤其對授乳媽媽來說。有時其毒性不像某些藥物；同樣，其中的化學物質也會進入母乳。即便葫蘆巴（幾世紀來用以刺激母乳分泌，有時哺乳專家會建議服用少量，儘管科學界仍無定論），若服用劑量過大，也可能產生心血管方面的致命危險。大致說來，這方面研究不多，所知有限。美國對草藥的流通並無規範，食品藥物管理局也無規定。你自己得多加留意，先請教醫師意見為妥。也不要隨意飲用花草茶，這是食品藥物管理局的建議。在獲得更多證據之前，最好只喝知名品牌的某些確知授乳女性可飲用的口味（包括香橙、薄荷、覆盆子、紅蜜〔red bush〕、玫瑰果）。詳讀標籤，確保不含其他草藥，並酌量飲用。

化學製品。食物中若化學含量高，本來就不好；對懷孕及授乳婦女而言，更要留心避免。你也無須神經兮兮拚命研究標籤，但小心點總是好的。記得：食物許多添加元素也會透過你，添加到寶寶吃的奶水裡面。一個大原則：盡量避免添加物一長串的加工食品，並留意下列安全原則：

- 甜味要可靠。代糖阿斯巴甜可能比人工甘料糖精來得好一些（前者進入母乳的比例很低），但在不確定糖精對健康的長期效應，還是得節制使用（如果你或寶寶有苯酮尿症〔PKU〕，則不能用阿斯巴甜）。蔗糖素（Sucralose、Splenda）則由糖提煉，一般認為是相當安全而且零熱量的新代糖。
- 攝取有機。合格的有機蔬果、乳製品、肉類及蛋，目前在許多美國超市都有販售。但別為了給寶寶一個無殺蟲劑的保障，而四處瘋狂尋覓這些產品。盡力就好（當然，有機食品的確是最妥善之道），但也要坦然面對這個事實：我們多少會吃進一些農藥——但並未超出安全界線。如果生機食品不可得或你認為太貴，只需仔細把蔬果皮削乾淨（還不放心的話，可用蔬果清洗劑）；此外也別忘了：在地的生產者所使用的農藥或防腐劑，通常會比遠方進口的少——正是你造訪鄰近農產市場或甚至自己種菜來吃的好理由。

- 維持低脂。就像懷孕期間一樣，最好挑無脂或低脂乳製品、沒有皮的瘦肉。原因有二：第一，低脂飲食有助加速去除懷孕增加的體重；第二，動物吃進去的農藥與其他化學成分，都囤積在脂肪（以及內臟，如肝、腎、大腦。授乳期間盡量避免這些部位）。不用說，有機乳品及肉類就沒有這種風險——這就是為什麼應盡量選擇有機。
- 慎選魚種。美國國家環境保護局（EPA）建議懷孕婦女避免食用的魚種目錄，同樣適用於授乳母親。因此，為了降低你（與寶寶）接觸汞的機率，不要吃鯊魚、旗魚、白腹仔、馬頭魚；鮪魚（水煮鮪魚比鮪魚排及罐裝長鰭鮪魚的汞含量少一點）控制在一週170公克內；下面幾種則一週總計別超出340公克：鮭魚、海鱸、比目魚、鰈魚、黑線鱈、大比目魚、大洋鱸、綠鱈、鱈魚、鮪魚（罐裝比新鮮的安全）、養殖鱒魚。反之，鳳尾魚、蛤蜊、吳郭魚（tilapia）、沙丁魚和蝦類都是含汞量低、適合哺乳時期的海產。

4 一目瞭然：寶寶的前十二個月

產前發育（從小到只能用顯微鏡才看得見的受精卵到出生前）也許很難一一追蹤，但是，寶寶出生後頭一年的發育過程可就不一樣了；這段期間裡，寶寶的成長既讓人難以置信也教人嘆為觀止。你家這位小寶貝運動技能方面的進步，每天都可能帶給你新的驚喜—從開始可以控制腦袋瓜進步到使用整個身體（寶寶會翻滾了！會坐了！會爬了！）。感受與思考能力（寶寶的腦力）也節節高升—新生兒從聞聲辨位、注視某人的臉龐出發，一年後就已能模仿各種聲音與動作，早先的咿咿呀呀也進化到牙牙學語、然後是真正開口說話。細緻的動作也會日漸純熟——先是只會用整個手掌胡亂握住東西，到後來則是靈活地運用拇指與食指捏起小塊食物。

每一名新生兒跨越這些代表成長的里程碑的時程都差不多，但途徑與模式可就各有千秋了。有些寶寶五個月大就坐得很好（而且不需支撐），其他寶寶卻可能還沒學會翻身；十個月大時，有些寶寶已經會自己趴趴走，有些語言能力很好，有些則二者兼具。有些寶寶不管哪方面都發展得很快，有些則起步晚上一點，慢慢才終於趕上或始終都沒能趕上；有些寶寶各方面的發展都很均衡，有些則快慢不一。生病或環境遭逢巨變都會暫時延緩嬰兒的整體發展，除此之外，你家寶貝的發展再怎麼與眾不同都很正常。

那麼，既然每個寶寶的發展歷程都大同小異，又何必多費功工夫記錄他的發展呢？所謂的發展標準，只是用來核對你家寶貝的發展有沒有上軌道，會不會出了什麼差錯，或者是觀察寶寶從這個月到下個月的發展速率——看看他是標準寶寶呢，還是快人一步或慢半拍。寶寶

最了解寶寶的只有你

也許你沒有幼兒發展的學位，但在你家寶貝的身心發展上，就連育兒專家也不能不同意你在某些方面和他一樣專業。你可不像小兒科醫師那樣，一個月最多只和你家寶貝相處個一兩次——其間看診過的寶寶沒一百也有八十；不，你可是名副其實和寶寶朝夕相處的，比誰都花上更多時間在和寶寶的互動上。在寶寶的身心發展上，大概也只有你才能看得出別人都會忽略的細微差異。

當你憂心寶寶的身心發展時——不管是因為他某方面的發展有點遲緩，或他好像忘了先前就學會過的某種技巧，甚或只是隱隱覺得寶寶好像有點不對勁——都別自己一個人承擔。兒童發展專家相信，父母不但是孩子最強而有力的支持者，更是早期偵測身心失調——例如自閉症——的關鍵；而對於不幸罹患自閉症或其他發展失常的寶寶來說，早期偵測帶來的及時治療大大有益於孩童的長期發展。

為了幫助父母早期偵測，小兒科醫師早已準確定位出寶寶九個月大前的身心發展危險信號，更會在看診時一一比對。但是，如果你發現已經快週歲的寶寶還不會聞聲辨位、不會對著你比手勢或展露笑容、不會和你四目相對或是看一眼就掉開頭去、不懂得指出或用手勢表明想要的東西、不能理會躲貓貓和拍拍掌之類社會化遊戲的樂趣、你叫喚他名字時不會回應，或者不會轉頭去瞧你指給他看的東西等，就必須告訴醫師。也許初診時寶寶看似沒有什麼問題，但在醫師要你帶他去看身心發展專家後，就能準確指出你該擔憂的地方。

的醫師，也可以從他發展歷程中的各個里程碑達成時段，來看寶寶的身心發展有沒有超出一般孩童的正常範疇。

就和所有的寶寶一樣，你家寶貝本就與眾不同——獨一無二，真的。因此，拿他和街尾的同齡寶寶或哥哥姊姊相比的話，很可能就會誤導你的判斷——有時還會讓你產生無謂的擔憂。所以，你不妨參考一下寶寶身心發展的時間軸；只要你家寶貝都能及時抵達重要的里程碑，他的身心發展就毫無問題——也就是說，與其整天分析這個、檢視

那個，還不如後退一步，好好欣賞寶寶那些不可思議的成長過程。反過來說，要是你發現寶寶不止一次錯過成長的里程碑，或者突然在某個階段止步不前——就算你只是隱約覺得有了差錯——就要馬上帶他去看醫師。出狀況的機會確實不大（有些寶寶天生就是比較晚熟），但總是能讓你早點安心。萬一當真有問題，及早診療也大多能促發你家寶貝的成長潛力。

不那麼在乎你家寶貝的成長有沒有落後這種時間軸嗎？那也很好。時間軸本來就僅供參考——尤其是你家寶貝看起來都很正常的話，就讓他自己好好成長，把診斷的工作留給醫師吧。

如果你覺得以下列出的寶寶發展時間軸還不夠詳盡，可以上網瀏覽WhatToExpect.com。

第一年的成長里程碑

❖新生兒

大多數的新生兒，應該都能夠……

- 趴著玩時能夠舉起頭來一會兒
- 手腳的活動能力都能左右均衡
- 可以聚焦在眼前 20~40 公分的物體上（尤其是你的臉！）

❖新生到滿月前

大多數的寶寶應該都能……

- 趴著玩時能夠舉起頭來一會兒（記得必須有人監看）
- 注視人臉
- 用自己的小手碰觸小臉蛋
- 吸吮得很好

半數寶寶已能……

- 對較大的聲響會有反應，像是吃驚、嚇哭或安靜下來

有些寶寶已經可以……

- 趴著玩時以 45 度角仰起頭來
- 發出啼哭之外的聲音（比如可愛的咿咿呀呀）
- 以笑容回應笑容（「社交」的笑容）

少數寶寶或許可以……

- 趴著玩時以 90 度角仰起頭來
- 仰頭時穩定不動
- 雙手合在一起
- 自發性地展露笑容

❖滿月到兩個月大

大多數的寶寶應該都能……

- 以笑臉回應笑臉

成長靠累積

寶寶每個月都會習得新技巧，但往往都是從上個月的成就延伸而來（上個月則是從上上個月延伸習得，以此類推），所以你不妨假設，如果寶寶上個月達到了「應該能夠」的標的，這個月就會由此發展出新的技巧來。

- 覺識得到自己的雙手
- 對較大的聲響會有反應，像是吃驚、嚇哭或安靜下來
- 抓起玩具或搖晃手上的玩具

半數寶寶已能……

- 發出啼哭之外的聲音（比如可愛的咿咿呀呀）
- 趴著玩時以 45 度角仰起頭來

有些寶寶已經可以……

- 仰頭時穩定不動
- 趴著玩時，可以用雙手撐起胸膛
- 翻身（通常一開始是從趴著翻成平躺）
- 注意得到小如葡萄乾的物體（但要確認他搆不著那個物體）

少數寶寶或許可以……

- 趴著玩時以 90 度角仰起頭來
- 雙手合在一起
- 自發性地展露笑容
- 大笑出聲
- 開心時會尖叫
- 視線緊跟著離他眼睛 15 公分高的物體，並能 180 度地轉頭（橫向）追蹤物體的去向

❖兩到三個月大

大多數的寶寶應該都能……

- 趴著玩時以 45 度角仰起頭來——假設寶寶在此之前已有過足夠的趴玩練習
- 勁道十足地踢腿和在仰躺時伸展腿腳
- 用自己的小手碰觸小臉蛋

半數寶寶已能……

- 趴著玩時以 90 度角仰起頭來
- 自發性地展露笑容
- 大笑出聲
- 視線緊跟著離他眼睛 15 公分高的物體，並能 180 度地轉頭（橫向）追蹤物體的去向
- 仰頭時穩定不動
- 趴著玩時，可以用雙手撐起胸膛
- 伸手去碰懸吊著的物體
- 注意得到小如葡萄乾的物體（但要確認他搆不著那個物體）

有些寶寶已經可以……

- 翻身（通常一開始是從趴著翻成平躺）
- 開心時會尖叫
- 雙手合在一起
- 伸手去碰觸物體
- 聽到聲音時會轉頭去看，尤其是爸媽的聲音

少數寶寶或許可以……

- 扶著他站起時雙腳可以稍微提供支撐
- 扶著他坐時控制得了小腦袋瓜
- 發出咂舌的聲音
- 發出「啊咕」之類的聲音

❖三到四個月大

大多數的寶寶應該都能……

- 趴著玩時以 90 度角仰起頭來——假設寶寶在此之前已有過足夠的趴玩練習
- 當你抱著讓他趴在肩上時，可以抬起頭來
- 預料得到自己就要被抱起
- 出聲大笑
- 視線緊跟著離他眼睛 15 公分高的物體，並能 180 度地轉頭（橫向）追蹤物體的去向

半數寶寶已能……

- 受到溫柔聲音安撫或被抱起時會安定下來
- 趴著玩時，可以用雙手撐起胸膛
- 翻身（通常一開始是從趴著翻成平躺）
- 注意得到小如葡萄乾的物體（但要確認他搆不著那個物體）
- 伸手去碰觸物體
- 開心時會尖叫
- 聽到聲音時會轉頭去看，尤其是爸媽的聲音

有些寶寶已經可以……

- 發出「啊咕」之類的聲音
- 發出咂舌的聲音

少數寶寶或許可以……

- 扶著他站起時雙腳可以稍微提供支撐
- 不用人扶就能自己坐著

早產兒的時間軸

比起足月出生的寶寶，早產兒的身心發展通常會慢上一些；一般來說，落後幅度也差不多是出生到預產期（也就是足月的話）的時間，但也可能更久一點。

- 拿走他的玩具時會抗拒

❖四到五個月大

大多數的寶寶應該都能……

- 仰頭時穩定不動
- 趴著玩時，可以用雙手撐起胸膛
- 扶著他坐時控制得了小腦袋瓜
- 翻身（通常一開始是從趴著翻成平躺）。比較不常趴著玩的寶寶會晚點抵達這個里程碑，沒什麼好擔心的
- 注意得到小如葡萄乾的物體（但要確認他搆不著那個物體）
- 開心時會尖叫
- 自發性地展露笑容
- 伸手去碰觸物體
- 視線超出房間之外

半數寶寶已能……

- 扶著他站起時雙腳可以稍微提供支撐
- 不用人扶就能自己坐著
- 開心時會咿咿呀呀或啊啊嗚嗚
- 發出咂舌的聲音
- 趴著玩玩具

有些寶寶已經可以……

- 把一塊積木或別的東西從一隻手換到另一隻手

少數寶寶或許可以……

- 不用人扶就能坐正
- 直接從坐著站立起來
- 有人扶持的話可以保持立姿
- 拿走他的玩具時會抗拒
- 想辦法接近不在手邊的玩具
- 聞聲尋找掉落地面的物體
- 用手指抓起細小的物品再握緊（別在寶寶伸手可及之處擺放危險物品）
- 牙牙學語，發出啊啊啊、吧吧吧、嗎嗎嗎或噠噠噠的語音

❖五到六個月大

大多數的寶寶應該都能……

- 玩玩具
- 翻滾
- 哺餵時握住奶瓶
- 發出「啊咕」之類的聲音

半數寶寶已能……

- 扶著他站立時雙腳可以稍微提供支撐
- 不用人扶就能坐正
- 開心時會咿咿呀呀或啊啊嗚嗚
- 發出咂舌的聲音

有些寶寶已經可以……

- 依靠大人或物體站立
- 拿走他的玩具時會抗拒
- 想辦法接近不在手邊的玩具
- 把一塊積木或別的東西從一隻手換到另一隻手
- 聞聲尋找掉落地面的物體
- 用拇指和其他手指抓起細小的物品（別在寶寶伸手可及之處擺放危險物品）
- 牙牙學語，發出啊啊啊、吧吧吧、嗎嗎嗎或噠噠噠的語音
- 辨認得出書本和聽得出書本裡的韻文

少數寶寶或許可以……

- 爬動或爬行（經常趴著玩的寶寶會較早達成這個里程碑，但爬行並非這個階段的「必要成就」）
- 直接從坐著站立起來
- 從趴著轉成坐起
- 用拇指和其他手指抓起細小的物品（別在寶寶伸手可及之處擺放危險物品）
- 發出「媽媽」或「爸爸」的語音，但不是真的在叫爸爸媽媽

❖六到七個月大

大多數的寶寶應該都能……

- 坐在嬰兒餐椅上
- 湯匙送到嘴邊時懂得張開嘴巴
- 咂舌（發出咂舌的聲音）
- 開心時會咿咿呀呀或啊啊嗚嗚
- 和你互動時笑口常開
- 把物體放進嘴巴裡
- 轉頭尋找發出聲音的東西
- 扶著站立時幾乎可以全靠雙腳支撐（說不定還能保持平衡）

半數寶寶已能……

- 不用人扶就能自己坐著
- 不讓你拿走他的玩具
- 想辦法接近不在手邊的玩具
- 聞聲尋找掉落地面的物體
- 用手指抓起細小的物品再握緊（別在寶寶伸手可及之處擺放危險物品）
- 把玩具或別的東西從一隻手換到另一隻手
- 牙牙學語，發出啊啊啊、吧吧吧、嗎嗎嗎或噠噠噠的語音
- 和你一起玩躲貓貓
- 辨認得出書本和聽得出書本裡的韻文

有些寶寶已經可以……

- 爬動或爬行（較少趴著玩的寶寶會比較晚達成——或甚至直接跳過——這個里程碑，沒什麼好擔心的）

- 直接從坐著站立起來
- 從趴著轉成坐起
- 依靠大人或物體站立

少數寶寶或許可以……

- 拍掌或揮手道別
- 用拇指和其他手指抓起細小的物品（別在寶寶伸手可及之處擺放危險物品）
- 自己拿餅乾或小點心吃
- 扶著家具趴趴走
- 發出「媽媽」或「爸爸」的語音，但不是真的在叫爸爸媽媽

❖七到八個月大

大多數的寶寶應該都能……

- 扶著站立時幾乎可以全靠雙腳支撐（說不定還能保持平衡）
- 從趴著翻成仰躺，再從仰躺翻成趴著
- 餵食時懂得張口相迎
- 自己拿餅乾或小點心吃
- 找到部分隱藏起來的物體
- 用手指抓起細小的物品再握緊（別在寶寶伸手可及之處擺放危險物品）
- 轉頭尋找發出聲音的東西

半數寶寶已能……

- 依靠大人或物體站立
- 從趴著轉成坐起
- 把一塊積木或別的東西從一隻手換到另一隻手
- 不讓你拿走他的玩具
- 和你一起玩躲貓貓

有些寶寶已經可以……

- 爬動或爬行（較少趴著玩的寶寶會比較晚達成——或甚至直接跳過——這個里程碑，沒什麼好擔心的）
- 直接從坐著站立起來
- 用拇指和其他手指抓起細小的物品（別在寶寶伸手可及之處擺放危險物品）
- 發出「媽媽」或「爸爸」的語音，但不是真的在叫爸爸媽媽

少數寶寶或許可以……

- 拍掌或揮手道別
- 扶著家具趴趴走
- 很快地自己站起來
- 懂得「不可以」的意思（卻不見得會聽從）

❖八到九個月大

大多數的寶寶應該都能……

- 從趴著轉成坐起

- 想辦法接近不在手邊的玩具
- 知道有人在叫他的名字
- 對著鏡子裡的自己發笑（雖然其實不知道那是他自己）
- 跟隨你望向別處的眼光

半數寶寶已能……

- 直接從坐著站立起來
- 爬動或爬行（較少趴著玩的寶寶會比較晚達成——或甚至直接跳過——這個里程碑，沒什麼好擔心的）
- 依靠大人或物體站立
- 不讓你拿走他的玩具
- 用拇指和其他手指抓起細小的物品（別在寶寶伸手可及之處擺放危險物品）
- 發出「媽媽」或「爸爸」的語音，但不是真的在叫爸爸媽媽
- 和你玩躲貓貓

有些寶寶已經可以……

- 扶著家具趴趴走
- 很快地自己站起來
- 拍掌或揮手道別
- 懂得「不可以」的意思（卻不見得會聽從）

少數寶寶或許可以……

- 站得很穩
- 玩球（把皮球滾回給你）
- 自己用杯子喝飲料
- 發出「媽媽」或「爸爸」的語音，但不是真的在叫爸爸媽媽
- 發出「媽媽」或「爸爸」以外的語音
- 結合手勢猜出大人的語意（比如對他說「給媽媽」的當下同時向他伸手）

❖九到十個月大

大多數的寶寶應該都能……

- 依靠大人或物體站立
- 直接從坐著站立起來
- 不讓你拿走他的玩具
- 發出「媽媽」或「爸爸」的語音，但不是真的在叫爸爸媽媽
- 和你玩躲貓貓或含帶預期的遊戲
- 跟隨著你變換手勢和出聲

半數寶寶已能……

- 扶著家具趴趴走
- 拍掌或揮手道別
- 用拇指和其他手指抓起細小的物品（別在寶寶伸手可及之處擺放危險物品）
- 懂得「不可以」的意思（卻不見得會聽從）

有些寶寶已經可以……

- 很快地自己站起來
- 站得很穩
- 有意識地叫「媽媽」或「爸爸」
- 發出「媽媽」或「爸爸」以外的語音
- 向你指出他想要的東西

少數寶寶或許可以……

- 發展出多種啼哭以外的表達方式
- 自己用杯子喝飲料
- 玩球（把皮球滾回給你）
- 靈巧地用指尖抓起細小的物品（別在寶寶伸手可及之處擺放危險物品）
- 口齒不清地嘀嘀咕咕（聽起來就像寶寶是用自創的語言在說話）
- 結合手勢猜出大人的語意（比如對他說「給媽媽」的當下同時向他伸手）
- 走得很穩

❖十到十一個月大

大多數的寶寶應該都能……

- 用拇指和其他手指抓起細小的物品（再囉嗦一次：別在寶寶伸手可及之處擺放危險物品）
- 懂得「不可以」的意思（卻不見得會聽從）
- 看向你所指的東西，然後再回看你

半數寶寶已能……

- 扶著家具趴趴走
- 用手指或手勢告訴你他要什麼
- 拍掌或揮手道別
- 自己用杯子喝飲料

有些寶寶已經可以……

- 很快地自己站起來
- 有意識地叫「媽媽」或「爸爸」
- 發出「媽媽」或「爸爸」以外的語音
- 不必依靠手勢就能回應簡單的指示（比如說「給媽媽」的當下不對他伸手）

少數寶寶或許可以……

- 站得很穩
- 走得很穩
- 玩球（把皮球滾回給你）
- 口齒不清地嘀嘀咕咕（彷彿寶寶是用自創的語言在說話）
- 發出三個以上「媽媽」或「爸爸」之外的語音

❖十一個月到週歲前

大多數的寶寶應該都能……

- 扶著家具趴趴走
- 運用幾種手勢提出要求——伸出手指、拿給你看、走近物品、揮手
- 知道有人在叫他的名字
- 自己用杯子喝飲料
- 把兩個積木或玩具擺在一起
- 幫他穿衣服時懂得伸手或抬腳
- 要你抱他時會張開雙手

半數寶寶已能……

- 拍掌或揮手道別（幾乎每個寶寶都能在十三個月大以前達到這個里程碑）
- 自己用杯子喝飲料（假設你已讓他練習過）
- 靈巧地用拇指與食指的指尖抓起細小的物品（有些寶寶直到十五個月大前都還做不到這一點——當然了，別在寶寶伸手可及之處擺放危險物品）
- 很快地自己站起來（也有不少寶寶要到十三個月大才做得到）
- 有意識地叫「媽媽」或「爸爸」（不少寶寶要到十四個月大——甚至更晚——才會叫「爸爸」或「媽媽」）
- 模仿你發出的聲音和做出的手勢

有些寶寶已經可以……

- 玩球（把皮球滾回給你，但直到十六個月大以後才會玩球的寶寶也不在少數）
- 站得很穩（直到十四個月大才站得穩的寶寶也不少）
- 口齒不清地嘀嘀咕咕——彷彿是用自創的語言在說話（在過第一個生日之前，有半數寶寶都還沒開始這個階段；更有不少要到十五個月大才開始自說自話）
- 走得很穩（多達四分之三寶寶要到十三個半月大才走得夠穩，爬得太好也許是拖慢進度的原因；只要其他方面的發展都很正常，晚點開步走並不需要擔心）
- 身體會跟隨音樂而晃動

少數寶寶或許可以……

- 發出三個以上「媽媽」或「爸爸」之外的語音（半數以上寶寶都要到十三個月大以後，有些更遲至十六個月大）
- 不必依靠手勢就能回應簡單的指示（比如說「給媽媽」的當下不對他伸手。大多數寶寶都得在過完生日後才能學會，有些甚至得等到十六個月大時）

- 看到別人難過時自己也會難過（開始有了同理心）
- 展露溫情，尤其是對自己的爸媽
- 孤單或面對陌生人時會展露焦慮（有些寶寶一輩子都不會）

成長圖表

寶寶的成長怎麼衡量？測量過寶寶的身高、體重和頭圍後，醫師就能與既有數據比較一番，看看比起許多同樣年紀、性別的寶寶，你家寶貝的成長究竟是超前還是落後。

更重要的是，追蹤數據也能讓醫師更了解寶寶的成長趨勢，從而得知寶寶在某些階段的成長速率；比如說，如果你家寶貝的成長速率一連幾個月都穩定地落在約莫 15% 的後段班裡，那就表示，要不是你家寶貝注定個頭嬌小，就是童年時會有一段飛快成長的時光。反過來說，要是你家寶貝好幾個月來都在 60 百分位裡，這個月卻突然加入了 15 百分位的後段班，那麼，這種成長模式的急劇改變就意味著也許出了問題：寶寶是生病了嗎？這種成長速率的突然變慢，是否潛藏著醫學檢測不出的原因？

評估寶寶的成長，可不是玩玩數字遊戲而已；為了更清楚地看出寶寶的成長狀況，醫師還得考量身高和體重的相互關係。體重和身高必須同步成長，誤差要在 10~20% 之間，如果身高落在 85 百分位，體重卻是 15 百分位，你家寶貝就很可能太瘦了；要是正好相反，那就可能是哺餵過度。如果你想知道你家寶貝有沒有過重或太瘦，或者恰到好處，只要和小兒科醫師使用的兒童生長曲線圖表對照一下就能得知。這份圖表的資料來自世界衛生組織（WHO）；根據的數字，則來自將近一萬九千名嬰幼兒（分佈於五個不同國家的城市）。美國衛福部與小兒科醫學會，也都建議醫師用這些圖表來評估兩歲以下嬰幼兒的成長情況。（編按：可至國民健康署網站【新版兒童生長曲線】http://health99.hpa.gov.tw/OnlinkHealth/Quiz_Grow.aspx，輸入資料即可得知寶寶的生長百分位）。

近年來的嬰幼兒，不管是成長速率太快的或太慢的，都有愈來愈多的趨勢；換句話說，這些嬰幼兒的數據都「破表」了——最少也得說是趨向極端。專家認為，超重寶寶的出現是肥胖率大幅上升的主因（而肥胖媽媽則是這些超重或肥胖寶寶出現的源頭）；瘦小寶寶增多的

主因，則是很多早產兒已經都能存活下來。另外，配方奶粉也可能是超重寶寶大幅增加的因素。

你可以用圖表比對一下寶寶的各方面的成長度，注意計算身高與體重相互關係的部分（別忘了還得記錄寶寶的頭圍）；其他的部分，身高與體重就可以分別追蹤比較了。另外也要注意，圖表中的數據男女有別——這是因為，儘管寶寶都還很小，但男生還是會比女生高出一些、重上一些，成長也快一些。

5 你的寧馨兒

等待結束了。你期待了九個月的小寶寶終於來報到了。當你第一次抱起這個溫暖的小傢伙時，心裡一定百感交集，興奮與疑慮一起湧上心頭。尤其如果你是新手父母，可能會有一大串問題：他的頭型怎麼這麼好玩？他怎麼已經長了痘痘？吃奶時怎麼那麼容易睡著？怎麼哭個不停？

在尋求這些問題的答案之前（寶寶出生時是沒有帶著說明書的），你必須先明白：你的確得學許多東西（沒有人生來就知道該怎麼護理臍帶蒂或按摩堵塞的淚腺），不過你會驚訝地發現，為人父母其實是種本能（最重要的指導原則就是要愛你的寶寶）。接下來幾章將會幫你解決許多問題，但在你照顧寶寶時，千萬不要忘記你最寶貴的資產：你的本能。

寶寶的第一個月

寶寶有生以來的首次體檢會是在產房中進行的；在此時，或者是稍後在育嬰室，醫護人員會進行如下的一些簡單的檢驗：

- 清除寶寶呼吸道的異物，如替他吸吸鼻子（可能在寶寶的頭剛露出來或全身都出來時做）。
- 在臍帶的兩個地方用箝子夾住，從中剪斷臍帶——爸爸也可擔任這項殊榮；然後在臍帶蒂上塗抗生素或抗菌劑，通常箝子會夾住約 24 小時）。
- 亞培格測試（Apgar test，在寶寶出生後 1~5 分鐘內評估其整體狀況，參見第 133 頁）。
- 點眼藥水或藥膏（參見第 146 頁），以預防感染。
- 為寶寶秤重（平均重 3300 公克；95% 的足月嬰兒約重 2500~

延遲斷臍

對新手父母來說，剪斷臍帶是個意義重大的時刻；但是，也許慢一點剪斷才比較好——最少也該多等個幾分鐘。研究顯示，鉗夾（然後剪斷）臍帶的最佳時刻是等到它停止搏動——大約是出生後的 1~3 分鐘——會比過去習慣（現在也還有很多醫院這麼做）的一出生就剪斷更好。延遲斷臍不但沒有壞處，還可能有些潛在的好處——值得你好好考慮要不要加入生育計畫裡。

打算儲存寶寶的臍帶血嗎？沒問題，臍帶停搏後再收集臍帶血就好；也就是說，你不必為了儲存臍帶血而放棄延遲斷臍的打算。但是，可別等到生產時才告訴醫師，愈早說清楚愈好。

4300 公克）。

- 量身長（平均身長 51 公分；95% 新生兒身長 46~56 公分）。
- 量頭圍（平均 35 公分；正常為 33~37 公分）。
- 確定手指及腳趾數目無誤，及其他肉眼可觀察部分皆正常。
- 把寶寶抱給你餵奶及摟抱（以及袋鼠護理法，參見第 142 頁），讓你好好認識你家寶貝。
- 在離開產房前，媽媽和寶寶都會掛上辨識手環／腳環。為了將來辨認方便，寶寶得留下足印，媽媽留下指紋（寶寶腳上的墨汁能洗掉，殘留的污跡是暫時的）。

接下來的 24 小時之內，小兒科醫師會再為新生兒做更仔細的檢查，你可趁機向醫師詢問一些問題。這些檢查有：

- 量體重（可能稍降，過幾天還會再降一點）、頭圍（因頭變比較圓而有增加）及身長（也許不會變，不過寶寶無法站立，數據不是很準）。
- 聽心音、觀察呼吸狀況。
- 以觸診檢查內臟，如腎、肝以及脾臟。
- 新生兒反射動作測試（參見 154 頁）。
- 屁股，看其是否位置正常（包括髖關節）。
- 手、腳、手臂、腿和生殖器官。
- 臍帶剪斷後的情形。

寶寶在醫院期間，醫護人員還會做以下的檢查：

- 記錄是否有排尿／便（評估排泄系統是否有問題）。
- 替寶寶注射維生素 K，以增強其

血液凝結功能。

- 從腳後跟採血，用來做苯酮尿（PKU）和甲狀腺機能有低下的檢查。採血也可做代謝異常的檢驗（參見右側的「寶寶體檢」）。
- 若你同意，寶寶出院前可接種B肝疫苗，在某些醫院這是慣例，如果媽媽B肝呈陽性反應尤其需要。如果媽媽不是帶原者，可在出生兩個月內施打第一劑疫苗。有的小兒科醫師會建議在兩個月內打混合疫苗（白喉、百日咳、破傷風、小兒痲痺症、B肝）。注射過B肝疫苗的寶寶還是可以注射混合疫苗，但還是要聽醫師的建議（參見第598頁的免疫接種程序）。

寶寶體檢

幾滴血就可進行。寶寶出生後，從腳後跟採幾滴血，用來做苯酮尿症和甲狀腺機能低下的檢查；還可以做代謝異常的檢驗，包括先天性腎上腺增生症、生物素酵素缺乏症、楓糖尿症、半乳糖血症、高胱胺酸尿症、中鏈脂肪酸去氫酵素缺乏症及鐮刀型貧血症。這些疾病雖然很罕見，但如果沒有即時發現和治療，還是會危及寶寶的生命。這些檢查並不貴，如果寶寶的檢查呈陽性，醫師會再核實，然後馬上治療，這對預後有很大的影響。

亞培格評量表

症狀	分數		
	0	1	2
外觀（顏色）	蒼白或青色	身體粉紅色 四肢青色	粉紅色
脈搏（心跳）	測不到	每分鐘100以下	每分鐘100以上
面部反應（反射反應）	對刺激無反應	扮鬼臉	哭聲宏亮
活動力（肌肉狀態）	虛弱（或無活動能力）	四肢有活動	活動力強
呼吸	沒有	緩慢，不規則	很好（啼哭）

新生兒聽力篩檢

寶寶可以用感官感覺到周遭環境的所有事物——看見爸爸的笑臉，在深情的臂彎中感覺到溫暖的皮膚，聞到花的香味，聽見媽媽輕柔的低語。但在美國，每一千個新生兒中就有2~4個有聽力的問題（說話和語言技巧的發展會發生障礙）。

由於聽力障礙會大大影響嬰幼兒的身心發展，早期發現與治療就更重要了，因此，美國小兒科醫學會不但支持全球性的嬰兒聽力研究，還呼籲醫院都要為新生兒做聽力篩檢。目前為止，全美已有四分之三的州政府明令要求，嬰兒出生後就必須進行聽力篩檢。

目前新生兒做聽力篩檢效率很高，其中一種為耳聲傳射（OAE），使用細小的探針插入寶寶的耳道，以評估寶寶對聲音的反應。寶寶的聽力若正常，擴音器內的探針會從寶寶耳內記錄到微弱的雜音，表示寶寶對聲音刺激的回應。這個檢測可在寶寶睡著時做，只要幾分鐘，不會疼痛或不舒服。另一種叫聽性腦幹反應（ABR），將電極放在寶寶的頭皮上，測試腦幹聽力區在寶寶的耳朵聽到卡嗒聲時的活動。做ABR篩檢時寶寶必須醒著，並保持安靜，測試時間很短，不會疼痛。如果你的寶寶沒有通過初步的檢測，可重複檢測，以避免誤診。

聽力缺失可能發生在任何人身上，其因素有尤塞氏症（Usher's syn-drome）或瓦登伯革氏症（Waar-denburg's syndrome）；兒童聽力缺失的家族史；以及先天的感染，如弓漿蟲感染症、梅毒、德國麻疹、巨細胞病毒及皰疹。

- 做聽力篩檢（參見上面的「新生兒聽力篩檢」）。

❖亞培格測試

新生兒所做的第一個檢查，大部分寶寶的分數都能過關，這是麻醉科醫師亞培格（Vrginia Apgar）發明的。在出生後一分鐘做一次，五分鐘後再做一次，以觀察到的五種評估項目的分數，反映新生兒的總體狀況。7~10分，狀況非常好，通常只需做些一般性的產後照護；4~6分，情況一般，需要一些復甦的措施；4分以下須馬上做緊急的救護。研究顯示，有些寶寶即使分數不高，但五分鐘內還是能變得很

正常、很健康。

哺餵你的寶寶：開始餵配方奶

比起餵母乳，用奶瓶餵奶比較自然且容易。寶寶毫不費力就學會用奶嘴吸吮，父母在產後也比較不麻煩。不過餵配方奶還是需要一點精力以及一些技巧。因為母乳是現成的，但配方奶則必須選擇、購買、準備，且要經常儲存。無論你是完全餵配方奶，還是當做母乳的輔助食品，都得知道該如何開始（如何選擇奶嘴和奶瓶，參見 49 頁）。

❖ 選擇嬰兒配方奶

配方奶不能完全取代母乳中的天然成分（比如沒有抗體），但和過去比起來，它已經很接近理想中的寶寶餵養標準。現在配方奶中的蛋白質、脂肪、碳水化合物、鈣質、維生素、礦物質、水及其他營養成分，都已經很接近母乳了。所以你選的任何含鐵質的配方奶都非常營養。超市或商店中的配方奶琳瑯滿目，在你選擇之前，可先參考以下條件。

- 請寶寶的醫師給你建議，挑選最接近母乳的配方奶。不過，由於配方奶不見得隨時都適合寶寶，因此，除了小兒科醫師的建議，你也必須注意寶寶對某些配方奶的反應，才能真正找到最合寶寶需要的配方奶粉。
- 大部分配方奶都以牛奶為原料，再加上寶寶需要的營養成分（但在寶寶週歲前不可餵他一般的牛奶，因為不容易消化吸收，也無法提供適當的營養）。配方奶中的蛋白質經過處理，較容易消化，還加了乳糖（更接近母乳），並用植物油代替牛油。有機配方奶使用的牛乳，都來自沒有用過生長激素、抗生素的母牛，更絕對不受殺蟲劑的汙染，如果價格可以接受，不妨考慮選用。
- 添加鐵的奶粉是最好的。不要選鐵質含量低的奶粉，大部分小兒科醫師建議，為防止貧血（參見第 388 頁），出生至週歲的寶寶都應該採用這種奶粉。

需要哺乳幫手嗎？

如果你已經在哺育寶寶——不管是全程哺餵母乳或結合嬰兒配方奶，第 3 章有很多幫得上你忙的內容。

配方奶裡的配方

市面上的嬰兒配方奶粉多得讓人眼花撩亂，因此，不論是打算結合母乳或全程哺餵配方奶，新手父母幾乎都不知從何選起。以下所列，就是你會在嬰兒用品店的貨架上或購物網站的目錄裡看得到的各種嬰兒配方奶粉。如果你考慮哺餵寶寶特殊配方的奶粉（例如豆類基質的奶粉），購買前最好先問過醫師：

牛乳基質配方奶。絕大多數的嬰兒都可以喝標準的牛乳基質配方奶——就算是很難取悅（大多寶寶都是）或甚至有腸絞痛的寶寶；一般而論，那都不是配方奶粉的錯，但如果寶寶已有輕微的腸胃問題，也許你就應該選擇專為提防乳糖不耐症而製的、牛乳基質、易消化的「敏感」配方奶粉。如果你家寶貝喝了標準的牛乳基質配方奶後，會有一些比如特別容易脹氣的狀況，就要問問醫師該不該改換其他配方奶粉——但也別忘了，特殊配方奶粉的價錢也都很「特殊」。

豆類基質配方奶。以豆類蛋白質和植物為基底製成的配方奶粉，都不會含有乳糖（牛乳中才有乳糖），既是很適合茹素家庭選用的奶粉，也可能很適合患有半乳糖血症（galactosemia）和先天性乳糖酶缺乏（congenital lactase deficiency）等代謝障礙的嬰兒。但是，如果你家寶貝當真對牛乳基質的配方奶過敏，醫師大概也不會建議你改用豆類基質配方奶粉——有乳糖不耐症的寶寶，通常也會對豆奶過敏；因此，半乳糖血症配方奶粉（如下）才會是更好的選擇。

水解蛋白配方奶。這一類的配方奶，是先把蛋白質分解成細小的成分，讓寶寶更容易消化吸收（這也就是為什麼，這種配方奶又被稱為「預消化」配方）；一般認為，這種水解蛋白配方奶很適合經過診斷確認對奶蛋白過敏的寶寶，也可能適合有皮膚疹（如溼疹）或因過敏引發哮喘的寶寶；不

- 有些情況可用配方豆漿，這類豆漿裡也添加了維生素、礦物質和接近母乳的營養成分。不過配方豆漿還是不及配方奶接近母乳，且有研究指出，餵配方豆漿的寶寶將來較容易對花生過敏，所以較不流行。不過若寶寶對牛奶過敏的話，可以選擇配方豆漿。素食者可以一開始即採用配方豆漿，無需醫師的指示。

過，除非醫師也這麼建議，別急著讓寶寶改喝這種配方奶。營養吸收不良的早產兒，可能也得改喝水解蛋白配方奶（如果醫師不建議他喝早產兒特製配方奶，就得改喝這一種）。除了比一般標準配方奶昂貴，水解蛋白配方奶既難聞又難喝，不大容易得到寶寶（和爸爸媽媽）的青睞；挑嘴一些的寶寶，更多半會拒絕換喝這種配方奶（當然了，你家寶寶也有可能欣然接受）。

去乳糖配方奶。如果你家寶貝是乳糖不耐症的受害者，或者有半乳糖血症或先天性乳糖酶缺乏的問題，醫師大概就會建議你讓他喝去乳糖配方奶，而不是豆質、敏感或水解蛋白配方；牛乳基質的配方奶裡，也有不少是完全不含乳糖的。

逆流配方奶。這種逆流配方奶粉預先添加了稻米澱粉，讓奶汁變得濃稠，是專為苦於食道逆流而體重無法順利增加的寶寶特製的；如果寶寶因為食道逆流而引起讓他非常不舒服的症狀，有些醫師也會建議家長改用這種配方奶粉。

早產兒配方奶。早產兒出生時體重過輕，有時候很需要多補充熱量、蛋白質和礦物質，這種配方便很適合；有些醫師說不定還會推薦一種更特別的配方，內含更容易吸收的中鏈三酸甘油脂（medium-chain triglycerides, MCT）。

營養加強配方奶。想採用結合母乳與營養品的哺餵方式嗎？這種配方奶粉，就是專為補充喝母乳嬰兒的營養而製造的，有的加入了母乳中才有的葉黃素，有些加入比其他配方奶更多的益生菌，軟化你家寶貝的便便——更接近喝母乳寶寶的便便。

當然了，其他種類的配方奶還有很多，比如專為有心臟疾病寶寶製造的，有專為吸收不良症候群寶寶製造的，也有些配方是為了讓寶寶更能消化脂肪或處理氨基酸。

- 某些特殊的寶寶需要特殊的配方奶，有早產兒專用的，對牛奶及豆漿過敏寶寶專用的，代謝不良寶寶專用的。還有不含乳糖的配方奶、容易過敏的寶寶專用的低過敏配方奶。對某些寶寶來說，這類奶粉較易消化，但也更貴。如果醫師沒有建議，你無需選這類奶粉。還有一些有機配方奶，其原料沒有生長荷爾蒙、抗生素

配方喝多少？

寶寶該喝多少配方奶才夠呢？數量會隨出生後慢慢增加。一週大左右的寶寶，每次大約只要喝30~60CC（每3~4小時喝一次）就夠了，之後再隨著寶寶的需要緩緩加多，卻千萬別強迫寶寶多出他的需要；畢竟，強迫可能導致過度餵食，衍生過度肥胖的問題，有時還會造成溢奶，因而經常大量吐奶。再怎麼說，你家寶貝的胃都只有他的（不是你的）拳頭大小，硬塞給他太多奶水只會吐個精光。想知道更精確的數字的話，請參閱每個月的專章和第317頁的說明。

和殺蟲劑。

- 成長奶粉並不是最好的，這種奶粉是為四個月以上和已經可以可吃固體食物的寶寶設計的，大多數醫師都不建議採用。還不如先只給他喝一般的配方奶，等到寶寶可以吃固體食物時再添加所需營養品，足歲後就直接讓他喝牛乳（從頭到尾都不必喝「成長奶粉」）；就算你還是想讓寶寶喝，也還是得先問過醫師。
- 不同的配方奶適合不同時期的寶寶，還是聽從小兒科醫師建議，並觀察寶寶的反應再做調整。

若你決定將範圍縮窄到普通的配方奶，還是有許多選擇：

開封即可食。預先沖泡好的配方奶，每瓶約110~220CC，只要裝上奶嘴就可食用。但較貴，對環境也不是很好（會有一堆空瓶）。

倒出即可食。以不同大小的罐子或塑膠包裝的液體配方奶，倒進奶瓶即可。但沒喝完的配方奶得妥善保存。

濃縮的液體配方奶。比倒出即可食的配方奶便宜，但得花更多時間準備，得加入等比例的水才能食用。

奶粉。最便宜，最花時間，也最麻煩。需加入定量的水才能食用。大多為罐裝或袋裝。另一個好處是，未沖泡前無需放入冰箱儲存（帶寶寶外出也很方便）。

❖安全哺餵配方奶

- 絕不使用過期的奶粉。包裝有破損、下凹等等，也絕對不要買。
- 沖泡前須將雙手洗淨。
- 在開罐之前，先將奶粉罐蓋用熱水及清潔劑清洗乾淨，沖去並瀝乾。如果包裝上有註明，還得搖晃。

- 用乾淨的開罐器開液體配方奶，開兩個相對的洞，一大一小，比較容易倒。每次使用開罐器都得洗乾淨。大部分配方奶的罐子都是易開罐，不需用開罐器。如果你買的是瓶裝液體配方奶，打開時會有「波」的一聲。
- 通常無需再用消毒器來煮沸水。如果你擔心水管不乾淨，或水未過濾，可做些檢測，必要時可過濾水，或只用瓶裝水（不可用蒸餾水）。（譯註：這是指自來水可飲用的地區，在臺灣還是得先將水煮沸。）
- 奶瓶和奶嘴無需用特別的設備消毒，用洗碗精就能洗乾淨（或浸泡在加了洗碗精的熱水中）。有些醫師建議，第一次使用奶瓶和奶嘴時，先在滾水中泡幾分鐘。
- 務必遵照包裝上的說明來處理，一定要確定液體配方奶是否得稀釋，不正確的調理是有危險性的。太濃或太稀都不行，太稀會阻礙發育，太濃又會讓寶寶脫水。
- 要不要溫奶其實與健康無關。你可以一開始就以室溫的水泡奶粉，或直接餵冰的液體配方奶，可以節省許多時間和麻煩（尤其是在半夜或寶寶哭鬧時）。如果想用溫奶瓶餵寶寶，可先用熱水燙一下，準備好之後，先滴幾滴在手腕內側感覺一下，不需太燙或太冷，體溫即可。讓寶寶盡快喝完，否則細菌很容易繁殖。不要用微波爐加熱——加熱不均勻可能使瓶子仍舊涼涼的，而當中的奶水早已燙得足以使寶寶受傷。
- 寶寶喝不完的奶立刻丟棄，切勿留到下次再餵——那是細菌繁殖的溫床。即使放在冰箱中也不安全。
- 用完的奶瓶和奶嘴要先沖一下，以利清洗。
- 液體配方奶打開後瓶蓋一定要鎖緊，存放在冰箱中，並注意使用期限，通常是 48 小時；奶粉則應蓋好並儲存在陰涼、乾燥的地方，在一個月內用完。
- 未開封的液體配方奶可以在 13 ~24℃下保存。長期保存在 0℃以下或高於 35℃的液體配方奶不可食用。結凍的（豆漿較易結凍）或搖動後有白色細屑的液體配方奶，也不可食用。
- 沖泡好的牛奶在食用之前要保存在冰箱內。如果外出，你可以帶裝好水的奶瓶，分量恰好的奶粉另外裝，要喝的時候再沖泡；或

添加愈多愈好？

配方奶中愈來愈多的添加成分，其實都只是為了讓它更接近天然的母乳；這些添加物裡，DHA（二十二碳六烯酸）、ARA（花生四烯酸）和 omega-3 脂肪酸都是為了增進新生兒的腦力與視力發展；至於益生菌（probiotics）和／或益菌生（prebiotics），則可能有助消化和強化免疫系統。讓寶寶喝進肚子以前，請先向醫師了解一下哪些添加物才真的最能添加寶寶的健康。

者也可以帶沖泡好了的奶水，用冰袋或是冰塊包裹著。若是牛奶在此準備之下已然不冷的話，就不能喝了。

❖輕輕鬆鬆用奶瓶

如果你曾有過任何用奶瓶餵嬰孩的經驗，那絕不成問題；若沒有，你就該知道一些基本原則：

善用提示。用手指或奶嘴輕觸寶寶面頰，讓他了解「可以喝奶了」，寶寶應該就會轉過頭來，張開小嘴，此時便將奶嘴輕置其口中。如果寶寶還是沒找到奶嘴，滴幾滴奶水到他的嘴唇上，引他吃奶。

清除空氣。將奶瓶末端扶高，確保奶嘴中不會有空氣讓寶寶混合著吃下肚子。有些奶瓶的設計（瓶身彎曲）可將奶水充滿奶嘴，稍微扶起寶寶也有幫助。

慢慢來。剛出生的寶寶，前幾天的營養需求還很低——這是好事，因為這時他們的胃口也都欠佳（比起吃，寶寶更想睡）；這也就是為什麼，大自然的食物輸送系統也是這麼設計的（在你的初乳來臨前，寶寶每次進食只要一小湯匙的母乳就夠了）。因此，如果這時你是用奶瓶哺餵，寶寶也只喝得下一點點配方奶，即便奶瓶裡只有 60CC 配方奶，一開始寶寶大概也都喝不完。

拍完嗝再餵。如果寶寶只喝了約莫 30CC 就睡著，應該就是告訴你「我吃飽了」。相反地，如果寶寶不是睡著，而是只咬住奶瓶沒幾分鐘就生氣地吐出奶嘴，便很可能是感到脹氣；那麼，這時你既不該催促他也別就此放棄，而是應該先暫停下來幫他拍嗝。要是都已成功拍嗝（參見第 165 頁）了寶寶還是不喝，才表示他確實是吃飽喝足了（想知道何時該餵多少配方奶的話，參

見第 317 頁）。

控制速度。不同年齡的寶寶，需要不同的奶嘴，新生兒的奶嘴流速要慢，因為剛學會吸吮（而且胃口還小）。你可以將奶瓶倒過來觀察：牛奶幾乎像是倒出來似的，表示孔太大了；只有一滴或二滴慢慢地掉下來，孔就太小了，寶寶會吸得極為費力。如果噴了一些後再流幾滴，表示剛好。但最好的方法還是觀察寶寶的嘴巴，如果他大口大口地喝，且發出吞嚥聲，但奶水還是從寶寶的嘴角溢出，就表示流量太大。如果寶寶得很用力吸吮一陣子，然後表現得很沮喪（或放掉奶嘴），就表示流量太小。有時也可能因為你將奶嘴旋太緊，造成類似真空狀態；一旦稍微調鬆一些，會容易吸得多。

讓寶寶做決定。哺餵時，寶寶才是老大；就算寶寶通常都可以喝掉 60CC 但這回只喝了一半就意興闌珊，你也不應該想盡辦法讓他喝完另一半。健康的寶寶都知道自己喝夠了沒，也就是父母老是鼓勵寶寶多喝點，配方奶才常養出肥胖寶寶——比依自己胃口喝母乳的寶寶多很多。

未雨綢繆。半夜起來沖泡牛奶給寶寶喝可能是件苦差事，但仍有辦法讓它輕鬆些；在床邊放個奶瓶保存器，它以夠冷的溫度貯藏沖調好的奶瓶，等要用時，又可在幾分鐘內加熱至適溫。或把奶瓶放在香檳酒的冰桶，隨時可以加溫。

❖將愛注入奶瓶之中

無論你是餵配方奶還是混合餵母乳，最重要的還是要讓寶寶能感受到愛。肌膚相親、眼神互動，不但能促進大腦發展，也可增進親子間的親密感。餵母乳的媽媽們不需擔心這點，但餵配方奶的媽媽則必須特別用心。這兒有些小祕訣：

寶寶的快樂配方

不論你是一開始就用奶瓶哺餵配方奶，還是乳房、奶瓶並用，又或者是歷經了一段坎坷（你和寶寶都是）之後，才終於放棄哺餵母乳、改用配方奶，都應該覺得開心而不是懊惱。記得：母乳最好，但如果選對配方又哺餵得好，奶瓶不只能傳送很多營養、也可以傳遞無數關愛——這才是快樂寶寶最需要的配方。

圖 5.1 用奶瓶哺餵配方奶的好處之一，就是能讓爸爸或其他家人也都有機會和寶寶建立親密關係。

別用東西支撐著奶瓶。也許這是個好巧門——寶寶喝他的奶，你整理你的帳單和上上臉書；但是，這對寶寶的生理及心理都有不良影響。自己躺著喝奶瓶的嬰兒極易嗆到，而如果媽媽或其他人不在身旁，會是很危險的一件事。這個姿勢也容易導致中耳炎的發生。另一方面，寶寶常常邊喝邊睡，時常含著奶瓶入睡，得蛀牙的機率會很高。

與寶寶肌膚相依。讓寶寶的面頰貼到媽媽裸露的胸膛，這其中具有的意義難以描摹。所以在隱密性足夠之處，你也可以敞開胸懷，採用我們所說的「袋鼠護理法」，與寶寶做第一類接觸：寶寶會覺得溫暖、舒適，你和寶寶更能感受到極強烈的親近感。爸爸抱寶寶的時候，也可以敞開衣服，讓寶寶貼著胸部。

換邊餵。餵到中途，你可以換隻手抱寶寶；一方面讓寶寶看到不同的視野，並且減輕你過度使用某一邊所帶來的痠痛。

不慌不忙，慢慢來。喝母乳的寶寶在吸光乳房裡的乳汁之後，可能還一直咬著吸著，滿足其口腔慾望和安全感。用奶瓶餵的寶寶就不能一直吸一個空掉的瓶子，但你可以改用孔較小的奶嘴來滿足他的吸吮需要，有時也可以給他一些水，或是安撫奶嘴。而如果寶寶喝完奶後總變得更焦躁，那麼試試看再沖一些奶給他喝，也許他真的喝不夠。

你會擔心的各種狀況

❖出生時的體重

很多朋友的孩子出生時，都有個3600、4000 公克，而我的寶寶雖然足月出世，卻只重 3000 公克。會不會太小了？

給爸媽：相遇，相親，相愛

寶寶來到人間時不但帶足了感官的裝備，而且忙著讓每一種感官都能派上用場：凝望爸爸媽媽，傾聽他已經很熟悉的、媽媽的說話聲，辨識媽媽獨特的氣味，感受充滿愛意的相互依偎，品嚐第一滴從乳房或奶瓶送來的乳汁。剛剛來到人間的那個片刻，寶寶的感受能力也特別高，使得他們與爸媽的很多第一類接觸——第一個懷抱，第一次哺餵，第一度眼對眼、身體貼著身體接觸——都極其美好。爸爸媽媽這邊呢，這麼說吧，經過長達九個月的望穿秋水，對這場親子會早就迫不及待了，恨不得一次完全表達——以滿溢的情緒、感官、體會與期待——他們有多麼歡迎家裡的這個新成員。

然而，如果這場見面會只迎來一團混亂呢——不管是待產過程拖得太久、生產時問題重重，還是寶寶一出生就得趕緊送到哪兒給予特別照護……還是你領會不到期待已久的種種期待？錯失那些幸福感——或者只獲得一點點，還是感受到了卻不覺得有預期中那麼美好——要不要緊？

完全不必放在心上。你只需要記得，與寶寶的相遇和相親——管它是一生下來就開始還是得等上幾小時——也許是意義非凡的時刻，但再怎麼說也不過是你和寶寶無數相愛時光裡的一小段光陰罷了；沒錯，初見面是很重要，但未來的那許多小時、許多日子、許多星期乃至許多年也同樣重要。這確實是個全新的開始——但說真的，再好也只不過是個開始。

和成人一樣，健康的新生兒有各種體型、大小；與基因有很大關係，高大的父母生出較大的嬰兒屢見不鮮；若是爸爸高大而母親嬌小，大多數情況下會生下較小的寶寶；還有媽媽自己出生時的體重也有關係。另一個因素是性別，女生通常比較輕。其他原因還有：媽媽懷孕時的飲食、增加的體重等。只要寶寶健康，不必太在意體型、大小。一個小巧玲瓏的 3000 公克寶寶，絕對可以和一個 4000 公克的大寶寶一樣健康活潑。

記住，有些出生時嬌小的寶寶在基因發揮潛力時，就會長得比同齡的寶寶還快（參見第 21 章）。再說，體重輕也有好處，等他再大一點要你抱的時候，你比較不會吃不消。

❖體重減輕

我知道寶寶在醫院大概會減一點體重，但是，他從 3400 公克變成了 3150 公克，這不會太多嗎？

絕大多數的新生兒在出生後的五天之中會失去 5~10% 的體重，而且不會馬上恢復，這是由於一些體液流失的緣故，因為寶寶在這段期間胃口和需要都比較少。

母乳哺育的寶寶又比吃配方奶的嬰兒掉得多，因為他們起先能吸到的初乳的量只不過幾茶匙而已。大約從第十五天體重便會開始回升，十至十四天後，體重便會恢復，或者超出原先了。

❖寶寶的長相

親友們一直問寶寶長得像誰，他爸爸和我都沒有那樣一個尖腦袋、大眼泡、向前豎的耳朵和扁鼻子。什麼時候他才會好看些呢？

電影中抱出來的新生兒通常都有兩、三個月大，其中一個原因很重要：真正剛生下來的寶寶實在不大上相。父母親眼中的寶寶當然漂亮，但剛出生時總是還不大適合拍特寫——尤其是經過產道出生的寶貝們（剖腹生產的寶寶當然會多佔些優勢）。但是，別憂心忡忡，通常這副怪模樣只是暫時的。

為了能夠待在你那空間有限的子宮內，出生前得通過你的骨盆，更為了最後能順利通過狹窄的產道，我們可以說，新生兒必須長成這副德行。

如果胎兒的頭部不是長成這樣——頭骨未合上，出生時頭骨可推擠、型塑——那麼大部分的人都得剖腹產。不過，出生幾天後就會恢復到像天使般的渾圓形狀。

眼睛周圍腫起也是同樣的原因（另一個原因是擦了預防感染的抗生素藥膏），也有人認為紅腫可保護新生兒初見光的眼睛。有人擔心眼睛紅腫影響親子間的眼神交流，其實新生兒雖然還無法認人，但還是可以分辨模糊的人臉。

耳朵向前豎的原因和頭型一樣，這也只是暫時的。用膠帶是貼不平的，還會引起發炎。你可以讓寶寶側躺，耳朵會貼著頭，很快就能恢復到正常的位置。有些寶寶遺傳了向前豎的耳朵，從出生起就用前述那個方法，也可改善。

新生寶寶的一般「形象」

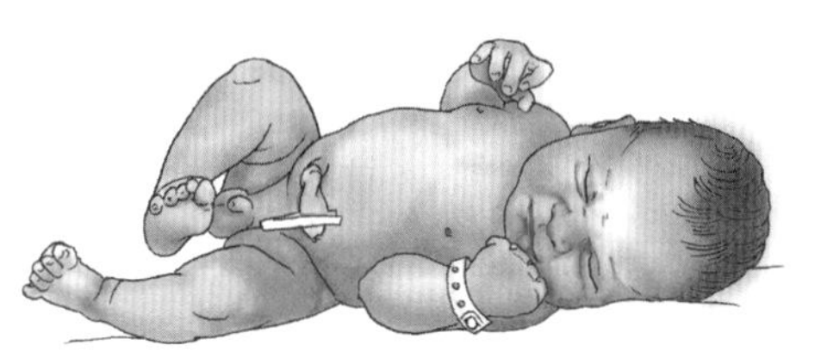

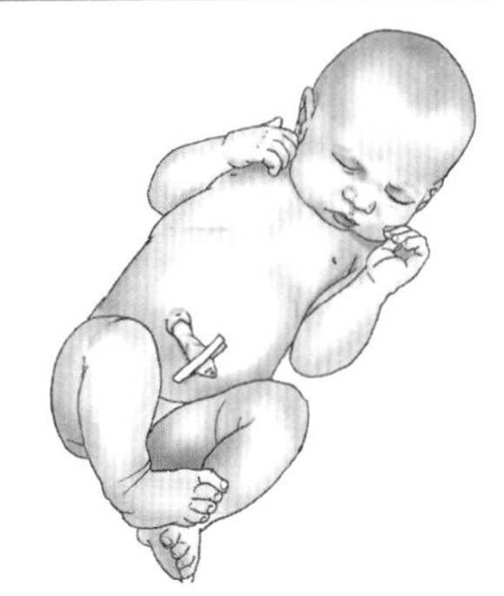

很多第一次做爸爸媽媽的年輕夫婦，都沒有真正預料到寶寶生下來會是什麼樣子，雖然周圍的親朋好友很捧場地發出種種驚嘆和讚美聲，絕大多數的時候，真相是寶寶一點也不好看。

首先，一顆比例過大的腦袋瓜（占了身長的近四分之一）、細小的雞腿，以及通過產道所擠壓出的洋蔥頭，頭皮上還會有出生時造成的擦傷。

他的頭髮也許茂盛，也許是個小光頭；髮質有的平滑服貼，有的卻是天生的小龐克族。你常看得到頭皮下密布的血管，以及天靈蓋上方中央，隨著脈搏跳動的囟門。

寶寶臨盆時所承受到來自母親的壓力是難以想像的（剖腹產的寶寶，尤其是在分娩時沒有受擠壓的寶寶，外表看起來有非常明顯的輪廓）。由於被包摺在子宮裡，眼睛可能斜斜的，生產的擠壓使眼睛腫脹，又塗上黏糊糊的防感染藥膏。他的眼睛可能充血（媽媽可能也是），鼻子扁平，兩頰可能不對稱，或因骨盆擠壓而內凹。

新生兒的皮膚非常薄，底下藏著的血管便使皮膚看來泛著一種粉紅色。皮膚上也許還黏著尚未脫落完全的胎脂（羊水中的保護膜），愈早出生身上的胎脂愈多，晚出生的寶寶皮膚會皺或脫皮（因胎脂太少或沒有）。晚出生的寶寶胎毛也較少，胎毛一般都長在肩、背、前額和臉頰，出生後幾週就會消失。

母親的荷爾蒙有可能會使許多新生兒的乳頭腫脹，甚至流出乳汁；有些女嬰還會排出類似月經的分泌物。

這些屬於新生兒的特徵在接下來幾週內會漸次消失不見。很快地，你就會看到你心中琢磨已久的美麗安琪兒了。

給爸媽：母嬰同室

全天候母嬰同室是大部分醫院及診所提供的選擇，讓新手父母在帶新生兒回家之前，有機會藉著這些實際動手照顧的寶貴經驗瞭解孩子（家中可沒有隨傳隨到的護理師幫忙解決麻煩或給你提示）。對許多爸媽而言，這是非常美好的選擇。

但當你同意這樣的安排卻發現你寧願多一些睡眠時間，那該怎麼辦？如果一切聽起來如夢一般（寶寶持續在你懷中躺上幾個小時），最後卻更像一場惡夢（寶寶哭個沒完沒了……而你早已精疲力盡），又該怎麼辦？

如果你已經超過 48 小時未曾闔眼，或是辛苦的生產過程已經耗盡了你的體力，或甚至是你的心情應該好好睡一覺而不是照顧哭泣的寶寶，你都不需要因為先前決定全天候的母嬰同室（或是其他媽媽好像都這樣選擇）而覺得自己應該堅持下去。

你毋需因為調整母嬰同室的時間（至少可以稍微小睡一下或是得到一夜好眠）而感到愧疚，請護理師在兩餐之間將寶寶帶離你疲憊的雙臂，讓你能得到你迫切需要的休息，當早晨來臨時或是經過適當的小憩，再來重新評估你的決定。不要忘了，全天候的母嬰同室在你回家之後馬上就會展開。

扁鼻子也是生產時擠壓造成的，會自行恢復正常。寶寶的鼻子和成人不同（成人的鼻子有的鼻梁寬，有的沒鼻梁），要弄清楚寶寶的鼻子像誰，需要一些時間。

❖眼藥膏

我的寶寶眼裡有眼藥膏，這會影響他的視力多久？

影響寶寶視力的原因很多：出生時眼睛腫大；在黑暗的子宮裡待了九個月，出生時得先適應光線；先天性近視；以及點了眼藥膏。眼藥膏可預防淋病雙球菌結膜炎及披衣菌感染（失明的主要原因）。這種抗生素藥膏通常是紅黴素，很溫和，不刺激；過去也曾使用的硝酸銀滴液則會刺激眼睛（現在仍有些醫院使用），使眼睛紅腫發炎；也會引發結膜炎，症狀是眼睛紅腫，有黃色分泌物。

❖眼睛充血

我的寶寶眼白充血，是不是感染了？

新生兒的眼睛看起來充血的現象不會持續太久（你的眼球在幾個月內也是紅紅的），這是因為眼球微血管破裂所致（因生產時用力），幾天後就會消失，並不會對寶寶的眼睛造成傷害。

❖愛睡的寶寶

我那剛生下不久的寶寶起先是非常活潑的，但是愈來愈會睡，要把他弄醒喝奶都很難，更別提起來和大家玩了。

你等了九個月和他見面，而他成天就是睡。但是，他只是順其自然；出生後相當警醒約 1 小時，然後是連續 24 小時的沉睡（不過他不是 24 小時全都沉睡），這對新生寶寶而言是極為正常的模式。這讓寶寶能從出生的疲憊中恢復體力，媽媽也可趁機休息（你得確保寶寶在這段期間能正常吃奶，參見 149 頁）。

你也別期望他一醒來就成為好玩伴。剛開始的幾週，睡眠週期大約一次 2~4 小時，然後一醒來就哭。在一種半夢半醒的情況下吃奶（吃到一半快睡時，可在他嘴邊振動奶嘴，他會再吸奶），得到滿足便呼呼大睡。

他白天真正清醒的時間，說起來可能 1 小時中只有 3 分鐘，晚上更少，加起來差不多一天 1 個小時。更長時間的清醒需要更大的成熟度，充分的睡眠——尤其是淺睡（或作夢）階段——對他的成長幫助很大。

漸漸地，醒的時間會加長，在一個月大時，他一天約有 2~3 小時醒著的時刻，而且絕大部分集中在某一次，通常是傍晚時分。另一方面，有些睡眠週期可以增長到 6 個小時。

在此同時，你自己最好趁寶寶睡的時候也補充一下睡眠，以應付擺在眼前的日子；你很快就會發現：他醒的時間太長了。

❖食道哽塞

今早當他們把寶寶帶來給我時，他似乎有東西哽在喉頭裡，然後吐出某些液態物。我都還沒開始餵他吃奶呢，怎會如此？

你的寶寶有長達九個月的時間生活在水中，那時他還無法像我們一

新生兒的心理狀態

對有些人（或新手父母）來說，新生兒心裡只想著三件事：吃、睡、哭。但研究人員指出，新生兒的行為複雜許多，可歸納成六種意識狀態。學會觀察和了解這些狀態，你就能辨認寶寶傳送給你的訊息，甚至理解他想要什麼。

安靜的清醒狀態。這是寶寶祕密活動的狀態，由於運動神經的活動受到抑制，因此他們很少動。相反地，他們集中所有精力專注地觀看（睜大眼睛盯著某個人）與傾聽。這是個一對一交流的最佳時機。新生兒在滿月時一天會有2.5小時處於這種狀況。

活躍的清醒狀態。在這種狀態下，寶寶的運動神經非常活躍——經常手舞足蹈，也可能發出一些微弱的聲音。雖然他們會四處張望，但大都是盯著某樣東西（而不是人）看——這表示寶寶比較喜歡大的畫面，而不喜歡任何認真的交流。寶寶在吃東西之前或擾攘不安時，大都處於這種狀態。你可以在這種狀態結束時先餵餵他，或安撫他。

哭鬧。這是寶寶最會的啦。當他們餓了、不舒服、厭煩（得不到足夠的注意）或不高興時都會哭鬧。哭的時候他們會扭曲著臉，手腳亂動，緊閉眼睛。

樣直接呼吸空氣，而是吸進一堆液體。雖然他的氣管可能會有段時間輸送不暢，可能會有些液體或黏液殘留在他的肺裡（尤其如果寶寶是剖腹生產，更缺少了擠出產道時壓迫肺部吐出這些殘留物的機會），因此，你家寶貝只是在用他自己的方式清理殘留的液體或黏液；換句話說，這種情況不但極其正常，更一點都不必擔心。

❖寶寶沒得吃？

生完孩子已兩天了，而我卻還沒有奶水，連初乳都沒有。我怕孩子餓著了。

孩子並非生出來便一副好胃口，也沒有立即的營養需求。通常是在出世後第三、四天，他開始尋找乳汁豐富的乳頭，而這時，你大概也發現你準備好了。

但這並不意味一開始時你沒有乳

昏昏欲睡。剛睡醒或想睡覺時狀態。昏昏欲睡的寶寶會做某些動作（伸懶腰），以及許多可愛但不協調的臉部表情（從滿臉怒容變得驚奇且興高采烈），但眼皮鬆垂，目光呆滯。

安靜沉睡。在這種狀態下寶寶的臉部放鬆，眼皮闔上不動，身體也很少動，偶爾驚跳一下，動動嘴角。安靜沉睡與半睡半醒這兩種狀態，大約每30分鐘輪替一次。

半睡半醒。寶寶睡覺時有一半時間是半睡半醒的（實際上他其實很安靜），眼睛雖然閉著，但眼球在眼皮下轉動，這就是快速眼動（REM）睡眠；嘴巴會有吸吮、咀嚼或微笑等活動；手腳也一直亂動。半睡半醒時的呼吸和平時有些不同，因為腦部正在發展——神經蛋白與神經通道的製造會加速進行；專家也都同意，大腦會利用這段時間學習與處理清醒時收到的訊息。有趣的是，早產兒的快速眼動睡眠期較長，很可能就是因為他們的大腦比足月嬰兒更需要發育。你是不是很想知道，你家那小寶貝沉睡時會不會也做個小美夢？很可能，但誰也不敢打包票。有些專家認為，由於寶寶的人生經驗幾乎就像一張白紙，腦部的發育又不成熟，所以不大可能會做夢；持反對意見的專家則說，寶寶很可能會夢見至今為止的人生經歷：母乳的口感，爸爸的觸摸，狗兒的吠叫，先前看過的每一張臉龐。

汁。能供給寶寶養分以及抗體的初乳（還能幫助寶寶清理消化系統，排出胎便和多餘的黏液），幾乎毫無疑問地已經存在，雖然量也許極少（在首次哺乳時，大概只會有3CC的量；到第三天，餵了十次奶，也還不滿20CC）。這樣的量，你也許無法以手擠出來，但是一個一天大的嬰兒，卻有辦法吸吮出來。

❖吃奶時睡著

醫師說我得2~3小時餵一次奶，但寶寶常常5~6個小時沒有動靜，我該叫醒他嗎？

有些寶寶喜歡在吃奶時睡著，尤其是出生沒幾天的寶寶。但是讓寶寶睡著後還躺著吃奶是吃不飽的，你的奶水也無法說停就停，說有就有。你可以用以下的方法喚醒你的寶寶：

給爸媽：你聽說了嗎？

寶寶才出生不到24小時，你已經收到了許許多多互相矛盾的建議（臍帶蒂的照護、餵奶等），讓你頭昏腦脹。醫院說這樣，親戚說那樣，小兒科醫師說的又不一樣。

事實上，照顧嬰兒這事是很難說清楚的，尤其是每個人說的都不一樣。當相互矛盾的建議令你困惑，或者你得做決定時，最好還是聽從醫師的建議。

除此之外，你還有另一個可靠的資源——你的直覺。即使是新手父母，也知道怎麼做才最好——通常他們知道的比他們以為的還多。

- 找適當的時機叫醒他。寶寶在半睡半醒或快速眼動時期最容易喚醒。當他的手腳還會亂動、變換臉部表情、眼皮跳動時，就是還沒睡熟（這種情形占睡眠時間的50%）。
- 解開他的包巾。有時候解開寶寶的包巾他會馬上醒來。如果沒用，可以再解開他的尿布（在室溫允許的情況下），然後摸摸他的皮膚。
- 換尿布。即使尿布沒溼，換尿布也會把他弄醒。
- 調暗燈光。雖然打開燈是讓寶寶醒來的最好方法，但也會有反效果。新生兒的眼睛對光很敏感，如果房間太亮，他會把眼睛閉得更緊，這樣較舒服。不過也不可把燈全關了，房間太暗，寶寶更容易進入夢鄉。
- 試試「洋娃娃眼」的方式。抱著寶寶，讓他坐直，這時通常他的眼睛會張開（就像洋娃娃一樣）。小心地舉起寶寶，讓他坐好，輕拍他的背，記得不可讓他向前彎。
- 逗他玩。唱支輕快的歌，和他說說話，寶寶睜開眼睛後與他眼神交流。小小的刺激可讓他醒久一點。
- 適當的按摩。撫摸寶寶的手心和腳底，按摩手臂、背部及肩膀；或做些嬰兒體操，動動他的手臂，讓他的腿做踩腳踏車的動作（也是個讓他排氣的好技巧）。
- 如果寶寶還是不醒，可用一條涼的毛巾（不可太冷）放在他的額頭上，或輕擦他的臉。

當然了，寶寶不會老是醒著，尤其當他老是吃吃睡睡，含著奶嘴（乳頭）睡著，醒來吃幾口又

餵奶的訣竅

不管餵母乳或牛奶，都必須填飽寶寶的肚子。下列這些要點應該可以讓餵奶順利些：

減少干擾。餵奶時干擾愈少愈好，關掉電視（放些輕音樂）；電話關機，用答錄機接聽；如果家裡訪客多，到臥室去餵；如果家中有其他孩子，安排些活動吸引他們的注意力，比如著色，讓他們在你身邊，或給他們說故事。

換尿布。如果你的寶寶較安靜，你可以有時間幫他換尿布。保持寶寶小屁股的潔淨乾爽，不僅使他舒適，也省了你另外一頓忙。但若在夜裡最好別這麼做，因為這可能使寶寶格外清醒而難以入睡。你家寶貝夜裡喝奶時老是撐不住小腦袋瓜？那麼，哺餵時加上一點輕搖說不定就能讓他喝到飽足。

洗淨雙手。用肥皂和水將手洗淨再餵奶，這是一個必要的基本動作。

保持舒適的姿勢。支撐寶寶的重量，很快會令你感覺痠痛，若是姿勢不良的話，情況更糟。所以首先你要讓自己感覺舒服，並有適當的支撐來幫你承受背部及手臂的壓力。

讓寶寶「鬆綁」。如果寶寶裹了許多衣物，餵奶前可暫時解開，好讓你容易抱著他餵奶。

讓哭鬧的寶寶平靜下來。煩躁的寶寶沒法子順利吃奶，對消化也有不良影響。可以試著哼首小曲或是輕輕搖晃他。

吹起床號。有的寶寶一開始吸奶就睡覺（尤其是新生兒），以致無法好好完成這件事。第 149 頁有些弄醒寶寶的小技巧。

中途幫寶寶拍嗝。養成這個習慣動作，可確使寶寶不會因為脹氣而拒食。

多和寶寶接觸。手的擁抱、眼的凝望、聲音的安撫，這些對寶寶的意義絕不亞於奶水本身。

昏過去，你可以採取以下措施：

- 拍背——不管需不需要，可以再次把寶寶喚醒。
- 改變餵奶的姿勢——無論是哺乳還是用奶瓶餵，從基本懷抱的姿勢換成橄欖球抱（這個姿勢比較不會睡）。
- 滴奶——把乳汁滴在寶寶的嘴唇

上可以刺激他的食慾。

- 抖動——抖動寶寶嘴裡乳房或奶瓶，或撫摸他的臉頰，可讓他繼續吸奶。
- 重複上述動作——重複好幾次拍背、改變姿勢、滴奶、抖動，完成餵奶的工作。

寶寶吃吃睡睡且你怎麼也叫不醒他時，那就讓他睡吧。但若是 3 小時（餵母乳）或 4 小時（餵配方奶）內吃不完一餐的話，不可讓他繼續睡。如果一天內每間隔 15~30 分鐘斷斷續續地吃吃睡睡，那可不是好現象，還是下決心弄醒他吧。

❖吃個不停

我怕我的寶寶會變成小飯桶，我一把他放下，他馬上又哭著要吃。

寶寶吃飽後，如果他一鬧你馬上又給他吃，他的確可能變成小飯桶。寶寶哭鬧的原因不一定是餓了，可能是你會錯意（參見下頁的「破解哭泣密碼」）。有時候哭泣只是他睡前放鬆的方法；有時候哭鬧只是想找個伴——希望能和你交流互動；有時候是他沒辦法自己安靜下來，你可以搖搖他，唱唱搖籃曲安撫他；有時候是因為肚子脹氣，幫他拍拍背，讓氣排出來就好了。

如果上述情形你都排除了——尿布也換了——他還是哭個不停，也許他真的沒吃飽，也可能他已經養成了吃吃睡睡的習慣，吃到半途就滿足地睡著，卻又很快醒過來吃下半場——如果是這樣，你就必須讓他一次吃到飽。不過，也有可能只是身體暫時需要更多食物來快速發育，才突然給了他較大的胃口，過後就會告訴你他不需要再喝那麼多了（畢竟，健康的寶寶都很清楚自己的需要——儘管他的爸媽一知半解）。

不過，寶寶的體重必須有適當的增加，如果沒有，而他又老是哭鬧——那就表示你的奶量不夠（如果寶寶發育不良，參見第 187 頁）。

❖顫抖的下巴

我的寶寶有時會出現下巴微顫的現象，尤其當他啼哭時。

這也是因為神經系統還沒發育成熟的緣故，可以適時地安撫他。這種現象很快便會消失，不必擔心。

❖受驚嚇了嗎？

我懷疑我女兒的神經系統出了什

破解哭泣密碼

哭泣是寶寶唯一的溝通方式，但你無法確認他到底想說什麼，以下是一些訣竅：

「我餓了」。短而低的哭聲，節奏起起伏伏，像是在乞求（「餵我吧！」）。通常伴隨著饑餓的提示：咂嘴唇、嘴巴尋找乳頭或吮指頭。

「我好痛」。突如其來的大哭（很刺耳，通常是對刺激的反應——如打針時），很驚慌，且時間長（持續一段時間的嚎啕大哭），甚至哭到喘不過氣。會停下來一段時間（還在喘氣，也在儲備再哭的體力），接著再哭，長時間的放聲大哭。

「我很煩」。一開始像輕柔低語（像是要與你互動一般），然後轉為抱怨的哭聲（當渴望得不到滿足時），然後再爆發憤怒的大哭（「為什麼不理我？」），最後轉成啜泣（「要怎樣你才會抱我？」）。你抱起他或和他玩一下，他馬上就不哭了。

「太累了」或「不舒服」。從鼻子發出持續的抱怨哭聲，哭聲很大，通常表示他已忍耐到極點了（「我要睡了！」「換尿布！」「你沒看見我還在嬰兒椅裡嗎？」）。

「我病了」。哭聲微弱且有鼻音，聲音比「我好痛」或「太累了」還低——好像沒精力拉大音量。通常伴有生病的症狀，以及行為的改變（如無精打采、不想吃東西、發燒和／或腹瀉）。

麼毛病；即使睡得好好的，她也會突然四肢抽一下，彷彿受到很大的驚嚇。

這叫做驚嚇反射，也叫做莫洛（Moro）反射，是新生兒的正常反應（雖然看起來很奇怪）。在某些嬰兒身上可能比另外一些厲害，也許是因為突如其來的聲響、被猛然抱起或掉落——當嬰兒被抱起或放下時沒支托的感覺，原因也可能不很明顯。莫洛反射是一種內在的求生機制，用來保護脆弱的新生兒。寶寶的典型反應是軀體僵硬，手臂和手指匀稱地向上伸張，小拳頭張開，膝蓋拱起來；隨後又立即恢復原本蜷縮的姿態——這一切都在幾秒內發生，他可能也會哭。

如果寶寶沒有這種反射動作，醫師反而會擔心。新生兒一般都會做

新生兒的反射動作（本能）

大自然賦予新生兒與生俱來的反射動作，這能保護這些脆弱的小生命，並保證他們得到很好的照顧。

有些行為是自發的，有些則是對特定行為的反應。有些是為免於受傷（如寶寶會把蓋在臉上的東西扯掉，以避免窒息）；有些是為了保證不餓肚子（如寶寶會尋找乳頭）

圖 5.2 強直頸部反射

；有些反應是非常重要的生存機制，有些天生的意圖則很微妙。比如強直頸部反射，動作像在擊劍，而新生兒當然不會與人決鬥，所以有些理論認為，新生兒仰躺時做出這類反應，是為了防止滾動而離開媽媽身邊。

新生兒的反射動作包括：

覓乳反射。在新生兒面頰輕刮，他會立刻把頭轉向刮的方向，嘴巴急切地準備吸吮——有點像是喝奶的導航系統。

持續期間：約三到四個月。有些寶寶在入睡之後仍會出現此反應。

吸吮反應。觸摸新生兒的嘴，他會做出吸吮反應，就好像有乳頭放到他嘴裡一樣。

持續期間：出生到四個月，之後就會自發地吸吮。

驚嚇反射（或稱莫洛反射）。突然的巨響或是要跌落到地面的感覺，會促

驚嚇測試，有驚嚇反射則表示寶寶的神經系統正常。這種反射出現頻率隨著成長逐日降低，大約在四到六個月大時會完全消失（和成人一樣，寶寶在不同的年齡偶爾會有驚嚇反射——但反應的方式不同）。

❖胎記

我女兒的肚子上有個凸起的紅色疙瘩，是胎記嗎？會消失嗎？

有時候，胎記（有些是出生時沒有，幾個星期後才出現）在消失前

使寶寶手腳伸張、弓背，把頭向前收，進而收回手臂到胸前位置，在胸前握拳。

持續期間：四到六個月大。

攫物反射。讓寶寶仰臥，手臂彎曲，用食指輕壓他的掌心，他會試圖抓住那根食指，而且力量強得足以支撐他全身的重量——不過不要在家裡或其他地方做這種測試。有時輕觸寶寶的腳和腳趾也會有同樣的反應。

持續期間：三到四個月。

巴賓斯基反射（Babinski）。如果你從腳跟到腳趾輕搔寶寶的腳底板，你會看見他將腳縮起，而趾頭卻是往上張開的。

持續期間：六個月到二歲。之後，趾頭的反應便是往下蜷曲的。

行走（踏步）本能。將手放在寶寶兩腋之下，在平坦的桌面或地面上扶正寶寶的身體，寶寶通常會舉起一隻腳，然後換另一隻，像是在踏步一般（出生後第四天最明顯）。

持續期間：不一定，平均而言是二個月（但這種反射動作並不表示寶寶很早就會開始學走路）。

強直頸部反射。臉朝上躺著時，新生兒常會採取一種看起來像擊劍的姿勢：頭朝向某一邊，而同一邊的手和腳是伸直出去的，另一邊的手腳則彎曲。

持續期間：這個反射動作也許一出生即有，也許等到二個月大才有，大約四到六個月時消失。

你可以試著去引發寶寶產生上述種種反射動作，但記住：如果沒看到預期的結果，通常是因為你的技巧有待改進，或是時機不對——像是寶寶餓了、倦了，不願意配合。換個時間再試，如果仍然失敗，找時間和寶寶的醫師提一下，也許他早已成功地測試過你的寶寶，也很樂於證明給你看。

還會再長大。當它開始縮小消失時，是很難察覺的。因此，許多醫師都會定期拍照和測量，以記錄胎記改變的過程。如果醫師沒這麼做，你可以自己試試。

胎記有許多種形狀、顏色及質地，通常可分為以下幾種：

草莓型血管瘤。柔軟、凸起的草莓紅胎記，小如雀斑，大如杯墊，是胎兒發育過程中因未成熟的靜脈和微血管脫離循環系統所致。剛出生時幾乎看不出來，但數週後突然出現，十個新生兒中有一個會有這種現象。這種胎記一段時間後會逐漸變成淺藍灰色，五到十歲時會完全消失。對於一些較明顯的草莓型血管瘤（尤其是長在臉上的），很多父母會要求醫師做些處理，但除非它繼續長大、一再出血感染，或影響外觀，最好是不做任何處置，否則可能愈弄愈糟。

如果醫師要做處理，有以下幾種方法：最簡單的是按壓和按摩，可使胎記加速退去。更積極的方法是用類固醇、手術、雷射、冷凍療法（用乾冰冷凍）或注射硬化劑（就像治療靜脈曲張一樣）。專家大都認為胎記不需做這類治療（如果一定要做的話，在胎記還小的時候做最好）。胎記消失後留下的疤或殘留的組織，可以整型手術消除。

草莓型血管瘤偶爾會出血，有時是自發的，有時是因抓搔或碰撞。只要直接加壓就可止血。

凹狀的血管瘤（或靜脈瘤）。這很少見——一百個寶寶中只有一、兩個。通常和草莓型血管瘤長在一起，但較大較深，淺藍或深藍色；和草莓型血管瘤比起來，退去得較慢也較不完全，所以需要治療。

鮭魚色斑或痣（鸛咬印）。這種鮭魚色的斑長在額頭、上眼瞼和嘴巴、鼻子周圍，但最常見於脖子後面（傳說中鸛鳥叼著小孩的地方）。大約一、兩歲時會變淡，只有寶寶哭或用力的時候才明顯。長在臉上的斑有 95% 會完全消失，所以無需做修飾。

酒紅色母斑或焰色母斑。紫紅色胎記，大多長在身上，是成熟的微血管擴張形所成的。通常在出生時呈平坦的粉紅或紫紅色。雖然顏色會變淺，但卻不會退去，是永久性的斑。從嬰兒期到成年期都可用脈衝雷射去除。

牛奶咖啡斑。皮膚上的平坦斑點，顏色從棕褐色到淺棕色，分布在全身。這種斑點很常見，可能出生時就有，或出生後幾年才出現，且不會消失。如果寶寶有好幾個這種斑點（六個以上），最好去看醫師。

蒙古斑。藍色或暗藍灰色，大多長在背部或屁股，有時也會長在腿部或肩膀。亞、非洲和印地安人九成有這種斑，地中海裔也很常見，但金髮碧眼的寶寶則很少見。雖然大都在出生時即出現，且到週歲仍未退去，但也有少數人完全不長。

多發性先天性色素痣。顏色從淺棕

寶寶的重要文件

出生證明將是寶寶一生中隨時可能用到的重要文件——首先就是必須憑此證明辦理戶口登記。通常醫院會在證明上填載各項關於嬰兒的出生狀況，新生兒父母可依其需求申請開具（份數不拘）。一旦收到證明，須仔細檢查各項記錄是否正確。都沒有問題之後，最好準備幾份影本，然後妥善加以保存。

實施全民健康保險之後，健保特約醫院還會發給加入全民健保的父母一本「兒童健康手冊」（如果寶寶出生的醫院不是特約醫院的話，則父母必須透過投保單位向中央健康保險局領取），它將記錄寶寶出生後到六歲這段成長過程中的健康狀況、理想的健康檢查時程，以及保險給付的範圍。兒童健康手冊同時也是四歲前的寶寶的保險就醫憑證，為了寶寶的健康，請不要忽略了你的權利。

在母親懷孕後期，院方即會發給準媽媽一份「嬰兒B型肝炎預防小冊」，這是針對臺灣B型肝炎高帶原率及高感染率，而由政府衛生機關所提供的B型肝炎預防注射。請確實依照小冊上的時間，帶寶寶去注射預防針。這本小冊有項特色，即為避免重複施打，一個嬰孩只有一本；如果你不小心把寶寶的B型肝炎預防小冊弄丟了，將不得補換，你就只有自己掏腰包了——除非你狠心到不在乎寶寶被傳染。

醫院另外還會發給媽媽一張「預防接種時間及記錄表」，這張表一則提醒父母在什麼時期寶寶應接受哪些預防注射，二則當做已注射的確認憑證——否則當你的寶寶上小學時，交不出這張記錄表，或記錄表中某些項目未經醫院蓋章認定的小朋友，所有的預防注射皆須重打——這絕非多賺的！

以上所提到的各種文件資料，都須妥善保存（官方建議是與戶口名簿放在一起，以備不時的查詢）。這些不僅是寶寶的健康記錄，也是他初來乍到這個人世的點滴成長，值得永久留存。

色到黑色，也可能長毛，大多為小痣，大的痣很少見，但較可能轉成惡性的。一些大型的痣和可疑的小痣如果容易摘除，醫師都會建議摘除；沒有摘除的痣必須定期給皮膚科醫師檢查。

乳白色的舌頭

有沒有注意到，喝過奶後寶寶的舌頭變白了……說不定還擔心，那會不會就是鵝口瘡？如果除了舌頭變白沒有別的徵兆，也許只是他只喝奶水的結果。奶水的殘渣常會駐留在舌頭上，但大多一個小時後就會自然消失；要是還不放心，就用塊柔軟、乾淨的毛巾擦拭一下看看，如果擦過後就顯現粉紅的舌頭本色，而且看來健康得很，那就證明是奶汁造成的。要是效果沒有那麼明顯或總之你就是擔心，給醫師瞧瞧也無妨。

❖皮膚上的斑點

我很擔心寶寶臉上、身上那些中間白白的紅色斑點。

很少嬰兒沒有任何皮膚外觀的問題。你的寶寶這種可能是極為常見的毒物性紅斑。雖然名稱聽來很嚇人，看來有些像蟲咬，但完全無害也很常見，毋需治療，很快便會自動消失。

寶寶身上還有其他怪異的斑點、疹子、粉刺嗎？請參閱第 237 頁的詳盡說明。

❖口腔囊腫

當寶寶張大嘴巴尖叫時，我注意到他牙齦上有些白白的鼓起小塊。有可能是要長牙了嗎？

先別忙著昭告天下！除了極少數的例外，通常這些小鼓起只是充滿液體的囊腫而已，完全無害，而且它們很快就會不見。

另外有些寶寶出生時在口腔上顎部分可以發現一些略呈黃色的白點，那也不要緊，只管等它自動退場吧。

❖提前長牙

當我看到我的小寶貝一出生就長了兩顆門牙時，我很吃驚。接下來的消息則令我不知所措：醫師說要拔掉它們。

某些嬰兒的確會帶著一或兩顆牙來到這世上。但如果這些牙不是長得很牢固，就應該拔掉，以防寶寶意外地吞下，甚至哽住喉嚨。這種早來的牙齒，有可能是額外的，拔掉後不會影響到將來乳齒的長出。但是，它們也很有可能是乳齒，如果這種乳齒被拔掉，則必須裝個暫時假牙，直到換牙為止。

❖鵝口瘡

我的寶寶口中有一塊白色凝乳物，我以為那是她吐的奶；當我試圖去刷掉時，她的嘴卻開始流血。

這是一種黴菌感染，雖然它在寶寶的口腔造成鵝口瘡，但有可能寶寶是在通過產道時被感染的。致病的微生物是白色念珠菌，很容易在口腔和陰道發現；平時由於受其他微生物的抑制，不會造成疾病，但若此種均衡被打破時，就不然了。比如抗生素的使用，或者像懷孕使得荷爾蒙產生變化，便給予這種黴菌生長的機會，從而引起感染。

鵝口瘡形成層疊白斑，外觀彷彿白起士或凝固的牛奶，位置通常出現在寶寶的雙頰內側，有時會在舌頭、上顎、牙齦。如果把它擦掉，會出現紅色區塊，也可能出血。新生兒出現的機會最大，偶爾較大嬰兒也會感染，尤其是服用抗生素時。如果發現，打電話給醫師。

餵母乳的媽媽也會在乳頭上出現鵝口瘡，呈粉紅色，會癢，成層狀，會結痂，或乳頭灼熱。如果沒用殺真菌藥治療，母子都會持續互相傳染。如果你和寶寶之間有人被診斷出感染鵝口瘡，無需中斷哺乳（但是會痛，若不予以治療，會影響到寶寶吸奶），但母子倆須治療一兩個星期，直到症狀消失。

❖黃疸

醫師告訴我，寶寶因為黃疸，必須留在醫院先用膽素燈治療幾天。醫師說不要緊，但我覺得很嚴重。

走到育嬰室去看的話，你將發現過半的寶寶在第二或第三天會開始變黃，最明顯的部位是眼白、手掌心和腳底板。這個黃色是來自於血液中過剩的膽紅素。

膽紅素是紅血球正常分裂後的產物，通常由肝臟處理後再經腎臟排除。而新生兒的肝臟能力還很有限，無法處理那麼多的膽紅素，便會形成這種現象。我們稱之為新生兒黃疸。

這種情況下，黃疸通常出現在第二或第三天，最高峰在第五天，到了一週或十天後逐漸消失。早產兒由於肝功能更不成熟，出現得比較晚（大約在第三或第四天），且拖得較長（可能持續十四天或更久）。比較容易有新生兒黃疸的是一生下來體重便下降很多的嬰兒、母親有肥胖症者，以及經由催生產下的寶寶。

通常醫師會將黃疸兒留下觀察幾

新生兒的糞便

雖然新生兒只吃母乳和配方奶，但排出來的糞便卻有很多種。寶寶糞便的質地和顏色天天都會改變，讓父母很擔心。以下是寶寶糞便的一些狀態：

- 黏稠，黑色或深綠，胎便——新生兒第一次排出的糞便。
- 顆粒狀，黃綠色或棕色，過渡期的糞便——出生後三、四天。
- 不成型、凝乳狀或不規則狀，淺黃、芥末色或淺綠色，餵母乳寶寶大便的正常狀態。
- 稍微成型，淺黃、淺棕到深綠，餵配方奶寶寶大便的正常狀態。
- 排便頻繁、水狀，顏色偏綠，腹瀉。
- 硬，顆粒狀，黏稠或有血絲，便祕。
- 黑色，鐵質造成的。
- 紅色條紋，直腸有裂縫或對奶過敏。
- 黏稠，綠色或淺黃色，病毒，如感冒病毒，或肚子有寄生蟲。

天，輕微的新生兒黃疸不須特別治療；程度稍重者，可用紫外線照射加以有效治療。過程中，寶寶全身赤裸，眼部則加蓋保護；接受治療的嬰兒必須多補充水分，且多半會限制其留在育嬰室。

待血液測試中的黃疸指數正常，嬰兒便可安心出院。

在少數情形之下，膽紅素指數不降反而急速上升，這有可能是病理學上的黃疸。病理上的黃疸相當罕見，它出現的時間早於或晚於新生兒黃疸，黃疸指數較高。要避免黃疸在腦中堆積，盡快降低指數是很重要的，否則會造成核質性黃疸，其徵兆有：哭聲微弱、反應遲鈍、吸吮能力很差。它可能導致永久的腦部受損，甚至死亡。某些醫院的做法是：驗血、追蹤訪診，以確定這些極少數的核質性黃疸寶寶會得到應有的治療。所有的醫院都採取一樣的檢測步驟，小兒科醫師必須在初次看診時檢查嬰兒的膚色，以檢測是否為病理上的黃疸。

病理上的黃疸須根據病因加以治療，可能會包括紫外線照射治療、輸血、動手術，或用抑制膽紅素的藥物來治療。

我曾聽說哺育母乳會導致黃疸。

我的寶寶是有輕微症狀，那麼我該停止授乳嗎？

一般而言，喝母乳的嬰孩血液中的黃疸指數的確比吃嬰兒配方奶的寶寶要高，而且持續期間也較長（可到六個星期）。但咸信這僅是程度稍強的新生兒黃疸，不足為慮。若停止餵母乳而改餵葡萄糖水，黃疸指數增加的可能性反而更高，且會影響哺育關係的建立。有些人建議在寶寶出生後的 1 小時內便授以母乳，可以幫助降低他們的黃疸指數。

若是在寶寶出生近一週時，黃疸指數突然迅速上升，而任何病理上的原因都被排除，那麼有可能真的是因喝母乳所引起。有些母乳中含有某種會阻撓黃疸分解的物質，這種情況發生的機率大約是 2%。大部分的情形都無需治療，也不需斷奶，幾週內即可解決。一些較嚴重的個案，黃疸指數很高，有些醫師會建議寶寶改喝嬰兒配方奶（或至少停止哺乳一天，媽媽可將乳汁擠出以保持乳汁分泌正常），或使用紫外線照射。

❖排便的顏色

當我第一次為寶寶換尿布時，我被他大便那種帶綠的黑色給嚇了一跳。

這很正常，當寶寶還在你肚子裡時，這種綠黑色的物質便在他的小腸裡，現在表示他的腸子蠕動正常，可以將這些東西排出體外。

而通常在 24 小時之內，胎便差不多已排乾淨，接下來你會見到過渡期的排便，顏色將是暗綠色調的黃色，並且稀軟，有時不成型（尤其是吃母乳的嬰兒），有時還會含有黏膜。甚至，有可能見到血跡，那是寶寶在分娩過程中嚥下的母體的血（為謹慎起見，你可以將此種帶血的尿片帶去給醫師檢查）。

三、四天之後，就看你給寶寶吃什麼東西了。一般而言，吃母乳的寶寶排出如芥末色的糞便，質地稀軟，甚至像水一樣稀，有時糊糊的，或呈凝乳狀；若是餵食配方奶，排便的形狀會比較「好看」，顏色則有很大的彈性，從黃棕色、淡褐色到褐綠色都有。如果配方是含鐵的，顏色會深得像黑色或深綠色。

千萬不要拿寶寶們的糞便相比；即使同一個寶寶，兩天之內也可能排出截然不同的大便。當寶寶開始吃固體食物後，變化會更大。

安全乘車

很多第一次帶寶寶出門的父母，總是怕他著涼，包裹得一層又一層，但卻往往忽略乘車時的保護。在出生後的一年之內，車禍受傷或死亡的寶寶比生病的寶寶還多。

汽車安全座椅和安全帶一樣，是法規規定必備的。當寶寶從醫院回家（以及每次乘車）時，都必須待在適當的安全座椅中。即使你只是要去幾條街外（大部分的意外發生在離家 40 公里內，而不是高速公路）、開得很慢（時速 50 公里產生的衝擊約等於從三樓墜下）、綁了安全帶且抱緊寶寶（撞車時，寶寶會被你的身體壓住，或是飛出窗外）、很小心駕駛（你無法確知撞擊何時會發生——常在緊急煞車或因意外突然轉彎時），每次汽車一發動，寶寶就必須安全地扣好。

一開始就讓寶寶坐安全座椅可讓他早點適應。常坐安全座椅的寶寶不但乘車時更安全，也更安分。

除了確定你的安全座椅符合安全標準外，還得依寶寶的年齡和體重慎選安全座椅。選擇標準請看第 2 章之汽車安全座椅（參見 63~66 頁），此外還有幾點必須注意：

- 寶寶的衣服必須能讓綁帶從兩腿之間穿過；天氣冷的時候可在腿上蓋毯子，最好不要穿雪衣，但安全帶若綁得適當，還是能穿厚的雪衣。
- 大部分嬰兒安全座椅都有墊子，以防止嬰兒的頭部晃動，如果沒有，可在寶寶的頭頸處塞塊捲起的小毯子。
- 確定大又重的行李等物品放得很牢固，緊急煞車或撞擊時不會飛出來。
- 寶寶比較大時，可以將柔軟的玩具用塑膠鏈或短繩繫在座椅上，沒有繫好的玩具會散落在車上，不但會讓寶寶不開心，也會讓駕駛者分心。或者你可以乾脆選用專門設計給兒童安全座椅使用的玩具。
- 許多嬰兒安全座椅可以鎖在購物車上，雖然很方便，但也有潛在的危險。寶寶和椅子的重量使購物車頭重腳輕，很容易翻倒，使用時要特別小心，或使用安全的揹帶或嬰兒車。
- 四歲前的寶寶搭飛機時最好用安全座椅（用飛機安全帶綁牢），許多嬰兒安全座椅和正向型安全座椅等，都可在飛機上使用。

❖該不該用安撫奶嘴？

如果我家寶貝在醫院裡就用奶嘴的話，會不會回家後也非有奶嘴不行？

嬰兒的天性就是吸吮，所以醫院裡照護寶寶時常會用上奶嘴——不論是只想讓他閉嘴或真心關懷他。基本上，你家寶貝不可能因為使用一、兩天奶嘴就上癮，只要該喝奶時都有喝飽，就算兩餐間享受一番奶嘴也一點都不成問題。事實是，美國小兒科醫師學會還認為，父母讓寶寶夜裡含著奶嘴睡覺有助於防範嬰兒猝死；所以，你反倒應該早些讓寶寶習慣使用奶嘴（再大一點後，說不定他就不願意接受了）。只餵母乳的媽媽也一樣，不要擔心奶嘴會不會造成乳頭混淆或對哺乳有啥影響——這兩種說法都沒有可靠的科學根據。

然而，要是你——尤其是打算全程哺餵母乳，但眼前還不是很順利的媽媽——覺得家中的寶貝過度依戀奶嘴，當然也可以加入哺乳期內不讓寶寶接觸奶嘴那一邊，既不必對寶寶一哭就哺餵這件事感到羞愧，更不必因為非哺乳時刻採用了奶嘴以外的安撫方式而心有疙瘩。反之，要是你家寶貝兩餐之間顯然很需要安撫奶嘴，你也很想給他一個，請參閱第 227 頁。

不可不知：嬰兒照護須知

每對新手父母都盼望將每件事做得盡善盡美，以下提供一些重點，幫助他們達成目標。但是請記住，這些只是建議，你可能想出自己的方法——而且更適合你的寶寶。

❖換尿布

在頭幾個月，你會覺得寶寶換尿布的頻率簡直太高了，幾乎是一小時一次。但是經常更換（最起碼在白天每回吃奶之前或之後，以及寶寶排大便後），是避免寶寶產生尿布疹最好的方法。若使用棉尿布，只要摸到溼了，就應該更換。用免洗紙尿褲要格外注意，別等到紙尿褲溼透了才換；因為現在的紙尿褲吸水性都極強，當它溼透時，則表示寶寶的小屁股已經接觸太久的尿了。另外，由於半夜換尿布的動作及燈光將會令寶寶難以再入眠，所以，除非已非常溼或不舒服，或剛餵完奶，否則不需幫寶寶換尿布。

有一些小技巧可幫助你換尿布更

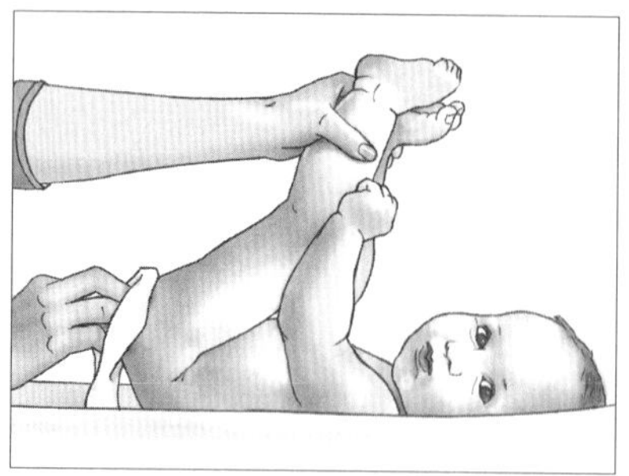

圖 5.3-1 舉起兩條腿擦拭臀部，所有皺褶處都要仔細清潔。

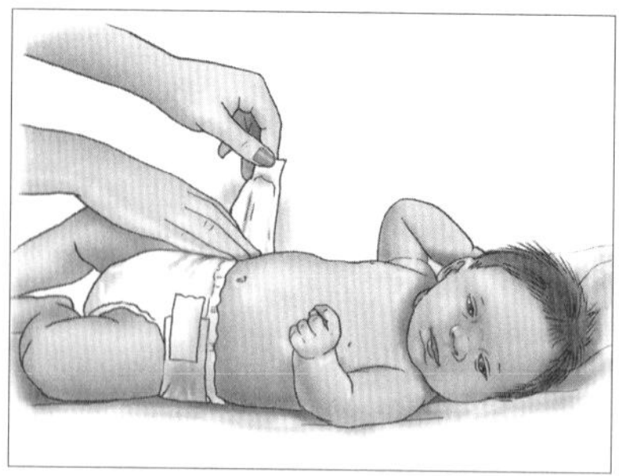

圖 5.3-2 等小屁屁全都乾了就要趕緊幫寶寶穿上新尿布，確實貼身包覆以防滲漏。

輕鬆愉快：

1. 在換尿布之前，將必用品準備在伸手可及之處，如果外出，則必須放在尿布袋裡，否則，拿掉髒尿布後，你會找不到東西清潔寶寶：

- 乾淨的尿布。
- 若寶寶未滿月（或有尿布疹），需準備棉球與溫水，加上一條小毛巾可以擦乾寶寶；滿月後則用溼紙巾即可。
- 新的可供換洗的衣服；用棉尿布者，要將乾淨的防漏褲預備好。
- 擦尿布疹的軟膏；至於乳液和爽身粉則非必要。如果你用紙尿褲，要小心使用軟膏，別沾到紙尿褲的黏合處，因為它會影響黏性（如果用魔鬼氈就沒問題）。

2. 將你的雙手洗淨、擦乾。

3. 準備好能夠吸引寶寶注意力的事物，如音樂玩具，或是可以逗弄寶寶的人。但可別拿爽身粉或乳液給他玩，一不注意也許他就打開來，吃了進去。

4. 除專換尿布的檯面以外，其他平面上最好先墊一塊塑膠布。且不管任何時候，都萬萬不可將寶寶獨自留在檯上或其他地方，即使有綁安全帶也一樣。

5. 解開寶寶身上的尿布，但先別拿開。若是有排糞便，就利用原先的尿布將黏在屁股上的大部分糞便給抹去；如果是男寶寶，最好用尿片先遮擋著陰莖（預防寶寶尿尿）。此時可以將尿布摺一下，使其乾淨面朝上，先墊於小屁股下暫作保護面，然後由前往後用溫水清潔小屁股的前方部位，再舉起兩條腿，擦

拭臀部，接著便以乾淨的尿布來取代髒尿布。記得所有皺褶處要仔細清潔。如果用水洗過，必須完全擦乾才能換新尿布或擦藥膏。如果發現有發炎或溼疹，參見 297 頁。

6. 髒尿布要審慎處理。用過的紙尿褲要摺好、包好，丟在尿布桶或垃圾桶裡；髒的棉尿布要放在封閉的尿布桶裡準備清洗。如果在外面，可先用塑膠袋來裝。

7. 幫寶寶換衣服，若有此需要。

8. 用肥皂、清水把你的手洗乾淨；或用溼紙巾徹底擦乾淨。

❖ 拍嗝

當寶寶吸奶時，他同時也吸進了不少空氣，這會使他很快感到脹氣。如果不幫他排出這些氣體，他會很不舒服，而且可能吃不下了——雖然他事實上還沒吃飽。所以你得幫他拍嗝。用奶瓶餵的話約 60CC、餵母乳則是換乳房時（若新生兒只餵一邊，則中斷餵食）就必須拍嗝。通常有三種方式——趴在你肩上、趴在你大腿上或是坐在你大腿上拍嗝。最好三種方法都試一下，看看哪種對寶寶和你最有效果。雖然大部分寶寶只要輕拍或按摩就會打嗝，但有些必須把手弓成盤狀。

圖 5.4-1 對大多數的寶寶來說，趴在肩上拍嗝效果最好，但別忘了保護你的衣服。

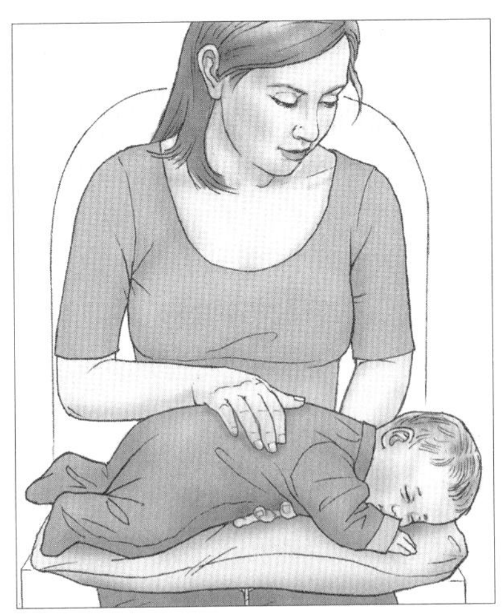

圖 5.4-2 俯臥在大腿上的拍嗝方式還有附加的好處：很有安撫腸絞痛的效果。

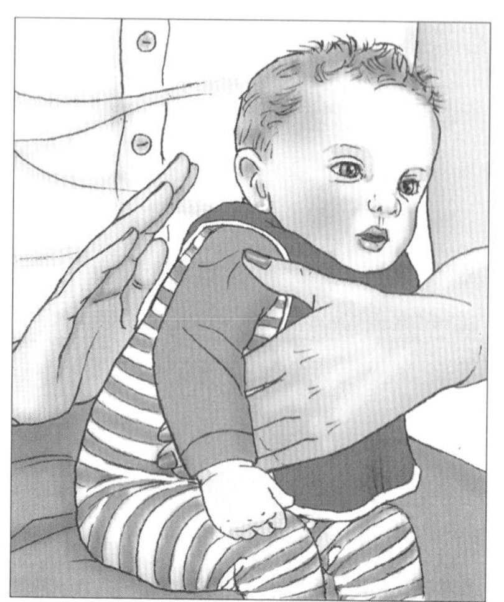

圖 5.4-3 就算是新生兒，也能讓他坐著拍嗝，但一定要保護他支撐力不足的頭頸。

趴在肩上。讓寶寶靠在你的肩膀，你一手托好他的小屁股，另一手就用來拍背。

俯臥在大腿上。使寶寶的頭以及腹部分別枕在你的兩腿上，一手將其扶好，另一手拍背。

坐在大腿上。用一隻手撐住寶寶的胸膛或是扶住他的兩腋，讓他的頭稍稍前傾，小心不要往後仰。

❖爲寶寶洗澡

只要在換尿片和餵食後做好局部的重點清理，在寶寶會爬之前，一個禮拜洗兩三次澡就夠了。在寶寶喜歡上洗澡前（大部分寶寶都很喜歡洗澡），一星期兩三次澡，就能讓寶寶聞起來很香、看起來很清爽──如果你家寶貝不怎麼喜歡洗澡，這可是好消息；有必要的話，可以偶爾幫他擦澡。他很喜歡洗澡？那麼，除非他有必須保持乾爽的必要，天天洗也沒問題。

雖然一天之中的任何時間都適合幫寶寶洗澡，但留到睡前再洗還是比較好──畢竟，溫水有放鬆、舒緩心神的效果，讓寶寶更容易入睡；另外，寶寶愈大白天裡的運動量就愈大，晚上好好洗個澡往往是睡前最美好的例行活動。別在飯前或飯後幫寶寶洗澡，因為吃飽後再洗澡很容易嘔吐，而肚子正餓的寶寶配合度也最差；要找那種不會被打擾的時段從容不迫地進行，而且絕對不能把寶寶單獨留在浴盆裡，一秒鐘都不行。

擦澡就方便多了，尿布檯、廚房的料理檯、你的床或寶寶的嬰兒床（如果床墊夠高的話）──甚至可以鋪上防水布或厚毛巾的任何平坦表面──都很適合擦澡；寶寶一從擦澡進步到可以泡澡後，廚房的水槽、浴室的洗臉檯、擺放在櫃子上的輕便澡盆都可以用來泡澡，甚至就連浴缸也行（雖然那麼小的寶寶

一不小心就會在大浴缸裡側翻或滑進水裡），重點是你也得保持舒適，所有寶寶的洗浴用品更都要在你一伸手就可以企及之處。

寶寶洗澡的地方室溫要恰當，空氣要流通，尤其是寶寶才幾個月大時；溫度要控制在 24~26.5 度之間（浴室的淋浴龍頭能很快提高溫度），洗完澡之前都要關掉冷暖氣。

寶寶洗澡前，先做好下列的準備工作：

- 如果手邊沒有水龍頭，就要先放好溫水。
- 嬰兒沐浴乳與洗髮精，如果你有使用的話。
- 兩條浴巾（其中一條是預留給你擦手用的）。
- 清洗寶寶眼睛的棉球。
- 毛巾，連帽毛巾更好。
- 乾淨的尿布、尿布軟膏或乳膏（如果你有使用的話）、衣服。

擦澡。在寶寶臍帶傷口完全癒合之前，盆浴是禁止的（男寶寶若是有動包皮手術，也得等完全康復）。這期間（大約需要幾週的時間），就只能以擦澡來保持寶寶的清潔衛生了。有幾個重點如下：

1. 讓寶寶就位。室溫夠暖的話，可以脫光寶寶，但先用大浴巾包好（大部分的嬰兒不習慣全裸）；若是天氣很冷，那就脫一些、清潔一些。不管室溫如何，尿布一直到要洗小屁股時再脫去，沒包尿布的寶寶（尤其是男孩）會索抱，且覺得不安全。

2. 開始清洗。從乾淨的地方到髒的部分。在手上或一條毛巾上抹上肥皂，以另一條毛巾洗淨。順序建議如下：

- 頭部。一週一次或兩次，可以用肥皂或嬰兒洗髮精，記得必須用水沖洗乾淨。其他的日子用清水洗即可。小心抱著寶寶（參見圖 5.6），在浴盆邊緣洗頭最容易也最舒服。洗完頭立刻以毛巾將頭髮擦乾。頭上有乳痂？參見 265 頁。
- 臉。先用消毒棉球以溫水沾溼，輕輕地由鼻側向外清潔眼部；兩眼各用一個棉球。洗臉不必用肥皂。擦擦耳朵外面（不可以擦裡面），然候擦乾整個臉部。
- 頸部與胸膛。除非很髒，否則也不需用肥皂；皺褶部位要仔細清洗，未掉落的臍帶頭附近要特別小心擦拭，可以輕柔地搓去臍帶頭附近的硬皮，然後擦乾。
- 手臂。讓寶寶手臂伸長，你可以

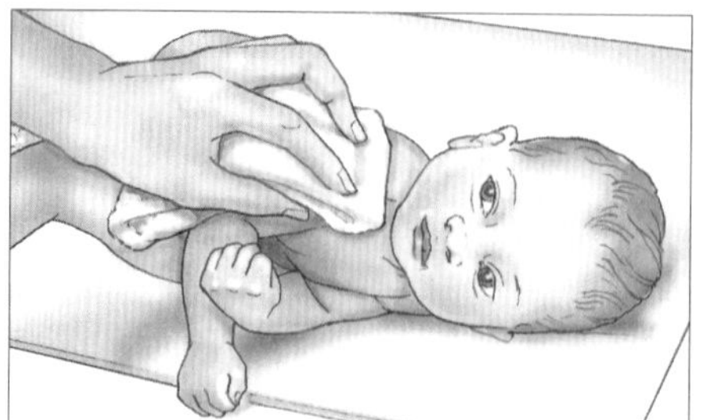

圖 5.5-1 臍帶頭掉落之前，擦澡可以讓你的寧馨兒常保清爽。

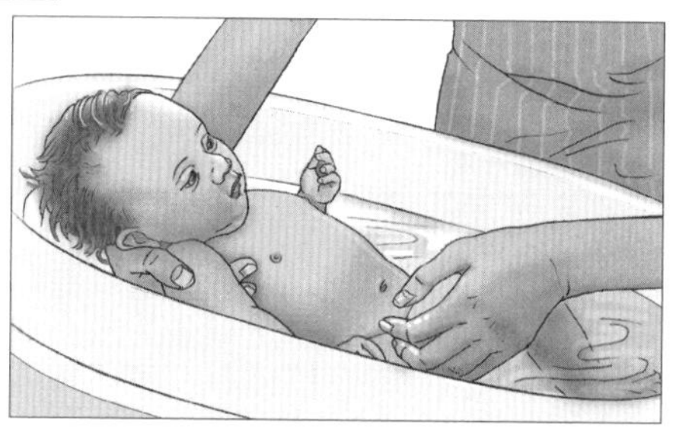

圖 5.5-2 寶寶身體一溼就很容易滑動，所以要小心抓好。

清洗手肘內側，打開拳頭清洗。手要用些肥皂來徹底清潔，但是在寶寶吸吮手指之前，記得要用清水沖得乾乾淨淨。

- 背。將寶寶翻過身來，頭臉側著，擦洗背部和脖子的皺褶處。這個部位一向不髒，不需用肥皂。擦乾後，如果是在寒天裡，可以先讓寶寶穿上上衣。
- 腿。特別注意膝蓋後彎處。
- 包尿布的部分。割過包皮的、沒割包皮的和臍帶蒂（參見 171 頁）都必須等傷口痊癒後再清洗。女嬰的話，由前往後清洗，陰唇要以肥皂和水洗淨。有時出現白色分泌物是正常的，不必緊張，不需擦掉，用乾淨的毛巾和清水沖洗陰道。男生更要仔細，所有的褶縫都應以肥皂及水洗乾淨，但不可把未割過的包皮翻過來。最後呢，擦乾小屁股；必要時，塗些藥膏。

3. 為寶寶包尿片和穿好衣服。

盆浴。當寶寶的臍帶傷口完全康復（男寶寶已割包皮的話，也要待其復原），他就可以接受盆浴了。倘若寶寶露出任何對水的抗拒，不要勉強，重新恢復擦澡，過幾天再試試看。確定水溫合適，並且讓寶寶絕對安全地躺在你支撐的臂彎裡。步驟如下：

1. 在把寶寶放進浴盆前，就要先放滿可以淹至寶寶胸膛的溫水，再用手肘檢測一下水溫；千萬不要在寶寶已進浴盆後再注水，因為這可能會劇烈改變水溫。別在溫水裡加入嬰兒沐浴乳或泡沫劑，因為這類產品會讓嬰兒的皮膚變得乾燥，也會增加寶寶泌尿道感染（urinary tract infection, UTI）和其他發炎風險。

2. 脫光寶寶的衣服。

3. 慢慢將寶寶放入水中，輕柔地說話來安撫他，並且穩穩地扶好他。在他的頸子還沒夠硬之前，務必用一隻手支撐好他的頭和脖子，讓他保持在一種斜躺的角度。

4. 用另一隻手清洗寶寶，由乾淨處洗到最髒的地方。首先以溫水浸溼棉球，由內往外側輕輕擦拭眼部，再用新的棉球擦眼睛。接著是臉、外耳、頸部。有些部分毋需天天用肥皂，但有兩個地方必須每天以肥皂清洗：手和小屁股。頸部、手臂、腿和肚子可以隔兩三天用一次肥皂，皮膚呈乾燥者可以延長間隔天數。當洗完寶寶身體正面之後，將他翻轉身子使其面朝下方，再清洗背部和臀部。

5. 以乾淨的毛巾清洗全身。

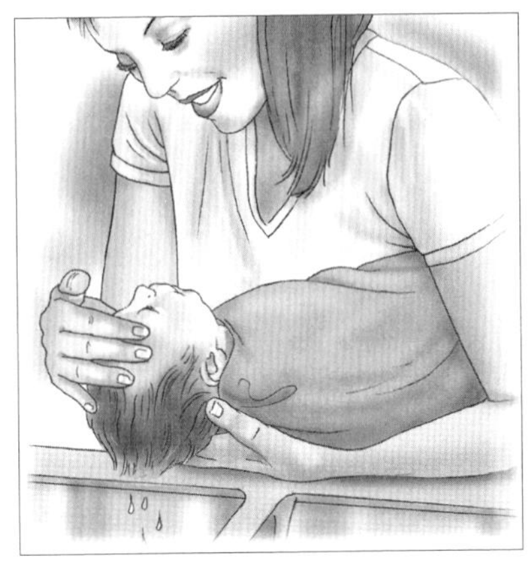

圖 5.6 在寶寶還沒進入盆浴階段前，可以小心地抱著寶寶在水槽邊洗頭。

6. 每週清洗寶寶的頭皮一到兩次。洗髮精（或肥皂）必須用水沖淨，並且弄乾頭髮。

7. 用浴巾裹住寶寶，輕輕拍乾全身，穿上衣服。

❖幫寶寶洗頭

幫小寶寶洗頭髮可說是不費什麼力氣的，但為避免將來可能出現的問題，你必須相當小心，例如絕不要讓肥皂或洗髮精流入眼睛。如果寶寶沒戴嬰兒帽，頭皮也不油，次數不需多，一週一次到兩次即可。如果寶寶還太小，不能盆浴，可以在水槽邊幫他洗頭；一旦寶寶能夠盆浴了，就在洗完身體後幫他洗頭

——直接在浴盆裡洗。

1. 先用水輕輕將頭髮沾溼，然後滴上洗髮精或嬰兒肥皂（一點點即夠），輕輕揉搓。

2. 攬住寶寶的頭，用水花或兩三杯清水把洗髮精沖淨。

大一些的小孩，當他們能夠自行站立而且已經在浴缸洗澡的話，可以直接在浴缸裡洗頭。問題是，很多小孩不樂意再把頭交給你洗，如果用蓮蓬頭，可能會好辦許多——但也不是一了百了，有些孩子仍然感到害怕與無助。這時你可以求助於小孩洗髮專用的浴帽。如上述都沒法減輕你和寶寶洗頭的痛苦，也許還是暫且回到洗手槽去洗，等他能接受用浴缸時再說。

❖耳朵的護理

有句老話可以牢牢記住：「絕不要將任何小於你手肘的東西放進耳朵。」把任何東西放進耳朵裡都很危險——無論是硬幣還是棉棒。你可以用毛巾或棉球清潔寶寶的外耳部分，但別自己嘗試去清潔耳內（無論是棉棒、手指或任何東西都不可以）。耳朵本身有清潔功能；硬要去挖耳屎出來，只會將它更往裡推。如果真的有太多耳屎，下次看醫師時告知。

❖鼻子的護理

如耳朵一般，鼻腔內側也不需特別去清理。若有鼻屎，只要將外露的部分擦拭乾淨；別用棉花棒、捲起來的衛生紙條或是手指頭去挖寶寶的鼻子內側——這麼做除了可能將鼻屎更往裡推之外，更可能傷及鼻黏膜。若是寶寶因感冒而有一堆鼻涕，可以用吸鼻器來處理（參見第 617 頁）。

❖修剪指甲

儘管這對許多沒經驗的母親而言是一大挑戰，卻絕對不可忽略，否則小寶寶很容易將自己抓破皮。

嬰兒出生時指甲都很長（尤其是超過預產期才出生的寶寶），也很軟，很容易剪。但要他靜止不動讓你剪指甲可不容易，所以趁寶寶熟睡時修指甲是個好辦法；若是醒著的話，則最好有助手幫你抓住寶寶的小手。用弧形刀口的嬰兒專用指甲剪，盡量避開皮膚，以策安全。將寶寶的指腹按住，不要擋住你要剪的手指。可能一兩次的失手是免不了的，見到血別緊張，用消毒紗

布壓住傷口一會兒，止住血即可。通常也不必用 OK 繃。

❖臍帶的照顧

這象徵著嬰兒與母體最後相連的證物，在出生後數日會變為黑色，繼而在一週到四週之間脫落。為了加速癒合及防止感染，最好保持乾燥且盡量接觸空氣，尿布不要繫得太高以免刮到臍帶頭，讓寶寶穿整體包覆式的內衣而不是連身服（或者肚臍處設有開口的連身服）；不要用酒精擦拭臍帶頭（因為這既可能刺激寶寶柔嫩的肌膚，也沒有醫療上的必要），擦澡時也別擦拭，直到臍帶頭脫落為止。如果發現類似感染的現象（臍帶頭基部長膿或發紅，參見第 231 頁），或者碰觸時寶寶似乎會疼痛，就要打電話給醫師。

❖陰莖的護理

如果你家寶貝已經割過包皮，就必須保持切口乾淨，而且每次更換尿布時都沾塗少許凡士林或俗稱「嬰兒萬用軟膏」的 Aquaphor，以防尿布搓摩切口。切口癒合之後，只要洗澡時用嬰兒沐浴乳或清水洗淨；癒合前的防護方法，請參閱第 232 頁的說明。

沒割包皮的寶寶，就不需要什麼特別的護理了；也就是說，不必特別翻開包皮清潔內層。一兩年後，包皮就會自然和龜頭完全分開，那時才需要翻開包皮清洗內層。

❖爲寶寶著衣

幫寶寶穿脫衣服絕非易事；鬆軟的手臂，始終彎曲的腿，加上一顆實在很難將衣服順利套入的腦袋瓜，動來動去，不喜歡光著身子。但仍有些方法讓你們都比較輕鬆：

1. 挑選衣服時，謹記便於穿脫為原則。領口寬大，或有按釦最好；胯部有按釦或拉鏈，方便穿脫及換尿布；袖子寬大，帶子愈少愈好（尤其是背後）；布質能伸縮或針織品最好。

2. 必要時才更衣。若是寶寶常吐奶，可以給他套一片大的圍兜，或是以溼毛巾在髒的部位做局部清理，而毋需每次都全身上下換一套。

3. 在平坦的地方更衣，如換尿布的檯子、床上或嬰兒床墊上，並準備一些娛樂寶寶的玩具。

4. 讓更衣時間變成親子談話或遊戲

圖 5.7-1 衣服套進小寶寶的頭部之前，先用手拉開領口。

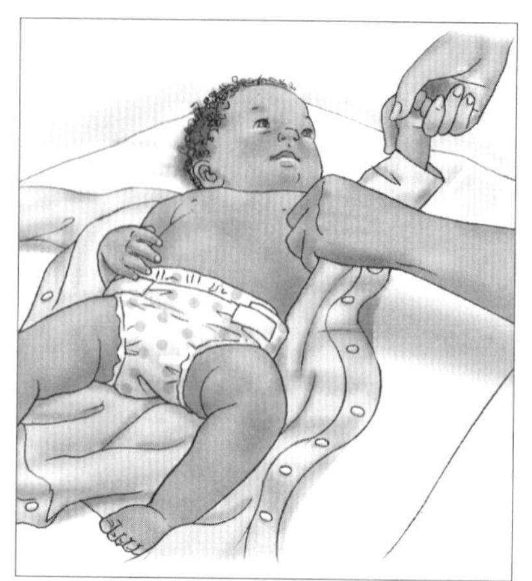

圖 5.7-2 先用手打開袖口，再伸入袖子由裡頭將寶寶的小手拉出袖外。

時間，引開寶寶對換衣服本身的注意力。

5. 將衣服套到小寶寶的頭上之前，用手拉開領口，避免衣領扯到寶寶的耳朵、鼻子。寶寶被遮住視線時都會有些恐懼，試著和他玩捉迷藏的遊戲；一邊穿、一邊問：「媽媽在哪裡呀？在這裡！」

6. 先用手將袖口打開，伸入袖子由裡頭將寶寶的小手拉出袖外。同時一樣可以問他：「寶寶的手呢？找到了！」來教育他。

7. 拉拉鍊時，將衣服稍微拉開，以防拉鍊夾住寶寶的皮膚。

❖如何抱起（舉起）寶寶

經過數月在子宮中被緊緊保護，乍到這開闊的世界，對寶寶而言便是很大的震撼了。若是頭頸沒得到適當的支撐，他立即會產生驚嚇反射；所以說，用一種能令寶寶感覺十分安全的方式環抱他，是很重要的開始。以下這些建議可能有用：

抱起寶寶。不要猛然將寶寶抱起，那無疑地將嚇到他。在碰他以前，先輕聲說話，或是讓他看到你。

開始時，多給寶寶一些時間適應由床墊到你懷中的不同。先將你的一隻手放在寶寶的頭和頸子下方，另一隻手則擺在臀部下方。不要立刻抬起。

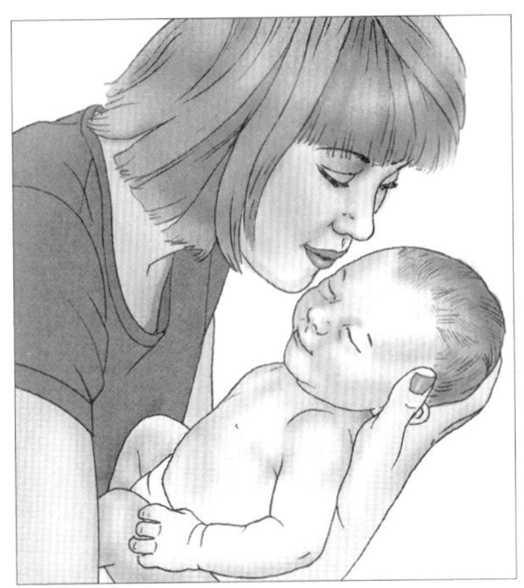

圖 5.8-1 舉起寶寶前，先將你的一隻手放在寶寶的頭和頸子下方。

圖 5.8-2 要抱寶寶到肩上時，記得一定要用手保護他還很柔弱的頭頸。

繼續將手滑到頸背下方，使一隻手能支撐住寶寶的脖子和背部，臂彎托住寶寶臀部；另一手則扶住腿，然後俯身將寶寶輕輕抱起。

讓寶寶舒適地在你懷中。當寶寶還很小時，一隻手就可以讓寶寶躺得很安適（你可用手掌托住小屁股，前臂扶住他的背部、頭和頸）。大一點的寶寶，則最好用雙手來完成前述的支撐動作。

很多寶寶喜歡靠在大人肩上。一手托著小屁股，一手扶住頭頸，便可輕鬆完成。值得注意的一點是：在寶寶頸部能自己支撐以前，隨時要給他這樣的依靠。如果用臂彎托住他的臀部，手臂在他背部，手攬住頭頸，一隻手也能抱得住。

即使很小的嬰兒都會喜歡面向前方的坐姿，以便其瀏覽眾生。大一點的寶寶更喜歡。將寶寶面向前方，一手扶住臀部，一手輕而堅定地穩住其胸膛，讓寶寶的背部緊靠你的胸懷。

再一種方法是單手圍住寶寶上半身，將其兩腿圍跨在你的腰臀上方；這樣的好處是你可用另一隻手做別的事情。但若你容易腰痛，就不適用這種方法。

放下寶寶。抱緊寶寶，彎腰靠近嬰兒床或車，一手在寶寶的臀部，另一隻手支撐頭、頸、背，慢慢放下，等寶寶覺得舒適且安全後，再把

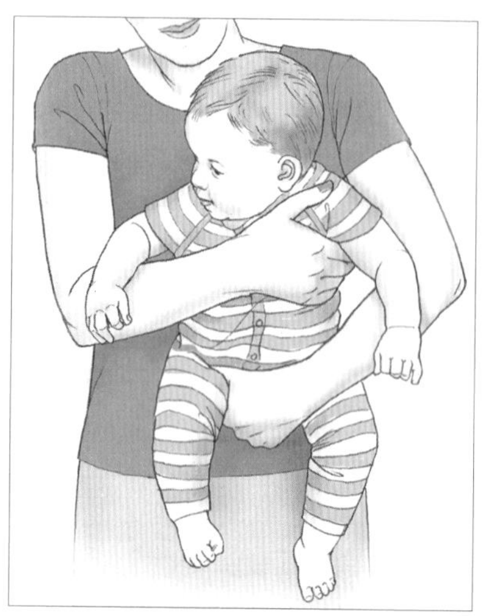

圖 5.9-1 嬰兒都喜歡面向前方的坐姿，因為這讓他可以盡情瀏覽世界。

圖 5.9-2 大一點的寶寶可以跨坐在你的腰臀上方，讓你空出另一隻手。

手抽出來。

放下之後，再輕拍幾下，也有安撫的作用。如果寶寶醒著，可和他說說話（不吵醒寶寶的辦法，參見第 212 頁）。

❖睡覺時的襁褓

還記得寶寶剛從醫院回家時的模樣嗎？那時的他，全身上下應該都被一條乾淨的包巾裹住，只有小頭小臉露出包巾之外；那是因為，護理師小姐都懂得讓嬰兒安定又開心的祕訣：襁褓包。這種老祖宗傳承下來的育兒技巧有許多好處。首先，這能讓寶寶在離開子宮的包覆後重拾安全感，也能在仰睡時不易受驚；其次，襁褓可以在嬰兒因驚嚇反射而醒來時感到溫暖舒適。

那麼怎樣包裹寶寶才夠專業呢？

1. 將大毛巾平鋪上，其中一角內摺約 15 公分。再把寶寶對角式地放上去，頭就擺在內摺的那一角。

2. 拉起寶寶右邊那一角，橫過他的身子往左邊蓋過去，但不要蓋住左手，把毛巾角壓在他的身子下方。

3. 把下方的部分拉起來往上摺，尖角部分摺進剛才蓋過身體的那半片之下。

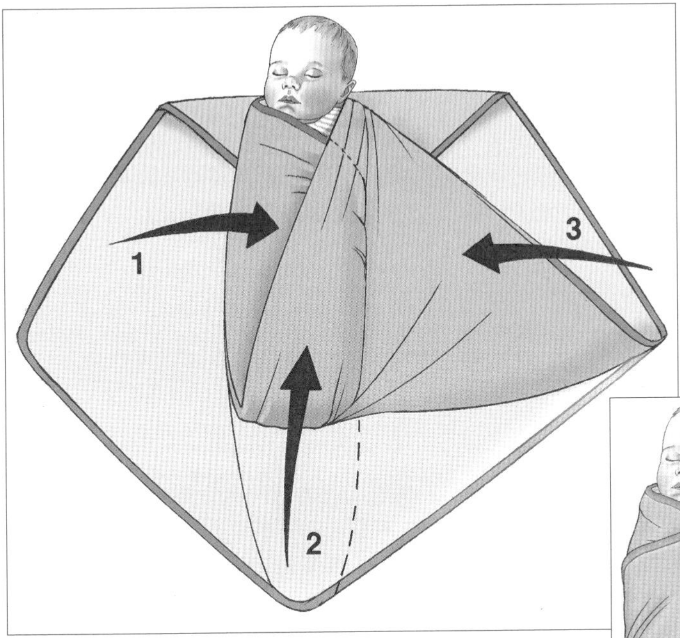

1
2
3

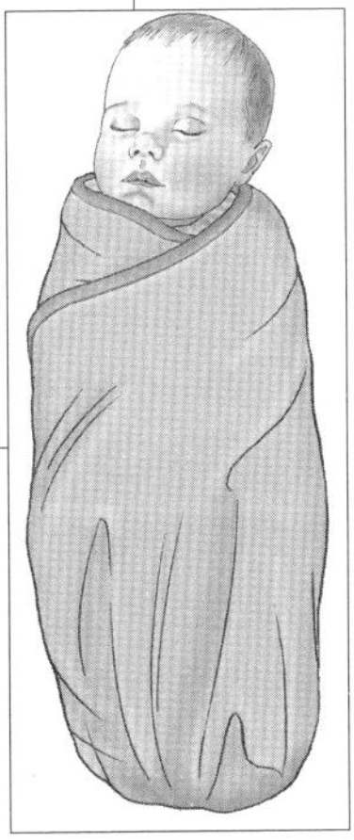

4. 剩下寶寶左手邊那一角，就拉起來，蓋過他的右手以及身軀，然後摺到背後去。如果你的寶寶希望手能活動自如，就不要將他的手包在毛巾裡。大一點以後就不需要再用這種方法包裹小寶寶了，這樣反而會限制他們的發展。在嬰兒床上，包巾會被寶寶踢開，反而容易造成危險，因此寶寶愈來愈好動以後，就不能再包裹了。

讀書給新生兒聽？

等不及要在床邊說故事給寶寶聽嗎？根本不必等。美國小兒科醫師學會建議，寶寶一生下來爸媽就應該天天讀故事書給他聽。除了增進親子關係，說故事還可以幫助嬰兒的智力發展、創造家人例行的美好時光。有關唸書給嬰兒聽的細節，請參閱第 458 頁。

6 第一個月

你已經將寶寶帶回家，也盡你所有的給他滿滿的父母之愛。但你卻禁不住有些疑惑：這樣真的就夠了嗎？你的作息與生活都為之顛倒，你哺餵寶寶時還是手忙腳亂，而且你已憶不起上次洗澡或連續睡超過兩個小時是什麼時候的事了。

隨著寶寶從一個可愛卻沒有回應的新生兒長成惹人憐愛的寶貝，在這些無眠的夜晚和耗神的白天裡，充滿著全然的喜悅，卻也伴隨著耗盡的氣力——更不用說那些新問題與擔心了：寶寶的東西夠吃嗎？為什麼他吐了這麼多？這樣的哭聲是表示肚子疼嗎？什麼時候他（還有我們）可以一覺到天亮？我一天可以給小兒科醫師打幾通電話？別擔心！信不信由你，到月底你和寶寶就會進入一種舒適的常規狀態。你也會覺得自己在照顧寶寶方面很有一套了（至少相較於你現在的感覺）——餵奶、拍嗝、洗澡和打理寶寶都相對輕鬆多了。

哺餵你的寶寶：擠母乳

哺餵遊戲的最早階段，寶寶也許沒有離開過你的胸脯多少時間，而那也是新手媽媽的正常寫照。但是終有一天（或從某個晚上起），寶寶肚子餓時你就是必須（或想要）暫時離開寶寶——不論是得工作、上課、旅行，或只是晚上想要外出——而不再能親自哺餵母乳。你要怎麼在這種情況下還能讓寶寶吃到母乳呢？一點也不難：先擠母乳備用。

❖爲什麼需要擠母乳

忙碌的媽媽生活可不像生理時鐘一樣有規律性：你不能期望寶寶總

寶寶的第一個月

睡眠。新生兒並沒有明顯的睡眠模式，不管是在什麼地方，每一天的24小時裡，他或她都會睡上14到18小時。

飲食。這個階段只能哺餵母乳或嬰兒奶粉：

- 母乳。不管是在醫院還是家裡，每一天都得餵上8到12次——如果你想知道的話，大約在360到960CC之間；也就是說，每2~3小時就得哺餵一次。不過，最好是寶寶餓了就哺餵，而不是定時哺餵。
- 嬰兒配方奶。第一週先從一次30毫升、每天8到12次開始（也就是不要超過360CC）。到即將滿月前，寶寶很可能每次都要喝上60~90CC，或說一天喝上480~960CC。由於嬰兒奶粉沒有母乳那麼容易消化，也許餵食的間隔會因而拉長到3~4小時；不過，就算喝的是嬰兒奶粉，依新生兒的需要或胃口還是好過按時哺餵。

遊戲。新生兒其實根本不需要玩具（你的懷抱和關愛就是就好的玩具），但到了寶寶能看見20~30公分（差不多是你抱著他時臉和臉的距離）外的物體時，一旦你不在身邊，自己會動或能用手把玩的東西就是很能取悅他的替代物。寶寶喜歡看醒目的圖樣和人臉，所以如果你找得到同時包含二者的玩具，那就再好不過了。

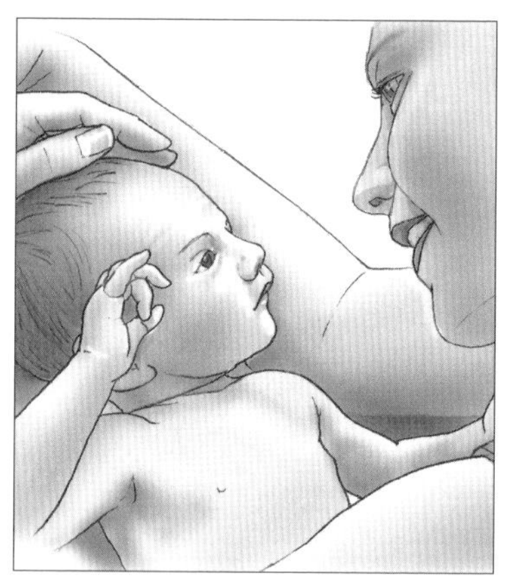

是可以配合你的哺餵時間與地點。不過即使你和寶寶相隔甚遠，還是有方法可以給寶寶餵母乳：事先擠出母乳。

為什麼你會需要事先擠存母乳？大致上有底下種種原因：

- 脹奶太厲害。
- 預備自己不在家或上班時間的那

幾餐。

- 增加或是維持產奶量。
- 為促進或保持奶水繼續分泌。
- 如果乳汁分泌太慢，可以藉此加快。
- 冷藏在冰箱中以備不時之需。
- 因為生病（你或孩子）而暫停授乳、或你必須服用藥物不宜授乳期間，保持奶水繼續分泌。
- 為住院或早產的寶寶提供母乳。
- 保持刺激乳汁分泌，以防在用奶粉哺育寶寶後母親改變主意。
- 領養新生兒時，透過擠母乳誘使奶水分泌。

❖選購擠乳器

你當然可以自己用手擠奶——如果你時間很多、需要的奶水不多、而且不在乎會有多疼的話；即便如此，既然擠乳器好用得多、舒適得多、更能擠出奶水，又何必自找麻煩呢？嬰兒用品店裡多的是各種各樣——從操作簡單、價格便宜的手動產品，到昂貴但你可以買也可以租回家用的電動型——擠乳器，一定找得到正合你需要，讓你能隨時供給寶寶最佳食物的產品。

在決定使用何種擠乳器對你最合適時，你得先做點功課：

- 考量一下你的需求。你是因為要回去工作還是每天得外出才需要擠奶？你是為了紓解脹奶才偶一為之，還是因為需要提供由於生病或早產而住院了幾週甚至幾個月的寶寶足夠的營養而全天都要擠奶？
- 衡量一下你的選擇。如果你在一段期間內需要在一天內擠好上幾次奶（例如上班或哺育一個早產兒），最好選用雙幫浦電動擠乳器；如果只是偶爾因外出而需要擠奶，單幫浦的電動或手動擠乳器應該就夠用了；如果只是為了紓緩脹奶的不適或好久才會餵一次母乳，就更應該選擇手動的便宜擠乳器。
- 尋求意見。不是每種擠乳器都一樣，有些電動擠乳器用起來不太舒服，還有些手動擠乳器在你要多擠一些奶時慢得要命（有時還可能非常疼痛）。最好上網或多走幾家品樣繁多的店面，多方探尋負擔得起、最適合你的產品；可以問問朋友或上網閱讀產品評價，更不妨在網路上貼文請求其他媽媽提供意見……只要不是太費力的方法，都應該試上一試；或者，也可以和寶寶的醫師或授乳專家談談你的想法。

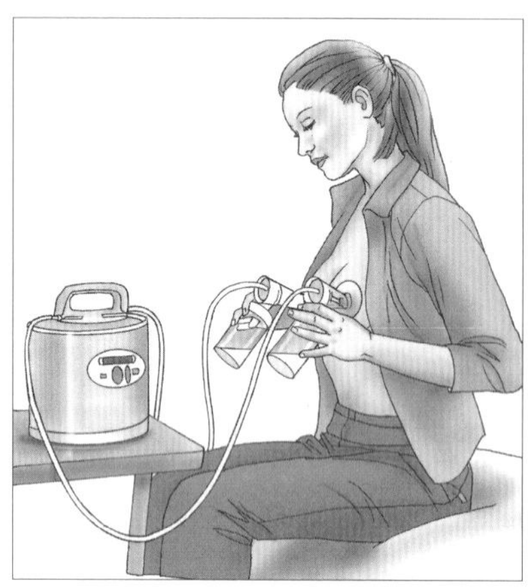

圖 6.1-1 雙管電動擠乳器可以節省你一半時間。

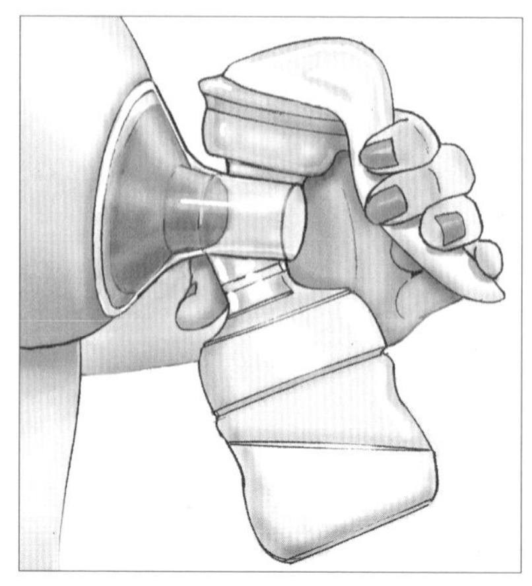

圖 6.1-2 按壓一下手動擠乳器上的扳機，就能擠出一些乳汁。

所有的擠乳器都有一個吸杯或吸罩，以你的乳頭和乳暈為中心罩在你的乳房上。無論是電動的還是手動的擠乳器，幫浦開始運作時就會產生吸吮力，很像寶寶在吸奶。根據你所使用的擠乳器款式與出奶量的不同，吸完兩邊的乳房大約需要10~45分鐘——當然了，「高貴」一些的擠乳器速度愈快。以下是市場上常見的幾種擠乳器：

電動擠乳器。威力十足、快速且通常易於使用，以一個全自動的幫浦驅動，模仿寶寶吸奶的節奏。市售的擠乳器大多有兩個幫浦，對經常擠乳者非常合用，它不但使擠乳時間縮短一半，而且能刺激泌乳激素的分泌，加速泌乳。電動擠乳器通常較昂貴，但如果時間是你重要的考量因素，還是值得投資。

絕大多數可攜式電動擠乳器都不會引人側目（黑色的攜袋都設計得像一般背包或肩袋），有些還附有車用電源線或備用電池（有些還附帶充電式電池），不必非得找得到插座才能使用；少數產品甚至還有記憶功能，可以記錄、沿用你個人的擠奶節奏。其他功能包括：可以讓你擠奶時空出雙手做些家事、逗弄寶寶、上網或扮演多功能媽媽角色的固著配備（也有廠商同時提供方便空出雙手擠奶的專用胸罩）。

需要真正強而有力的擠乳器嗎（比如說，你得全天候為早產兒擠乳備用或正想回頭再哺餵母乳）？你

可以買（很昂貴）醫院級的擠乳器，或者租用（比較符合成本效益）——醫院或授乳中心通常都會幫你配送到家。不論是詢問授乳專家、國際母乳協會（La Leche League），還是自己上網，都不難找到可靠的租借機構。

手動擠乳器。不管是哪一種手動擠乳器，都很容易使用、價格廉宜、方便清洗，而且安全可靠。最受歡迎的款式，則是每按壓一下就會擠出一些乳汁的扳機型。

❖擠母乳前的準備

不管用哪一種方式擠奶，你都需要做好一些基礎的準備步驟，讓擠奶過程更安全、更輕鬆：

- 選好一天之中感覺乳汁最旺盛的時間——對多數婦女而言，早晨最好；傍晚時分已經勞累了一天，不宜擠奶。如果是因為你在該哺乳時不在寶寶身邊，盡量在該餵奶的這個時間擠，大約每3小時擠一次。你也可以在給寶寶餵奶時擠另一邊乳房的奶，因為寶寶的吸吮有助於另一邊的乳房出奶，但除非你已是哺乳和擠奶的熟手，否則不要這麼做。
- 第一次使用前務必按照廠商指示方法清潔及消毒；以後每回使用後最好立即清洗，會輕鬆得多。若是要帶出門使用，刷子、洗潔劑、紙巾都要一併備妥。
- 找一處舒適安靜的角落完成此項工作。上班時，辦公室、會客室或化妝室都可以；公司的休息室

擠乳不應該會疼痛

不論用哪種擠乳器，擠乳都不應該會造成疼痛。要是會痛，請先確認擠乳的方式正確與否、有沒有超出建議的時間，再找出可能造成疼痛或不適的原因（說不定是擠乳器沾染了異物），對症下藥。

一而再、再而三地確認後，還是找不出疼痛的原因？那麼，問題可能就出在擠乳器了（這種時候，只要經濟上許可就應該立刻更換擠乳器）；不過，也許有問題的並不是擠乳器而只是罩口太小（當然也可能太大，但這種例子很少），那就很容易解決了。如果罩口大小適中，擠乳時你的乳頭應該可以自在移動，而且乳暈部分不會全部和乳頭一起被吸入；因此，下次擠乳時請仔細觀察，調整罩口大小看看疼痛是減少或增加。

熟能生巧

無論選擇何種擠乳方法，你都會發現前幾次的量很少。重點是你這幾次是想搞懂如何使用擠乳器，而不是要擠出很多奶。頭幾次泌乳量少有兩個原因：其一，你的產乳量仍不足；其次，擠乳器的效率比不上你的寶寶。但只要練習、練習再練習，很快你就會成為擠乳高手。

當然不是好處所，事實上，根據美國聯邦法的規定，只要雇員超過 50 人的公司，就必須提供一處可供母親擠乳的私密場所。在家時，等寶寶睡著或是請他人看著，讓自己可以專心擠奶。

- 盡量放鬆心情。你愈能放鬆擠乳的效果就愈好，所以擠乳前先做些能讓自己開心些的事——想像方面，可以運用冥想或其他放鬆身心的技巧；也可以播放音樂或白噪音（white noise，用來遮蔽環境噪音），或者做任何能夠舒緩身心的事。
- 開始擠乳之前，喝點開水。
- 看寶寶的照片，想著小寶寶，甚至可以先看一下寶寶（但擠奶時寶寶最好有旁人代為照顧），都有助於泌乳。其他方法還有：置熱毛巾於乳房上約 5~10 分鐘、洗個熱水澡（淋浴）、按摩乳房等。

❖如何擠母乳

雖然不管你用什麼方法擠乳，基本原則都是一樣（刺激並擠壓乳暈，利用導管從乳頭抽取乳汁），以下說明各種技巧的些微差異。

用手擠母乳。先將一隻手放在一邊乳房上，大拇指和其他四指相對，置於乳暈四周。手掌往胸膛方向用力，主要使力的是大拇指和食指，有節奏地讓乳汁流出；逐步地移動手指位置，確定乳房內的硬塊部分都有擠到。再以同樣的方式擠另一邊。之後再由開始那邊重複一遍。

若想將擠出的乳汁儲存起來，準備好一個較大口徑且消毒好的杯子置於乳房下方；另一邊乳房可能在滴奶，放一片胸部護罩（註：胸部護罩也叫乳房罩杯，原本用於矯正凹陷的乳頭，但也可以在寶寶吸奶或用擠乳器擠奶時置於另一邊的乳房，用來收集溢出的乳汁）於胸罩內即可。收集好的母乳必須立即存放在消毒奶瓶中，並置於冰箱內貯藏。

別忘了另一邊

如果你不是兩邊同時擠乳，沒擠的那一邊奶水會提前溢出。為了避免一團亂，不擠的那邊要用罩杯罩好，或者拿乾淨的瓶子或杯子接好溢出的奶。

用手動擠乳器擠母乳。按照說明書的指示使用。你可以一邊擠奶，另一邊同時餵寶寶吃奶，不過要在寶寶的身體下墊個枕墊，以免寶寶從膝上滑落。在使用電動擠乳器前，你也可以先用手動擠乳器來讓乳房進入狀況，但那也表示你不但需要動用兩種器具，還得多費力氣；所以，除非你確實在使用電動擠乳器時一開始總是很不順利，否則就別跟自己過不去了。

用電動擠乳器擠母乳。按照說明書的指示使用。雙幫浦的較理想，既節省時間，出奶量也更大。可先設定在最小吸力，出奶後再加大。如果乳頭會痛，可減少擠的力量。如果你用的是雙幫浦擠乳器，或許會有一邊比另一邊量多的情況，這是正常的，因為兩邊的乳房功能是各自獨立的。

❖收集和存放母乳

擠好的母乳要保持新鮮並可讓寶寶安全食用，儲存時便要記得以下各點：

- 擠出的奶最好盡速冷藏。若是沒辦法如此，則須以消毒瓶保存，便可在室溫（但不可置於陽光或其他熱源下）維持 6 小時。要是存放在密封冷藏袋（附冰塊），則可以保存 24 小時。
- 放在溫度較低的冷藏室裡側可以維持 4 天（不過，還是在 2~3 天內使用最理想），如果必須冷凍保存，請先放在冷藏室半小時後再置入冷凍庫內。
- 母乳在無霜、恆溫零下 18℃冷

母乳哪裡去了？

許多擠乳器附有儲存兼能餵奶的容器，有些則讓你能用標準奶瓶收集奶水。特製的母乳儲存袋冰奶最方便，用後即棄的儲乳瓶厚度比儲乳袋薄，也更容易破。有些擠乳器可以直接用儲乳袋，你就不必得把母乳從奶瓶倒到儲乳袋才能冰存——也更能確保不會漏接寶貴的乳汁。一旦有換容器的必要，請先確定裝存母乳的容器已經以熱水或清潔劑洗淨了。

小訣竅

要放冷凍庫的奶瓶不可裝滿，頂多裝 3/4；並加標籤註明日期，每次先飲用日期較早者。

凍庫中，可以保鮮三到六個月。

- 冷凍保鮮的母乳量每次不宜多，大約 90~120CC，既減少浪費，又便於解凍。
- 將冰凍的乳汁解凍，最好將奶瓶置於水龍頭的水流下不斷搖晃奶瓶；之後在半小時內飲用。或是先放在下層冷藏室，然後於 3 小時內使用。切勿利用微波爐或直接放在爐子上或擺在室溫下任其解凍。
- 喝剩的奶就丟掉，不可以再次冷凍。儲存時間超過上述建議的奶也必須捨棄。

你會擔心的各種狀況

❖「摔壞」了寶寶

我好怕抱寶寶——他那麼小，那麼脆弱。

新生兒其實都比爸媽眼裡所見的強壯得多。事實是——而且是你每次從搖籃裡抱起他時都得謹記在心的——你不可能「摔壞」寶寶。那個在你看來、猜想起來應該很脆弱的小寶貝，其實是個很堅強、有彈性的新生命——他的身體構造足以接受最粗魯的對待和應付新人父母的種種疏失。

還有一件會讓你更開心的事：差不多三個月大後，寶寶的體重就會明顯增加，而且更能控制自己的頭頸、四肢，看起來就不再那麼鬆軟和脆弱……這時懷抱他或照護他的你，也就會感到信心十足。

❖囟門

每次我要碰觸寶寶的頭部時都會很緊張——他頭頂那塊柔軟的部分看來好……好脆弱；有時還可以清楚見到隨著脈搏的跳動，真是滿可怕的。

那塊「柔軟的部分」——其實有兩塊，它們叫做囟門——實際上比看起來要堅實得多。外層的保護膜足以應付其他小孩子手指頭好奇的探觸，更遑論每天的照顧了。

頭蓋骨在此尚未長合的原因有二——絕不是用來讓父母心驚膽跳的。第一，這樣可使嬰兒的頭有足夠的柔軟度在分娩時順利通過產道；

母乳的顏色

擠出來的母乳有點兒偏藍或偏黃都是正常現象，有時看起來甚至還會接近透明呢——這或許只是因為，目前你擠出來的母乳都還是初乳（後乳通常都比初乳更濃稠）；所以，如果你擠出來的乳汁有些稀薄或看起來水水的，大概也只是因為擠得還不夠——或者奶袋或奶瓶太小——因而後乳出不來。母乳擠出時也常有乳水分離的現象，不必擔心，只要哺餵前輕輕拌勻就好（盡量不要搖晃，免得破壞母乳中的某些重要成分）。

第二，在第一年內，讓大腦可以充分的生長。

開口處較大的構造叫做前囟，位於新生兒的頭頂，形狀近似菱形，寬約 5 公分。當嬰孩六個月大時會開始閉合，之後在十八個月大以前完全長合。前囟通常是平的，在孩子哭泣時則略微隆起；若是寶寶的頭髮較稀疏平順，你尚可清晰見到腦部的脈動。下陷的形狀通常表示嬰兒脫水，必須立即補充水分（這種情況應立即告知醫師）。如果它呈經常性的隆起，表示顱內壓可能過高，也要馬上去找醫師。

另一個開口比較接近頭部後側，稱之為後囟，比前囟小，呈三角形，寬度不到 1.2 公分，比較不易發現，通常在三個月大以前就完全閉合了。囟門不能閉合的情況很少見，這會造成腦袋畸形，需要治療。

❖母乳是否足夠？

我的奶水剛來的時候量非常多。現在脹奶已消，也不會滴奶了，這是不是意味著奶水不夠我的寶寶吃呢？

既然人的乳房沒有標準計量，用肉眼判斷母乳是否充足當然不準。孩子是最佳指標：如果他的發育良好、精神愉快，那麼你的乳汁必定

到底幾個月大了？

怕搞不清楚究竟寶寶算是幾個月大——而你又該閱讀本書的哪一章——嗎？本書的區分方法是：從剛生下來到滿月就是「第一個月」，滿月到滿兩個月間則是「第二個月」，以此類推；直到你家寶寶吹熄週歲生日蛋糕上的蠟燭時，你也就看完了「第十二個月」。

全程擠乳哺餵

不論現實環境（比如說，很難待在寶寶身邊）有多困難，或甚至不可能親自哺餵母乳，你都決心讓寶寶喝到你的乳汁嗎？你還是有個方案讓寶寶始終喝得到最好的乳汁：全程擠乳（exclusive pumping）。這種方式當然比親自哺餵寶寶辛苦得多（寶寶通常比較能從乳房吸吮到更多乳汁），但如果你能堅持到底，就能全程用母乳哺餵寶寶。要是你決心全程擠乳哺餵，下列的訣竅就請謹記在心：

- 要有好用的雙管擠乳器。既然你從此就得花上許多時間和擠乳器單打獨鬥，就該更加講求效率——也就是捨單打就雙打。電動雙管擠乳器可以一次擠出兩個乳房的乳汁，省下許多擠乳的時間，也更能擠出最多乳汁。
- 盡量多擠。寶寶多久喝一次奶（第一個月通常每 2~3 小時喝一次）你就多久擠一次，才能確保奶水的供應能夠及時；這也就是說，夜裡也得擠上一到兩次。
- 盡量擠久一點。為了確保奶水源源不絕（而且還能逐漸增多），每次都必須擠上 15~20 分鐘（不用雙管擠乳器，一次擠一邊的話），或

足夠——大多數媽媽都能做到。大部分的媽媽，剛開始哺餵母乳時都會「供給超過需求」，乳汁有如鎖不緊的水龍頭滴個不停或甚至有如噴泉濺灑（即使後來還都這樣，也都是正常現象）；現在，寶寶的需求量終於趕上你的供給量了，只要你的乳汁都能進入他的身體，那就不是什麼問題。

反之，假如他的發育不甚理想，那麼你也可以增加哺乳次數或利用 106 頁的方法來分泌更多的乳汁。

我的孩子原本每 2 或 3 小時喝一次奶，如今他突然變成每個小時都要喝。是我的奶水變少了嗎？

母乳的流量不會因哺餵次數多而減少，相反地，餵得愈多，產量愈大。上述情形的一個合理解釋是寶寶成長過程中會經歷的一段胃口激增期。通常發生在三週、六週，也有可能在嬰兒成長階段中任何時間。已經可以睡整夜的嬰孩，在這些時候又會恢復半夜吃奶的情形。這種狀況，可以說是造物者為增加母

者每次都擠到乳房確實已不再出奶為止（對某些媽媽來說，也許會超過 20 分鐘）。別以為超出建議的時間就會增加出奶量——擠奶過久，會添加的只是乳頭的疼痛。

- 在出乳已達目標之前不要中斷擠乳。一般來說，出乳要費上 6~12 週才會穩定下來；如果已見成效，就可以暫停某些時段的擠乳。不過，只要一察覺出乳有減少的傾向，就必須增加擠乳的頻率，直到乳汁的供應又合乎預期為止。
- 做記錄……或者別做。有些專家建議媽媽們記下每次擠奶的數量，但也有人發現，做記錄（或表格）既花時間也可能帶來反效果；舉例來說，如果你正巧為了泌乳量不足而發愁，記下擠乳量只會讓你壓力更大，反而更擠不出乳汁。
- 不必太勉強。你的目標，當然是只讓寶寶喝母乳，但如果出乳量實在不夠，或者已經擠乳擠到精疲力竭，總之，不論原因為何，只要你覺得自己力有未逮，都別責怪自己。有多少母乳就餵寶寶喝多少，分量不夠就以嬰兒奶粉補足（甚至可以在奶瓶裡同時混用母乳與嬰兒奶粉沖泡的奶水）；別忘了，寶寶喝得到母乳才是最重要的事。

乳量，以因應小孩急速成長需要所做的安排（這種所謂的「密集哺乳」情況，請參閱第 92 頁的詳細說明）。

所以，放輕鬆，孩子想吃奶時，餵他便是。但是別用嬰兒配方奶或其他食品當做替代品來滿足寶寶額外的需求，這樣不僅無法增加你自己的乳汁分泌量，反而會因餵奶次數減低而減少。如此循環下去，將會使你的哺乳期提早結束。

當寶寶開始睡整夜後，他可能暫時性地白天要求多吃一點。然而這段時期也很快會過去。假如你的孩子持續要求每個小時哺乳超過一週，注意一下他的體重增長情況，有可能是他吃得不夠。

❖寶寶吃了足夠的母乳

我怎麼知道是不是餵飽了我的兒子？

如果用的是奶瓶而且裝足量，寶寶吃光了就表示吃飽了；如果是哺乳，就要費點勁才能知道。你可以參考下列狀況來佐證小孩究竟吃得

哺乳輔助系統

哺乳輔助系統運作的方式為：將一個裝有母乳或配方奶的瓶子掛在媽媽的頸項上，自奶瓶延伸出來的細管子則貼在乳房上，再稍微延長一點以便使其能超過乳頭部分。當寶寶吸吮乳頭時，同時可由細管子攝取到額外補充的養分。這是一種雙贏策略，寶寶得到他所需的養分，你的乳房也得到所需的刺激。

也就是說，當有計劃的使用這套系統，有些媽媽發現她們的寶寶會因為多加了一條小小的管子就大驚小怪，甚至因此拒絕吸吮（可能會讓某些寶寶感到不舒服或難以順利吸吮）。如果你發現你的寶寶在使用這套系統時有掙扎的現象，盡可能找哺乳顧問幫你看看是不是有使用上的問題，或是給你一些讓哺乳輔助系統更容易使用的建議。

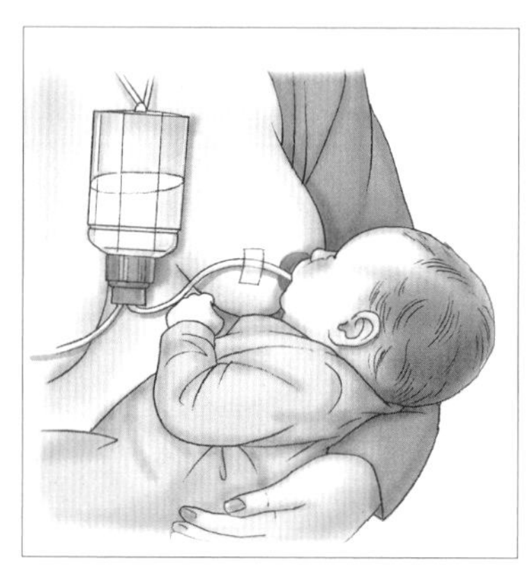

夠不夠：

一天至少排出五次顆粒狀、芥末色的糞便。吃母乳的寶寶有的一天有多達十二次的排便；如果少於五次，有可能是進食量不足。

每次進食前換的尿布是溼的。若寶寶一天排尿次數有八到十次，表示吃飽了。

尿液無色。沒吃飽的寶寶，尿呈黃色，有腥味，含雜質（看上去像奶粉塊，在溼尿布上呈淡粉色，在未吃奶之前這是正常的，但吃奶後就不正常了）。

哺乳時有聽到寶寶不斷吞嚥的聲響。沒有的話，也許表示他沒有足夠的奶可以喝。但如果他成長良好，那麼安靜的吸吮是毋庸擔心的。

哺乳後寶寶感覺滿足愉快。若在餵完奶後他哭鬧不休，或者猛力吸吮手指頭，有可能是他還想吃。但也有可能是他想排氣或排便（參見第217頁）。總之請你記得，一個新生兒完全不哭（或幾乎不哭）才是值得擔心的警訊——寶寶長得不夠健壯的徵兆（寶寶應該都會哭鬧）。第 214 頁有更詳盡的說明。

會脹奶。這是表示你奶水充足的好現象。早上起來，以及隔 4、5 小時沒餵奶會脹痛的話，應該已充滿了奶水。但是沒有脹奶不見得沒奶水，只要寶寶體重正常。

你感覺到排乳。每位媽媽的排乳狀況都不太一樣（參見第 89 頁），但在開始餵奶時有此感覺，表示乳汁正流向乳頭準備讓寶寶飽食一餐。不是每位媽媽都能感覺到排乳，但如果沒有排乳（而且寶寶不太有精神），可能就是個警訊。

產後的頭三個月沒有月經。通常一個哺乳的婦女在生完小孩後不會馬上有月經來，尤其前三個月的期間。若是早於這個期間恢復月經，反映的就可能是母體的造奶量不足。

我覺得給寶寶吃的都夠了，但醫師說寶寶的體重並沒有增加，這是怎麼回事？

可能的問題：你哺餵嬰兒的次數太少。

解決方案：將哺乳次數提高到 24 小時至少八次，或是到十次。白天時的餵奶間隔不應超過 3 小時，夜裡則為 4 小時。有些寶寶不會主動要求吃奶，你自己必須保持這種頻率；如此不但確保寶寶的肚子有填飽，也可促使你分泌更多的奶。

可能的問題：餵奶時，你沒有將至少一邊乳房的乳汁餵光。

解決方案：首先餵的乳房，如果餵至少 10 分鐘，應能餵完。再換邊餵時就可以任寶寶喝長喝短。但記得下次就要換邊開始餵（如：這次先餵左邊，下次先餵右邊）。

可能的問題：你限制了餵奶的時間，寶寶想繼續的時候你卻換到另一邊的乳房，造成寶寶吃不到增加體重所需的營養豐富且多脂的後續奶水。

解決方案：看著你的寶寶——而不是手錶，確認他吸夠了前乳和後續的所有奶水。

可能的問題：寶寶太「懶」，吸奶不甚努力。這也許由於他是早產兒，或生病，或是口腔發育不正常。

解決方案：寶寶吸得少，母親分泌的乳汁也就漸少，終究會造成寶寶因奶水不足而發育不良。你可以用擠乳器將乳汁吸完並貯存，如此以保持母乳流量充足。如果奶水不足的情況無法克服，醫師可能會建議你利用奶瓶或是哺乳輔助器（SNS）來給寶寶補充養分（利用哺乳輔助系統的好處是較無引起乳頭錯亂之虞）。

假如你的寶寶極易疲倦，你可以一邊餵個 5 分鐘，然後再用奶瓶或哺乳輔助器來補充一些奶，這樣他比較不費力。

可能的問題：你的小寶寶尚未能協調好下顎以吸奶。
解決方案：這種情況下，擠乳器的幫助仍是必須的。此外，寶寶也許可視狀況接受一些訓練或者治療。

可能的問題：你的乳頭疼痛，或是乳房感染。疼痛不只會影響你餵奶的欲望、減少餵奶的次數，還會抑制泌乳。
解決方案：採取行動治好這毛病是很重要的（參見 92 及 100 頁），但得注意別戴乳頭保護罩，那會影響寶寶吸住乳頭的能力，繼而使情況更惡化。

可能的問題：你的乳頭凹陷。這種乳頭對寶寶吸奶是一種困難，在這種情況下，會吸得不夠，導致吃奶量不足，造成吸不夠、奶不足的惡性循環。
解決方案：你可以在餵奶時以大拇指及食指扶住乳暈部分，然後稍加用力地將整個區域放入寶寶口中幫助他吸奶。在哺餵之間，可以藉著穿戴胸部護罩來把乳頭拉出；但是哺乳時須取下，否則會造成寶寶的不適，反倒不妙。

可能的問題：某些因素影響了乳汁的分泌。這種生理功能可因為心理狀態而加強或者受抑制。若是你對授乳感到不自在，那麼不僅乳汁的釋出受到影響，連其流量和卡路里含量都一併減低。
解決方案：找尋你最感舒適的地點、狀態去完成此項使命。可以找個私密空間，坐在舒適的椅子上，聽聽輕音樂，喝點不含酒精的飲料，試試一些放鬆技巧，按摩或熱敷乳房以促進泌乳，也可以解開衣服以肌膚貼著寶寶。

可能的問題：寶寶經由他種方式得到口腔滿足。如果寶寶從安撫奶嘴上得到相當的口腔滿足，他或許就對奶頭沒什麼興趣了。
解決方案：當你發現他想吸吮時，把安撫奶嘴由他口中拔出，趕緊餵他吸母乳。也毋需用奶瓶給他喝水，那不僅破壞胃口，喝多了還會影

響血鈉值。

可能的問題：你的寶寶因為補充水分而破壞了胃口。
解決方案：在寶寶滿六個月大前幫他補充水分是不智之舉，因為開水既缺少他所需的營養又破壞胃口；更別說，還可能造成稀釋血液鈉濃度的危險。關於寶寶的水分補充，請參閱第 200 頁的說明。

可能的問題：沒有適時地幫寶寶拍嗝。在他真正吃飽以前，他可能因為嚥下的空氣而感到脹氣。
解決方案：不管他看來是否需要，在長時間吃奶的中途或換邊餵奶時，記得先拍嗝；如果寶寶在吃奶時容易吵鬧，更要幫他拍嗝。

可能的問題：你的寶寶睡一整夜。一夜不受干擾的睡眠對母親的美容大有裨益，然而對於她的乳汁生產卻不。一旦經過數夜的脹奶之後，母親的乳汁可能開始減產。
解決方案：預防此狀況，你在半夜至少該叫醒寶寶餵一次奶。在現階段，他不應該超過 4 小時不吃奶。

可能的問題：你趴睡。採取這種姿態睡覺，你也同時壓迫到胸部，那會阻礙乳汁的分泌。
解決方案：換一種睡姿來解除對乳腺的壓力吧。

時機最重要

兩次餵奶的間隔時間的計算，是從第一次開始餵到下一次開始時。所以如果寶寶從上午 10 點開始花了 40 分鐘吃奶，然後睡了 80 分鐘，就表示他的時間表是 2 小時餵一次，而非 80 分鐘。

可能的問題：你重返工作崗位。若連續 8 小時都不餵奶，亦會產生和上述同樣的情形。
解決方案：即使上班，你仍可每隔 4 小時擠一次奶。

可能的問題：你消耗太多體力了。生產乳汁是需要很大能量的事；如果你太累而沒有適當的休息，那麼產量會漸漸減少的。
解決方案：充分的休息相當重要。

可能的問題：你需要一些幫助。
解決方案：不是每個媽媽都能輕鬆寫意的餵母乳，有時你需要一些諸如本地專家的諮詢與幫忙。

可能的問題：你的子宮內殘存的胎盤碎片。在你的身體將所有懷孕所帶來的東西排出體外之前，它不會製造足夠的催乳激素來刺激乳汁的

大舌頭

聽過「大舌頭」（tongue-tie）這詞兒吧？這個成語，本是用來形容我們因為太害羞、太興奮或太尷尬而一時說不出話來；然而對 2~4% 嬰兒來說，它卻也是千真萬確的一種遺傳性疾病，嚴重時會讓新生兒無法正常進食。

用醫師的話來說，這是「舌繫帶過短」（ankyloglossia）；而這種先天性無法正常發音的情況，則意味著繫帶（frenulum）——連接舌根與下口腔的帶狀組織——太短也太緊。舌頭運動因而受限的結果，寶寶的進食也就可能有困難。

要怎麼樣才能判斷寶寶有沒有「大舌頭」的問題？如果你的寶貝沒辦法完全伸出舌頭，或者舌頭長得有如心形，就可能是「結舌」了；另一個線索則是：寶寶吸吮你的指頭時，舌頭看起來沒有一如預期地超出齦線。

大多數「大舌頭」的寶寶——也就是繫帶通常位於口腔過深處的寶寶——都不會有進食的問題，但如果你的寶貝沒辦法以舌頭用力吸吮你的乳頭或乳暈部位，就有可能吸吮不到夠多的奶水——也可能導致體重增加太慢或愛生氣。更糟的是，萬一他的繫帶短到讓舌頭伸展不到下牙齦之外，你的寶寶就只能靠牙齦而不是舌頭來吸吮乳頭，就會帶給你乳頭發炎、疼痛、乳腺堵塞，以及各式各樣的問題。如果你在哺餵寶寶時聽到咔噠咔噠的聲音，或者寶寶一而再、再而三地含不住乳頭，你就會明白你有了個「大舌頭」的寶寶，而他正因為無法讓

生成。

解決方案：若你發現有不正常出血或有疑似胎盤遺留物時，立刻和醫師聯絡解決。

可能的問題：你的荷爾蒙分泌不正常。某些婦女的狀況，是催乳素分泌不足以致無法製造夠多乳汁；有些則是不再分泌甲狀腺激素，導致乳汁太少，也有可能是由於胰島素的分泌不正常才使得乳水減少。

解決方案：向你的醫師或內分泌專家求教。醫學檢驗可以找出問題所在，通常也能透過治療讓你的出乳恢復正常；但也許要花上一段時間，而你要有暫時以嬰兒奶粉來替代部分母乳的心理準備。

也許你盡了一切努力，親友也給了你所有的協助，然而你始終無法

舌頭充分伸展來好好含住乳頭。

一旦你認為寶寶的進食困難源於「大舌頭」——就算你其實不能確定、只是懷疑他有這方面的問題——都得讓寶寶接受小兒科醫師或授乳專家的檢查。如果寶寶當真患有這個毛病，醫師可以用夾子幫他鬆脫繫帶，好讓舌頭可以更靈活。這種治療方式我們稱之為「繫帶切開術」(frenotomy)，完全不必進手術室而且既快速又不會太疼痛——只不過，並不是每位小兒科醫師都受過這方面的訓練，所以也許你得花點力氣找對專家。

那麼，要是寶寶的「大舌頭」不會影響進食呢？那你就不必操心了。絕大多數過短或過緊的繫帶都會在週歲前自己鬆開，而且不會造成長期的進食或說話的困難。

有點像是「大舌頭」的「緊嘴唇」(lip-tie)，和上嘴唇與牙齦有關係。上嘴唇也有連接我們稱之為「上頷唇繫帶」(maxillary labial frenulum) 的帶狀組織（只要把舌頭伸進上唇和牙齦之間，你就感覺得到上頷唇繫帶），要是這個帶狀組織太短或太緊，就同樣也會造成進食的困難；這是因為，有時緊嘴唇的問題會阻礙上嘴唇的活動，使得寶寶難以恰當地含住乳頭。只要掀開寶寶的上唇看一下，你就應該能判別他有沒有緊嘴唇的問題；如果上唇和牙齦的連接處很靠裡面，那就沒事，要是連接處太靠近牙齦而寶寶的進食又有困難，最好找授乳專家檢查一下。授乳專家不但可以教導你正確的哺餵位置，也可以提供你矯正緊嘴唇的方式。

順利哺乳。的確是有極少數的婦女不適於餵母乳，原因很多，生理上、心理上都有。

如果你的寶寶發育不佳，而又無法迅速找出問題，醫師大概就會開營養補充品給寶寶，如嬰兒配方奶。不用抗拒，最重要的是寶寶的健康，是不是吃母乳仍屬次要。

一般而言，吃母乳情況不佳的嬰兒，在改吃嬰兒配方奶後都大為改善。如果仍沒有進展，必須再帶寶寶去請教醫師。

❖哺乳水泡

為什麼我的寶寶上唇有水泡？是因為他吸得太用力嗎？

沒有吸得太用力這回事——儘管

雙重麻煩，兩倍樂趣

你手上抱著的——雙手都抱著的——是一對雙胞胎嗎？即便你已經早在幾個月前就準備好一次迎接兩個新生兒，現實的壓力還是有如天上突然掉下一噸磚塊—以及一噸又髒又臭的尿布。是會這樣沒錯啦，但你也可能已經做好兵來將擋的準備—知道怎麼對付（和享受）兩倍於其他父母的挑戰。

兩個一起來。把兩個同時叫醒，同時餵奶，同時洗澡，同時放在嬰兒車裡推出去散步。如果你無法負荷，就輪著來。

分工合作。如果孩子的爹在家的話，彼此分擔一些家務以及寶寶——一人照顧一個。但是要兩個孩子輪流，好讓孩子與父母親都親近。

兩邊同時餵乳。親自哺餵雙胞胎是樁挑戰，但是值得；想想看，你可以省下多少沖泡牛奶的繁雜瑣事以及相當可觀的一筆奶粉錢。讓兩個同時吸奶可以節省許多時間，否則一天下來，你光坐在那兒輪流餵奶便夠了。兩側各放一個枕頭托著嬰兒，左右手採取抱橄欖球的手勢，或是讓兩個寶寶的身體在前方交錯。每次都要換邊，以免造成小孩對一邊的偏好，或是因雙胞胎的吸吮情形有差別而形成兩側乳房不勻。若是奶水不足供應兩個，可以授乳給其一，同時抱著另一個餵奶瓶。同樣地，謹記每回輪流。為了維持你的體力以及奶水，你必須攝取足夠的養分（每個寶寶須多400~500大卡）以及充分的休息。

用嬰兒配方奶餵的話，最好先備好後援。以奶瓶餵雙胞胎需要另一雙手，或是過人的精力。真要靠自己應付也是有辦法的，你可以靠坐在沙發上，寶寶們各放一側，讓他們的腳朝向你的身後，然後你左右手各執一個奶瓶。或者你要自己抱著他們倆，至於奶瓶可以用奶瓶架支撐，下面則以枕頭墊出適當的高度。有時也可以這麼做：把一個放在嬰兒椅上，用奶瓶架撐著奶瓶給他喝奶；另一個你就可以舒舒服服地用傳統方式抱好來餵。當然你還可以餵完一個再換一個，但這是相當花時間的方式；相對的，你自己的時間就更形減少了。

竊取睡眠。開始的幾個月，你的睡眠必然很少；而如果你任由他們半夜分別醒來，那你簡直就別想闔眼了。所以一旦其中一個哭嚷起來，把另一個也搖醒，一起把他們餵飽。白天時只要兩個同時在睡，你自己就得趕緊小憩一番，至少把腿抬起來鬆弛一下。

兩倍的設備。如果沒有幫手，要善用可能的設備（你可以用能放兩個寶寶的大揹帶或用兩個揹帶或一背一抱）。大一點之後可以讓他們到兒童遊樂場玩，由於兩人有伴，他們會比較樂意，玩的時間也會比較長。視你的需要選用併坐或一前一後的嬰兒車（考慮到可能會經過某些狹窄通道，一前一後的樣式比並排的要好用），如此一來你可能會發現買揹帶只是浪費錢。更別忘了買兩張汽車安全座椅，都要放在車子的後座。

做兩份記錄。誰在哪一頓吃了多少，誰昨天洗了澡，哪一個該今天洗……，不用筆記下來的話，你肯定會忘記的。預防針的注射日期、生病等等健康資料也需要記錄在健康手冊上。雖說許多事兩個娃娃都會同時做，但仍有些例外，而你很可能會搞不清究竟是哪一個。

一對一的互動。儘管不容易（至少在一開始時），還是有辦法在白天找到親子一對一的時間。在你休息夠了時，錯開兩個寶寶的休息時間——讓其中一個比另一個提早 15 分鐘睡覺，如此一來，你就有時間陪醒著的那一個玩；或者在外出時只帶一個，把另一個寶寶留給保母或另一半。加入遊戲團體或親子活動安親班，每個星期輪流帶一個去。即使只是換尿布或穿衣服等日常事務，也都可以成為與寶寶各別一對一親密的特殊時間。

當寶寶們開始四處爬動後，就必須加倍提高警覺。任何一個小孩會遇到的狀況，雙胞胎都會碰到——而且更頻繁。所以他們需要非常小心地看護。

加入雙胞胎團體。撫育過雙胞胎的父母能提供你最適用的建議和支持。可以試著在附近社區尋找這樣的組織，或者乾脆自組一個。但要注意一點：避免太封閉，只囿於和雙胞胎的父母親往來，或只讓孩子加入雙胞胎群體，這對於孩子的發展並不理想；畢竟那些單胎才是大多數。

期待一切將會好轉——加倍的。和雙胞胎生活的前四個月最困難；而儘管可能永不輕鬆，但是情況絕對會因你的調適而愈來愈好掌握。而且，記得一件事：雙胞胎通常是彼此最好的玩伴，他們會讓彼此忙碌而使做母親的逐漸享有更多的自由，這一點是令許多其他媽媽嫉妒羨慕的地方。

有些剛開始哺乳的媽媽也許不同意。雖然水泡是因為吸吮所致（吸母乳或奶瓶都有可能），但並不會引起嬰兒不適，而且毋需治療，幾個月內便會自動消失。

❖餵奶的時間

我好像不停地餵我那剛出生的女兒吸奶；我是不是得讓她定時喝奶才對？

有一天，妳的小寶寶就會願意準點進食；但在目前，她唯一的時刻表就是肚子傳給她的那一個——而那個訊息有點像是：「我這裡沒東西了，你得餵飽我；我這裡又沒東西了，你得再餵飽我。」那是依實際需求——而不是間隔多久——所建立、而且對哺餵寶寶來說也最好的流程。相對來說，喝嬰兒配方奶的寶寶就比較有 3~4 小時一次的時間性（換句話說，因為嬰兒配方奶更有飽足感，所以她的肚皮就會每 3~4 小時才通知她一次），喝母乳的間隔就比較短；這是因為母乳比配方嬰兒奶更好消化，所以寶寶很快就餓了。依寶寶的需求而哺餵，也可以確保媽咪的出乳量能隨著寶寶的胃口而上升，讓寶寶隨時能量充沛——而且培養出美好的哺育關係。

因此，最初的這幾個星期就讓她餓了便喝吧，只要謹記以下三件事就好。首先，新生兒常會還沒吃飽就開始打盹了，所以你得花點功夫，讓寶寶還在吃奶時保持清醒，直到她已吃飽喝足，可以睡上一小時以上才餓醒為止；其次，寶寶哭鬧經常是為了別的事兒而不是肚子餓，學會判讀她哭鬧的緣由（參見第 153 頁）可以讓你更清楚她是餓了呢，還是需要你的擁抱、搖晃，又或者只是想要小睡一番——你也才不會因為會錯意又多哺餵一回；第三，偶爾頻繁一點地哺餵寶寶——特別是她看起來像是沒吃飽、沒長肉，或者顯現什麼不夠健壯的徵兆——可以探知她有沒有獲得足夠的哺餵（參見第 187 頁），如果你擔心寶寶確實有這方面的問題，就得到醫師那兒走一趟了。

一等你的母乳產出趨於穩定（通常會在第三週左右），就可以試著幫寶寶定個時間表了；接下來，就算寶寶吃過一小時就哭鬧，也別急著哺餵她。如果她看起來還沒睡飽，哄哄她看能不能再入睡；如果她看起來很清醒，不妨找點別的事來和她交流一下，或者幫她按摩身體，也可以讓她換個地方或指個景象讓她瞧瞧；如果她有點兒煩躁，幫她加件衣服、搖搖她、抱著她到處走走，或者給她含含安撫奶嘴。要是她很明顯就是肚子餓了，那就讓她飽餐一頓吧——再提醒你一次，她完全吃飽前可別讓她打盹。

有一天，嚴重剝奪你睡眠的 24 小時無休哺餵就會成為過去，寶寶的進食間隔就會變得合情合理——先是每 2~3 小時吃一次，最後則是每 4 小時或更久才會肚子餓。她其實還是餓了就想喝奶，但你的壓力卻已經大大減輕。

❖改變授乳的主意

我自己餵母乳給兒子吃了三週，但是我很不喜歡。老實說，我很想改用嬰兒配方奶餵，卻又覺得有罪惡感。

到現在還感受不到親授母乳的樂趣嗎？授乳之初的種種痛苦（乳頭疼痛……乳腺堵塞……又痛又塞還有別的麻煩？）會讓很多新媽咪因而放棄親授母乳，一般來說，就算最受煎熬的媽咪都會在第二個月的月中時分步上坦途——到了這時，親授母乳就有如在公園裡散步，也幾乎都會覺得其樂無窮。所以，也許你應該熬到第六週——甚至滿兩個月——之後，再來決定要不要放棄哺乳；如果那時你還是覺得授乳是件吃力的事，不妨乾脆放棄或搭配嬰兒配方奶（時而哺乳時而以配方奶代替）。你的寶貝已經從母乳裡得到了很多好東西，你也已盡力而為；也就是說，在你放棄親授母乳時，你已經創造了個雙贏的局面。別的媽咪則更喜歡另一個選項：擠乳到奶瓶來哺餵寶寶。

感覺到是放棄親自哺乳的時刻了嗎？那就抓起奶瓶，開始學泡配方嬰兒奶吧。想知道怎麼帶著關愛用奶瓶哺餵寶寶的話，請參考第 141 頁的小訣竅。

❖吃配方奶粉會過量

我的寶寶愛死了他的奶瓶，如果放任他的話，他可以喝上一整天。我怎麼知道何時該給他多喝一些配方奶，何時該停止？

由於攝取量受到本身的胃口和某種巧妙的供需系統的節制，喝母乳的寶寶對這種好東西通常不會吃太多——或太少；但由爸媽節制分量的奶瓶就有可能了。只要寶寶健康、快樂，時候到了尿布就會溼，體重也在正常範圍，就表示他的配方奶粉分量足夠。換句話說，只要寶

給新手爸爸和新手媽媽：一件一件來

生平第一次，你們要擔起照護新生兒的責任。光是有如唱片跳針的哺餵寶寶，就讓白天和黑夜再也難以劃清界線，加上一些突然光臨的訪客，比如媽咪體內的荷爾蒙分泌大起變化（有時就連爸爸也會），以及分娩前夕到待在醫院時期家裡堆積如山的雜務（那時的你幾乎動彈不得，根本啥都懶得清理），當然還有來自四面八方的禮物、箱盒、撕下來的包裝紙，和寫滿祝福字句的卡片；把這一切當成你們和寶寶的新生活開幕式吧，你們的往日時光——既規律又有秩序的時光——已經一去不回了。

你們可以想像這種生活會有多難熬，尤其是在第一週或第一個月裡，你們又可能有多難跟上這種多出新生兒和許多家務的、完全無法預期的生活節奏，以及不敢想像可以擁有什麼美好的親子關係。不過，一旦逐漸適應了照料寶寶的工作、慢慢多了點睡眠、以及學會靈活對應後，日子就會愈來愈好過。當然了，以下種種策略也都幫得上你們的忙：

找些幫手。如果你還沒有安排家事幫手——不管是收費的還是免費的——來分攤一些整理家務或做菜煮飯的工作，現在就是好時機了。如果你不是單親媽媽，也要趁著這時和另一半好好商量怎麼分工合作（包括照料寶寶和處理家務）。

分清優先順序。寶寶小睡片刻時，你是該趁著這個空檔趕緊做些家事，還是蹺起腳來好好休息一番？到底是大吃一頓好呢，還是懷抱寶寶出門閒逛一下？請務必牢記在心：欲速則不達，太急著一次做好許多事，只會讓你很快就氣力放盡；既然寶寶不會永遠只有兩天、兩週或兩個月大，你總會有好好整理房子的機會，還不如先擱下家事香香你的寶貝。

有條有理。每一個時睡時醒的夜裡，腦子裡總擠滿了待辦事項？寫下來吧。起床後第一件事（或瀕臨崩潰的入睡前的最後一件事），就用來記下待辦事項，條列成三種優先順序：必須盡快完成的事，今天晚點再做也沒關係的事，以及可以留到明天、甚至下星期再做的事。決定在哪個時候做哪些事時，要配合你的生理時鐘（剛起床時做啥都有氣無力？晨間做事最有效率？）及寶寶的習性（截至目前為止你的最佳判斷）。

雖然條列待辦事項並不意謂你就一定能照表操課（說實在的，剛當爸媽

的幾乎都做不到），但最少會讓你感到原本全然失控的狀態變得條理分明；你甚至說不定還會發現，條列後的待辦事項根本沒有想像中那麼多。別忘了，每完成一件待辦事項時，就要立刻從列表中劃掉那一件事，好讓自己有點美好的成就感；長日將盡時，更別為還沒劃去的事項發愁——移到明天的待辦事項列表就好。

另一個讓自己有條有理的小訣竅是：隨時更新寶寶收到的禮物和送禮者的名單。你總以為，自己絕不會忘了那件可愛的藍黃連身衣是潔西卡表姊送給寶寶的，但等你收到第十七件連身衣時，原本的清晰記憶就糊成一團了；當然了，每寄出一張回謝卡就得從名單上劃去一個名字，免得你的凱倫阿姨、馬文叔叔或老闆哪天又收到第二張回謝卡。

化繁為簡。能走捷徑就走捷徑，想辦法讓自己喜歡上冷凍蔬菜和健康冷凍料理，善加利用住家附近的沙拉吧、快送到家的披薩店、雜貨和尿布的網路商店。

明天的事，今晚先起個頭。每晚寶寶入睡後、自己還沒累倒前，擠出殘餘的力氣先為明早要做的事做點前置工作，比如補充寶寶的尿布、預先在咖啡壺裡放好咖啡粉、為待洗衣物分類、擺放你和寶寶明天要換穿的衣褲；只要十分鐘左右，你就能做好寶寶醒著時得花上三倍時間才能完成的事，也能讓自己因為明天起床後不必太匆忙而睡得更安穩（如果寶寶不找麻煩的話）。

出門走走。每天都安排和寶寶一起出門的計畫——就算只是到賣場逛逛都好。即使只是一點點路徑與空間的轉換，都能為一成不變的生活帶來新鮮感。

做好迎接意外的心理準備。新手父母的完美計畫，通常（不，幾乎）都會出些差錯；寶寶已經著裝完畢，尿布剛剛換過，你都已經穿上外套了，突然間，寶寶的衣服底下卻傳來再明顯不過的噗噗聲，你只好脫下你的外套、寶寶的衣服，再為他換上一塊新尿布——原本就已經抓得很緊的時間，因此又突然多出十分鐘的延宕。為了應對諸如此類的突發狀況，請先為每次出行預留些時間。

笑口常開。經常笑得出來的人，就比較不會想哭，所以，就算面對的是全然的失序或徹頭徹尾的混亂場面時，也別失去你的幽默感——還有幽默感，你就不大會喪失理智。

接受現實。和嬰兒日夜相處，就意味著大多數時刻都得面對或大或小的騷亂；隨著寶寶的逐漸長大，種種騷亂的挑戰也會愈來愈艱巨。不管你把玩具收進箱籠的動作有多快，都快不過他又到處亂丟的速度；你才剛擦乾淨他留在牆上的豆渣，他就又用桃子汁幫你創作塗鴉；你廚房的櫃子都加了安全閂嗎？這小傢伙就是打得開，讓你放在裡頭的瓶瓶罐罐

寶是看胃口進食（就算胃口超大），你就沒啥好擔心的；但如果寶寶把奶瓶當作吃到飽餐廳——就算吃飽了也還想再吃一輪——的餐盤，就有可能過量。

過量的配方奶會讓寶寶太胖（研究顯示，小時候胖長大後就更容易胖），還可能引發其他的問題。如果寶寶經常吐奶（比正常情況多，參見第202頁）或腹痛（在吃完後立刻將腿蜷在小肚子上），和／或超重過多，就表示他吃太多了。醫師應該可以告訴你寶寶體重的正常發育速度，每餐又該餵多少配方奶（參見第317頁）。如果寶寶似乎真的吃太多了，試著少餵一點，而且不要在他吃飽後又強行餵他多吃一些；多拍幾次嗝以消除腹部的不適，再問問醫師是否可以偶爾給寶寶喝點水解渴。同時謹記，寶寶可能只是喜歡吸吮而不是想吃奶，有些寶寶就是比別人愛吸吮。如果是這種情況，可以考慮在接下來的兩個月給寶寶需要用力吸吮的安撫奶嘴（參見第227頁），或幫他吮自己的指頭或拳頭。

❖補充水分

我想讓我兒子多喝點水而不用那麼常餵奶，可以嗎？

新生兒肚子餓時——新進父母也是——只有兩種選擇：母乳或嬰兒配方奶。從出生到半歲大左右，母乳或嬰兒配方奶（或者交互輪替）就能同時滿足寶寶食物與水分的需求；事實上，為一個已經以全液態乳品為食的寶寶補充水分不但毫無必要，還會是個危險的舉動——可能稀釋他的血液濃度，導致體內化學物質失衡（就像調製配方奶時加了太多水）。對一個還在哺乳期的寶寶來說，喝水也許可以滿足食慾與吸吮的需求，卻也會讓他對乳水失去胃口，體重無法增加。

就算寶寶已經到了吃固體食物的時刻，剛開始也只能用杯子餵他喝點開水（用奶瓶會喝太多，用杯子

滿地亂滾。

就算你終於把老么也送進大學、家裡總算重見安寧，別忘了，等到他放寒暑假回家時，你還得笑納他帶回家來的喧鬧（說不定還有一大袋髒兮兮的衣褲）。

就不會）；用杯子餵他，也是種讓他在未來漸漸脫離你的乳房和奶瓶前的好訓練。如果天氣太熱，有些小兒科醫師認為，在喝嬰兒配方奶的寶寶開始接觸固體食物前喝一點水沒關係，但還是先確認一下比較好。

❖維生素補充

周遭的人對該不該給寶寶吃維生素這件事都各有看法，我們到底該不該幫我們的新生兒補充維生素呢？該補充哪一種？

到底要不要幫寶寶補充維生素（以及該補充哪種維生素），只有小兒科醫師的話才算數；這當然是因為，小兒科醫師不但會閱讀層出不窮的相關研究，還會蒐集補充維生素的建議資訊，更比誰都清楚你的寶寶需不需要補充維生素。

如果你家寶貝一直都由你全程或經常哺餵母乳，那麼，他就不至於缺乏多少成長所需的維生素或礦物質（假設你自己的飲食很營養，產前也都有服用孕婦維生素或為授乳媽咪調製的維生素）；不過，寶寶一定會很快就缺少維生素 D，所以小兒科醫師都會建議，哺乳期嬰兒每天都要從複合配方（也許是 A-C-D，也就是同時包含維生素 A、C、D）中攝取 400IU 的維生素 D，而且是剛出生沒幾天就開始。至於鐵質，前四個月母乳就能充分提供，之後才會漸漸不大足夠——這也就是為什麼，小兒科醫師會在複合維生素裡加入鐵質（很可能就加在前述的 A-C-D 配方裡，每天 1 毫克／公斤），最少要攝取到可以食用富含鐵質的固體食物（包括穀物、肉類和綠色蔬菜）之前；做為預防措施，小兒科醫師也許還會建議你家寶貝在週歲前都繼續補充鐵質。與維生素 C 一起攝入鐵質（不管是補充劑還是食物）還有額外的好處：維生素 C 有助於吸收鐵質。

❖吐奶

我女兒吐奶吐得之嚴重，讓我很擔心她會營養不良。

雖然你家寶貝看來完全吐掉了午餐（和早餐、晚餐、點心），其實十有八九只吐了一點點。看起來她好像吐了很多，但當真檢視的話裡頭也許只有一兩湯匙的乳汁，其他都是唾液和黏液——絕對不至於讓你家寶貝流失營養。如果寶寶長得很好，大、小便都很正常，也愈來愈健壯，那麼吐奶就沒什麼好大驚小怪的，更一點都無需擔憂。

醫師一定會告訴你，吐奶是一種清潔問題，不是健康上的毛病。儘管寶寶吐出來的東西又髒又難聞，嬰兒吐奶卻很正常——也確實很常見。幾乎每個寶寶都偶爾會有吐奶的情形，有些寶寶甚至每喝必吐；為什麼？那是因為新生兒食道與胃部之間的賁門發育尚未成熟，才會留不住喝進肚裡的東西——而由於他們大多時候都仰躺或斜躺，就更容易引發吐奶了。此外，新生兒也有清除過多唾液和黏液的需要，直接從口中噴吐出來則是最有效率的法兒。最常見的吐奶原因是喝太多（尤其是以奶瓶哺餵、爸媽又巴不得他喝愈多愈好的寶寶），要不就是同時吞下太多空氣（特別是喝奶前才剛哭過或者喝過後沒有好好拍嗝）。大一點的寶寶之所以會吐奶，則常是長乳牙時口水太多。

大多數的寶寶，開始學坐——半歲大左右——時就應該不會再吐奶了；開始加入固體食物（也差不多都在半歲大左右）之後，也對減少吐奶很有助益——吐出全液態食物畢竟比固體食物容易一些。在此之前，並沒有什麼確實能減少吐奶的萬全之計（寶寶的圍嘴和你的吐奶巾倒是可以讓你不會太狼狽）；不過，你確實可以降低寶寶吐奶的頻率：

- 盡量不讓寶寶同時喝下太多空氣（別讓他邊哭邊喝，哺餵前先安撫他）。
- 讓地心引力幫你忙，餵奶時盡量扶正寶寶的上半身（只要寶寶感覺舒服，坐得愈直愈好）。
- 斜拿奶瓶以防空氣滲入奶嘴裡，或者乾脆使用可以隔絕空氣進入奶瓶的專用奶嘴。
- 寶寶喝奶或剛喝過時別太劇烈搖晃他，愈是讓寶寶保持穩定就愈能防止吐奶。
- 盡量多幫寶寶拍嗝——餵奶途中最少都要停下來拍嗝一次（如果等他吃飽了再拍嗝，很可能會連

白色的，彩色的，寶寶的？

厭煩了分批洗滌寶寶的衣物嗎（尤其是又常換又都小小一件）？不妨放輕鬆一點：大多數寶寶的衣物，也許根本就不必和大人的分開來用特別的洗衣皂來清洗。就算真的可以洗得乾乾淨淨、幾乎完全清除髒汙和氣味（寶寶最擅長留在衣服上的那一種）的強力洗衣粉，清洗後也不會留下刺激嬰兒的成分。（不管是效果最好的去汙粉或液態洗潔精，清水都可以徹底沖洗乾淨。）

如果你心裡還是有疑慮，下次用最喜歡的洗滌劑洗衣服時，不妨加進一件寶寶的貼身衣物（比如T恤）試試看；不過，可別因此多加洗滌劑或減少沖洗的時間。要是那件貼身衣服並沒讓寶寶起疹或不舒服，此後就可以放心地和大人的衣物混在一起洗了。要是寶寶當真穿了就起疹子，也別急著換用所謂的「嬰兒配方」洗滌劑，最好還是先改用沒有顏色和氣味的洗滌劑看看。

就是拒絕不了嬰兒洗衣劑的芳香？沒問題，就讓自己開心點吧——不只寶寶，乾脆讓全家人的衣物聞起來都有嬰兒的芳香和清爽。

奶水都一起拍出來），如果你家寶寶喝奶很慢或喝得不大舒服，那就多拍幾次嗝。

- 吃飽喝足後，盡量多讓他坐直一會兒。

大多數的寶寶都是「快樂吐奶兒」——換句話說，吐奶這回事一點也不會讓他們難受（雖然爸媽的感受大概正好相反），也不會影響發育或健康。如果寶寶吐得不舒服——吐奶時夾帶臭氣或出現逆流的徵兆——醫師可能會判定是胃食道逆流（GERD，參見第635頁）。

如果寶寶吐奶的時間過久、邊吐邊咳、體重幾乎沒有增加，或者吐出褐色或綠色的東西，或者呈噴射狀地吐到六、七十公分之外，就得打個電話給醫師了。因為這很可能是寶寶罹患了某種疾病的症狀，比如腸梗阻或幽門狹窄（參見第636頁）。

❖吐奶中帶血

我女兒兩週大，今天她吐奶時，我發現吐出來的東西當中有些類似血絲的東西。這使得我極為擔心。

小訣竅

手頭上隨時準備著一瓶小蘇打水，用來清洗嘔吐的汙漬。用布沾小蘇打水擦拭，可消除大部分的汙漬。或者可以拿溼紙巾擦。

一個兩週大的嬰兒吐出帶血的東西，是很值得重視的情況。但是，在你緊張得六神無主以前，再仔細判斷一下：究竟那是寶寶的血，還是你自己的——這極為可能。如果你餵母乳，而你的乳頭有些裂傷，即使非常細微，但是當寶寶吸吮時仍有可能吸到一點血，這大概便是你看到的。

如果你確定不是你的問題，那麼就去請醫師檢查一下究竟是什麼原因。

❖對牛奶過敏

我的寶寶常常哭，我懷疑他可能是對嬰兒奶粉中的牛奶成分過敏。我如何得知是或不是？

在你急於找出寶寶啼哭的原因（和簡單的治療）時，不應該懷疑是配方奶粉有問題。對牛奶過敏是嬰孩最常見的一種食物過敏，但並沒有像一般人想像的那麼普遍（大約只有百分之一）。如果雙親都不會過敏，小孩過敏的機會很小；另外，只憑愛哭也絕不足以認定。

一個對牛奶嚴重過敏的嬰兒會時常嘔吐、排便稀軟，可能帶血。較輕微的狀況是：偶爾會吐，稀而含有黏膜的大便。有些寶寶的過敏症狀還包括起溼疹、蕁麻疹、氣喘、流鼻涕或鼻塞。

很遺憾的，除了親身體驗外，並沒什麼方法可以檢測出寶寶對牛奶是否過敏，或者過敏的程度。如果你懷疑有此狀況，在採取任何行動前先和醫師商量一下。如果家族中並無過敏例子，加上小孩唯一看得出的徵兆只是哭而已，那麼醫師可能會判斷他只是普通的絞痛（參見第 217 頁）。

如果你的家族有過敏病史，或者寶寶出現啼哭之外的過敏症狀，醫師大概就會建議你改用其他配方嬰兒奶粉，比如從牛乳配方改為水解蛋白配方奶粉（蛋白質已預先分解或適度減少）；假如過敏症狀就此消失，應該就表示你的寶貝對牛奶過敏（雖然有時只是巧合），醫師大概也就會建議你暫且先改用水解蛋白配方奶粉來哺餵寶寶。還好，牛奶過敏通常會隨著寶寶的長大而

自然消失，所以有一天小兒科醫師又會建議你換回牛乳配方奶粉，或者週歲後換喝全脂牛乳；要是過敏症果然不再復發，就表示寶寶要不是本來就不對牛奶過敏，就是已經擺脫了過敏的歲月（也代表你可以放心讓他食用乳製品）。

如果寶寶確定對牛奶過敏，一般都不建議爸媽以豆奶代替牛奶——會對牛奶過敏的寶寶，大多也會對豆奶過敏。

極少數的過敏例子是緣於寶寶的酵素不足——身體無法製造乳糖酵素來消化牛奶中的乳糖。先天性乳糖不耐症的症狀包含放屁、腹瀉、腹脹，以及體重無法增加，只要換用低乳糖或不含乳糖的配方，通常就能解決問題。

如果檢查結果和牛奶過敏無關，那麼最好再試喝牛奶，因為那是母乳的最佳替代品（雖然醫師很可能還是會建議你換用某種比較不會刺激腸胃的配方）。

❖連母乳都過敏？

我只給我兒子吃母乳，今天我幫他換尿布時，發現大便裡有血跡。這是說他會對母乳過敏嗎？

基本上，寶寶通常對自己媽媽的母乳過敏，但有些卻極罕見的對經由母親飲食進入母乳的某些物質過敏——往往是牛奶的奶蛋白。你這個非常敏感的寶寶好像就是這樣。

這種一般稱之為過敏性結腸炎的過敏，症狀包括：大便帶血、難以取悅或脾氣暴躁、體重沒有或很少增加、嘔吐和／或腹瀉。你的寶寶可能會有上述症狀的一種或全部。研究員懷疑，可能是有些寶寶在媽媽肚子裡時就對她飲食中的某些物質過敏，而導致出生後的過敏。

牛奶和其他奶製品是這些過敏反應常見的元凶，卻不是唯一的，其他可能的凶手包括大豆、堅果、小麥和花生。在醫師快速檢查寶寶後，他可能會要你這麼做：判定你的飲食中是什麼物質引起寶寶的過敏反應，試著排除所有可能的食物過敏源二到三週。也許寶寶的症狀一週後便消失了，但為了以防萬一，還是多等個一兩週比較安全。

通常你很快就會搞清楚是你吃的什麼食物造成寶寶的問題。但有時候食物與過敏之間並無關聯，在這種情況下，可能是寶寶的腸胃病毒導致大便帶血，或因肛門有小裂縫出血所引起。另一種可能性則是：也許因為你的乳頭有傷口，寶寶吞下了你的血液——然後出現在寶寶的嘔吐物或糞便中（有時血液會讓糞便變黑），總之，讓醫師檢查一下就應該可以解開你的迷惑。

❖排便

我餵母乳，原本預期我女兒一天排便一到兩次，可是她幾乎每次換尿布都有成果展示——多達一日十回，而且又稀。她會是拉肚子嗎？

不管是誰家的寶寶，看來都很有打破弄髒尿片世界紀錄的企圖心，但是，喝母乳的寶寶經常便便不但不見得是壞事，說不定還是好事一樁呢。既然有出才有進，還不到六週大的寶寶天天都噗個不停，就代表了他從母乳得到了很多養分。

往日時分，喝母乳的寶寶大多——平均（這裡最重要的字眼就是「平均」）——出生後每長大一天就會多排便一次；也就是說，剛生下來那一天一次，才隔天就兩次。還好，大約到第五天後就不會再加多了，從五天大的那一天起，喝母乳的寶寶平均一天排便五次。排便多少才算「一次」呢？任何大過五元硬幣的便便都算數；有些寶寶——比如你家那一天十回的寶寶——會多上幾次（有的寶寶每飽餐一頓就排便一次），有些寶寶次數少一點（要是前幾週排便次數都很少，很可能意味寶寶都沒吃飽）。喝母乳寶寶約莫來到六週大以後，排便的模式就會開始轉變，你也會很快就發現他的排便次數一天少過一天（有時一天會減少兩次……甚至三次）——也可能不會。有些寶寶，直到滿週歲前都還會一天排便很多次，讓你尿片換個不停，但只要他健健康康又很開心，六週大以後你就不必再費心計算他一天排便幾次了；就算時多時少，也是正常不過的事。

同屬正常的是：母乳哺育的寶寶糞便相當稀軟。腹瀉是經常排出水狀、有味道的大便，且可能含有黏膜，通常伴隨著發燒和／或體重下降。喝母乳的寶寶發生腹瀉可說少之又少，若真有的話，情況也遠較喝奶粉的寶寶好，並且較快復原。這可能是母乳中所含的抗體所致。

❖噴射式排便

我那兒子每回大便都勁道十足，還伴有噴射音效。他是有什麼消化方面的毛病？或者是我的母乳有問題？

喝母乳的寶寶解大號可是不講禮儀的，他們大便時的爆響甚至讓在

隔壁房間的媽媽都聽得見。這些動作和聲音其實很正常，乃消化系統尚未發育成熟之故。再一兩個月應該就會安靜多了。

❖排氣

我女兒一直在放屁，而且很大聲。會是腸胃有什麼不對勁嗎？

儘管會和大人的一樣響，寶寶的小屁屁放出來的屁卻不會像成人那樣令你困窘。這是絕對正常的，是消化產生的氣體。等她的消化系統成熟，她的排氣就就算還是很刺耳，也不會如此頻繁又響亮了。

❖便祕

我很擔心寶寶有便祕：他平均二到三天才排一次便。

一旦寶寶出現便祕的情況，你該關心的就不是頻繁與否——而是嚴重與否。對喝配方奶的寶寶來說，除非便便都呈硬塊或一小球一小球地排出，又或者讓寶寶很難過或帶血（而且是因為便便太硬而使得肛門裂傷的流血），否則就不能說是便祕。即使每三到四天才排便一次，只要你家寶貝的便便都夠軟也不難排出，他就沒有便祕的問題；同樣地，如果他排便時哼哼唧唧或很用力，也別馬上就認定他便祕了。以上種種，都是寶寶練習排便的標準現象，即便排出的是柔軟的便便，也可能因為寶寶的肛門還不夠強壯或協調性欠佳而顯得費力；更別說寶寶排便時往往都躺著，得不到地心引力的協助。

如果你還是覺得寶寶便祕了，就找醫師確認一下，再看看有沒有治療的必要，千萬別在沒有醫囑下自作主張。

喝母乳的寶寶很少有便祕的問題，但如果前幾週很少排便，就很可能是新生兒吃得不夠飽的徵兆（參見第 187 頁）。

❖睡姿

我知道寶寶應該仰睡，但她好像不怎麼喜歡仰睡；可不可以讓她趴睡，或者至少側躺著睡呢？

除了仰睡，寶寶沒有第二種選擇。和趴睡比較起來，研究顯示仰睡的寶寶較少發燒、鼻塞和耳朵感染，也更不會像趴睡寶寶那樣夜裡吐奶（或吐奶時噎著）；但截至目前為止，寶寶應該仰睡的最重要原因是：仰睡可以大大降低嬰兒猝死症（Sudden Infant Death Syndrome,

最好的睡姿：平躺

要讓寶寶睡得又健康又安全，你得克服兩個小障礙。其中之一——新生兒都比較不喜歡平躺著睡——可以用襁褓包來克服，讓他平躺著睡時既舒適又有安全感；另一個小障礙——由於老是面對同樣的方向，經常仰睡的寶寶可能會有一邊頭臉比較扁平或斑禿——則可以用偶爾幫他翻轉方位來避免，比如讓他換睡不同的地方（最簡單的方法是今天如果頭朝嬰兒床的這一邊，明天就朝另一邊），因為嬰兒仰躺時，都習慣聚焦在房間的某個定點上（比方窗戶），翻轉方向可以確保頭部的壓力不會永遠都在同一邊，也就不至於讓頭臉的某一邊特別扁平或斑禿。如果你都已全力避免了，寶寶還是有一邊頭臉比較扁平或出現斑禿的狀況，也別煩惱——很有可能問題會自己消失。就算你的寶寶是極少見的特例，也可以靠特製的束帶或頭盔來矯正。

寶寶醒著時讓他趴著玩（和東張西望），既可以消減上述的麻煩，也能夠幫他培養肌肉和練習大肌動技能。

SIDS）發生的機率（註：患有嚴重胃食道逆流症或氣管畸形的寶寶例外）。

愈早讓寶寶開始仰睡（而且不要用任何器具強制固定，那有危險）就愈能讓他養成習慣；有些寶寶會比較討厭仰睡——也許是不舒服，也許是沒有安全感，因為沒辦法貼著床墊蜷縮著睡。他們也比趴著睡時更容易驚醒，可能會有時睡時醒的狀況（參見第 152 頁）；用襁褓包起寶寶（或讓他睡在防踢睡袋裡）既有助安眠也會讓她仰睡時更舒適——也更有安全感。

嬰兒猝死症最常在寶寶六個月大前發生，所以呢，雖然專家都建議週歲前最好都讓寶寶仰睡（專家不會考慮是誰得哄寶寶入睡，因此你最好確定照護寶寶的人願意遵照囑咐），可一旦寶寶自己會翻身了，也許她就會隨興選擇睡姿——即便如此，你還是得先讓寶寶仰睡，再由她決定要不要變換睡姿。

別忘了：仰著睡，趴著玩（參見第 246 頁）。

❖沒有睡眠模式

我家寶貝每晚都要醒來喝奶好幾

次，弄得我精疲力竭。我是不是得想辦法讓她養成規律的睡眠習慣？

不管你苦不堪言的身心（和那一對黑眼圈）有多想一覺到天明，恐怕都還得等上一陣子。還沒滿月的新生兒，都有兩個還不能睡到天亮才醒來的理由。

第一，成長很費精力——儲存精力的容器卻相對很小，所以每晚最少都得醒來飽餐一頓（通常是兩頓、三頓……），尤其是喝母乳的寶寶，醒來的次數還要更頻繁——前三個月左右，一覺到天明是不可能的任務；體重也是要角——瘦小的嬰兒夜裡通常比重量級寶寶更需要進食，直到體重趕上標準前也都不會放過你。太早啟動規律睡眠計畫不但會破壞媽媽的母乳產出，也會影響寶寶的發育。

另一個理由則是，不論喝母乳或配方嬰兒奶粉，也不論個頭大小，寶寶的生理時鐘就是會在子夜（和三點）叫她起床：她正開始學著認識這個世界，這個既新奇又有點嚇人的世界。她迫切需要的不是規律的睡眠，而是每當她哭著醒來時，你都能在身邊安撫她——即使是剛被吵醒時神智不清的三更半夜，即使那是最近的六個小時裡她第四度醒來。

如今的你也許難以置信，終有一天，你家寶貝——還有你——就會開始一覺到天明。

❖睡不安穩

寶寶和我們同睡一間房，整夜就

安全的睡眠

因為趴睡有導致嬰兒猝死症的可能，所以最安全的睡姿就是讓你家寶貝仰睡；但是，睡眠時的安全顧慮可不止睡姿而已，還得考量寶寶睡在哪裡，以及嬰兒床或搖籃裡還有哪些東西。最低限度的要求是：別讓寶寶睡在軟床上（只有堅實的床墊，沒再加鋪一層軟墊），或者有枕頭、羽絨被、鬆軟毛毯、填充玩具等可能會讓寶寶窒息的嬰兒床（或者爸媽的床）；同樣危險的是：懶人沙發、水床、吊床、躺椅、扶手椅，以及沙發——也就是說，任何鋪有軟墊的東西。那麼，小嬰兒要睡在哪兒才好呢？睡在你的臥室裡，而且嬰兒床或搖籃要擺在你的床鋪附近。有關嬰兒猝死症及安全睡眠的更多資訊，請參見第 286 頁。

寶寶睡著時，沉默是金？

只要寶寶入睡了，大家就得保持安靜嗎？他一睡著，你在屋子裡走動時就得躡手躡腳？寶寶一開始打盹，你就得把手機調成靜音震動模式？需不需要拜託左鄰右舍，來訪時敲門而別按門鈴？扮演圖書館管理員，不但連狗狗都得噤聲，家人更不許以超過耳語的聲量交談？

應該是不必啦。這種讓寶寶多睡一會的典型技巧也許一時三刻有其功效，長期來看卻很可能適得其反——有一天，你會發現你家寶貝無法在真實世界裡入睡，只要手機響起、有人按了門鈴或狗兒吠叫，他就會立刻醒來。更別說，本來就沒這個必要——甚至只是白忙一場。

新生兒究竟能在多大的噪音及哪種噪音下入睡？這除了要看那種噪音（比如狗兒的叫聲）是不是他還沒出生就已經聽慣了，也得看寶寶自己是哪種性格。有些寶寶天生就是比較容易受刺激，但也有些寶寶沒有背景聲響就睡不著（別的不說，他待了很久的子宮就一點都不安靜）；所以，最好的方法便是仔細觀察寶寶，藉以衡量他午睡或晚上入眠前需要摒除多少噪音。要是你發現寶寶睡覺時對聲音很敏感，關掉手機鈴聲、換個聲音不那麼尖銳的門鈴、降低屋裡所有聲響便是明智之舉；但如果寶寶根本不怕吵，那就別自找麻煩了。

聽他翻來覆去。是不是因為我們在附近才讓他無法熟睡？

我們常用「睡得像個嬰孩」來形容人睡得甜美，實際上小寶寶的睡眠一點也不安靜。儘管他們睡眠時間很長，但大部分是處於快速眼動（REM）的睡眠狀態；這時他們會作夢，肢體會有很多動作。當每個REM 階段結束時，小寶寶會暫時醒來一會兒。如果你晚上聽到寶寶哭鬧或啜泣，可能是他剛結束一段REM 睡眠期，而不是因為你和他同房。

當他年紀稍長，睡眠模式逐漸穩定，REM 睡眠狀態會減少，就會有較長的安靜熟睡。

與此同時，如果你們共處一房（一如預防嬰兒猝死症的專家所建議），就別忘了夜裡定時喚醒他來餵奶不但會干擾寶寶的睡眠（你自己也很辛苦）；所以，直到他真的餓醒或需要關愛前，不妨讓他愛睡多久就睡多久——別擔心，他會用穩定的哭聲來喚醒你。

❖日夜顛倒

我那三週大的女兒白天猛睡，夜裡精神可就來了。我該如何調整她的作息，好讓我先生和我能得到一點休息？

你家寶貝簡直就像個小吸血鬼——白天睡覺，徹夜不眠——嗎？其實很正常，因為不過三週以前她還住在一片漆黑的世界裡。同樣的，她也很習慣在你的子宮裡打盹度過大白天（那時你會走動做事，不時搖晃得讓她不覺入睡），只有在你安靜躺臥休憩的夜裡，她反而得以保持清醒。

值得欣慰的是，她的日夜不分只是暫時性的，只要適應了子宮外的生活，她就不會再日夜顛倒——多半會自我調整，就算晚一點也只需要再過幾個禮拜。

要是你想加速這段過程，可試著限制她白天的睡覺長度，一次不超過 3 或 4 小時。弄醒小嬰兒不大容易，但不是辦不到的。可以替她換尿布、讓她坐直，幫她拍嗝，脫掉衣服，搓搓她的下巴，或是搔她的腳。等她稍微清醒時，進一步的刺激她的反應：說話唱歌都行，或是把玩具拿到她的視野範圍內，大約是 20~30 公分（其他讓寶寶保持清醒的訣竅，參見第 149 頁）。但是，可千萬別想要她白天都不睡，好在夜裡安安靜靜；一個累壞了或是白天太過興奮的小寶寶，到晚上根本睡不好覺的。

清楚區別日夜也是不錯的法子。白天把她放在嬰兒車裡睡，帶她出門走走。如果在房裡睡的話，不必刻意弄暗室內光線或降低音量。當她醒時，提供一些較刺激的活動；一到夜晚，反之而行。尤其是，不管你多想，別和她玩，甚至連說話都不要。餵奶時，把燈光控制好，別弄亮，也不要開電視；除非必要就別幫她換尿布，談話聲保持耳語狀態。

❖檢查寶寶的呼吸

每次檢查我那新生兒睡覺時，她的呼吸好像不規則，胸部以一種有趣的方式起伏著，說實在的這嚇壞我了。是我的寶寶有什麼毛病嗎？

你的寶寶不但正常得很，你也是（許多寶寶剛出生頭幾週的父母，都和你一樣的擔憂）。

一個醒著的新生兒，呼吸頻率大

讓寶寶更好睡

只要能睡上一會（尤其是夜裡）就謝天謝地了？你可以透過以下策略，讓寶寶和你都多添點兒睡眠；這些策略裡，有幾個是嘗試再造類似子宮這舒適的家的環境或氛圍：

舒適的空間。太空曠的嬰兒床是個不友善的環境，會讓新生兒感到疏離、脆弱，遠遠不像媽咪的子宮那麼舒適，最好是讓寶寶睡在一個溫暖一些的地方——舊式的搖籃、有篷的娃娃推車或是嬰兒躺椅，都能提供近似子宮的緊密實在的氛圍；如果還想再幫他多增添安全感，也可以用包巾裹住寶寶，或者讓他躺在嬰兒睡袋裡。

控制溫度。歷經九個月完美氣溫寶寶，太冷或太熱都會影響睡眠（溫度過高還可能導致嬰兒猝死症），所以寶寶待在家裡時室溫要控制得宜（探觸頸後的皮膚可以查知寶寶是否舒適）。

搖呀搖，寶貝。還在子宮裡時，你的寶寶最活躍的時刻反而是你休息時——媽媽一起身走動，胎兒就會安靜下來。離開子宮後，類似的晃動依然具有安撫寶寶的效果，所以搖晃或輕拍寶寶都能幫他入睡；在寶寶的床墊下塞個震動墊，可以在他入睡後繼續搖晃寶寶。

安撫的聲響。子宮是個比你想像中嘈雜得多的地方，胎兒隨時都聽得到媽媽的心跳聲、肚子的咕嚕聲和說話聲，所以完全沒有雜音時寶寶反而不容易入睡；所以不妨給他一些類似電扇轉動的聲音，或為他準備一個白噪音機器、發出柔和音樂的手機或音樂盒，以及能夠安撫寶寶的有聲玩具。

哭完再哄他入睡。研究顯示，父母睡在寶寶附近可以大幅降低嬰兒猝死症的威脅——所以專家建議，在寶寶滿

約每分鐘 40 次，而熟睡的寶寶可能降到每分鐘 20 次。但讓你——以及大多數新手父母——擔心的是寶寶睡覺時不規律的呼吸：寶寶可能持續短促呼吸個 15~20 秒，然後暫停（也就是真正教人害怕的停止呼吸）個不到 10 秒（儘管你覺得彷彿永遠），然後繼續呼吸（通常爸媽也到此刻才開始再度呼吸）。這稱之為間歇性呼吸的呼吸模式是很正常的，因為寶寶大腦中控制呼吸的中樞尚未發育成熟（雖然已

六個月大甚至週歲前，爸媽都要和寶寶睡在同一個房間裡。這種安排的唯一缺點是——你也許會一聽到寶寶稍有動靜就去抱他。為了別過度打擾寶寶，請等到他不再嗚咽、而且確定寶寶已經因為肚子餓了或需要關懷而醒來才抱他。

讓他規律入睡。既然你家寶貝什麼時候都可能入睡，也許你會覺得沒什麼製造睡眠規律的必要；不過，還是愈早建立一套睡前的模式愈好——而且不只睡眠，就連打盹都不妨同時規律化。以後你才會更加感到有其必要（包括眼前還不必急在一時的睡前澡），但現在就為寶寶創造一系列預期中的步驟仍然有助於養成他的入睡習性：調暗燈光，低聲說話，播放輕柔音樂，安靜的擁抱，溫柔的按摩，甚至不妨說個睡前故事。只要寶寶還能這麼逐漸入眠，喝奶就留到最後，但要是你家寶寶已經學會自己入睡了，也可以早點哺餵他。

讓他自在打盹。為了讓寶寶夜裡睡得久一點，就算寶寶睏得很，有些爸媽還是會用盡手段讓他保持清醒；但這種策略有個大問題：疲倦過度的寶寶比適度休息的寶寶更容易時睡時醒。如果你家寶貝還日夜不分，白天不讓他睡太久也無妨，卻別把正常所需的打盹都排除在外。

多讓寶寶見見天光。經常曝曬下午陽光或在午餐後帶新生兒出去走走，會讓他晚上睡得更好。

時候到了就撤掉依賴物。目前你家寶貝才剛在學習怎麼在「外頭」（而不是蜷縮在你的子宮裡）睡覺，所以某些慰藉——安撫的動作、白噪音或音樂——都能讓他睡得更好更久，但在寶寶夠大（通常是六個月大左右）之後，就必須逐步去除這些幫他入睡的東西，以免他依賴過度。

發展得不錯了）。

你可能還注意到寶寶睡覺時胸部的起伏，這是因為寶寶呼吸時通常得靠橫膈膜（在肺下面的肌肉）。只要她沒有嘴唇發青，在爸媽沒有干擾的情況下，短淺的呼吸若能恢復正常，就不用擔心。

初生寶寶的睡眠時間有一半是處於 REM 期，此時她的呼吸不規則，會打呼嚕，有鼻息聲，並常常抽搐——你甚至可以看到她的眼球在眼皮下轉動。其他時間，除了偶有

會哭的寶寶才健康

有些寶寶確實很愛哭，卻沒有不會哭的新生兒——因為哭是一種本能；畢竟，寶寶也只能透過這種方式來獲得身心的需要（會鬧的才有糖吃不是嗎）。所以，要是你家寶貝很少哭鬧——已經吃飽睡足的時候也算在內——很可能就表示他有更大的問題：衰弱得連哭鬧的力氣都沒有了。如果你家寶貝生來來沒幾天就很少哭鬧，尤其是你覺得他應該餓了或需要照料時都幾乎不會哭鬧，就要馬上帶他去看看醫師——因為他很可能就是個超級懶散的寶寶（所以就算他沒要奶喝，你也得讓他吃飽再說）。就算你家寶貝只是精力不夠旺盛，也還是需要看看醫師。

吸吮的動作或蠕動，她都睡得很安穩，呼吸深長且平穩。隨著寶寶慢慢長大，REM 睡眠會減少，而安穩的睡眠也會更像大人的非 REM 睡眠期。

換句話說，你所描述的是正常寶寶的呼吸。然而，如果你的寶寶每分鐘呼吸超過六十次，鼻翼大張，有打呼聲，臉部發青，或每次呼吸時肋骨間的肌肉會凹陷，就要趕緊打電話給醫師。

以前常和人一起笑那些溜進嬰兒房間傾聽嬰兒有沒有在呼吸的爸爸媽媽，而現在我自己卻在做同樣的事——甚至半夜也是。

這一切，只有等你自己當上父母才曉得：一點都不好笑。你驀然從夢中驚醒，不安地想：他已睡了五個鐘頭，怎麼還沒起來？出了什麼事？或是你經過嬰兒床邊，忍不住要輕輕搖一下寶寶，看他究竟會不會動；或是寶寶的鼻聲很響，你擔心他的呼吸有問題等等，所有的父母都會這樣。

你的擔憂是正常的，寶寶種種不同情況的呼吸也是。終究你會不再擔心寶寶第二天會不會醒來，對你們都能舒服的睡上八個小時而感到寬心。

然而，你可能永遠改不掉探視孩子呼吸情形的習慣（至少是偶爾），直到他離家上大學之後——不在你眼裡，卻在你心中。

是不是有點懷疑，呼吸障礙監控器——有的是塞在寶寶的尿布下，有的塞在床墊下，只要寶寶有 20 秒毫無動靜就會響起警報聲——真的能解除你的憂慮嗎？確實有可能，許多爸媽確實因為有了呼吸障礙監控器陪著寶寶而睡得更酣暢；但在你大傷荷包買進這些器具之前，最好要有心理準備：這些器具發出假警報的次數之多，恐怕會讓你反而更傷神；許多花了大錢購入此類器具的父母，最後都在這些沒完沒了的假警報摧殘之下，乾脆全都關掉不用。更別提，我們也從來沒見過這類器具可以預防嬰兒猝死症的證據。

❖把睡著的寶寶移到床上

每次我一把睡著的女兒放進嬰兒床，她就會醒過來。

她終於睡著了！餵奶餵得奶都酸了，抱她抱得手快斷了，唱催眠曲唱得氣若游絲——終於，她睡了。你百般謹慎地起身，躡足來到嬰兒床邊，屏住呼吸，慢慢、慢慢地讓她降落在床墊上。問題是：這臨界點實在太短暫了，才剛剛躺下去，她馬上就醒過來。先是不甚舒服地扭動著，繼而放聲大哭。而你，懷著也想大哭一場的心情，抱起她，從頭來過。

同樣的場景不斷的出現在每個家庭的每位寶寶身上。如果你有這方面的困擾，可先等個十分鐘待她熟睡，然後試試看：

架高床墊。盡量提高床墊的高度（圍欄之下至少 10 公分），你就會發現更容易把寶寶移放到嬰兒床上，只要別忘了隨著寶寶的長大逐次降低高度就好；或者你也可以先用搖籃或躺椅替代嬰兒床，讓你更方便抱起或放下寶寶。

愈近愈好。寶寶睡著的地點離小床愈遠，她在夢中醒來的機會愈大；所以，盡可能在靠近小床之處餵奶或哄她入睡。

容易起身的座椅。你餵奶或是哄寶寶時所坐的椅子，應該是可以讓你很輕鬆平穩地抱她起身的。

方便的方位。如果你打算由左邊將她放下，就把她放在你的左手臂中餵奶，或是哄睡。如果她是在不順手的那邊睡著，先輕輕地將她換邊搖一搖或再餵一下才放下。

保持接觸。突然離開你的懷抱而被放在一個空曠地方（對她而言），她會很容易驚跳，然後醒過來。一邊放她下去的同時，一邊輕拍著她；等她躺下之後，仍暫且將手留在她身上一會兒，直到她安然入睡。

出聲安撫。不管你是唱催眠曲或是

寶寶哭鬧時……

照顧新生兒的最高指導原則：你家寶貝一開始哭，你就得衝到他身邊。但是，如果寶寶哭聲傳來時你正在沖洗沾滿了洗髮精的頭髮……或者正從熱鍋裡撈起義大利麵條……或者正在疏通塞住的馬桶……或者正快完成老闆要求的報告……或者正在臥室和老公，呃，有事在忙？你當真非得在寶寶張口啼哭時就立刻抱進懷裡嗎？當然沒有那個必要——只要你確定來到他身邊前不會有事，平常也都會盡快趕到，讓寶寶一連哭個一分鐘、兩分鐘甚至五分鐘都不會對他造成任何傷害。

就算你在寶寶的馬拉松式哭鬧裡休息個 10 到 15 分鐘，也不會對他有啥害處——說不定還能幫你們倆攀越親子關係的挑戰階段。事實上，有些育兒專家還建議，在應對特別難纏的腸絞痛時，最好在懷抱他一陣子後，就把寶寶放進安全無虞的嬰兒床裡讓他獨自啼哭，過些時候再抱起他安撫個 15 分鐘，然後再放回嬰兒床裡，等一會兒再按撫 15 分鐘。當然了，一旦發現情況愈演愈烈或明顯感覺得到寶寶不對勁，就不能這麼做了。

用有節奏的話語哄她入眠，你都要繼續——在你把她抱進小床的過程中亦如是，放下之後也再持續一會兒，直到她安然入睡。

搖晃到她陷入沉睡。這是活動嬰兒床和搖籃的一個好處——一放下她你就可以搖晃寶寶。除此之外，你也還有別的選擇：置放在床墊下、可以自行震動半小時左右的床墊——但願時間夠長，停止時寶寶已經安然沉睡。

❖啼哭

我也知道嬰兒都會哭——但是，自從離開醫院回家後，她也未免哭得太兇了。

還在醫院時，大多數的父母都深感慶幸——看起來，咱家寶貝並不像別的嬰兒那麼愛哭。然而，那其實只是因為有些寶寶剛出生時哭得太兇，所以一時三刻裡還沒辦法養足精力；只要給他個兩到三天——差不多正好是爸爸媽媽接了寶寶回家時——就又生龍活虎了。這也沒啥好大驚小怪的，說到底，貝比們也只能藉由哭鬧來表達感受和需求——哭這檔事，可是寶寶的第一種語言。也許現在你不敢置信的是：再過不久，你就有本事從寶寶的哭聲中了解他要什麼。

然而，仍有部分的哭泣很難找出具體原因；五個嬰兒中就有四個會在一天裡出現一陣難以解釋——或說解譯——的嚎哭，從 15 分鐘到 1 小時都有可能，而通常又發生在傍晚，這點和腸絞痛的嬰兒十分類似。有可能是傍晚這段時間是家中最紊亂的時刻——大家都又累又餓（媽咪的母乳產出也可能正處於一天裡的最稀少期），大家都想盡快休息，寶寶也不例外。又或者是寶寶經過一整天下來的種種感官刺激，必須藉著大哭一場來紓解；好好哭上幾分鐘，更甚至有助於接下來的睡眠。

撐著點，一等你家寶貝愈來愈懂得表達，你愈來愈了解她的需要，她就不會再那麼經常啼哭，不會再哭那麼久，也更容易撫慰得多。與此同時，即便你家寶貝的啼哭並不是由於腸絞痛（希望不是啦），對付腸絞痛的安撫方式也派得上用場——請參見下個問題。

❖腸絞痛

我實在不願推想我家寶貝會不會是腸絞痛——可他實在哭得太兇了，讓我不禁懷疑應該就是腸絞痛。怎麼做，才能確定是或不是呢？

也許是腸絞痛，也許只是哭到肝腸寸斷……但不論讓人如何不忍聽聞，卻也都可能啥事都沒有。但如此悲慘的父母確實不少：大約五個嬰兒中就有一個哭泣的功力足以榮登腸絞痛兒之林。他們的哭泣一般是開始於黃昏，有些可以持續到晚上上床時間。和前面所述的普通哭叫不同，腸絞痛兒一哭起來幾乎沒有任何方法可以安撫下來，哭不久變尖叫，時間延續兩三個小時很正常，有時更久，一個小時的不太多。大部分的腸絞痛兒每天都會如此哭上一頓，某些則很難得的會有公休日。

教科書中描述的腸絞痛兒會伸直膝蓋、握緊拳頭、活動旺盛。他會緊閉雙眼，或是睜大眼睛；眉頭緊皺，有時甚至會暫時屏息；大便次數增加，常常排氣。吃和睡都因大哭而受影響——寶寶會狂亂地尋覓乳頭，而一旦開始吸到奶，又馬上撇過頭去死也不肯喝；或者打個小盹，然後馬上醒來哭得更凶更猛。

你不可能寵壞新生兒

很怕因為每次你家寶貝一哭就有求必應就會寵壞他嗎？大可不必——誰都不可能寵壞還沒六個月大的寶寶。即時反應寶寶的哭鬧不會讓你家寶貝得寸進尺——事實是，剛好相反。你愈是快速滿足寶寶的需求，他就愈可能長成一個更有安全感、更知節制的好孩子。

但完全符合書中所提的其實很少，而父母的反應也不盡相同。

腸絞痛通常於兩三週大時開始（早產兒會稍晚），到六週時情況愈見惡化。但到了十二週左右，這毛病會漸漸消失，而大部分會在三個月大時奇蹟似地痊癒，只有極少數延遲到四、五個月大。絞痛的消失過程或快或慢，完全正常之前也許還會時好時壞。

儘管不論是馬拉松式的哭鬧或沒那麼可怕通常都被稱為「腸絞痛」，但這個名詞其實只能說是哭鬧問題的籠統說法——除了等它自己結束，完全沒有解決方案可循。醫學上，至今仍然無法清楚明白地定義腸絞痛，也無法找出和其他形式的嚴重啼哭不同之處，可一旦面臨你家寶貝一哭就是幾小時的處境時，你是不是很想知道他究竟是不是腸絞痛，更因為無法安撫他而有強烈的無力感？實話實說，也許……你只比束手無策好不了多少。

唯一幫得上忙——雖然只比沒用好一點——的訊息是，寶寶的腸絞痛不是你的錯，也不是醫師、護士或誰的錯。由於腸絞痛的成因至今依舊成謎，專家只知道那不是基因所致、不是懷孕時或生產時的任何差錯，更無關父母照護技巧（或缺乏技巧，如果你正這麼想的話）。以下是目前為止我們所知的推論：

負擔過重。新生兒都有拒斥周遭環境的先天機制，好讓自己不受打擾地專注於吃和睡；將近滿月前，這個機制消失了，使得寶寶（和他們全新的意識）更容易受到周遭事物刺激的侵襲，太多感知紛至沓來的結果，某些寶寶就會無力招架，尤其是（不難想像）長日將盡之時，為了排解壓力，他們只好用力地哭——一直一直哭。只有在寶寶終於學會選擇性地過濾某些環境的刺激、藉以避免感知超載之後，這種腸絞痛才會消失。要是你覺得這正是寶寶腸絞痛的成因，那麼，你的盡己所能的努力（擺盪、搖晃、震動、唱歌）就只可能適得其反。相反的，你應該仔細觀察你家寶貝對哪些特定的環境刺激有何反應，從此讓他避開那些刺激（比如寶寶腸絞痛發作時你撫摸或按摩他就哭得更兇，那就別在那時撫摸或按摩他；相反地，不妨幫他添件衣服，要是寶寶夠大也可以讓他盪盪鞦韆）。

消化系統發育不完全。對新生兒的腸胃系統來說，消化食物是件負擔很大的工作，由於食物通過腸胃系統的速度太快，來不及完全消化，導致一有氣體便引發疼痛。也因為引起腸絞痛的似乎是氣體，或許可以使用某些藥物來減輕寶寶的疼痛（參見第 222 頁）；要是你覺得是某種配方嬰兒奶粉惹的禍，就改換（當然要先詢問一下小兒科醫師的意見）成另一種更容易吸收或消化的配方。雖然可能性不高，但如果是哺餵母乳的寶寶，引發腸絞痛的也有可能是媽媽的飲食，不妨暫時不吃某種經常出現在餐飲中的食物（咖啡因飲料、乳製品、包心菜、花椰菜）一兩週，看看寶寶的腸絞痛有沒有改善。

胃食道逆流。最近的研究發現逆流是腸絞痛的原因之一，這種逆流會刺痛食道（類似成人的「火燒心」

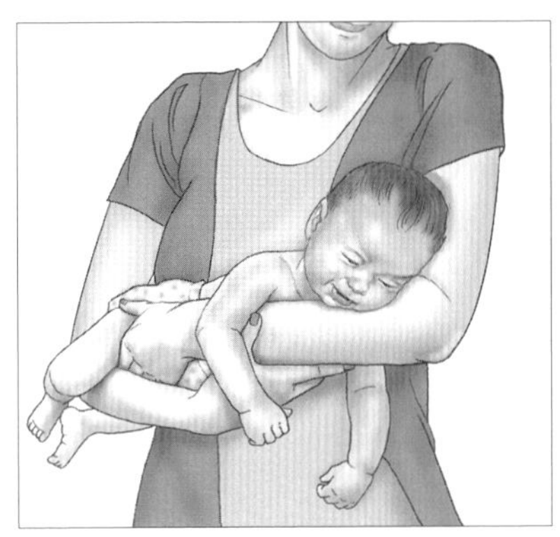

圖 6.2 用這種讓腹部受到一些壓力的方式懷抱寶寶，可減輕一些新生兒的腸絞痛。

），造成不適和哭泣。如果這可能是寶寶腸絞痛的原因，第 636 頁的一些治療小訣竅或許有幫助。

菸害。已經有好幾個研究顯示，懷孕到生產期間抽菸的母親似乎比較容易生下腸絞痛的寶寶。二手菸也很可能是罪魁禍首，卻仍然無法確知為什麼家人抽菸會導致寶寶腸絞痛。（無論如何，你自己就是別再抽菸，更別讓任何人在寶寶附近抽菸。）。

值得慶幸的是，不論在心理或是生理上，寶寶腸絞痛發作並不會讓他精疲力盡（儘管他們的父母不盡然如此），他們依舊生氣盎然，體重的增加與那些較少哭的孩子相當或更多，而且日後會比其他小孩更

給爸媽：克服腸絞痛

毫無疑問，父母親才真的是腸絞痛最大的受害者。一個寶寶的哭聲的確非常令人神經緊張；根據一項報告指出，不管大人或小孩，在聽到一段持續性的嬰兒哭喊之後，都會出現某些反應如：血壓升高、心跳加速、膚色變紅。假如是個早產兒，或在子宮裡營養不良，或是母親患有妊娠毒血症等，嬰兒的哭聲更可能格外高昂刺耳，令人難以忍受（註：如果寶寶的哭聲異常高調，趕快諮詢醫師，這可能表示寶寶生病了）。

為了應付兩三個月大的腸絞痛寶寶，可以試試下列方法：

找時間休息一下。如果你是得每天獨力照顧寶寶腸絞痛發作時的人，這種壓力不僅會有損你的母性，更會傷害你的健康以及你與先生之間的關係。所以，如果夫妻兩人都在家，一定要共同分擔照顧寶寶的責任：或輪流看著寶寶，或採行你們覺得更好的其他方法。

其次，夫妻倆一定要有適當的休息。即使是親自哺餵母乳，如果找得到有耐心並照顧過哭鬧寶寶的保母或家族裡的幫手，就要偶爾和先生一塊兒出去吃個晚餐；若這不甚可行的話，出去散散步，或是拜訪朋友也不錯。

如果你的另一半通常不在家，你可能必須尋求更多的幫助；每天獨自一人看顧著哭鬧不停的寶寶一整天，不是一般人做得到的。如果負擔得起，請個保母，或找親朋好友幫忙（祖母對哭鬧的寶寶常常很有一套，經歷過這種情況的朋友則可以給你一些有用的觀點與經驗），甚至是青少年也可以在你稍事喘息時幫你抱抱孩子、推推嬰兒車。

暫且放下寶寶一會兒。沒錯，既然寶寶只懂得這種溝通方式，回應寶寶的哭鬧確實是很要緊的事；但不論寶寶哭得有多厲害，還是應該每過一陣子就放下寶寶一會兒——你家寶貝也放放下你一會兒。參考一下第216頁的「寶寶哭鬧時……」，讓他自己在小床上待個差不多10~15分鐘，利用這段時間做點可以讓自己放鬆的事：做點瑜伽，看些電視，聽聽音樂；休息過後，第二（或第三、第四）回合再抱起寶寶時，也許你就能少點兒肝

火、多點兒清爽心情——對你們倆來說都是好事一樁。

降低音量的衝擊。帶個耳塞或耳罩，就算不能完全蓋過寶寶的哭鬧聲，至少能使哭聲的衝擊沒有那麼直接而強烈。或者用隨身聽、手機聽聽音樂——音樂不但能安撫你的情緒（說不定對寶寶也有安撫作用），也可以讓你有個好節奏。

運動。運動是減輕壓力很好的方法；你可以一早就帶著寶寶出門，到有嬰兒照護服務的健身房運動一下，或者在腸絞痛即將發作前推著娃娃車出去快走一番（這同時也有使寶寶平靜的效果）。另外，身邊隨時都擺著一顆減壓球的話，火氣大起來時就可以拿來擠壓出氣。

一吐為快。想哭就哭，既可以自個兒哭，也可以找個牢靠的肩膀——另一半、寶寶的醫師、你自己的醫師、親人朋友——伏著輕哭一場，甚至上社交媒體都無妨。說出來雖然治不了腸絞痛，但與人分享卻會讓你舒服一些，尤其是與育兒聊天室中有過同樣經歷的父母討論；一旦你和那些勇渡狂風巨浪、如今已航行在平靜水域中的父母聊過後，你就會發現，其實有好些人都搭過你這艘渡船。單單知道自己並不孤獨，就可以讓你的世界變得更好。

如果覺得自己即將爆發，趕快求助。哭鬧不休的寶寶不但可能讓父母覺得這小孩很難帶，甚至心生厭惡——即便如此，你的反應也很正常（和寶寶一樣，你也只是一個平凡人）；但是，彷彿永無窮盡的啼哭的確會讓有些父母大怒如狂，有時還導致虐兒事件，如果你不巧還承受了無法治癒（而且很可能找不出病因）的產後憂鬱症的荼毒，就更可能跨越那道紅線。因此，要是你察覺到自己控制不了憤怒，感到自己就要屈從於憤怒、很想痛打或猛搖寶寶一頓，就一定要尋求協助，立刻把寶寶置放在安全的地方，打電話給你的另一半、朋友或親人、醫師，或者任何幫得上你忙的人，或者乾脆抱著寶寶去向鄰居求助。除非你很快的接受諮商或治療，否則即使你的強烈情緒還不至於虐待寶寶，也會傷害親子關係以及你對為人父母的信心。別猶豫了，馬上就尋求協助吧。

腸絞痛的處方

寄望腸絞痛能痊癒嗎？你可以過一天算一天，直到可愛的寶寶跨過三個月的門檻；在那之前，很遺憾地，目前並沒有任何處方或藥物——不管是傳統療法、順勢療法或說互補與替代療法——能夠保證治癒腸絞痛。不過，醫師有時還是會給些建議——如果只求「有總比沒有好」的話；大致說來，這些建議之所以看來奏效，應該還是因為寶寶的腸絞痛在一兩個月後逐漸自然緩解罷了。以下的所謂處方，絕大多數都沒有堅實的醫學根據，而是口耳相傳的偏方：

胃脹氣緩解滴劑。患有腸絞痛的寶寶大多容易脹氣（先不管究竟是因為脹氣才腸絞痛或因為腸絞痛才脹氣——或既脹氣又腸絞痛），有些研究確實指出，減少脹氣可以緩解寶寶的疼痛（或啼哭）；因此，有些成分和成人消脹藥一樣（給嬰幼兒用的會以 Mylicon 和 Phazyme 標示）的嬰幼兒消脹滴劑，就經常被用來為寶寶消除脹氣。只不過，同步對照使用和未使用滴劑寶寶的結果，並沒有發現二者有明確的差異；不論你相不相信這個偏方，使用滴劑前都要問過醫師。

益生菌。另一個得問過醫師再考慮的偏方，是益生菌滴劑。這種滴劑之所以有可能減少腸絞痛寶寶的啼哭，也許是由於本來它就能緩解胃腸問題。同樣地，目前為止的相關研究都還沒

少有行為上的問題；事實上，小時候愛哭的人，長大後往往比那些不愛哭的還要勇於解決問題。更令人放心的是，雖然醫學上始終無法找出成因，卻可以確定這種情況不會永遠持續下去。

❖應對啼哭

我家寶貝一開始哭就沒完沒了……所以我得幫幫她（和我自己）。

再也沒有比安撫不了啼哭不止的寶寶更讓人挫折的事了——尤其是你已經努力又努力、再努力……寶寶卻除了哭還是哭。但事實是，雖然所有的安撫手段都不見得適用每一個寶寶，可的確有少數幾種方法不論何時都能多少安撫每一個寶寶——重點是，你最少要能從下述的種種方法裡，找出兩個以上你家寶貝最受用的安撫途徑。在嘗試另一種方法前，請務必先給每一種方法

能證實確有療效。

驅風劑（gripe water）。在「證據很少，傳聞很多」的領域裡，含有少量小蘇打粉和一些香料的這種滴劑，早就讓很多父母趨之若鶩，卻毫無醫學上可以減緩腸絞痛的可靠根據，使用前請先詢問一下兒科醫師。

脊椎推拿（Chiropractic）。這種療法的理論依據，是如果寶寶的脊椎有位移就會導致消化問題和疼痛，而輕柔地按壓脊椎應該就能矯正位移，卻缺乏具體的臨床實證；更別說，有些醫師還認為推拿嬰兒的脊椎風險很高。所以，採用這種療法前絕對要尋求兒科醫師的建議（還得找得到擁有專業證照的推拿師）。

草藥。就和茴香萃取液或草本茶（甘菊、甘草、小茴香、薄荷等等）一樣，草藥做成的滴劑也許可以緩解寶寶的腸絞痛，但相關的研究卻發現藥效並不顯著。無論如何，還沒問過醫師前別讓寶寶服用。

總而言之，不管寶寶的哭鬧多讓你感到無助，都不可以在問過醫師前就給寶寶喝下任何滴劑、草藥或其他藥物。更重要的是，與其為寶寶的腸絞痛四處尋求靈丹妙藥，還不如想辦法幫幫爸爸媽媽——找到最能紓解壓力的方法（參見第 220 頁的「給爸媽：克服腸絞痛」），並且提醒自己：腸絞痛既不會真的傷到寶寶，而且一定會離你們而去（百分之百！）。

足夠的試誤期（也別同時共用太多技巧，以免寶寶消受不起——反而為此而啼哭）：

回應需求。你當然知道寶寶啼哭就回應很重要——但是非你能設身處地，才會知道那有多重要。啼哭不只是嬰兒有需求時唯一的溝通工具，更是唯一可以掌控巨大又讓他迷惑的外在環境的工具：只要一哭，你就會立刻出現在他身邊——要不是完全掌控你，就是求助無門。雖然有時你的即刻回應看來毫無意義（就算你出現，他還是哭個不停），但相關研究已然證實，適度地回應寶寶的啼哭長期來說的確可以減少寶寶的啼哭。嬰兒期父母能夠適度回應啼哭的孩子，長大後都比較不會哭鬧；相對來說，如果父母經常不理嬰兒啼哭超過幾分鐘，寶寶的需求就會愈來愈難看得出來——就算他先前因而啼哭的需求已獲得滿足，也會繼續由於後來的沮喪而哭。更常見的情況則是，寶寶哭得愈久就愈難安撫。

判斷形勢。即便是個會因為腸絞痛而毫無來由地啼哭不止的寶寶，也會為了別的原因而哭泣，所以，只要寶寶又啼哭了，就得先看看有沒有明顯又可以當下解決的原因。一般來說，寶寶會哭都是由於：你家寶貝肚子餓了，疲倦了，無聊了，尿尿或便便了，太熱或者太冷，所以你得餵他吃點東西、讓他小睡一下、抱抱他或搖搖他，給他一些關愛，幫他換個方位、乾爽的尿布，或者用包巾裹住他。

檢視飲食。一定要確認，寶寶之所以經常啼哭不是由於老是沒吃飽。這方面，體重的增加不如預期或不夠健壯都是很好的線索；增加寶寶營養的攝取（哺餵母乳的媽媽就多擠點奶，給寶寶吃個夠），往往就可以降低寶寶過度啼哭的頻率。如果寶寶喝的是配方嬰兒奶，問問醫師可不可能寶寶是對那個配方過敏（雖然除非寶寶除了啼哭還有別的症狀，要不就不大可能是過敏）；如果哺餵的是母乳，也許有必要檢視一下你自己的飲食，即便寶寶因為你吃了什麼而導致過敏、因而啼哭不止的可能性微乎其微，還是不妨移除一些常吃的食物試試看，比如乳製品、含咖啡因飲料，或包心菜之類比較會讓腸胃脹氣的蔬菜，但一次只移除一樣就好，過一陣子再看寶寶的啼哭有沒有減少。只要確定不是某種飲食物惹的禍，也同樣可以一次加回一樣，再一次確認並非那種食物的影響。

多親近寶寶。在使用揹帶背寶寶的社群中，沒聽說過有孩子會長時間哭鬧的，這種傳統智慧似乎同樣適用於現代社會。研究顯示，每天讓人抱著或背著 3 小時的寶寶比較少哭鬧，這不但能帶給他快樂與身體的親密感，對你理解寶寶的需求可能也有幫助。

包巾。對小嬰兒而言，緊緊的包裹著讓他感到很舒適，至少在腸絞痛時是如此，只有少數不喜歡。想知道你的寶寶愛不愛，下次腸絞痛發作時試試看你就知道了（參見第 175 頁）。

學習袋鼠。一如包巾，所謂的袋鼠護理法（kangaroo care）——把寶寶緊緊抱在胸前，以你的襯衫像繭一樣地包住他，或皮膚貼著皮膚、心臟貼著心臟地用內衣包住他——

可以讓很多寶寶更有安全感。但還是別忘了，就像包巾，有些寶寶就是更喜歡不受拘束地自在活動，而不是被緊緊擁抱。

規律地晃動。抱著也好，坐在嬰兒躺椅、搖籃或電動嬰兒鞦韆（在孩子夠大時）也好。有些寶寶喜愛節奏快一點的搖晃，但千萬不可以劇烈振動你的寶寶，那很容易引起腦部受傷。有些寶寶喜歡前後搖，有些覺得左右擺比較舒服，試看看你的寶寶喜歡哪一種。

洗個溫水澡。但前提是寶寶喜歡洗澡，否則只有反效果。

安撫的聲響。就算你唱起歌來就像指甲刮過黑板，你家寶貝也可能還是你最忠實的粉絲……而且很能讓他平靜下來。花點時間，弄清楚寶寶聽到溫柔的搖籃曲、活潑的旋律、輕快的民謠或流行歌曲大致有什麼反應，以及究竟是呢喃似的、高亢的或低沉的歌聲最能產生安撫作用；而且，不管唱什麼歌，都別只唱個三兩句就中斷。歌聲之外，還有不少能安撫許多寶寶的聲音——電扇的嗡嗡聲、吸塵器的哼哼聲（不妨在使用吸塵器時揹著寶寶——既能安撫他又能清潔地板，一舉兩得），以及乾衣機的轟轟聲（你還可以揹著寶寶斜靠在乾衣機上，讓他既能聽到機器的顫動聲又能感受到有節奏的舒適震動）。某些重複的聲音也有安撫效果，比如「噓噓噓」或「啊啊啊」，電腦或手機等發出的白噪音、自然界的風聲雨聲或海浪聲等。

按摩。要是你家寶貝喜歡（嬰兒大多都喜歡），按摩也很有安撫作用，尤其是你仰躺著再讓寶寶趴在你胸脯上時（第 262 頁有更詳盡的說明）。要盡量輕柔但又穩定地撫刷他，更要隨時感受他的反應，才會知道他最喜歡哪種方式的按摩。你家寶貝就是不愛按摩？那就別勉強他了——有些寶寶愈是情緒欠佳就愈是討厭身體的接觸。

施點力。腹部絞痛時的抱法（參見第 219 頁附圖），或任何可以對寶寶的腹部輕輕施加壓力的方式（如俯臥在大人的大腿上），都能減輕寶寶的不適與哭鬧。讓大人輕拍背部。有些也會喜歡被抱起來趴在肩膀上，但同樣是要對胃部造成壓力，也同樣希望背部能夠有些撫觸。或試試這種消氣法：將寶寶的膝蓋輕輕的頂住他的小肚肚，持續個 10 秒鐘，然後放鬆、腳打直，重複個幾次。要不然，你也可以舉起寶寶的腳、像踩自行車般地慢慢前後伸屈來減輕脹氣帶來的疼痛。

滿足吸吮的需要。寶寶不是只在喝奶時才會吸吮——事實是，新生兒往往只為了吸吮而吸吮。然而，如果哺餵之外還讓寶寶吸吮乳頭或奶瓶，往往會因而導致吃得太飽、吸入太多空氣而更常啼哭的惡性循環；如果你可以確定寶寶的哭鬧不是肚子餓，就讓他吸吸橡膠奶嘴（這就是為什麼大家都說那是「安撫」奶嘴）或你的小指。要不然，也可以讓他吸吸自己的小手。

養成接受安撫的慣性。即便寶寶還太小、還沒辦法學會接受慣性的安撫——對他唱同一首歌，用同樣的包巾裹起他，以同樣的角度和速度搖晃他，播放同樣的白噪音；但是，讓他養成接受安撫的慣性一定不會白花力氣。一旦某種慣性開始發揮作用，就要盡可能持續使用，而且只要這種方式還能成功安撫同一種啼哭模式，就別忙著換用其他你覺得有用的策略。

出門逛逛。有時光是帶寶寶出門一趟就能大大改善他的心情，多走一兩個地方更有安撫效果。所以，用揹帶、嬰兒車或甚至開車和寶寶出去兜兜風吧（要是寶寶在車子裡繼續啼哭就要趕緊回家——寶寶嚎啕大哭時開車可不是什麼好事）。

控制呼吸。許多新生兒的不適是由於喝奶時吃進太多空氣，讓他因為不舒服而大哭——而大哭又讓他吸進更多空氣，所以一定要盡力遏止這種惡性循環。餵奶時盡量將寶寶抱直並多拍嗝，可有效減少這種情況。奶嘴孔的大小適中也有助於減少吃進空氣，因此要確定它不會太大（會造成寶寶的大口吞嚥）或太小（使他需要用力吸奶），而隨著吸奶吸進過量的空氣。扶好奶瓶，不要讓空氣進入奶嘴裡，而且餵奶時記得要時時拍嗝。有時候，即使只是換用另一邊乳房或另一個奶瓶哺餵寶寶，就能讓他不再啼哭。

換手或換心情。就和你家寶貝的探索新世界一樣，新生兒感應媽媽心情的聰慧程度也快過身體的成長。如果花了好幾個小時都沒辦法讓寶寶安定下來，你會愈來愈緊張——你的寶貝就會因為感應到了這種緊張而跟著繃緊神經。結果呢？不用說，當然是哭得更厲害了。這種時候，只要身邊有可靠的親友就應該馬上換手，讓寶寶和你都能好好喘

口氣，重新來過；全沒幫手怎麼辦呢？那就找個安全的地方放下寶寶幾分鐘吧（參見第 216 頁的「寶寶哭鬧時……」）。

興奮感的鍛鍊。秀一秀你的新生兒是很好玩的事：大家都想看這個小寶貝，你也想抱著他到處給別人看。你還想讓寶寶體驗新事物和刺激的環境，有些寶寶很喜歡，但對另一些寶寶卻是太刺激了（尤其是幼小的）。如果你的寶寶有腸絞痛的毛病，要減少刺激、訪客和興奮，尤其是傍晚以後。

諮詢醫師。要了解寶寶每天的哭鬧究竟是正常的還是因為腸絞痛，請教醫師是個好主意——就算只得到一些寶寶沒事的再確認或一點點特殊的安撫做法，也值得你跑一趟。向醫師仔細描述寶寶的啼哭情況（哭個不停或嚎啕大哭，每次都那樣哭還是有時特別不同，以及有沒有同時出現什麼症狀等），可以幫忙醫師判斷寶寶的啼哭是不是由於潛藏的疾病（諸如逆流或過敏）。

耐心等它過去。有時，時間是解除腸絞痛最有效的方式。你需要一番掙扎，但這種方式能一次一次又一次的提醒你：它終究會過去的——通常到寶寶三個月大時。

❖安撫奶嘴

我的寶寶整個下午都在哭，我該不該給他一個安撫奶嘴來安撫他？

它簡單、快速，而且比你哼個十幾次的搖籃曲更能為寶寶帶來舒適並帶走哭泣，但安撫奶嘴真的是像你這樣疲憊不堪的爸媽讓寶寶不哭的萬靈丹嗎？

的確，安撫奶嘴可以神奇地讓你家寶貝平靜下來、止住哭泣（尤其是他很有吸吮需要卻還不懂得怎麼把自己的手指塞進嘴裡之前）；不過，你當真應該寶寶一開始哭就給他安撫奶嘴嗎？以下是對安撫奶嘴的正反意見：

❑贊成的理由

- 安撫奶嘴可能會救寶寶一命。最強而有力的支持意見是：研究顯示，安撫奶嘴可以用來降低嬰兒猝死症的風險。專家相信，愛吸安撫奶嘴的寶寶似乎比較不會睡得太沉，也更容易由睡轉醒，猝死的危險因此比不愛吸安撫奶嘴的寶寶低。另一個支持理論則是說，吸吮安撫奶嘴可能有助於擴充寶寶的口鼻空間，讓他們吸進

給爸媽：讓哥哥姊姊接受腸絞痛的弟妹

在和有腸絞痛的弟弟或妹妹相處了一兩星期後，你家裡大上不少（卻還很稚幼）的小朋友會有哪些感受呢？首先，媽咪突然從家裡消失了好幾天又突然回來（臉色超級疲倦），臂彎裡有個裹著包巾、顯然小得不能和自己一起玩卻又大得足以吸引所有關愛與注意……而且天天都有人送來禮物或玩具的寶寶；這個寶寶不但很愛哭，而且每次當你覺得他已經哭到精疲力竭時，那張漲紅的臉蛋就是有辦法再擠出更響亮、更持久的哭聲，一開始放聲大哭、尖叫、哀號就是幾個小時——更別說，那段時間往常都是他們和親愛的爸媽一起享用溫馨晚餐、共浴或聽睡前故事、相擁而臥的美好時光，而這一切，都突然在日復一日的哭號聲下消失得無影無蹤（他的兄姊，大概也一點都不介意寶寶跟著消失），取而代之的，是草率將就的晚餐、爸爸媽媽幾近抓狂地抱著寶寶踱步和搖晃，以及心煩意亂、暴躁易怒的爸比和媽咪。

要讓兄姊接受弟妹的腸絞痛，比說服身為爸媽的你自己還難（那是因為你家的大小孩既然沒經歷過，就不可能明白腸絞痛只是個「過程」）；不過你還是可以透過以下的做法，幫幫大小孩緩解腸絞痛弟妹帶來的困擾：

說給他們聽，秀給他們看。以小小兄姊能明白的語言，向他們說明什麼是腸絞痛。再三向小兄姊保證，一旦時候到了，這個弟妹學會了以其他方式表達「我餓了」、「我累了」、「我肚子痛」、「我要包著包巾」、「我很害怕」等等情緒和需求，就會不再那樣啼哭；先讓小兄姊看看當年他們還是嬰兒時的啼哭照片，再看看後來他們面帶笑容的照片——這一來，也許就能讓他們心生期待。

告訴他們那不是誰的錯。不論是爸媽吵架還是家裡有個啼哭不止的小嬰兒，小小孩都難免會以為自己也有錯，所以你必須強調那不是誰的錯——愈小的嬰兒本來就愈會哭。

不忘關愛。照料一個患有腸絞痛的寶寶，無疑會讓人精疲力竭——尤其是在還有其他事情要操心的日子——到忘了家裡還有其他小小孩，而且很需要只有你才能給予的關愛；因此，即便你已身陷寶寶腸絞痛發作的風暴之中，也一定要抽出一點時間，給小哥哥小姊姊一兩次安心的擁抱。如果必須抱著寶寶出門走走才安撫得了他，

就把寶寶放在揹帶或嬰兒車裡，同時帶著他的兄姊一起出去散散步——或者去遊樂場。小寶寶既能因而安靜下來，大寶貝也得到了你的關愛。

分而治之，克服手足相爭。寶寶腸絞痛發作時如果爸媽都在家，就輪番上陣跑這趟腸絞痛的馬拉松，好讓他的兄姊最少分享得到一半爸媽的關愛。另一個選項則是：父母之一帶著腸絞痛的寶寶出門散步或開車兜風（引擎的震動通常能緩解寶寶的疼痛），另一個則留在家裡，盡量多花點時間照料小哥哥或小姊姊。或者反過來做，父母之一帶著兄姊外出用餐（到安靜的地方吃吃披薩），又或者如果小寶寶腸絞痛發作時外頭還有天光，父母之一就帶著大小孩去遊樂場，讓另一個好好在家裡對抗驚天動地的哭號。

隔絕哭聲。怎麼說呢……你當然關不掉寶寶的哭號聲，但你可以盡量讓小哥哥小姊姊脫離哭鬧的騷擾。買個安全耳罩當禮物，再讓他們手頭上有本書可看或著色書可忙；或者讓他們戴上耳機聽有聲書，但音量要低到可以隔絕寶寶的哭聲就好。另外，你也可以讓大小孩在另一個房間裡用耳機聽音樂（同樣地，音量要低到絕對不至於傷害小朋友的耳朵），讓他們不受腸絞痛哭聲的侵擾。

維護日常生活。生活中的例行公事可以安定小朋友的心神，如果動輒中斷，就會讓他們因為無所適從而心生不安——尤其是在家庭生活特別動盪的時分（比如家裡突然多出一個哭鬧不休的小生命）；因此你必須盡己所能，確保弟妹的啼哭不會影響小哥哥小姊姊最珍愛的日常活動。如果「上床睡覺」意味的是先能悠哉遊哉地洗個澡（盡情灑玩一缸子泡泡和熱水）、和爸爸媽媽摟摟抱抱、每晚聽上兩個故事，那麼，即使寶寶的腸絞痛正處高峰，也不能因而省掉悠哉遊哉的洗澡、親子間的摟摟抱抱和每晚固定的兩個故事。上述的爸媽輪番上陣，部分理由便是得以在腸絞痛的荼毒下維護日常生活。

提供獨享時刻。就算一天裡只有半小時——也許是寶寶午後小睡，也說不定是腸絞痛即將來襲前的片刻寧靜——也要規劃個可以在沒有哭號聲的情況下，就只有你和小哥哥或小姊姊的一對一親子活動：和泰迪熊玩玩野餐遊戲，一起烤些鬆餅來吃，在牆壁上開心塗鴉（或者在超大張的紙上畫畫），合力拼圖，用雞蛋盒搭個迷你花園……。這種時刻你還有別的想做的事？別傻了，再大的事也沒有它重要。

更多氧氣。由於可能降低嬰兒猝死症的風險，美國小兒科醫學會（AAP）因此建議，週歲前的寶寶日間小睡或夜裡安眠時不妨給他安撫奶嘴（如果他喜歡的話——有些寶寶就是受不了安撫奶嘴）。

- 父母可以決定安撫奶嘴的使用與否。在除了奶嘴就沒有多的東西能安撫寶寶的情況下，這可是好事一樁；而且，不像寶寶自己可以掌控的大拇指，父母可以決定寶寶何時開始戒除安撫奶嘴（雖然寶寶也許會以某些行為表達抗議）。

❑反對的理由

- 一旦愛上安撫奶嘴，往往很難說不吸就不吸——尤其在寶寶長大到學會固執己見時（這個時期安撫奶嘴很可能引發耳朵感染，再大一點還可能導致齒列不正）。
- 真正依賴安撫奶嘴的很可能是父母而不是寶寶。理當試著找出寶寶生氣的原因或別的安撫之道時，塞個奶嘴給他相對來說既簡單又方便，卻可能導致寶寶後來只能從安撫奶嘴得到情緒上的滿足，拒絕接受別的安撫方式。
- 對安撫奶嘴的依賴，也意味著大人小孩都可能睡眠不足，因為總是得靠安撫奶嘴才能入睡的寶寶很可能學不會自己睡覺——就算入睡了，也可能因為奶嘴掉出嘴巴而生氣著醒來（然後吵醒父母，找到奶嘴再塞回他的嘴巴）。當然了，相對於支持者所說的降低新生兒猝死風險，這方面的不便就顯得微不足道了。

那麼，安撫奶嘴會不會產生乳頭混淆或哺乳干擾？和大家的想像正好相反，絕大多數的研究都顯示安撫奶嘴不會製造乳頭混淆。儘管長期使用的話，誰也不能完全排除這方面的風險，卻也已有一些研究證實，限制新生兒使用安撫奶嘴確實會讓他們降低吸吮母乳的速率。然而，你的出乳量畢竟和寶寶的吸吮關係匪淺，也就是說，如果寶寶花了太多時間吸吮安撫奶嘴、較少親近你的乳頭，就很可能會讓你的出乳量因此降低。

安撫奶嘴的底線在哪兒？因人而異，你得自己摸索。比較好的做法是，只在寶寶就寢時（建議）或煩噪時給他安撫奶嘴（你家寶貝似乎很需要放鬆一下……而你也很需要的時候）；另外，如果寶寶的吸吮需求極強，簡直把你的乳頭當成安

撫奶嘴來吸了，又或者反過來，因為經常喝奶瓶裡的配方嬰兒奶而不喜歡乳頭的口感，就偶爾讓他用用安撫奶嘴。無論如何，就是別過度使用——尤其要提防安撫奶嘴排擠哺乳時光或干擾親子的相處；別忘了，寶寶嘴裡有個奶嘴時很難對你嘀嘀咕咕或開懷大笑，更別用安撫奶嘴來取代對寶寶的關照，或當成只有父母能提供的安撫的替代品。

最重要的是，使用安撫奶嘴時一定要小心謹慎，絕對別把安撫奶嘴用緞帶、絲線或細繩綁在嬰兒床、搖籃、嬰兒車上，以防寶寶的脖子或手腕被纏上——有些嬰兒就是這麼遭遇了不幸；其次，寶寶即將滿週歲前——也就是上述「反對的理由」即將強過「支持的理由」之前——就要開始計畫，怎麼讓寶寶逐步降低對奶嘴的興趣。一旦你家寶貝找到了其他安撫自己的方法，他也會更加健康快樂。

❖肚臍的癒合

寶寶的臍帶還沒完全脫落，看起來挺可怕的。會不會是受感染了？

復原中的肚臍通常比實際情形看起來要糟——即便痊癒得很正常。如果你沒忘了那是臍帶的殘端——橡膠似的、好幾個月來為寶寶輸送養分的、充滿血管的生命線，如今卻殘留醜不啦嘰、有點讓人噁心更永遠不會消失的剩餘部位——那你就不會太在意了。

剛出生時的臍帶是帶有光澤且溼潤的，之後通常都會由黃綠色轉為黑色，也會慢慢變乾，在一兩週之內脫落，早一點或晚一點也都很正常（有些寶寶就好像很不想失去臍帶）。在臍帶完全脫落前，必須保持局部乾燥（勿浸浴），直接暴露於空氣中（尿布的腰部往下摺，上衣則往上翻）。結蒂脫落後，你可能會注意到有個小疤或有帶血的黏液滲出，這是正常的，除非過了好幾天都沒完全乾，否則毋需擔心。

即便臍帶殘端有點難看，也不代表就有什麼感染——尤其是你已細心照料而且一直保持乾燥的話。不過，如果你家寶貝是個早產兒，或出生時體重不足，或結蒂太早脫落，就要仔細觀察寶寶的狀況了；根據相關研究，上述種種都會增加寶寶肚臍感染的風險。

要是你發現結蒂附近長膿了，或有個充滿液體的腫塊，又或者結蒂周遭的膚色變得淡紅，就得讓醫師看看是不是遭到感染——雖然可能性其實很小。傷口可能有感染的徵兆包括腹部腫脹、感染部位發出臭味、發燒、結蒂附近出血、易怒、昏睡，以及很沒活力。要是真有感染也別緊張，醫師開給你的抗生素處方就能完全清除。

❖臍疝氣

每次我女兒一哭，她的肚臍就凸出來。這是怎麼回事？

這可能表示你的寶寶有臍疝氣，但你完全不用擔心。

胎兒在母體內的時候，靠著臍帶由母親身體得到養分。有些嬰兒出生時這開口沒有完全閉合，當這些寶寶哭泣或用力時，一小圈的腸子會由此開口脫出，造成肚臍及周遭部分凸起，範圍小至指尖大小，大則如檸檬般。然而外表雖然驚人，實際上並不值得擔憂。和其他各種疝氣不同，腸子絕不會在此開口部分糾結；在大多數情況下，它會自動痊癒。開口小的大約九個月，較大者也許需要兩年。

最佳療法便是不去管它；雖說動這種手術簡單安全，但是非必要不必開刀。通常小兒科醫師會建議至少等小孩六、七歲再考慮動手術，因為在那之前幾乎都會痊癒。但如果你發現有腸絞痛的跡象：凸起在寶寶哭完後未消失、按不進去或突然變大，就要趕快送急診，可能需要立刻動手術。

❖包皮切除後的照顧

我兒子昨天剛動包皮環切手術，今天傷口附近一直在流膿。這正常嗎？

身體如果失去某個部分——不管那有多小、多不重要，都會有所反應的。傷口附近會痛，可能還會流血或流膿，這些都是手術後的正常現象，不用擔心。

在第一天使用兩片尿布可以保護陰莖，且避免寶寶的大腿碰觸引起疼痛；之後便無此需要。通常醫師會用紗布包住陰莖，而你在每回換尿布時，要再拿一塊乾淨的紗布，塗抹一些凡士林或軟膏，重新包上去；但有些醫師則認為只要能保持清潔，可以不用這麼做。同時，要避免盆浴，以免弄溼傷口。

❖陰囊腫大

我們新生兒的陰囊看起來好大，這要緊嗎？

你兒子的睪丸包在陰囊之中，其中有些液體來保護它們。有時候嬰兒生下來時，陰囊中便有多餘的液體，使它看來腫大。這種陰囊水腫在第一年之中會逐漸消失，一般不需任何治療，所以不必太擔心。

然而，你仍應將這種情形告知孩子的醫師，以確定那不是腹股溝疝氣（若伴有柔軟、呈紅色及顏色改變，則頗有可能，參見 267 頁）。醫師只要將陰囊照亮，即可檢查出究竟此腫大是因為多餘的液體，或是疝氣的原因。

❖尿道下裂

我們被告知兒子的尿道口不在陰莖頂端，而是在中間部位。這是什麼意思？

這種異常情形稱為尿道下裂：尿道在胎兒發育中出了一點偏差，沒有延伸到陰莖頭而是長偏了，在美國發生的機率大約是一千個男嬰當中有一到三個。依程度可分為三級：第一級的尿道下裂，其尿道出口仍在陰莖頂端，但不在中央正確位置；這算輕微缺陷，不須治療。第二級尿道下裂，是說尿道口是在陰莖的下側，可施以整型手術。若尿道口很接近陰囊，則屬第三級，也是可以改道的，但通常須經兩次手術。

由於包皮可用以整型，所以患有尿道下裂的男嬰都不施以包皮環切術。

偶爾也會出現女嬰尿道下裂的例子，即尿道口位於陰道。這也是可經由手術加以矯正的。

❖包裹寶寶

我一直努力想學醫院的護理師那樣，將寶寶用包巾包好，但是他不斷地踢，我根本無法完成。我是否該放棄算了？

醫院的標準流程是醫院的，不是家裡的——要是寶寶不喜歡，那就更不是了。新生兒確實大多喜歡像繭一般地被緊緊裹在包巾裡，仰睡時有包巾裹著也大多會睡得比較好——因為如此一來比較不會受到驚嚇；此外，包巾也能讓很多腸絞痛寶寶放鬆下來。但是不管大人眼裡的包巾有多棒，有些寶寶就是偏偏不喜歡包巾，而且不但不喜歡，還會抵死不從、屢敗屢戰。你只需要一個簡單的法則：寶寶看起來喜歡的話就包，否則就別勉強；不過，在你決定完全放棄包巾前，不妨試試採用魔術貼或帶拉鍊的繭狀包巾來防止寶寶踢掉包巾，也可以試試

和寶寶一起出門時，要帶哪些東西？

你恐怕再也不能夠兩手空空地瀟灑出門了，只要嬰孩在你身邊的話。每回要出去前，你得檢查一下是否帶齊了下列的物品：

換尿片用的墊子。如果你的尿布袋沒有附帶，那最好自己買一個防水的墊子。臨時可用毛巾或棉尿布代替，但這樣無法保護毯子、床墊或家具。

尿布。該帶幾片就視你出門的時間長短而定；一個小祕訣：至少比預估的多準備一片。

溼紙巾。小包裝的溼紙巾容易攜帶，也可以用個小封口袋來裝一些溼紙巾；除了換尿布前後使用之外，也可以擦拭被寶寶意外污染的衣服或是椅子等。

封口塑膠袋。可裝要丟掉的紙尿褲、髒尿布，以及須清洗的衣物。

配方奶。吃配方奶的寶寶在外頭的時間超出吃奶的間隔時間，就必須準備這一頓。你可以帶一瓶開水，一次所需的奶粉另外裝，要喝時再沖泡。如果你帶的是液狀配方奶，無需冰凍。但若是在家裡先泡好，則需冰好。

一塊肩布。讓你的親友享受抱嬰孩的樂趣，而不致發生被吐了一肩膀的慘劇。

寶寶換穿的乾淨衣服。你永遠不知道

嬰兒睡袋（或是混用兩種概念的包巾——只有上方有魔術貼，下面沒有開口），或者試試只包住身體不包住雙手，看看他會不會因為手臂和手指能活動就不再抗拒。

一旦寶寶的活動力增強到某個程度後，不管是哪種寶寶都會開始抗拒包巾，那也正是你應該捨棄包巾的時刻——尤其是睡覺時，因為踢開毛毯有讓寶寶窒息的危險。硬要用包巾包著寶寶也會阻礙身體活動技巧的練習；所以，一等寶寶不再需要那個溫暖舒適的蠶繭（通常是3~4個月大時，但也有些寶寶會想讓你多包他一陣子），就是你不該再包著他的時刻了。

❖保持適當的溫度

帶寶寶出門時，我到底該幫他穿多少衣服才對？

只要新生兒的天然恆溫器正常啟

他何時會把衣服弄髒。多帶一件外衣、兩套衣服，及一些溼紙巾。

毯子或毛衣。尤其在季節變換時，小心嬰兒著涼。

安撫奶嘴。如果寶寶習慣吃的話；用乾淨的塑膠袋裝好。

玩具。無聊的寶寶坐在車上安全椅中，可能會非常吵鬧。寶寶也許會喜歡一些令人目不轉睛的東西；大一點的寶寶可以預備能把玩、能咬的玩具。

防曬乳。如果無法遮蔭，可在一歲寶寶的臉、手、身體擦少量安全的嬰兒防曬乳（目前六個月以下的寶寶也可使用）。冬天時雪和太陽也會造成嚴重灼傷。

寶寶的點心。若是寶寶已經開始吃副食品，在吃飯時外出，可以準備一些小罐頭嬰兒食品。也別忘了其他用具：乾淨的湯匙（放在塑膠袋裡）、圍兜、足夠的面紙。再大一點，也可以讓他吃一些正餐之間的小點心（夏天不易腐壞的），像是新鮮水果、餅乾、麵包。如果你餵母乳，也別忘了準備一些你自己的點心。

各種用品和應急物品。依寶寶的健康需求和你要去的地方而定。你可能得準備：尿布疹藥膏、OK 繃、抗生素藥膏（尤其是寶寶會爬會走以後）、寶寶的藥（如需冷藏，得用冰的容器裝）。

動（剛生下來沒幾天），他就只需要和你穿得一樣多了；所以，一般來說（除非你自己就是特別怕熱或特別怕冷的人）只需要比你的衣服小上很多但漂亮得多、別太笨重就好。要是你覺得穿件 T 恤就很舒服了，寶寶也會這麼覺得；你發現不加件毛衣會打哆嗦的話，就幫寶寶也加一件。毛衣之外還得穿外套？別忘了寶寶。

還是很怕這樣寶寶會穿得不夠多嗎？可別靠寶寶小手的溫度來判斷。因為循環系統還沒發育成熟，嬰兒的手腳溫度通常比身體的其他部位低，所以以手背探觸他的後頸、大臂或軀體（很簡單，只要伸手到他衣服下），會更能正確得知寶寶是冷是熱。太冷？多穿一件；太熱？脫去一件；要是溫度明顯過低或高得嚇人，參見第 653 頁的說明。

不要只因為聽到寶寶打了幾個小噴嚏，就斷定他一定是穿得太少

帶寶寶外出

除非有那麼一條通道連接著醫院和你家，否則從醫院回家的那一天，寶寶已經「外出」了。而從那一天起，其實每天他都可以出門。某些人總認為生產後的幾週之內，產婦和新生兒必須關在家中足不出戶，其實並沒有必要這樣。任何一個可以離開醫院的寶寶，就可以離開家去外面晃晃，甚至經歷一番旅途去探訪祖父母（不過在感冒流行季節，最好還是避免外出，尤其是滿月前）。

帶他出門時，注意他的穿著是否剛好；考慮氣溫是否可能變化，最好準備一件外套。如果太冷或太熱，就縮短在外逗留的時間；而即使氣候溫和，仍須避免讓陽光直接照射。若是開車載他，一定要讓他坐在安全座椅上。

前 6~8 週裡，多少要小心周遭的人群——尤其是流感猖獗時。別在人很多的戶內待太久，就算是家庭聚會，也要小心大夥抱來抱去、讓你家寶貝面對細菌侵襲的風險。

——也許他是因為陽光刺眼，也許是在清理鼻子；但確實要留意你家寶貝的反應，因為嬰兒大多會用發脾氣或啼哭來「告訴」你他太熱或太冷（他也只會用這種方式向你反應他的每一種需求）。一接收到寶寶的訊息（或者你只是感覺他穿得太多或太少），就要馬上以手背探觸他的體溫，盡快幫他穿上或脫掉衣服。

比較需要格外注意的是頭部；部分原因是很多熱量由此散失，部分則是頭髮實在不能提供什麼保護。因此，即使天候只是稍涼，一歲以下的小寶寶出門最好也戴頂帽子保暖。大太陽的日子呢，戴那種有邊的帽子來保護寶寶的頭及臉——雖然有此保護措施，在大太陽之下仍須避免長時間曝曬。

睡覺時由於製造熱量的機能減緩，所以也須特別保暖。尤其冷天或是夜晚，或是房間比較涼，可以讓寶寶穿厚一點睡，被子和睡袋對熟睡的寶寶來說不是很安全。但不要在他睡覺時給他戴帽子，因為那會讓他太熱；同樣地，睡覺時也不要包得太厚（決定前先探觸一下頸背的溫度）。

寒天裡的衣著，最好是多層的；原因是多層的薄衣服比單件厚衣服

更能保暖；而且，一旦走到人多高溫之處，也可以隨時脫掉小孩的外衣，以免過熱。

有些孩子的體溫控制機能和一般人不同；你可能發現你的寶寶總是比你冷或比你熱。若有此情況，請斟酌給他穿衣。

❖接觸陌生人

每個遇見的人都想摸摸我兒子，但我很擔心種種的細菌。

你的憂慮是對的；一個出生不久的嬰兒的免疫系統尚未發育完全，是比較容易受感染。所以，至少在目前這個階段，你可以婉轉地請眾人暫且先用看的，尤其不要摸寶寶的手——嬰兒太喜歡把手放到口中了。你可以把醫師搬出來當擋箭牌：「醫師交代說還不能讓家人以外的人抱他。」至於親近的親友，則請他們先將雙手洗淨，至少在孩子未滿月前。而若是患有傳染病者，則每次都必須請他們這麼做。避免和有皮膚病的人接觸。

當然你無法百分之百的防止某些陌生人友善的撫摸寶寶；一旦發生，你就盡快拿溼紙巾將接觸的部分拭淨——當然，要有技巧點。回家之後，記得要先洗好手再抱寶寶，因為從外頭帶回來的細菌很容易透過你的手傳染給寶寶。

當孩子長大些，就不需要，也不應該再如此無微不至了。他實際上需要多接觸周遭環境常見的各種細菌，以提高自己的免疫力，所以在寶寶六到八週大時，就要放寬鬆一些，讓寶寶能多少接觸一點細菌。

❖嬰兒長粉刺

我家寶貝臉上好像長滿了白色的粉刺，我可以想辦法幫他洗掉嗎？

雖然你可能會意外——以及有點失望——地發現，寶寶理當光滑柔軟的臉頰竟然長出了細小的、叫做「粟米疹」（milia）的白色斑點，但其實這不但很常見（每兩個新生兒差不多就有一個會長粟米疹）、很快就會消失，也絕對不是寶寶出了什麼問題的徵兆。粟米疹的成因，是由於細碎的死皮堵塞了你家寶貝的毛孔，大多出現在鼻子和臉頰，但偶爾也會出現在軀幹、四肢或甚至小雞雞上；最佳的治療方法，則是「絕對不要治療」，尤其不可以用手去擠或塗抹乳液。只要保持清潔乾燥，粟米疹會在幾個星期內（有時得花上幾個月）痊癒，你家寶貝的小臉蛋也會重回光滑柔嫩——

痱子

每年夏天都有很多嬰兒深受痱子的騷擾：臉上、頸部、腋窩和上半身軀幹都會出現細小的紅色斑點，成因則是汗腺阻塞造成排汗不足。雖然這些斑點大多會在出現一週內就自然消失，但你還是可以讓寶寶洗個冷水澡來消除痱子，只是得小心別讓沐浴粉或沐浴乳加重汗腺的阻塞。如果痱子惡化成膿胞、斑點擴大或變得更紅，就要盡快和醫師連絡。

除非他又碰上很多寶寶的皮膚也都要面對的挑戰：嬰兒粉刺（請繼續往下看）。

我一直以為嬰兒的皮膚都很棒，而我那兩週大的孩子卻長了滿臉的粉刺。

你家寶貝臉上的粉刺比國二生還多嗎？你正覺得差不多該幫他製作個寫真集——頭部變得渾圓，眼睛不再腫脹、斜視——時，臉上卻出現了殺風景的粉刺。青春期最常見的粉刺問題，也會找上約莫四成的新生兒；通常是出生後二到三週時（正是你打算幫他拍下生平第一張正式肖像時），而且經常要到嬰兒四至六個月大才會完全消失。不論你覺得有多難以置信，是的，就和青春期的粉刺一樣，嬰兒粉刺也是荷爾蒙惹的禍。

不過，就剛出生的寶寶而言，粉刺並不是他自己的荷爾蒙引起的，而是媽媽的激素殘留體內的緣故；這些來自母親的激素會刺激嬰兒的皮脂腺，導致粉刺的出現。另一個原因則是新生兒的毛孔尚未發育完全，所以髒東西比較容易阻塞毛孔而形成粉刺。

嬰兒粉刺和新生兒粟米疹很不一樣——粉刺是小紅點，粟米疹則是小白點，但二者的對應之道卻殊途同歸：絕對不要治療——也就是說，你只能耐心等待它自己消失（不過，也有人說用母乳輕輕擦拭可以加快粉刺的消失——如果你都在家親自用母乳哺育寶寶，不試白不試），千萬別想擠掉粉刺或在上頭塗抹任何乳液，只要一天用水洗個兩到三次，輕輕拍乾，時間到了它們就會消失，而且完全不會留下疤痕——寶寶的皮膚，從此就會一如你預期的那樣光滑又柔嫩。要是你現在就已經在擔心他國中時的粉刺問題，請放心，嬰兒時長粉刺和青春期會不會有粉刺沒有必然的關聯。

❖膚色的改變

我的寶寶突然變成兩種顏色——上半身是蒼白的，下半身則是發紅的青色。這是怎麼回事？

當小寶寶的膚色突然變成兩種時，儘管嚇人，但不用緊張；不管那是上下不同或者左右不同。因為他的循環系統尚未健全，所以血液有時會發生聚集在寶寶身體某半邊的情況。這時，你就將他暫時倒過來（若是左右的例子就躺著反轉），不久即可恢復原樣。

也許你也會發現寶寶的手腳稍呈藍色，和身體的粉紅不一樣；這原因也相同，而大約一週內便可恢復正常。

有時候我在換尿布時會發現寶寶的皮膚到處有斑塊。這是為什麼？

寶寶發冷或哭的時候皮膚會青一塊紫一塊的，其實相當正常。這種短暫的變化是寶寶循環系統未發育完全的表徵，透過他的細皮嫩肉顯現出來。這種現象在幾個月後應該會消失。有此情況出現時要摸摸寶寶的後頸或身體，看看他是不是太冷，如果是就加件衣服，如果不是就放心，幾分鐘後斑塊就會消失。

❖聽力

我的小寶寶似乎對聲音沒有太敏銳的反應；狗叫、大女兒鬧，她都照睡不誤。不會是聽力有問題吧？

這不太可能是因為你的寶寶聽不見姊姊和狗的叫鬧聲，而是早在出生之前，她其實早已習慣這些聲音了。許多聲音——從音響播放的音樂到街頭的喇叭聲到呼嘯的警笛聲——都能穿透子宮壁傳到寶寶的耳裡。

大多數寶寶會對巨大聲響做出反應：在初生期是驚嚇，三個月大時是眨眼，四個月時是轉向聲響的來源處。但如果那些已成為寶寶生活中背景音樂的一部分，就不太會引起她的反應。

大部分的嬰孩都會做聽力檢查，你的寶寶可能也檢查過並確認為正常。你可以打電話給醫師，再次確認寶寶是否做過檢查，結果又是如何。

如果你擔心這個問題，可以做個小試驗：在寶寶身後擊掌，看他有沒有驚嚇反射。若沒有，過一會兒再試。小寶寶其實已有嫻熟的本領去隔絕某些聲音，因此重新測試一遍，可能就會出現反應了。如果仍沒有，可從其他方面去觀察他對聲

多大聲才算太大聲？

寶寶大多喜歡聽音樂——但這可不是說你就應該盡量加大音量，尤其是處在密閉空間如汽車裡時。音樂（或其他聲響）太大聲會讓寶寶啼哭，而且別指望他會在你調低音量後就馬上止住哭啼；嬰兒的耳朵，可不是非得受到傷害才會感到不舒服的。

根據美國的國家職業安全衛生研究所（National Institute for Occupational Safety and Health）發佈的資訊，在 100 分貝的環境裡待上 15 分鐘，就可能傷害成人的聽力，而且因為與成人比較起來嬰兒的顱骨薄得多、耳道小得多，也就更容易受到噪音的危害。事實上，同樣的聲音在進入嬰兒耳朵時會比成人或孩童高上 20 分貝，也就是說，你聽到的 90 分貝聲響對他的小耳朵來說差不多就有 110 分貝——等同割草機、電鋸或地鐵的轟隆聲。那麼，多大聲才算太大聲呢？只要大人無法輕鬆交談，對嬰兒來說就是難以忍受的噪音；要是你沒辦法調低音量，就要盡快帶寶寶到安靜一些的地方去。

就算是平日可以安撫寶寶的白噪音或背景聲，音源太接近或音量過大也都可能傷害寶寶；為了保護寶寶的耳朵，喇叭要擺在離嬰兒床遠一點的地方，音量也要調小。

音的反應：當你婉言安撫他時，他有否感應？對音樂可有任何回應？驟然聽到不熟悉的音響時，是否會出現驚嚇反射？假如你的寶寶似乎都沒有期待中的反應，立刻告知醫師。小孩聽力若有障礙，愈早治療成果愈理想。

然而，某些孩子的確有較高的機率出現聽力問題，應做一些聽力測試。例如：出生體重在 2500 公克以下者，在分娩時或一出生便得到嚴重併發症者，在母體中曾接觸毒品或是會影響聽力的感染，家族病史有出現過不明原因或遺傳性耳聾者，耳朵有明顯缺陷者，以及有智障、眼盲或腦性麻痺的嬰孩。

❖視力

我在嬰兒床上方掛了一個旋轉玩具，想說那鮮明的色彩應該相當吸引人。可是寶寶卻毫不在意，他不會是視力有問題吧？

恐怕是你掛的位置有問題。新生兒眼睛的焦距落點大約在眼前20~35公分之間——正好是他躺在母親懷中吸奶時，可以看清母親臉孔的距離；所以，超過或短於這個範圍內的物體，對他而言都是一團模糊。

此外，寶寶喜歡左顧右盼，而極少注意正前方的東西。有些嬰孩長到三、四週後也許會對懸在上方的旋轉玩具表露興趣，而大部分的寶寶要等到更大一些才會。

這時候的小寶寶固然看得到，但其視力仍遠不及三、四個月大的小孩。你可以用支迷你手電筒來評估他的視力：擱在他視線的一側，距他面孔約25~30公分處，在第一個月內，寶寶會稍加凝視此光源；一個月大時，你若慢慢地將手電筒往其視野中心移動，寶寶的視線會追隨此一動作；而一般要到三個月大以上，他們才能左右180度地去捕捉物體的位移。

第一年中，寶寶不斷地在發展其視力；在九個月大之前他很可能都是遠視，因此無法看清深度（所以很容易由檯面上掉下來）。儘管如此，他仍酷愛看東西，所以就盡量給他東西看，可是一次一兩樣即可。寶寶的注意力不容易持續，可常更換物體來刺激他的視覺。

大多數的寶寶喜歡看臉孔，喜歡色彩對比鮮明——如黑白分明或紅黃相間，花樣愈繁複愈吸引他的目光，很愛看亮光——吊燈、檯燈和穿透窗簾的陽光，而且通常在光線充足的房間時比較快樂。

視力檢查是嬰兒健康檢查中的正規項目，但如果你覺得寶寶似乎看不清楚物體或人臉，或是不會把頭轉向光亮處，下次就診時可告知醫師。

❖斜視

我的寶寶眼睛四周腫得很厲害，他看來好像有斜視。

你之所以會覺得寶寶有斜視，往往只是因為寶寶眼部內側皮膚皺褶比較多的緣故；如果是這樣，寶寶逐漸長大後這些皺褶就會慢慢消失，看起來便不致像是斜視了。

在初生的幾個月中，你也可能會發現寶寶的雙眼運動似乎並不一致，因為他正學著如何使用雙眼以及加強眼部肌肉；到三個月大時，在協調上應有大幅進展。如果還沒，或是寶寶的雙眼始終無法對焦，去請教醫師。若真有可能是斜視，就必須找小兒眼科醫師檢查。及早治

注意寶寶的安全

寶寶看似脆弱，實則滿強韌的。但另一方面，他們的確也是相當易受傷害。即使是再小的寶寶，還是會自惹麻煩，有時是在他們第一次翻身或碰到東西時。為了保護你的寶寶免於遭受不必要的意外，下面這些事項是務必要遵守的：

- 在車內要讓寶寶坐在安全座椅上；你和駕駛都必須繫好安全帶。絕不可在酒後開車，更不能讓疲勞或服用藥物的人載嬰孩開車。
- 若把寶寶放在大澡盆內洗澡，在下面墊塊毛巾以防滑倒。在幫他塗抹肥皂或淋沖時，都要用另一隻手扶住寶寶。
- 萬萬不可將嬰兒單獨留在尿布檯上、床上、椅子或沙發上——一分鐘都不行。別以為新生兒還不會翻身就沒事，他可能隨時會突然挺直身子，然後摔下來。所以，除非尿布檯上有安全綁帶，否則必須騰出一隻手顧著。
- 當寶寶坐在嬰兒椅時，別放置於小面積的地方或較高的位置，如廚房的檯面上。萬萬不可在無人看顧的情況下讓寶寶坐在任何平的坐椅上——即使是床中間也不行，因為如果翻倒，寶寶隨時有窒息的可能。
- 即使再溫馴的寵物，也絕不要讓牠與寶寶單獨相處。
- 絕不可猛烈搖晃寶寶，或是將他拋到空中再接住。
- 別把寶寶交給任何背景不明的人看顧。所有看顧嬰孩的人，都必須受過嬰兒急救訓練，同時應該弄清楚你所要求的安全守則。

療相當重要，因為小孩的視覺在他的學習過程中扮演重要的角色，另外，對這問題的忽視將可能留下弱視的後遺症。

❖淚眼婆娑

剛開始，我的寶寶哭都沒有眼淚；可是現在即使他沒在哭，也總有滿眶淚水，有時甚至還流下來。

新生兒無淚的哭泣是正常現象，因為大約要到一個月大時，淚腺才會製造眼淚。淚水通常會由兩眼內側小孔（淚管）滲入，通到鼻子，所以哭泣時也會流鼻水。而這小孔在嬰兒身上很小，一百個嬰孩中有一個在出生時會有阻塞的現象。

- 絕對不要把嬰兒一人留在屋裡，即使你只是到外面拿信、移個車位；假如發生火災，只需幾秒鐘的時間，即可釀成無可挽回的悲劇。
- 在外面逛街，或帶孩子去公園散步時，一分一秒都不能讓視線離開寶寶身上，因為竊童集團通常最先瞄準的便是嬰兒推車，或者手提嬰兒座椅。
- 寶寶身上，或是他的玩具、他使用的物品，都不要繫上任何的繩子或鍊子。衣服上的收縮繩和腰帶，都應打個結以防止被拉出來。絕對不要把線、繩一類的東西放在寶寶搆得到的地方。還有一點值得特別注意：寶寶的床、遊戲圍欄、換尿布的桌檯等，千萬別離電線或者電話線、窗帘的拉繩太近，所有這些東西都有可能導致意外的勒死。
- 別將塑膠袋留在寶寶接觸得到的地方，它們可能使寶寶窒息。
- 別在無人看顧的情況下把寶寶（無論醒著或睡著）放在搆得到枕頭、填充娃娃或是長毛物品的地方，也不要讓他在羊毛毯、長毛墊、水床或靠牆撐著的床上睡覺。在把寶寶放上床之前，一定要把圍兜、髮帶等東西拿開。
- 在寶寶可以用手或膝蓋撐起身體（約四到六個月大）之後，要把嬰兒床的各種運動器材拿開。一旦寶寶能拉到小床的護欄時，可以考慮把它移走，以免寶寶拿它當梯子爬。
- 不可以把寶寶放在毫無遮蔽保護的窗口附近，一秒鐘也不行。
- 在家中安裝火災警報器，並且定時保養檢查。

由於淚管還無法順暢運作，眼淚自然積聚在眼中，多時便溢出來。而淚管在一歲之前會發育正常，不須治療；但有的醫師也可能會建議你幫孩子稍做淚管按摩，以加速其通暢（如果嬰兒因此而眼睛浮腫或發紅，停止按摩，去看醫師）。

有時眼角內側會有一些黃白分泌物，也許會黏住寶寶的眼皮，讓他早上醒來時睜不開眼。可以用消毒棉花棒沾開水加以清除。但如果分泌物量很大，顏色很深而且眼白有變紅，那可能是感染，需要醫治。醫師可能會開抗生素軟膏或眼藥水。若是淚管有慢性感染，他會建議你去看眼科醫師。如果淚眼對光線似乎很敏感，或淚水汪汪的那隻眼睛形狀與大小與另一隻不一樣時，立刻就醫。

❖打噴嚏

我的寶寶一直打噴嚏，可是又不像生病，是著涼了嗎？

除了感冒，你家寶貝還有很多打噴嚏的理由，比如呼吸道中有一些羊水和多餘的黏膜等，這在小寶寶身上很常見。造物者同時也賜給他們去除這些令他們不適異物的好方法：打噴嚏。打噴嚏和咳嗽也可以幫助寶寶排除由外在環境侵入的異物。當寶寶暴露在強光——尤其是陽光——之下時，也會打噴嚏。

❖第一朵微笑

別人告訴我說：嬰兒微笑只是因為在排氣，但是他看起來真是那麼高興。真的不是純粹的笑容嗎？

報章雜誌上是這樣寫的，岳母、有寶寶的朋友、小兒科醫師甚至在公園裡的陌生人也都這麼說；然而，初為人父母者都不願相信。

但是科學證明顯示：絕大多數的嬰兒在四到六週以前的笑是不具有什麼社交意義的。這並非意指他們笑就是在「排氣」，那也可能是舒適與滿足的表示——很多寶寶在熟睡時微笑，或者是排尿時，有的當臉頰被撫摸時也會面露微笑。

當孩子展露他的第一朵「真正的笑容」時，你自然而然就知道了。無論如何，原因有什麼關係呢？他們的笑是如此美好，只管好好地享受和欣賞吧。

❖打嗝

我的寶寶成天在打嗝，看得我很難受。打嗝對他而言會不會很不舒服？

有些寶寶尚未出世便常打嗝，這種孩子生下後的頭幾個月仍會不停地打。原因仍不甚明確，有人認為那應當屬於嬰兒的另一種本能反應，但長大一些後在咯咯笑時也會打嗝；另一種說法認為是寶寶吸奶時吃進太多的空氣，所以會打嗝。不同於大人，打嗝對他們本身並不造成困擾。如果你實在受不了，可以餵他喝奶或喝水，應該略有助益。

不可不知：寶寶的發育

第一朵笑容，第一聲嘀咕，第一個翻身，第一次自己坐直，第一度嘗試爬行，邁出人生的第一步……，你家寶貝的第一年，就會立下他人生的很多里程碑；你會不會很想知道，他各會在多大時達到每一個里程碑？第一朵笑容是會在四週大就綻放呢，還是你得等到七週大？你家寶貝究竟是先會爬呢，還是先學會翻滾？還不會爬就先會坐？或者鄰家寶寶都還站不直時他就已經開步走了？而做為他父母的你，是不是應該——或者可以——在這重要的發育階段助他一臂之力？

真相是，儘管每個寶寶剛誕生時都很袖珍也很可愛，發育卻因人而異——與其說是大自然的影響，也許大自然的設定還大上一些。每一個小生命剛誕生時，都天生有他自己發展出某些重大技巧的時刻表；不論父母親是努力遵循大自然的規範、步步為營地哺育嬰兒，還是刻意延緩寶寶達成里程碑的步履，其實，很多這類的里程碑達成時刻都早在他出生前就已經設定妥當了。

寶寶的發育，通常可分從四方面來看：

社會性。嬰兒剛誕生時都有點兒笨拙——還好，沒多久就不會了。六週過後，絕大多數的嬰兒就會運用第一個貨真價實的社交技巧：微笑。但是，早在學會笑臉迎人前，他其實就已經懂得和其他人（當然是從爸爸媽媽開始）交流了——和你四目相對、研究你的臉色，然後再用聲音回應。有些寶寶一開始會比較開朗，不像大多數寶寶那麼嚴肅和矜持——源於基因帶有的、以禮待人的人格特質；除此之外，寶寶接收到的社會刺激愈多就愈容易發展社交技巧。社會發展如果因故延宕而產生重大人格差異，很可能會導致視力與聽力問題，或阻撓其他必須借重觀察的發展；這也可能是環境的產物——也許嬰兒缺少眼神

發育的模式

你家寶貝的身心會怎麼發展，只有他的 DNA 才知道——而且無法檢測；不過，確實還是有些你篤定期待得到的東西。儘管成長速率不盡相同，每個寶寶的身心發育——假設沒有受到環境或疾病等的干擾——都遵循同樣的模式。首先，每個嬰兒的發育都是由上而下、也就是從頭頂往腳趾；在能挺直背脊坐起前都先得會抬頭，靠腳站立前都得先能挺直背脊。其次，軀體的發展又先於四肢；在能夠運用手掌前要先會揮動臂膀，手掌的運用又早於手指。心智的發展也都一樣，毫無疑問，一定是從簡單趨向複雜。

和寶寶一起趴著玩

維護寶寶的安全，就意味著永遠要讓寶寶「仰著睡」；但在讓寶寶跟上成長的節奏、及時達到里程碑這方面，你得謹記在心的剛好相反：要讓寶寶「趴著玩」。美國小兒科醫師學會建議，你應該每天都要陪伴寶寶趴著玩上兩三次，每次三到五分鐘（也許在你的身體能適應之前，最好先從一次一兩分鐘開始）。你可以到育嬰用品店買專用的墊子，但一般的毛毯或柔軟的浴巾就派得上用場；剛開始時，最好——也最舒適——的寶寶趴玩地方在哪裡？你的胸膛或肚皮。再提醒你一次：仰著睡，趴著玩。

寶寶討厭趴著？第 261 頁有些可以讓小傢伙更能樂在其中的小訣竅。

的接觸、大人的笑容、溫馨的話語或親密的擁抱等發展社會性所需的東西。

語言能力。年紀很小便擁有驚人語彙的小孩，通常是具有優異的語言能力的。但是一個慣用手勢或模糊的咕嚕聲來表達意念的小孩，在稍長後說不定有更好的口語表現。語言接受能力發展（小孩聽得懂別人所說）其實要比語言表達能力發展（小孩自己說話的能力）更能評斷他的進步程度；因此，若是一個寡言的小孩「聽得懂你說的每句話」，就不應算是發育落後。如果語言方面真的出現障礙，應及早帶去檢查視力和聽力。

大的運動發展。有的寶寶在娘胎裡就展露其運動天賦；一出生之後，不論抬頭、坐直、站立甚至走路，都表現得優於大多數嬰孩。但是也有那一開始的階段什麼都慢半拍的寶寶，長大後卻叱吒運動場上。若是非常嚴重的落後，則應帶去由醫師診斷一下。

精細動作發展。接近、抓取和控制物品——每一件你家寶貝運用可愛雙手所做出的事——都屬於精細動作發展範疇，卻都有它的難度。對嬰兒來說，調和這些早期動作的手眼配合很不簡單——因為那意味寶寶在抓到小手上前就得先能觀察和判斷。如果手眼協調、攫取東西的本領早於平均年紀，則這個寶寶也許手特別靈巧。然而，反之不見得成理。

你家寶貝有多聰明呢？在他還這

麼小的時候別太在意——甚至連想都不應該想；在屆滿週歲前，每一種智能發展的指標（例如創造力、幽默感、問題解決技巧）對寶寶來說幾乎都沒有意義，所以，你只能把寶寶可能的聰明才智當成等著拆包的禮物。既然 DNA 早就決定了寶寶具有哪些長處，你只管面面俱到地養育你家寶貝，幫他開發（或超越）那些潛在的智能就好；而且，最能開發寶寶腦力的方法往往最簡單、最直覺：多和寶寶四目相對，多對寶寶說話和唱歌，盡早（從一出生就開始）而且經常讀故事給寶寶聽（打一開始就當作親子間最可貴的日常互動）。

寶寶邁向各個里程碑時，另一件事你也得謹記在心：寶寶在不同領域上的發展很可能並不平均。正如有些大人是社交場合的萬人迷，有些是工作場所的領頭羊，同樣地，每個寶寶都有自己的長項，而且會在某個領域特別超前（比如六週大就會笑、才週歲就喋喋不休）、卻又在其他領域落後（六個月大了都還不會爬向玩具或一歲半了還不會走）。

另一個你該注意的特點是：嬰兒學習時，一次只會專注於一樣東西。忙著學習站立起來的寶寶，可沒一點和你牙牙學語的興致；只有在當真學會一樣技能時，另一項才會馬上成為他的目標。有時，寶寶甚至還似乎會拋下原來就會的本事，讓自己全心全意地專注於眼前的新技能——別擔心，過不了多久他就會自然而然地整合起來，適時適地運用所有學會的本事。即便如此，他還是不會眷戀每個學會的本事——為什麼？因為舊的不去、新的不來。

無論你家寶貝的發展速度如何

今日的發展遲緩兒

當想拿自己的寶寶與別人的孩子比較的欲望油然升起時，記得以下的事實：現今的幼兒在某些主要運動發展方面比以前的孩子慢。倒不是成熟得比較慢，而是因為他們趴著的時間減少了。讓寶寶仰睡雖然可以降低嬰兒猝死症的發生機率，卻也減緩了運動發展。寶寶趴著的時間減少，能鍛鍊技能（如翻滾、爬行等）的機會就跟著降低，學會這些技能的時間當然就往後延了。許多寶寶甚至完全跳過爬行階段（這也不是問題，爬行本來就不是非得經歷的成長階段）。

——無論他有多快或以哪種順序填滿他的新生兒事件簿——他在第一年裡所學會的技能，都只能用「匪夷所思」來形容。從今爾後，他再不會有任何一段時間可以那麼快速地學會新事物。

是的，這裡的重點就是轉瞬即逝——寶寶的第一年過得究竟有多快，如今的你根本無法想像。你確實應該關切寶寶的成長，千萬別因為太在意成長的進度（或者鄰家寶寶的進度），而妨礙了你享受孩子日復一日、週復一週、月復一月、年復一年地成長的快樂，更別忘了你家寶貝有多與眾不同。有關寶寶成長的時間表，請參閱第 119 頁。

7 第二個月

在第一個月，你的家裡已經起了許多變化：寶寶從一個沒有什麼反應的小娃娃變成一個活潑機警的小可愛，他睡覺的時間變得更少、與你互動得更多了；你也從笨手笨腳的新手父母變成駕輕就熟的育兒好手，可以單手換尿布，嫻熟的幫寶寶拍嗝，連睡覺時也能餵他吃奶（而且還常常這麼做）。

但這並不表示，從此你就可以在家裡納涼了，儘管寶寶的生活漸趨規律，但哭鬧、乳痂和大小便等依然會讓你不斷猜測（也更常打電話給醫師）。不過隨著寶寶的成長，加上你的日漸鎮定，很快的你就可以不流一滴汗也能處理這些日常生活中的挑戰。在這個月中，你依然會有許多難以成眠的夜晚，但一項回報讓這一切都值得了：寶寶第一朵真正的微笑。

哺餵你的寶寶：教寶寶用奶瓶

能給寶寶餵母乳當然是最理想，但即使既簡單又實用（你現在應該是熟手了），總是有它的限制，最主要的一個是：你沒辦法餵你的寶寶，除非你跟他在一起。若是如此，就是奶瓶登場的時候了。

你的打算，是直接跳過奶瓶的階段？有些媽媽的確就這麼做——乾脆省下她們和寶寶斷奶過程中的一個步驟（爭議不休也最難跨越的那一個：完全不用奶瓶）；然而，省略這個步驟就表示寶寶週歲前媽媽都得隨時待在身邊——很少現代母親能夠做到這一點。你正打算（或希望）寶寶週歲前偶爾能在必須哺乳時不必待在他的身邊，也許是一週工作 40 小時、也許只是偶爾出門吃頓 3 小時的晚餐？又或者你只

寶寶的第二個月

睡眠。你家寶貝正慢慢理解白天和夜晚的差別，知道夜晚代表自己會多睡很久；但是，他不但還是會經常在白天睡覺，總睡眠時數也和第一個月相去不遠。大致說來，第二個月的寶寶一天要睡上 14~18 小時，夜裡大約 8~9 小時，白天（三次到五次）7~9 小時。

飲食。這個月，寶寶還是只能喝全液態的食物。

- 母乳。一整天下來，哺餵母乳的寶寶大約要喝上 8~12 次，總計要吸 360~1080CC 母乳。哺乳的間隔應該會比上個月加大些——每 3 到 4 小時喝一次，但寶寶還是處於想喝才喝的階段。
- 配方嬰兒奶。每一天，寶寶要喝 6~8 次、每次 90~180CC，也就是總計 540~960CC。想估計得精準一些嗎？你家寶貝的體重除以 2.5，得數大約就是喝配方嬰兒奶的寶寶一日所需（編按：這裡的單位是盎司，要再乘以 30 才是 CC）。

遊戲。寶寶會在這個月裡學會展露笑容（耶！）和有人接近時的興奮感，小傢伙最喜歡的玩具依然是會旋轉的懸掛物和遊戲墊，但你可以加一些小填充動物和會發出聲音的玩具。把小玩意放在寶寶手掌附近時，他也許緊緊抓住——而且一抓住就是最少一分鐘；這時你就可以輕輕搖晃寶寶的小手，讓小玩具發出聲響。這個月的寶寶還可以添加一個新玩具：嬰兒安全軟框鏡子，即使你家寶貝根本不知道鏡子裡的那個人就是自己，卻還是會盯著那張小臉蛋看（和笑）。

是希望可以多個選項，想抽身就能抽身？那麼，如果你家寶貝至今都還沒用過奶瓶，就該讓他試試了。

❖奶瓶裡裝的是什麼？

母乳。一旦掌握了擠乳的技巧，擠出一瓶母乳對你來說通常不是什麼難事，這讓寶寶可以在母親不在身邊時依然吃得到母乳。

嬰兒配方奶粉。儘管喝配方奶只是開個罐頭那麼簡單，太早給寶寶吃配方奶卻會損及哺乳關係。在哺乳順暢時，配方奶不只會干擾母乳的分泌，還會滋生一些原本沒有的問

題；而如果哺乳不順暢，配方奶可能使既有的問題益形惡化。一旦良好的哺乳習慣養成（通常需要六週左右），許多媽媽發現她們可以成功的混用母乳和配方奶。

有些媽媽則因為其他的理由而不補充配方奶粉，包括希望能哺乳一年以上（研究顯示，補充配方奶粉與斷奶之間有明顯相關），或因為有家族過敏史，希望盡可能延緩寶寶對牛奶的過敏。

❖哄寶寶用奶瓶

準備好給他人生的第一瓶了嗎？如果你運氣好，寶寶會像見到老朋友一樣急著擁抱它並享受其中的東西；比較可能的是，他也許要花點時間適應這種不太熟悉的食物。以下的訣竅對你會有幫助：

- 抓好時機。第一次用奶瓶時，要在寶寶又餓、心情又好的時候。
- 交給別人餵。前幾次最好都找別人餵，寶寶會比較容易接受——你不在房間內讓他沒得訴苦的話更好。餵奶的人要摟著寶寶，像你哺乳時一樣的對他說話。
- 遮住乳房。如果非得你自己餵，把乳房密密遮住會有幫助；如果沒戴胸罩或穿著低胸的T恤，就別讓寶寶太靠近你的胸前。
- 挑選適合的奶嘴。第一次含到奶瓶的奶嘴時，有些寶寶完全不會排斥，但也有些寶寶就是不肯接受某些形狀或材質不像媽媽乳頭的奶嘴；如果試過幾次後你家寶貝還是立刻就吐出來，那就得換個不同型的奶嘴（比如形狀和柔軟度都近似人類乳頭的產品）。要是你家寶貝已經有了常用的安撫奶嘴，奶嘴形狀和質感近似的奶瓶就更容易誘使他接受。
- 先讓他嚐上幾滴。為了讓寶寶明

不用奶瓶

打算從頭到尾都不讓寶寶用奶瓶？只要你能規劃得出完全不用奶瓶的人生和生活型態（或者是順寶寶的意，如果他討厭用奶瓶喝奶的話），寶寶確實不見得需要奶瓶。儘管如此，有個替代方案和緊急時刻（比如你突然必須出差到遠地或不得不接受可能有礙哺乳的醫療）還能以母乳哺育寶寶的法子，總不是什麼壞事吧？所以，不論你再怎麼不想使用奶瓶，最好還是考慮一下擠些母乳放進冰箱冷藏以備不時之需（而且時效一過最好就立刻換上新擠的母乳，參見第183頁）。

補充品的迷思

迷思：補充配方奶（或加點穀粉到奶瓶裡）會讓寶寶一覺到天亮。

事實：一旦寶寶發育的階段到了，他自然會一覺到天亮，補充配方奶或穀粉不會讓他睡得更好，研究不曾發現夜晚食物與睡眠有何關係。

迷思：寶寶只吃母乳會營養不良。

事實：母乳可以完全滿足六個月內寶寶的營養需要；六個月之後，母乳加上固體食物，毋需添加配方奶就足以滋養你的寶寶。

迷思：給寶寶吃配方奶不會影響我的母乳分泌。

事實：如果你決定交互哺餵母乳與配方奶（參見第 104 頁），就不會有影響；要是你希望能全程哺餵母乳（或只是「盡量」哺餵母乳），就一定要記得：你每給寶寶母乳以外的食物（配方奶或固體食物）一次，你的母乳就減少一次。寶寶吃的母乳愈少，你的泌乳量也愈少。不過如果哺乳的良好習慣已建立，補充配方奶對媽媽的泌乳量就不會有太大的影響了。

迷思：要不就全程哺餵母乳，要不就都讓寶寶喝配方嬰兒奶。

事實：你希望寶寶都喝母乳卻擔心做不到（或礙於現實而做不到）？那麼，時而母乳時而配方奶不但是不錯的方案，對某些媽咪和寶寶來說甚至還是最好的決定，也絕對比完全放棄哺餵母乳好得多。所以你應該要對混合哺餵懷抱好感，而且還要時時注意出乳有沒有因而過度減少，更絕對別忘了：只要你家寶貝還喝得到母乳，就能得到配方奶沒有的額外好處。

白奶瓶裡裝的是什麼，哺餵前不妨先擠出幾滴讓他嚐嚐。

- 稍稍加熱。你的乳頭很溫暖，奶瓶的奶嘴卻往往是冰冷的，所以，用奶瓶哺餵寶寶前不妨先用熱水稍稍燙一下奶嘴，去除那種入口寒涼的感覺。奶嘴連奶瓶都略作加熱（不論哺餵的是預先擠好的母乳或配方嬰兒奶）也有幫助——雖然寶寶也許可以接受室溫或甚至剛離開冰箱的溫度。
- 偷偷餵。如果寶寶不要用奶瓶，趁他熟睡時抱起來偷餵；運氣好的話，說不定幾週之後，寶寶就

連醒著時也會接受。

❖如何教寶寶用奶瓶

何時開始。有些寶寶從開始餵奶時就能毫無困難的兩種奶換著吃，但對大多數的孩子而言，至少三週大是比較好的時間點，能在五週大時換成奶瓶更合適。過早，可能會影響到哺乳習慣的建立（大多不會由於所謂的「乳頭混淆」，而是源於你的乳房因為刺激不足而減少出乳）；要是太晚，寶寶卻又會因為太喜歡媽咪柔軟、溫暖、熟悉的乳頭而拒絕橡皮奶嘴。

一次餵多少母乳或配方奶。哺乳最大的好處之一是寶寶會根據他的胃口吃到飽，而不是一定得喝完固定的量；而一旦開始用奶瓶後，很容易就變質為數量遊戲。讓寶寶想吃多少就吃多少，不要非得吃完一瓶或規定的量。記得：每餐喝多少母乳或配方奶並非絕對，體重四公斤多一點的寶寶也許得喝上 180CC，但也可能只需要不到 60CC。多給你一些參考值？是有個其實很粗糙的經驗法則（前面也已提到過）：寶寶的體重除以 2.5（編按：同樣地，單位是盎司，讀者要再乘以 30 才是習慣使用的 CC），就大約是寶寶一整天所需的奶量（參見第 317 頁）。

讓寶寶習慣奶瓶。如果你回去上班之後，一天中會有兩次無法親自哺乳，至少要提前兩週讓寶寶開始用奶瓶，每天先餵一瓶，給寶寶一週的時間適應，再增加到兩瓶。如果你想以配方奶替代母乳，這同時能讓寶寶和你的身體慢慢適應，在你回到工作崗位時會覺得更舒適。

讓自己舒服。如果只是偶爾用奶瓶——不管是週六晚的約會或一整個星期上課，在你外出前讓寶寶吸完（或擠完）兩邊的乳房，就比較不會有脹奶或溢乳的困擾。要確保寶寶被餵飽的時間最好別太接近你回家的時間（兩個小時以內就太接近了），如此你一回到家就可以哺乳，不會脹奶脹得難受。

不論給寶寶的奶瓶中裝的是哪一種奶，如果你要離開寶寶身邊五、

混著喝

擠出來的母乳不夠一瓶的量嗎？可別把費這麼大勁擠的奶丟掉，你可以和配方奶混著給寶寶吃，寶寶還可以因為母乳中的酶而讓配方奶更好消化。

寶寶發育不良時的營養補充

沒有意外的話，光靠母乳就能讓小傢伙順利長肉和變壯，但也有一些媽咪的母乳供應跟不上嬰兒所需——儘管她已竭盡全力擠乳。如果醫師認為你家寶貝長得不夠健壯是由於只喝母乳，所以建議你補充他一些嬰兒配方奶，遵循醫囑應該會是讓寶寶迎頭趕上的好主意。

但是，你能不能趁寶寶喝配方奶時增加出乳量，最後讓寶寶得以從母乳中獲得所有需要的營養呢？最好的解決方案，也許就是使用第 188 頁介紹過的哺乳輔助器，既能隨時提供寶寶健壯所需的母乳，又能刺激媽媽出乳。要是哺乳輔助器沒能幫上你忙，不妨參考一下第 106 頁所示，其他有助於多擠母乳的小訣竅。

六個小時以上，最好把母乳先擠出來，以避免乳管堵塞、溢乳或泌乳量減少等困擾。

你會擔心的各種狀況

❖笑

我的兒子五週大了，我認為此時他應該會發出真正的微笑。但是感覺上不是。

開心點……笑給寶寶看。即使最快樂的寶寶，也可能要到六、七週大才會展露他所謂真正的笑容。你怎麼知道，他這是真正帶有互動意義的笑，還是單純的「排氣」（或者「我剛剛尿完，真舒爽」）呢？很簡單：看他是用整張臉在笑，還是只有嘴巴。

寶寶的第一朵笑顏（以及之後許許多多的大笑和微笑）絕對值得期待，你只需記得，雖然寶寶沒準備好之前就不會笑，但只要他們一準備好了，不論你是對他說話、陪他玩、親吻他、擁抱他還是只不過給他一個微笑，他都會用笑容回報你。你愈是經常笑臉相向，他就可能愈早綻放第一朵笑顏。

❖發聲

我那六週大的寶寶經常發出一堆氣聲母音卻完全沒有子音，她是想說話嗎？

在大約頭幾週到兩個月大之間，寶寶會初試啼聲，發出「啊咿」或ㄚ、ㄝ、ㄡ、ㄨ等母音。一開始，那些聲音和咕嚕的喉音似乎是隨機

的，漸漸的你會發現，當你在對她說話時她會「回話」；她也會對著玩具、鏡中的自己和嬰兒床欄護圍上的小鴨子發聲，這些練習常常是為了同時帶給自己和爸媽快樂——寶寶好像真的很喜歡聽自己的聲音。在這個過程中，寶寶同時也在做發音實驗，探索喉、舌、口的各種組合會發出什麼樣的聲音。

對爸爸媽媽來說，從啼哭到學語真是可喜可賀的一大步。這還只是開始，寶寶會漸漸從大聲笑、尖聲叫到發出一些子音。開始能發出子音的個人差異很大，從三個月到六個月不等，平均在四個月左右。

我們的這個寶寶和他哥哥在同樣六週大時所發出的聲音明顯不同。這是不是個問題？

不要拿哥哥來比弟弟，因為天下沒有兩個寶寶的發育過程是一模一樣的，不論基因是不是來自同樣的父母，也不論你比較的似乎只是最單純的咿呀聲。大約 10% 的嬰兒在第一個月便會發出某些聲音，另外 10% 則要等到三個月大左右才會；不管你家寶貝是快是慢，或者是不是慢上哥哥許多，都很正常。

既然是同胞兄弟，那就更有可能你其實現在比生下哥哥時忙得多，無法再那麼專注於弟弟的口語發展上，也可能你不再能花上同樣的時間來誘導弟弟發聲（每一家的老二都常有這方面的現象），或者家裡人多口雜，所以小傢伙沒什麼出聲的機會（老四或更多兄姊的孩子也常有這種現象）。所以，如果你能多花點時間和這小傢伙打打交道，也許就會更快得到他咿咿呀呀的回報。

若在接下來的幾個月當中，雖然努力嘗試誘導他，你仍發現寶寶很明顯地在每個月的成長指標都落後（參見第 119 頁），和醫師商量一下，他可能會安排如聽力或其他方面的評量，幫你找出趕上進度的方法。

❖第二種語言

我太太想和寶寶說西班牙語（她的母語），好讓他可以早點熟悉西班牙語；我也希望他能說兩種語言，卻又擔心他一次學兩種語言會不會反而困惑。

如果大家都覺得嬰兒學習語言就像海綿，那麼，生在雙語家庭的嬰兒就應該是更有吸收能力的海綿，早點開始不是壞事。大多數專家都同意，比起讓嬰兒會說一種語言後

如何和寶寶說話

和寶寶溝通的方式有千百種，甚至更多。這兒有些是你在目前或者最近的將來，可能可以採用的：

隨時旁白。當寶寶在身邊時，做每件事都最好能用話語描述一下。穿衣時告訴他：「媽媽現在在幫你換尿布……我們來穿T恤，先從頭開始……」洗澡時，告訴他關於肥皂和沖洗的概念，然後解釋洗髮精可以讓頭髮光亮清潔等等。寶寶聽得懂嗎？當然聽不懂，但這樣的習慣有助於養成你說話、他注意傾聽的互動，而這便是他理解的開端。

問個不停。不必等寶寶會給你答案的那一天才這麼做；假想你自己是個記者，問題可以上天下地，或者生活化的不得了：「你想穿這件紅色長褲還是那件？」「今天的天氣真好不是嗎？」「媽媽該買豌豆還是花菜呢？」停頓一下，等他回答（有一天會的），然後你自己說：「喔，花菜？很好。」

給他機會。研究顯示，父母與其「交談」的寶寶，比起父母只對他們說話的寶寶要比較早學會說話。所以，要讓他們有表達的時間，儘管那聽來只是無意義的聲音。

簡短。雖然寶寶也許對長篇報導也聽得津津有味，你仍該多用簡短句好讓他抓到字彙。「你看燈」、「再見」、「寶寶的手指」和「乖狗狗」。

拋開代名詞。寶寶很難意會「你」、「我」、「他」可以代表所有人。所以，盡量定名清楚，你是「媽媽」，寶寶則有他自己的名字：「媽媽要幫貝貝換尿布了。」

提高音調。大部分的嬰孩都喜歡較高的音調—這可能是女性的音調為何比男性高的原因，這也是大部分媽媽（爸爸）跟寶寶說話時會將音調提高一兩度的原因。你可以試試提高音調跟寶寶說話，注意他的反應（有些小孩喜歡較低的聲調，你要試驗看看才知

再去「學習」第二種語言，相對而言，一開始就同時對嬰兒說兩種語言，會讓你家寶貝同時「獲得」兩種語言。兩種途徑可說大異其趣，因為一個是從頭就以兩種語言為母語，另一個卻只是熟諳第二語言；更別說，你其實早在他還在子宮裡時就已經在教他西班牙語了（懷孕的第六週起，每次你太太說西班牙語時，孩子都聽得見）。

道你們家的寶貝是不是這樣）。

沒必要特別說娃娃語。當你自然而然冒出一長串娃娃語，寶寶也會欣然接受。如果你偏好簡潔的發言，那也沒問題。即使你很擅長娃娃語，也盡量不要用得太誇張。在寶寶身邊時多說一些普通的大人用語（但盡量簡單），這樣寶寶長大才不會以為所有字後面都要加上咿咿呀呀。

只談此時此刻。沒有輕驗到的事，寶寶無從「冥想」，而且無法長時間集中注意力。寶寶的記憶力仍很短暫，對未來也尚無什麼概念。

模仿。你模仿寶寶發聲，會令他驚喜莫名，同時奠下他反過來學你的基礎。很快的，模仿就會成為你和寶寶都喜歡玩的遊戲，寶寶既能藉著模仿你的語言奠定基礎，又有助於建立他的自尊（「我說的話很重要！」）。

讓音樂充斥四周。別擔心你是不是五音不全——寶寶既不懂得什麼抑揚頓挫，也不怎麼在乎。不管你哼的是流行樂還是正統聲樂，歌聲是悠揚動聽還是破鑼嗓子，他們都會喜歡的；如果鄰居對你的歌喉有意見，就播放錄音帶吧。要是再加上一些手勢的話，寶寶必定更樂不可支，並且很快地便能讓你明白哪些是他的最愛，你也準備要一再應要求而反覆唱個不停。

朗誦。雖然剛開始這些字句對寶寶沒有任何意義，但是念一些簡單的兒童故事給孩子聽絕不嫌早。如果你實在不想再一直講些孩子話，那麼就選一本你喜愛的書籍，大聲地讀給寶寶聽。

注意寶寶的反應。每個人都想有些寧靜時刻，持續不停的談話或歌聲都會令人疲倦。當寶寶對你的聲音失去注意力，眼睛轉開，或變得焦躁易怒時，就表示他的飽和點大概到了，趕緊叫暫停吧。

也有人認為貪多嚼不爛，孩子同時學習兩種語言只會讓他顧此失彼，反而都學不好；但就算有這種狀況，也只是他語言發展階段非常短暫的正常現象（熟悉雙語帶來的好處和能夠自然而然地學習語言不僅能化解這種狀況，更可能讓孩子終生受用）。

不論誰說的才對，你都不妨試一試。在別的寶寶大多只學習單一語

了解你的寶寶

寶寶可能在一歲時才吐出第一個字，兩歲左右才能把字詞串成句，要聽懂他大部分的句子，可能得等到三歲以後。但早在使用語言之前，寶寶就已經用其他的方式和你說話了。仔細看，你就會發現寶寶一直在對你說話，只是用嘴巴的少，用行為、姿勢與表情的多。

沒有任何字典能告訴你寶寶在說什麼（有些 APP 宣稱可以），理解這種非語言溝通的關鍵在於觀察：耐心且細心的觀察。早在寶寶開口說話的幾個月前，單是靠觀察你就可以看出他的個性、偏好和需要。例如，寶寶在洗澡前脫衣服時會扭動身體而且看起來不太舒適嗎？這可能意味著他不喜歡在冷空氣中光著身子——或只是不想赤身裸體。

或者在想要小睡前寶寶會咳個幾聲？他可能是用這種方式告訴你他累了——可不要讓這種聲音變成大哭聲。

或者寶寶在餵奶時間到時，在他號啕大哭前會胡亂地將手指塞進嘴巴？這可能就是他告訴你肚子餓了的第一個訊息（第二個就是哭嘍）。藉由觀察寶寶的行為與姿勢，你就會發現一些有意義的模式，也更知道寶寶想告訴你什麼。

細心傾聽寶寶對你說些什麼，不僅讓你更輕鬆，寶寶也會覺得他說的話是重要的，向成長為一個有自信、有安全感、成功且情緒成熟的大人邁出第一步。

言的階段，你有幾種簡單的方法可以讓你家寶貝同時學習兩種語言。最有效的方法或許是：你從頭到尾都和寶寶說母語，而太太只對他說第二語言；另一個效果不那麼顯著的方法是：爸爸媽媽都講母語，但有個經常在他身邊的人，比如祖母、保母等，只對他說第二語言；實際上可行性較低的第三個方法（也得考量會不會因而減緩寶寶熟悉母語的速度）則是：父母親都只對寶寶說第二語言（假設雙親的第二語言都很流利——上述任何對寶寶說第二語言的人也都必須很流利），寶寶只能從托嬰中心、幼兒園或保母那兒學習母語。

不論是哪種方法，教授第二語言都要像母語一樣順其自然——透過對他說話、唱兒歌、朗讀童書、玩遊戲或一起看電視、帶他走訪會說

第二語言的親友等；不會太不方便的話，不妨帶寶寶去完全使用這種第二語言的環境走走。孩子稍大後，再考慮要不要讓他去上雙語幼稚園，或者幫他尋找其他也在學這種第二語言的玩伴，來讓第二語言的使用水到渠成。

一開始，你家寶貝都得歷經一段分辨兩種語言（都是新語言）的摸索期——你只需要領會他的可愛，不必為他擔憂。慢慢地，你家寶貝就會運用兩種語言了……而且適時適地。

❖寶寶不肯仰睡

我知道應該讓寶寶仰睡，以避免嬰兒猝死症，但他極不願這麼睡。有一次我讓他趴著玩，結果他竟然睡了最長的一回小覺，此時變換他的睡姿安全嗎？

寶寶通常會知道什麼對他們最好，但很遺憾，碰到睡姿就不是這麼回事了。大多數的寶寶生來就喜歡趴睡，這樣更舒服、更安適，也讓他們更少受驚，正因如此，他們也可以睡得更久、更少醒。

但這顯然對寶寶不是最好。趴睡與嬰兒猝死症大有關聯——特別是對不習慣趴睡的寶寶而言（就像你的寶寶，嬰兒出生後就開始仰著睡）。大多數的寶寶都能很快習慣仰睡，尤其是在不知道有其他睡姿的情況下；有些在仰睡時會不斷發脾氣；還有像你的寶寶一樣的少數，只要仰睡就似乎整夜都睡得不安穩。幾乎所有的寶寶趴睡都睡得比較好，這正是為什麼科學家認為趴睡的寶寶更可能發生嬰兒猝死的理由之一。科學家的理論指稱，由於趴著睡得更熟，較不容易在他們呼吸暫時中止階段將之喚醒，以繼續正常呼吸。

你該做的第一件事是與你的小兒科醫師討論這個問題。他可能會先檢視為什麼你的寶寶這麼不喜歡仰睡，很可能只是因為他討厭那種感覺。如果是這樣，試試以下幾個訣竅，讓你的寶寶快樂的仰躺：

- 睡前就把寶寶包在包巾裡。研究顯示，這樣做的寶寶在仰睡時更滿足、更少哭、更少受驚，也更不容易因正常抽動的動作而醒過來；但如果你的寶寶會踢開毯子就不要將他裹起來（嬰兒床中的物品可能會危害到他）。同時要確保房間涼爽，過熱是嬰兒猝死的另一大原因。
- 在墊被下面墊個枕頭或捲起的毯子，將頭部稍稍墊高，讓寶寶睡

第二個月

充分利用頭三年

你的寶寶對他一生中的頭三年不會記得太多，但研究指出，這三年對寶寶的影響遠勝之後的歲月。

為什麼這頭三年——滿是吃睡哭玩的三年——對寶寶的求學、工作與人際關係如此重要？為什麼這一段寶寶根本尚未定型的期間會是他日後最終成就的關鍵期？答案迷人、複雜且尚無定論——卻絕對值得新手父母深思。

研究顯示，在這三年中寶寶的大腦已經發育到成人的 90%—一個連鞋帶都不會綁的孩子竟然有這麼強大的腦力。在這非凡的三年中，大腦開始「連線」（腦神經元之間的關鍵連結），到寶寶三歲生日時，已有大約一千兆的連結產生。

儘管有這些活動，一個三歲寶寶的大腦仍然只是進行中的半成品，神經元的連結繼續增加，直到十、十一歲為止，此時大腦開始追求效率，剪除那些很少使用的連結（成人的連結只有三歲嬰兒的一半，原因在此）。改變持續到青春期之後，某些重要的大腦部位更是終生都在改變。

儘管孩子的未來（比如他的大腦）不是三歲定終生，但這個時期形成的模式卻是形塑他將來成為什麼樣的人的重要因素；而在這三年中最有影響力的人就是你。研究顯示，這三年中受到的關愛，足以決定寶寶神經元的連結、腦部的發育，孩子在未來如何成功、滿意、自信，以及出色的應對生命的挑戰。

對這項任務你覺得氣餒嗎？難以負荷嗎？大可不必。幾乎所有的爸媽憑直覺和愛心所做的努力，恰好就是寶寶和他的大腦發揮最大潛能所需的；換句話說，孩子將來會成為太空科學家（或科學老師、醫師……或網路創

時不會覺得太平，這可能會使他更舒服。但不要在嬰兒床中放置任何物品以墊高寶寶。

- 放棄固定小床墊。如果你想用固定小床墊幫助寶寶仰睡，請再考慮一下。專家認為任何種類的固定床墊或靠墊都不安全，不應該使用。這種床墊既不能預防嬰兒猝死症，還會有造成窒息風險。
- 慢慢的訓練寶寶更舒服的仰睡。如果仰躺使他很難熟睡，試著將他放在嬰兒座椅中睡，或抱著哄他睡著後，再讓他仰躺到床上。
- 堅持下去。只要你意志夠堅定，

業家）不是因為你現在就教他太空科學。你得深思的是：

- 每一個你養育孩子的作為——包括碰觸、擁抱、朗讀、說話、唱歌、和他四目相對或陪他咿咿呀呀——都不只會增強寶寶的腦力，還會提高他的社交與情緒管理能力；而對絕大多數的父母來說，養育本就是第二天性。
- 每一次你想方設法滿足孩子現在和往後許多歲月裡的需要（餓了就讓他吃飽，尿布溼了就換、受驚嚇就擁抱他），都是在幫他發展信任、憐憫和自信——也全都是未來健全的情緒與社會化的要素。幼年時期得到愈多關懷的孩子，長大後就愈不會有行為方面的問題，也更能與人建立良好關係。
- 孩子愈健康就愈快樂、愈聰明。適度的醫療照護，可以讓你家寶貝免於身心成長中的種種障礙，不致拖慢智能、社交、情感的發展（早期干預事半功倍）。同樣的，適度的運動也能增強腦力——充足的睡眠亦然（很多嬰兒的發育都在睡覺時進行），吃得好又吃得營養，尤其在快速成長階段扮演著舉足輕重的角色。
- 你的任務是幫忙而不是操控他型塑身心。一不小心，鼓勵就會變成催促——只要你一有這種疑慮，就必須馬上觀察寶寶的反應。你得時時警惕自己（即便他都還沒開口說出第一句話），會不會再加點刺激他就消受不了；重點在於觀察——你家寶貝在滿足他的需要方面，往往比現在的你還明智，只要你肯觀察、傾聽，你幾乎就隨時都能明白怎麼做對他才最好。

寶寶終會習慣仰睡的。

一旦寶寶會自己翻身，即使你讓他仰睡，他也會翻找著自己喜歡的睡姿（參見 382 頁）。

❖不愛趴著玩

我家寶貝很討厭趴著玩，有什麼讓他喜歡的法子嗎？

你可以讓寶寶趴著，卻不能強迫他樂在其中。對很多寶寶來說，趴著幾乎等同受罰——尤其是頸肌還沒強壯到可以從臉貼著地的尷尬位置抬起頭來之前；不過，你還是得讓寶寶一天裡趴著玩上幾次、一次玩個幾分鐘，好讓寶寶背部以外的肌肉群鍛鍊得更靈活——不要多久，他就需要這些肌肉來控制許多技巧，包括坐起。要讓寶寶少受折磨多點樂趣，不妨試試以下的小技巧（切記，寶寶趴著時一定要有大人陪在身邊）：

- 讓寶寶趴在你的胸前做仰臥起坐，每回起身時就做個鬼臉、發出一些怪聲，偶爾高高舉起寶寶讓他像架飛機騰空而起，再讓他腹部朝下地降落。
- 和寶寶一起肩併肩或臉對臉地趴在舒適的墊子上，然後拿個他喜歡的玩具逗他或跟他咿咿呀呀。
- 用一個特別為趴著玩特別設計的枕頭撐高寶寶。另外，充氣式趴玩墊也能讓寶寶玩得開心一些。
- 讓寶寶對著鏡子玩。看著嬰兒安全鏡裡的自己很能分散寶寶的注意力，偶爾換個方位，讓他有時正對著鏡子，有時側對。
- 改變方位——以及趴著玩時的視野，比如早上在起居時玩個一兩分鐘，下午則換到你的臥室。
- 如果寶寶喜歡被人按摩，就選在他趴著時幫他按摩，這一來，他也許就更能忍受趴著玩的時光。
- 偶爾讓他換個玩伴——信不信由你，你家寶貝說不定早就受夠了你帶給他的壓力。
- 一覺得他很不想趴著，就先讓他翻過身——過一陣子再試看看。寶寶都尖叫著抗拒了，你就沒有必要再強迫他——不強迫有很明顯的理由（強迫只會讓他下回抗拒得更厲害）。一開始只試個一兩分鐘（或是你覺得他只能忍受多久就多久）就很夠了，然後每一次多讓他趴個幾秒鐘，不消多久，你就能讓寶寶趴著玩上五分鐘了。
- 從這次到下次趴著玩之間，別忘了多給寶寶運用肌肉的機會。老是讓他待在嬰兒推車、汽車安全椅或彈力椅裡的話，會讓他的進步停滯下來。

❖嬰兒按摩

聽說幫寶寶按摩好處多多，可我完全不知道怎麼個按摩法。

大人都喜歡接受按摩，寶寶也少有例外。溫柔的按摩不但能撫慰新生兒，還對他好處多多。我們的五感裡，觸覺是一出生後發展得最快的——相關研究也都證實，按摩帶來的觸覺刺激會讓寶寶獲益匪淺。

按摩有哪些好處呢？最為人所知的是按摩通常可以讓早產兒加快成

長，睡得更好，呼吸更順暢，還會讓寶寶更有活力；但是對足月新生兒來說，按摩也能讓他更健壯——也許是增強免疫系統、加快肌肉發展、促進成長，也可能是緩解腸絞痛、減輕腸胃問題和長牙時的疼痛，又或許是有助安眠，以及刺激循環、呼吸系統和減少壓力荷爾蒙（stress hormones，沒錯，寶寶也有這方面的麻煩）；此外，就和懷抱一樣，幫寶寶按摩也能讓親子關係更親密。更不用說，按摩不只能讓寶寶身心放鬆，也能讓你自己尋得內心的寧靜（這大概不會有人反對吧？）。

以下就是按摩寶寶的正確方式：

自己能放鬆時才幫寶寶按摩。如果手機響個不停或正在烹煮晚餐，而且還有兩籃子衣物待洗，按摩就不會有紓緩心神的效果；打算按摩寶寶前，請先確定沒有急事待辦或不會突然受到打擾。

選個寶寶能放鬆的時間。與其在寶寶肚子餓（空腹時享受不到按摩肚皮的樂趣）或剛吃飽（可能會讓他吐奶）的時候幫他按摩，剛洗完澡會好得多，因為這時的寶寶最容易放鬆下來（如果他恰巧討厭洗澡，那就另當別論了）。遊戲前按摩也不錯，因為根據研究，按摩能讓寶寶更能專注在遊戲上。

找個好地方。按摩寶寶的房間必須既安靜又溫暖，室溫不能低於攝氏24 度（因為按摩時最好只讓寶寶穿著尿布），調暗燈光以減少光線的刺激、讓心神更安定；要是你喜歡，播放輕柔的音樂也不錯。你可以坐在地上或床鋪上，讓寶寶躺在大腿上或張開的雙腿之間，在他身下放條毛巾、小毛毯，包著毛巾或小毛毯的枕頭也可以。一開始按摩後，就說話或唱歌給寶寶聽。

喜歡的話，抹點按摩油。按摩本身當然不需要潤滑油，但手掌能更輕鬆地在寶寶身上遊走的話，寶寶和你都更能樂在其中。請用天然成分製成的嬰兒潤滑油，或者直接從椰子、芥花籽、玉米、橄欖、葡萄籽、杏仁、鱷梨或藏紅花提取的潤滑用油，因為寶寶的肌膚可以輕鬆吸收這些油脂——萬一你家寶貝吸吮手指時吞進肚裡也很好消化。別抹太多，一點點就夠了，而且別使用嬰兒油或礦物油——它們會阻塞毛孔；胡桃油也不行，因為有些寶寶會對胡桃油過敏。塗上寶寶肌膚之前，記得先用手掌搓熱一下。

給爸媽：爸爸也該來一手

你以為只有媽咪的手才有神奇的魔力嗎？未必喔。研究顯示，爹地的手和媽咪一樣可以帶給寶寶健康、幸福、成長（按摩不但和寶寶的少數睡眠問題、消化能力很有關係，還對寶寶的身心發育都有助益），而且享受到好處的還不只寶寶；研究發現，爸爸在幫寶寶按摩之後自身的壓力指數會下降，身為人父的自尊心則會提高，一直到孩子童年期都會有良好的親子關係。證據就是荷爾蒙：透過觸撫來親近寶寶的爸爸和媽媽，都會分泌同等的養育荷爾蒙和催產素（oxytocin）。

熟能生巧。一般來說，寶寶都喜歡輕柔的撫觸——但也不喜歡像搔癢那樣點到為止；一旦開始按摩，隨時都要用另一隻手扶著寶寶。你可以先從以下建議的方式慢慢熟習按摩的技巧：

- 輕輕地把雙掌擺在你家寶貝的頭部兩側，暫停個一會兒，然後才從他雙頰開始輕柔撫按，一路經過軀體到腳趾。
- 以手指在寶寶的頭部畫小圈圈，然後再用雙手的手指溫柔地從額頭中央往兩旁按壓過去。
- 同樣地，從中央漸漸往外按壓寶寶的胸膛。
- 用一隻手的掌緣，從上到下地按壓寶寶的肚腹；換另一隻手在肚腹上畫圈圈之後，再用指尖「走」一趟寶寶的肚皮。
- 用雙手的手掌輕輕搓柔或握捏寶寶的臂膀和雙腿，有如「擠奶」地稍稍用力按壓四肢；接下來，再扳開寶寶的手掌幫他按摩每一根可愛的指頭。
- 交替著上下摩搓寶寶的雙手和雙腳，一等按摩完小腿，就幫他掰掰腳趾、按摩按摩。
- 幫寶寶翻身朝下，先橫向再直下地幫他按摩背部。

另一個明智的按摩嬰兒的要訣是：如果是在午睡或就寢前，就要從距離心臟較近的地方往較遠處按摩（比如從肩膀往手腕）；要讓寶寶更清醒或更有活力的話，就要從距離心臟較遠處往較近處按摩（比如從手腕到肩膀）。

體會寶寶的感受。狀況不對時誰都沒辦法好好享受按摩，寶寶也不例外；如果你才剛把手掌放在他身上寶寶就閃避或哭泣，就千萬別勉強他；另外，你也不必強求自己每次

都得從頭到腳按摩一回，要是你才剛按摩完手腳寶寶似乎就已意興闌珊，那就到此為止吧。

❖乳痂（脂漏性皮膚炎）

我每天都幫女兒洗頭髮，卻怎麼也洗不掉她頭皮上的那些皮屑。

乳痂這種東西絕對和可愛沾不上一點關係——還好，它也不會死纏著寶寶不放。乳痂，也就是很多小嬰兒都會染患的脂漏性皮膚炎，通常會在寶寶滿三個月大前出現，有時要到一年後才會完全消失（比較常見的狀況是六個月左右），總之絕不會跟著他長大。症狀較輕的，只會在頭皮上出現一層油脂，用凡士林輕輕按摩、讓油脂鱗片脫落後，再用嬰兒洗髮精徹底洗淨即可。若是比較厲害的情形，會有很多的薄皮屑，還可能出現褐色斑塊以及黃色的硬皮，可嘗試以抗脂漏洗髮精，或者用含硫磺、水楊酸鹽的軟膏配合凡士林使用；但必須小心，不要碰到寶寶的眼睛（不過有些寶寶在這種療法之下情況更形惡化；如果你的寶寶正巧如此，馬上停止使用，並立即通知醫師）。一般而言，頭皮流汗容易使乳痂的問題更嚴重，所以盡量保持涼爽乾燥。非必要，不要給寶寶戴帽子，一進室內或有暖氣的車內便立即摘掉。

有時候，這種脂漏性皮膚炎也會在痊癒後卻又突然再出現——別擔心，只要依樣葫蘆地治療一次，寶寶的頭皮就又會回到健康狀態。此外，脂漏性皮膚炎嚴重時，疹塊也可能會分布到臉上、頸子或臀部，發生此狀況時，醫師應該會開局部處理的軟膏。

❖腿彎曲

我兒子的腿似乎有點往內側彎。它們會自己變直嗎？

答案幾乎是肯定的。大多數的嬰兒都有 O 型腿和足內翻（俗稱鴿掌，即腳趾向內側彎曲）；這是因為在母體子宮內承受長時間的擠壓所致。

隨著寶寶開始享受到腳部的自由，開始學著伸展、學爬、學走，他的腿便會開始逐漸變直。

為了確定沒有任何不正常的情況，你仍可以在下次寶寶健檢時向醫師提起。照理說，醫師應該已經做過這方面的檢查了，但再做一次也無妨，而如果寶寶的腿始終沒有變直的跡象，那麼將有可能需要使用模子或特製的鞋來幫助矯正。至於何時必須如此，則取決於問題的嚴重程度，以及醫師的判斷。

❖隱睪症（未沉降睪丸）

我兒子出生時睪丸沒有降下來，醫師說它們在寶寶一兩個月大時應該會自動從肚子下降到正確位置。然而，至今還沒有。

對睪丸而言，腹腔似乎不是應該待的地方，實際上卻不然。男性的睪丸和女性的卵巢兩者都在胎兒的腹腔內發育，卵巢留在原位，睪丸則大約會在妊娠的第八個月左右，下降到陰莖底部的陰囊之中。但足月的男孩中，有 3~4% 在出生前並沒有完成此一旅程，早產兒比例更高，約占 1/3，於是便發生了這個現象：睪丸未沉降。

睪丸具有遊走的特性，因此要決定它是否真的沒有下來並不是那麼簡單。通常，在身體處於溫度過高的危險狀態時，睪丸會比較遠離軀體（以保護製造精子的構造）；但若是在體外覺得太冷，它們又會滑回軀幹（以免溫度太低，不利於生殖機能）。在某些男孩身上，睪丸格外的敏感，也因此會有較多的時間留在身體中；而許多男性左邊的睪丸位置會掉得比右邊低，也可能使右邊的看起來好像沒有降下（遂也讓不少小男孩擔了一陣子心）。所以呢？只有在即使把寶寶放在熱水澡盆裡，一個或兩個睪丸仍然從未出現在陰囊裡時，才會診斷為隱睪症。

這種情形對於排尿不會造成任何痛苦或不便，並且，正如醫師告訴你的，通常會自動降下來。到了一歲，只有 0.3~0.4% 的小男孩仍有此現象，醫師會建議動個小手術，而通常都相當成功。

❖包皮粘黏

我的兒子出生時割過包皮，醫師說他現在有包皮粘黏，那是什麼意思？

任何經過切割的身體組織一旦癒合時，切口邊緣都會與周邊的組織黏在一起，割過的包皮也不例外。如果餘下的包皮較多，就可能在癒合過程中黏住陰莖形成包皮粘黏，只要在寶寶術後定期幫他輕翻一下，以防止形成永久粘黏就不成問題了。你可以問問醫師該怎麼做。一旦小男生可以正常的勃起，就會帶動包皮，而不必大人介入即可讓包皮與陰莖分開。如發生極罕見的永久性粘黏，可以動手術將多餘的包

皮再切除，以防止問題再次出現。

❖疝氣

醫師告訴我，我那雙胞胎男孩有疝氣，必須開刀。這很嚴重嗎？

一般都以為疝氣是發生在成年男人舉重物時，但其實它也會出現在新生兒身上，尤其男孩，以及早產兒（雙胞胎有時也會）。

就腹股溝疝氣而言，是腸的一部分經由腹股溝管滑落到鼠蹊部。通常會先看到在大腿與腹腔連接處有腫塊，尤其當寶寶在哭或十分活躍時；而當他安靜下來後，多半會自己縮回去。如果腸子的這一部分整個往下一直滑到陰囊中，可發現陰囊腫大，稱為陰囊疝氣。

雖說在大多數情況之下，腹股溝疝氣都不足為害，但偶爾會變成絞扼型疝氣——脫腸的部分被腹股溝管內的肌肉皺褶夾住，造成腸內血液和消化的阻塞不通。此時，會產生嘔吐、劇痛，甚至休克等現象；因此，父母一發現寶寶的鼠蹊或陰囊有腫塊時，應立即通知醫師。由於腹股溝的絞扼現象最常見於六個月大以下的寶寶身上，醫師常在診斷出疝氣後建議開刀——假設寶寶健康良好的話。此種手術很簡單，成功機率極高，住院恢復時間亦短（大概一天即可）；手術後，再發生腹股溝疝氣的可能性很低，但也有某部分小孩日後在另一邊發生疝氣的情況。

由於診斷出疝氣的嬰孩通常都迅速採取手術治療，因此，絕大多數發生絞扼型疝氣的寶寶都是由於先前未曾被診斷出有此症狀。所以呢，父母一旦注意到寶寶突然大哭、十分痛苦、嘔吐，也沒有排便，立刻先檢查鼠蹊部是否有腫塊。如果有，必須立即與醫師聯絡，找不到孩子的醫師時，就把孩子送到最近的急診室。把孩子的臀部稍微抬高，並於鼠蹊部敷上冰袋，會讓孩子在去急診室的途中好過一點，也許可以幫助腸子縮回，但絕對不要企圖以手將它推回去。

不可不知：在前幾個月多刺激你的寶寶

寶貝，歡迎你來到這個世界——一個你可以盡情觀看、傾聽、嗅聞、嚐味、碰觸、體驗的世界，有些會讓你樂在其中，有些會讓你不知所措，每一個感受都會刺激你這小嬰兒的感官。做為爸媽的你，又該怎麼幫這小傢伙好好的感受這一切

——以及環繞著他的、巨大到有時讓他驚惶的世界——呢？很可能你已經做了很多，也可能你啥都還沒嘗試（或者理解自己在做什麼，畢竟，在當父母這件事上頭你也是個新手），大部分的養育工作都很自然——也就是說你只是直覺地以滿足寶寶的需求，來讓他自己發揮最大的潛力。總之，你只需要記得，這只是一種過程——才剛起頭、急不得也催不得的過程。以下所列的各種方法，都能幫你正確地刺激你家那小寶貝的小小感官。請同時參見 260~261 頁的「充分利用頭三年」。

味覺。目前寶寶可能對任何食物的感覺都差不多；但寶寶漸漸長大，他的「味覺嘗試」成了他探險的方式之一，因此他會開始把任何觸及的物體放入口內品嘗。此時應克制自己不要去制止寶寶，除非該物體可能有毒、尖銳或可能因吞食而造成窒息。

嗅覺。在大多數環境，寶寶都有機會練習嗅覺，如母乳味、母親的香水、烤雞的味道等。除非寶寶顯得對異味特別過敏，否則這些可視為讓寶寶多認識環境的好機會。

視覺。人們曾一度以為寶寶出生時毫無視覺，但現在人們發現寶寶不但看得見，而且還從中開始學習。他們很快學就會分辨人類及其他靜物，並了解身體語言，以及認識周遭世界。

除了你的臉龐，哪些東西比較能刺激新生兒的視覺？一般來說，比起線條柔和、細緻、反差不大的物品，反差較大和線條粗大、色彩明亮的物品更能吸引小傢伙的視線；在寶寶六個月大以前，都比較愛看黑白和色彩繽紛的東西，之後才會慢慢改變習性。

有很多東西（包括玩具）都可以刺激寶寶的視覺，你只需要記得多未必好——要是你給他看的玩具和物品多到超出他的視覺集中力，你的寶貝就會負荷過度也刺激過度：

- 懸掛物。懸掛物的形體由下往上看最清楚（從寶寶的角度），而非從旁邊（大人的角度）。它們應懸掛在寶寶頭上約 30~40 公分處，而且應在寶寶的兩側，而非頭的垂直上方（寶寶大多喜歡往右看，但你家寶貝也許不是）。會發出樂音的懸掛物是給大一些的寶寶用的，可以同時刺激兩種感官。
- 其他會動的東西。你可以在寶寶

的視線範圍內移動一項玩具，來鼓勵他用視覺追蹤移動的物體。不妨帶寶寶去寵物店，讓他看看魚和鳥的活動，或是在寶寶面前吹泡泡。

- 靜物。寶寶有很多時間花在注視物體上，他們並非在浪費時間，而是在學習。黑白色的幾何圖形或臉部畫像是他們的最愛；明亮及對比強烈的色彩也是他們的偏好（比如陽光下光芒閃爍的雕花玻璃瓶）。
- 鏡子。寶寶多半喜愛鏡子內多變的景象。記住用安全的金屬鏡，而非玻璃鏡；可懸掛在嬰兒床上、尿布檯上、汽車裡，或者讓他在一面鏡子之前（側邊也可以）趴著玩。
- 人。寶寶喜愛觀看人臉，所以你和家人應常花時間在寶寶附近。或者讓寶寶看家人的照片，告訴他誰是誰。
- 書。展示小孩、嬰兒、動物和玩具等簡單圖片給寶寶看，並教他們辨識。圖案線條應清楚明確，而不過於繁複。
- 周遭環境。很快寶寶就會對更多事情有興趣。要盡量提供寶寶認識周遭世界的機會——從嬰兒車上、汽車上或近距離觀察。隨時指給他看車子、樹、人等，但也不要毫不休息或漫無止境，否則你和寶寶都會失去興致。

聽覺。寶寶藉由聽覺學習語言、節奏、危險、感情、感覺——以及許多圍繞他們的事。聽覺刺激可能來自各種形式：

- 人聲。人聲是寶寶早期能接觸到最主要的聲音，所以應多和寶寶說話、唱歌。不妨使用你自創的童謠、兒歌；也可以模仿動物聲音，尤其是寶寶常會聽到的聲音，例如狗吠貓叫等。最重要的，則是模仿寶寶的牙牙學語來強化他的努力，也別忘了寶寶還小時就要開始為他朗讀故事書。
- 家中的聲音。家裡的聲音你再熟悉不過了（事實上，也許你已經大多「有聽沒有到」），但對寶寶來說，家務聲卻可能很動聽：吸塵器的哼哼聲，洗衣機的轟轟聲，開水煮沸時的壺笛聲，水流聲，撕紙聲，或者風鈴聲、門鈴聲。只有一種家裡的聲音最好別讓寶寶聽：電視。寶寶醒著時，請盡量不要看電視。
- 玩具聲。你可以搖動搖鈴，或抓著寶寶的手一起搖動會出聲的玩具，或在寶寶手腕上綁上一副搖

早期學習事半功倍

簡單地說，任何你家寶貝的嶄新人生裡的微不足道的小事，不但對他的成長意義非凡，而且影響深遠。以下所列，都是你在幫忙寶寶理解眼前這個世界時必須謹記在心的要點（很重要，但也都比你想像中容易）。

愛你的寶寶。你完全不必傷腦筋就能增強寶寶智力：無私的關愛，比任何力量都對寶寶的成長和強健更有助益。也許你沒辦法每一分鐘都熱愛寶寶（比如說一發作就是4小時的腸絞痛、夜復一夜讓你睡眠不足、老是不肯好好喝奶），但無論如何你都還是愛他——這就夠了，就算只有這樣，你家寶貝也能擁有十足的安全感。

與寶寶交流。沒錯，你家的寶寶就只是個，呃，寶寶——而你可是個大人；但這並不表示你們就無法交流。不論換尿布、洗澡，還是一起上超市、開車兜風，都要掌握每一個可以對寶寶說話、唱歌和咿咿呀呀的機會；這些隨意卻又能刺激寶寶的交流目的不在教授（寶寶還太小，不適合「上課」），而在互動——光是對他唱上幾句「王老先生有塊地」，就比很多益智玩具或課程都更能造就一個開朗的寶寶。說到玩具，就更別忘了你家寶貝最愛的遊戲對象——那個最能幫他飛速成長的你。

認識寶寶。深入了解是什麼使寶寶快樂或悲哀、興奮或無趣、平靜或激動，從陪伴寶寶玩耍中去熟識寶寶，比從書中或他人口中得來的認知更重要。用獨特的方式來激發寶寶，而非以一般書中的樣板模式。如果響聲激怒寶寶，就用柔和的聲音待他；如果太多刺激讓寶寶神經不安，那就該限制遊戲的時間及密度。

多給寶寶一些空間。你家寶貝當然需要關愛，而且是很多關愛——但別忘了，過多的關愛也會讓他吃不消。一旦你的關愛超越寶寶的承受力，他就會錯失從「親子頻道」轉向更有趣、更豐富的「環境頻道」的機會——適度的注意很重要，過多則令人窒息。雖然應該讓孩子知道當他們需要幫助

鈴，視覺和聽覺的配合有助於寶寶學習注意聲音的來源。寶寶可以用手拍打或用腳踢、還能發出各種聲響的多重操作盤（activity center），也很能滿足寶寶的聽覺。

時你就在身邊，但也要讓他們自己尋求協助。你無微不至的呵護可能會剝奪寶寶尋找其他可能性的機會，也可能阻礙寶寶獨立玩耍及學習的能力——而依賴的寶寶將使你未來無法分神做其他任何事。也就是說，花些時間好好地陪寶寶玩，卻也要留些時間讓他自己玩。

跟隨領導者。注意，寶寶才是領導者。如果寶寶對玩具汽車有興趣，不要強迫他玩積木。當然了，你家寶貝不會一直沉浸於自得其樂裡（自顧自玩上一會兒，他就會興味索然了），也就意味著引導者大多還是你，卻不能因而忘記誰才是遊戲……以及學習時光的掌權者。有時候讓寶寶掌有領導權不但有助於他的學習，同時也能加強他的自尊心和自信心。

另外，也讓寶寶決定何時要停止玩耍。寶寶會以轉身、急躁易怒、哭泣或其他方式來表達他已玩夠了的無趣及不悅。如果不理會寶寶的訊息而繼續要他玩耍，將造成雙方的不快樂。

抓對時機。寶寶的精神狀態可分為六種狀況：熟睡、淺睡、昏昏欲睡、清醒而精力旺盛、易怒哭泣，以及清醒而安靜。在清醒而精力旺盛的狀態，是鼓勵他做身體運動方面發展的最好時機；而在清醒而安靜的時候，則是啓發其他學習的好機會。同時記得寶寶的注意力為時甚短；寶寶看了兩分鐘的書即掉轉頭去，並不代表他排斥智能學習，而是他失去了注意力。

為寶寶加油喝采。正向增強是最強大的驅動力，所以，每當寶寶練習或學會一種新技巧時，千萬別吝惜你的掌聲、歡呼和擁抱；你的喝采不必聲震屋瓦，只需讓寶寶感受得到：「我覺得你好棒唷！」

絕不揠苗助長。以下的說法一點都不誇大：在早期學習、尤其是寶寶才這麼大的學習裡，任何壓力都沒有一丁點益處。你該在意的，不是寶寶有沒有又立下成長階段的哪個里程碑，而是寶寶的甜美笑容和針對你來的咿咿呀呀；所以，你片刻都不能忘記的，就是要輕鬆以對、樂在其中，把心思花在怎麼開心地激勵寶寶上。

- 音樂玩具。不管來自哪裡——音樂盒，會唱歌的泰迪熊，嬰兒床用的、能發出樂音的多重操作盤，附有音樂的遊戲墊——音樂就是音樂。同時附有三種功能（音樂，提供視覺刺激，以及練習活

讓寶寶在歡樂中成長

你不可能幫不上寶寶的忙——任何新手父母都不必教導就會了（透過說話、唱歌、懷抱，以及誰都會和嬰兒玩的「拍拍手」和「臭腳丫」），但你也許可以從下列的摘要裡，學到一些快樂地撫養寶寶的方法——因為寶寶只想這麼長大。

社交發展。早在雙腳踩上遊樂場或加入遊樂群之前，你家寶貝就已經是社交家了——這大多是你，也就是他第一個、最重要也最得他歡心的玩伴的功勞。正是透過觀看你和家人間的互動，寶寶漸漸開展其社交圈。從現在開始，就該教寶寶如何與人相處，如何進退應對。幾年後，當你的孩子拿出一個話題與朋友、老師或鄰居聊天時，你常會從他稚嫩的聲音中聽到自己對他說過的話，希望你聽到的是很高興而不是震驚或失望的話。

填充玩具、動物玩具以及洋娃娃等，都有助於寶寶社交的發展；寶寶會對著這些玩具說話、擁抱或和它們遊戲——只要觀察寶寶是怎麼和填充玩具動物在遊戲墊上玩耍或繞著懸掛物轉，你就能明白它們對寶寶有何助益。

細部運動發展。目前寶寶的手部動作仍是隨意無常的，但再過幾個月，他就能自在控制手部動作——別老是用毛毯、包巾或手套包著寶寶的雙手。幫他找些不需要多靈巧就能隨興操弄的玩具（例如甩動掛手腕搖鈴或拍打遊戲掛板），不必勞你費心，他的小手和手指頭很快就會抓住、拿起很多東西了（但要擺放在他身體兩側，因為太小的寶寶通常不會伸手去拿正前方的東西）。

讓寶寶有充分機會碰觸下列物體：

- 小手般大的小玩具。最好是寶寶雙手可以拿住或單手可以握住、練習換手技巧的小玩具。先讓他玩腕鈴，再讓他玩可以雙手並用、抓得起來的東西，這會讓寶寶學會怎麼把一件物品從這隻手換到那隻手的重要技巧。如果是可以用嘴巴咬的更好，因為寶寶不久後就會開始不斷把東西放進嘴裡。
- 嬰兒健力架（適合架在嬰兒車、遊戲場所或嬰兒床中）可以讓寶寶練習抓握、旋轉、拉扯和撥弄。但要留心那些配件中有超過 15 公分長的繩索的用品，在寶寶可以坐了之後，也要把這些東西拿開。

- 需要大量手部操作的遊戲板。寶寶目前可能還無法操控這些機能，不過卻可能誤打誤撞碰觸一些機制。這類玩具可以訓練旋轉、撥弄、推壓等各種技能，並有助寶寶了解因果反應原理。燈光、音響和動作，也都很能吸引寶寶的注意力。

整體運動發展。對你家寶貝來說，要不要「向前走」的關鍵是他能不能自由活動——如果寶寶一天到晚都被裹在包巾裡、塞在嬰兒車裡、擺在嬰兒床裡、窩在大人的懷抱裡……，就很難有強化小小肌肉和練習較大動作的機會。白天裡多讓寶寶改變位置（從扶著他坐到讓他趴著玩或仰著玩），可以讓寶寶得到更多體驗各種身體活動的機會；等到寶寶的活動能力（和頭部的控制力）好一些後，就以空間的移轉來和寶寶互動：輕柔地扶著寶寶坐正（而且只要他一坐正就親他一下），握住他的雙手讓他「飛翔」來鼓勵他學習擺動可愛的小手小腳，或者揹起寶寶四下走走，讓寶寶趴在你的大腿上、然後抬腳讓他忽高忽低。到了寶寶會爬的階段（差不多三四個月大時），就用他喜歡的玩具或事物來引誘寶寶翻滾；一旦他當真嘗試也朝目標翻滾了一點，剩下的路途你就抱起他來達成（成功的滋味何其甜美！）。

智能發展。乍看之下，寶寶是透過猶如海綿地吸收許多感官刺激來增強智能，但其實從你身上學到的還要更多——再次強調，藉由自然而然的親子互動。要常和寶寶說話，告訴寶寶所見物品、動物及人的名稱，告訴他你的眼睛、鼻子和嘴巴（和寶寶自己的手、指頭、腳、腳趾）在哪裡，解說你在做的事。朗讀兒歌、童謠、小故事，並出示圖片。帶他去不同地點場合（市場、教堂、百貨公司、博物館等），搭乘公車、計程車、汽車四處遊覽。即使在家裡也要盡量變更寶寶的視野；將他放在窗前、鏡子前、客廳中央地毯上，以利其觀察各種活動的進行，或讓他看你摺衣服及煮飯等。

不管你如何做，最重要的是不要給自己和寶寶壓力。記住，要點是遊戲，它應該是有趣好玩的，學習只是附加價值罷了，千萬不要太強求表現。

動技巧）的玩具，比如五顏六色、擠壓或推動時就會發出樂音的玩具，就比只有單一功能的玩具好玩三倍，只是寶寶現在還很需要你教他怎麼擠壓或推動。避免聲響過大的玩具，也不要把普通音量的玩具緊貼在寶寶耳邊，以免有損寶寶聽力（不可以有繫繩，不可以有會掉出玩具外、讓寶寶塞進嘴巴的電池）。

- 背景音樂。自然界的任何聲響，都是寶寶渴望聆聽的原聲音樂，但何不在自然界的音響中加入背景音樂呢？音樂種類不拘，可以是古典樂、搖滾樂，也可以是鄉村音樂、饒舌歌，只要寶寶反應良好就是好背景音樂；兒歌也很好——合唱部分（以及傻里傻氣的部分）反覆愈多的愈好。同樣地，刺激寶寶聽覺的同時也要保護他的耳朵，音量不能太大（衡量的方法很簡單：讓人無法好好交談就表示音量過大了）。

觸覺。視覺和聽覺的重要性當然不言而喻，但在探索和學習世上事物時，觸覺也是寶寶最不可或缺的感官之一；透過觸覺寶寶才會知道：比起爸比那結實、扎手的臉龐，媽咪的兩頰柔軟，狗狗的耳朵和泰迪熊寶寶的肚皮都毛絨絨又軟綿綿，電扇吹來的風像是在幫他搔癢，浴缸裡的水既溫暖又溼潤，最棒的則是讓他感受到溫情與關愛的擁抱（你的再輕柔的碰觸都是在傳送這個訊息）。

你可以提供以下的觸覺經驗：

- 愛憐的手。試著了解寶寶喜愛的方式——輕觸或緊握，快速或緩慢。大多數的寶寶喜歡被親吻或愛撫，喜歡大人用嘴或手輕搔他們的小肚子，或輕吹他們的手指腳趾。他們也喜歡各種不同的觸感，爸、媽、兄、姊或祖母等感覺各異。除此之外，肌膚相親（比如上一章的「袋鼠護理法」）更是不可或缺。
- 按摩。每天被按摩至少 20 分鐘的寶寶，比其他寶寶長得快，而且反應好（原因為何尚不清楚）；至於完全不被碰觸的寶寶則無法照正常速度發育。應發覺寶寶最喜歡什麼東西的接觸，及最厭惡哪種碰觸（參見 262 頁）。
- 質感。試以各種不同材質摩擦寶寶皮膚（綢緞、厚絨、天鵝絨、羊毛、皮革、純棉），讓他感覺每一種觸感；之後再讓他單獨嘗試。讓寶寶將臉貼在不同材質上，如客廳地毯、厚絨浴巾、祖母的皮大衣、爸爸的毛衣、大理石咖啡桌檯等，盡可能無限制。

- 不同材質的玩具。給寶寶一些特殊材質做成的玩具：一個絲絨玩具熊或粗毛小狗；硬木積木或填充玩具；木製湯匙及金屬製碗盤；柔軟光滑的枕頭和硬梆梆的抱枕等。

8 第三個月

在這個月，寶寶終於開始發現生活中還有其他事物，不是只有吃、睡、哭。這不是說寶寶到了這個年紀之後就不做這些事了（在這個月結束前，腸絞痛兒還是會在傍晚到前半夜時分大聲啼哭），而是他的視野已經大大擴展了。喜歡自己的手——兩三個月大的寶寶所發現的最棒的玩具，喜歡在白天盡可能醒著遊玩（晚上睡覺的時間也可望延長），喜歡在和爸媽一起時發出惹人憐愛的咯咯笑和咿咿呀呀聲，讓爸媽覺得再辛苦都值回票價。這麼說吧——敬請盡情欣賞！

哺餵你的寶寶：上班和哺乳

你已經準備好回到工作崗位了，但是，說不定你還想繼續哺餵寶寶母乳？畢竟，哺餵母乳的好處—從身體（讓寶寶更健康）到情感（上班前後都最少能和寶寶有一次親密的連結）——值得你繼續努力；幸好，只要上班時得以抽空擠些奶水，你很快就會發現，又上班又哺餵寶寶母乳並沒有那麼困難。

毫無疑問，剛回工作崗位時一定會手忙腳亂——你得面對的，再也不是只有寶寶的人生。在展開又上班又哺乳的計畫之前，你還有不少準備工作得先完成呢？以下的這些事你不可不知。

熟悉奶瓶。如果你到現在都還沒用過奶瓶，是開始和奶瓶打交道的時候了——就算離你回去上班還有段時間也一樣。沒有意外的話，寶寶愈大、愈聰明就愈難誘使他接受奶瓶。在你當真回去上班以前，最少就得做到一天讓他用奶瓶喝上一餐——最好是在你未來的上班時段給

寶寶的第三個月

睡眠。儘管你家寶貝好動得多，最需要的卻還是睡眠，因此就算是在大白天裡，他仍然會經常小睡一番——大致睡上三到四次，總計要小睡 4 到 8 小時；加上夜裡大約睡個 8~10 小時（當然了，現在還不能指望他能一覺到天明），一天 24 小時就得睡掉 14~16 小時。同樣地也有些寶寶會睡得更多，有些更少。

飲食。仍然是在「只飲不食」的階段，但要記得，長得快些的寶寶會喝得多，發育稍慢的寶寶則得多餵幾次。

- 母乳。大致上，你家寶貝現在一天裡要哺乳個八到十次，就算超過十次也很正常，無需擔心。寶寶還是餓了才會想喝——夜裡也是，雖然喝母乳很難計算總量（除非你已經都用奶瓶哺乳），不過，第三個月的寶寶通常一天要喝掉 450~960CC。
- 配方嬰兒奶。用奶瓶喝配方奶的寶寶，在這個階段每餐大致要喝 120~180CC；一天應該喝幾次呢？六次上下——總計一天要喝 720~1080CC。

遊戲。第三個月的寶寶還是比較喜歡高反差和色彩鮮豔的事物，所以，那些亮麗的玩具、嬰兒遊戲墊和懸掛物都還派得上用場，柔軟的踝鈴和腕鈴可以讓寶寶體驗製造輕脆聲響的樂趣。如果還沒用上安全鏡子，現在就為他準備一面吧，雖然眼下的他還不知道鏡裡的人就是他自己，但還是很能享受攬鏡自照的樂趣，說不定還會對著鏡裡那可愛的小傢伙展露笑容呢！

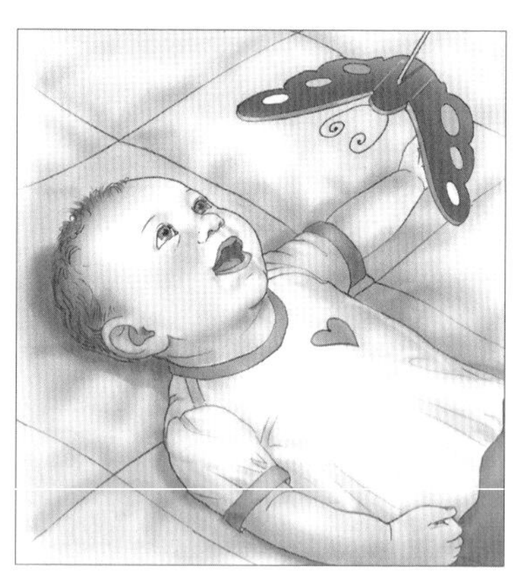

他喝。

及早開始擠奶。若你預備給寶寶繼續喝母乳，你必須趕緊先練好擠奶的技巧，同時先在冰箱的冷凍庫中儲存幾瓶緊急備用，以供上班頭幾天的可能之需；也就是說，早在打算上班之前幾週，你就應該開始練習擠奶。練習得不是很順利？別只因為沒有好的開始就打退堂鼓——一天多擠幾次，很快就能趕上進度了。

預先演練幾次。在正式回去工作之前，先自己演練一番。假設你就是去上班了，摹擬一切該做的事（包括在外面擠奶）。但第一次先只離家一兩小時，再慢慢加長。注意可能產生什麼問題，該如何因應。現在就知道哪裡行不通，總比正式回去上班後才突然發現問題好，最少有足夠的時間讓你盤算因應之道。

晚一點回去上班。如果你是要回去上全職班，先從週四或週五開始試試，給自己一個重新熟悉環境的機會，然後利用週末謀求改進。比起一週上五天班，這樣的方式也讓你比較沒有壓力。

先做兼職。如果可以，先做兼職而不要上全職班。此外，比起一週工作兩個全天，做五個半天會更恰當；這樣說不定都不必影響到餵奶的時間，也不必擠奶，滴奶的問題也減輕不少。尤有甚者，你每天都能夠有相當多的時間陪伴寶寶，這對母子都是相當好而且重要的。晚上工作也是另一種途徑，但卻對休息和夫妻生活有比較負面的影響。

觀察你的工作場所。不要等到正式回去上班後，才開始找尋合適的擠乳場所；一般來說，規模愈大的公司愈可能遵守法律規範、為哺乳媽媽提供良好的擠乳場所，小公司就很難說了。

值得慶幸的是，擠奶很快就成為工作的一部分了，有些公司甚至鼓勵員工這麼做。好多媽媽都能同時兼顧哺乳、擠奶和工作，下面這些訣竅可以讓你也做得到。

- 衣著要領。為了防止滴奶可能造成的污漬太過明顯，盡可能穿印花的寬鬆上衣。避免淺色系，質料以棉為佳，不應太緊；太緊也許會導致母乳分泌（因為和乳頭摩擦），也許會阻礙也不一定。上衣應該能讓你很方便解開或拉高，同時又不因此而立即變皺。在你的哺乳胸罩內墊上乳墊，並且多攜帶一些備用。
- 找個私密空間。有個私人空間，如可以關起門的辦公室或空的會議室，或洗手間乾淨的角落，會讓你擠奶更方便。要是你是在大企業裡工作，別忘了法律站在你

第三個月

這邊，公司本來就應該提供你方便擠奶的場所。

- 持之以恆。如果情況允許，盡可能每天於你在家哺乳的時間固定擠奶。這樣你的乳房會有規律地時間一到就讓你擠奶並準時充滿奶水。
- 做好儲存計畫。把剛擠出的新鮮母乳放入辦公室的冰箱內，並寫上你的名字，或從家裡帶個裝有冰袋的保冷桶或使用擠乳器附的保冷罐（母乳的儲存，請參見第183頁）。
- 盡早食用。一回到家就把擠好的母奶冰起來，讓照顧寶寶的人隔天可以餵寶寶吃，如此一來，每天就都會有充足的奶源。
- 排定哺乳時間。這樣不但對你的泌乳很有幫助，還給了你一個和寶寶相處的特殊時刻。出門上班前先哺乳一次，下班一回到家馬上再餵一次。請寶寶的照顧者在接近你回家的時刻不要餵他，或者只餵一點充充饑。
- 週末不用奶瓶。為了保持母乳供應充足，你要利用週末或其他你在家的時間，盡可能不用奶瓶而親自哺乳。
- 聰明的時間表。盡可能安排到能餵寶寶最多次奶，如果可能，在你上班前擠兩次奶，傍晚再擠兩三次（或更多）。如果上班地點離家近，你可以中午回家餵奶，或要保母帶著寶寶到你辦公室或其他合適的地方讓你餵奶。如果是日間托嬰，在送去之前先餵飽寶寶；同時試著在接寶寶時就先餵奶，不要等到回家再餵。
- 盡量不要遠行。如果你的工作需要出差，在寶寶斷奶前最好不要離家超過一天——剛開始那一個尤其要避免離家太久；如果實在避免不了，就要盡可能準備足夠的母乳冰在冰箱裡，或在你出差前讓寶寶習慣配方奶粉。帶著擠乳器每3~4小時擠一次奶，既能讓你舒服一點，又可以使奶水持續供應。剛回家時，你可能會發現泌乳量不足，但只要比平常多餵幾次加上注重飲食與休息，很快就會回復正常。
- 狀況許可的話，把一些工作帶回家做。如果你很幸運，擁有一份可以經常在家的工作，只要找得到樂於幫忙的同事和保母（或者很好帶的乖寶寶），就連工作日都很方便在家授乳了。
- 掌握好你的優先順序。你不可能做完所有的事而且都做得很好，把你的寶寶以及你和另一半、其他孩子的關係放在第一位，你的工作——尤其是對你而言意義不凡的工作——當然也可能排在最高順位，不過在其他方面一定要能毫不心軟地節省時間。

- 保持彈性。對寶寶而言，為了能喝到純粹的母乳而看到一個神經緊張的媽媽，毋寧是得不償失的。想兼顧寶寶與工作的壓力，有時會阻礙母乳的流量；你可以設法看看中午是不是可以回家讓寶寶吸奶，或是在家的時候多哺乳幾次，以增加母乳。若實在無效，就坦然使用嬰兒配方奶吧。

你會擔心的各種狀況

❖我該建立時刻表了嗎？

因為寶寶吃、睡都不定時，弄得我一整天都毫無規律可言。我是不是該為他設定個時刻表了？

先仔細觀察一下寶寶的作息——你也許就會發現，你家寶貝要吃要睡其實沒有那麼難以預測。就和大多數的兩個月大寶寶一樣，他的每一天可能是這麼過的：早上都在差不多的時間醒來（或早或晚個 15 分鐘），喝奶之後，大概會清醒一段時間後再小睡一下，再醒來時就可能是午餐時刻了；吃飽後可能又會午睡，但只要睡夠了，這回就會一直醒著很久。吃過晚餐後，沒多久又開始打盹。你家寶寶往往這一打盹就睡到超過父母上床的時間？沒關係，不妨在 11 點左右（或爸媽累到快睜不開眼之前）叫醒他，讓他再喝一次奶後再睡；因為兩個月大的寶寶一次可以睡上 6 小時或更久，這一回，他應該就能一覺到清晨了。

就算你家寶貝的作息再古怪，也還是應該有種模式。比如說，他早上六點醒來喝奶，然後睡上 1~2 小時回籠覺就又醒來，這回可能精力充沛了很久，但接下來的 3 小時裡動不動就要媽媽餵他喝奶；好不容易打盹了，卻只睡了 15 分鐘（只夠你到浴室洗個戰鬥澡）就又醒來，而且接下來的好幾個鐘頭裡雖然只喝了一次奶，卻也只打了 5 分鐘的盹，直到下午六點才又喝了一頓奶，然後一到七點就似乎熟睡了，而且直到你就寢前不得不叫醒他都睡得很沉。是的，他的確沒有每三、四小時喝一次奶的時刻表，但也還是睡—醒—吃地度過他的每一天。

你家寶貝的作息好像比上面說的還不可預測？信不信由你，他可能

樂在……無需時刻表？

有可能無論寶寶多大都不需要時刻表嗎？如果你家寶貝吃睡雖不定時卻還是長得健壯（或看起來沒啥不滿、精力充沛，白天是好奇寶寶，晚上睡得很沉），你自己也沒因此精疲力竭（即便為了寶寶的需要而不得不經常委屈自己），那麼，這種完全只看寶寶需求的方式當然沒啥不好。「親密育兒法」（Attachment parenting，參見第 285 頁）就認為，寶寶一有所求就盡量滿足他，不但能讓你更了解你家寶貝，還能由此建立最重要的互信——良好親子關係的好基礎。這種不論何時只要寶寶餓哭了就餵（儘管他才喝完奶沒多久）、想睡或不想睡都由他、白天裡盡可能（或看他要不要）懷抱他或帶他出門的養育方式，會讓寶寶很有安全感、長大後更懂得尊重人——以及更不會吵鬧和啼哭的連帶好處。所以，如果你確實想當那樣的父母，就不必在意寶寶有沒有日常生活的時刻表。總而言之，如果時刻表不合你的需要，那就不如不要；只要你是在用對寶寶和家庭都最好的方式在養育寶寶（他也很安全又健康），你就是最好的父母。

當真決定採用這種「親密育兒法」的話，有幾件事你得放在心上。首先，有些寶寶一生下來就渴求規律，只要時間到了沒哺餵、沒準時讓他入睡或小睡，這種寶寶就會大發脾氣；要是你家寶貝很顯然不喜歡餓哭了才有得吃，或累垮了才有得睡，恐怕你還是得有個時刻表比較好。其次，別忘了每個寶寶都不一樣，有些寶寶甚至還和父母大不相同；不用時刻表養大的孩子，往往後來都還是發展出相當固定的規律來，相反的，一路照表操課的寶寶則可能愈大愈是沒有規律可循。最後，不管依需求養育寶寶是誰的主意，只要不是單親家庭，就必須確認父母和寶寶都能樂在其中。

一直遵循著遠比表面上看來規律得多的生理時鐘——你只是還觀察得不夠透徹。只要每天記錄他的作息或隨時做筆記，你很快就會找到線索。

不論你的寶寶是哪一種模式（是的，世上有多少寶寶就有多少種模式），他都應該有自己的節奏——和規律，盡可能抓住那個節奏，你就能設定出合你所需的時刻表。你正打算讓自己的生活再規律一點，也覺得寶寶有這個需要嗎？即便他還這麼小，你仍然大有調整他已在運作中的生理時鐘的機會，讓他的需求融入日常生活的框架之中——根據寶寶自然而然的吃睡模式、天生的個性（有些寶寶天生就比較有組織，有些則不是），設定一個有彈性（而非一成不變）——當然也得合乎需求——的時刻表。你顯然會因此得利（從此你可以規劃每天的生活），寶寶也是（既然預期得到一定能飽餐一頓，大多數寶寶都會滿意）。

不大確定可以怎麼重新組織寶寶的每一天？那就從每晚的準時就寢開始做起吧。每天都在同樣時間哄寶寶入睡既不難做到，也會讓大人小孩都更安心；更棒的是，長期來看，潛在的報酬——寶寶終於養成定時入眠的習慣——尤其價值連城（更詳盡的睡眠規律相關討論，請參見第 378 頁）。其他能讓寶寶的每一天更規律化的固定模式也是：總是在你床上醒來後，就在你的懷抱中喝奶，然後便坐入嬰兒車出門散步；上午總會有一段在遊戲墊上趴著玩的時光，下午也一定能先在嬰兒搖椅裡前後晃盪一番，再享受媽咪的按摩，聆聽莫札特的古典樂和媽咪的朗讀故事書；每逢換尿布時媽咪都會哼唱兒歌，打盹時則能聽到搖籃曲……。

無論你怎麼強化這些規律（或者強化了多少），都別忘了任何規律都需要你的投入，而且還得投入到終於讓寶寶也能融入為止；你也必須記得時時保留彈性……以及做你自己，畢竟，身邊有個嬰兒——即便是已經作息上軌道了的嬰兒——的日子總是說風就風、說雨就雨。

第三個月

❖吃到一半就睡著的寶寶

我知道應該讓寶寶清醒地上床，養成自己入睡的習慣；但她老是喝著喝著就睡著了，我該怎麼辦才好呢？

理論上應該是像這樣的：趁寶寶仍醒著時送他上床，這樣當他斷奶以後，仍可以安然入眠，而不需乳頭或奶嘴。但事實上呢，幾乎每個母親都曉得：要保持寶寶在餵奶的整個過程都處於清醒狀態，根本是不可能的。即使可以叫醒他，你忍心這麼做嗎？

等寶寶大一點——差不多六到九個月——再教他自己入睡會比較容易。假如習慣仍在，那麼等寶寶斷奶時，應該可以更順利戒除。

不管怎樣，有機會就應該試試看，趁寶寶已有睡意，但尚未入睡前把他放進小床內。稍微搖一下，餵個奶，或是哼個催眠曲都有助寶寶陷入此種狀態，但須注意時機，否則，他又會在你懷中甜甜入夢了。

❖一夜數醒要吃奶

網路上的好多朋友都說，他們家的寶寶從六週大起就一覺到天亮了，可我們家的小朋友到現在還像剛出生時一樣，每晚都要醒來吃好幾次奶。

你的這些朋友，只是比大多數父母都幸運罷了。很小的嬰兒基於營養上的需求，夜裡會有幾次的哺餵。雖然某部分的寶寶在三個月之前便不再需要在夜裡吃奶了，而大部分兩三個月大的寶寶，尤其是喝母乳的，在半夜仍需吃一到二頓。

相對地，兩個多月大的寶寶如果夜裡還得吃上四、五次，那就不是什麼好事了——也大多沒有必要。漸漸減少寶寶夜間吃奶的次數，不但能讓你得到更多的休息，也是使寶寶一覺到天亮的重要一步，你可以這麼做：

- 睡前最後一餐的進食可以酌量增加。如果寶寶吃完前便已入睡，想法子把他弄醒，直到你相信他吃飽為止。再過一兩個月，當他開始吃副食品，你也可以在這一頓加上一些。在寶寶發育到可以睡長一點的覺之前，不要添加固體食物，這不僅無效，對不到四至六個月大的寶寶也不宜。
- 你自己上床以前，可以把寶寶叫醒餵一餐。雖說很多寶寶幾乎叫不清醒，所以只喝下少量的奶，但通常這一點量也足以多支撐一兩個小時（少數寶寶會因為你把他喚醒而易於半夜醒來；如果這樣，你就停止這種做法）。
- 確定寶寶白天吃的是否足夠；有的寶寶會利用夜裡彌補不足的卡路里——畢竟他正在飛快地長大中。若是如此，白天多哺乳幾次（參見第 106 頁的解決方案）；喝嬰兒配方奶粉的話，則稍微增加沖泡量，但是可別強迫他喝太多。還要提醒你一點：有些寶寶在白天增加了哺乳的頻率，會導致他們夜裡也要求更多。
- 若他每兩個小時就要吃一次，那麼，試著每晚延長半小時的間隔。當他開始嗚咽時，別馬上跳起來衝過去，等等看他會不會自己再進入夢鄉——有時會有意外驚喜。如果不然，也不要就抱起來

全都看寶寶的需要……還是都不管？

你是不是從白天到晚上都和你家寶貝寸步不離？你是不是相信沒有寵壞孩子這種事……而你的寵愛只不過是隨侍在側？打算真到你家寶貝自己說不之前，都讓他想吃就吃、想睡就睡（就算那時他都已經快讀小學了）？無論如何，你就是覺得父母不該讓寶寶啼哭、就連不開心都得避免？只要寶寶想吃或想睡，就應該立刻滿足他的需要？那麼，「親密育兒法」——趁著嬰兒時期建立爸爸、媽媽與寶寶最親密的關係，為寶寶將來的良好人際關係打下基礎——也許就是你最完美的選擇。

當然了，可能你只想在某些方面和寶寶很親密，也可能這種親密育兒法和你的生活型態、個性、還得上班養家的需要都有扞格——搞不好就連寶寶自己都沒那麼喜歡。值得慶幸的是，親密育兒法的出發點（堅持不懈地提供高品質的關愛來讓寶寶的身心都能健全成長）十分接近直覺——而且不管什麼樣的家庭都能自己依狀況調整做法。也就是說，這種育兒法認為，寶寶和父母親不親密的關鍵並不是育兒技巧，而是全然無私的愛。

有了這個前提當基礎，你是不是讓寶寶就在嬰兒車裡換衣服、用不用奶瓶餵奶、陪他午睡還是只待在他的搖籃附近，或者甚至讓寶寶都睡在自己房間的嬰兒床裡，就都不那麼重要了；也不管你是從頭到尾都採用親密育兒法，還是只想試試某種做法（或大部分的做法）在你家行不行得通，或打算擇其一二來修改成你自己的育兒法，也全都不是問題。只要是對你、你的寶貝和你的家都最好的方法，就一定是最好的育兒法。

哄，用其他方法先試一下：輕拍他的背、唱催眠曲，或是轉音樂玩具。如果過了 15 分鐘哭聲仍不停，才把他抱起來走動一番。你要是哺餵母乳的話，之前的安撫動作最好由另一半進行，否則嬰兒一定不肯放棄在你身上吃到奶。室內光線保持低調，避免過度的交談或其他刺激。

當上述方法都失敗時，就餵他吧——經過一番折騰，他的間隔起碼被拖長了半小時之久。繼續努力下

嬰兒猝死症的防範之道

儘管嬰兒猝死症（SIDS）確實是嬰兒早夭的禍首，但發生率其實很低（平均將近兩千個嬰兒裡才有一個逢此不幸）；而且，在愈來愈多家長採取了下列的防範措施後，嬰兒猝死症的威脅也愈來愈低了。

嬰兒猝死症大多出現在寶寶一到四個月大之間，也是六個月大前嬰兒最常遭遇的死亡威脅。雖然我們也曾以為無辜受害的都是「健康」的寶寶，但近年來的研究卻顯示，表面上看來很健康的嬰兒猝死症受害者，其實或多或少都有潛在的健康問題。其中的一個假說是，嬰兒猝死症之所以會發生，是由於寶寶大腦理當在呼吸困難時發出警報的部位尚未發育成熟；另一個理論則認為，嬰兒猝死症可能導因於心臟問題或掌管呼吸與心跳的基因出了差錯。但我們已經能夠確定，嬰兒猝死症的兇手並不是嘔吐、噎到或生病，也不是免疫系統的問題。

雖然細節還有待釐清，但早產兒與出生時體重偏低的嬰兒，以及生母產前欠缺照料或懷孕期間抽菸的嬰兒，都有較高的嬰兒猝死症風險；除此之外，易受異物侵染的環境也和嬰兒猝死症的危險因子很有關聯，包括趴著睡、睡在太鬆軟的床墊或枕頭或玩具上、睡覺的地方溫度過高、或暴露在二手菸的威脅之下。幸好這些風險都並不難規避，而且，打從 1994 年美國小兒科醫學會和相關團體大力推動仰睡的觀念以來，嬰兒猝死症奪走的新生命已大幅降低了一半。

透過以下的防範措施，你就能讓你家寶貝更加遠離嬰兒猝死症的威脅：

- 使用床墊和床單都很堅實、緊繃的嬰兒床，而且別再鋪上任何東西。不要用鬆垮的床鋪，別在床上擺枕頭、毛毯、柔軟的棉被、羊毛製品或玩具等，不要用矯正嬰兒睡姿或預防嬰兒氣喘的器具——這類產品大多沒有經過可靠的安全檢驗，更

去，直到夜裡吃奶次數只剩一次為止；而這一頓，可能要再過幾個月才能完全省略，尤其如果他都喝母乳或長得不夠健壯的話。

- 想停掉的那一頓，可逐漸減低餵量；喝沖泡牛奶的寶寶，可用稀釋的方法使這一餐逐漸成為不必要。
- 想持續的那一頓，把量增加。例如：寶寶原先在十二點、兩點、

不具任何防範嬰兒猝死症的效果。

- 無論何時何地都讓寶寶仰睡，而且要讓每位幫忙照料寶寶的人都照做，包括保母、日間照護和祖父母。
- 如果寶寶在汽車安全座椅、嬰兒車或是搖籃上睡著了，盡快將寶寶移到適合睡覺的堅固平面或床上。
- 千萬別讓寶寶熱過頭。臨睡前別再幫寶寶添加衣物——包括帽子、保暖衣物或毛毯（真有必要的話，就用有保溫功能的睡袋或包巾）——也別讓房間太熱。想知道寶寶熱不熱的話，就用手背碰觸寶寶的頸背或肚皮——覺得熱就不對（寶寶的小手和小腳相對體溫會冷一些，不夠準確）。
- 寶寶睡覺時不妨開著電扇。空氣流通可以降低嬰兒猝死症的威脅。
- 就算白天裡寶寶不愛含安撫奶嘴，睡覺時也讓他含著睡（不肯含也沒關係，更別擔心寶寶睡到一半會吐掉）。
- 別讓任何人在家裡或是寶寶附近抽菸。
- 多讓寶寶喝母乳——研究顯示，喝母乳的寶寶比較不會遭遇嬰兒猝死症。
- 讓寶寶睡在你的臥室裡。根據相關研究，和父母同房睡覺的寶寶嬰兒猝死機率較低；不過，和父母同床的寶寶卻有更大的猝死風險，所以，如果你很想要和寶寶一起睡，就要先確保睡眠的環境對寶寶來說很安全（參見第 289 頁）。
- 每一劑疫苗都要準時施打，研究結果顯示，預防注射可以降低五成嬰兒猝死症的風險。

如果都已經採取了這麼多防範措施了，你還是會擔憂，那麼，學習嬰兒急救法和心肺復甦術也許就能讓你更安心；當然了，保母、祖父母和每個可能幫你照料寶寶的人也都應該懂得急救技術。如此一來，就算你家寶貝哪天當真沒了呼吸，不管原因何在，就能馬上動手挽救他的生命（參見第 664 頁）。

四點都會起來吃，你可能想戒掉頭尾兩頓，那你可以從增加中間那一餐的餵食量做起。要叫醒熟睡的寶寶起來吃奶，參見第 149 頁的小訣竅。

- 除非必要——寶寶大便了或溼到讓他很不舒服，不必換尿布。
- 抱起他前先好好傾聽。和父母親同房而睡確實安全得多，但睡在寶寶附近的爸爸媽媽往往寶寶一哭就立刻抱起來餵奶，殊不知寶寶可能並不需要；請記得，讓寶寶和你同房睡覺是為了保護他，但他並不是只有餓了才會哭。

單就代謝的角度而言，體重達到5公斤以上後，寶寶通常夜裡就無需再餵奶了，但凡事都有例外——尤其是早早就有這種體重的寶寶。但是，一等寶寶四個月大後，你就能睡得安穩得多（說不定從此一覺到天亮），因為寶寶再也不需要夜裡的餵食了。要是直到五個月或六個月大後都還會在半夜裡醒來，你大可假設他不是因為肚子餓了，而是太習慣夜裡起來吃點心。想讓大一點的寶寶睡到天亮嗎？請參見第372頁的說明。

❖睡眠呼吸問題

我家的早產兒在前幾週大時，偶爾會有暫時沒了呼吸的狀況，這是不是嬰兒猝死症的徵兆呢？

早產兒的睡眠大多有些麻煩——更正確一點說，懷孕不到八個月就生下來的寶寶半數以上都有睡眠問題（參見第694頁）；不過，你說的這種「早產兒呼吸中止」（apnea of prematurity），如果是發生在一個月大前（也就是說預產期前），就和嬰兒猝死症毫無關連，也不至於增加往後遭逢嬰兒猝死症或停止呼吸的風險。所以，除非你家寶貝在過了預產期後還有暫時停止呼吸的現象，就完全沒有擔憂、監控或採取進一步行動的理由。就算是足月生產的嬰兒，只要臉色沒有轉藍、特別疲倦、面露痛楚或者無法呼吸，暫時停止呼吸也都很正常。絕大多數的育兒專家，都不認為這帶有嬰兒猝死症的風險。

昨天下午我進房探視寶寶時，他已經午睡很久了都沒醒來，而且，躺在床裡的他動一動也不動還臉色發青。我一抱起他，他就又開始呼吸——但是，我真害怕哪天他又會這樣。

你家寶貝所碰上的，確實是「重大威脅生命事件」（apparent life-threatening event, ALTE），但不論這聽起來多讓人恐懼（經歷了這事件的你尤其更加懂得這有讓人多恐懼），並不意味著他有失去性命的危險。沒錯，任何一次延長性暫停呼吸暫停（暫停時間超過20秒鐘）都可能增加一絲嬰兒猝死症的風險，但當真遇上嬰兒猝死症的可能性還是非常微小。

呼吸急症

雖然很短暫（20 秒鐘以下）的呼吸暫停應該都不是問題，但如果超過 20 秒——或短暫的臉色蒼白、發青或癱軟無力或心跳變得很慢——就需要送醫治療了。如果你必須採取某些措施才能喚醒寶寶，就馬上打電話給醫師或直接撥打 119 求救；要是輕輕搖晃寶寶了都還喚不醒他，就要立刻採取緊急措施（參見第 664 頁），同時（如果空不出手來就叫喚旁人）打 119。記住以下事項——向醫師報告：

- 暫停呼吸發生時寶寶是醒著還睡著？
- 出現症狀時，寶寶是在睡眠中、哺乳中、啼哭中、嘔吐中、窒息中，還是咳嗽中？
- 寶寶的臉色，有沒有變得蒼白、發青或漲紅？
- 寶寶能自己醒來嗎？如果不能，你有沒有採行哪個急救措施、做了多久？
- 暫停呼吸前，寶寶的啼哭和平日有無不同（比如更尖銳）？
- 寶寶看起來有沒有癱軟或僵硬的現象，還是一如平時？
- 你家寶貝呼吸時是不是常常有怪聲？睡覺時會打鼾嗎？

說是這樣說，但你還是必須打個電話給寶寶的醫師，向他說明你碰到的狀況。醫師應該會要求在醫院裡診察、測試、監看一陣子寶寶，也通常都能順利找出可能成因——感染、癲癇、胃食道逆流或者氣管阻塞——並加以治療，排除未來釀成大麻煩的風險，以及讓你放下心中的大石。

如果沒能查出成因，或懷疑是心臟、肺部的問題，醫師可能會建議你在家裡安裝可以監控呼吸、心跳的儀器；儀器可能是直接以電極連接寶寶，也可能是安裝在嬰兒床、遊戲墊或搖籃的墊子上。你和每一位可能負責照料寶寶的人，都必須學會監看儀器和緊急狀態時的心肺復甦術；雖然儀器不可能百分之百保障寶寶的安全，卻一定對醫師的診斷和你的憂心大有助益。

❖和寶寶同睡一張床

很多人和我提過讓寶寶跟父母同睡在一張大床的種種好處。而就我的女兒來講，每晚醒來那麼多次，似乎這種安排的確可以使我們都多睡一點。

對某些家庭而言，同睡或共享一張「家庭床」，充滿樂趣；有些人則無可無不可，只是圖個方便。但也有人認為，和孩子同睡全然就是惡夢一場（小嬰兒先是睡床邊的嬰兒床，大一點後睡你身邊……每晚睡前還得幫他讀故事書）。

另一種人，就覺得這種事沒得商量——甚至連同房睡都免談。這類投票反對和嬰兒同床睡的人都有一大串理由，最常掛在嘴邊的則是安全（父母的床上到處都是可能悶死嬰兒的枕頭、床墊、羽絨被……），也都很能指出嬰兒和父母同床的許多問題，比如後遺症（習慣與父母同床的寶寶，後來往往難以獨自入睡）、睡眠淺短（和寶寶同睡的爸媽，總是寶寶一有動靜就抱起來安撫他）、很可能有礙爸媽的性生活（有了寶寶在身邊，有些大人就會「性趣」索然）。

支持者當然也振振有詞——尤其是親密育兒法的提倡者。他們不但相信同床睡可以增進親子關係、讓寶寶更有安全感、哺乳和安撫寶寶都更方便，還堅信寶寶與父母同睡才更安全（儘管與美國小兒科醫學會和眾多嬰兒安全專家的看法背道而馳）。

儘管此一議題不乏各種理論與意見，一如為人父母者時時皆需抉擇的其他事項，該同睡還是讓寶寶睡嬰兒床，是個十分個人化的決定。下定決心時，你必須處於最清醒的狀態，並已考慮過以下的問題：

寶寶的安全。美國消費者產品安全委員會的一份報告表示，某些嬰兒的死亡與同睡有關；美國小兒科醫學會因此不鼓勵父母與嬰兒同睡（但鼓勵同房），因為與父母同床的嬰兒猝死機率高了兩到三倍。支持共睡者發現此一研究資料有瑕疵，同時指出有些嬰兒的死亡是發生在他自己睡時。其他的研究則發現同睡的母嬰間有一種內在的連結，可能是媽媽親近或哺餵寶寶時激發了荷爾蒙反應引起的；研究的理論認為，這種反應可能使一位親子同睡的母親對寶寶一整晚的呼吸與體溫更敏感，以便她對特殊的改變能迅速回應，而這種荷爾蒙反應會讓親子同睡的媽媽特別淺眠也就不奇怪了。

如果你選擇同睡，你的床就要與嬰兒床一樣安全，有結實的床墊、緊密的床單，不要用長毛絨被，枕

從搖籃到嬰兒床

不管怎麼看，你家小不點都很適合從恰到好處的搖籃開始他的睡眠生涯；更不用說，搖籃沒有嬰兒床那麼笨重，輕輕鬆鬆就能抬進你的臥室——美國小兒科醫學會說，這是最能保障新生兒安全的地方。可是，哪時才該讓他遷出這溫暖的小宿舍呢？

寶寶多大就該讓他從搖籃換到嬰兒床，並沒有非遵守不可的時間表；應該說，只要寶寶還很能享受搖籃時光，就沒必要非讓他睡嬰兒床不可——當然了，除非寶寶已經大到塞不進搖籃。不過，你還是先得知道你家搖籃的承重度；有些搖籃的承重度只有五公斤左右，但大多撐得起九公斤重的寶寶。你家的搖籃是別家寶寶用過的二手貨，所以沒有說明書？那麼，為了寶寶的安全起見，最好他長到近七公斤大就讓他睡嬰兒床吧。你家寶貝個頭本來就小？那就別管體重了，差不多寶寶三、四個月大……或者他的活動力有點受限時，就讓他換到嬰兒床睡；這麼大的寶寶，在搖籃裡很難伸展拳腳，更別說翻身、打滾或學坐了，甚至還可能有翻出搖籃的危險。一旦寶寶能自己坐起來，搖籃就再也不是那麼安全的地方。

剛從搖籃換到大得多的嬰兒床時，寶寶也許會有點兒不知所措（所以動作要盡量輕柔），以寶寶這個階段的成長速度來看，沒多久他就會如魚得水了。

頭必須放在寶寶爬抓不到的地方。檢查有無隱藏的危險（床頭縫不能超過 6 公分，床墊和床邊框之間不能有縫）。不要把寶寶放在靠牆的床邊（他可能會陷入床與牆之間），或任何可能使他落床的地方（再小的寶寶都可能發生），或讓他和睡得很沉的爸媽（即使沒有喝酒或服藥）同睡。不要讓學步兒或學齡前兒童睡在寶寶隔壁。不要讓任何人，包括你自己在共睡床上抽菸，因為這會增加嬰兒猝死症（以及火災）的發生率。

取得另一半的同意。在抱寶寶上床前，要先確定夫妻倆都意見一致，最主要的考量包括：加上寶寶之後，會不會影響夫妻情感？房事怎麼辦呢？（是啦，臥房之外還有很多可以相親相愛的地方——但是，你

第三個月

確定床上多了寶寶後還有多餘的精力嗎？）

你和寶寶的睡眠。對某些父母而言，不用深夜起床餵奶或安撫寶寶，就足以構成同睡的理由了；對哺乳的媽媽來說，不用完全清醒就可以餵奶，更是一大好處。缺點是；雖然不用起床，睡眠卻更斷斷續續；雖然情感上更滿足，生理上卻更不滿（親子都更淺眠、睡得更少），而且共睡的寶寶更容易醒，這會影響到他學習未來必需的技能：自己入睡。

未來的睡眠計畫。你還要考慮，究竟要和寶寶同睡到他多大。有些寶寶，和父母同睡愈久就愈難適應獨眠時光，一般來說，寶寶六個月大起讓他自己睡嬰兒床就不會有太大問題，週歲後就沒那麼容易了——要是入學前才讓他自己睡，恐怕就有一場硬仗要打。大約三歲大時，有些孩子就會主動要求獨睡（或者只需要小小勸說），但也有些孩子入學後才不想和爸媽同睡（或者必須稍微施加壓力）。你只想順其自然，同睡到何時都無所謂？老話一句：全家人都喜歡的方法就是最好的方法。

無論決定是否同睡，你都可以在清晨時光享受餵奶和親子擁抱的快樂。隨著孩子一天天長大，你依然可以在週末早上來個大家最愛的枕頭大戰儀式，以維繫家人的緊密關係（即使不同睡）。

❖提前斷奶

這個月底我就要回去上全天班，所以我打算在那之前讓她斷奶。對她來說，會不會太早？

一般來說，三個月大寶寶的適應力應該就很強了，即便她的個性已逐漸萌生，還是遠遠沒有更大的孩子那樣有主見；而且，她不只不會凡事都看自己喜不喜歡，記憶卡也還幾乎一片空白——今天的她，很可能已不記得昨天的最愛……包括媽媽的乳房。不論今天的她有多喜歡喝母乳（那是一定的不是嗎），一年後的她都很難回想得起來。

換句話說，現在讓她斷奶很可能只是小菜一碟；不過，在你決定讓她此時此刻就完全斷奶之前，還是別忘了，就算你回去工作了，讓她繼續喝母乳——最少半年，說不定直到她週歲前——其實比你想像的簡單得多，而且也更理想。所以，你不妨參考一下另一個選項：親自

授乳和用奶瓶哺餵母乳並行。本章一開始就詳盡說明過了，回頭看看再做決定吧。

你已經很確定不想再讓她喝母乳了？那麼，首先——如果還沒開始的話——你得確定，你家寶貝不會排斥奶瓶；為了順利讓她斷奶，你最好現在就開始讓她喝配方嬰兒奶，好讓你的出乳慢慢減少。用奶瓶餵她時必須堅持，但別強迫，每餐都先給她奶瓶，如果不行再親自授乳——如果她一開始就拒絕奶瓶，沒關係，下一餐再試。（如果她就是討厭橡膠奶嘴，請參考第 249 頁的小訣竅。）

不斷嘗試到她能一次喝掉 30~60CC 的配方奶後，白天裡就選一次讓她只喝配方奶，幾天之後再換個不同的時間，然後慢慢增加全配方奶的分量。轉換要慢慢來，一次只增加一餐配方奶，好讓乳房的漲奶不會那麼不舒服。晨起和睡前的那兩次哺乳，建議留到最後才換用配方奶，因為不論上不上班，這兩次你都能想授乳多久就多久——當然了，這是假設你的出乳量還夠她喝，而她也還想喝。畢竟，這兩次的哺乳都是一天之中親子最溫馨的時刻。

❖被授乳給綁死了

當初我決定完全不用奶瓶餵寶寶時，還曾十分自豪；可是我逐漸了解，這樣我幾乎不能出去久一點。

天下事，難盡如人意。完全親自哺乳當然有許多好處，但某些時刻也會令人深感不便。然而許多母親都走過來了，情況並不會太糟的；第一，等他再大一點，差不多八、九點就上床睡覺時，你就可以出去逛逛；同時，當他能吃副食品（大約六個月大左右）以後，你不在也不愁沒東西可餵。

如果你有事必須在晚上出門幾個小時，試試以下的小訣竅：

- 如果有合適的地方可以讓你的寶寶和保母待著，就帶他們一起出門。如此在你享受美好時光的同時，寶寶可以在嬰兒車上小睡，你也可以溜出來餵奶。
- 如果需要出遠門，帶家人一塊兒去，或要保母同行。如果外出地點離家很近，你可以在餵奶時間抽空回家。
- 如果可能，調整寶寶上床的時間。如果寶寶上床的時間通常是九點，而你必須在七點出門，在白天的時候不要讓他睡午覺，到晚上提前個兩小時把他放上床。在

給爸媽：上班好，還是不上班好？

對很多新手爸媽來說，答案都只有一個——不管是緣於經濟壓力或正處於職場生涯的關鍵時期，重回工作都是種義務……而不是可以選擇的權利。然而，即便你可以二選一，可能也還是會難以抉擇——尤其是從來沒有一個長期、可靠的研究能告訴你，和爸媽都是上班族的寶寶比起來，有爸爸或媽媽在家照料的寶寶是不是會長得更好……或者更差。在決定回去工作或在家養育寶寶之前，也許你應該把以下這幾個重點列入考量：

你的優先事項是……？仔細想想，你現在生活裡最重要的是哪些事。家庭和寶寶當然最重要，但經濟上有沒有問題呢？職場生涯會不會受影響？買間房子、定期度假，以及雙薪家庭美好遠景呢？現在的你真的有得選——或可以毅然放棄其中之一——嗎？放棄哪一邊最簡單？

你喜歡工作呢，還是帶小孩？你樂於當個全職爸爸或全職媽媽嗎？你適合過這種每週七天、每天 24 小時料理寶寶種種的生活嗎？還是保證會讓你抓狂？你會不會想念工作、成人間的談天說地、需要比唱兒歌讀童書更多的刺激？你是那種上班時一直擔心寶寶好不好的人呢，還是在家帶寶寶時很擔心工作會不保的人？又或者，你正是那種不管選了哪一邊都會很有無力感的人？

你放心那個在家幫你帶小孩的人嗎？當然了，誰也取代不了你的地位，那麼，上班時節你能信任自己的替身（或替代家的地方）嗎？如何尋找合適替代者，請參見第 301 頁。

你的動力——和體力——足堪負荷嗎？養育寶寶需要很多心力和耐力，如果你決定重回職場，那麼，在辦公室裡忙了一整天後，回到家裡的你還有照顧寶寶的體力和耐力嗎？（當然了，全職爸媽也很需要體力和耐力，但兩者還是有差別的。）不過，很多新手父母卻覺得，經過夜裡的煎熬後，挑戰性截然不同的辦公室反而是個可以讓他們恢復活力、緩解身心壓力的地方。別忘了也得把你的另一半納入考量（寶寶的照料工作是否小倆口一起承擔——你可以妥善安排嗎？）。

你的工作和寶寶各會帶給你多大壓力？如果你的工作沒啥壓力，寶寶又很好帶，兩者兼顧就不是難事；但如果工作壓力大寶寶又不是省油的燈，恐怕只能放棄工作的念頭了——除非你

就是那種巴不得蠟燭兩頭燒的人。

有沒有好幫手？你的另一半，會不會幫你照料寶寶、煮飯、做家事呢？你負擔得起找人幫忙，好讓你們倆都偶爾能喘口氣嗎？或者你根本無需幫手，因為你有信心能同時應付工作和家裡的需要（也就是說，把自己的需要暫且放到一邊）？

你的經濟狀況如何？不工作的話，家裡過得去嗎？如果少了你這一份收入，有沒有具體可行的節流之道可以稍稍彌補？如果回去工作，收入抵得過因而產生的支出（時裝、通勤、保母等）嗎？如果不回去上班，你是不是得犧牲個人的某些嗜好？

你的工作擁有多少彈性？要是寶寶或保母生病了，你能隨時告假回家嗎？或者你可以看家裡的狀況而遲到、早退？你的工作是否需要你加班、假日工作或甚至出差到遠地——你自己，又有多不能忍受長時間見不到寶寶？

如果不現在就回去工作，對你的職涯影響有多大？直到終有一天回去工作前，也許你得無限期地暫停職場生涯；那麼，你願意承擔這個風險嗎？有沒有雖然在家帶小孩、卻和辦公室保持工作關係的可能？你們倆中的哪一個，很顯然現在不能不繼續工作？

有沒有折衷之道？你既不適當全職爸媽，卻也不適合工作一整天？那麼，也許你應該各做一半。如果把工作場所、你的經歷、你的專業技能都納入考量，那麼，你的選項就包括了：休個長假、兼職、工作分攤制、自由業者、包案工作或顧問、在家工作、縮短每週工作天數或每天工作時數……等；比較少見的選項則是：夫妻都兼職，剛好可以輪流照料寶寶。

說到折衷，不論你做何決定，多少都有某種程度的折衷，後來一定多少會存疑……甚至悔不當初。畢竟，不管你有多願意當個全職父母，每回見到仍在職場上奮鬥的朋友多少還是會不大甘心；反過來說，就算你非常確定回去上班是最明智的決定，但在走過公園裡和孩子嬉戲的爸媽身邊時，也總還是避免不了心頭一陣刺痛。這就是為人父母的宿命——很少有父母躲得掉這種兩難，只要上網瞧瞧或找幾個同為父母的好友聊聊，你就不難體會。

這是說，如果你不但陷入了兩難的處境，而且還因而愈來愈看不開，那就再考量一次你的決定是否真的明智吧。沒有不能回頭的決定——更沒有正合你心意的決定卻是壞決定（或者倒過來說）的事兒。

哺乳期間愈久愈好

母乳對寶寶最好早就不是新聞了，為了給寶寶最健康的開始，每一滴母乳可都是「千呼萬喚始出來」。哺乳六週當然有許多實質的好處，但還有一條大新聞：研究顯示，餵母乳的期間愈長愈好，哺乳超過三個月，那些實質的好處會變得更好。也因此，美國小兒科醫學會建議理想的哺乳期間最少應滿一年。根據最近的研究報告顯示，這些好處至少包括：

比較不必與肥胖搏鬥。寶寶吃母奶的期間愈長，加入超重兒童、青少年或成人俱樂部的可能性就愈小。

腸胃毛病較少。每個人都知道母乳比配方奶粉好吸收，而研究人員更發現，比起三、四個月大就開始喝配方奶粉的孩子，頭六個月都吃母乳的寶寶腸胃感染的機率比較低。對較大的哺乳寶寶還有另一大消化方面的利多：他們在添加固體食物時（通常是五、六個月大時）較不會罹患乳糜瀉，這種消化缺失症會影響正常的營養吸收。

耳朵的毛病較少。研究發現，吃母奶時間超過四個月的寶寶，比吃配方奶粉的孩子，其耳朵感染的機率少了一半。

較少打噴嚏。哺乳六個月的寶寶較不會有各種過敏問題。

智商更高。許多研究指出，吃母乳與高智商、字彙能力、非語詞智力測驗之間都有正相關。而之所以如此，除了因為寶寶喝的是母乳，也和親自授乳所產生的親子互動很有關聯（如果你已讓寶寶喝配方奶，這也是你哺乳時多和寶寶互動的好理由）。

大幅降低嬰兒猝死症風險。吃母奶的時間愈長，嬰兒猝死症的風險就愈低。

儘管持續哺乳的好處這麼明顯，卻不是每個媽媽和寶寶都能做到。因此請謹記：哺乳期間愈長愈好，而可以餵母乳總比都不吃好。

你出門前要將寶寶餵飽，如有需要，回家後要再餵一次。

- 留下一瓶擠好的奶，寶寶真的餓醒就有得吃。如果他不想吃呢？這個嘛，這就是你花錢找保母的目的了不是嗎？你只需確定保母

懂得怎麼照料發脾氣的寶寶、讓你一回到家便能哺乳就好。手機最好就握在手上，隨時都要有前菜才剛上桌就得衝回家哺餵寶寶的心理準備。

❖排便減少

我在想我女兒是否便祕；以往她幾乎每天大便個六到八次，而現在最多不過一次，有時甚至沒有。

你該慶幸，而不是擔心。這不只是正常現象，而且減少了你換尿布的麻煩。

許多吃母乳的寶寶在一到三個月之間，開始減少大便次數；有些甚至幾天才大一次。而另外有一些呢，則持續「多產」記錄，這也是毋需緊張的。

吃母乳的寶寶很少會遇到便祕的問題，而且大便次數減少絕不是便祕的徵兆，大便有困難才是（參見第 627 頁）。

❖尿布疹

我時常為女兒更換尿布，但她仍然得了尿布疹。而且，我用了許多心力都不見效。

尿布疹的成因，大多是由於溼氣太多、空氣太少、摩擦（柔嫩的小屁屁左搓右搓），以及尿布裡的刺激物（想想她的小屁屁碰過多少東西：尿水、大便、用後即棄的尿片成分、溼紙巾、沐浴乳，以及衣服上可能殘留的洗劑……），而且是沒日沒夜地刺激著小屁屁，也難怪她會有尿布疹了。只要你家寶貝還得包著尿布，你就躲不掉尿布疹的侵襲，更別以為再壞也不過這樣；常見的情況是，寶寶吃進肚子的食物種類愈多，排出的糞便就更刺激她的小屁屁，導致紅腫和出疹。你應該已經發現了，尿布疹大多集中於接受最多尿液的相對部位，男孩會在前端，女孩則是下方。

尿布疹也有很多種，從摩擦性皮膚炎（摩擦最嚴重的部位會紅腫）、念珠菌皮膚炎（腹部和大腿之間的皺褶處會有鮮豔的紅疹）到脂漏性皮膚炎（受到母親荷爾蒙的影響，嬰兒皮脂分泌過於旺盛，會有黃色鱗屑）和膿痂疹（皮膚紅腫區域可能會滲出白色到黃色的黏液）。

預防勝於治療，是應對尿布疹最好的寫照（參見第 163 頁）。已經來不及預防了嗎？下列的大原則或可消除輕微症狀，甚至可以避免再患：

少一點溼氣。為了防止過溼，要勤快地幫寶寶換尿布——最好是（尤其是已經有了尿布疹以後）寶寶一尿尿或便便就馬上換。

多一點空氣。在你剛清理乾淨小屁屁、但還沒包上新尿布之前，讓寶寶先光著屁股一小段時間，多接觸點新鮮空氣（別忘了用吸水的墊子或毛巾暫時包著屁屁，以防意外）；要是剛好趕時間，就用正要換上的新尿布搧搧風、盡量吹乾寶寶的小屁股。另外，尿布別包太緊，留點空間讓空氣可以流通；也就是說，你既希望尿布能完全接納寶寶的糞便，卻也不想包緊到空氣無法進出。

少一點刺激。除了勤換尿布，你沒辦法不讓糞便傷害寶寶的屁屁，但你絕對可以想方設法來減少刺激物。第一件事，就是確認所有可能接觸寶寶屁股的用品都溫和又不帶香味（包括擦屁股用的紙巾）；要是寶寶長了很多疹子，就連紙巾都別用了，改以棉球或毛巾沾溫水幫她擦拭。

不同種類的尿片。若寶寶的尿布疹持續發生，可以試試更換尿片（尿布換成紙尿褲，或甲牌換用乙牌），看有沒有改善。用尿布的話，清洗時可以加少許的醋，或使用特別配方；必要時，可放入鍋中煮沸十分鐘。

阻隔式保護。每次換尿片，清洗了小屁股後，擦一層軟膏（可請醫師開列或推薦），可以阻絕尿液的直接碰觸。但是當你讓寶寶光著屁股享受空氣時，就不要擦；而且，擦軟膏前一定要確認寶寶的屁股已完全乾燥了（軟膏下如果還有水分，只會讓尿布疹雪上加霜）。

千萬別用硼酸和滑石粉。雖然硼酸用來治療輕微症狀的尿布疹是有效的，但若進入體內是會產生毒性的。滑石粉可以吸溼，保持乾燥，但有可能造成肺炎（寶寶吸入所引起），並且可能致癌；玉米粉是最安全的替代品。至於家中其他成員的用藥必須十分小心，絕不可給寶寶使用。

如果寶寶的疹子在一兩天內沒有改善，或是起了水泡，要請醫師診斷治療。例如脂漏性皮膚炎可能需以類固醇塗抹，但不可長期使用。記得問醫師該使用多長一段時間，若屆時沒有好轉或是惡化，要立即通知醫師。

❖陰莖疼痛

我很擔心兒子陰莖頂端部分，有些發紅、流血。

你以為尿布疹只會出現在小屁屁上嗎？未必盡然。你家寶貝陰莖上的發紅部位，很可能只是局部性的尿布疹——而且也很常見。然而，常見並不代表你可以不當回事，放置這種局部性尿布疹不管的話，有可能會引起陰莖腫脹，嚴重的話還可能導致難以排尿；所以，一定要盡快去除這些局部性的尿布疹——方法就和對付尿布疹一樣。要是兩到三天都不見改善，就得帶寶寶去看醫師了。

❖動作不協調

當我兒子試圖抓什麼東西時，往往只能碰觸卻抓不起來——而且他的動作似乎不大協調，這是否表示他的神經系統有問題呢？

這恐怕只是因為他還太小，太缺乏經驗所致。當你看到他努力地嘗試抓住某個玩具，卻始終無法瞄準目標時，也許會使你憂心忡忡，然而這不過是嬰兒成長過程中的必然現象。很快地，他便能學會所有拿東西的技巧，那時，說不定你還會反過來懷念起這段安全無虞的歲月呢。

當然，如果你還希望能進一步確認，可以在下次健檢時向醫師請教一下。

❖請保母看照寶寶

我們想在晚上外出，又不放心把這麼小的寶寶交給保母。

去吧——而且要快。在未來的十六年中，你們總有想外出共享（或獨享）時光的時候，讓寶寶適應偶爾由其他人照顧也是有助於他發育的重要部分。就這種情況而言，愈早適應對他愈好。兩三個月大的寶寶已認得爸媽，但沒看到就不會想，而只要他的需求能得到滿足，任何人照顧寶寶都會覺得快樂。當寶寶九個月大時（有些還更早），大都會開始體驗到所謂的分離或陌生人焦慮——不但在與父母分離時不高興，也會怕生。因此現在正是請個保母的最佳時機，你們也能多點自己的時間。

一開始你可能只會匆忙的外出一會兒，但挑選保母時可匆忙不得。在第一晚要請保母提早半小時到，向她說明寶寶的需要及特殊喜好，讓寶寶和保母都能盡快適應（參見

帶著寶寶去慢跑

急著重返跑道……還很希望帶著寶寶一起跑？在你穿上跑鞋、揹起寶寶跨入跑道之前，請務必三思而後行。跑步也許對你大有助益，卻是嬰兒的極大威脅；不管是任何形式（用揹具或掛具帶著寶寶一起跑，或舉起他上下搖晃）的震動，太激烈時都可能導致嚴重的傷害。最危險的形式是過度屈伸（類似車禍時頸部受到的衝擊），因為相對於身體的其他部位，嬰兒的頭部不但最重，頸部肌肉也還沒發育成熟，無法提供頭部強大的支撐；一旦嬰兒受到強烈的搖晃或上下震盪，頭部的前後擺動就可能導致大腦組織一而再、再而三地衝撞腦殼，而大腦的擦傷則可能帶來腫脹、出血、壓迫的後果，有時甚至導致永久性的神經損傷。另一個風險，則是危及嬰兒還很纖弱的眼睛，如果因而使得視網膜剝落或損傷到視神經，不但視覺從此受損，甚至可能導致失明；雖然這種可怕的後果很少見，但不怕一萬只怕萬一，能免則免。

你還是可以帶寶寶去慢跑，前提是寶寶得坐在推車裡。市面上已有一些特殊設計的嬰兒車，強化後的避震彈簧可防止嬰兒車太顛簸（請先閱讀產品說明，確認你家寶貝的年紀和體重是否合乎使用規範）。

以下關於挑選保母的考量，包括第306頁的「保母檢核清單」）。

不論去哪兒，我們都帶著寶寶——不是不得已，而是樂在其中，但是有些人會說這會讓寶寶過度依賴我們。

如果你是個新生兒，就沒有什麼「太」依賴可言，尤其是這個世界上你最信任的人：你的爸爸和媽媽。親子關係本該如此——在父母親的懷抱裡走得愈遠，寶寶就愈感覺得到關愛。

只要你喜歡帶著寶寶趴趴走，就別理會旁人怎麼說——外界的評論，還記得吧，就當成你懷孕時那些不請自來的建議就好：左耳進、右耳出（別忘了還得面帶微笑、頻頻點頭）。另外也要謹記在心，嬰兒——就算是甜美、可愛到不行的嬰兒——並不是走到哪兒都受歡迎的（比如四星級餐廳、電影院，特別別標示「禁攜嬰兒」的喜宴）；因此之故，讓寶寶早點習慣偶爾得和保母相處也許才是明智之舉。

我們家總是在晚上寶寶入睡後才請保母代看——這種時候好像最適合夫妻一起開溜，但是，最近我們很想來點改變——尤其是偶爾想要早點出門的時候。

才剛出生沒多久（兩個多月大也算）的嬰兒，並不會太在意父母是不是撇下他開溜，趁他入睡時出門確實比趁他沒注意時溜走好——即使他醒著又發現你們就要丟下他出門也不打緊，給個擁抱或奶瓶就能很快安撫他；但是，等他再大一點後事情就沒那麼好辦了，你會發現，雖然你們還是很容易在他睡著時開溜，可等他一醒過來、發現身邊只有一個陌生人在時，就沒那麼好打發了；而且，你們的突然消失可能還會讓他變得比較沒有安全感。記憶能力愈來愈強之後，你們在任何時候離開他也可能都會擔憂，也一定會更不信任你們的替代者，不管是白天還是夜裡。

所以，你們不但現在就得好好盤算對策，而且最好偶爾入夜前就在他眼前離開一陣子，好讓他清醒時便能適應保母的照護。

不可不知：適合寶寶的照顧者

第一次把寶寶交給保母帶，想不擔心也難。對大多數的父母而言，找一個放心的照顧者也不再是拿起電話打給奶奶或隔壁的老阿嬤這麼簡單了。需要保母，就意味著你必須依靠一個陌生人。

如果祖母是這個保母，做媽媽最大的煩惱大概就是祖母會不會塞了太多糖果給孩子吃；假如把寶寶交給一個陌生人，那麼，令人擔心憂慮的事可就多了。她可靠嗎？負責嗎？是否注意寶寶的需要？能不能提供一些遊戲來幫助他的心智發展？她的教養方式和你的能否配合？她的性格夠不夠溫暖熱忱（但又不能超越身為母親的你）？

和你的寶寶分開絕非易事，尤其剛開始時。但若能將寶寶交給適當的人照顧，你的不安及罪惡感便可以大為降低。

❖在家照顧

誰也不能當真取代你的角色，再好的保母，也都還差得老遠。寶寶最需要的，是媽咪或爸比的關愛，但育兒專家卻也幾乎全都同意，如

給爸媽：父親的新形貌

如果你當起父親來就像這個時代的爸爸們，那麼，你一定閉著眼睛都會換尿片（而且演出時間經常還是夜裡兩點），也一定是拍嗝（寶寶的，不是你自己）的高手，還能一隻手抱著寶寶、另一隻手在智慧型手機上查看昨晚球賽的比數或今早的股票指數；而且，與其說你是只因為駕輕就熟才做這些事，還不如說你恨不得還能多做點。有些時候，你不免懷疑自己是不是很想當個全職父親——尤其是在考量要不要為了經濟或現實而返回工作崗位的那些時刻。

也許你老婆的薪水比你豐厚，工作比你穩定；也許你覺得，不值得犧牲親子時光來讓家裡保持兩份收入；也有可能你就是無法想像，回去工作時雖然整天坐在辦公桌後，心思卻一直掛在家裡的寶寶身上。

不知道為什麼，媒體圈就是不肯直接用 Stay-at-home dads 來稱呼這些家庭主夫，而要用誰也猜不出那是「帶子郎」的英文縮寫 SAHD；儘管那已是一種沛然莫之能禦的趨勢——包括全職或半職在內，全美如今已有高達兩百萬的爸爸留在家裡帶小孩了。在大賣場裡推著推車到處走，寶寶就依偎身上的爸爸，已經是司空見慣的風景；社會——和媒體——不但都逐漸接受了這個現實，甚至還不吝惜給予掌聲。然而，這個徹底翻轉傳統角色的改變還是免不了碰上一些阻礙，一路走來，帶子郎們的路途多少有些坎坷——有些就和媽媽們沒有兩樣，有些則是帶子郎所獨有的困擾。

以下的幾個策略，就是為了幫帶子郎們盡量減少旅途上的顛簸：

尋找其他的帶子郎。全職家長——包括媽媽和爸爸——經常會感到孤單，畢竟，在成為全職家長前，他們都是（用正常的語言）整天和大人互動的，現在卻只能和新生兒咿咿呀呀地對話；也就是說，你是隨時都能開口說話，卻很少有與人對話的機會。這種孤單感，有時就算是去遊樂場或公園裡也解除不了，因為舉目四顧帶孩子幾乎都是女性，萬紅叢中一點綠的全職爸爸很難融入其中；因此，與其老是離得遠遠地旁觀全職媽媽組成的社交圈，還不如花點力氣、積極主動地找尋住家附近的同路人（或者乾脆自己創建社群）。到網路上尋求可以提供你建議、支持的爸爸社群，和那些寧願拿公事包來換尿片的傢伙互吐苦水；別把媽媽社群排除在外，因為全職媽媽——她們也和你一樣面對許多一模一樣的挑戰——也是你可以依靠的支援系統。

要對自己有信心。如果你是在老婆休完產假後才接手的帶子郎，那麼當你碰上某些狀況時大概就會很想知道，如果是你老婆的話，她會怎麼料理寶寶的哺餵問題或安撫啼哭。沒錯，你老婆是可以留下她已摸熟了的哺育要領（寶寶大多討厭改變），讓你更好上手；但是，與其一路模仿孩子的媽的做法，還不如親自摸索、開發出更適合你自己的育兒手段。比如說，按摩寶寶時媽媽也許有其獨到之處，但在安撫寶寶方面你也可能更勝一籌。你只要記得，沒有哪個爸媽是生下來就懂得怎麼照護寶寶的，學習照護更一定需要時間，多久才能學會更和性別沒有一點關係，傾聽來自內心深處的叮嚀（沒錯，你也有育兒的直覺！），你就學得會每一種照護要領，從而建立對自己的信心。

確認你和孩子的媽意見一致。一起預先說清楚對彼此的期望，就能減少未來的衝突和可能引發的不滿（比如爸爸或媽媽覺得自己承擔過多過重）；所以，夫妻先坐下來聊聊吧，談談哪種活兒該由誰做——甚至不妨製表條列，確定所有的工作都已平均分攤。是一個負責採買工作、另一個負責煮食嗎？是爸爸負責洗寶寶的衣服、媽媽負責晾曬嗎？是否晨起和入睡前的哺餵都爸媽一起來？夜裡寶寶醒來時由誰照料、週末時又由誰負責？責任要明確劃分，但也要保留能夠應付各種變化的彈性。開放的心胸和願意妥協本就是共同照料寶寶時的兩大關鍵，角色確定（或互換）之後尤其如此；如果你發現孩子的媽有管得太多的傾向，也要大膽但溫柔地提醒她，你很歡迎她的投入，但要尊重你的決定，不能大小事都有意見，更要能容忍你的偶爾犯錯。不過，你也不可以得意忘形到以為自己可以全權主導這場親子大戲，畢竟，在養育孩子這件事情上，太太都是你最重要的夥伴。

撥點時間給自己。每個人偶爾都需要某些「我」的時間來喘口氣，帶子郎也不例外。即使正在照顧寶寶的時刻，也可以試著讓自己休息一下，比如找個有免費托嬰服務的健身房，去時就可以把寶寶交給專業保母，為自己創造一小段暫時不必操心、又能放心的空檔，或者，你也可以培養能和寶寶一起從事的嗜好、帶著寶寶一起當志工。

看遠一點。就算你已經是全職爸爸了，也不代表你不能規劃人生；帶孩子的同時要和往昔的同事保持聯繫，繼續充實工作領域的專業知識，跟上時代的腳步。不妨利用寶寶每天的午睡時光選讀一到兩個線上課程，就算不是為了拓展未來職業生涯的可能性，最少也能加強自己的專業技能。

做你自己。即便全職爸爸的數字不斷攀升，帶寶寶出門時，你也還是免不

果爸媽不在身邊，最好的替代者就是其他擁有育兒經驗的幫手（全職或臨時保母）。

在家照顧的好處不勝枚舉：寶寶生活在熟悉的環境裡（身邊都是舒適又看慣了的嬰兒床、餐椅、玩具），不會暴露在會被其他小孩傳染疾病的許多細菌中，以及不必來回接送。比起和滿屋子的孩子爭取關注，寶寶更有一對一的照料——並和照護者建立親密的關係。

但是，這當然也不是全無壞處，最明顯可見的一點就是：花費。在家照顧通常都是最昂貴的方式——專職保母尤其所費不貲，卻是大多數父母的首選；其次，如果保母生病了或由於其他原因請假（比如她自己的孩子生病了）或甚至辭職，一時三刻很難找到替代者，更別說，如果你家寶貝因為相處日久而和保母當真建立了深厚的情感，保母的突然離去或你們的心生嫉妒都會傷害寶寶。另外，很多父母還會發現，保母既會打亂生活的型態，還不可避免地會侵犯隱私——尤其是住進家裡的保母。

❏ 尋找管道

理想的人選可遇不可求，預備以兩個月的時間尋覓是合理的。可藉由下列幾種管道去找找看：

網路。從直接提供保母到詳盡的相關資訊，如今已有很多網站幫得上大忙；不過網路資訊良莠不齊，上網前，最好還是問問其他爸媽或同事有沒有上過哪些可靠的網站。

小兒科醫師。除了你們，可能沒有人比寶寶的小兒科醫師更了解他。也許醫師或護士可提供一些資訊，也可以在候診室打聽一下。

其他的父母。在任何場所——遊樂場、嬰兒運動課或一般聚會——都不要放過任何一個聽說過或用過好保母的人。

本地的社區中心、圖書館、教會或幼兒園。這些地方往往有公告欄，

了要承受一些好奇的目光和揶揄（「真好啊，帥哥，每天都不必上班！」），你可別被這種落伍的、褊狹的社會觀點（窮極無聊的媒體營造而成的，倒楣、絕望的父親形象）打倒了，無論成為全職父親的理由是什麼（經濟上的考量或其他原因），你都是在做一件有益全家的工作——而且可以很驕傲地讓世人知道，沒錯，你就是個帶子郎。

上面會有相關的資訊。

幼兒園老師。他們通常認識一些富經驗的保母，有些老師甚至也在夜晚或週末兼差。

保母協會。比如家扶中心即有提供資訊與訓練。

保母服務機構。不論全職兼職或臨時保母，他們都有相關的名單，或可在電腦上挑選。

本地醫院。某些醫院或坐月子中心會提供這方面聯繫的服務。有些醫院或護理學校的護校生也可以做看顧寶寶的工作。

地區報紙廣告或張貼看板。你也可以自己貼傳單或刊登分類廣告。

大學就業辦公室。你可以在本地的大專院校（尤其是相關科系）找到全職、兼職或臨時保母。

最好把所有和孩子有關的資料都放在一個活頁夾中；也許再用信封裝一些錢以備不時之需。

❑ 定義

知道自己要找的是什麼樣的人，才有可能找到好保母；因此，在開始篩選合適的應徵者之前，你不但得先製作一份職業說明書（job description），而且愈詳盡愈好。當然了，懂得怎麼照料寶寶最重要，但是，你希不希望保母也可以幫

絕對不要搖晃寶寶

某些父母認為，比起打屁股，搖晃寶寶似乎是管教孩子或發洩自己脾氣（比如寶寶不肯上床或哭個不停時）較好的方式。這是極為危險的假設。首先，寶寶還太小，如何有效的管教？其次，任何一種體罰（包括打屁股）都不宜（有效且適合管教學步兒的方法，參見第508頁）。但最重要的是，搖晃寶寶（不論是因生氣或在玩）可能導致受傷甚至死亡。因此，絕對不要搖晃寶寶。

保母檢核清單

最好的保母也需要一些指示的。在你將寶寶交給她之前，你要確定保母對下列事項已然熟悉：

- 寶寶在何種情況最容易安靜下來（抱著搖，唱歌，坐推車等）。
- 寶寶最喜歡的玩具。
- 寶寶必須仰著睡覺，不可以使用枕頭或固定睡姿的工具、毛毯、柔軟的玩具等。
- 怎麼幫寶寶拍嗝最有效。
- 如何為寶寶換尿布及清潔局部，還有東西擺放的位置。
- 萬一身上衣服弄髒，該到哪裡找換洗的衣服。
- 如果寶寶喝配方奶粉，或是有喝後備奶瓶，就要告知餵奶間隔、分量、沖泡方法等等。
- 寶寶什麼不能吃或不能喝。
- 家中（廚房、嬰兒房）的一些擺設。
- 寶寶有什麼可能令人難以忍受的習慣（很會吐奶，大便極為頻繁之類的）。
- 若養有寵物，也須提醒有關寵物的注意事項。
- 醫藥箱的所在。
- 嬰兒安全守則（參見242頁），多印幾份貼置於顯眼處，以便於保母查看。
- 手電筒（或蠟燭）放在哪裡。
- 萬一有火警發生，該如何反應；有生人來訪，做何處理。
- 對訪客的規定。

你也應將以下這些東西留給保母：

- 重要的電話號碼（小兒科醫師診所、能聯絡到你的地方、會在家的鄰居、你父母家、急診室），以及紙筆。
- 最近一所醫院急診室的地址和地圖。
- 無線電計程車的呼叫電話。
- 一份簽署同意的就醫授權書，可以在找不到你的時候使用（這需事先由醫師出具）。

你洗洗衣服、做點簡單的家事呢（附加工作不能過多，免得保母因而疏於照料寶寶）？你也得先想清楚，每週需要保母來幾天、一天來幾個小時，以及你打算給多少薪水——包括加班費。另外，你也得考慮一下，保母是否需要開車或具有某些特殊技能。

❑ 篩選

你首先由履歷表或電話交談淘汰

不適合的人選。你必須先釐清這份工作的詳細內容，例如包括洗衣、燒飯等簡單家事，但這類事情不應過多，以免分散保母對嬰兒的注意力。電話中可詢及應徵者姓名、教育程度、經驗、期望的薪水，以及應徵此工作的理由。適合的就安排面談。

❑ 面談

再詳盡的履歷表——或電話、電子郵件等——也不可能給你最需要的資訊，所以一定要在下決定前面談一番。面談時，一些答問之間的弦外之音須格外留神。例如：「你們的寶寶會很愛哭嗎？」可能暗示應徵者對嬰兒的耐性有限。也可透過下列問題得到更進一步的了解：

- 你為何想做這份工作？
- 你前一份工作是什麼？為什麼離職？
- 你認為像我的寶寶這種年齡的嬰孩，最需要什麼？
- 要整天和一個這種小寶寶在一起，你自己怎麼想？
- 你覺得你將在我的寶寶生命中扮演什麼樣的角色？
- 你對哺乳有何想法？（如果你在哺乳且打算持續下去，這個問題很重要，因為你需要她的支持）
- 當寶寶變得活潑好動，常惹麻煩時，你將怎麼處理？你會怎麼管小孩？
- 天候惡劣時你會來上班嗎？
- 你有駕照和良好的駕駛記錄嗎（如果你覺得保母必須會開車）？你有車嗎（視情況需要而定）？
- 你覺得這份工作你會待多久（不太可能保證很久，但如果寶寶剛適應了她就離開，會給你家帶來麻煩）？
- 你自己有孩子嗎？他們會不會影響到你的工作——例如他們生病或不用上學時？讓保母帶著自己的孩子到你家有好有壞，好處是：這讓你的寶寶有和其他孩子一起玩的機會；缺點為：它會使寶寶增加感染細菌的機率。此外，帶自己的孩子在身邊，也會影響保母對你的寶寶看顧的質與量。
- 你可以煮飯、購物或者做點家事嗎？
- 健康情形如何？要求看健康檢查結果，陰性結核菌反應，而且不抽菸、不喝酒、不吸毒。
- 你最近有、或願意學習心肺復甦術或嬰兒急救訓練嗎？

另一方面，你也該在同時問自己一些問題：

- 應徵者的服裝儀容是否整潔？
- 她會說你使用的語言嗎？程度如何？很顯然你會需要一個能夠與寶寶和你溝通的人選（特別當你只會說一種語言），不過保母的母語與你不同但仍可用你的語言溝通也有些好處，當寶寶成熟到可以學習時，她可能可以教寶寶第二種語言（請見第 255 頁）。
- 你們對於家中秩序的看法能否取得共識？萬一她有潔癖，而你習慣某種程度的紊亂，或是相反的情況，恐怕都不甚樂觀。
- 她看來可靠嗎？試試是否可以詢問她的前任雇主。
- 她的體力是否足以負荷？
- 她和小孩如何相處？是否有相當的耐性、愛心，以及與孩子玩耍的興趣。
- 她有足夠的應變能力來處理突發事故嗎？她可否像你一般去教導孩子？
- 你喜歡她嗎？你們是否能融洽相處、誠懇溝通，這對孩子的福祉有極大的影響。
- 面談中，她有沒有問起某些會讓你升起戒心的問題？比如「你家寶寶很愛哭嗎？」就很可能暗示她對愛哭的小朋友不大有耐心。沉默也是一種警訊（始終沒說她喜歡小孩或問起你家寶貝的狀況等，都透露了某種訊息）。

如果第一波的面試沒有找到你覺得夠好的人選，不要草率決定，再試一次。接下來的步驟是查核參考資料以縮小你的選擇範圍。不要聽取她的朋友或家人對她的美言；如果有，堅持要她提供前雇主的姓名，如果她沒什麼工作經驗，聽聽老師或其他人的評語。

❏ 錄用後

若要你和一個陌生人相處一整天，你恐怕也會不大自在，就甭提你的寶寶會如何感覺了。所以，由淺而深的介紹，相當要緊。一開始，請保母提早半個小時到（如果寶寶大於五個月，就需要一個小時）；你先抱著寶寶，然後找個位置將他放下，讓保母有機會過去接近他；最後，若是寶寶也不抗拒，便可交給保母抱一抱。這時，你可以暫時離開一會兒。第二次也一樣，而你的離開時間可延長一些。到第三天，保母提前 15 分鐘來便可；一切應已步上軌道。如果還沒有，你便該思考一下：這個保母適合你的寶寶嗎？

若是每天照料寶寶的保母，所需的熟悉過程更長；她至少應該先來和你及寶寶相處一天，除了認識寶寶，還要了解家中擺設，以及你對照顧孩子的要求。這讓你有機會提供建議，而她也能趁機問些問題，同時你還可以看到保母如何照顧寶寶，如果不滿意，也能盡早考慮換個人選。（你該看的不是寶寶的反應，而是保母對寶寶的回應。保母再棒，只要父母在身邊，再小的寶寶都會吵著要找爸媽。）

一般說來，寶寶在六個月大之前對陌生人的接受度還很高，因為還沒出現所謂的「陌生人焦慮」。

❑試用期

在正式決定長久任用之前，先告訴她：試用期是二週或一個月。這段時期中，仔細觀察寶寶的反應；你回到家時，他是清醒、乾淨而且快樂的嗎？還是疲倦吵鬧？你的保母此時看來從容愉悅，還是緊張焦慮？她告訴你寶寶今天有哪些方面的進步呢？還是每天重複說今天喝了多少牛奶，睡了多久，甚至，又哭了多久？她還記得這是你的寶寶，並且接受你有權決定怎樣照顧寶寶才是最好的，還是她認為現在是由她主掌？

如果你對這位照顧者的評分不甚理想（或她很明顯表現出這份工作讓她不開心），那就重新開始尋找人選吧！如果你對於自己的評估還是不太有把握，也許可以試試提早回家，在無預警的狀況下看看你不在家時的情況。或是你也可以參考街坊鄰居的觀察所得。大家在公園、超市或街上遇到時看到了什麼狀況，保母都在做些什麼？如果大家告訴你：你不在家時，原本快快樂樂的寶寶成天地哭，那可能是個紅燈警訊了。你也許可以考慮裝設監視系統，請見第 311 頁「留心你的保母」。

如果所有人跟所有事看起來都很好，除了你以外（每次留下寶寶外出，你都覺得很焦慮；只要需要離

男保母行嗎？

媽媽能做的爸爸也都做得到（除了哺乳），的確如此。同理，任何女性保母能做的，男性保母也都做得到。這正是為什麼從事照顧嬰兒服務的男性愈來愈多，而願意雇用男保母的父母也日漸增加。事實上，這些新血已被冠上一個恰如其分的名稱：奶爸是也。儘管仍屬少數，加入奶爸行列的人數正急速增加。誰說好奶爸難找？

開寶寶，你就覺得很悲慘；你覺得不可能找到可以勝任的保母），那問題可能出在讓別人照顧寶寶的安排上，而不是照顧者的問題。你也應該考慮其他的選擇，像是找一份可以在家辦公的工作，讓你大部分時間都可以在家照顧寶寶。或者，托嬰中心可能是比較適合你跟寶寶的選擇。

❖托嬰中心

一個好的托嬰中心可以提供不少好處：受過專門訓練的老師會設計某些幫助幼兒發展學習的課程，並提供團體生活的學習環境；即使其中一位老師因故不能來，也會有別人代課。

缺點也不少，首先，課程的設計不見得都很理想，而且，並非適合每個孩子；老師得同時照顧幾個孩子，而老師的離職率可能又很高；時間上較無彈性，萬一你得加班就很頭大；收費也不便宜。最為人詬病的，就是孩子得傳染病的機率增加。

❑去哪裡找

你可以請教養觀念跟你相似的朋友推薦當地的托嬰中心（公立或是私立的），打電話或上網查詢各縣市政府教育局或社會局的托育機構名冊。你也可以問問寶寶的醫師。當你得到一些可能的托嬰中心名單後，就需要開始做一些評估。

❑該注意什麼

尋找好的托嬰中心該注意的事項包括：

有教育當局許可的開業執照。不論公立或私立，有執照總能提供某種保障。

有受過專門訓練且富經驗的工作人員。至少「導師」應該有幼兒教育學位，其他職員要有照顧幼兒的經驗，懂得急救方法與心肺復甦術。員工流動率要低，如果每年都有幾個新老師，要當心。

有健康無虞的員工。他們應該都做過全面性的健康檢查，包括結核病檢測。

合理的師生比例。每三個寶寶就該至少有一位老師。

大小適當。一般而言，規模大的托嬰中心在監管和運作上不如小的，而孩子的人數愈多，傳染疾病的可能性愈高。無論何種規模，都應保證每個小朋友有充足的活動空間。

留心你的保母

你是否曾揣測你不在時家中的真實情況？保母是整天用愛心照顧寶寶，還是抱著電話、看著電視呢？她是說話逗著寶寶，還是讓寶寶坐在嬰兒椅上哭呢？她是照著你的說明行事，還是在你一轉身就將你的話拋諸腦後？她到底是你心目中的保母，還是在上演保母夜驚魂——當然，最有可能的是介於兩者之間。為了確認保母是理想中的選擇，或是正好相反（尤其是當一些警訊已經出現時），愈來愈多的父母在家中裝設監視系統——就是架設隱藏式攝影機。如果你也想要這麼做，請先考慮下列的問題：

設備。你可以購買攝影機，也可以僱用提供相關服務的業者。最經濟的選項是在家中寶寶跟保母最常待的房間架設隱藏式攝影機。這種方式可以讓你大略窺見你不在家時發生的事，但並非全貌（例如虐待或疏忽可能發生在其他房間）。在填充玩具上加裝無線攝影機是較貴但也較不引人注意的方式，而且你可以將它移到任何房間，在不同時間看到不同房間的情況。在整間房子裡加裝監視系統可以提供最清楚的影像，但是費用也更多。監視的效果取決於你的付出。你必須每週花上幾天的時間打開監視器（能夠每天的話當然更好），然後盡快花時間看錄下的內容，否則你會在好幾天後才發現有虐待或疏忽的事情。

你的權利——還有保母的。法律對於隱藏式攝影機的規定在美國各州都不相同。不過大致上都認為在自家中保母不知情的狀況下裝設錄影機是合法的。道德議題則是另一個問題——這還有很大的討論空間。有些爸媽認為裝設監視器是侵犯了保母的隱私，但另外有一些人則認為這是他們確保寶寶安全的最好辦法。當然了，你也可以事先就告知保母你家裝有監視系統，所以她的一舉一動都有可能被錄影下來；這一來，要是她還是願意接受這份工作，也就等於不反對受到監控。

你的動機。如果監視器可以讓你安心，那就買吧。不過如果保母已經讓你感到不舒服的話，你也許應該相信直覺，省下裝監視器的錢，另外找個你能夠信任的保母。

如果你決定要裝設監視器，別把它當成提防監控保母的工具。任何一個保母在將你的寶寶帶離家中前，可能都會掩飾得很好。

你的孩子快樂嗎？

不論你為孩子選擇哪一種照顧方式，要注意孩子不滿的訊號：不是長牙、生病或其他明顯原因造成的性格或情緒的改變。如果你的寶寶似乎不快樂，檢視一下他的照顧環境，或許應該考慮換一家或換個人。

依適當的年齡層分組照顧。基於安全、健康、關注和發展等考量，一歲以下的嬰孩不應被放在較大小孩之中。

溫馨的氛圍。員工看起來應該喜歡孩子並樂於照顧他們，孩子們應該看起來快樂、活潑且乾淨。來個突然拜訪，可以看到比早上所見更真實的情景（不過有些托嬰中心不准父母這麼做）。

刺激學習的環境。和照顧者有很多的口語與肢體互動、有適合各種年齡孩子的玩具，在這樣的環境中，即使寶寶只有兩個月大也能刺激他的學習。孩子如果更大些，就要有更多合適的玩具、書籍、音樂和戶外活動。

鼓勵父母的參與。有一些邀請家長參與的活動嗎？

你所認同的經營理念。托嬰中心的教育、宗教和意識形態等理念，是你覺得放心的嗎？

能提供寶寶小睡的時間與空間。不管在托嬰中心或家裡，大多數的嬰兒都需要睡很多覺。這裡應該有個安靜的所在讓寶寶可以躺在嬰兒床上睡覺，而且小睡時間是根據他們的時刻表——而非托嬰中心的。

安全。在營運時間，托嬰中心的大門應該關緊，並輔以其他安全措施（父母或訪客簽名簿、有人監控大門、必要時查看身分證）。托嬰中心也應該有安全的兒童接送保護系統（只有你事先同意的人才能接你的寶寶）。

嚴格的健康與衛生守則。雖然在家裡你不用擔心寶寶把所有東西都往嘴裡送，但托嬰中心是孩子群聚的地方，每個人都帶著自己的細菌，所以你該小心。托嬰中心是許多腸道和上呼吸道疾病傳播的溫床，因此要盡量減少細菌的散播、守護孩子的健康。優良的托嬰中心必須有醫療顧問並且明文規定包括以下政策：

- 照顧者在給孩子換過尿布後必須

用肥皂徹底洗手或戴上拋棄式手套，幫小朋友上完廁所、擤鼻涕或處理完感冒的孩子，以及在餵食前，都要洗手。

- 換尿布區與進食區必須分開，每用一次就要清潔一次。
- 餐具要用洗碗機清洗，用後即棄的更佳（寶寶的奶瓶應寫上各自的姓名以免混用）。
- 奶瓶與食物都必須存放在衛生無虞的地方。
- 尿布要丟入有蓋的容器中並遠離孩子。
- 玩具每玩過一次就必須徹底消毒清洗，或是讓每個孩子有專屬的玩具箱。
- 填充玩具不宜共用且應經常用機器清洗。
- 固齒器、安撫奶嘴、洗臉巾、毛巾、刷子和梳子等不宜共用。
- 所有寶寶的預防注射資料要隨時更新，照顧者也是（包括流感疫苗和藥劑）。
- 如果有任何寶寶得了高傳染性疾病，托嬰中心應通知所有家長，如果是流行性感冒嗜血桿菌，可以透過打預防針或服藥阻止病情擴散（註：由於保母經常接觸到尿液和唾液中的病毒，巨細胞病毒很容易在托嬰中心內的孩子間傳播）。
- 小朋友須用藥時，有規定的處理方式。

還要記得詢問當地的主管機關該托嬰中心是否有遭到投訴或違規的情事。

嚴格的安全守則。受點小傷在托嬰中心算是十分常見（在家中也十分常見），但托嬰中心愈安全，你的寶寶也愈安全。請確定托嬰中心遵守安全守則跟你在家中一樣（見414頁）。另外請確認他們提供的都是適齡玩具（且不同年齡層的玩具不會混在一起），也根據使用期限更新玩具、家具跟寶寶使用的設施。

注重營養。所有正餐和點心都必須安全衛生並符合各年齡孩子的需求。應依照家長指定的配方奶粉（或

> **睡得安全**
>
> 如果你把寶寶托給別人照顧，記得要他遵照美國小兒科醫師學會「仰著睡，趴著玩」的指示。除非情況特殊，每個寶寶都要在安全的地方仰著小睡，在有大人看護時趴著玩。

第三個月

母乳）、食物及餵食時刻表，奶瓶絕對不要架起來。

❖家庭托嬰

許多家長比較喜歡將孩子放在一個家庭中，和其他幾個孩子一起。

這種托育形式的好處很多：通常家庭托嬰能以較低廉的費用提供一個溫暖的家庭氣氛；加上小孩數目少，受傳染的機會也相對減低，針對孩子個人的照顧則可能比較多。另外很重要的一點是，時間上比較有彈性。

缺點同樣也是有的：許多家庭托嬰不具執照，在健康和安全上能提供的保障相當有限；保母也常是沒有受過訓練的，卻又可能擁有和父母不一致的育兒理念。若是她病了或有急事，大概也會遇到沒有人手遞補的窘境。儘管傳染疾病的風險較低，但還是有可能，特別是衛生條件較差的。

❖公司附設的托嬰中心

這在歐洲相當普及，在美國和臺灣則還十分缺乏。好處顯而易見，十分吸引人：近在咫尺的距離，使母親隨時有空檔——例如午餐時分——便能過去探望；若有緊急狀況，更可立刻趕到；上下班時間可以同路而行，增加不少寶貴的親子共處時光；另一方面，這種機構通常

當孩子生病時

每個爸媽都不希望見到孩子生病，職業婦女尤其害怕；因為照料生病的孩子會引發一連串的問題，最重要的便是：誰來看護？在哪裡？

假如你或是你的配偶能夠請假回家照料一切，那是最理想不過的了；否則，最好能有一位可以完全信賴的家庭成員或熟悉的保母來家裡陪小孩。有些托嬰中心也設有看護中心，讓孩子能在熟悉的環境和臉孔圍繞之中休養。另外，有些不可避免的情況便是得把孩子交到他並不認識的人手中，儘管孩子十分不願意，這通常也是沒有辦法的事。

這些狀況無論如何，總是要比沒人看顧來得好。但是，我們自己也是過來人，能夠體會一個小孩在生病時，最渴望的便是能有媽媽陪伴，握著你的小手，為你拭去額頭的汗，給你無比的愛與關懷。有些公司因此給父母更多的彈性假，以便他們可以親自照顧家中的小病號。

都請有專門人員來照料。這種種相加的結果，可使父母無後顧之憂地更專心上班。

但也是有可能發生一些弊病的，例如公司離家太遠，通車對孩子而言十分辛苦；而你有機會探望小孩，若碰到孩子情緒不好時，他可能不願見你再離開，那樣反而不妙，你回到辦公室大概也會心神不寧一會兒。

另外，公司設立的托嬰中心也應當按照一般托嬰中心的標準。

❖帶寶寶去上班

只有很少數的工作可以讓爸媽將孩子帶在身邊，即使工作場所並沒有附設托兒中心。要能這麼做最好有兩個前提：寶寶還不會自己行動，同時沒有腸絞痛的毛病；再者，工作的地方有足夠的空間讓你置放嬰兒躺椅，以及一些嬰兒用品。這樣的安排對想要親自授乳的母親，或任何既想工作也想要和寶寶在一起的母親，乃是最完美的情況。

9 第四個月

這是充滿歡笑的一個月——對你和寶寶都是。你的寶寶正進入可稱之為嬰兒黃金期的階段：在這幾個月中，寶寶白天逗趣，晚上睡得更久，也更能自己活動了（意思是你把他放著時他能自己玩更久、比較不會搗亂與煩人）。能社交又充滿興趣，急著與你咿咿呀呀的交談，喜歡觀看周遭世界，對身邊 3 公尺方圓內的人放電。這個月的寶寶絕對討人喜愛。

哺餵你的寶寶：配方奶

當寶寶只喝母乳時，該讓寶寶喝多少是很容易計算的事——出乳夠多，寶寶就喝得夠多。一換成配方奶，就很難知道該喝多少了；奶瓶裡該裝多少配方奶既沒有什麼神奇的配方，也很難弄清楚寶寶會喝多少，或者多少配方奶才夠保母餵上一天或你哺餵一次週末。然而，透過某些指標，你還是可以約略計算得出；沒錯，還是得參考你家寶貝的體重多少、幾個月大，以及這時他是否已開始吃些固體食物，如果是的話又吃多少。

- 六個月大以下的嬰兒（還沒開始吃固體食物的），一天裡應該喝掉體重公斤數乘以 120 到 150 的 CC 數；也就是說，如果你家寶貝現在有 5 公斤重，那就代表他一天應該喝下 600~750CC 的配方奶。也就是說，每隔差不多 4 小時就該給他喝 90~120CC 配方奶。
- 不到六個月大的嬰兒，一天所需配方奶量通常不會高出 960CC；一旦開始哺餵固體食物，也可以逐漸減少配方奶的數量。
- 大部分的寶寶，出生後的第一個月每餐大約要喝 60~90CC 的配

寶寶的第四個月

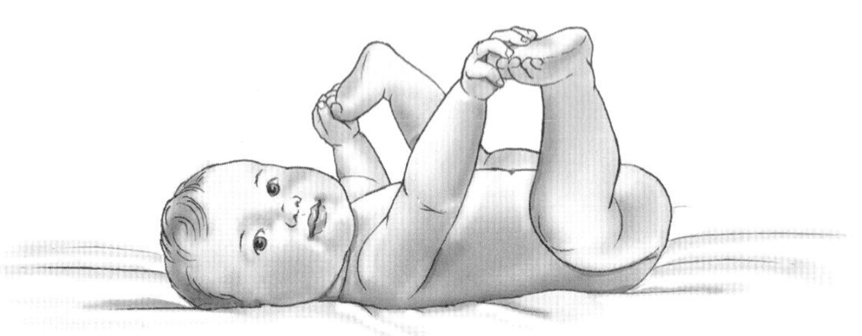

睡眠。你能期待他一覺到天明了嗎？有些（絕對不是全部）四個月大的寶寶夜裡會睡得更久（比如6~8小時），整晚算下來會睡上9~10小時。白天裡應該還會小睡個兩到三次（每次大約1.5~2小時）。整天下來寶寶會睡多久？在14小時到16小時之間。

飲食。比起上個月，寶寶飲食變化不大（仍然只能哺餵液態食物）。

- 母乳。喝母乳的寶寶一天大約需要喝上6~8次（你可能會發現，夜裡他比較少醒來喝奶了），粗略加總起來，差不多是720~1080CC。
- 配方奶。你家寶貝現在一天大約會喝上4~6瓶、每瓶150~210CC的配方奶；一天下來，差不多是720~960CC。

遊戲。寶寶現在都玩什麼呢？嬰兒遊戲墊和遊戲圍欄還是他的最愛，但也差不多就從這個月到未來的好幾個月裡，他會漸漸喜歡上會刺激他五感的玩具——擠壓或搖晃時會唧啾叫、吱吱叫或發出鳥鳴聲、嘎嘎聲的玩具。看見沒，寶寶多愛遊戲地墊帶給他的娛樂呀！也因為寶寶已經懂得觸摸東西了，所以別讓他抓得到有危險的物品。柔軟但有高反差與豔麗圖畫的書仍然很得寶寶青睞，所以應該常讀給他聽，並在翻頁時多多觀察他入迷的神情。會讓你著迷的還有：他自己的鏡中映像。最後，能夠發出音樂的玩具（尤其是能反應寶寶動作的，例如可以按彈的鍵琴）會讓寶寶的耳朵習得音樂感，所以別忘了在寶寶的玩具裡加上這一樣。

方奶，此後逐月增加 30CC，直到每次喝掉一瓶 180~240CC 的配方奶才不再往上增加。隨著你家寶貝肚皮的逐漸變大和每餐喝得更多，他也很可能會跟著減少進食的次數；舉例而言，六個月大左右時就可能一天只喝 4~5 瓶 180~240CC 的配方奶。

不過，由於這只是概略性的估算，每個寶寶更多胃口不一（即便同一個寶寶也可能忽多忽少），所以你的預期不應該太過精確。你家寶貝得喝多少配方奶既可能隨時變化——今天和明天不一樣，這一餐和下一餐也可能不一樣——也可能和年紀、體重相似的寶寶有些出入；你同時也該謹記，你家寶貝該喝多少不只得看他幾個月大了，還得參考他的體重。比如說，一個六週大的大號寶寶，就不該和體重一樣、但已三個月大的寶寶喝得一樣多。

更重要的是，不只是喝母乳的寶寶，喝配方奶的寶寶也知道自己是不是喝夠了——這個「喝夠」，以小嬰兒的角度而言，就是飽足了。所以，你該注意的是他的胃口而不是估算的數據；只要寶寶的體重正常增加，尿布也該溼就溼、該髒就髒，又能開心、健康地成長，就表示你哺餵的數量很正確。如果有啥擔心的地方，就問問兒科醫師的看法吧。

你會擔心的各種狀況

❖不吃奶

我兒子吃奶的情況向來很好，但在八個小時前他突然拒絕吃奶。是我的奶有問題嗎？

很可能他真的有什麼地方不對勁——雖然未必是你的母乳。所謂「罷奶」的暫時拒絕吃奶現象不足為怪，且總有個特定的原因，最常見的是：

母親的飲食。你吃了含大蒜的食物嗎？還是其他辛辣或重口味的食物？如果是，你的寶寶可能只是不喜歡他喝的奶水中有這種味道；但另一方面，有些寶寶並不排斥母乳中的重口味，尤其在他們日漸熟悉這

> **本月喝多少？**
>
> 想知道四個月大的寶寶該喝多少配方奶嗎？從本章起，每一章開頭的「寶寶的第 X 個月」邊欄裡都會告訴你當月的各項訊息。

種味道之後。

感冒。鼻塞的寶寶無法邊吃奶邊呼吸，想當然就不吃奶了。可以用吸鼻器輕輕將鼻子吸通，或請醫師開點通鼻藥水。

長牙。雖然大多數的寶寶要到五、六個月大才長牙，還是有少部分長得比較早，其中更有極少數在四個月大時就長出一兩顆牙。由於吸奶時會擠壓腫脹的牙齒導致疼痛，因此就不吃奶了；只有袪除牙痛後，寶寶才會迫不及待的吃奶。

耳朵痛。耳朵疼會波及牙床，吸吮會使疼痛加劇。有關耳朵感染的其他內容，參見第 619 頁。

鵝口瘡。如果寶寶染上這種由真菌引起的口疾，吃奶時會很痛。要確實治療，避免進一步經乳頭裂縫感染給你，或擴散到寶寶身體的其他部位。

泌乳過慢。如果奶水未能及時流出，一個非常饑餓的寶寶可能會不耐煩，在奶水流出前就吐出奶頭大聲哭鬧了。為避免這個問題，可先擠出一些奶，讓他在開始吸時就能吃到奶。

你的荷爾蒙改變了。懷孕（如果你還在哺乳，可能性不大，如果開始餵配方奶粉了，就較有可能）所產生的荷爾蒙會改變母乳的味道，導致寶寶拒絕吃奶。如果月經又來了，也會有上述的情況。

你太緊張。也許你因為想回去上班而有點壓力，也許因為有好多帳單要付或洗衣機又罷工了，或者只是你今天很不好過。無論如何，你的不安會感染到寶寶，使他變得焦躁而不要吃奶。在餵奶前先讓自己平靜下來。

精神不集中……寶寶的。隨著你家寶貝的愈來愈機靈，這個月的他可能已經知道，除了媽咪的乳房，人生裡還有很多別的東西；愈是更容易受到外在世界的吸引，他就愈是渴望探索，就算是喝母乳的時光也不例外。如果你家寶貝確實有這種傾向，哺乳時就得找個安靜、黑暗、單調的地方。

有時，寶寶拒絕吃奶似乎沒有特別的理由，就像大人，寶寶也會有一兩餐「不想吃」。所幸，這種情況通常是暫時的。底下的建議有助於你解決寶寶的罷奶：

- 不要用替代品。當寶寶不吃母奶時，餵他配方奶粉會造成你泌乳量減少。即使是長期罷奶，通常也只是一兩天。

- 試試用奶瓶餵。如果寶寶拒吃好幾次了，試著用奶瓶餵餵看。同樣的，這種情形通常只有一兩天，之後他會重新開始吸奶。
- 一試再試。即使拒吃了好幾次，他還是有可能出乎你預料的重新吸奶。
- 減少固體食物分量。如果你開始餵固體食物了，有可能是他吃太多所以不想吸奶。在這個年齡，母乳還是最好的，請減少固體食物的量，而且每次都要先餵奶。

如果一連兩天拒絕吃奶的狀況沒有改善，或者你覺得他都沒喝飽，還是認為他可能生病了，最好請教一下醫師。

❖換尿布時的抗拒現象

當我在為女兒換尿布時她從不安分躺好，總是不停地翻動。我要怎麼做才能讓她乖乖的呢？

關於這一點你得有心理準備：寶寶愈大，就愈不會乖乖地讓你為他換尿布。這是因為當他被迫換尿布時，他漸漸會有受侮辱的感覺（心智的發展），同時也會有受制於人的挫折感。換尿布的祕訣在：要快（在換之前先將所有用品準備妥當），引開他的注意力（用玩具來吸引他的注意力，如小汽車、漂亮的音樂盒或者是可以放在寶寶手上玩的玩具）。另外，你也不妨試試改到別的地方換尿布，比如起居室地板的大毛巾上，或者臥床的正中央（當然了，別讓她自己一個待在那裡）。

❖讓寶寶坐立起來

用嬰兒車推寶寶出門時，我很希望他能坐著東張西望，但他還坐不直。我可以撐他起來坐著嗎？

只要你家寶貝已經能控制自己的小腦袋瓜，不會垂落、癱軟或一抬頭就往兩邊晃，就表示他已經準備好「坐看雲起時」了，沒道理讓他老是躺著出門；要是他還沒大到可以坐直，就算你拚命扶正還是會倒下或傾滑，坐得過久也會下滑或用種種方式向你抱怨。比起躺在嬰兒車裡看天空，坐直的寶寶可以看見往來的人群、商店、房屋、樹木、狗兒、其他也坐在嬰兒車裡的寶寶、大哥哥大姊姊、公車、汽車——以及形形色色的花花世界。坐著的寶寶也會比躺著開心得更久，讓你

圖 9.1 寶寶一坐起來，就有了觀看世界的新視野。

和他都更能享受出遊之樂；所以，你不妨在嬰兒車上使用特殊設計、可以幫忙寶寶坐直的工具，到大賣場購物時也可以用推車包覆墊保護他（但要確定適合你家寶貝的個頭和年齡）。

即便在家裡，寶寶也比較喜歡坐著。有些產品就是用來幫忙寶寶坐直的，不難買到；別擔心，坐夠了想躺下來時，你家寶貝就會對你抱怨、不斷扭動或讓自己往下滑（畢竟，這時的他還不大能久坐）。

❖不喜歡坐嬰兒椅

有時我必須將寶寶放進嬰兒座椅才能做點別的事，但我一放下她，她就大聲哭鬧。

有些寶寶很願意坐在嬰兒座椅中觀看周遭的世界（和爸媽），另一些天生好動不安分的寶寶，坐在嬰兒座椅裡簡直像要他的命。你的寶寶可能屬於後者，要讓這種寶寶坐在嬰兒座椅裡（或其他會拘束他的東西）可是一大挑戰。以下的方法值得一試：

- 限制使用時間。只有在絕對需要寶寶安全牢靠的待在你身邊（如做飯）時，才使用嬰兒座椅。
- 試著變換視野。有良好的視野寶寶就比較不會抗拒。可以將嬰兒座椅放在正對一面鏡子的地板上（寶寶可能會樂於與他的鏡像互動），或在你身邊的安全所在（沒有什麼比爸媽的一舉一動更迷人的了）。
- 增加點娛樂性。一個玩具盤就可以將平凡的嬰兒座椅變成個人娛樂中心，尤其是可以輪流引起寶寶興趣的玩具。如果玩具反而讓寶寶發脾氣，可能是她累過頭了，此時拿開這些娛樂器具或許可以安撫她。
- 晃一晃座椅。寶寶坐在嬰兒座椅裡時搖晃一下，可能讓她感覺很舒服（但總有些寶寶並不喜歡，照例，寶寶的反應就是線索）。如果家裡有嬰兒彈力椅，就讓他

自己躺在裡頭玩玩看。

- 讓她不用坐。嬰兒通常喜歡坐，大一點的孩子卻想要自由活動。與其把她關在嬰兒座椅中，不如將她放在鋪著毛毯的地板上——趴著。這不但可以安撫她，還讓她有學習翻滾爬等技能的機會。為了安全起見，你必須在旁邊看著。
- 考慮別的約束方式。有可能你的寶寶已經發育到坐不下嬰兒座椅了。如果你有必要把她固定在某個地方，試試其他設備或牢靠的遊戲圍欄（但使用要有限度）。

❖討厭汽車安全座椅

每次我把兒子放進汽車安全座椅時他就哭，害得我現在跟他一樣，很怕開車帶他出門。

儘管引擎的低鳴聲和行駛時的振動，對許多寶寶有安定和助眠的效果（有些甚至在啟動時就進入夢鄉了），但並非所有寶寶或父母都喜歡，尤其是要將寶寶放進汽車安全座椅時。請放心，你兒子和其他寶寶一樣，不喜歡待在汽車安全座椅中是他們的通病，特別是孩子更好動之後，坐在後座的汽車安全座椅會讓他覺得更孤單、更無聊。既然不能不讓他坐汽車安全座椅，你可以試試以下的建議：

- 分散注意力。如果你的寶寶一放進座椅就哭，試著在為他繫安全帶時讓他有事做，唱首歌或給他一個他喜歡的玩具分散注意力，他就不會注意你正在做什麼。
- 讓他舒服些。安全帶必須夠緊（帶子與寶寶身體間隙不得超過兩根手指）才能確保安全，但也不能緊到勒住寶寶的皮膚。太鬆的安全帶不但可能使寶寶脫出，也會讓他不舒服。如果寶寶尚未大到足以填滿汽車安全座椅，可以安裝特製的嬰兒座椅使寶寶坐得更舒服，且不會滑來滑去的。同時檢查一下後座的溫度是否冷熱適中，別讓出風口直接對著他的頭臉。
- 擋住陽光。很多寶寶是因為太陽照到眼睛才坐不住，所以要幫寶寶遮擋陽光的照射。
- 開車時分散他的注意力。放一些你可以跟著唱的舒緩兒歌，在安全座椅中放置不容易掉的玩具（並常常更換，讓寶寶不會覺得無聊）。在他面對的椅背上放一面鏡子，反射的鏡像不但會使他覺得有趣，如果你擺的角度對，還可以從後視鏡看到他。

- 讓他知道你就在身邊。一個獨自坐在後座的寶寶可是很孤單的，面向車子後方的安全座椅尤其如此，所以你要不斷的對他說話或唱歌，而你的聲音通常可以安撫他不安的情緒。
- 讓他有個伴。如果有其他乘客，請他坐在後座陪寶寶玩。
- 給他時間，但不要放棄。寶寶終需接受汽車安全座椅，但如果因為他討厭而妥協不用——即使只是一次、即使只是一會兒——不僅非常危險，更是錯誤的第一步，這會使你未來更容易對寶寶處處讓步。

❖吸吮拇指

我的兒子習慣吸吮拇指。剛開始我覺得挺好的，因為如此一來他就會安靜睡覺，但現在我卻擔心這會成為一個無法戒除的壞習慣。

當個寶寶真不容易。每當他們好不容易找到某項可以自我滿足的癖好時，總會有人干涉。

其實幾乎所有的寶寶在一歲內都會吸吮手指頭，有的甚至在母體內就開始了。這也沒什麼好驚奇的；對嬰兒來說，嘴並不只是為了吃飯的器官，它同時也是探險尋奇的重要感官（你很快就會發現，嬰兒會將所有他發現和觸摸到的東西送進嘴裡，即使是一隻昆蟲或玩具）。在尚未能接觸其他事物前，他會首先發現他的雙手，並且很自然地將這個新發現送進他的感覺器官嘴巴裡。剛開始這樣做只是偶然，但他很快會發現這樣做很好玩，然後就會常常如此。最後嬰兒會發現拇指比其他指頭更適於吸吮；不過也有些寶寶喜歡吸吮其他手指，甚至整個拳頭（尤其是長牙階段）……有時還想一次把兩個小拳頭都塞進嘴裡。

剛開始時你也許覺得這是個很可愛的癖好，甚至高興你的寶寶找了個這麼自我安撫的方法。但日子一久，你不禁要開始擔憂，似乎可以眼見你的寶寶吮吸著手指上學，遭到同學的恥笑及老師的責罵。是不是該想些辦法使他停止這項惡習？有必要帶他上醫院去檢查造成他嗜吮指頭的潛在心理問題嗎？或是因吸吮手指而須做牙齒矯正？

不必擔心，讓你的寶寶好好享受吧！沒有證據顯示吸吮手指是危險或是心理障礙的徵兆。而且只要在五歲前停止這個癖好，齒列的不整齊都會恢復正常。研究顯示，約80%左右兒童會在五歲前停止這

個習慣，約95%以上在六歲前停止（自發性的）。靠著吸吮指頭幫助入睡的小孩，會比那些只把吸吮手指當成一種口腔滿足的小孩，晚些停止這項習慣。

所以現在就讓寶寶盡情吸吮吧。如果你的寶寶是餵母乳，那就要特別注意寶寶是不是因為母乳吸吮不夠才會吸吮指頭；如果寶寶在每次餵奶後依然想溫存在你胸前，就讓他多待一會兒，雖然他已經吸不到什麼奶了。如果很顯然地吸吮手指成了他每天的主要活動，那就藉由一些玩具或手指遊戲，來吸引他的注意並移開他的手指；甚或捉住他的手讓他站起來，這樣也可達到效果。

❖圓滾滾的寶寶

每個人都羨慕我有個圓胖可愛的寶寶，我卻暗暗擔心他會變得太胖——他已經圓到幾乎不能動了。

膝上、手臂有著陷下的肉渦，頂著個有如彌勒佛般的肚子，臉上的幾層下巴和看了令人忍不住要捏幾下的肉，你的寶寶從頭到腳都十足的可愛樣。但胖嘟嘟的寶寶可是健康的象徵？他祖母可能如此認為，他媽媽卻不這麼想——你甚至認為這是不幸未來的開端。這個議題引起許多父母、醫師和研究人員的興趣。

這確實是個值得探究的問題——也是近年來很熱門的研究對象。研究也的確證實，頭四個月長得太快的寶寶，將來過度肥胖的風險較高；其實即使沒有研究證據支持，我們也知道從小過胖並不好。胖到不

吸這個可不妙

衆所周知，嬰兒會吸吮任何小嘴周遭的東西——你的乳頭、他們自己的拇指和你（你的手指，你的肩膀……）。對寶寶來說，你可能是特別方便吸吮的對象，但你的肌膚讓他吸吮真的好嗎？畢竟你早上才抹過護膚乳霜，下午出門前又塗了防曬油；這會不會讓寶寶吸進了不好的東西呢？很可能。塗抹過幾個小時後，護膚乳膏和防曬油已經只剩下少許殘渣，但寶寶還是很可能吸進嘴裡（要是你才剛擦上，那他還會吞下更多）；如果可以的話，最好換用成分對寶寶無害的產品（和寶寶使用一模一樣的護膚用品更可以節省時間、空間和金錢）。要不然，就請你在抱寶寶之前清洗乾淨身上的護膚乳霜。

好移動的寶寶可能導致遲滯及過重的惡性循環；愈不動就愈胖，愈胖就更不動。他的活動不便可能使他有挫折感而且變得挑剔，如此一來，媽媽可能為了使他開心而餵食更多。如果他持續過重到四歲，很可能長大後也很胖，這種現象已普遍存在於美國（臺灣的情況也愈來愈嚴重）。

但是——很重要的但是——在你做出結論前，請千萬先確定寶寶是不是真的太胖或圓滾過頭。既然寶寶的肌肉目前還沒開始發育，就算瘦一點的寶寶也可能有些贅肉——沒有才怪呢。你得計算得再精準一些，看看你家寶貝的身高、體重比是否合宜（參見第 128 頁）：如果二者都快速增加但曲線相似，那麼，或許你只是生下了個比一般大上一號的寶寶；要是體重的增加明顯快過身高，也要問過醫師再決定他是否過胖。

如果太胖，需不需要幫他節食呢？絕對不要。這個年紀的寶寶如果太胖，重點要放在減緩增肉的速率而不是減重。身高慢慢增加後，寶寶就會變瘦——活動量變多了（想像一下他滿屋子趴趴走的畫面）就會自然得到這種結果。

當然了，你也可以透過各種技巧，讓你家寶貝在週歲前都不致過重又常保健康：

- 胃口至上。嬰兒天生就會調校自己的胃口：餓了就吃，飽了就停；但也很容易因為父母「再多吃點」、「喝光才棒」的努力而吃得過多。所以，你應該讓你家寶貝自己決定什麼時候吃、要吃多少。
- 餓了才餵。嬰兒餓了當然就有得吃，但也往往因為受傷了或不開心、父母太忙沒時間陪他而多吃一餐，或者由於在嬰兒車裡待太久而難耐無聊，因此要大人哺餵（就像很多成人心情不好就縱容自己大吃特吃），所以，在決定讓他飽餐一頓之前，要先確認他的啼哭到底是不是當真餓了；如果不是，就應該以溫暖的擁抱取代哺餵（要是他還沒餓卻有吸吮的需求，就給他一個安撫奶嘴）。你實在忙得沒有時間陪他？那麼，就在他眼前吊個懸掛物或放個遊戲圍欄，讓他有自己的事可忙，而不總是塞個奶瓶給他。即使你人在超市，也可以用玩具或為他唱首歌來取代餵食。
- 別急著提供固體食物。太早讓寶寶吃固體食物，尤其是喝配方奶的寶寶，就很可能導致過胖；所

果汁最好？

想要寶寶健康，沒什麼比一瓶果汁更棒了，不是嗎？很抱歉，事實並非如此。研究證明，常喝果汁——不管是哪種果汁——的寶寶反而更容易營養不足；這是因為，果汁（含有糖分、熱量，卻完全沒有脂肪、蛋白質、鈣、鋅、維生素D，也沒有寶寶需要的纖維）會破壞未滿週歲寶寶本來應該留給母乳或配方奶的胃口；果汁飲用過多，也可能導致腹瀉及其他慢性腸胃問題，還有齲齒（入睡前飲用果汁或白天裡動不動就喝上一些果汁的寶寶很常見）。另外，有些（也許該說很多）寶寶還會由於攝取許多果汁裡的純熱量而導致過度肥胖。

美國小兒科醫學會因此建議，六個月大以下嬰兒都應遠離果汁；就算已經半歲大了，也別在入睡前喝任何果汁，更只能用湯匙、一次只哺餵少量果汁（六歲前的孩童每天總量不要超過 120~180CC）。用等量的水稀釋果汁，既可確保你家寶貝不會攝取過多熱量，也能避免他早早就養成愛喝含糖飲品的習慣；但或許完全不給他果汁才更好——果汁絕非寶寶的必需品。讓他吃水果比讓他喝果汁好得多。

哪種果汁也大有學問。研究顯示，白葡萄比較不會觸發腸胃方面的問題，蘋果汁最適合腸絞痛寶寶飲用；除此之外，你也該為寶寶選擇除了熱量還能提供別的營養——比如鈣和維生素C——的果汁。

以，除非醫師點頭都不可以自行哺餵固體食物，而且一開始都只能用湯匙而不可以用奶瓶——用奶瓶哺餵溶解的穀物常會讓寶寶攝取過多的熱量。另外，開始餵食固體食物後也同時要逐漸減少母乳或配方奶的數量。

- 別讓寶寶喝果汁。果汁的糖分高又好喝，會讓寶寶一不小心就攝取過多熱量。滿六個月大以前，都不應該讓寶寶喝果汁——即使滿六個月了，也應該先稀釋並有所節制（參閱上面）；另一個很重要的原則是：絕對不要讓寶寶用奶瓶喝果汁——先用湯匙，大一點再換杯子。
- 確認你沒把配方奶調得太稠。多看幾次、牢記配方奶的調配說明，以免你因為粗心大意而水量放得太少——導致配方奶熱量經常

嬰兒運動

很多人常過於極端，要不是鎮日定坐不動，不然就是熱中從事激烈的運動，搞得全身痠痛。同樣的，他們不是一天到晚將寶寶置於椅子、推車或圍欄中，要不然就是把孩子送去運動班，儼然冀望能培養出個運動健「嬰」。

不過，追求健康這條路總是欲速則不達。不論對你或對寶寶而言，中庸都是最佳選擇。所以不要強迫寶寶做超出體能限制的活動，最好遵循以下步驟：

身心雙方面的刺激。一般人常只注意寶寶智力上的發展，而忽略了身體的重要，因此應該試著多花些時間在體能活動方面。在目前這個階段，大概頂多只能做到將寶寶拉坐起來（如果可能，站起來），輕輕將他的手舉過頭，將膝蓋抬起有節奏地碰觸手肘，或是握住他的腰將他高高舉起，讓他在空中揮動他的手腳。在無止盡的換尿布過程中加入一些活動，像是有節奏的拉著他們的小胖腿做踩腳踏車運動。告訴他或唱給他聽你正在做的舉動，為寶寶的日常運動加入一些你專屬的搖擺節奏。

不要太限制寶寶。一個總是被放在嬰兒車或座椅上，沒有機會去接觸外在事物的寶寶，久而久之就會成為鎮日定坐不動、不健康的孩子。即使是不會爬的嬰兒，若能給予他在地上或床上、毛毯上移動的自由，對他都是有益的（不過當然是要在有人監視之下）。如此一來，三、四個月大的寶寶可以趁機伸展背部、試圖翻轉（可以幫他們慢慢的翻身）；若是寶寶俯臥著，他們會到處蠕動、手腳亂擺、翹起屁股、抬起肩膀和頭部。所有這些活動都很自然地使寶寶運動到手臂及腿部，而這些是在被限制的空間內所無法做到的。

不要搞得太正式。運動課程或教學錄影帶並非必要，而且是不利的。只要給寶寶機會，他們自然會做適量的運動；讓父母替孩子做運動的課程或

過高，更別提會太鹹了。

- 多讓寶寶活動。幫寶寶更換尿布時，抬起他右膝去碰左手肘、左膝去碰右手肘，這麼做上幾次；讓寶寶緊抓你的拇指後，以另外四指抓著寶寶的前臂幫他「仰臥起坐」；讓他站在你的雙膝上動一動，如果他喜歡跳就拉他跳一

DVD，事實上並不能加速孩子的成長、強壯他們的肌肉，也不能教孩子喜愛運動。它們的好處僅在於鼓勵你多和寶寶玩耍，並提供寶寶接觸其他孩子的機會。如果你決定帶寶寶上運動課，首先應該確定這些課程的條件：

- 老師專業嗎？
- 課程中的活動類型對寶寶來說安全嗎？是不是混齡教學？顯然參加同齡寶寶的課程應該是最好的選擇。
- 寶寶開心嗎？如果寶寶運動時沒有任何笑容，那就表示他不喜歡。特別要注意那些看來困惑、害怕或勉強的寶寶，他們可能正被迫做著讓他們不舒服的事。
- 遊樂設施是否符合年齡需求——諸如鋪了地毯的樓梯、小型的溜滑梯和搖木馬等？
- 寶寶是否有充分的機會玩自己想玩的——像單獨玩耍或跟你玩耍？課程應該有這樣的安排，而非一味地排定團體活動。
- 音樂是不是融合在活動中？嬰孩大都喜歡音樂和有節奏的活動，諸如搖擺和歌唱，而這兩者都可以與運動結合在一起。
- 教室環境（包含換尿布區）乾淨嗎？

讓寶寶設定自己的步調。強迫寶寶做他不喜歡或尚未準備好的運動，常會造成非常負面的效果。應該選擇讓寶寶做那些他能接受的運動，同時當他表示沒興趣或嫌棄時，立即停止。

維持寶寶活力充沛。營養和運動對寶寶的身體發育同等重要。一旦寶寶開始接觸固體食物（經過醫師許可），就必須提供寶寶既夠玩耍所需的能量、又足供生長發育所需的營養。

別當不運動的爸媽。身教重於言教，全家都運動則全家都健康。如果你的孩子從小看你走兩站去買菜而非開車上超市，在電視機前做有氧舞蹈而不是躺臥在沙發上邊看電視邊吃零嘴，跳進泳池游泳而非只在岸邊做日光浴，那他長大後同樣會如此健身，並如此教導下一代。

跳（參見上面）。

- 很想用開水取代乳汁來讓寶寶減胖？雖然開水可以讓大一點的寶寶減少熱量的攝取，但如果你家寶貝還沒六個月大，讓他喝開水前都要先詢問醫師的意見。

第四個月

❖瘦巴巴的寶寶

我朋友的寶寶都圓滾滾的，只有我的寶寶又瘦又長── 75 百分位的高度卻只有 25 百分位的體重。醫師說寶寶很好，但我卻忍不住為他擔心。

顯然到處都在追求細長──唯獨嬰兒房例外。大人的世界以細瘦為時尚，卻一致公認寶寶應圓胖豐潤。也許瘦寶寶不如胖寶寶可愛，但健康卻不見得比他們差。

一般而言，只要你的寶寶機警、好動、快樂，而且持續在增重，即使增重的比例較低，只要能跟得上身高的增加，就不需要擔心。有很多影響寶寶身材的因素非人力所能控制；例如遺傳基因，如果你和你先生都是瘦長型，則寶寶也可能如此；另外像好動基因──愛動的寶寶自然較不愛動的寶寶容易瘦些。

然而，有些導致寶寶過瘦的成因也必須被修正。主因之一是餵食過少。如果寶寶的體重成長曲線持續幾個月掉落，也不見回升，則醫師常會判定是吃得不夠。如果你是餵母乳的，則可以參見第 187 頁說明讓孩子多吃一些；如果是餵食奶粉，可以和醫師商量在奶瓶中加入些固體食物或增加奶粉的濃度。

千萬不要刻意餵得太少。有些父母為了擔心孩子將來過胖，限制嬰兒在熱量及脂肪上的吸收。這樣做非常危險，因為熱量及脂肪是寶寶成長發展不可或缺的，你可以從培養正確的飲食習慣做起，而非直接剝奪這些必需的養分。

同時要注意你的寶寶是不是那種懶得吃的嬰孩。三、四個月大的寶寶應至少每 4 小時餵食一次（一天至少五次），晚上可以因為熟睡而少餵一次，有些餵母乳的寶寶甚至需要更多餐。如果餵食過少次則表示吃得不夠。如果你的寶寶是那種即使不餵他也悶不吭聲的寶寶，那你要注意提醒自己多餵幾次──即使可能打擾他午睡或遊戲。

也有極少數的例子是寶寶缺乏吸收某種養分的能力、新陳代謝速度太快或是罹患傳染性或慢性疾病。當然如果是有這些疾病，就需要趕快就醫治療。

❖心雜音

醫師說我的寶寶心臟有雜音，不過沒什麼關係。我卻覺得很恐怖。

當「心臟」兩個字出現在醫師診斷單上時，總是令人戰慄。不管怎麼說，心臟是維持生命的器官，任何差錯都是令人擔憂害怕的，更何況是生命才剛開始的寶寶。不過就心雜音這樁事而言，大半是沒什麼好擔心的。

所謂心雜音，是指在檢查時，心臟因血液流經所產生的異常聲音。醫師只能靠雜音的大小（有的小聲到只能勉強聽到，有的卻大聲到幾乎蓋過心跳聲）、位置和種類（鳴笛聲或震動音、弦琴撥弄聲、鐘錶嘀答聲或是隆隆聲）來辨認。

大多數而言，這種雜音是心臟成長形狀不規則的結果。這種醫界稱之為「機能性」的聲響，都可由醫師用聽診器測出，沒有必要做進一步的測驗或治療。不過醫師會記錄下來，供以後的醫師參考。

不過也有些心雜音需要做進一步的追蹤；有些會自然痊癒，有些可能要動手術或醫治，有些甚至更糟。如果你寶寶有心雜音的問題，醫師會推薦你醫療的方法。通常在心臟發育成熟後，雜音就會消失。

最好是請教寶寶的醫師有沒有值得憂慮的問題。如果還不放心，可以聽聽小兒心臟專科的看法。

❖黑色的大便

我女兒最近的尿布上滿是黑色的大便。她是不是消化系統出了什麼問題？

比較可能是她的鐵質過剩。有些寶寶腸胃內的正常細菌會和鐵質沉積物起作用，而使大便呈現深咖啡色、綠色或黑色。就醫學上而言，這沒什麼大不了，不需要擔心，也不必因此停止鐵質的補充；研究顯示，過多的鐵質並不會造成消化不良。但如果你的寶寶並沒有吃任何含鐵質的補充品或配方，大便卻呈黑色的，那就該請教醫師。

不可不知：寶寶的玩具

走進玩具店就有如走進一個嘉年華會般，每一排每一列都是五顏六色、令人眼花撩亂的玩具，使人不知從何看起。父母在欣賞之餘，卻得身負挑選玩具之重責。

要如何挑選適當的玩具，而不是只受制於美麗包裝的吸引呢？考慮購買時請注意以下幾點：

是不是適合寶寶的年齡？選對玩具可以幫助寶寶將已經學會的技能變得更加熟練，或是幫助寶寶學會新的技能。如何知道玩具是否適合寶寶？你可以先看看包裝上的說明，上面標示的適用年齡設定基於兩個

適合抱的玩具

幾乎所有的填充玩具寶寶都喜歡，也都想抱著。以下幾點，可以讓你確保這些泰迪熊、長頸鹿、小兔子和小狗既可愛又安全：

- 這些小動物的眼睛和鼻子，不可以是用鈕釦或其他可能掉落（或容易扯下）的小東西做的，這很容易哽住寶寶的呼吸道。其他地方的鈕釦也要去除（如泰迪熊吊帶上的）。
- 不要有用鐵線綁在一起的（如汽車），即使是用布包裹著，它還是可能被寶寶咬掉或壞掉，而扎傷寶寶。
- 玩具上不可以有超過15公分長的繩線。
- 玩具要結實，縫合與連結緊密。每隔一段時間就要檢查是否有脫線（容易哽住寶寶的呼吸道）。
- 所有填充玩具應該都可清洗，而且隔一陣子就要洗一次，以免細菌孳生。
- 不要把填充玩具放在嬰兒床上，這有可能會悶死寶寶。

好理由：符合寶寶的發展需求，以及考量寶寶的安全。所以即使你可能深受可愛娃娃屋的吸引，也務必等到那些細小的家具不至於對寶寶造成威脅（他們的雙手也要足夠靈巧才能玩得盡興）的時候。太早給寶寶超過其年齡的玩具有另一個缺點，就是寶寶很快就會厭倦了。

是否具有啓發性？並不是每樣玩具都會使你的寶寶向哈佛大學更進一步，而且嬰孩時期本該享受單純玩耍的樂趣。但是如果玩具能刺激視覺（如鏡子、車子）、聽覺（音樂盒或腰上繫著鈴鐺的玩偶）、觸覺（積木或健力架）或是味覺（固齒器或任何可放置在嘴裡的），都會帶給寶寶更多樂趣。當寶寶漸大，你可能會希望選擇能幫助寶寶學習眼睛與頭腦的協調、大小肌肉運動機能的控制、因果觀念、識別辨認顏色及形體、聽覺區別、空間關係，並能刺激社交及語言能力、想像力和創造力的玩具。

是否安全？這可能是最重要的課題，因為在美國，玩具每年都造成十萬件以上的傷害。因此在選擇玩具時應該將安全視為最重要的條件。一般而言，買玩具請選擇有信譽的商店或網站，還要注意是近期由合格廠商製造的。避免選擇「古董」和陳年玩具（如在跳蚤市場或二手商店，還有在阿嬤家儲藏室裡找到的），或者請將這些玩具收好，直到寶寶大到不會將玩具隨便放進嘴裡或拉扯解體之後才給他們玩。廉價商店也會賣一些不安全的進口玩具（而且進口國通常沒有什麼管理規章）。選購玩具時請特別注意：

- 年齡標示。根據製造商建議適合年齡選擇玩具，這些建議是有安全考量而不是教育準備。如果玩具是二手的，已經沒有包裝，你還是可以上公司網站確認建議年齡。如果玩具已經太舊，最安全的方法就是：別讓寶寶玩。
- 堅固。易破或易散開的玩具最常造成傷害。
- 安全的外層。確定外表的一層漆或塗飾不含毒性。
- 安全的架構。有許多小塊組織、尖突的邊緣或易碎的部分，對寶寶都非常危險。
- 可洗滌。不能清洗的玩具常滋長細菌，糟糕的是，嬰孩最愛將玩具放入嘴裡。
- 安全尺寸。小到可以吞食的玩具（比寶寶拳頭小），或可以拆解成非常小塊的玩具都很危險。
- 安全重量。如果掉下來打到會傷害到寶寶的，就不安全。
- 沒有連接線。任何 15 公分以上的線狀附著物都應被排除，因為它們常會造成勒斃事件。用塑膠環扣將玩具懸綁在搖籃、遊戲圍欄或推車上，不但安全，而且對寶寶有吸引力。
- 安全音量。巨大的響聲，諸如玩具槍、遙控飛機或電動車發出的聲音，會傷害到寶寶的聽力。所以最好選擇聲音小而輕柔或具音樂性的玩具。

更進一步關於如何選擇適合寶寶發展階段的玩具，請參考我們的網站：WhatToExpect.com。

10 第五個月

正當你覺得事情不可能再變得更好（寶寶也不會變得更可愛、更討人喜歡）時，卻有其他驚喜等著你。在這個月中，寶寶繼續盡情的玩樂：幾乎每天都有新把戲，永不厭倦似的和他最喜愛的同伴（你！）做社交上的互動，注意力集中的時間相對更長，互動時也比兩週前活力充沛許多。隨著寶寶的成長，看著這個小生命的性格逐漸顯露，真是令人著迷。寶寶現在是做多於看：他開始觸摸這個世界，用那雙小手探索所有他能觸及的事物，以及一切他可以放進嘴裡的（和許多放不進的）東西。

哺餵你的寶寶：考慮固體食物

什麼時候就該開始用湯匙哺餵寶寶固體食物呢？你大概已經聽兩種……還是五種？……相互衝突的說法，可幾乎每一種都在告訴你：四個月大就要開始哺餵固體食物！絕對別等到六個月大！你還沒開始餵他固體食物？難怪你家寶貝到現在還不能一覺到天亮！

到底聽誰的好呢？首先，我們來看看專家是怎麼說的。寶寶六個月大才哺餵固體食物，是美國小兒科醫學會的建議（但如果你覺得應該早一點，最早也不該在四個月大前就開始）。

其次，最有資格表示意見的是你家寶貝。儘管大多數寶寶適合哺餵固體食物的階段，的確都約在四到六個月大之間，但你家寶貝自己的發育需要絕對才是考量的重點。

不管你有多想早點哺餵寶寶固體食物（吃固體食物有趣多了！可愛多了！睡得更久了！哭得更少了！），事實是，太早讓寶寶進入這個

寶寶的第五個月

睡眠。一般來說，你家寶貝一天還是差不多得睡上15小時；白天裡，他大致會睡上兩到三次、總計3~4小時，夜裡則要睡10~11小時——不過，這個階段還是會醒來一到兩次。

飲食。一般還是以液態食物為主（雖然很多家長都選擇在第五個月時開始哺餵固體食物，但醫師卻大多建議再等一個月）。

- 母乳。平均一天喝個五到六次——也有寶寶喝上更多次，總計一天大約要喝720~1080CC母乳。
- 配方奶。以奶瓶喝配方奶的寶寶，平均一天要哺餵五次，每次喝掉大約240CC，總計一天要喝720~1080CC配方奶。
- 固體食物。大多數的醫師都建議六個月大後才開始哺餵固體食物，但如果你還是想早點開始，記得寶寶只需要一湯匙的穀物粉（混入4~5湯匙的母乳或配方奶之中）或果汁、蔬菜汁等，一天裡也只需要一到兩次。無論如何，母乳或配方奶仍然應該是寶寶的主食。

遊戲。這個月的寶寶，會發現他的兩隻小手可以做很多好玩的事，除了左手和右手玩，還懂得怎麼抓取、控制物體與玩具；所以，你應該開始為他準備一些可以抓握、啃咬，以及可供雙手把玩的玩具。如果寶寶還只能趴著玩，遊戲墊就還很能派上用場，但也許得視他的喜好換上一些新的懸掛物；嬰兒椅上的活動遊戲圍欄更受寶寶歡迎，用手擠壓或敲打地面時會發出吱嘎聲的玩具尤其深得青睞，能放到嘴邊啃咬（尤其他已開始長牙的話）的玩具也是。柔軟的填充動物玩具是這個年紀寶寶的最愛，所以要記得幫他尋找可以讓他摟抱的填充玩具；隨著寶寶的愈來愈能享受趴著玩的樂趣，遊戲墊的豐富性也是你該關注的重點。

階段並非明智之舉。第一，過早哺餵固體食物，有引發過敏的風險；第二，小寶寶的消化系統——從舌頭還不大懂得推動陌生的物體進入食道，到腸子裡的消化酶還太稀少——都還沒準備好接受固體食物；第三，固體食物並非這個年紀的必需品——寶寶前六個月的所有營養成分，母乳或配方奶都能完全提供，太早讓寶寶嘗試固體食物，還可能讓他的飲食習慣有個壞的開始（要是寶寶起了反感，將來該吃固體食物時也許還會一直抗拒）；第四，要是你家寶貝喝的是配方奶，太早哺餵固體食物就很可能讓他未來成為肥胖兒童。

反過來說，如果等得太久——比如八、九個月大——才讓他接觸固體食物，也會有潛在的風險。寶寶大到懂得好逸惡勞時，就可能不願意換用更困難的咀嚼、吞嚥來攝食，只想繼續維持輕鬆愉快就能吃飽的方式：喝母乳或配方奶；另外，就和習慣一樣，太大的寶寶也較難改變飲食的口味，習慣了奶水味道的大寶寶，比小寶寶更難接受固體食物的味道。

到底你該在寶寶四個月大、六個月大，又或者五個月大開始哺餵固體食物呢？請先根據以下的原則來判斷，再請教醫師的意見：

- 寶寶可以維持頭部固定。即使是絞碎的嬰兒食品，都該等到寶寶坐著頭部可保持固定時才開始餵食；大片一些的食物則要等到寶寶能獨自坐好時，才開始餵食，這大約要等到七個月大。
- 寶寶舌尖反射作用停止時。新生兒的生理機能上為保護其被異物窒息的危險，舌尖會產生反射動作將物體推出口外。試試看將一點點米精和著牛奶，用小湯匙或手指送進寶寶口中，如果試了幾次食物都被舌頭推出來，也許就表示舌尖反射作用仍然存在，寶寶還不適於餵食固體食物。
- 寶寶開始對餐桌上的食物有興趣。當寶寶開始會奪下你手中的叉子或搶走你盤中的麵包，或是聚精會神的注視著你吃每一口時，很顯然的他就在告訴你他正熱切地期盼新的食物。
- 當寶寶的舌頭會做上下或前後的動作時，表示其發展已然成熟。觀察即可發現。
- 當寶寶會將下唇往內縮，以含住湯匙上的食物時。

要開始添加固體食物的進一步資訊，請參見第 365 頁。

第五個月

你會擔心的各種狀況

❖長牙

我如何看出寶寶是否在長牙？他最近常常咬他的手，不過我看不出他的牙床上有任何變化。

沒有人能判定長牙是否長久或痛苦，有些寶寶可能一夜就結束了，有些卻好像永無止境的惡夢。有時候你似乎可以瞧見寶寶的牙床上露出了些牙尖，數週後仍毫無進展，有時卻全無徵兆的整顆冒出。

一般而言，寶寶約七個月大左右開始長出第一顆牙，不過牙尖卻可能在三個月大時就已稍稍瞧見；有的卻要拖到十二個月大才見長牙。長牙的速度深受遺傳影響，所以如果夫婦兩人小時候長牙很早，則寶寶也大概如此。長牙的徵兆大約會比你真正能看到牙齒冒出早兩三個月出現，這些徵兆因人而異，不過大致不出以下幾種：

流口水。寶寶約從十週到三、四個月大左右開始流口水，長牙尤其會刺激口水的分泌。

下巴或面部起疹。寶寶的下巴及臉

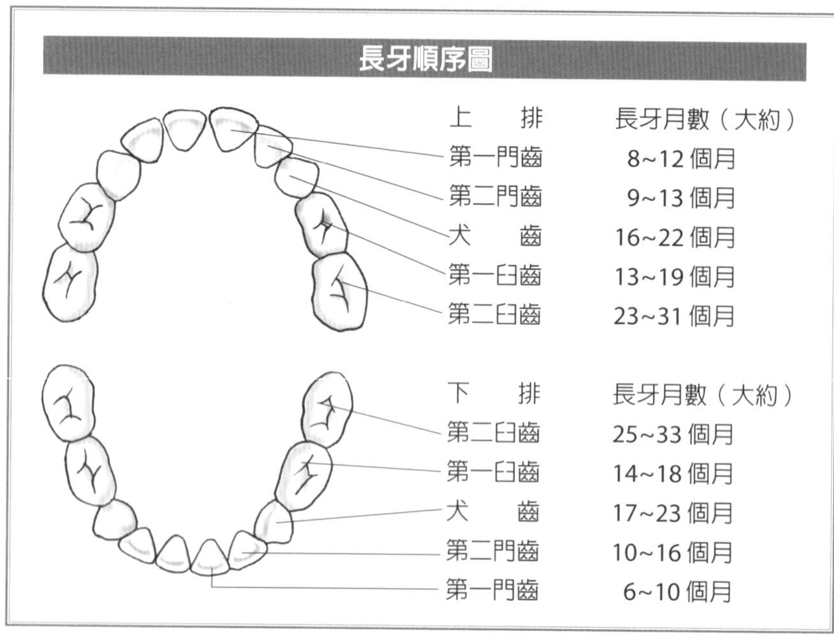

部皮膚可能因和唾液長期接觸而過敏發疹。要避免這種現象，應常擦拭寶寶流出的口水，另外當他睡著時可以在搖籃底部多鋪一條毛巾，用來吸收他流下的口水。當皮膚呈現乾燥時，不妨擦上溫和的乳液滋潤（請醫師推薦適合的乳液）。

輕微的咳嗽。過多的唾液會使寶寶出現反胃或咳嗽的現象。只要不是感冒或過敏，那就無所謂。寶寶也會藉咳嗽來吸引注意力，有些寶寶則可能覺得咳嗽蠻好玩的。

啃咬。啃咬並非不友善的舉動，可是長牙的寶寶卻可能見人（或物）就咬——從他自己的手到媽媽的乳頭，甚至陌生人的手指頭——無非是想藉啃咬的施力以減輕牙床下長牙的壓力。

疼痛。發炎是柔軟的牙床組織對付迫近的牙齒唯一的辦法，對某些寶寶它會造成劇痛，有些寶寶則絲毫沒有感覺。尤其是長第一顆牙及臼齒時最不舒服（不過臼齒大約是在一歲以後才會長）。

易怒。當齒尖愈來愈逼近牙床頂端，發炎的情形愈嚴重，不斷的疼痛使寶寶變得易怒。同樣的，寶寶所須忍受的時間長短也各不相同，有的會持續個幾週，有些則只有幾天甚至幾小時。

拒絕進食。長牙的寶寶在餵奶時常變得浮躁不定。他可能因為很想塞個東西進嘴巴而顯得急欲吸奶，但一旦開始吸奶又會因吸吮的動作而使牙床疼痛，於是又顯得對吸奶毫無興趣；如此反覆對寶寶和媽媽都是一大折磨。已經開始吃固體食物的寶寶也會拒絕進食固體食物，那就得靠餵母乳或配方奶粉來補充營養。這毋需過度擔心，一旦牙長出來了，寶寶的胃口就會重新恢復。如果寶寶拒絕進食的情況嚴重，就要帶去看醫師了。

腹瀉。這是個見仁見智的說法。有些醫師認可腹瀉與長牙有關聯——可能是吞下太多的口水造成大便鬆軟；有的醫師則否決此說——同時也擔憂父母會因此而將腹瀉歸因於長牙，而忽略了其重要性。無論有無關聯，父母都不應輕忽寶寶腹瀉的現象。

輕度發燒。發燒和腹瀉一樣，醫師也是各持不同意見。畢竟寶寶長第一顆牙的時間正好是失去來自母體免疫力的時間，因此也容易發燒或感染。不過，牙床發炎的確會引起輕度的發燒（低於 38.3℃）。為了安全起見，如果發燒持續三天以上，還是該去看醫生。

不眠。寶寶不只是在白天長牙，晚上也一樣在長。寶寶常會因為牙不舒服而整夜不眠。如果寶寶突然驚醒，不要急著哄他或餵食，看看他自己能否安定下來。這種情形多半發生在長第一顆牙及臼齒時。

牙床出血。有時候，長牙會造成牙床內出血，形成一個瘀青色的肉瘤。這沒什麼好擔心的，多數醫師建議讓它們自然分解消散。冷敷可以降低疼痛，並加速內出血的消失復原。

拉耳朵、摩擦臉頰。牙床的疼痛可能沿著神經傳到耳朵及顎部，尤其是長臼齒時，所以寶寶會出現抓耳朵或摸臉頰的舉動。不過要注意的是當小孩耳朵受到感染時，也會有用力拉耳朵的現象。所以如果你擔心寶寶傳染到耳疾，不論是長牙與否，都最好請教醫師。

我家寶寶好像因為長牙而痛苦不堪，有什麼減輕疼痛的方法嗎？

有許多老一輩傳下來的，對付寶寶長牙痛苦的祕方：

- 給他一些東西咬嚼。咬嚼可以減低牙床的疼痛——尤其是咬嚼冰冷的東西。冷凍的香蕉、包住冰塊的小毛巾、冰涼的胡蘿蔔（只可用在寶寶牙未長出前）、凹凸不平的固齒器或橡皮玩具，都可以讓寶寶咬個夠。有些健康食品店有販賣專為寶寶長牙咬嚼用的餅乾，也是不錯的選擇，但因其富含糖分，若常食用可能會造成蛀牙。不管你讓他咬什麼，都必須是在寶寶坐立的情況下，並有大人在旁監視。
- 按摩。很多寶寶會很高興大人用手指幫他們按摩牙床。剛開始因為摩擦疼痛可能會稍加排斥，不過一旦他們發現這樣做比較不痛後，就會安靜下來了。
- 冷飲冷食。冷卻寶寶的牙床可以舒緩發炎跟腫脹的情況。把固齒器放到冰箱，或是利用冰毛巾（將這些東西放到冰箱前應該分開用蠟紙包裝）。如果寶寶已經開始吃固體食物，就餵些冰冷的食物（如冰過的香蕉、蘋果泥、水蜜桃泥或酪梨等）。如果寶寶已經超過六個月大，你也可以用奶瓶或水杯讓他喝一些冰水。如果寶寶只喝母奶或配方奶，這些都可以冰過再給寶寶喝，能幫助舒

緩他的牙床。

- 減輕疼痛的藥物。當一切方法都無效時，可以請醫師開止痛劑，並按指示劑量服用。在還沒得到醫師的許可之前，千萬不要服用任何的藥劑或幫寶寶在牙床上塗藥，這也包括任何含酒精的飲料。酒精是寶寶的毒藥，任何一口都可能讓他上癮。

❖慢性咳嗽

過去三個星期以來，我的寶寶都有些輕微咳嗽。他看起來並沒有生病，倒似乎有些刻意要咳嗽，這可能嗎？

從五個月大起，寶寶就開始可以體會世界是個舞臺，沒有什麼比擁有觀眾的感覺更好。所以當寶寶發現輕微的咳嗽——不管是怎麼開始的——會引來很多注意時，他就可能食髓知味。只要他看來健康而且咳嗽的情況也在掌握之中，就不必太過擔心。而且過一陣子後，寶寶可能就會厭倦這麼做了。

❖抓耳朵

我女兒常常在抓耳朵。她看起來並不感覺到有什麼疼痛，但是我擔心她是不是耳朵有受到什麼感染。

對寶寶而言，有太多的領域可以去征服——包括他們自己的身體、手、手指、腳、腳趾、性器官、眼睛和其他附加物，都是探險的對象。除非你的寶寶抓耳朵時也同時會哭泣、痛苦、發燒或有生病的徵狀（參見第 619 頁），否則可能只是寶寶好奇的探險罷了。有些寶寶長牙時也會抓耳朵。耳朵外表發紅並非受到感染的徵兆，可能只是不斷把玩的結果。

類似像抓耳朵之類的特殊舉動是很常見的，同時也為時短暫，寶寶可能很快就厭倦了，或換另一種新的動作。如果你懷疑是受到感染或不知為何持續不斷，一定要和醫師聯絡。

❖午睡

我的寶寶現在白天醒著的時間很長，太長了。我不知道，寶寶到底需要多少睡眠、每一次又該睡多久才對？

這是一段必經的路程。寶寶剛出生的幾星期似乎無止境的沉睡著，而父母卻熱切地期盼寶寶能醒來片刻；等寶寶醒著的時間愈來愈多，

給爸媽：莫忘伴侶？

很愛懷抱寶寶的時光——卻也不免懷念擁抱和你體型相當的另一伴的感覺嗎？理當如此。一旦手上老是有個小傢伙、從清晨到夜晚都得餵飽他，能多睡個幾分鐘就感謝上蒼了，哪還有搞兩人世界的浪漫心思呢？但不只你家寶貝很需要關愛，你的夫妻情感也是；從兩人行變成三人行後，你究竟還能做些什麼，才能維繫夫妻倆的親密關係呢？現在的你，必須關注的不該是浪漫時光的長短，而是浪漫時光的品質。

每天都要單獨相處幾分鐘。坦白招認吧，你早就把和另一半獨處的念頭拋諸腦後了；今天起，就從晨起時的互擁開始爭取獨處時光——就算離寶寶醒來只有短短一兩分鐘。同樣的，送寶寶上床後再來一場小小的約會，管他是一起吃些點心或只能在沙發上相互依偎個幾分鐘。就寢前，別忘了來個晚安之吻——誰說只有寶寶才能帶著愛意入睡？

多多碰觸另一半。再也沒有比相互碰觸更方便傳達心意的方法了，所以，只要一有機會就別忘了觸摸一下你的伴——再輕再快都很受用。老公幫寶寶換尿布時，拍一下他的屁股；老婆換衣服時，趁機對她上下其手；不為什麼，你就是要找機會給你的伴侶一個香吻、一次緊擁——或者只是把手擺在他的膝蓋上。記得，你的目標不是性愛——那往往只會製造殘念——而是親密的感受。

重建兩人時光。孩子都五個月大了，你們也該重拾往日的約會時光；在日曆上——管它是每週的星期幾或只能選每個月的哪一天——選個特定的日子，努力讓那一天成為你們約會的時光。找不到合適的保母？那就尋找一對和你們有同樣需求的父母相互幫忙，或者對外徵募志願幫忙的親友；就算一切的努力都徒勞無功，也還是可以在家約會：預錄或下載一部浪漫的電影，搭配外送的美食，然後盡情在沙發裡摟摟抱抱。

時時記得另一半。毫無疑問，如今的你必須把寶寶的需求擺在第一位——但這並不必然意味你的另一半無關緊要；所以，一有機會就該表達你對他的最大關愛——即使才剛抱住大寶貝就得回應小寶貝的需求。更別忘了，三人行也可以和兩人行一樣親密——三個人摟抱在一起看看，你就會明白這句話的含意。

父母又開始希望他多睡一些。

一般而言，五個月大的寶寶白天大概會有三、四次長達 1 小時的睡眠，也有的會睡五、六回，每回只有大約 20 分鐘，也有的一次睡 2 小時，一天只睡兩回。睡眠的次數和長短不打緊，重要的是一天闔眼的時間應該加總在 14.5~15 小時左右（五個月大時）；當然了，寶寶一次睡的時間愈長愈有利於大人，你可以趁機多做些事。還有別的應該讓寶寶小睡得久一點的理由嗎？白天時睡時醒，晚上就愈可能延續這種睡眠模式，一晚醒來好多次；所以，白天裡盡量延長他的小睡時間，就愈有機會培養良好的夜眠習慣。

你可以試試以下的方法讓寶寶睡久一些：

找個舒適的睡眠處。讓寶寶睡在你肩上，不但你的肩膀會僵硬，寶寶也睡得不久。比較好的選擇是睡在搖籃、推車、小床或沙發上（最好在邊緣放置幾個枕頭，以防寶寶滑落）。

選個適當的睡眠時間。再說一次，最適合寶寶小睡的時刻不是他累垮時，而是他有睡意時；所以，你得隨時注意他打盹的線索，看出他是不是想小睡一番了。

提防干擾。隨時都做好讓寶寶安睡的準備，就能預防打擾寶寶睡眠的殺手：空腹（會讓他太早醒來……而且是暴躁地醒來），已經很溼的尿布（一察覺他有睡意就先幫他換尿布），室溫過熱或太冷（或者寶寶穿得太多或太少，不利睡眠）。

循序漸進。手上的玩具剛被拿走或剛從嬰兒床被抱起來時，寶寶都很難快速進入夢鄉；所以，打算讓寶寶午睡之前都要給他點緩衝時間，逐漸引導他順利入睡。除此之外，也要採用一些可以加深睡意的方法，比如轉暗燈光、播放輕柔音樂或略施按摩等；寶寶愈是活力旺盛、愈是清醒，你就愈需要慢慢來。

盡量拖長睡眠時間。如果寶寶才睡了 20 分鐘就醒來（或啼哭），先試著用溫柔的動作和語言讓他再度入睡——不要馬上就抱起他。如果輕柔的音樂（或白噪音）最能讓他產生睡意，便一邊播放音樂一邊哄他，只要能讓他察覺那還不是醒來的時刻，就很可能又甜甜睡去。

延長清醒的時間。寶寶四、五個月大時，清醒時間差不多就能延長到每次 2~3 小時了；清醒的時間愈長，後來小睡的時間應該也就會愈久。這方面，不妨試試第 267 頁和第 393 頁所提供的、可以延長寶寶清醒時間的方法。

大部分的寶寶都會睡到他們所需的睡眠時數，只有少部分不能，也許你的寶寶就是其中之一，他很可能因為睡眠不夠而顯得易怒。如果這樣，你就得想辦法讓他多睡一些。不過如果他睡得很少卻仍然一副快樂健康狀，那麼你就該試著相信，你的寶寶是屬於那些天生不需要太多睡眠的人。

❖溼疹

我才剛從餵母乳換成餵奶瓶，寶寶臉上就開始冒出紅疹。一定很癢，因為他會不斷的抓。

為什麼本來光滑、柔軟……的皮膚，會突然變得乾燥又紅疹處處？因為嬰兒的皮膚遭到溼疹的侵襲了。這種紅色鱗片般的疹子，大都在兩到四個月大時成塊地出現在很容易發現的地方，比如圓滾滾的臉頰、耳後和頭皮，然後一般都會往下蔓延到手肘內側、膝蓋背面，有時就連包尿布的地方都會出現；先是發紅，接著冒出裡頭充滿液體的小疹子，再慢慢結痂。溼疹不但不好看，還會讓寶寶發癢，但好消息是並不危險也沒有傳染性，而且通常會自己消失。

「溼疹」（eczema），其實是「異位性皮膚炎」（atopic dermatitis，一種通常由於家族遺傳有過敏、氣喘和溼疹而引發的疾病）和「接觸性皮膚炎」（contact dermatitis，由於皮膚接觸刺激物質引起的病症）的合稱。若是接觸性皮膚炎，只要不再接觸刺激物，疹子就會消失（有時得用類固醇乳液或軟膏治療），如果是很頑固的異位性皮膚炎，就得用對治的類固醇乳液、軟膏，也可能要用抗組織胺藥來解癢。

在家裡處理寶寶的溼疹時，要特別注意：

- 修剪指甲。為減少寶寶搔癢可能造成的傷害，應把寶寶的指甲修剪得愈短愈好，或是給他戴上手套或用襪子套住手，尤其是當寶寶睡覺時；即使如此，他可能還是會用臉摩擦被單以止癢。
- 一有口水就要趕快輕輕擦乾，因為水分會加速溼疹的擴散。
- 減少或縮短洗澡時間。因為水和肥皂會使皮膚更乾燥，所以給寶寶洗澡不要超過 10~15 分鐘，每週僅洗三次即可。發疹的區域不可以使用肥皂，其餘髒的地方像手、膝和包尿布的區域，可以用非常溫和的肥皂（如嬰兒沐浴精）。用同樣的肥皂洗頭，不要用洗髮精。

- 不要讓寶寶接近氯化的游泳池水和海水，清水則無妨。
- 大量的潤滑。在洗澡後皮膚仍潮溼時，趕快塗抹大量的護膚乳液（醫師許可的產品）在患部。勿使用蔬菜油或石油製品（例如凡士林）。
- 控制環境。過熱、過冷或乾燥都會使溼疹惡化，所以天氣不好時不要帶寶寶外出。家中溫度要適中，甚至使用增溼器以維持空氣的溼度。
- 限用棉質品。出汗會使溼疹更加惡化，所以應該避免使用人造纖維、羊毛製品，同時不要穿得太多。避免容易發癢的布料和粗糙的裁縫，這些都可能加重病況。柔軟的棉製品和輕鬆的剪裁對寶寶是最舒適不過的。
- 將清潔劑更換為無香料或適合敏感皮膚使用的。
- 當寶寶在地毯上玩耍時，加塊棉墊在下面以避免過敏。
- 控制飲食。在醫師的監視下，避免一切可能使病情惡化的食物。
- 醫療。嬰兒時期發生而後消失的溼疹，通常不會有任何後遺症。但如果溼疹持續到幼兒期，則患部皮膚可能會變硬、褪色和皸裂。所以醫療診治是必要的——包括在患部塗抹類固醇藥膏、抗組織胺劑來止癢，如果有二度感染的現象，還要使用抗生素。

❖食物過敏

我和我先生都有過敏症。我擔心我們的兒子也如此。

非常不幸地，並不是好的基因才會遺傳——諸如亮麗的秀髮、修長的雙腿、音樂天賦或機械天才；不好的基因也一樣會遺傳。雙親皆過敏的小孩，的確會比父母不過敏的小孩容易過敏，但這也並非百分之百。你必須請教寶寶的醫師，看是否有必要看過敏科。

寶寶開始對某一種物體過敏，是當他的免疫系統對此物體敏感並產生抗體時。敏感可能發生在第一次接觸，也可能在第一百次接觸；一旦敏感產生，只要一碰到這物體，抗體就開始反應，因而產生生理上的反應，包括流鼻水、流眼淚、頭痛、氣喘、溼疹、蕁麻疹、腹痛不適、腹瀉、嘔吐，甚至過敏性休克。有些過敏症則會引起行為上的症狀，像是變得易怒難纏。

最常引起過敏的食物諸如牛奶、蛋、花生、小麥、玉米、魚、海鮮、莓、堅果、豆類、巧克力和某些香料。有時候微量的食物也可能引起劇烈的反應。小孩很可能隨著年齡增長而不再對食物過敏，卻轉換成對環境中其他物質的過敏——諸如灰塵、花粉或動物毛屑。

然而，並非所有對食物或某一物體產生的負面反應皆是過敏症。事實上經過研究，這些原先被認為是「過敏」的案例中，大約只有一半是真的過敏症。很多看似「過敏」的症狀其實是缺乏酵素的現象。舉例來說，很多缺乏的孩子無法消化分解乳糖，因此對乳製品就會產生負面的反應；而患有腹腔疾病的寶寶無法消化分解穀類食品中的麩質，所以產生類似過敏的反應。許多嬰兒常見因消化系統發育尚未成熟而產生的腸絞痛等毛病，也常被誤診為過敏。如果你覺得寶寶有食物過敏的症狀，就要趕緊去看醫師或小兒過敏症專家；經由診測，醫師可以查出究竟寶寶是真的過敏，還是有其他的問題（比如乳糖不耐症等）。

要是你家寶貝真有食物過敏的傾向，你能做的就很有限了；不過，研究卻也顯示，哺餵母乳最少六個月、甚至一年或一年以上，可以幫寶寶遏阻食物過敏症的侵襲。對於高風險的配方奶寶寶而言，水解酪蛋白配方（hydrolysate formula）也許會比一般配方奶（包括豆類配方奶）更適合食用。以前有人認為，從開始讓寶寶吃固體食物起就避開乳製品、雞蛋、海鮮與堅果類，可以防止過敏症的侵擾；但現今小兒科醫學會已不再這麼建議，因為許多研究發現，不吃某些特定食物不見得就能避開食物過敏。然而很多兒科醫師卻也說，如果你能等到寶寶六個月大（而不是四個月大）以後再讓他吃固體食物，就可以降低罹患食物過敏症的機率。不知道聽誰的好？那就聽聽寶寶醫師的看法吧。

如果你家寶貝確實有食物過敏症，就要讓寶寶遠離危險的食物（有時只不過碰到或吸入氣味都會導致過敏），還得讓自己成為閱讀產品標籤和篩檢幼兒園食物的專家，更得及早擬定對付過敏的計畫，以防寶寶不小心接觸了過敏原時不知所措。記得要讓每一位可能照護寶寶的人都知曉這個防患計畫，包括經常照料寶寶的人、偶爾幫你帶帶小孩的保母或親友等，都應該知道寶寶過敏時該怎麼緊急處理。

還好，食物過敏的問題通常會在寶寶的童年初期就自動消失；專家的說法是，五歲左右，80~90% 的孩子就不會再對雞蛋、小麥和大豆過敏。

❖嬰兒搖椅

我的寶寶很喜歡她的嬰兒搖椅，她可以玩上好幾個小時，我應該讓她玩多久？

你可能和寶寶一樣喜歡讓她待在嬰兒搖椅裡，畢竟，你在忙你的時，她也可以忙她的，可當做你無法抱她時的替代品，而且是無計可施時安撫她的最有效方法。

然而它也有缺點，過度使用嬰兒搖椅會影響到寶寶學習爬行、拉著東西站起來和學步等運動技能，也會減少你和寶寶身體（讓你抱著）與情感（和你一起玩）上接觸的機會。

你可以繼續讓她坐搖椅，但要有限度。首先，一天限兩次，一次限 30 分鐘。其次，把嬰兒搖椅放置於你在的房間裡，在她坐搖椅時不斷的與她互動：在你準備晚餐時用抹布和她玩躲貓貓，在你講電話時突然跑過去抱抱她。如果她常常在坐搖椅時睡著（誰能怪她？），要在她睡著前將她抱上嬰兒床，如此既可以避免她的頭往下掉，又能讓她學習不用搖晃就能入睡。

最後，在她坐搖椅時要謹記以下的安全提示：

- 一定要綁好寶寶以避免滑落。
- 絕對不能在沒有人陪伴的情況下讓寶寶坐搖椅。
- 與寶寶扯得到的東西——如窗簾、立燈、線繩——至少要有一臂的距離，遠離寶寶搆得到的危險物品——如排氣孔、烤爐或烤箱或尖銳的廚房器具。搖椅同時應遠離牆壁、櫥櫃等寶寶的腳蹬得到的物件。
- 一旦寶寶的體重達到使用說明書上的極限值——通常是 7~9 公斤——時，就該收起搖椅了。

❖吊帶鞦韆

我們收到別人送給寶寶的禮物，是個可以掛在門廊上的吊帶鞦韆（jumpers）。寶寶似乎很喜歡，不過我們卻滿擔心它的安全性。

大多數的寶寶遠在他們能自由行動前，就已熱切期盼著激烈的運動，這就是為什麼他們會喜歡吊帶鞦

第五個月

韆的原因。不過這樣的玩具有它潛在的問題。小兒整形外科專家警告，使用這樣的玩具可能造成某些骨頭及關節的傷害；而且當寶寶發現他的自在活躍只能局限於吊帶鞦韆中，他的興奮就會轉變成為沮喪。

如果你家有類似的玩具，一定要請教醫師有關安全的顧慮。如果寶寶看起來並不喜歡玩，就要馬上移走它。即使寶寶玩得非常開心，也千萬不能放他單獨盪鞦韆而無人看顧。

❖難帶的寶寶

我家寶貝很可愛，但也很愛哭，好像任何東西都可能讓她生氣——噪音，亮光，身上沾到一點點水。是我們的照料出了問題嗎？我們已經快被她搞瘋了。

懷孕時，你的白日夢都是彩色的：你會生下一個咿咿呀呀、笑口常開、睡得像天使，只有肚子餓了才會哭，而且會長成個性溫柔、聽話合群的好寶寶；難帶的寶寶？那種怎樣也安撫不了、又哭又踢又叫的寶寶嗎？那種白日夢當然是黑白的，卻只屬於其他的父母——因為他們做錯了某些事，所以才必須付出代價。

然而，就像許多和你一般愛作白日夢的爸媽，老天爺卻開了你們一個大玩笑；你這才發現，那個難帶的寶寶就在你們家——整天哭鬧個不停，怎麼哄都不睡，不管你們怎麼千方百計用盡力氣，她就是不領情……而且直到她不該還有腸絞痛或其他嬰兒問題之後，還是難帶得要命。

真相很讓人安心：除了從爸媽那裡遺傳來的基因，也許寶寶什麼問題也沒有，只是眼前挑戰權威的天性顯然大過了教養；而且（也更讓人安心的），在有個難帶的寶寶這件事上你也一點不孤單——世上四分之一以上的父母都有這種遭遇。

除了不必覺得太挫折，你還可以：稍微改變一下環境來配合寶寶的挑戰天性。首先，你得先弄清楚寶寶究竟是為了什麼而哭鬧；以下所列，就是難帶寶寶最常見的幾種型態（記得，你家寶貝可能不只同時擁有兩三種），以及你該如何對應的訣竅：

敏感的嬰兒。尿布溼了、衣服太緊、領子太高、光線太亮、毛衣有點刺人、嬰兒床太冷——其中的任何一樣，都可能讓低感官門檻（low-sensory-threshold）的寶寶大發脾氣；感官門檻特低的嬰兒，五感（聽覺、視覺、味覺、觸覺和嗅覺）都很容易超載，其他的就只有其中一到兩樣。所以，安撫這類寶寶的方法就是降低五感的刺激程度，讓他不會覺得太受刺激，比如：

- 聲響敏感。盡量降低家中的各種聲響（別忘了，你自己可能也是尖銳聲響的受害者），調低電視的聲音、電話的響鈴聲，總之就是盡可能去除高亢的聲音；如果可以的話，再加鋪一兩張地毯、換裝厚一點的窗簾來幫你消音；對寶寶說話或唱歌時，都要放輕放柔，仔細觀察究竟哪些聲響最可能刺激寶寶的音感，哪些聲響又最能讓他感到安定。如果最後發現聲響的刺激來自屋外，不妨播放白噪音或打開空調以屏蔽那些音害。
- 光線或視覺敏感。讓寶寶睡在日光直射處之外或加裝窗簾，好讓他避開光線的刺激；在嬰兒車上加掛垂簾遮擋陽光，停駐時別讓他面向陽光；盡量不要在同一時間裡讓他接受太多視覺刺激——比如一次只給他一個玩具，而且是不太複雜的玩具。如果寶寶討厭視覺刺激，就要為他準備柔軟、顏色不會太過鮮豔的，而不是設計得太刺眼或太複雜的玩具。
- 味覺敏感。如果你家寶貝喝的是母乳，你這一天又剛好吃了大蒜或洋蔥而讓母乳有種他不喜歡的味道，對味覺敏感的他當然就不開心了；要是他都喝配方奶，那麼就換個口味不一樣的配方奶讓他嚐嚐看（當然要先問過醫師）。如果你已經開始哺餵他固體食物，就讓他的味覺來決定吃什麼——大致說來，味覺敏感的寶寶都討厭重口味（但也不能一概而論）。
- 觸覺敏感。帶有類似豌豆公主併發症的寶寶，只要尿布一溼就可能翻臉、換了件不夠柔軟的衣服便會抓狂、一把他放進有點冰涼的浴盆或床墊上就尖叫，穿鞋時襪子更不能不夠平整；所以呢，你必須讓觸覺敏感的寶寶穿得夠舒適（接口和鈕扣都很平滑，袖口、領口都不會刺人，而且大小、形狀與位置都很恰當的棉織衣褲），放他進浴盆前要確認水溫適宜，房間裡的溫度也要時時注意，更要記得多換幾次尿布（或者改用質地更柔軟、吸水性更強的品牌）。

雖然比例很小，但有些寶寶確實會討厭包巾或防踢睡袍、不喜歡父母的袋鼠式懷抱、拒絕讓人摟抱——尤其是肌膚相親。如果你家寶貝正是如此，就要用更多的話語和視線來取代摟抱；必須抱著他時，慢慢體會他比較不會抗拒哪種懷抱（比如說抱得緊一些或鬆一些），仔細觀察他喜歡和討厭的摟抱方式。最重要的，是別把他的抗拒當成對你個人的排斥——記得，那是他的天性在作怪，不是你的養育有問題。

- 嗅覺敏感。不尋常的氣味大多不會對嬰兒造成什麼困擾，但在滿週歲之前，有些寶寶確實會對某些氣味特別反感。不管是煎蛋產生的香氣、尿布疹軟膏的氣味，還是衣物柔順劑的香味，都可能讓嗅覺敏感的寶寶不開心或睡不著；如果你家寶貝確實有嗅覺太過敏感的問題，就別讓他暴露在太濃烈的氣味之中，也要盡量改採不含香味的嬰兒用品。
- 刺激敏感。不論形式，只要是太強烈的刺激都會讓這種寶寶感到不舒服，所以在照護他們時動作都要盡量輕柔緩慢，避免高聲的叫喚、急促的行動，也不要一次給他太多玩具（尤其是會帶給他大量刺激的玩具）；別讓太多人同時圍在寶寶身邊，也別在同一天裡讓他經歷太多活動。經由仔細觀察寶寶的反應，你就可以適度減輕過多刺激帶給他的壓力；要讓這種寶寶安然入睡，臨睡前就別讓他玩得太兇，先給他來個舒服的溫水澡，再唸一篇故事或唱首搖籃曲給他聽。除此之外，輕柔的音樂也很有幫助。

活力旺盛的寶寶。寶寶才剛來到人間沒多久，就會讓你知道他是不是個活力旺盛的小傢伙——睡覺時踢被子，換尿布或穿衣服都像一場摔跤大賽，睡覺前和睡醒後總是從頭上腳下變成頭下腳上。活力旺盛的寶寶帶起來非常累人（他們大多睡得較少、吃得多，直到能自主活動前都很容易發脾氣，也比較常因為性喜冒險而受傷）；但是，他們也很可能是個快樂寶寶（通常都很機靈，好奇心強，也更快達到成長的各個里程碑）。如果你不希望限制他的熱情和冒險天性，就一定要提供既能滿足他活動欲望又不會讓他受傷的環境，更得學習讓他冷靜下來喝奶和睡覺的方法：

- 不論何時，都別讓活力旺盛的寶寶自己待在床舖、尿布檯或其他離地較高的地方，一秒鐘都不行——你家寶貝學會翻身的時間，

說不定會快得讓你大出意外。換尿布時你當然不會遠離，但即使只是轉身過去拿個東西，也都要非常確定小傢伙不會自己翻落尿布檯。

- 寶寶一學會坐著幾秒鐘，就要立刻降低床墊的高度——他的下一步，或許就是翻越欄杆。
- 別讓好動寶寶自己待在地板以外的任何地方——他也許會翻倒椅子。更別說，寶寶永遠都有被卡在什麼地方的危險。
- 摸索讓好動寶寶放慢下來的方法——也許是按摩、輕音樂，也可能是溫水浴，讓他在喝奶前或臨睡前做做這類的事。

非典型寶寶。差不多從六週到十二週大左右，正當大多數寶寶都已出現規律化、更容易預期的作息時，非典型寶寶卻反而變得更難捉摸，不但有他自己的特殊習慣，也對你為他設定的作息全無配合意願。

你家寶貝正是如此？那麼，與其徒勞無功地對抗他難以捉摸的天性，還不如退而求其次，尋找妥協之道：為你和寶寶找出少數雙方都能接受的秩序，盡量在不違反他天性（雖然也許很難界定）的範圍裡打造生活規律。每天都作筆記，條列近似的時間範圍裡你家寶貝曾經一再出現的舉動——比如早上十一點時都會肚子餓、每天晚上七點過後都比較容易發脾氣等。

大略知道了可預期的部分後，就先別管難以預期的部分；也就是說，你得盡可能每天都在同樣的時間裡做同樣的事，而且還要在同樣的地方。你要在同一張椅子上讓他喝奶，定時幫他洗澡，永遠用同樣的舉動安撫他（搖晃或唱歌或別的什麼方式，總之是目前為止最有用的方式）；你也得天天都在同樣的那幾個時段哺餵他，就算他看起來並不餓也一樣，如果他在非哺餵時段肚子餓了就努力撐過去，萬一不行也只給他吃些小點心。你不但要用引導、而不是強迫的方法打造規律的生活，也千萬別以為自此萬事太平——這只能減少一點點混亂。

非典型寶寶最大的挑戰，應該就是夜裡的入睡了；因為對他來說，夜晚和白天並沒有什麼不一樣。你當然可以嘗試本書提供的方法來改變他晝夜不分的問題（參見第 210 頁），但很可能這些方法都改變不了非典型寶寶，最少在一開始嘗試時，他還是整夜都不睡；所以，剛開始努力扭轉這種習性時，你的另一半一定要能幫你分攤一些辛苦。

i寶寶

智慧型手機已經成了寶寶的首選玩具嗎？他會對著 YouTube 咿咿呀呀——或者有很多話要跟電視說？手指劃過 iPad 上的圖標而引發反應時，寶寶是不是都會咯咯傻笑？在一個充滿手持裝置的世界裡，你很難不讓寶寶的手指碰觸到這些無線裝置；然而，早早就接觸電子媒體對你家寶貝到底是好事還是壞事呢？請參閱第 560 頁的說明。

適應力差或怕生的寶寶（也包括「慢熱型」的寶寶）。這一類的寶寶，基本上都會拒斥不熟悉的事——陌生的事物、人和食物，有些甚至難以接受任何改變，即便這個變化只是從屋裡到車內。如果你家寶貝正是這種孩子，最好就別隨意改變日常作息，包括餵食、洗浴和白天裡的小睡，都要盡量在同一時段、相同的地方進行，讓寶寶必須重新適應的事物都減到最少。不管是接觸新玩具還是新親友，都得一次一個慢慢來；比如說，要在他嬰兒床上掛上新的懸吊物時，一開始就只能先掛個一兩分鐘，隔天再重來一次，但多掛個幾分鐘，這麼天天多吊個幾分鐘，直到他可以完全接受並喜歡那個懸掛物，轉換工作才算完成。推介其他玩具時，做法也大抵如此。如果對象是陌生人，就要先讓這個人先待在寶寶附近一段時間，但要保持距離，幾次以後再慢慢接近寶寶，而且在碰觸寶寶前得先和寶寶以語言或眼神交流。大一點後，如果你打算開始哺餵固體食物，只要是他沒吃過的，都要記得能有多慢就多慢；從一次只餵一小口開始，持續一到兩週後才能增加分量，而且在他還沒有完全接受前一種食物前，就不要加上另一種。逛賣場時，別因為一時心動就購買新東西——形狀、顏色大不相同的奶瓶，嬰兒車上的新配件，新樣式的安撫奶嘴等。

號哭寶寶。也許他剛出生你就發現了——你家寶貝的哭聲壓倒了醫院裡所有的寶寶。只要他放聲大哭，就連訓練有素的護士都招架不住，而且回家以後也毫無降低聲量的跡象……更別說就此停歇了。當然，你不可能像轉動開關一樣調低或關掉他的哭聲；不過，改變他所處的環境確實可以減少對家人、鄰居的侵害。透過具體可行的措施，比如牆壁加貼消音板、鋪地毯、加掛厚窗簾等，都能有效降低寶寶震耳欲聾的哭聲；你也可以戴上耳塞、播放白噪音，或者打開電扇、空調，就可以在自己不至於崩潰的情況下讓他哭個過癮。幾個月過去後，你家寶貝的啼哭次數自然就會減少；不過呢，你也要有心理準備——他的哭聲大概還是一樣比其他小朋友都高亢又強烈。

消極寶寶。這種寶寶不但不會笑臉迎人、自得其樂，而且整天都板著一張撲克臉不說，甚至讓父母覺得動輒得咎。這其實不是父母的養育方式出了什麼差錯（當然了，家裡老是充滿低氣壓而讓寶寶感到疏離又是另一回事），卻會讓父母親的感受大遭打擊，不但覺得老在生氣的寶寶很難相處，甚至可能就此放棄努力。

如果你家寶貝當真怎麼逗都不肯笑，就先讓醫師瞧瞧有沒有身體上的疾病；如果不是健康出了問題，就只能盡力而為囉（是的，這可不是簡單任務）。你能做的，是除了滿懷愛心地照料、哺餵寶寶之外，還要讓周遭充滿歡笑，把他的不開心看作脾氣在作祟。只要有朝一日寶寶學會了啼哭或生氣之外的表達方式，就算還是習慣擺張撲克臉，不開心的時光也會減少許多。

與此同時，你也許已經發現，尋求協助、模仿同樣養育消極寶寶父母的策略是個好主意了，詢問小兒科醫師的建議也是（找得到兒童生長發育專科醫師或幼童行為專家的話更好）。

在一口認定小傢伙是個難帶寶寶之前，你必須先好好回想：你家寶貝之所以這麼難以取悅，會不會只是因為他有段不短的時間遭受了腸絞痛的折磨，或者對配方奶過敏；如果你哺餵的是母乳，又是不是曾經因為你吃了哪些東西而改變了母乳的味道。睡眠不足（白天或晚上，或者兩者皆是）和長牙，也都可能是寶寶脾氣暴躁的起因；除此之外，你還得先問問醫師，排除身體上的病痛（比如胃食道逆流）之後再下定論。

如果很不幸地，你家寶貝確實天生就是個難帶的娃娃，就不可能有什麼立竿見影，讓他可以很快平靜下來、開心一些的捷徑——但你的努力幾乎也全都不至於白費力氣。你更應該謹記在心的是，無論如何，你都不可能永遠把他的需要擺在第一位（就算他痛恨亮光和噪音，你也還是得讓他參加家族耶誕晚宴

第五個月

> **安全嬰兒用品**
>
> 想知道哪些乳液、洗髮精和香皂不會傷害寶寶柔嫩的肌膚嗎？46頁有相當詳盡的說明。

不是嗎），這也不要緊——即使有個難帶的寶寶，晚會一過就得面對他的高聲啼哭，你的人生也還得往前走。

更重要的是，別忘了壞脾氣雖然是天生的，卻絕非不可動搖。再倔強的脾性也都會改變、柔化，甚至隨著時光推移而消逝無蹤，父母則可以在這段時光裡學習種種技巧來幫他適應環境；除此之外，上述的種種乖戾性格，在寶寶長大之後也往往都會因為責任感而轉變成可貴的資產。

眼下的你，很需要如何養育難帶寶寶的訊息嗎？那就向專家求助吧——尤其是有過同樣經歷的父母（只要上網去找，保證就能找到許多援手），小兒科醫師也肯定能提供你可行的策略。兒童生長發育專科醫師或幼童行為專家呢，更一定可以提供更專業的協助。

不可不知：給寶寶安全無虞的環境

在充滿污染危機的環境中成長，對幼小而脆弱的寶寶身體會產生什麼樣的影響？父母又該如何保護他們呢？

還好我們的生活並非真如許多母親或新聞記者所想的那般危險多難；而且從懷孕開始，母親能做的事也遠比不能做的多。盡可能讓寶寶得到最充分的營養，培養運動等健康的生活習慣，避免抽菸喝酒等惡習，身教重於言教。

然而，生活中的確有些危機是我們無法控制的，雖然比起我們能掌握的事，這些可能較不直接相關，但它們的確會造成某些傷害。父母之所以會格外擔心，是因為寶寶對這些傷害會比大人敏感；因為寶寶的體型較小，傷害就相對較大；此外，寶寶年紀尚小，這些危害也因此有的是時間對他們造成影響。所以，最好能知曉這些潛存的危機及我們能做的事。

不過要記住，完全沒有危機的世界是不存在的。我們總是必須面臨危險與利益間的抉擇：盤尼西林解救了百萬人的生命，卻也可能在一夕之間奪走一條性命（相較之下，

低毒性清潔用品

每回你以為已經擦洗乾淨了尿布檯、浴室或廚房料理檯時，其實你都因為使用了飽含化學物質的清潔劑而遺留了少許毒素在上頭。因此，為了確保更安全、更環保地清潔家中器具，你應該改用更天然的方法和不含化學物品的清潔粉劑——同樣可以清潔溜溜，卻不至於危害寶寶。怎麼挑選合適的清潔粉劑呢？你得學會察看標籤上的這些字眼：生物可分解（biodegradable）、純植物製品（plant-based）、低敏感性產品（hypoallergenic），無染色（dye）或合成香料（synthetic fragrance）配方、不可燃（nonflammable），不含氯（chlorine）、磷酸鹽（phosphate）、石油（petroleum）、氨（ammonia）、酸（acids）、鹼性溶劑（alkalized solvents）、硝酸鹽（nitrates）或硼酸鹽（borates）。這些東西，都是環保清潔用品裡不該含有的。

你也可以自製純天然清潔劑：在純植物製的肥皂溶液裡加入幾滴薰衣草精油，就能當成萬用家庭清潔劑；加水把小蘇打粉調成糊狀，就可以用來清洗磁磚、廚房料理檯和衣服上的髒污；混合 2~3 杯水、3 湯匙肥皂水和 20~30 滴茶樹精油，就可以不靠諸如可怕的漂白水等製品而清除細菌；只要在 1 加侖的水裡加入 2 湯匙的白醋，再分裝到幾支瓶子裡，便能用來擦亮鏡子和玻璃窗；蘇打水或（你大概不敢相信）玉米粉可以去除地毯上的污漬（只要用抹布沾些蘇打水再擦或倒些玉米粉吸附污漬再擦乾淨）；刷洗地板時，可以用 900CC 溫水加上四分之一杯白醋當清潔劑；疏通水管不必用什麼通樂，只要先倒進半杯小蘇打粉，再用 2 杯熱水沖就行（如果阻塞得太厲害，倒入熱水前先倒個半杯白醋進去）。

利益遠大於危害）；菸草帶給癮君子無上的樂趣，卻也造成每年不可計數的生命早夭（大多數人會同意這項利益不值得如此冒險）；每年有上萬人死於車禍，然而車子卻是上億人不可或缺的交通工具（無可置疑的，好處顯然遠勝於弊端）。

我們無法杜絕危機，不過卻可以盡可能的將之減到最低。舉盤尼西林為例，避免危險的方法是不要將藥開給曾有負面反應的人。而吸菸的人盡可能抽空菸（不過這樣會加

地毯與家具

你家寶貝一旦學會爬，待在地板上——摸遍每塊地板上的地毯——的時間就會遠多於別的地方；就算你抱著他坐，地毯的品質也還是很重要。市面上的地毯大多由石化產品製成，會散發有毒物質；地毯的襯墊和黏著劑，更都是嬰兒敏感肌膚的大敵。所以，除非必要請盡量別在家裡鋪放地毯（清潔起來也輕鬆得多），如果確有需要，就得經常、徹底地清理，才能確保地毯不會藏污納垢、成為有害物質的溫床，終致飄散到室內的空氣中。購買新地毯時，請選擇揮發性有機化合物（volatile organic compound, VOC）含量較低，或者是有綠色標章的地毯。

家具方面，則要選購不含甲醛（formaldehyde）的家具或不使用膠合板的木製品；要是家具確實含有甲醛（或者你只是懷疑含有甲醛），別急著去舊換新——除非你正需要除舊佈新的好藉口，只要注意室內空氣的流通（經常都讓窗戶開著），買部除溼機來降低室內的溼度、吸除「飄浮」在空氣中的怪味，再多放幾棵不致危害寶寶的綠色植栽就好（參見第 357 頁）。

害吸二手菸者），或抽低焦油、低尼古丁的香菸及減少抽菸數量。至於駕駛車輛，要小心而清醒，避免超速，選用安全性高的車子，並使用嬰兒座椅及安全帶等保全用具。

以下幾項事物都有其正負兩面的反應，不過幾乎都有避免負面影響發生的可能。

❖室內空氣污染

寶寶長時間待在室內，所以室內的空氣品質大大的影響到寶寶。家中的空氣有時也如高速公路一般受到污染，所以請留心以下可能的空氣危機：

菸害。二手菸（和三手菸——沾附在吸菸者衣服上的殘留物）對嬰兒有莫大的危害，經常處在菸害環境中的寶寶，比其他寶寶更可能遭受嬰兒猝死症、氣喘、扁桃腺炎、呼吸道感染、耳疾感染和細菌與病毒感染的侵襲；吸菸者的孩子，不但理解力與字彙能力的測驗成績都比一般兒童低，罹患肺癌的機率也高

過其他孩童。此外，就算吸菸者也不願見到的是，雙親中有個菸槍的孩子長大後也較可能成為吸菸者，不但容易罹患呼吸系統疾病，壽命平均也較短；因此，別再吸菸了……也別讓任何人在你家裡吸菸。

一氧化碳。汽油燃燒產生的一氧化碳是無色、無臭、無味的危險氣體（它會造成肺功能失調、視力減弱和腦細胞毀損，大量則會致命），它可能經由下列幾種管道滲入家中：通風不良的爐灶及瓦斯熱水器，燃燒過慢的煤炭爐（打開調節閘可加速燃燒），裝設不良的瓦斯爐等器具（應定期測試調節——爐火應呈藍色——並裝設抽風扇以揮散油煙），點燃瓦斯爐時釋出的瓦斯（電子點火器可降低這個情況），連接屋內的車庫（不要讓車子引擎空轉，如果車庫緊臨房舍，排放的廢氣就會滲入房內）。

最重要的是，請在家裡安裝一個一氧化碳監測器（而且要詳細閱讀說明書，安裝在家中最妥善的位置），好讓你們能在廢氣漸增時就能及早察知。

其他氣體。清潔劑、噴霧劑、松節油或塗漆噴出的氣體，都可能含毒。如果你必須使用這些物品，務必

盆栽淨化法

把大自然帶進家裡會讓寶寶呼吸得更順暢……一點也沒錯。清淨空氣的盆栽可不只是讓家裡更漂亮而已，還能透過吸收例如氨（清潔用品裡常有）和甲醛（家具裡最多）這些氣體而為家中除毒；只要在225平方公尺（約68坪）的空間裡擺放15~20盆植栽，就能達到這種效果——也就是說，與其擺放一兩株大盆栽，還不如在每個房間裡都放上兩三盆小盆栽來得好。哪些植物更有清淨空氣的效果呢？你可以選擇：吊蘭，蔓綠絨，橡膠樹。記得要把盆栽都擺放在寶寶碰觸不到的地方或用家具擋住，免得寶寶啃食枝葉或推倒了盆栽。

沒上過任何園藝課？什麼植物都會被你養到死？那就買部空氣清淨機吧，如果家中有過敏人士，這更是個好主意。不過，空氣清淨機也有很多種類型，比如採用HEPA過濾網（高效率空氣過濾網）的機型——雖然比較耗電又需經常更換濾網（最好買不會散發臭氧的機種），過濾效果卻好很多；另外，也可以考慮採用短波紫外線光（UV-C light）來殺菌的機種。

更安全的戶外活動

在動物園或農場時，如果寶寶想接近羊，你要特別小心。這些可愛的動物可能帶有會傳染給寶寶的大腸桿菌，而大腸桿菌會導致嚴重的腹瀉和腹部痙攣，甚至可能致命。所以要用肥皂加清水或殺菌紙巾將寶寶的手擦洗乾淨。

選用毒性最低者（如水性漆、蜜蠟、植物油煉取的亮光漆等），並在通風的地方使用（在戶外更佳），注意不要在寶寶附近使用。儲存在小孩無法觸及的地方；最好的儲存處是室外，如此一來即使蒸發揮散，也不會影響到室內。

氡。這種無色、無臭、含放射性的天然氣體，源自石頭或土壤中鈾質的衰變，是造成美國人肺癌的第二大殺手。一經吸入人體便囤積在肺中，並產生輻射，幾年下來就會造成癌症。

以下方法可協助預防氡效應：

- 在你購屋之前，先做一番氡氣濃度的測試。
- 如果你居住在高氡區，為屋子做一番測試吧。測試可能需要數個月的時間。在冬季門窗四閉，所測得的指數也會因此稍微偏高。
- 如果測試結果房子的含氡量過高，詢問地方環保機關尋求相關協助。首先可能必須封住牆上、地上的斑剝裂縫，再加開窗戶及通風口、打通隔間、裝設空氣對流器。尤有甚者，再安裝特別的通風系統。

❖水污染

用活性碳淨化的水比用氯消毒的更安全，但通常只能自己在家中安裝。地下水也經常受到汙染。如果你懷疑家中的用水不安全，可以諮詢本地環保機關或自來水公司；如有汙染，安裝淨水器通常就會有安全的飲用水。

❖檢驗食物鏈

全穀食物？沒問題。水果與蔬菜？沒問題。健康的油脂，例如橄欖油、酪梨油和杏仁奶油？沒問題。細菌、殺蟲劑和雜七雜八的化學呢？也許你也得想個辦法查個清楚明白。每次你餵寶寶吃下營養豐富的食物時，某些壞東西很可能就搭了便車進到寶寶的肚子裡；為了小寶寶和幼兒的健康，採行合理的防護措施以排除潛在有毒化學物質的威

誰最愛用殺蟲劑？

你是不是一直都很懷疑，花了大錢買的有機產品是否物有所值？如果是買給你家寶貝吃的，也許再貴也值得——最少有些產品是值得的。以美國為例，所謂的有機產品，指的是通過美國農業部認定的、完全不含殺蟲劑、肥料、生長激素，抗生素和未經基因調節的產品；雖然這並不代表有機食物就更新鮮或更有營養（如果是在地產品就有可能），卻可以保障你家寶貝不會受到有毒物質的侵襲——這可比新鮮或營養還重要不是嗎？

當然了，只讓寶寶吃有機食物並沒有那麼容易，有時甚至得放棄某些食物。如果你仍想堅持到底，就得把握以下的重點：某些以傳統方式種植的水果與蔬菜（不多不少，正好湊成一打），被認為最可能殘留殺蟲劑；因此，只要有得選就選有機種植的（不論新鮮與否、有沒有冷凍過或已製成嬰兒食品）：蘋果、甜椒、芹菜、櫻桃、葡萄、油桃、桃子、水梨、馬鈴薯、覆盆子、菠菜，以及草莓。這些蔬果的有機產品都貴到讓你買不下手？那就選擇最有可能沒用過殺蟲劑的五樣水果吧：酪梨、香蕉、奇異果、芒果、鳳梨。蔬菜方面，應該比較不會殘留殺蟲劑的是：蘆筍、花椰菜、捲心菜（高麗菜）、玉米、茄子、洋蔥、豌豆。

脅確實有其必要，因為小傢伙吃進去的化學物質既可能有礙成長，更可能持續不斷地影響他們的健康。一旦你家寶貝的飲食進入了食物鏈，你就得採用以下的訣竅來為他排除食物中的毒素：

- 選擇友善環境產品。有機生產並非營養的要項，卻可以避免有毒化學物質的殘留；你家的預算不容許你一切皆有機、隨時都有機——或者雖有預算，卻未必買得到有機產品？那麼，就把有機的預算集中在最常用到殺蟲劑的蔬果上吧，其他危險性較低的蔬果，買傳統種植的就好（參見上面「誰最愛用殺蟲劑？」）。一般而論，厚皮水果（例如香蕉、甜瓜、芒果和柑橘）和你會剝皮再吃的蔬菜是比較安全的選項。購買蔬果時，要優先選擇在地又正合時令的產品，因為在保存和運送上都常使用大量化學物品；外表

基改生物知多少

蘋果切片後再也不會變成棕色了，聽起來真是好得就像……呃……切片的全穀麵包；只不過，多吃幾口後你大概會覺得味道有點不像以前的蘋果。遺傳工程食物與植物（通稱「基因改造生物」〔Genetically Modified Organisms, GMOs〕）用從別的動植物取得的 DNA 來讓食物更符所需——比如保鮮期更久和捱得過不斷施加的除草劑與殺蟲劑；問題是，由於美國食品藥物管理局並未要求食物標籤必須註明是否為基因改造，我們也就很難弄得清楚，你家寶貝吃下肚的究竟是不是基因改造食品。

同樣快速成長的——除了一大堆基因改良穀物，是反基因改造組織與業者各執一詞、針鋒相對的健康大辯論。你不想等到他們吵出個結論來，只想先讓寶寶避開這些基因改造生物嗎？那就注意標籤上有沒有 USDA organic（白色標章代表 100% 有機，綠白色代表 95% 以上）的認證標章（譯註：臺灣則是 CAS organic，農產品中的有機成分必須到達 95% 以上才能取得這個認證）。

看來不太光鮮亮麗的產品也可能安全一些，因為蔬果會那麼漂亮通常都是使用化學物質來保護蟲害的成果。另外，進口蔬果也通常都比在地的更值得提防。

- 不論你買的是有機或傳統蔬果，食用前都要仔細刷洗以去除細菌——用蔬果洗潔精或傳統肥皂都可以（甚至只用水沖洗也行）。
- 乳製品、雞蛋、牛豬羊肉、雞鴨等，都盡量買有機養殖或生產的。牛、豬、雞等的傳統養殖場，都會使用抗生素來保持動物的健康、以生長激素加快牠們的生長速度或產出更多乳汁；所以，如果荷包許可的話，就要盡量購買有機養殖的牛、豬、羊、雞、鴨肉（含有肉類的嬰兒食品也一樣），雞蛋不用說，就連優酪乳和其他乳製品也都該選購有機產品。雖然寶寶還小、吃不下牛排，但未雨綢繆永遠不嫌早：比起傳統以玉米飼養的肉牛，穀飼肉牛好得多；你也應該限制家人食用動物油脂的數量，因為那些有毒化學物質都會積存在脂肪裡；烹

食物容器中的 BPA

很多聚碳酸脂塑料製品中，都含有毒害人體與阻礙大腦發展風險的雙酚 A（Bisphenol A, BPA）；還好的是，為了保護嬰幼兒的大腦、行為與前列腺不受化學物質的傷害，美國食品藥物管理局已明令禁止嬰兒奶瓶和吸管杯含有 BPA 成分。絕大多數塑膠製的嬰兒玩具與固齒器也已不含 BPA，但你還是要仔細看看標籤上的說明，因為仍有不少塑膠容器或塑膠杯含有 BPA 成分。

嬰幼兒為什麼非得避開 BPA 呢？因為他代謝與吸收化學物質的能力都很有限，也因為他們都還剛開始成長與發展，更因為他們經常用塑膠容器喝東西或啃咬塑膠製品，所以最容易遭受 BPA 的荼毒。那麼，你怎麼知道買來的塑膠製品含不含 BPA 成分呢？找上頭貼有 BPA Free 標章的產品就對了。

飪前盡量割除肉品的肥油，雞皮與鴨皮更要少吃。

- 絕對不要哺餵寶寶未經高溫殺菌過的乳製品、果汁或蘋果汁，這一類的食物，都可能潛藏會讓嬰兒或幼兒致命的病菌。
- 慎選水產。魚肉含有增進寶寶智力的營養？研究的確顯示，經常食用魚肉有助於提升智商，但還是要選擇比較沒有健康威脅的魚類，比如黑線鱈（haddock）、狗鱈（hake）、青鱈（pollack）、海鱸（ocean perch）、白鱒（whitefish）、野生鮭魚、吳郭魚、龍利魚（flounder，比目魚的一種）、鱒魚、比目魚、蝦子，以及扇貝；含汞量較高的魚類則要避開，包括鯊魚、旗魚、大王馬鮫魚（king mackerel）、馬頭魚（tilefish）等，生鮪魚也別讓寶寶吃。如果你還是覺得該吃鮪魚，最好吃罐頭的「淡」鮪魚（light tuna），別吃長鰭鮪魚（albacore tuna）、也就是「白」（white）鮪魚；而且還要限量控制：一週內 5.5 公斤重寶寶不能吃超過 30 公克，更不能濾掉罐頭裡的水分才給他吃（不管是海魚還是湖魚）。這也意味著，你不但最好只吃野生鮭魚（養殖鮭魚體內可能含有更多的多氯聯苯），但要改吃養殖鱒魚（有些野生鱒魚來自被污染的湖泊）。如果你去釣魚（或者有人送你釣來

第五個月

的魚），要先查清楚釣魚處是否已證明沒有重大污染，或者魚種適不適合寶寶食用。不論何時何地，只要你想讓寶寶吃魚，烹飪前的第一步就是去除魚皮（有毒重金屬大多集中在魚皮裡），最好也都用烘、煎、烤等方式，讓殘留的化學物質能滲出魚肉之外。

- 大部分燻製而成的肉品，例如熱狗、臘腸和培根等，都含有硝酸鹽與其他化學物質——不用說，寶寶不是都別吃就是只能吃一點點。（已知的事實，是燻製肉品的鈉與動物脂肪含量都太高；未知的事實，是你根本不知道裡頭用的是動物哪一部分的肉。）燻製的魚肉也一樣。如果你還是想讓寶寶吃點燻製肉品，就挑那些由有機養殖或穀飼動物製成，因此既不含硝酸鹽、鈉含量也較低的肉品。
- 減少添加物、排除再製品。給寶寶吃的食物要盡量維持天然風貌，還得注意成分中是否含有你不想讓寶寶吃進肚裡的添加物（包括人工色素、香料與糖精，以及你連唸出來都有困難的東西），選購「真正的」食物而不是「適齡的」食物（例如以真正的水果取代水果零食，喝現榨的果汁而不是果汁飲品，吃真正的起士而不是起士的再製品）。

❖家庭用殺蟲劑

家中害蟲常攜帶病菌，令人憎惡。可是大多數殺蟲劑卻都有毒，尤其是寶寶可能觸摸或放入口中。以下是杜絕家中害蟲出沒及降低殺蟲劑危害的方法：

阻絕策略。使用紗窗、蚊帳等隔絕物，阻絕害蟲的侵入。

捕蟲器或黏蟲紙。準備像蟑螂屋、黏蠅紙、捕鼠器等；因為成人也可能會碰觸到這些器具表面，而且一旦碰觸到要撕下往往都是很痛苦的，所以擺設這些器具最好在寶寶睡眠時或遠離寶寶可能觸及的範圍。這些器具的另一弊病是延長害蟲的死期。

小心使用化學殺蟲劑。幾乎所有的殺蟲劑都含有硼酸，不僅對害蟲有劇毒，對人也一樣有害。如果要使用，不要噴灑或儲存在孩子可能觸及的範圍或食物準備區；選用毒性最低者。如果要噴殺蟲劑，選擇孩子不在家時，最好是全家都不會在家時噴灑；當你們回來時，打開所有的窗戶通風，好讓殺蟲劑發散。

含鉛油漆的威脅

美國許多1978年以前建的房子，壁紙與油漆下都有一層含鉛量極高的老油漆；一旦硬化或龜裂，用顯微鏡才看得見的含鉛微塵就會飄散在空氣中，沾染家具和嬰幼兒的雙手和玩具、衣物上——結果當然是進入他們嘴裡。所以1978年美國就已全面禁止住宅內外使用含鉛油漆（編按：臺灣至今仍未禁用）。

然而，使用含鉛油漆的可不只是牆壁。儘管很久以前人們便知悉，大量的鉛會造成腦部傷害，最近更證實即使少量也會造成智力退化、影響功能、延緩生長、破壞腎臟、引起學習及行為困難，及聽力和注意力喪失，甚至對全身免疫系統產生負面影響，兒童的玩具、家具都還可能使用含鉛油漆；如果你家房子可能曾使用過含鉛塗料，最好趁家人不在請專人換掉。確定所有含塗料的物體——玩具、家具等皆不含鉛成分。

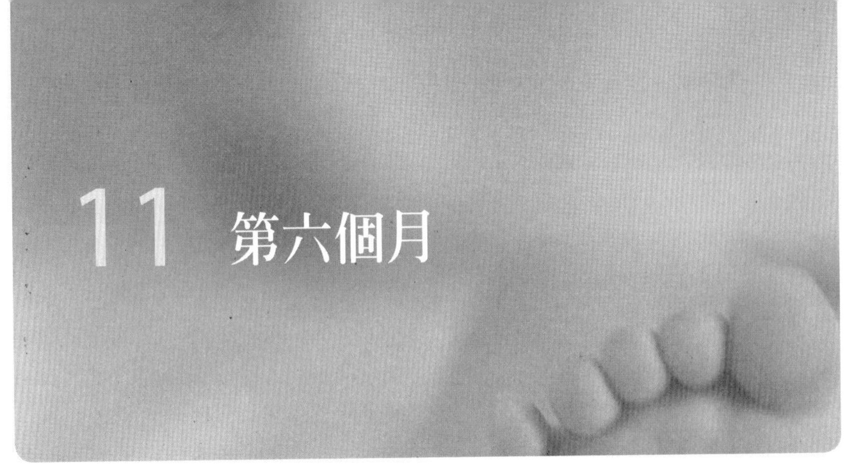

11 第六個月

在這個月，屬於寶寶自己獨特的個性會逐漸增強。與經過他身邊的爸媽或其他人交際仍名列寶寶「我的最愛」的前茅，你也會發現嘰哩咕嚕的句子愈來愈長，且日益閃現智慧的火花。喜歡遊戲和躲貓貓，也愛搖動撥浪鼓（或其他能發聲的東西）。探索的熱情持續不輟，你的臉成為他的新寵，成為寶寶拉扯的新玩具（你的眼鏡、耳環、頭髮都可能遭殃）。如果你尚未在高椅子上餵寶寶固體食物，在這個月的某一天會有大突破。請好好享受。

哺餵你的寶寶：開始餵固體食物

你仰望期盼的時刻終於來臨……要不也快來臨了。孩子的爸準備好攝影機，幫寶寶圍好圍兜兜、穿上新衣服，安置在嶄新的嬰兒座椅上，準備拍下寶寶用湯匙進食的第一口。寶寶張開口、食物進入口內，和味蕾做第一次接觸，然後，寶寶開始將它吐出，沿著下巴、圍兜兜流到嬰兒座椅上，攝影機暫停！

餵孩子吃飯是一大挑戰，這段為時相當長久的挑戰現在才剛開始。這可不僅僅是在提供營養，也是在培養寶寶進食的正確態度。重要的是必須兼顧寶寶的喜好以及氣氛的和諧。

在開始餵固體食物的前幾個月，只要仍在餵食母乳或沖泡奶粉，則不必太顧慮食物的營養成分。與其說它是在補充營養，不如說是重在學習「吃的經驗」——吃的技巧、不同的味道和口感，及進餐禮儀。

❖開幕式

為寶寶的第一口所做的準備不只

寶寶的第六個月

睡眠。這個月起，寶寶一天要睡多久呢？和上個月相去不遠：平均總共要睡上 15 小時左右，夜裡約 10~11 小時，白天大概會小睡個兩到三次、3~4 小時。

飲食。食量和上一個月差不多，不過，也許會在奶水之外吃些固體食物。

- 母乳。一天大約喝個五到六次母乳——有些寶寶的次數會多上好幾次。總計下來，寶寶一天要喝 720~1080CC 的母乳。
- 配方奶。一天喝四到五次，每次喝掉 180~240CC 配方奶，總計一天要喝大約 720~960CC。
- 固體食物。如果你這個月就要開始餵寶寶吃固體食物，就要從很少的量餵起：一天只餵兩次，每次只讓他吃一湯匙嬰兒穀食（加上少許母乳或配方奶——足夠把穀食調成糊狀就好）或等量的蔬果（同樣磨成糊狀）。雖然你還是要以寶寶的胃口為準，但可以預期他的食量會慢慢增加，滿六個月大前也許一天要吃上四湯匙以上的固體食物。

遊戲。你家寶貝現在能坐了嗎？這種全新的姿勢，會讓他遊戲時有全新的視野；建議你為他準備會動和能回應他的玩具（比如按一下就會閃光或發出樂音的玩具）、誘使他爬行的玩具（比如小汽車或小火車頭或皮球等會滾動的玩具）、可以讓寶寶自己翻閱或坐在你膝上看的圖畫書、（一碰就會搖動的）不倒翁類玩具、益智玩具、遊戲墊，以及任何寶寶可以啃咬的玩具。

是把攝影機準備好，還要注意時間、擺設及道具，以期萬事順遂。

算好時間。若是餵母乳者，應該在奶快餵光時開始餵固體食物（多為下午或黃昏）。傍晚是很好的時機，這樣寶寶晚上醒來就不會太餓；如果寶寶看起來似乎一早最餓，那就早上餵固體食物。實驗看看：先餵一輪配方奶或母奶當開胃菜，然後再餵固體食物。或是反過來先餵固體食物開胃，再餵奶。一開始每天餵一餐，然後下個月再增加為兩餐（也許是早餐跟晚餐）。

順寶寶的意。如果他看起來脾氣很壞或非常累的樣子，不要強迫寶寶一定要吃固體食物。最好是選在寶寶高興及清醒時。如果寶寶很固執挑剔，就有彈性一點吧！你可以跳過一餐固體食物，等下次再說。

不要急。不要想能在 5 分鐘內餵完飯，餵寶寶是件非常花時間的事，所以最好排出一段充裕的時間。

坐好再吃。抱著寶寶餵食常弄得慘不忍睹，所以要準備好一張高椅，並在餵第一餐的前幾天就讓寶寶坐在裡面適應。如果寶寶一直傾滑，鋪上一條小毯子或毛巾；為了安全起見，把皮帶繫上。如果寶寶沒辦法坐在椅子上，那最好等寶寶長大些再餵食固體食物。

一切就緒。要用適當的湯匙餵食，不一定要用寶寶專用的，可用像喝咖啡或喝茶用的小湯匙，而且最好是塑膠表層，對寶寶的牙床較好。讓寶寶有自己專用的湯匙會減少他對吃飯的抗拒，同時也開始培養他的獨立感。長柄的湯匙也許有助於你餵食，但寶寶專用的湯匙最好是短柄的，以利於寶寶握持並避免不小心戳到眼睛。如果寶寶堅持要拿湯匙，就用手握住他的手一起慢慢將湯匙內的食物送進嘴裡。還有，選用一條大而舒適，並易於清洗的圍兜兜。隨你的喜好，可以選擇塑膠、布類或是可丟棄的紙類。戴圍兜的習慣要及早養成，再大一些就很難了。再者，記得把寶寶的長袖捲起。在家時，不戴圍兜兜又擔心衣服上留下污點的另一個辦法，就是讓寶寶光著上身餵食（如果室溫適當的話）。

介紹食物。餵食之前，不妨先放一些些食物在盤子上，讓寶寶看看、摸摸、玩玩，甚至嘗一嘗，這樣當你用湯匙餵食時，寶寶就不會因為食物太陌生而排斥。

慢慢的吸引寶寶。剛開始的幾餐可以說是對將來食物的一個介紹。用湯匙裝四分之一匙以上的食物，倒一些在寶寶的嘴裡，如果他吞下去了，就可以再給一小匙。剛開始幾次寶寶吃下的會跟吐出的一樣多，但他終究會熟練的，到時嘴巴就會張大一些了。

哺餵固體食物的安全原則

讓寶寶吃固體食物時，重點不只是食物健康與否，還要注意食物的採購、存放，以及哺餵寶寶的方法是否正確安全。幸好，只要具備普通常識又做過一些防範措施，你就能放心開始給寶寶吃固體食物了：

- 哺餵寶寶前，每一次都要先用肥皂洗手。如果餵食途中你碰過生的牛、豬、雞、鴨、魚肉或雞蛋，就要再洗一次手；當然了，擤過鼻涕或摸過嘴巴也一樣。
- 嬰兒穀類食品與未開封的食品罐或食品袋等，都要存放在乾、涼之處，不要放在太靠近熱源（例如火爐或烤箱）的地方，或者擺在過冷之處（例如溫度始終偏低的地下室）。
- 打開嬰兒食物罐或袋口時，要先用乾淨的抹布擦去灰塵。
- 罐裝食品開封前要確認沒有凸起，打開時，要注意聽有沒有發出密封無誤的「啵」聲——如果沒聽見這一聲，就要送回店裡更換新品；同樣的，打開密封袋前也要注意密封狀態是否完整。
- 必須使用開罐器時，一定要先擦淨開罐器，要是髒污怎麼都清理不掉或有生鏽的現象，就要立刻丟棄以免誤用。
- 哺餵固體食物的湯匙不可重複使用，更不能把吃剩的食物再放回袋裡或罐子裡；除非是最後一餐，只要容器裡還有下回要吃的食物，就別讓寶寶直接從裡頭吃。寶寶還想多吃點時，要用另一把乾淨的湯匙從容器裡舀出食物；沒吃完的別留下來，因為寶寶口水中的酶與細菌會加速食物的腐壞。如果食物是袋裝的，小心別讓用過的湯匙碰到袋口或進入袋裡。
- 不管是罐裝或袋裝，沒吃完的部分都要放進冰箱冷藏；水果或果汁不能放置超過三天，其他食物不能超過兩天，而且再次餵食前都要先搖勻。老是記不得放多久了？開始學著貼標籤吧。
- 試試一次只讓寶寶吃一種穀類食品看看（調製起來很快，所以不必每次都得預作準備），要是寶寶吃得比預期少，剩下的可以先放進冷藏

拒絕是必然的。即使平淡無奇的嘗試對沒吃過固體食物的寶寶來說都需要努力。寶寶在喜歡上新食物前都會拒絕個幾次。如果他抗拒你送上的湯匙，就不要硬餵，不妨改天再試試看。

室（寶寶的嘴巴沒沾過的才可以），但只能放幾個小時（放久了會變稠、變硬）。

- 嬰兒食品不必加熱（寶寶並不在乎是熱食還是涼食），所以你就別自找麻煩了；如果你非加熱不放心，只熱夠他吃的數量就好，任何加熱過後但沒吃完的嬰兒食品都得丟棄。加熱時，可以放進耐熱容器用熱水蒸，也可以把食品袋直接放進熱水裡加溫（但是，沒吃完的就得全都丟掉了）；放進微波爐加熱也行，但要謹記幾個要點：首先，確認容器可以放進微波爐；其次，只能加熱5秒鐘，然後拿出攪勻、滴一點點在你的手腕上看看溫度是否適宜，如果還太涼就再放進微波爐加熱5秒鐘，再試一次溫度——直到你覺得不會太涼為止。記得，要是一次就進微波爐加熱1、2分鐘，之後即使容器摸起來並不怎麼熱，裡頭的食物很可能已經熱到會燙傷寶寶的口舌。
- 料理新鮮嬰兒食物時，不管是容器還是料理地點都要確認清潔無虞；冷食要保冷、熱食要防涼，別讓新鮮食物在室溫裡放置超過1小時。有關如何保存自製嬰兒食品的訣竅，請參閱404頁的說明。
- 給嬰兒吃的雞蛋要烹調到全熟，因為生蛋或半熟蛋都可能暗藏沙門氏菌（更安全的方法是讓寶寶吃用上巴斯德殺菌法的「巴斯德雞蛋」〔pasteurized eggs〕）。
- 果汁、牛奶、起士現成食品或其他乳製品，都別讓寶寶吃沒消毒過的（也就是絕對不能是「生鮮」的），以防細菌感染。
- 調製過程中試吃時要用另一把湯匙，二度試吃前若不換湯匙就得再洗乾淨。
- 只要懷疑食物已經不新鮮了，就要直接丟棄。
- 出外時，如果須待上超過1小時，還沒哺餵前，已開罐、開封或必須冷藏的食物就要裝進密封袋裡和冰塊或冰袋擺在一起；一旦食物已感覺不涼了，就別讓寶寶食用。比較好的方法是只攜帶不必冷藏的食物（即便如此，也不能把食物放在太熱的地方，比如沒開空調又受日曬的汽車裡）。

鼓勵模仿。寶寶喜歡模仿他們看到的東西，所以張大你的嘴假裝吃下湯匙中的食物，也別忘了發出好吃的讚嘆，讓你的演出更有可信度。

適時結束。千萬不要在寶寶沒胃口

自製嬰兒食品

不想買現成的，寧願自己為寶寶準備固體食物嗎？參考一下402頁的自家製嬰兒食物教學吧。

後仍不斷餵食。寶寶厭倦的徵兆可能各異，不過大致不出：不耐煩、把頭轉開、嘴唇緊閉、吐出食物或將食物亂甩，都表示他要停止這頓飯。強迫餵食是註定失敗的，而且可能會引起將來的食物大戰。

❖最初（與往後）的食物

最好的液態食物一般認定是母乳，不過對固體食物卻沒有一個定論。沒有任何的科學佐證可以舉出一種公認對所有寶寶都適合的食物。如果你的醫師沒什麼特別的推薦，不妨試試以下幾種。但是請記得，不管寶寶喜不喜歡這食物，你都很難從寶寶的表情看出來，通常寶寶都會歪曲嘴巴顯示痛苦樣；不過你可以從寶寶樂不樂意再張開嘴巴吃下一口，判斷出寶寶喜歡與否。

穀類。如果你決定從穀類食品開啟寶寶的固體食物之旅，就選單一穀類製成、富含鐵質的全穀食物，例如糙米、全穀燕麥或全穀大麥製品。哺餵前，先用一點母乳、配方奶甚至開水來把食物調成「濃湯」，別為了讓寶寶容易入口而添加任何含糖物，例如香蕉泥或蘋果泥或果汁，因為：第一，最好一開始就只讓他吃一種食物；第二，要在寶寶懂得甜味前先養成樸素的口味。

蔬菜類。理論上，蔬菜是很好的選擇——既不是甜食又具營養成分。不過就味道上它卻不如穀類麥片或優酪乳般吸引寶寶。最好是在寶寶尚未品嘗過水果前，先讓他們習慣接受蔬菜，否則反之則窒礙難行。黃色蔬菜（如地瓜和胡蘿蔔）會比綠色蔬菜（像豆類）來得有味道。還是那句話，可以早一點讓寶寶嘗試，卻不是首選食品。

水果。很多寶寶一開始的食物是先從切碎的香蕉（加些牛奶）或蘋果泥吃起。沒錯，寶寶對這些食物反應十分熱烈，不過他們也同時開始對其他不太甜的食物沒興趣，諸如蔬菜和不甜的米精。所以這類食品並不是明智的抉擇。

❖添加菜色

即使寶寶把第一餐食物吃個精光

，也不必急著在午餐或晚餐幫他增加菜色。請記住以下原則：

一次一種……慢慢來。大部分醫師建議每一種新添加給寶寶的食物都應該單獨餵食，如果醫師沒有其他建議，就單獨給寶寶一種沒吃過的食物（或是搭配已經吃過沒問題的食物），連續吃個三到五天，再試其他種類。如果寶寶有任何不良反應（如過度脹氣、拉肚子、嘔吐、臉部或嘴角發疹、肛門起疹、流鼻涕、淚眼汪汪、氣喘吁吁、不正常的徹夜不眠或作怪），你就知道問題是哪一種食物引發的。如果沒有特殊反應，這種食物就可以加進菜單裡，然後開始另外一種新食物。

如果你懷疑寶寶出現的某些反應可能是不良徵兆，不妨等一個星期後再餵一次相同的食物，如果反應連續出現兩三次，就可以視之為對這種食物過敏的徵兆。等幾個月後再試試看，其間不妨以同樣方法試餵其他食物。如果寶寶對很多食物過敏，或是家族有遺傳的過敏症，那在每一次添加新的食物前都該間隔一週。若是寶寶對每一種食物都產生不良反應，那就該和醫師討論延後餵食固體食物。

食物種類不要太多，而且要分開。準備好要上綜合特餐了嗎？那就上菜吧！不過一開始還是每一種都分開，寶寶才能知道每種食物的香味（將胡蘿蔔跟豆子一起磨成泥，那他就不會知道豆子的原味）。如果寶寶對單項食物都沒有產生不良反應，以後就可以一起餵食。你可以開發專屬的美味配方，也可以試試現成的嬰兒食品，但是請看過成分標示，確定沒有食材是寶寶還沒吃過的（像是額外添加的鹽或糖）。

確認問題名單。雖然有些食物本身比較容易引起過敏，醫師建議一歲之後再給寶寶吃，但有些證據顯示早點讓寶寶接觸易過敏食物可能可以預防過敏。請向小兒科醫師請教安全及不安全食物名單。許多醫師認為像是小麥、蛋、巧克力、柑橘類水果、蕃茄、草莓甚至杏仁或花生醬都可以在一歲前開始吃，但也

小寶寶不宜餵食蜂蜜

蜂蜜所提供的只是熱量，同時對一週歲內的寶寶健康也不利。它所含的臘腸毒桿菌對大人無害，卻會引起寶寶臘腸桿菌中毒（便祕、虛弱的吸食、胃口差及昏睡），甚至導致肺炎及脫水現象。

有些醫師建議不要。確定不安全的食物像是蜂蜜，或是有造成窒息危險的堅果類或含顆粒堅果醬，以及葡萄乾（請見第 467 頁）和牛奶（參見第 469 頁）。

你會擔心的各種狀況

❖還是無法一覺到天亮

我的寶寶每天晚上睡前都得吃飽，但夜裡仍會醒來兩次，而且一定要餵奶之後才肯再睡去，有什麼辦法讓他多睡一些？

你的寶寶可能一輩子都會在晚上醒來數次，除了讓他學習如何自己在醒來後重新入睡外，別無他法。協助他再度入睡——不論是什麼方法，餵奶、搖籃、輕拍、按摩、唱歌、放搖籃曲等——都只會延遲他學習自己入睡。那一天終究會來臨，只不過到那時你可能不在他身邊了；所以不如現在就讓他學習，這樣對你們倆都好（參見 376 頁）。

在開始之前，你需要好好檢視寶寶的睡眠習慣，包括他白天是否睡太多（參見 341 頁）。另一個重要的第一步是戒除在夜間給寶寶餵奶（參見 284 頁），如果寶寶會在吃奶時睡著，試著將餵奶時間安排在洗澡或其他活動之前（參見 378 頁），如此一來，你就可以在寶寶醒著時把他放上床，這有助於他學習如何自己入睡，而不是非得在睡前哺餵他不可。

很遺憾地，教導寶寶睡眠免不了附帶一些眼淚（嬰兒床裡和嬰兒床外應該都是）以及很多強悍的愛；但現實是，為了絕望又渴望早點一覺到天亮的父母，如果孩子夠大了（例如已經五個多月大），愈早讓他哭個夠對大家愈好——而且也幾乎永遠都最能奏效。理由是，快六個月大的寶寶已經懂得一個事實：只要他哭鬧就可以得到擁抱、搖晃、哺餵，有時還常三者兼得，無疑是大哭大鬧的絕佳動機；然而，一旦得到「你怎麼哭也沒人會理你」的不買帳訊息，大多數寶寶就都會放棄哭泣遊戲，而且通常只需要 3~4 晚就夠。

如果「讓他哭個夠」的方法不至於讓你感到不舒服（深感不安的大有人在，所以如果你認為寶寶和你們都不適合這個方法，也不要勉強），你也還得把兩件事擺在心上：首先，這種方法其實沒有想像中的嚴酷，你也可以（或者說應該）透過記下哭泣的時間，來決定每一次

最多要讓寶寶哭多久；有些爸媽只肯每次都讓寶寶哭上一段固定的時間就叫停，但也有些爸媽寧可依靠現場的直覺來決定，而不是手錶上顯示的時間。

其次，「讓他哭個夠」的方法對你的考驗絕對比寶寶大，所以你一定要記得（尤其是每當你在門外聽他哭得彷彿肝腸寸斷，覺得自己是世上最糟的爸媽時）：讓寶寶自己哭號、生氣個幾分鐘（或遠超過幾分鐘），甚至讓他以哭泣的方式自我安撫，不論對眼下或未來的他都不會造成傷害——也絕對不會讓你對人生心懷恐懼；更重要的是——如果你能堅持到底——你其實是在幫他學習安睡（以及重返安睡），而那是他往後人生不可或缺的自我照顧能力。

決定採用這種睡眠教學法了嗎？那麼，今天起你應該：

- 觀察睏倦的線索。舉例來說，不停眨眼或動作像發條沒扭緊的玩具等，都是寶寶已經頗有睡意的線索；由此預測你家寶貝白天、夜裡的生理時鐘，可以幫你找出他的睡眠模式，提防過度疲乏。為什麼敏於察覺睏倦的線索是這種睡眠教學法裡很重要的步驟呢？那是因為，寶寶一累過頭——錯過白天小睡的時光，小睡片刻就醒，或者夜裡睡得不夠——就很難自然入睡，不管是白天或晚上；而且，就算入睡了也不安穩或睡不了多久——你的睡眠教學也就跟著白費力氣了。
- 建立白天和夜晚的睡眠常模。夜裡臨睡前，都給寶寶來上一段（大約）30~45 分鐘的例行活動，包括溫水澡、按摩，以及抱進嬰兒床前的飽餐一頓（參見第 378 頁）；雖然白天的小睡不應該再這麼大費周章，但還是得做些特

堅持才能成功

昨晚你硬是讓寶寶哭了 20 分鐘都不讓步，但今晚才 2 分鐘你就棄守防線了——明晚呢？誰也不知道你還能不能堅持下去。這種心情不難理解——畢竟你不是神也不是魔鬼，只是個睡眠一直被剝奪的家長；然而，很遺憾地，在教導寶寶睡眠這件事上，無法堅持就哪兒也到不了，所以，在你決定放棄努力前請再多給這個策略一點時間。如果不給這種方法足夠的時間，就不可能察知它是否有效，因此，最少也得努力個兩星期才決定是否改用其他的方法。

回應的時間點

不贊成「讓他哭個夠」這種方法嗎？奉勸你先別急著站到哭號的寶寶那一邊去。才入睡不久便又醒來的嬰兒之所以發出種種噪音——當然也包括啼哭——往往只是為了讓自己快點回到夢鄉；經常性地（而且都為時短暫地）在睡前（或半夜驚醒時）吵鬧，也都是一種自我安撫的方式。如果你動輒回應寶寶的啼哭，也許反而打斷了他回到夢鄉的努力，平添困擾。所以，在完全確定嬰兒床裡傳來的是不舒服的哭號之前，請給你自己和寶寶幾分鐘，看看剛剛還呼呼大睡的寶寶是不是可以自己回到夢鄉。

別的事（比如和他一起看書，唱首搖籃曲，給他個甜蜜的懷抱或按摩一會兒），傳達給他「是小睡一會的時候了」的訊息。這些例行活動的最重要原則是？前後一致（以及堅持不懈）。

- 慎選正確的地點。要讓寶寶躺進可以久睡的嬰兒床或其他地點，很明顯，嬰兒床是夜裡的首選，但即使是白天裡的小睡，讓寶寶習慣躺進恰當的地方（嬰兒床或兩用床）也很重要。不管怎麼說，你都不應該讓寶寶養成白天在嬰兒車或搖籃裡小睡的習慣——晚上就更不應該了。
- 寶寶還醒著時就放他上床。記得，整個睡眠教學的重點是在讓寶寶自己入睡，所以，如果你每次都先在懷裡搖他哄他，直到他睡著才放上嬰兒床，他就啥也沒學到了不是嗎？更別說，你還可能因此養成他睡前一定得連哄帶搖的習慣——一旦養成就很難扭轉的習慣。你之所以要進行這種睡眠教學，是為了讓寶寶形成新的睡眠聯結——提供他自我安撫的工具，好讓寶寶可以無需父母協助自行入睡；因此這般，你必須在寶寶還醒著時就抱他上床，輕拍兩下，溫柔地道聲晚安便離開房間——意思是，根本不管他會不會睡著就「立刻」離開房間。
- 問問你自己。只要你可以察知寶寶就要生氣和——生氣了就一定會——啼哭，就是你必須下定決心的時候了：究竟是要繼續堅持下去，還是要改弦易轍呢？如果決定堅持不懈，就得忍受寶寶的啼哭；而且，寶寶可不只會啼哭而已，有時還會哭到嘔吐。只要你已經覺得自己再也無法承受心

哭到……嘔吐怎麼辦？

你決定要施行睡眠教學，也有了接受寶寶號哭的心理準備，但是，如果寶寶的號哭不只涕泗縱橫，還哭到……嘔吐呢？是的，少數寶寶確實會因為哭得太凶而導致嘔吐，你也的確不可能不馬上處理他的嘔吐後果（以及考量是否在床墊上加披一層防水布），但值得寬慰的是，那通常都和身體健康沒有關連。怎麼辦好呢？你大可繼續堅持個三到四天（當然也得有寶寶還會嘔吐的心理準備），看看他的嘔吐情形有否改善；如果不見好轉（或者你不想再半夜清理嘔吐物），就暫停睡眠教學幾個星期，再看看他哭號時會不會較少嘔吐。另外，你也應該注意一下寶寶是否睡前吃得太飽，或者太接近入睡時間；如果有這種可能性，就把睡前這一餐（不論是餵奶還是讓他吃點心）往前挪，讓他吃飽後再進行別的睡前活動。

寶寶的健康當然不容輕忽，所以如果每哭必吐或常吐，就要帶他去看看醫師。

愛的寶寶繼續啼哭，那麼，這種睡眠教學就不適合你和寶寶（參見下頁的「親子共眠」邊欄）。

- 回應……或都不回應。只要寶寶一開始啼哭，你能做的事就很有限了。有些專家會建議你讓他哭個夠，哭累了就自然會入睡；有些專家則建議，你應該設定好寶寶哭上多久——比如整整 5 分鐘都沒停（感覺上會遠遠不止 5 分鐘）——就進房安撫。你當然也可以不要計算時間而靠直覺來決定（比如一哭過 2 分鐘你就覺得夠了），但只要再回到房間裡，就再重做一次入眠的提醒——輕拍兩下，溫柔地道聲晚安，總之就是明確傳達「該睡覺了」的訊息；有用安撫奶嘴的話，就重新塞回寶寶嘴裡，但一定要盡快離開。如果媽咪會讓寶寶聯想起喝奶或懷抱，爸爸來做會更理想。

對大一點的寶寶和大多數的父母來說，另一種概念相似但略有變化的做法也很值得考慮：為了增添寶寶的安心程度，你並不是在放他進嬰兒床就馬上離開，而是每晚都坐在床邊不遠的椅子上等他入睡（同樣的，哭了也不抱他）；每過一天，椅子就朝門口移動一些，直到你都已經坐在門邊

第六個月

親子共眠

你不認為應該在寶寶還這麼小時就開始施行讓他自己睡的計畫嗎？不喜歡放著讓寶寶哭或操控他自然的睡眠模式嗎？寧可寶寶醒來時你就在他身邊，而不是得拖著疲憊的身軀離開你的床嗎？相信與寶寶同睡是一種幸福嗎？如果是，親子共眠可能是個好主意。

與你的寶寶共睡一張床並不意味一定得放棄讓他自己睡的想法（所有的孩子終究能學會自己睡，有些在三歲時就願意這麼做），你可以等到你們都準備好了再開始。同睡的支持者宣稱，與爸媽睡在一起的寶寶對睡眠有較正面的感受，父母的碰觸、聲息和味道，讓寶寶在入睡前或夜裡醒來時都更有安全感。一旦他們該自己睡的時候來到，寶寶較不會害怕睡覺或黑暗（當然有些孩子還是會有點麻煩）。

做為親子連結哲學的一部分，共睡也鼓勵媽媽在夜晚時應寶寶的要求隨時餵奶，直到學步或學齡前期（但要記得，一旦開始長牙，夜間餵奶易導致蛀牙）。對家庭和諧同樣重要的是，父母親要一同共眠，否則寶寶可能造成夫妻間的疙瘩。更多的資訊參見 289 頁。

為止；最後，你當然就不必再坐在椅子上等他入睡了——到了這種程度，寶寶通常無需你隨侍在側就能自己入睡。記得，無論如何有些寶寶就是沒辦法忍受父母離開眼界——如果你家寶貝正巧就是如此，這種方法就派不上用場了。

- 能做幾次就做幾次。一旦決定寶寶哭上幾分鐘才回應，就要每次都讓他哭上 5 分鐘（或者你認為夠了的時間）才進房去，直到他終於能夠自己睡著為止。第二晚起，每次再多忍個一兩分鐘，第三晚再加長一些；不過，白天的小睡就不能用這種模式，如果加總起來已經哭了 10 或 15 分鐘（你的回應也算在內），可能就是該讓他起床或換用別的方式讓他重回夢鄉的時刻。好消息是，進行過差不多一週的夜裡睡眠教學後，白天裡只要把寶寶放進嬰兒床裡，他大多就懂得那是他該小睡一場的訊號。
- 甜蜜收割。你應該會發現，捱過三個晚上後寶寶的啼哭確實穩定減少了，而且——敬請歡欣鼓舞——在第四到第七晚之間不再啼哭不止，取而代之的，是小小的發點脾氣或意思意思的掉幾滴眼淚，接下來就發出你巴望了許久的聲響：一片寂靜……說不定還有低沉的、滿足的鼾聲。不用說，往後當然不會都一帆風順，就算睡眠教學都已告一段落了，寶寶也還會偶爾半夜起來吵鬧一番（說不定吵得比以前還兇）或哭泣一陣（比以前更大聲），但可別因此就以為教學失敗了；只要寶寶已經學會自己安然入睡（幾乎每個寶寶都學得會）——也許你只需要讓他自己吸吸大拇指或奶嘴，或自己活動一下筋骨、甩甩腦袋，或翻身換個睡姿，或只是哭個過癮，他就會自行回到睡夢之中——再次醒來時也是。這種時刻，也就是你的睡眠教學已經完全成功了。

所以，從今爾後你就能一覺到天明了？也許會……也可能不會。無論原因是所謂的「睡眠倒退期」（sleep regression，通常會發生在寶寶努力學會生活新技巧的階段，參見第 450 頁），還是只不過由於長牙而不舒服，很想得到父母往日的搖晃或關愛，你家寶貝還是會有一些夜晚會哭叫著醒來，嚴重威脅你們好不容易才獲得的成果。這種時刻來臨時請別氣餒，只要記得堅持不懈，同樣的策略和做法很快就能幫助寶寶回到自己入睡的正軌上。

抓對時機最重要

在寶寶生命中的不同時間會有許多不同的改變與壓力，如果你的寶寶正面對某種干擾——長牙、媽媽又回去上班、新的保母或耳朵感染發作——就等到他安定下來之後再進行你的一覺到天亮計畫。如果你有全家出遊的打算，也應該這麼做。記得，即使寶寶可以一覺到天亮了，在面臨某些改變或壓力時，還是會在夜裡醒來（比較聰明的做法是，唯有在寶寶處於這種情境下才給予安撫，否則事情結束後寶寶會故態復萌）。夜醒同樣可能發生在寶寶剛剛通過一個發育的里程碑——如會爬或會走——時，因為初學會的技能會干擾到他的睡眠。

❖鄰居會怎麼想？

我們家是個公寓，寶寶的房間因此和鄰居只有一牆之隔；我們確實很想進行睡眠教學，卻也很擔心鄰居會怎麼看待寶寶的號哭。

單是聽到寶寶的暗夜哭聲就教你夠難過了——更何況還有鄰居呢！不論次數多寡，寶寶夜泣都有擾鄰之嫌。以下的方式可讓你在培養寶寶的睡眠習慣時，不致引發鄰居的敵意：

- 預先告知。先讓鄰居知道你的寶寶會夜啼（而不是在夜裡三點聽到他們的抱怨），告訴他們你的計畫以及會持續多久。
- 先道歉。本身有孩子的鄰居或許比較能同理，有的甚至會給點建議；沒孩子的鄰居恐怕就不太能理解。隨手帶點禮物應該會讓你的歉意較易被人接受。如果是有幽默感的鄰居，不妨送他們幾副耳塞。
- 緊閉門窗。確保寶寶的哭聲不致響徹整條街。
- 採取一些隔音措施。在寶寶的房間或所有靠近鄰家的窗戶掛上掛毯。如果可能的話，將嬰兒床放在鋪地毯的房間裡（地毯有吸音作用）。
- 不要太自責。公寓住宅往往不乏噪音：狗吠聲、甩門聲、夜半腳步聲、刺耳的音樂聲和吸塵器的呼嘯聲……，一位好鄰居應該能夠忍受你的寶寶的哭聲。

❖例行睡前活動

我們想給小兒子一些睡前活動，卻不大清楚這方面的事。

不論寶寶是和你們一起睡還是接受睡眠教學，每一晚的好眠都有賴於良好的睡前例行活動。在即將就寢之前，與寶寶共度一段可預期的、讓他身心安適的活動，會讓他領受到「是睡覺的時候了」的清楚訊息，溫和地帶引他進入夢鄉，可以說是從吵嚷白日走向寧靜夜晚的橋梁。例行睡前活動的目的，就是要幫寶寶降低對興奮的期待，比如從60來到趨近於0；更重要——重要很多——的是，在這長日將盡之際，睡前的例行活動提供了你們和寶寶絕佳的相處時光，畢竟，相互依偎、唱搖籃歌、低聲讀上一段故事等讓人產生睡意——以及平靜心情——的這些事兒，不只寶寶需要，你們自己也很受用。

為了好好進行一趟睡前例行活動，你得在讓寶寶躺上嬰兒床前預留30~45分鐘。雖然睡前的例行活動是夜復一夜的事兒，你也可以靈活運用、找出對寶寶和你最喜歡的一

給爸媽：寶寶一覺到天明時，你呢？

對新生兒父母來說，最具諷刺意味的大概就是：終於盼到寶寶一覺到天明時，自己卻反而一夜難眠；雖然不是人人如此，但這種苦盡甘來反而失眠的慘痛結局，確實讓許多歷經睡眠剝奪的父母無語問蒼天。萬一你就是受害者，大概也得學習怎麼讓自己哭到睡著了。

睡眠教學導致的失眠也許對父母很不公平，卻也不無道理，最少符合生物學理。想想看，當你忙著讓寶寶學習睡到天亮時，你是不是也在破壞你自己的睡眠習性、攪亂自己的生理時鐘？你的心思全沒擺在入睡這件事上，就算躺在床上時，也都耳目俱張地守候寶寶的睡眠狀態；等到你能確認寶寶熟睡時，自己的瞌睡蟲早就跑個精光了。

別太難過，因為你讓寶寶學會自己入睡的方法也可以用在你身上，其中，最重要的就是入睡前的例行活動。不要倒頭就睡（新生兒父母大都有這種傾向），要讓自己慢慢來；調暗燈光，播放低音量的輕柔音樂，洗個溫水澡，吃點消夜（之後再喝杯牛奶，因為牛奶有助眠功效），和另一半做個愛或情深意濃地摟摟抱抱——總之，只要是能讓你放鬆下來的活動都好。服用含鎂補充劑錠，因為鎂能放鬆肌肉，也有催眠的功效；睡前的 30~60 分鐘裡，盡量別看電視或使用平板電腦、手機——任何可能讓你提神或有高反差亮光的事物，因為已經有些研究證實，睡前眼睛接觸明亮的光線會干擾身心節奏，以及壓抑促進睡眠的褪黑激素的正常分泌。

一旦開始嘗試這一小時的睡前例行活動，就要持續不懈地維持下去——就如同你對寶寶的睡眠教學一般，才能讓你的身心都能逐漸適應，進而安穩入眠。雖然不說你也應該知道，但還是提醒一下好了：打從下午起就別再喝含有咖啡因的飲品了，因為咖啡因會在你的身體裡停留八個小時，讓你的失眠雪上加霜。

種組合，但最重要的仍是：讓你家寶貝逐漸產生睡意；因此，先創造睡意襲人的氛圍——調暗燈光，關掉電視和手機——以製造你所需要的舒緩情調，緊接著再：

洗個溫水澡。在地板上爬了半天、把香蕉泥塗抹在頭髮上，又到草皮上盡情翻滾後，寶寶本就很需要洗個澡了；不過，入睡前的溫水澡可不只能讓寶寶清潔溜溜而已——更能舒緩他的身心。溫暖、溼滑的水流有促進睡意的神奇魔力，所以別太早幫他洗澡，留作睡前的第一個例行活動；除此之外，洗浴時不妨用上帶有薰衣草或甘菊香氣的嬰兒沐浴乳或乳液，因為它們都以有助舒緩身心聞名。

來段按摩。如果你家寶貝本來就喜歡按摩，睡前來上一段尤其功效卓著。研究顯示，睡前按摩可以增加褪黑激素分泌，對促進睡意極有助益。如果再用上一點舒緩心神的精油或乳液，更能倍增按摩的功效；嬰兒按摩的訣竅，請參見 262 頁。

哺餵母乳或配方奶。一頓消夜，就足以讓寶寶天亮前都不會肚子餓；但可別忘了吃完後要幫他刷牙（如果已經長牙的話），或是用潔牙紙巾、小方巾擦拭乾淨口腔。要是擔心寶寶會喝到半途就睡著，那就早點（比如洗澡前）餵他喝，而且是在稍微嘈雜的環境之中哺餵；然後，等到寶寶快週歲前，就可以讓他吃些睡前的點心。

說個故事。寶寶換過尿布也穿上睡衣之後，就和他一起依偎在搖椅、舒服的座椅或沙發裡，同時帶上一兩本故事書，唸給他聽；基本上什麼書都可以，但特別寫給幼兒的故事書當然更好，比起白天的讀得活靈活現，這時要用輕柔、溫婉的嗓音。不想讀的話，和寶寶一起翻著看也行。

唱歌或搖籃曲。懷抱寶寶，唱些慢節奏的歌和搖籃曲給他聽，但可別和他玩白天裡那種搔搔癢或親親臉之類的遊戲；畢竟，寶寶的引擎一旦發動，要關掉就沒那麼容易了。

互道晚安。讓寶寶和大家——從填充動物、哥哥姊姊到爸爸媽媽——來趟互道晚安之旅，大家不但都要和寶寶親親，還要說聲「我愛你」或「晚安，乖乖睡喔」（或任何你覺得最恰當的話——只要夠短、夠甜蜜、不會突兀）；然後輕柔地放寶寶上床，溫柔地撫刷他的頭髮或臉頰一兩次，再耳語似地「噓——」個幾聲後，就安靜地轉身離開（除非你們打算和寶寶同房睡覺）。

❖該戒除奶嘴了嗎？

我應該在寶寶滿六個月大前讓他戒除奶嘴，免得再晚就更難辦嗎？

寶寶睡覺時含著奶嘴沒什麼好戒除的——事實上，相關研究早已證明，讓寶寶含著奶嘴睡覺反而有助於降低嬰兒猝死的風險；不過，白天時分限制一下奶嘴的使用也許就是明智之舉了。白天不用奶嘴，除了可以加強寶寶的社交與話語學習，如果再想遠一點的話，雖然週歲前還沒有戒除奶嘴的太大必要（基本上，奶嘴使用到兩、三歲並不會有什麼後遺症），不讓他養成依賴心更有利於將來的戒除。你的擔心並不是杞人憂天，寶寶愈是離不開奶嘴，將來的戒除就愈艱難。

❖早起

剛開始我們對寶寶能整晚熟睡感到非常高興，但當他每天早晨五點像鬧鐘般準時醒來時，我們反而寧願他在半夜醒來。

半夜醒來的寶寶通常安撫過後還會再躺下睡幾個小時，但是早起的寶寶常不到晚上再度來臨，是不會再入睡的，也難怪父母會有如此的反應了。

一般而言，父母只有認命接受，不過你還是可以試試下面的方法：

不要讓早晨的陽光照進房間裡。有些寶寶對光線特別敏感，所以天一亮就醒來。不妨試著將寶寶房間弄暗，例如加裝窗簾或百葉窗隔離光源，或在睡前將窗子用厚毯蓋住。

隔絕噪音。如果寶寶房間面對交通繁忙的大街，記得睡前關好窗子，蓋上厚毯以隔絕早晨的噪音，免得驚醒寶寶。如果可能，把他換到另一間比較不會被噪音干擾的房間。

讓寶寶晚上晚點睡。寶寶早起可能是因為睡得太早，試著讓他每天晚10分鐘睡，直到將他上床時間延遲約1小時。如此一來，午睡及進餐時間可能也要跟著調動配合。不過，有些寶寶很奇怪：愈晚睡就會愈早醒；如果你家寶貝正是如此，就要反過來讓他早點入睡。

加長寶寶白天清醒時間。有些早起的寶寶習慣醒來1~2小時後再睡回籠覺。試著延緩他再度入睡的時間，每天延10分鐘，直到延後約1~2小時，如此可能幫助他延遲早上醒來的時間。要注意的是，別為了讓他晚上睡得久而使得寶寶白天過度疲累（這很可能會讓他反而晚上睡不好）。

讓寶寶白天睡少一些。寶寶每天需要的睡眠時間一定，在這個年紀大約每天 14.5 小時。如果白天睡太多，晚上自然睡得少，所以不妨讓寶寶白天睡少一點，原則上是以不讓寶寶過於疲憊即可。

讓他等待。不要在寶寶清晨發出第一聲啼哭時即衝向他，不妨讓他稍待一下，慢慢地加長他等待的時間——除非他大哭尖叫。幸運的話，他可能翻身再睡，或乖乖地自我娛樂一番。

在搖籃裡擺滿玩具。如果房間弄暗也沒用，不妨讓光線透些進來，然後在嬰兒床上放些安全玩具（不要絨毛的，有引起窒息的危險），讓寶寶在你起床前可以先玩一玩。

延遲早餐。如果他習慣早上五點半吃早餐，那差不多時間他就會餓醒。慢慢地延遲早餐時間，即使你一早起來也不要急著餵他，寶寶就可能睡晚一些。

不幸的是，可能這些努力都是白費的。有些寶寶就是睡得比別人少。如果你是這種寶寶的父母，那也只能認命早起，直到孩子長大可以自己做早餐。父母雙方應輪流承擔這項任務，除非母親必須每天餵食母乳。

❖夜裡翻身

我總是讓我的寶寶仰睡，但現在她已經知道如何翻身，而且會翻過身後趴睡。我應該在她趴睡時幫她翻身嗎？

如果寶寶喜歡趴著，一旦學會翻身之後，你就沒辦法讓她一直仰躺著。你其實沒必要禁止寶寶趴睡，更不用在你禁止不了時擔心受怕。專家同意，一個可以輕易改變身體姿勢的寶寶，遭到嬰兒猝死症襲擊的可能性微乎其微，原因有二：第一，一個會翻身的寶寶，就已經度過嬰兒猝死症的高風險期；其次，寶寶一旦會翻身，在趴睡時就有更好的自我保護技能，以避免自己發生嬰兒猝死症。

你可以——根據專家的說法是「你應該」——讓寶寶仰睡直到滿週歲，但不要因為她改變睡姿而讓你睡不著覺。但要確認嬰兒床的安全性，繼續遵守 286 頁如何避免嬰兒猝死症的提醒，如床框要牢固，床上不要有枕頭、毛毯或玩具等。

❖在大澡缸裡洗澡

嬰兒澡盆對我的寶寶而言太小，可是我又不敢讓他在浴缸裡洗澡，他似乎也很害怕。我試過一次，結果他狂叫到我必須立刻把他抱出浴缸。我該怎麼給他洗澡？

從小澡盆換到大澡缸，對你和寶寶恐怕都是一道需要突破的心理障礙。其實只要小心謹慎（參見下頁的「安全的大浴缸」），寶寶在適應了浴缸後，洗澡將成為一種樂趣及享受。可參考 168 頁為寶寶洗澡的基本訣竅，並試試以下方法：

試探期。剛開始幾天不妨將寶寶的嬰兒澡盆放在空浴缸裡，然後幫寶寶洗澡（在嬰兒澡盆中）。如此一來，當你將他置放在裝水的浴缸中時，他會比較快接受。

乾洗。如果可以，放寶寶到沒裝水的浴缸裡，讓他習慣浴缸，並放一些玩具讓他在裡面玩耍，還要在底部墊上大毛巾防滑。如果浴室溫暖，讓他光著身子玩，否則就讓他穿著衣服。不論在任何情況下，都不能離開他片刻。

使用替身。當有人扶持住寶寶，拿一個可以洗滌的洋娃娃或填充玩具當洗澡示範，演練洗澡的每一個步驟給寶寶看。一步一步來，邊做邊告訴寶寶有多舒服，讓他覺得洗澡是一件很棒的事。

注意水量與水溫。別先注入太多水——寶寶坐進浴缸時，水位應該只到他的腰部。水溫不能太涼，但也不可以過熱（洗浴用溫度計是測試水溫最方便可靠的工具）。

小心著涼。寶寶通常怕冷，如果洗澡時讓他們感覺涼颼颼的，可能就會排斥洗澡。所以浴室要保持溫暖。若浴室溫度不夠，你可以先開熱水讓浴室充滿熱氣。等浴缸水裝好準備讓寶寶進去時，再脫寶寶的衣服；出浴時馬上用大毛巾包住，最好連頭蓋住。天氣冷時若能先將大毛巾烘熱過更好。一定要確定已將寶寶身體擦乾，再換上衣服。

不斷提供娛樂節目。讓寶寶玩得不亦樂乎，就不會分心注意你正在幫他洗澡。特別設計的浴池玩具（像浮游物、塑膠書等）是不錯的選擇，而所有塑膠玩具也都可以使用。記得使用後要擦乾收藏，以免污垢附著影響寶寶健康，而且每週要用 1:15 的漂白水消毒玩具，以防細菌孳生。

讓寶寶盡情潑水。潑水是洗澡時不可或缺的娛樂節目，對寶寶而言，把你潑得愈溼他愈高興。不過須留意，寶寶喜歡潑人水，卻不喜歡被

安全的大浴缸

要讓洗澡好玩又安全，請遵循以下的提示：

等寶寶坐得穩。最好等寶寶能獨自坐著不須倚靠時，再放他到浴缸裡，這樣對你們兩個都會比較舒服。

給他一張安全椅。即使是可以坐得很好的寶寶，一旦淋溼後就很容易傾滑。短暫的滑入水底也許並不危險，卻可能造成寶寶日後對洗澡的恐懼（當然更不要說萬一你不在現場的後果）。

還好，現在有附塑膠吸盤的洗澡專用座椅（很多專家都不贊成，因此，使用前請確認是否有相關的安全認證），可讓寶寶安全固定的坐在浴缸中，而父母也不需要一直用手扶持——有些僅只是個可以讓寶寶坐在中間的救生圈，或是一隻可以騎在上面的海馬。如果座椅下沒有防滑墊，不妨放條毛巾在下面也可達到相同的效果。毛巾記得在用完後要晾乾，以免細菌叢生。座椅的墊子也一樣。

備齊用具。在把寶寶放入浴缸前，應先確定把所有需要的用具準備好，如毛巾、浴巾、肥皂、洗髮精、玩具等。如果忘了某樣東西需要去拿，用大毛巾包住寶寶一起帶去。隨時注意將浴缸邊所置放的可能危險物品取下，如肥皂、洗髮精及刮鬍刀等。

隨時守候。寶寶在五歲以前洗澡時都需有大人在身邊看顧。千萬不要有任何一刻放任寶寶在浴池中無人看顧。牢記這個嚇人的統計數字：55% 的嬰兒溺水事件發生在浴缸中。

控制水位。寶寶坐進浴缸時，水位不要超過他的腰部以上。

用手肘試水溫。手掌的感應力通常遠不如寶寶敏感的皮膚，因此在放入寶寶之前，可先用手肘或手腕測試水的溫度。水溫不宜過熱；在放入寶寶前先把熱水龍頭關緊，避免有熱水滴落。在水龍頭上安裝安全蓋，以避免寶寶碰撞到或燙到。

潑；所以讓他玩，你可千萬不要潑他水。

同伴制。有些寶寶在有同伴的陪同下比較願意洗澡。不妨和寶寶一起入浴，不過記得調節水溫至寶寶的喜好。一旦習慣洗澡後，就可以讓

他單獨試試。

不要在飯後洗澡。不論你母親或老人家怎麼掛保證，不要在剛吃飽飯後為寶寶洗澡，否則容易嘔吐。

等到寶寶出浴後再拔水塞。空浴缸會讓寶寶的身體與心理都覺得冷。汩汩的放水聲可能嚇壞幼小的嬰兒，大一點的寶寶則會害怕自己也會跟著被水沖下浴缸。

耐心。遲早寶寶會接受洗澡的，尤其是在不受強迫、沒有壓力的情況下，寶寶會較快進入狀況。

❖ 排斥奶瓶症候群

偶爾我想把奶擠出，用奶瓶餵給寶寶吃，但他卻拒絕用這種方式，怎麼辦？

這表示你的寶寶已習慣於你溫暖的胸脯，而拒絕接受冷冰冰的奶瓶奶嘴。早在寶寶六週大時就應開始讓他接觸奶瓶，而不該等寶寶大了，養成癖好及習慣，再改就不容易了。不過還是可以照下面的方法試試看：

讓他空腹再餵食。當寶寶在真正餓的情況下，他就不會那麼排斥奶瓶了，不要在寶寶剛餵過的情況下試用奶瓶。

或者在他很飽的時候餵食。在很想吃奶時卻被餵奶瓶，有些寶寶會感到被騙而不悅。如果在你試探過你的寶寶後，發現他是屬於這一類，就不要在他飢餓時給他奶瓶；相反地，在他吃飽或準備吃些零嘴時給他試試奶瓶。

裝作毫不在乎。不要表現出奶瓶對你有重大的意義；相反地，不管寶寶如何反應，都要表現出無動於衷的樣子。

哺餵前先讓他把玩一陣。不妨先讓寶寶把玩一下奶瓶，很可能在他熟悉之後，他會決定自己把它放入嘴中。

換個人來餵。寶寶較易接受爸爸、奶奶或其他人遞來的奶瓶，只要一聞到媽媽的味道，寶寶可能就會棄奶瓶於不顧。

試用寶寶最愛的飲料。有些寶寶希望奶瓶內裝的是他熟悉的母乳，有些則喜歡別的飲料，不妨遷就寶寶的喜好放入果汁或鮮奶（只要醫師許可）。

趁睡覺時偷餵。讓用奶瓶餵寶寶的人在他睡著時抱起來餵餵看，幾週之後，或許醒著時他也會接受。

適時的暫停。不要因為奶瓶引發一場戰爭。當寶寶顯示強烈抗拒時，就適時拿開，改天再試。記得每幾天試餵一次，持續至少幾個星期。

如果無論如何寶寶都不能接受奶瓶，那試試別招：杯子。寶寶大多五、六個月大就能接受杯子（參見第 441 頁）；很多在一歲大時已能熟用杯子（有些甚至八、九個月大時即如此），而且是直接由餵母乳轉換成用杯子，省略了用奶瓶這一步驟。

❖奶瓶性齲齒

我朋友的寶寶因為齲齒而被拔掉前面兩顆門牙。我該如何避免寶寶重蹈覆轍呢？

這種情形是可以預防的。兩歲前的牙齒最為脆弱，如果寶寶常常在吸食奶瓶時入睡，則奶瓶中飲料的甜分混合著口中的細菌，就會開始腐蝕牙齒。睡眠時口水分泌減少，連帶使吞食動作減緩或停止，因此寶寶入睡前的最後一口可能就會一直含在口中數小時。

預防的方法如下：

- 寶寶開始長牙後，就不要在入睡前餵牛奶或果汁；偶爾一兩次倒無妨，但經常如此就會造成齲齒。如果寶寶一定要抱著奶瓶方能入睡，那就在奶瓶中裝白開水。
- 不要讓奶瓶成為寶寶不可分離的鎮靜劑或撫慰劑（根據美國小兒科醫學會的建議，週歲後就不應該再讓寶寶使用奶瓶）；終日吸吮奶瓶，也可能造成相當於夜間吸吮的效果。奶瓶應該是在進餐或零嘴時間才給予寶寶。
- 不要餵寶寶喝糖水，即使寶寶尚未長牙，也要避免寶寶「上癮」。不要餵小紅莓綜合果汁、水果牛奶、水果飲料等高糖分飲品，喝果汁時最少要用等量的開水稀釋過，如果可能，只用杯子喝，這樣寶寶就不會養成用奶瓶喝果汁的習慣。
- 大約一歲時就可以開始讓寶寶漸漸戒掉奶瓶。
- 能用奶瓶喝的，用鴨嘴杯也都能喝，而且都會讓飲料灌滿寶寶的嘴，所以一樣需要限制。使用一般杯子才真正是在「喝」而不是在「吸」。在防止齲齒上，一般的杯子或吸管杯都很不錯。
- 雖然媽媽親自授乳的寶寶很少有齲齒，也別讓睡在你床上的寶寶整夜靠著你吸吮母乳，否則照樣

會有齲齒。

❖替寶寶刷牙

我的女兒剛長第一顆牙，鄰居說我應該開始幫她刷牙，不過這似乎有些可笑。

這些生長時帶來無數痛苦的乳牙在小學不久後，就都會陸續被恆齒代替，那現在又何必費心去照顧它們呢？

理由如下：一、因為乳牙是為未來的恆齒「卡位」，所以如果齲齒掉落，將可能造成嘴型的永久改變；二、寶寶仍須倚靠這些牙齒來咀嚼好一段時間，牙齒不佳自然會影響到營養的吸收；三、健康的牙齒對說話及外觀都很重要，也會影響到寶寶的自信心；四、如果你從小開始為他們刷牙，他們就比較容易培養優良的牙齒保健習慣。

第一顆牙可以用一塊沾溼的乾淨紗布或小毛巾擦拭，或用小而輕柔（不超過三排刷毛）的嬰兒專用牙刷沾溼輕刷，飯後及睡前各刷一次。可以請牙醫或小兒科醫師推薦牙刷。在未長臼齒之前用紗布棉墊可能會清得較乾淨，不過用牙刷卻能養成寶寶刷牙的習慣，所以兩者交替使用是最好不過的了。注意動作要輕柔——因為寶寶的牙齒非常柔軟。順便也可輕擦（刷）寶寶的舌頭，免得滋長細菌。

需要用牙膏嗎？美國兒童牙科學會（Academy of Pediatric Dentistry, AAPD）建議，一開始——而不是過去所說的等到兩歲大——幫寶寶刷牙時，就該用防蛀含氟牙膏了；不過，用量卻很重要。為了提防氟對寶寶或幼兒的傷害，三歲以前使用含氟牙膏時，一次只能在牙刷上塗抹米粒大小。專家的看法是，這麼小的用量既不會讓寶寶的牙齒變色，吞下肚裡（很難避免）也不會有問題；週歲起，你就可以教他自己刷牙了。

刷牙是預防齲齒的第一道防線，除了清潔功夫外，還有其他有效的預防方法可以確保終身牙齒健康：

- 限制寶寶飲食中的精緻碳水化合物（白麵粉做的麵包、餅乾還有牙餅），因為這些東西很快會在寶寶嘴裡轉化成糖分，造成齲齒的風險跟糖果沒有兩樣。全穀物不僅比較營養，對寶寶的牙齒來說也比較健康。
- 盡量少用奶瓶及鴨嘴杯喝飲料。
- 檢查寶寶的牙齒與口腔。帶寶寶定期檢查時醫師都會看看牙齒和口腔，如果沒有特別的問題，這

鐵質：不可或缺

拜鐵質強化配方奶與穀物所賜，如今的寶寶很少會因為缺乏鐵質而出現貧血（紅血球細胞裡的蛋白質供應不足）的症狀——美國週歲前的寶寶中只有4~12% 貧血。不過，貧血與否的檢測只能依靠驗血，美國小兒科醫學會建議，由於嬰兒最可能罹患貧血的時期是9~12 個月大（早產兒更早，6~9 個月大），所以這個階段的寶寶都應該接受驗血。

直到預產期附近才出生的寶寶，都會在最後那幾個月裡補足鐵質，所以出生後的數月中都沒有這方面的問題；但是，由於接下來身體會為了製造更多血液與快速發育而需要更多礦物質，寶寶就很需要從食物中補充鐵質了，來源則不外乎鐵質強化配方奶（沒喝母乳的寶寶）和富含鐵質的穀類食品。就算是一直喝母乳長大的寶寶，雖然前四個月都不會有缺鐵的問題，但往後就難說了（這也是為什麼專家都建議為寶寶補充鐵質，參見 201 頁）。

你必須謹記在心的是，就算寶寶驗血的結果顯示並未貧血，你還是得關心他是否能從飲食中補充足夠的鐵質（驗血偶爾也會出差錯），因此，你最好：

- 如果你家寶貝喝的是配方奶，就要確認配方奶是否添加足夠的鐵質。
- 如果他喝的是母乳，四個月大起就最少（而且經常）要哺餵他一些富含鐵質的食物。
- 開始吃固體食物後，既別忘了必須讓他吃富含鐵質的食物，最好也哺餵他富含維生素C 的食物——因為維生素C 可以幫忙身體吸收鐵質（參見 489 頁）。

樣就夠了。美國兒童牙科學會建議一歲左右開始可以找專業的牙科醫師（有看兒童的一般牙醫或是小兒牙科醫師都可以），早點開始有助於寶寶習慣牙科檢查。如果沒有問題，也可以等到寶寶三歲之後。

❖不愛穀類飲食

我家寶寶很愛吃蔬果，但不愛吃穀類食物。我們應該設法讓他吃穀類食品嗎？

寶寶需要的不是穀類，而是其中含的鐵質。對吃配方奶粉的寶寶而

言，不愛穀類不會是問題，因為他們每一次進食都可以攝取到足夠的營養素；如果是哺乳的寶寶，在六個月大之後就必須另尋鐵質的來源。所幸，補充鐵質很容易，你可以請寶寶的醫師推薦。

在你關閉所有穀類食品的大門之前，可以考慮再試試看大麥或是燕麥，或許寶寶的味蕾天生就喜歡稍重一點的口味（米絕對是其中最淡的）；不論你最後選擇了哪種穀類，都別忘了全穀既最富含營養，也最能征服寶寶的味蕾。或者，你也可以將少量的穀類與他最喜歡的水果混在一起（如果你家寶貝已經喜歡吃單純穀類食品，就不建議這樣做）。

❖素食餐飲

我們是素食主義者，也希望寶寶成為素食者。請問素食能否提供充分的營養？

對素食父母好的，同樣有益於他們的寶寶。有無數的素食主義者以同樣的方式撫養他們的孩子成人，而且沒有問題，除了體重可能稍輕之外。不過完全排除動物性食品，對大人及小孩都可能有些危險，應注意：

- 餵母乳。如果可能，至少餵寶寶一年的母乳，確保嬰兒能得到成長所需的營養（如維生素 B 及 B_{12} 補充品），如果無法哺餵母乳而讓寶寶喝豆奶，就應該先請教醫師。
- 補充劑。先和小兒科醫師討論，再決定是否該給寶寶不同於一般嬰兒的維生素補充劑。
- 有選擇性。讓寶寶從嬰兒米精進階到穀類麥片或豆類食品，它們能提供較多的維生素、礦物質及蛋白質。
- 吃豆腐。餵食豆腐和其他黃豆食品補充蛋白質。約一歲大時，可加入煮軟的糙米及豆類等高蛋白質食品。毛豆也是很好的選擇，一開始煮軟去殼之後磨成漿，慢慢可以試著打成泥，這些豆類食物非常美味，而且富含蛋白質。
- 注重熱量。發育中的寶寶需要大量的卡路里，只吃植物食品顯然較難以取得足夠的熱量。注意寶寶體重增長的狀況，以確保他得到足夠的卡路里；如果有不足的跡象，增加他吃母乳的量並讓他多攝取高熱量的蔬果，如酪梨。
- 讓鈣源源不絕。寶寶斷奶之後，尤其要注意飲食中所能攝取之鈣質，以供骨頭及牙齒生長發育所

如廁訓練

即便你家寶貝都還只是個，呃，小嬰兒，你就很希望他能自己上廁所了嗎？不只是你，很多父母都有這種念頭。近年來，幾乎走到哪個遊戲場你都會聽到一個新穎的名詞：排泄溝通（elimination communication）——顧名思義，就是怎麼訓練一個還在包尿布的寶寶自己上廁所。

怎麼對那麼小的寶寶進行「排泄溝通」呢？首先，你得先調整你家寶貝的大、小便時段。嬰兒通常一睡醒就會排尿，有時剛吃飽也會，但大致是在兩餐之間；大便的時段也很容易預期——通常出現在飽餐之後。因此，你必須從現在開始注意寶寶的排泄徵兆（你知道的，大多是：嗯嗯作聲，小臉脹得通紅，緊抿嘴唇，看起來很專注，突然靜止一段時間，有時身體甚至會抖動）；你愈是能看出寶寶排便的徵兆，就愈能預知他是不是就要大、小便了。一旦警覺到他馬上就要大便或小便，就趕緊抱寶寶到便壺上，然後發出某個特別的聲音（比如「噓噓」）來暗示寶寶「是尿尿的時候了」；不用多久，你家寶貝就懂得接受那個動作和聲音的提醒，然後自然小便。大便也一樣，但得換個不同的聲音（比如「嗯嗯」）。

反對的專家認為，沒必要讓還不能好好控制肌肉的寶寶接受這種「如廁訓練」；有些甚至擔心，這麼早就訓練寶寶如廁只會讓某些父母懷抱過高期望，干擾親子關係。不過，如果你還是覺得不試白不試，那就放手一試吧——但要有必須花費許多時光的心理準備。這種訓練很需要精力，既得時時注意，還要非常快速的動作和超級靈活的反應；可是一旦訓練成功，果實卻也極其甜美——寶寶很早就能擺脫尿布的糾纏（一般得等到三歲大）。

你家寶貝明顯受不了如廁訓練嗎？別猶豫了，就放棄吧。往後的歲月裡，你還有很多時間可以訓練他。

需。素食如豆腐、花椰菜及其他綠葉蔬菜，以及堅果類食品（攪碎）。如果寶寶不喝牛奶，那還應補充其他形態的鈣質。

- 別忘了脂肪——好的脂肪。鮭魚之類的魚類和富含 DHA 的蛋，可提供必需的 Ω-3 脂肪酸，完全不吃動物製品的人得從其他來源（如酪梨、芥花油、亞麻籽油及堅果醬）攝取這些好的脂肪。

❖排泄物的變化

自從寶寶換食後，排泄物似乎變硬了，而且變黑變臭。這樣是正常的嗎？

很遺憾，每一種寶寶吃下去的東西排出來也很好聞的時光終究一去不復返了，這個時期的寶寶，大出來的便已從鬆軟色黃不刺鼻，轉變成濃稠暗黑且帶著令人震驚的惡臭。是的，雖然這也許並非母親樂於見到的，不過排泄物變濃、變黑或變臭都是正常的。

我剛餵寶寶胡蘿蔔，他的排泄物竟成了桔黃色。

寶寶的消化系統尚未成熟，所以排出的物體和進食的食物在質感和顏色上都會相當接近，有些甚至原封不動地排出來，尤其是質硬不易消化者。只要排泄物不是呈黏液狀或稀疏不堪（這通常是胃腸對食物過敏或不能接受，須停止餵食該類食品幾週），就不必太操心。

❖學步車與學步檯

我的女兒似乎很想要四處走動，不管是在嬰兒床裡或嬰兒椅裡都待不了多久，可是我又不可能整天帶著她到處走。可以買個學步車給她嗎？

想趴趴走卻動彈不得（或者連個輔助器具都不可得），當然是很讓人沮喪的事。這種沮喪的心情，最常出現在已經會坐但還不會移動的寶寶身上，而最容易浮上父母心頭的也確實是學步車——在他們還不能走、甚至站不好時，就能靠那四個輪子滿屋子「走」；只不過，學步車也是很多寶寶受傷到必須送醫的元凶（從頭部撞到桌邊等凸出物

> **「30 分鐘」守則**
>
> 有些寶寶不會讓自己在學步檯、跳躍檯和嬰兒鞦韆上待太久——通常快得讓急著從胸前、背上解除負擔的父母吃不消；然而，有些寶寶卻正好相反，又轉又搖又跳得不亦樂乎，再久都嫌不夠。問題是，寶寶其實並不真的能從這些東西上學到多少——雖然原因是出在他們沒有那個自覺。因此，為了讓寶寶得到充分活動各種肌肉——以及各種視野——的機會，你不但一次別讓寶寶在學步檯之類的東西裡待超過 30 分鐘，一整天下來也最好別超過 1 小時。

到因為靠近火爐而灼傷或拉下烤麵包機而砸傷，族繁不及備載），因此，不但專家都幾乎不再推薦學步車，美國小兒科醫學會還把製造商與販售者都告上了法院（加拿大的動作還比美國更早）。

無論從哪個角度看都比學步車更好、更安全的，是學步檯（比如ExerSaucer）。有了學步檯，寶寶就有更多活動的可能（小傢伙上下跳動、左右晃動、前後轉身），卻完全沒有學步車的風險；另外，學步檯也很有娛樂功能，除了容許寶寶盡情活動的座位，還附帶各式各樣——通常包括會發出光芒和聲響——的益智玩具。不過，學步檯也並非全無缺點：首先，如果你家寶貝的沮喪不只是因為動彈不得，也由於經常得不到爸媽的關愛，再好的學步檯也愛莫能助，說不定才一發現學步檯只能讓他原地團團轉，就反而更不開心（「我可以移動了，但哪兒也去不了！」）。其次，研究顯示，老是待在學步檯（或學步車、嬰兒椅、搖籃）裡的話，寶寶很可能比較學不會坐、爬和走，因為他們得不到鍛鍊相關肌肉的足夠練習，也沒機會學習掌握相關的技巧；事實是，寶寶走路時需要用上的肌肉和在學步檯裡使用的並不一樣，也因為寶寶在學步檯裡看不見自己的雙腳，所以就無從領會走路時得怎麼運用腿腳（這是學習走路的必需步驟）。最後，寶寶沒辦法在學步檯裡領會平衡，也就不能明白失去平衡而倒下時該怎麼再站起來——這尤其是學會自己走路的重大關鍵。

如果你決定要讓寶寶使用學步檯之類的器具，為了確保有效又安全，請參考以下的技巧：

購買之前先實際測試。想知道寶寶適不適合使用學步檯，唯一的方法就是讓他親身一試。如果朋友裡沒人用過學步檯，就帶寶寶到店裡，讓他坐進你想買的學步檯看看；只要他看來似乎很能樂在其中，那他就是準備好要當轉轉龜（或跳跳虎）了。

觀察他的「活動力」。比起鞦韆、跳躍椅、嬰兒椅，學步檯不會更無需你的在旁觀照；所以，你只能在看得到學步檯的範圍裡活動——更不可以把學步檯擺在可能導致危險的地方（比如電器用品或一杯熱咖啡附近）。

限制他的「活動力」。大多數的寶寶，在學步檯裡待上 5~10 分鐘後

就會想換做別的活動了——也就是會急著掙脫學步檯的「束縛」。不過，雖然很少見，卻也的確有寶寶會樂不思蜀，一進去就忘了還有別的事可做；如果你家寶貝正是如此，那你就得限制他待在學步檯裡的時間，以一次不超過 30 分鐘為限。每一個嬰兒每天都應該在地板上活動一段時間、練習各種運動技巧——比如手腳並用地撐起自己的肚皮——好讓他終有一天學會坐和爬；也必須有機會靠著緊扶茶几或椅子而訓練自己站立，然後學習行走；你更不能讓他由於坐困某處（雖然是很好玩的某處），因而得不到探索、掌握環境中的安全物體的機會。更別說，他也很需要與你隨興玩耍時衍生的互動。

時候到了就別再用。學步檯這種東西只是個過渡用具，一旦寶寶開始出現想爬的跡象，你就應該讓他離開學步檯，換成到地板上活動——只有地板才能幫他站起來、跨出人生的第一步；一直用學步檯框限他的活動力，不只對他的蹣跚學步毫無助益，還會製造混淆——學步檯所需的活動技能，完全不同於真正的站立或行走。

❖寶寶的鞋子

我家寶貝現在當然還不會走路，但我總覺得，穿衣服不穿鞋子似乎少了些什麼。

其實目前對寶寶而言，光腳是最好的。不過偶爾在特殊場合為他穿上小襪子或小鞋子倒也無妨。寶寶尚不會走路，所以他們的鞋子也不必是專為走路設計的；嬰兒鞋應該很輕，用透氣材質製成（真皮或布，不可用塑膠）；底板要柔軟富彈性，可以讓你的手隔著鞋底都摸得到寶寶的腳趾，有堅硬外殼的皮鞋是不適合寶寶的。第一雙鞋子很快就會穿不下，所以不要買太貴的。

寶寶會走路之後如何選鞋，參見 516 頁的小提示。

不可不知：啓發日漸成長的寶寶

若說啟發前幾個月大的寶寶需要巧妙聰明，那麼啟發半歲大的寶寶則需要複雜詭計。寶寶的體能、情感及智能不再是你所能掌握的，現在他已經能在學習過程中擔負起積極的角色，並能掌控所有知覺——觀看接觸的東西、尋找聽到的東西、碰觸吃到的東西。

現階段應如何和寶寶說話

寶寶現在正處於語言能力發展的起點，你對他說的每一句話因此有了全新的意義。這些將是寶寶學習語言的基礎，不論是先發展的聽力，或稍遲顯現的表達能力。以下方式可幫助寶寶在語言上的發展：

放慢速度。寶寶正在努力解讀你的話，為了有助於寶寶逐字逐句的吸收，你最好放慢說話的速度，盡可能簡單清楚。

加強詞彙。照一般方式說話，但特別注重單獨的詞彙。當說完「我們現在要換你的尿布了」時，再拿著尿布說「尿布，這是你的尿布」；餵食時你可以說「我現在倒果汁在杯子裡」，拿著果汁說「果汁，這是果汁」，再拿杯子說「杯子」。總體而言，盡量保持詞句的簡短，同時加強著寶寶日常會用到的字詞，並在字句中停留一點時間讓寶寶能充分吸收。

慢慢減少使用代名詞。寶寶仍會搞不清楚代名詞，所以請明確的指出「這是媽媽的書」，「那是喬丹的娃娃」等句子。

著重模仿。寶寶現在能發出的聲音漸漸增加，你和寶寶互相模仿就更有趣了。交談可以建立在幾個子音及母音的運用上，像寶寶說「吧吧吧吧」，你也回應「吧吧吧吧」，寶寶回答「嗒嗒嗒嗒」，你也反應「嗒嗒嗒嗒」。只要你們兩個都喜歡，這樣的對話可以一直持續。當寶寶看似接受了，你不妨再換幾個音節（如「嘎嘎嘎嘎

這個月起，你可以擴充更多寶寶的活動；基本上，不出下列發展範圍：

大肌肉運動技能。協助寶寶發展坐、爬、走、丟球、騎車等協調性運動技能最好的方法，便是提供許多機會。經常更換寶寶的姿勢——仰臥、俯臥、直立、躺平、從搖籃裡到地板上——以提供伸展身體敏捷度的機會。如果寶寶看似已準備好（不試試看你是不會知道他準備好沒），讓他試著做下列動作：

- 站在你膝上跳躍。
- 把他拉坐起。
- 坐成「青蛙」狀。
- 坐直，必要時用枕頭撐住。
- 拉站著，握住你的手指。
- 讓他靠著搖籃邊站著，或倚靠著

」）鼓勵他模仿。但如果這樣角色互換減低了寶寶的興趣，就再換回來。不久之後，你會發現寶寶開始試圖模仿你說話了。

說出來。看到什麼東西、想到什麼事都對寶寶說。語氣要自然，但應有一種對寶寶合宜的尾音（勿與「兒語」混淆）。如何與寶寶說話的更多資訊，參見534頁）。

固定的歌曲及韻律。你也許會覺得餵奶時哼著一樣的曲調或每天固定唱同一首歌好幾遍是件無聊的事，不過你的寶寶可能不以為然。他們不但喜歡重複，還能進一步學習它。不論你哼的是世界名曲或自己的創作，最重要的是要固定一致。

借助書籍。寶寶還不會聽故事，但書本上簡易的童謠和生動的圖畫卻常能吸引他們的注意力。不妨指給他看，多多介紹單獨的物件、動物以及人物給寶寶認識。開始詢問「狗在哪兒？」之類的問題，出乎意料的是，寶寶可能會指認給你看呢！

等候回應。雖然寶寶尚不會說話，但他已經開始能吸收資料，而且有所反應——也許只是興奮的笑著，或悶聲抽噎。

發號施令。寶寶學會聽從「親親奶奶」、「說再見」或「把那東西給媽咪」等簡單的指令是很重要的。這並不容易做到，如果寶寶一時做不來，不要失望，協助寶寶做到你要求的指令，慢慢的他就會知道如何去做。一旦他學會了，盡可能不要把你的寶寶當海狗似的逢人就要他「表演」。

家具站立。
- 靠四肢撐起身體。

小肌肉運動技能。發展寶寶指頭及拳頭的機敏度，可促使其熟用基礎技能，諸如自己吃東西、繪畫、寫字、刷牙、綁鞋帶、扣釦子、用鑰匙開門等。如果多讓寶寶有機會運動手部、多玩弄各種物體、多去碰觸、探險及經驗，將使寶寶更能嫻熟運用這些技能。不妨試試以下這些：

- 遊戲板：提供各式各樣的動作練習，寶寶起碼要花上好幾個月才能熟練。
- 積木：簡單的木板、塑膠塊或布料，不論大小，都相當適合這個階段的寶寶玩。
- 柔軟的洋娃娃及填充動物：把玩

這些玩偶可以增進機敏度，寶寶更大以後，如果玩偶的材質與造型換新，除了更能刺激他的感官，還有助於增進他的靈巧。

- 手抓食物。在寶寶的食物中加入手抓食物，可以幫他加強抓握能力；燕麥圈餅、小塊軟梨或紅蘿蔔，以及其他可以手抓又安全的食物，都能提供寶寶學習怎麼使用拇指與食指的好機會。學會指抓以後，就給他可以「掌握」的食物（全穀麵包棒，塊狀起士，軟甜瓜），讓他開發小肌肉運動技巧。
- 真實或玩具家用製品：寶寶通常喜愛真的或玩具電話（電線應拆除）、各式各樣的湯匙、量杯、濾網、茶壺、鍋盆、紙杯及空盒等。
- 球：不同大小、材質，可握、可壓，尤其當寶寶能坐起翻滾或在地上爬著追球時，就更好玩了。
- 收納盒。一開始先教他抓起東西、放進收納盒裡，然後再讓他嘗試堆放，最後則示範如何堆疊玩具收納盒（當然了，要全學會得花上很長一段時光）。
- 手指遊戲：剛開始你是表演或帶領鼓掌、撥弄手指等遊戲的人，但不知不覺中寶寶自己也學會了。不妨先示範一兩次，然後邊唱邊協助寶寶學習這些手指遊戲。

社交技能。半歲大正是寶寶十分外向、好交際的階段。他們多半熱中於以微笑、大笑等各種不同的方式向所有的人表示友好——大多數寶寶此時尚未發展出「害羞焦慮」。所以現階段是鼓勵寶寶社交能力的大好時機，應多讓他和不同年齡的人接觸。宗教聚會、逛街、朋友造訪都是好機會，甚至讓寶寶和鏡中的自己親善。教他一些簡單的招呼語如「嗨」，以及一些社交禮儀，如揮手道別、親吻和道謝等。請切記，你現在只是在「播種」，所以最要緊的是別揠苗助長；無論如何，你就是很希望寶寶早點學會社交技巧嗎？不妨帶著他去加入一些遊戲團體。沒錯，寶寶當然不會自己組成社群，卻絕對會透過眼觀四面、耳聽八方而受到「同儕」的刺激——只要不是強加給他的，就都是很有用的預習。

智力及語言能力。寶寶開始顯現認知能力，首先開始能分辨名字（媽媽、爸爸、兄弟姐妹），接下來是些簡單的字（如「不」、「奶奶」、「拜拜」等），再來可能是些常聽到的簡單句子（如「要吃奶了嗎？」）。聽力的發展一定先於口語能力，同時也會發展一些其他的智能，如初步的解決困難、觀察和記憶力等，不過可能不易看得出來。你可以用下面的方式協助他：

- 玩一些可以刺激智能的遊戲（參見481頁）、有助於他觀察因果反應的遊戲（倒滿一杯水讓寶寶將它推倒──「你看，水跑出來了！」）或物體恆定的遊戲（把寶寶喜歡的玩具用布罩住，然後要他找──「熊熊哪裡去啦？」或用你的手、書本、菜單等玩躲貓貓）。
- 持續增強寶寶的聽覺感官。當飛機從天上飛過或消防車在街上疾駛而過時，指給寶寶看「看！是不是飛機？」「你有沒有聽到消防車的聲音？」這樣做會讓寶寶對聲音的反應更敏銳。同時加強或重複那些單字（飛機、消防車）則有助於寶寶認識字彙。

  當你開動吸塵器、在浴缸中放水、笛音壺響了或門鈴、電話響時，也同樣這麼做。當然更不要忽略身邊有趣的音效──如寶寶肚子或四肢發出的聲響，你玩弄舌頭的聲音或吹口哨聲，都會刺激寶寶的模仿力，進而激發語言能力。
- 鼓勵好奇心及創造力。給寶寶一個自己體驗及探險的機會，那意味著他可能從草皮上拔起幾根草、把蘋果泥抹到衣服上或是從浴盆裡脫出浸泡的溼衣服。寶寶從經驗中能學到的，會遠比從教導中學到的要多，而且這類的遊戲與探索都是免費的。所以坐在後面看著寶寶選擇他想玩的遊戲和他發揮創意的玩法就好了。

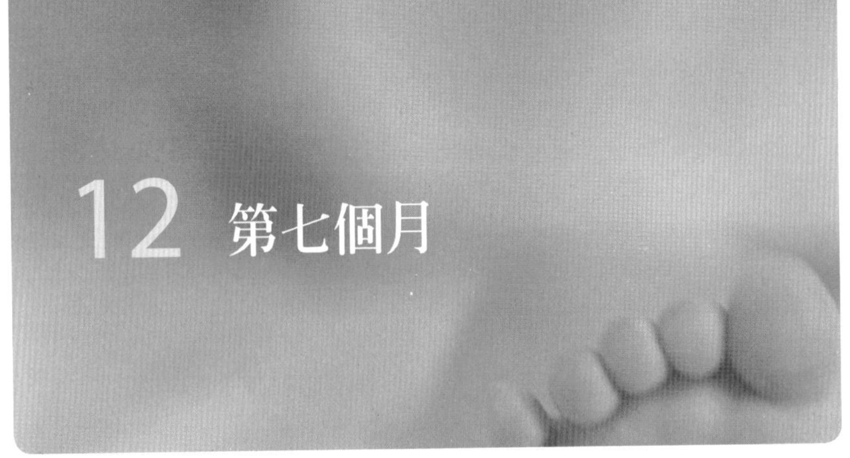

12 第七個月

寶寶依然是個社交動物，但那些一對一的互動如今的重要性往往排在探索之後：一種由日益增長的好奇心與萌芽中的獨立感點燃的熱情（往後的日子裡你會更常看到），會讓他想做自己的欲望演變成獨自到處闖。把寶寶放在地板的中央並知道 5 分鐘後他還在同一地點的日子已近尾聲，早在你發覺之前，他早已從房間的一頭或扭或滾或爬的到達另一頭——或更遠處。隨著獨力移動能力的爆發，你可得趕緊打理好家裡的安全措施。

哺餵你的寶寶：現成或自製嬰兒食物

且不論寶寶開始吃副食品的過程是否順利，現在又面臨另一個新的里程牌：吃比較粗糙的食物（質地上）。也不管寶寶是否樂於嘗試，越早開始仍然比較好，否則碰到的阻力會越大。

這不是說你們就可以準備舉家進攻牛排館了——就算寶寶長出了幾顆新牙，他們仍繼續使用牙齦咀嚼食物。所以，目前來說，蔬菜濃湯或糊狀的食物——只要比泥狀稍具纖維——便可讓寶寶消磨上一段時日了。

當即食嬰兒食品剛推出時，廣受許多母親的愛戴使用。但風水輪流轉，多年後的今日，時尚媽媽們反而流行起回歸傳統自然的懷抱，盡可能減少讓寶寶食用現成的嬰兒食品。

到底是傳統自製的嬰兒食品比較好？抑或是現成的即食嬰兒食品比較好呢？不妨等著看過以下文章後再做決定吧！

寶寶的第七個月

睡眠。你家寶貝現在每晚應該會睡上 9~11 小時，白天則大概早、午各小睡一次，加起來 3~4 小時。也就是說，每天要睡差不多 14 小時。

飲食。雖然應該已經開始吃固體食物了，但營養的來源仍然是母乳或配方奶。

- 母乳。你家寶貝每天還是需要哺餵 4~6 次（有些寶寶得喝更多次……也有可能比 6 次多很多），總計一天要喝 720~960CC 母乳；不過，如果固體食物吃得多了，母乳的需求也會降低。
- 配方奶。一天大約要喝個 4~5 奶瓶，每次 180~240CC，也就是每天會喝掉 720~960CC 配方奶；同樣的，如果固體食物吃得多了，配方奶就會喝得少一些。
- 固體食物。這麼大的寶寶，一天吃多少固體食物好呢？對一個剛剛開始接觸固體食物的寶寶來說，每天讓他吃 1~2 湯匙（再少一點也沒關係）穀類食物、水果和蔬菜（如果寶寶肯吃的話）就夠了，一天也只需吃個兩次；等到寶寶很能適應固體食物後，就可以加多到一天 2~3 次，總計 3~9 湯匙（同樣地，少吃些也沒關係）穀類食物、水果和蔬菜。在吃多少這方面寶寶才是老闆，讓他的胃口替你做決定吧。

遊戲。這個階段的寶寶，喜歡的是會動或是有回應的玩具（比如說，如果寶寶按對地方，玩具就會發出亮光或聲響）、堆疊玩具（大小不一的圈套環或五顏六色的積木，不過，這時的寶寶還沒辦法堆疊得像模像樣）、可以讓他邊爬邊玩的玩具（模型汽車、火車，能滾動、發光、發出聲響的球）、不倒翁類玩具（推倒時會自己回復直立）、會讓他想站立起來的玩具（給他玩之前，要先確定他的兩條小腳支撐得住！），尤其別忘了多幫寶寶準備幾本多采多姿、可以你們一起看也可以讓他自己看的圖畫書。

擠磨食物的要領

不管是一顆桃子、一撮穀物、蔬菜、水果、香料甚或肉類，把固體食物擠出汁液或磨成泥狀，當然是最方便餵食的方式；不過，為了確保你能擠磨出食物的精華又不會危及寶寶，請時刻謹記以下兩個重點。

首先，直接在湯匙上擠壓前，要先確認寶寶一次吃得了那麼多。如果分量多到寶寶必須吃上兩回以上，就要用碗來擠磨食物，再以湯匙舀出恰當的分量來哺餵寶寶；沒錯，這就得多洗一個碗，但總比寶寶的口水沾過後放著滋養細菌好。

其次，雖然商家販售的即食嬰兒食品可以直接擠給寶寶吞食，卻不是讓他學習吃固體食物的好途徑；別忘了，你家寶貝早就是吸吞食物的行家了（想想他從出生到現在已經吸吮過多少母乳或配方奶），所以，他現在該學習的是如何像個大孩子般吃固體食物——從湯匙開始，到學會用叉子。而且，這種直接擠出泥液給寶寶吃的方式也很容易滴落，只要你一個不小心，寶寶就可能會在半天或一天後撿起來放進嘴裡；更別說，這種直接擠出就能吃的食物有其限制（最少不會是後來寶寶真的要吃的「固體」食物，更不可能是餐桌上的食物）。偶爾讓寶寶不小心吃到沒完全磨成泥狀的馬鈴薯不是壞事，例如你們外出時剛巧沒有恰當的磨碾工具。總之，別只為了方便而像哺餵奶水一樣地給寶寶吃固體食物——你該做的，是用湯匙來讓急著進階到下一步的寶寶得到足夠的練習。

❖市售嬰兒食品

母親們對嬰兒食品態度的轉變起始於 1970 年代左右，當她們發現自己購買的食品對寶寶可能造成危害時。這些商品通常會添加糖分或鹽分、沒營養的可疑成分及食品添加物。目前的嬰兒食品多半不含鹽及化學添加劑，只加少許糖在單品中。方便使用是這些商品最大的優點，如今更有多種設計可以提供馬上食用、只取一餐分量或剩餘者可以封起冷藏再度使用等選擇。此外還有不少優點，例如蔬菜水果是在採摘後立即烹調包裝，所以能保留高量的營養。同時食物在品質及味道上皆保持一致，而且衛生安全。此外又相當經濟，尤其還省下了大量的時間，同時也能避免食物的浪

有助於大腦發育的食物

你給寶寶吃的食物是否有助於他的大腦發育？許多富含 DHA 和 ARA（母乳中就有這些天然的促進大腦發育的脂肪酸，有些配方奶粉也會添加）的市售嬰兒食品主打的就是這個想法。

這類食物到底對寶寶的大腦發育有多少好處，至今仍在研究之中，但既然這類脂肪酸確實有益心臟健康——以及潛在的多種好處，有吃總比沒吃好；唯一要擔憂的是：這類的食物，尤其是含有特殊強化配方的，都所費不貲。另外，你也該有一種體認：沒有添加 DHA（或其他特殊成分）的食物也還是可能富含別的營養，所以別只因為食物裡沒有 DHA 就排斥，而應該先看看還有哪些成分；而且，只要情況許可，都要盡量在寶寶的食物清單裡添加含有天然脂肪酸的飲食（參見 489 頁）。

費。

在寶寶剛開始要換食固體食物時使用嬰兒食品，是最好不過的，可以選擇適合剛換食的寶寶食用的種類，單品類更有助於測試寶寶對何種食物過敏。不過，大多數家庭在寶寶可以接受家庭自製食物後，就不再購買即食商品了。

當然，並非所有標示「嬰兒食品」者皆適合寶寶。最好詳閱說明標示，凡含有糖、玉米糖漿、鹽、澱粉質、味精、脂肪、人工色素和防腐劑成分者，皆不宜考慮。如果寶寶尚未接觸蛋類食物，要避免含蛋成分的甜點，如蛋塔或布丁類。

有機嬰兒食品曾是價錢昂貴、而且不易購得的，如今也很容易在超市買到了。如果負擔得起的話，你可以選擇這類商品，不過你不需太過擔心，因為大部分嬰兒食品——包含沒有有機標章的——通常都不含不當添加物及殺蟲劑殘留了。

❖自製嬰兒食物

只要你有時間、精力和有心準備，並遵循以下守則，那麼你也可以自己為嬰兒調配食物：

工具。首先，當然得有幫寶寶調配食物的工具；你可以使用家裡本來就有的攪拌器、食物調理機或手持電動攪拌器，也可以買個專門用來製作嬰兒食品的工具：手動食物攪拌研磨工具組（通常附有對付各種食材的刀刃）、嬰兒食物研磨器（沒有刀具），或者一應俱全的嬰兒食物調理器（可以蒸煮，也可以碾磨嬰兒食品）。當然了，你也可以用一點都不高科技的叉子——尤其是你想對付的只是很容易磨成泥狀的食材時，如酪梨、香蕉或葫蘆南瓜。你還可以更低科技一點（雖然會不好清理）：讓寶寶能夠自己弄著吃的果肉學習棒（mesh feeder），不過，這只能對付軟嫩的水果或蔬菜，寶寶的成長也得配合得上；好處是，這種果肉學習棒都是塑膠製品，很容易清洗。

提前準備。洗淨後，在壓擠或研磨前先烘烤、煎炒（能加水就加點水）或清蒸食材（比如蔬菜或果肉較堅硬的蘋果、李子等）；有必要的話，也得先刨成片狀或去籽，然後才放進攪拌器、研磨器或嬰兒食物調理器裡，加入液體（水、母乳、配方奶）壓磨成泥，方便寶寶食用（隨著寶寶的長大，慢慢減少液體分量）。穀類呢？先煮再磨，壓磨時看需要添加水、母乳或配方奶；想讓寶寶吃雞鴨魚肉？去皮、清理乾淨再煮，可以單獨餵食，也可以摻進別的已經處理好的食材（例如蔬菜）給寶寶吃。想要自己製作嬰兒穀米糊嗎？只要用研磨機或清洗乾淨的磨豆機先把有機短粒糙米磨成細粉，再把一湯匙糙米粉倒進一小杯滾燙的熱水裡，慢慢攪拌成濃稠的乳狀，記得，要放溫了再餵給寶寶吃；如果覺得這樣還不夠，不妨把熱水換成加熱過的母乳或配方奶，給寶寶多添點營養（只有以這種方式，寶寶的糙米糊才能和市售嬰兒米糊一樣含有鐵質）。

隨著寶寶的逐漸長大和接觸更多種類的固體食物，就可以慢慢讓他吃家庭餐桌上的菜餚了——別忘了要先壓碎、攪打，或者和開水一起拌勻。

殘留的殺蟲劑

很擔心寶寶現在（或以後）會吃到殘留殺蟲劑的食物嗎？你當然可以全都購買有機嬰兒食品（種植時完全不使用殺蟲劑，參見359頁）來提防這種風險，或者，你也可以在製作寶寶的食物之前，先用蔬果清潔劑或單純的肥皂水洗去表皮或葉面上可能殘留的殺蟲劑（不過，這可洗不掉潛藏於內部的殺蟲劑）。

即食嬰兒食品三階段

搞不清楚寶寶多大時該給吃哪種即食嬰兒食品嗎？別擔心，區分的方法就和區分1、2、3一樣簡單——真的就是1、2、3。每一罐或每一袋即食嬰兒食品上，都會在顯眼的地方標上1、2或3，清楚明白地告訴你哪個階段的寶寶該吃哪一種（有些產品還會標示得更詳細，包括哪個編號的食物有助於哪種動作發展）；這種簡潔明白的標示法，意味著你不必因為看不見裡頭的食物就只好亂猜一通，也很容易找對適合寶寶的食物：

- 階段1（4~6+月）：泥狀的單一蔬菜或水果（不過，很可能多少會加進一點香料，最常見的是肉桂）。
- 階段2（6+月）：泥狀單一水果、蔬菜、穀物以及某種肉類的組合。
- 階段3（9+月）：粗硬水果、蔬菜、穀物與肉類的組合。

添加無礙健康的風味。別急著給寶寶的食物加甜添鹹——讓寶寶吃原味永遠是最好的方法。畢竟寶寶的味蕾才剛開始發育，可愛的小牙牙也還沒冒出頭來，一點也不在乎甜不甜或鹹不鹹。不過，這並不是說你也不能用些香料來增添食物的口感（參見465頁）；舉例來說，在甜馬鈴薯、紅蘿蔔、水果等等食物裡加上一點肉桂，就是很受寶寶歡迎的做法。

儲存。家庭自製的食物泥糊如果冷藏，可以保鮮4天左右；放進冷凍庫的話，最長更可以擺放到三個月。不過，記得要把嬰兒食物單獨用密封容器裝妥，才方便你隔天放進微波爐裡（記得是「解凍」而不是「烹煮」——而且在送進寶寶嘴裡之前都別忘了先試試溫度）。

安全。在安全地準備食物方面，記得要參照368頁的說明。

你會擔心的各種狀況

❖寵壞孩子

每當孩子一哭，我都會把他抱起來；結果現在我得整天抱著他。是我寵壞他了嗎？

你的兩隻臂膀也許已經很疲累了

——但直到你的小寶貝兒能夠自得其樂前，都還是他最想停泊的港灣，蹣跚學步時最想依靠的支撐，感到無聊時最能解悶的場所，覺得孤單時最期盼的慰藉。總之，你的臂彎幾乎就是他所擁有的一切。

即便如此，你就算整天都抱著他也不會「寵壞」寶寶（如果你都不抱他，反而才會讓他更依賴你）；然而，你的確有慢慢減少懷抱他的好理由，最少也應該少抱個一兩次。扮演「寶寶計程車」的角色——只要你的寶寶揮一揮他的小手你就立刻將他抱起來——可是會耗費你大量時間的（聽起來就像是你在寶寶醒著時隨時準備好要「上工」）。隨時抱著寶寶不但使你什麼事都做不好，也讓寶寶做不了什麼事。在你的懷抱中，寶寶沒機會學習爬行等應有的技能，讓他最終能夠不靠外力幫助就能到處蹓；沒有機會學習如何藉由其他的方式——例如如何在一段短時間內自得其樂——鍛鍊他的獨立性；最後，這會令他學不到成為一個有愛心的人非常重要的一課：別人，即使是父母，也有他們該有的權利。由於嬰兒和小孩通常都是自我中心的，一開始很難讓他們抓得住這個概念；但如果從現在開始灌輸，有助於確保你不會教養出一個總是把自己的需要排在別人前面——也就是沒被寵壞——的孩子。

有時寶寶哭著要人抱不只是想兜兜風，更是在尋求舒適與關愛——他們目前仍大量需要這兩者。那麼，下次寶寶張開雙手要你抱他時，你該怎麼做才好？

- 首先，你要考量的是：那是想「上車」的呼喚，還是只想得到你的關注？這些日子以來，你是不是經常忙東忙西而冷落了他？你家寶貝的呼喚，也許真是要你抱他，但也可能只是在爭取與你面對面的機會（這個年紀的小小孩，一般都有這方面的需求）。
- 其次，查看他有沒有不舒服的地方。尿布溼了嗎？肚子餓了嗎？口渴了嗎？會不會是累了？如果都不是，就抱他一會兒吧。

喝母乳寶寶的斷奶時機

寶寶多大時，才是妳的乳房退出哺育工作的好時機呢？一般來說，吃母乳的寶寶最早也要等到週歲後才考慮讓他斷奶；但也有不少媽媽無法（或不想）讓寶寶這麼早斷奶。更詳盡的說明，請參閱 539 頁。

寶寶主導式斷奶

已經被嬰兒食物搞得暈頭轉向了？還是你認為，除了讓寶寶吃那些汁啊泥啊的，一定還有更好的接觸固體食物的方法？英國媽媽早就這麼想，美國媽媽也正在急起直追，而她們共同採行的則是「寶寶主動式斷奶」（baby-led weaning）——讓（六個月大以上的）寶寶略過汁、泥、糊階段，直接吃固體食物。之所以說「寶寶主導」，是因為早產兒通常都這麼做——打一開始，就由寶寶自己決定吃什麼、吃多少（這就是為什麼，只能在寶寶六個月大以上、而且能自己進食後才可以採用這種方法），而且從中學習怎麼先咀嚼、再吞嚥食物；沒有米糊，不吃果泥，無需食物調理機，更不必再一湯匙一湯匙地送進寶寶嘴裡，也不用再擔心寶寶會打翻碗盤。你只需要烹煮食物，剩下的就都全交給寶寶自己料理；父母親不用再擔心自己有沒有強迫餵食，因為寶寶才是掌管吃多吃少的那個人。

寶寶想烤麵包？讓他自己烤；小傢伙要分吃一口你手上的香蕉？切一段給他、讓他自己啃咬、咀嚼；連你嘴邊的雞肉他也有興趣（已經伸手來要了）？撕一小條給他也無妨。爸媽的晚餐是花椰菜與鮭魚排？沒道理不讓寶寶分享；切一片小黃瓜、芒果，蒸軟一塊紅蘿蔔，給他幾條義大利麵、幾小塊桃子……；其他的就留給你自己推想。只要食物本身夠軟或夠脆、已經切成寶寶的小手掌可以抓握的小塊，而且沒有讓寶寶噎到的風險（參見466頁），就都可以擺進「寶寶主導式斷奶」的菜單之中。

你得謹記在心的是，雖然寶寶主導

- 讓他換個地方看看：如果他本來待在彈力椅裡，換到學步檯看看；如果本來在學步檯裡，抱他到遊戲墊上；視野改變之後，也許他的漫遊癖就得到滿足了。
- 創造新消遣。不合於他年紀的玩具，最多也只能吸引寶寶的注意力一兩分鐘，所以你得注意是不是又該換個玩具給他；記得，多不一樣好，一次給他太多玩具反而會讓他無所適從。
- 和他玩玩「路過」遊戲。怎麼做他都要你抱？先別放棄，試試看和他一起玩些遊戲：趴到他身旁，讓他看你怎麼堆疊積木；舉起他的填充動物玩具，一邊用手指

式斷奶可以擺脫準備泥糊的困擾，照樣免不了一團混亂——只不過這是好的混亂。最重要的，是藉由這種方法讓寶寶體會吃的經驗、探索食物的味道與質感，以及得知當他丟開一片桃肉或是用手指捏碎一塊番薯時是怎麼回事。

擔心你家寶貝會塞得滿嘴食物？可能性確實很高——尤其是剛開始施行寶寶主導式斷奶的前幾個星期，你家寶貝應該都還處理不好嘴裡的食物；但你也不能忘記，塞食物進嘴巴正是把已經在嘴裡的食物擠下食道的一種方法——只要他沒出聲，就是沒噎著。每當寶寶嘴巴塞滿食物時，他其實就是在努力尋求解決麻煩之道，所以，直到他終於吞下每一塊食物前，爸媽都一定要保持冷靜（最少看起來冷靜）。一等寶寶學會對付固體和大一點的食物，嘴巴裡的塞車問題就會迎刃而解；在那之前，千萬別在他努力咀嚼食物時掉頭他顧（仔細監看是這種哺餵法的必遵守則），在遞食物給他之前，更要先讓他在嬰兒餐椅中坐好，清楚明白如果他噎著了該怎麼做（參見 661 頁）。另外也不要一次給寶寶太多食物，以免他吃得太急太猛。

你家寶貝適不適合寶寶主導式斷奶呢？不妨詢問一下醫師的意見。當然了，也得參考寶寶的現狀——有些寶寶傾向主動，有些寧願爸媽替他料理。你也得時時提醒自己，就和其他許多養育哲學一樣，寶寶主導式斷奶也可以和其他方法搭配使用，比如只在某些特定時點才讓寶寶主導，其他時候則用湯匙餵他，或者二者同時並行（寶寶一邊吃香蕉，你一邊餵他優酪乳）。

一邊對他說「眼睛⋯⋯鼻子⋯⋯嘴巴」；按壓能出聲的玩具，創造歡樂氣氛；一旦引起他的興趣，也許寶寶就會自顧自地玩下去了，就算只是幾分鐘也總比馬上就抱他好。

- 讓他多等一會。你已經招數用盡了，寶寶卻還是非要你抱不可？那也還是得再堅持個一兩分鐘。唱歌也好，說話也好，光只是對他微笑也好，總之就是每回非抱不可時都拖延一下下；但要小心別拖過頭，使得原本的懇求變成了哭號（而且錯以為你是在懲罰他）。來到他身旁，安撫他，摟一摟他，覺得差不多了才抱他；

嬰兒餐椅的安全事項

安全的餵食寶寶不光指漸進式的提供新食物和避免食物中毒。在餵寶寶吃飯前，首先應注意安全——當你把寶寶放進高椅中，需要注意：

- 千萬不要把寶寶放在沒人看顧的座椅中；事先準備好所有餐具、食物、圍兜兜、紙巾等，這樣就不必為了拿東西而離開寶寶。
- 要把所有的扣環扣好，即使寶寶看起來還不到會爬出來的年紀。同時也要注意底部的扣環，以免寶寶滑落下來。
- 保持椅子和表面的清潔（用清潔劑及肥皂水清洗，並用清水沖乾淨），否則寶寶很可能會撿拾上一餐遺留的食物屑來吃。
- 把餐盤架確實架好，以免寶寶跌出。
- 把折疊椅確實撐開架好，免得寶寶在裡面時椅子突然折疊起來。
- 將椅子放在遠離桌子、櫃檯、牆或任何垂直平面處，以免寶寶腳亂踢而翻倒。
- 注意在架起餐盤架時不要夾到寶寶的手。
- 只能在木製或金屬製桌面上才能用鎖緊在桌旁的餐椅，不要用在玻璃桌或鬆散的桌面、支撐柱在中間的桌子、牌桌、鋁製折疊桌或移動桌板上。如果座椅中的寶寶可以搖動桌子，那就表示桌子不夠牢固。不要用桌墊或桌布，以免阻礙了椅子的附著力。在放寶寶進椅子前，先確定所有的鎖、螺絲和連接部分都安全固定；使用完後，先把寶寶抱出，再解開這些扣鎖。

下回、下下回又得抱他時，也都走一趟這個流程。

一放下他沒多久，有時甚至還沒走到房間門口，他就又要你抱了？是的，大部分這個年紀的寶寶都只能自己玩上幾分鐘；就算很能自得其樂的寶寶，也沒過多久便需要幫他更換景觀或玩具；是的，世界遠比你的臂彎巨大得多，可對你家寶貝來說，你的臂彎依舊無可替代。

❖使用後揹帶

我們家的這一位，近來已長大得很難塞進前揹帶裡了；如果我換用後揹帶，會不會比較不安全？

只要你家寶貝已經可以自己坐直，就算只能坐上一會兒，就表示他能進階到後揹帶了。有些市售的前揹帶可以直接用來後揹，讓寶寶很安全地趴在你的背肩上；專為後揹設計的揹帶，更可以托高寶寶，讓他能越過父母肩頭看得更遠。只要你的肩背承擔得起寶寶的體重，你也喜歡，就沒理由不改用後揹帶。有些家長既覺得寶寶後揹很不得體，肌肉也吃不消那種緊繃，但其他家長卻都覺得很方便；有些寶寶會因為後揹帶使得視界大變而驚恐，有些則是由於位置升高而不安，所以在換用三合一（前、後和臀部各以一條帶子支撐）的後揹帶時，你最好先觀察一下寶寶的接受度，如果寶寶不喜歡，就用包覆式、位置較低的後揹帶。如果親友方面借不到的話，就先到賣場以樣品揹著寶寶走一趟看看。

開始換用後揹帶起，你也得同時養成一些新習慣，比如：邁步前先確認每條帶索都有繫牢，小心身後的寶寶除了東張西望外有沒有別的舉動——包括抓拉超市貨架上的瓶瓶罐罐、公園裡的葉子（然後放進嘴裡大嚼特嚼）；此外，如果寶寶的身體是托高的，更要小心預留寶寶的空間——舉例來說，像是在擁擠的電梯裡或你彎腰穿過一處門楣時就要特別留意。

❖到現在還不會坐

我的女兒到現在還不會坐，這令我擔心她發育得太慢。

由於正常寶寶會在不同年紀完成不同的動作，所以，每個階段的「正常」範圍其實相當廣。以坐而言，雖說大多數的小孩在六個半月左右就能自己坐好，更有些早在四個月就會，卻也還是有些晚到九個月。所以，目前你絲毫不須為此擔心。

小孩會坐或是其他動作，是由基因控制主宰的。儘管父母不太可能加速進展，至少可以防止他太慢。寶寶很小的時候若常有機會「坐」著，像是被放在嬰兒椅、推車、嬰兒餐椅上，他就得到比較多坐著的練習，可能比較早可以自己坐；反之，如果他一天到晚躺著，就有可能很晚才學會這項技能。另外一項有影響力的因素是體重過重；一個過胖的嬰孩比起較纖細的孩子在試圖坐著時，要容易跌倒得多。

只要你常給你女兒機會練習，相信未來的兩個月之內，她隨時會坐給你看。如果仍然沒有，或是你覺得她在許多方面都進步緩慢，就去

「向前看」的迷思

用揹巾掛抱寶寶讓他依偎著你的胸脯，不但是無比甜美（光是嗅聞他的味道就不亦快哉！）的享受，也能讓你在貼近寶寶時還可以空出雙手；更棒的是，無論身體或情感，寶寶都很需要這種相互依偎。

然而，你家寶貝偶爾也會對你發出想要更多自由與視野——最少是比你的胸脯更寬廣的視野——的訊號。臉龐緊貼父母胸膛的舒適感受，等到寶寶大約六、七個月大時，他們很快就覺得無趣了，尤其是感覺四周有很值得一觀的景象時——水族館、動物園或公園裡（有狗兒在叫！有鳥兒飛過頭頂！旁邊花開遍地！）。這種時刻，你就應該讓寶寶的臉蛋別再貼著你的胸脯，給他盡情觀賞花花世界的機會；要是你帶寶寶出遊的配備都只能讓他面對著你，那麼，寶寶七個月大時就是你投資多功能嬰兒車的時刻了。

也就是說，除非你早就讀過不宜讓寶寶面向前方的研究報告——所以你才一直猶豫不決，沒有更換裝備；要不就是你聽說過，讓寶寶面向前方也許會傷到他的臀部和脊椎，或者會帶給他過多刺激，又或者會疏於關照。

你大可以放心，因為截至目前為止都沒有支持上述說法的科學根據——別的不說，一旦寶寶夠大（意思是差不多 5、6 個月大）到懂得「向前看」的樂趣——也懂得怎麼讓你明白他看夠了，就該盡量讓他面向前方；下列就是有關「向前看」的迷思：

迷思：讓寶寶坐面向前方的嬰兒車，由於重心趨前，會對他的胯部和脊椎底部造成壓力。

事實：寶寶的身體不可以和成人一概而論。事實是，相對來說寶寶的頭就比成人大上很多，使得他們身體的重量分佈迥異於成人；所以，看似會讓成人很不舒服（或危險）的姿勢（比如「分胯而坐」），寶寶反倒不會難受。真相其實是，寶寶身體的最大負荷並不在他的臀部，而在他的上背、頸部和頭部；至今為止，完全沒有可信的研究顯示，如果你遵守廠商說明，讓寶寶因面向前方而分胯坐在嬰兒車裡時，會對他的臀部或下背部造成過大壓力。儘管讓寶寶向前而坐的家長已經比過去多了很多，也完全沒看到此類的傷害因此增多的證據。

迷思：讓寶寶在嬰兒車裡面向前方而坐，會讓髖關節發育不良。

事實：所謂的髖關節發育不良，是指寶寶臀部關節有脫臼現象，而且幾乎都是天生的（意思是還沒出生就有這種症狀），所以未出生前通常難以發現。跨坐嬰兒車會造成髖關節發育不良的說法，始終沒有得到過任何研究的證實，而且幾乎每位專家都同意，嬰兒車既不會、也不能造成這種後果；同樣的，即便大家都愈來愈傾向於讓寶寶面對前方而坐在嬰兒車裡，嬰兒髖關節發育不良的案例也始終沒有增多的跡象。事實是，只要使用得當（確實遵照使用說明，讓寶寶的雙腳恰當地分胯而坐，嬰兒車也提供了良好的桶型座位），臀部也坐對位置，反而對寶寶的臀部發育大有助益。

迷思：保護寶寶臀部最好的方法，就是用揹巾揹著寶寶。

事實：揹巾的確好處多多，但如果使用不當也會傷到寶寶。研究顯示，如果你用類似印第安抱法（papoose-style）的方式，讓寶寶雙腳併攏地揹帶他，或者用揹巾或襁褓揹帶寶寶時讓他雙腿並攏又伸直，就會讓寶寶的臀部發育增添風險。還好，避免這種風險的方法很簡單：使用揹巾或揹帶時，要確保你有留給寶寶的臀部和膝蓋足夠的活動空間；另外也別忘了，讓寶寶換成面向前方，可不只可以開闊視野而已，更能讓寶寶得到活動其他骨骼、肌肉、關節和韌帶的機會——也才可能發育良好。

迷思：面向前方會適度刺激寶寶的視覺，而且在被某些東西嚇到時沒辦法依偎著你；更別說他難過或沮喪時，你要安撫他也很不方便。

事實：無論你是推著嬰兒車走在大街上或賣場的走道，寶寶眼前都會是個忙碌的世界——有時會讓寶寶的新生迴路負荷過度；然而，一等你家寶貝長到五或六個月大時，情況就大不相同了——這時的他，與其說想看、不如說對花花世界會有一觀究竟的渴望。面向父母的胸膛當然還是溫暖又舒適的享受，但如果在大賣場裡，這種方位卻提供不了刺激的滿足感；如果你能每過一段時間就讓他從面向你變成面向世界，就能同時滿足他舒適與刺激兩種需求。在他背向你時，記得時時關注他的反應，一發現寶寶出現不耐煩的跡象（啼哭，轉頭或垂頭不看，生氣），就表示他又想面向你地和你依偎了。別讓寶寶一次背對你太久，而且必須維持和他的互動（指著有趣的物品讓他看，提醒他傾聽好玩的聲音、歌曲或人們的交談，偶爾捏捏他的小手、晃搖他的小腳，當然了，也別忘了三不五時就親他臉頰）；那麼，你和他就都能好好享受每一趟出門的時光——而且完全不會影響他的發育。

給爸媽：針對你的行為

保母總是告訴你，兒子在她面前多乖、多可愛，但每當你下班後一踏進門，他的表現總是難纏古怪，讓你不禁要懷疑，自己一定是個很差勁的母親嗎？

別這麼沮喪，振作起來。嬰兒、學步兒甚至更大的孩子之所以愛找父母的麻煩，其實是在告訴爸媽，跟他們在一起時會更舒適、更安全。不妨這麼想：正因為你是很棒的父母，寶寶知道你給他的愛是無條件的，因此他可以放縱自己發洩情緒，不必擔心會失去爸媽的愛。

時間點也有關係，你回到家的時間可能正好是傍晚：寶寶最容易因為太累、興奮過度或太餓而大發脾氣的時候。經過一天的辛勞，甚至工作上的諸多不順，你回家時可能也覺得累壞了，這些都逃不過寶寶的情緒雷達。你的高度壓力強化了他的，他的壓力又強化了你的，很快的你們倆的情緒就會一樣糟了。如果你剛回時常會為了瑣事分神（要換衣服、郵件要分類、晚餐要吃什麼），寶寶的「搗蛋」或許只是要求你注意到他渴求的呼喊。對比較不能適應改變的寶寶而言（大部分未滿一歲的寶寶都是如此），照顧者的改變會造成他的情緒不安。

要使每天你回家時的轉換變得輕鬆些，試試以下的小訣竅：

- 不要在回到家時面對一個飢餓、精疲力竭的寶寶，讓保母在你回家前1小時餵寶寶吃一餐固體食物（但

請教一下小兒科醫師。

◆咬乳頭

我女兒已長出兩顆牙，她現在吃奶時似乎以咬住乳頭為樂。我該怎麼讓她改掉這個令人痛苦的習慣？

被咬的感覺很不舒服——尤其你理當被吸吮的乳頭卻被寶寶拿來啃咬時。不過，即便是還沒長牙的寶寶，吸吮母乳時也已經常會咬乳頭了；至於你家寶貝呢，她之所以啃咬你的乳頭可能只是為了減輕長牙的疼痛，也可能只是隨興而為——喝奶時不像以往那麼專心一致，卻又不想讓你的乳頭溜開；此外，說不定她是在嘗試各種嘴巴能做的事：她咬你乳頭時你掙脫，她再咬、

如果你想一到家就餵寶寶母乳，不要讓保母太晚餵他）。睡個午覺也可以避免寶寶發脾氣，但注意別睡太久。告訴保母要讓寶寶在你回家前先安定下來，以免你一進門他就過度興奮。

- 在你回家前先放鬆。如果你在下班途中塞車，在車上做點放鬆運動；與其在公車或地鐵上煩惱你辦公桌上的公文，不如放空你的腦袋，紓緩你的情緒。
- 回到家時先放鬆一下。不要一放下公事包就急著做晚餐、洗衣服或看電郵；如果可能，先花個 15 分鐘安撫你的寶寶，給他全然專心的關注。如果你的寶寶是那種討厭改變的孩子，不要急著讓保母離開。慢慢融入寶寶的例行活動，讓他對改變即將發生有心理準備；等他覺得比較安心了再請保母離開。
- 將寶寶納入你的家事中。一旦你們倆都覺得更放鬆了，就可以開始處理你的家事，但要讓寶寶加入。在你換衣服時讓他坐在床的中央；檢查電郵時把他抱坐在腿上；準備晚餐時拿幾個玩具給他坐在兒童餐椅上，邊切菜邊和他聊天。
- 你不是唯一的受苦者。幾乎所有上班的父母都領教過這種回家後的衝擊；那些白天托兒的爸媽不是在接寶寶時體驗到，就是在回家的路上或抵達家門時。事實上，就連整天都和寶寶在一起的全職父母，也常在長日將盡時面對與你同樣的挑戰；寶寶真的不是針對你……真的。

你再掙脫，讓她以為這是某種好玩的親子娛樂，因而樂此不疲。有了牙齒後，她的啃咬會更有效率，而你的反應也會更激烈，更增添了這種「親子娛樂」的趣味。但有一件事是可以確定的：寶寶沒辦法同時又吸又咬，所以只要你一發現她開始咬你的乳頭，就代表她已經吃飽了（也許你已發現，她總是在喝了一陣子母乳後才開始啃咬乳頭）。所以，要讓她明白，咬你是不可以的；你可以堅定地告訴她：「不可以。」然後將她自乳頭上拉開。如果她咬著不放，可以伸入一隻手指撥開她的嘴唇。幾次以後，她便會明瞭你的意思。

要防止更嚴重的咬乳頭問題，現在就該制止她。對她而言，這也絕

還要睡在一起嗎？

正在盤算要不要讓寶寶離開你的臥房——好讓你們倆都能多睡一點（以及找回一些隱私）嗎？寶寶剛剛誕生的第一個月，和父母睡在一起確實有其道理（根據美國小兒科醫師學會的看法，也的確更能提防嬰兒猝死）；不過，從寶寶邁入第七個月起，這種三人行的睡眠方式不但顯得擠迫，同睡一房也很難順利進行睡眠教學。

你很喜歡和寶寶保持這種親密關係，還不急著讓他一個人睡嗎？整個幼年歲月寶寶都和父母同睡一房——或同睡一床——的家庭為數不少，大家也都不覺得有什麼不愉快或不方便；不過，要是你沒有長此以往的打算，就該讓你家這七個月大的寶寶開始學會自己睡了。

家裡只有一間臥室——或者孩子的數量超過房間嗎？那麼，繼續和寶寶同睡一房也許才是最好的決定。要是你希望同房但分開來睡，不妨弄個隔間——以屏風或從天花板垂掛厚窗簾（這也是很不錯的隔音策略），或者把起居室的某一角隔成小房間，讓你們夫妻可以在夜深時分看看電視或好好聊聊。

如果寶寶得和哥哥或姊姊同睡一房，那麼，他們倆的睡眠習性便決定了睡眠的品質：如果一個醒來另一個就睡不著，你和孩子們也許就得歷經一段相當辛苦的調整時光。當然了，你也一樣可以為他們倆弄個簡便的隔間，好讓哥哥或姊姊少受一點寶寶的干擾。

對是個好時機讓她了解：有些東西是適合牙齒咬的（固齒器、一小片麵包或香蕉），但是不能用來咬某些東西（像媽媽的乳頭、哥哥的手指、爸爸的肩膀）。

❖牙齒長歪了

我的寶寶牙齒長歪了，這表示未來他需要矯正嗎？

先不要急著跟牙醫師預約看診時間。寶寶初長牙是沒有什麼標準的，事實上，寶寶的牙齒本就容易長歪，尤其是下面的牙，冒出來後常長成 V 字型。相對於下方，上方的牙齒看起來也顯得很大。有些寶寶上牙齒長得較下方的早，這同樣沒什麼好擔心的。

到你的寶寶兩歲半時，他可能對

自己滿滿的一口牙——整整二十顆——大感驕傲。它們在比例和整體上看起來可能很對稱，如果不對稱也不用擔心。歪的乳齒不見得會造成歪的恆齒。

❖齒斑

我女兒的兩顆牙上面有灰色的斑點；有可能是蛀牙嗎？

這有可能不是蛀牙，而是鐵質造成的結果。有些寶寶食用液體的含鐵維生素——礦物質補充滴劑會形成斑點，對牙齒並不會造成傷害，等孩子改吃咀嚼式的維生素，斑點多半會自動消失。在此同時，每次給寶寶滴完補滴劑後立刻以棉紗清潔，有助於減少斑點的出現。

如果你的孩子並沒有吃這類補滴劑，再加上她有在睡前吸奶瓶或是果汁的習慣，那麼這個難看的斑點就真有可能是蛀牙，或是牙齒琺瑯質的天生缺陷。最好盡早和小兒科醫師或是兒童牙醫討論一下。

不可不知：爲寶寶打造安全的家

先回想一下那個才不過一天大的新生兒（你捧在手上時很怕「摔壞」的那個），再看看眼前這個胖嘟嘟、壯乎乎的七個月大寶寶（一天比一天更讓你抱不動）；你覺得，哪個寶寶比較脆弱、比較容易受傷？你大概不知道，正由於不斷學會活動技巧——從會坐到會爬，從會翻身到會翻滾，從想辦法站起來到扶著家具趴趴走（大出你的預料），更別提抓、撥、拍所有碰得到的東西（而你還以為他什麼也碰不到、抓不起來），七個月大的寶寶受傷風險大了很多。而你之所以大感意外，則是由於寶寶一長到六個月大以後，活動技巧的學習速度就會一日千里，但判斷危險的能力卻全都還沒萌芽……還早得很呢，因此，你家這七個月大的寶寶也就成了意外事故最常找上的對象。

幸好，雖然一個剛開始趴趴走的寶寶總會碰上意外，但我們還是有很多防患於未然的好方法；事實上，許多發生在寶寶身上的意外（以及因意外而受傷）也確實都提防得到。只要你懂得怎麼做，再加上保持警覺，就能幫寶寶避開絕大多數的碰撞與惹禍上身。

❖家中的安全防範

今天以前，因為你早就經常抱著

給爸媽：帶寶寶上餐館

想要讓餐館為你和寶寶保留一張桌子嗎？他們的確會有所保留——如果你去的時候沒做好準備的話。在預定一張兩人「加一把兒童餐椅」桌之前，好好檢視以下的餐館求生訣竅：

先告知，後訂位。不只是預約（你不會希望抱著寶寶在那裡等空位的），更要確定是否有為寶寶提供服務。例如有沒有可以框住寶寶的兒童餐椅？升降椅並不適合滿週歲前的寶寶。餐點的供應有彈性嗎？例如他們可以為寶寶準備一小份無雜質的肉或蔬菜嗎（而且不是收全價）？如果他們有供應除了熱狗、薯條、炸雞柳棒之外的兒童餐更好。打電話時注意聽，不只是聽他的回答，更要從語氣中判斷這家餐館到底歡不歡迎你的寶寶。

早點用餐。以寶寶的時間表（而非你的）決定用餐時間，即使這表示你得做「最早到的鳥兒」（另一個提早吃的好處是：服務人員尚未疲累，廚房還不太忙，寶寶的杯子乒乓響時受干擾的客人較少）。

要一張「靠近角落的安靜桌子」。當然不是為了浪漫，而是減少對其他客人和供菜侍者的干擾，如果要餵奶，你會更感激這個僻靜的角落。

早吃完早閃人。只要有寶寶同桌，即使是四星級的餐飲也會變成速食，所以盡可能加快進食節奏，別讓等上菜的時間多過吃的時間。可以請侍者將全部餐點一併上，並要求寶寶的餐點盡早上桌。

有備而來。只帶著錢包就到餐館的日子已不復返，現在你還需要打包好：

- 嬰兒餐椅鋪巾。沒有也不打緊，但如果有的話寶寶會更舒服、更乾淨，也當然一定更衛生（再加一點：用餐後更容易清理）。

他到處走，你家寶貝已經看過家裡的每個角落，但卻是從你眼睛的高度看到的；所以，在他開始探索這個世界時，你也得先從他的視線高度來考量危險何在。也就是說，你要做的第一件事，就是以寶寶的高度——而且最好四肢著地——看看橫亙在你眼前的一切，判斷哪裡潛藏著不利寶寶的危險，再一一設法讓危險消弭於無形：

- 讓寶寶保持乾淨的圍兜和溼紙巾。如果餐館有鋪地毯，在寶寶座椅底下鋪一張塑膠布會讓必須善後的相關人員很感激你。
- 可以使寶寶在上菜空檔時有得忙的玩具、書或其他東西。但非到必要時別拿出來，要拿時一次只拿一件。你的袋子裡沒其他法寶了嗎？試試用菜單或餐巾玩躲貓貓。
- 罐裝食品。如果寶寶的菜還沒上桌，或餐館沒有適合兒童的菜色時。
- 點心，尤其是那些可以讓兩隻小手忙碌的一口點心。當菜上得太慢或寶寶已厭煩桌上的菜色時，一口點心可是救命仙丹，但要在必要時才拿出來。

菜單上看不到就用問的。菜單上沒有不代表廚房裡就沒有，你應該問問看有沒有：鮮乳酪、全麥麵包或捲餅、起士、漢堡（肉熟透而且搗碎的）、雞丁（烤或煮熟的）、軟魚肉（熟透、剌剔乾淨的魚片）、馬鈴薯泥、豌豆泥、煮爛的胡蘿蔔和菜豆、義大利麵和甜瓜。

讓寶寶坐定。千萬別讓一個寶寶在餐館裡爬或走，一個手上端著菜肴或飲料的侍者，可能在看不到寶寶的狀況下引發傷害或災難。如果寶寶真坐不住了，就得有一位大人將他抱到外面。如果是寶寶吃完了而你們還沒，在「寶寶散步」時間就得輪流吃了。

對周遭的人敏感一點。隔壁桌的人可能不覺得你的寶寶的笑容有多麼討喜，或者他們是好不容易找到保母、可以溜出來兩人甜蜜的吃頓美味的夫妻。不論如何，要是寶寶開始哭鬧、練習刺耳的尖叫或足以擾亂用餐安寧時，立刻將他抱到外面去。

知道何時該結束用餐（例如寶寶已經開始在玩菜餚時）；對所有幼兒的父母來說，跳過甜點和咖啡可能才是聰明的舉動。

窗戶。如果家中有哪扇窗的高度是可能讓寶寶翻出窗外的，就要加裝鐵欄杆，而且欄杆的間距不能小於10公分；或者加上阻擋物，讓窗戶只能打開不到10公分寬；每一扇窗戶都要仔細檢視並用力搖晃，看看是否足夠牢固，不至於讓好動的寶寶攀上或翻落。但是，無論你有多想保護寶寶，每一扇窗戶的防護措施都不能導致緊急時（比如失

看誰在說話

你以為那些逗趣的「啊喔啊」只是寶寶的口腔運動嗎？那其實是開始說話的先兆——嬰兒正在模仿另一半（那個老是待在他身邊的大人）的發聲；而且，早在他誕生後的一到兩個月就會開始這個牙牙學語的過程了。

只要仔細聆聽，你就能發現這個從單純的母音演變為子、母音組合的痕跡；寶寶一體會出子音後，通常一次就能找到一到兩個子音，而且一而再、再而三地發出最簡單的子母音組合（ba 或 ga 或 da）——有如最可愛的袖珍跳針唱片。一個星期過後，寶寶就又會換成新的組合，而且好像完全忘記了早先學會的東西；但他們其實沒有忘記，只是由於專注力還很有限，所以一次只能把心思擺在某一件事情上。寶寶也都很愛重複不斷地做同一件事——畢竟，他們學習、學習再學習的方式就是練習、練習、再練習。

接下來，寶寶就會開始發出一個母音連接一組子母音的聲音（a-ga，a-ba，a-da）；到了六個月大左右（有些寶寶四個半月大就開始了，有些會晚到八個月大）時，寶寶就會宛如唱歌地發出連串子母音（da-da-da，da-da-da）。差不多也在八個月大時，寶寶就懂得兩個一組（da-da，ma-ma，ha-ha）地「說話」了，但也得再等個兩三個月後，他才真正知道這些「語言」的意義，而且通常是先會說 da-da，才會說 ma-ma，所以媽媽們通常會有點兒失望（爸爸的反應當然正好相反）；其實呢，那和寶寶比較看重誰沒有關係，而是 da-da 比 ma-ma 更容易學會。一般來說，寶寶也得長到四或五歲大——大多都要再晚一些——時，才當真懂得完全掌控子音與母音。

火或類似事故）沒辦法快速打開。消防單位建議，每個房間最少都要有一扇可以隨時打開的窗戶；也就是說，在保護寶寶的安全時，你也得顧及起火等災難發生時全家人的安危。

除了窗戶本身，你也得小心別把寶寶能攀爬上去的家具擺在窗戶邊；邊上擺有桌椅的窗戶，沒有鐵欄杆也要有擋腳。

窗簾拉繩。最安全的做法，是整個家裡都別使用以拉繩控制的窗簾，

尤其是嬰兒房；要是本來就已安裝了這種窗簾，一時三刻還換不了，就絕對不能讓寶寶拉扯得到。每條控制窗簾張闔的拉繩，都要隨時纏吊在牆壁的掛勾上；可以的話，就剪短到即使垂放下來寶寶也構不著的長短。

窗簾附近，都不要擺放嬰兒床、臥床、家具或其他寶寶可以攀爬其上的東西。

房門。每一扇門都要加裝勾環或門擋（好讓房門不會自己關上），以防寶寶自己開門出去或被門夾到手腳；每一處寶寶不應靠近的地方，都要另外加裝一扇矮門。

階梯。為了提防寶寶摔落，每段階梯頂端和底部都要加裝柵門；階梯頂端不可以安裝只用壓力固著的柵門（因為寶寶有可能推倒、移開，摔落下來），底部的柵門則可以安裝在第三階左右，好讓寶寶有安全練習爬樓梯的機會（未來這種技巧會讓他上下樓梯時更加安全）。

階梯上不可以留有玩具、鞋子與任何可能絆倒寶寶（或大人）的東西，鋪上地毯則既能止滑，也可以在有人摔倒時減輕傷害；每一階的階緣都加貼止滑墊，也能有效提防失足。

圖 12.1 窗戶加裝鐵欄杆，縮短窗簾拉繩，才能確保寶寶的安全。

欄杆、圍籬與陽臺。隨時注意梯柱有沒有鬆脫的跡象，樓梯或陽臺欄杆的間距也不能超過 8 公分，以免寶寶卡住或穿過；如果間距過大，就在陽臺或樓梯的欄杆上安裝塑膠板或密實的護網（嬰兒用品店幾乎全都有售）。

寶寶的嬰兒床。還在睡嬰兒床的寶寶，高度和運動技巧通常都不至於攀出嬰兒床外，但誰也不敢說永遠都不會。所以，嬰兒床的床墊不但要調到最低位置，床上也不可以擺放大型玩具、枕頭、防撞墊（本來這些東西就不應該出現在嬰兒床裡），以及任何寶寶可能拿來當逃脫

安全圍欄

有時候，不讓寶寶涉險的最好方法就是讓他根本接近不了——這就是為什麼，安全柵欄不可或缺。有了安全柵欄，寶寶就只能待在安全的這一邊，到不了危險的那一邊；同樣地，安全柵欄也能在樓梯頂和樓梯底派上用場。

有些安全柵欄是活動式的（通常放在走廊上，必須用點力氣才移得開），有些則是固著式的（通常安裝得很牢固，必須打開扣鎖才能通過），你可以視自己的需要來安置；這些現成的柵欄，寬度通常可以調整大小以符合所需，高度則在60~80公分之間。如果你想安裝固著式柵欄（樓梯頂端絕對必要），一定要確保柵欄牢牢地鎖住梯柱或用電鑽打洞、鎖死在牆壁上，以防精力旺盛的寶寶撞開或推倒、摔下樓梯。選購以樹脂玻璃製或密實護網（彈性愈好寶寶愈不容易攀爬）製品，要不就選以垂直板條當柵欄（間距不得少於6公分）的產品；別買老舊的二手貨，因為舊型產品（例如摺疊式柵欄）的安全性都不大夠。不管你選擇哪種型式的安全圍欄，都必須夠堅固、不含有毒物質、沒有尖銳邊角、不會夾傷寶寶的手指，也不可以含有可能被寶寶折落、塞進嘴巴的配件。安裝時，請完全遵照廠商的說明書。

嬰兒床的墊腳石的東西；同時，也不要在圍欄頂端繫綁玩具。永遠別把嬰兒床放在窗邊、火爐邊或暖爐邊，不可以靠近落地檯燈或寶寶一伸手就抓得到邊角的家具邊。

輕便嬰兒床或遊戲圍欄。不管是遊戲圍欄或輕便嬰兒床，四周都應該有密實的護網（網洞的長寬都不能超過0.6公分）或間距不超過6公分的欄杆；要把寶寶放進輕便嬰兒床或遊戲圍欄前，都要先確認二者是否已完全撐開，更別讓任何一邊有個開口——寶寶穿過時可能會被卡住。

玩具箱。一般來說，開放式的玩具箱盒會比較安全；但如果你還是想用有蓋的玩具箱，就要選擇蓋子很輕或有安全折葉設計蓋子——不會在打開時突然闔上——的產品；只要箱盒打開了，不管開口有多大都要能保持原樣。萬一你現在所用的箱子沒有這種安全防護設計，就要馬上拆掉箱蓋（更別忘了，老舊的玩具箱還可能用的是含鉛油漆，對寶寶的健康又是一大威脅）。玩具箱的每一邊，也都應該留有通氣孔（如果你家的沒有，就自己鑽幾個小洞），免得小寶貝爬進去而受困其中。就和寶寶經常接觸得到的家具一樣，玩具箱也不應該有銳利的邊角。

不夠穩固的裝潢。重量過輕、搖搖晃晃、隨時可能散開或垮掉的椅子、桌子或家具都要丟掉，不然也得在寶寶還小時收藏起來，免得寶寶學習站立或行走時一碰就倒。踏階或腳蹬也是，都要確定足夠牢靠。

大型家具。放置器物的大型家具（比如衣櫥、書架、娛樂器材和收納箱）都要沿牆放置，而且以L型支架、螺絲釘或最少用魔鬼氈固定，免得一不小心倒下來壓傷寶寶。

無菸環境

不管是到嬰兒用品店揮霍一番或等打折再去大賣場買一堆玩具，都不能和提供寶寶一個無菸環境相提並論。在吸菸父母（或保母）照護下長大的寶寶，週歲前嬰兒猝死症、呼吸道疾病（著涼、感冒、支氣管炎、哮喘）和耳朵感染的風險都很高。比起其他寶寶，吸菸者的孩子不但更容易染患疾病，也比較難康復；而且，也不只二手菸才對寶寶有害，就連三手菸（吸菸者衣服上的殘留物）也很可能傷害你家寶貝。

但最糟的，也許是吸菸者的下一代往往也最容易成為吸菸者。所以，為了讓你家寶貝有個平安健康的童年，說不定也能活得更久，如果你吸菸，現在就戒掉吧。如果感覺動機還不夠強烈，不妨這樣想：藉由戒菸，你可以送給寶寶更健康的父母。

重一點的東西都要收藏在這些家具的底部，免得頭重腳輕，擺放電視的櫃子一定要夠牢靠，尤其是沒有那麼「穩重」的液晶電視。

衣櫥抽屜。打開的抽屜就有如對寶寶發出一探究竟的邀請，所以只要

低頭族父母

高科技剝奪了父母照料寶寶的注意力嗎？專家不但都這麼認為，還說很多寶寶之所以受到重傷，原因就出自父母開車時打電話、滑手機或玩平板電腦。

研究顯示，今日的父母都低估了通訊產品對養育幼兒造成的干擾——很多父母都說，他們雖然確實是低頭族，但即使正在以電子產品與人即時通訊或收發電子信件或上網，也從來沒忽略過身邊的寶寶，事實卻正好相反。現代父母平均一天花在電子產品上的 11 小時，剝奪了許多本該屬於寶寶的寶貴時間，不但大幅減少了親子間的互動，也增添了寶寶碰上意外的風險。

所以，千萬別忘了當個明智、專注的父母，努力對抗智慧型手機的引誘——即時線上通訊、收發電子信件、上網漫遊或觀賞視頻，或甚至玩遊戲，在自己應當專心照護寶寶時，不知不覺地成了所謂的「低頭爸媽」。記得，只要你分心個幾秒鐘，你家寶貝就可能出意外，即時通訊或臉書或推特等等，沒有哪一樣不能等到寶寶就寢以後。

用過衣櫥或其他櫥櫃的抽屜就一定要馬上關緊，免得寶寶攀拉而出事。再說一次，任何櫥櫃都要記得重物擺下面，才不會因為重心太高而翻倒。

家具與櫥櫃的把手。經常檢查家具與櫥櫃的小把手，免得因為鬆脫而被寶寶塞進嘴裡，造成窒息或卡在口腔。

尖銳的邊角。玻璃桌面的咖啡桌確實既漂亮又時髦，但在寶寶學習站立時危險就超過了格調；為桌子的四角包覆軟墊，就能在寶寶不小心撞上時提供緩衝與保護。不只是桌子，各種有尖銳邊角的家具都應該包上襯墊。

電線。每條電線都應該收到家具後方，以免寶寶啃咬（因而觸電）或拉扯（以致電腦、落地檯燈或重型電器砸中寶寶）；可以的話，最好用絕緣膠帶或特別設計的器材把電線固定在牆底或地板上，但不可以用鐵釘或釘書機，也不可以把電線擺放在地毯下（這會讓電線過熱）。電線沒連接上電器用品時，就不要留在插座裡——不但碰上水分會

漏電或走火，要是寶寶塞進嘴裡還會燒傷口腔。

插座。不讓插座裸露，寶寶才不會把小玩意兒塞進裡頭，或用他可愛的手指去探索那看起來很神祕的小洞；不過，市售的插座蓋都太小，很容易被寶寶拔下來塞進嘴巴裡，所以最好用大到放不進寶寶嘴裡的插座蓋，或乾脆用固著式、加附滑蓋鎖的插座蓋，或者以大型家具擋住插座。如果有使用延長線的必要，也要買保障幼兒安全的延長線或附有安全裝置的產品。

檯燈與燈具。別把檯燈擺在寶寶摸得到燈泡的地方（為了預防萬一，不妨換用較不發熱的燈泡），任何寶寶觸摸得到的地方，檯燈或燈具都必須有燈罩（對大多數寶寶來說，裸露的燈泡都有難以抗拒的吸引力）。

火爐、烤箱、電熱器……。為了防止寶寶的手指靠近火源或高熱，會發熱的東西都要有可以隔離寶寶的架子或罩蓋；別忘了，即使電源或爐火已經關閉，這些用品的表面還會熱上好一陣子，所以絕對別讓寶寶靠近。

菸灰缸。別在家裡抽菸有很多好理由，這就是其中之一：只要寶寶一把手伸進菸灰缸，不是被未熄滅的菸頭燙傷，就是滿嘴都是菸灰或菸蒂；不管你是不是在遠離寶寶的地方抽菸，菸灰缸都要擺放在寶寶絕對搆不到的地方。

垃圾桶。廚餘桶或回收分類容器都要加蓋，並且放在寶寶到不了的地方。

運動器材。鍛鍊身體、保持身材確實是件好事，但運動器材卻也對寶寶有潛在的威脅；無論何時，都別讓寶寶接近自行車健身器、跑步機、舉重器等健身器材，最好是專設房間來擺放這些東西。每一種健身器材都潛藏危險，也都（尤其是會轉動的器材）對寶寶很有吸引力，所以沒在使用時，要記得要拔掉插頭、收好電線；更別忘了，運動器材的防護索帶或運動時必須用上的長索帶都有勒住寶寶的風險，所以絕對不能讓寶寶有把玩的機會，跳繩之類的運動用品不用時更都要收進櫥櫃裡。

桌布。寶寶一開始會爬、會站，最好就別用桌布了，真要用的話，就用小於桌面、所以不會垂掛下來讓寶寶抓到（然後拉下桌上的每一件東西）的桌布；不得以必須使用長桌巾時，請用野餐時防止桌布飛走的強力夾子固定桌布（雖然有些意志堅強的寶寶還是會拉掉夾子和小桌布）。餐具墊是理想得多的代用桌布，但使用時卻也得放在寶寶碰觸不到的地方，隨時注意寶寶的動靜，免得他連墊帶杯帶盤地打翻。

家庭盆栽。全都要擺放在寶寶接觸不到的地方，以免他摘下花葉或挖把泥土放進嘴裡，尤其得徹底清除有毒植物（參見「盆栽紅色警戒」的說明）。

危險物品。如果不想危害寶寶，家庭用的危險物品就都要擺放在寶寶打不開的抽屜、櫥櫃或衣櫥裡，或收藏在高處與寶寶到不了的地方；使用時，一定要隨時注意寶寶的動向，確定他和以下這些危險物品始終保持著安全距離，一用完就要立刻妥善收藏：

- 鋼筆、鉛筆和其他書寫用筆。家裡的書寫工具都要選用粗胖的，粉、臘筆必須不含毒性物質，或者可以水洗。
- 所有寶寶可能吞下肚裡或卡住喉嚨的細小物品，諸如縫衣針、鈕扣、玻璃珠，或者小圓石（盆栽或插花時常用到的那一類）、硬幣、安全別針……，都要仔細分類、妥善擺放。
- 珠寶首飾。念珠與珍珠最危險（勒到或噎到寶寶），小首飾如戒指、耳環和胸針也很要命；有些便宜的進口嬰幼兒飾物常含有毒性物質，也就是說，寶寶每次放進嘴裡都有風險。
- 絲線、細繩、綳帶、腰帶、領帶、領巾、卷尺及任何可能纏住寶寶脖子的物品。
- 鋒利的工具，比如刀子、剪刀、縫衣針或別針、織針、拆信刀、曬衣架，以及刮鬍刀與刮鬍刀片（使用過後別未經包覆就丟棄，更不能隨手丟棄在任何寶寶的小手伸得進去的地方）。
- 火柴與紙板火柴、打火機、香菸，以及任何可能起火的東西。
- 為大孩子準備的玩具。以下這些玩具都不能讓寶寶玩：樂高類的組合玩具，或附有細小配件的娃娃或玩具機器人；兒童三輪車、腳踏車、滑板；模型汽車和卡車；任何邊角銳利或帶有細小、易碎配件的玩具，或者電動玩具。哨子也不安全——小哨子會讓寶寶噎到，哨子裡的小圓球如果掉出來也是。
- 鈕扣電池（也叫錢幣型電池）。

盆栽紅色警戒

你家寶貝的餐盤裡也許還沒出現過綠色的葉子，但那可不代表他就會放過摘下盆栽裡的樹葉一嚐究竟的機會；而且你可能不知道，有些常見的盆栽其實是有毒的，即使無毒也可能傷害寶寶的腸胃。所以，家裡的盆栽首先就得放在寶寶搆不著的地方（而且要盡量「高估」寶寶的能力），只要是不能確定無毒的盆栽，都要暫時借放在沒有幼兒的親友家裡，直到寶寶已經懂得哪些東西不能入口前都不可以拿回家。最後，你也應該及早探查清楚家裡的每一株盆栽的名稱，好在寶寶萬一吃了出問題時，可以在最短時間讓醫師或毒物專家知道禍首是誰。

以下所列，是部分（不是全部）常見的有毒盆栽植物：

- 孤挺花（Amaryllis）
- 血桐（Elephant's ear）
- 槲寄生（Mistletoe）
- 合果芋（Arrowhead vine）
- 常春藤（english ivy）
- 桃金娘（Myrtle）
- 杜鵑花（Azalea）
- 火鶴花（Flamingo flower）
- 夾竹桃（Oleander）
- 彩葉芋（Caladium）
- 毛地黃（Foxglove）
- 醋漿草（Oxalis）
- 君子蘭（Clivia）
- 冬青（Holly）
- 白鶴芋（Peace lily）
- 黃金葛（Devil's ivy）
- 常春藤（ivy）
- 一品紅（Poinsettia）
- 啞蔗（Dumb cane）
- 冬珊瑚（Jerusalem cherry）
- 傘木蘭（Umbrella tree）

用在手錶、計算機、助聽器和相機裡的扁形鋰電池，最容易被寶寶誤吞落肚，在寶寶的食道或胃腸裡釋放出有害化學物質。全新的未使用鈕扣電池不但要小心收放，也先不要拆封；更別忘記「沒電」的電池和新電池一樣具有毒性，取下後都要小心收放。另外，對每一種常用的電池都要有點概念，才能在寶寶誤吞時提供正確訊息給醫師。

- 燈泡。夜燈裡使用的小燈泡，一讓寶寶拿到就有破碎和吞食的危險；如果要用夜燈，就選 LED

快樂又安全地過節

對寶寶來說，任何節慶都比平時更神奇、更熱鬧、更好玩；但是，為了歡喜、平安地度過每一個節慶日，你必須記得：

- 不要以任何理由破壞節慶日的安全。平日的安全原則，即使是最開心的節慶日也還是都要遵守，開始節慶活動前，就要先檢查有沒有會讓寶寶放進嘴裡的易碎、細小、含有毒性物品（例如假雪花），耶誕樹的小配件都要掛在高處，讓幼童碰觸不到，也別擺放寶寶看了就會想吃的模型食物或糖果。
- 燈光的安全。用來創造節慶氣氛的彩色燈泡都得確認已獲得國際安全認證，而且遵照規定安裝；如果用了舊的延長線，就要先檢查看看電線有沒有磨損，更不可以讓寶寶（包括學齡前的幼兒）把玩任何燈具——就算沒插電也不行。
- 小心用火。蠟燭一定要擺放在小朋友拿不到的地方，也不可以插在窗簾或紙製品附近，更不要放在打開的窗戶旁邊，免得被突如其來的強風吹倒；如果桌子鋪有桌布，就不要擺放蠟燭，入睡或外出前都要記得先吹熄燭火。與其讓小朋友玩附有蠟燭的燈籠，不如給他們發光棒。
- 禮物的安全。如果要給家人的禮物可能誤傷寶寶，就別堆放在耶誕樹下或寶寶拿得到的地方；拆開禮物時，包裝紙與彩帶都要馬上收拾乾淨。
- 裝置耶誕樹時，先確定樹體夠重、不會被寶寶推倒，或者乾脆把耶誕樹擺放在一張高一點的桌子上，讓寶寶只可遠觀不可褻玩；最安全的方法，是想辦法買一棵防火的人造耶誕樹，或剛砍下來不久（針葉都還很強韌，不會一拉就斷）的耶誕樹，鋸掉一點樹幹後擺放到裝滿了水的耶誕樹盆裡（但要確定寶寶玩不到裡頭的水）。
- 讓專家放煙火。不要有自己施放煙火的打算，就算號稱危險性最低的C類煙火都有潛在的威脅，仙女棒也是一樣。所以，就如同美國小兒科醫學會和許多相關組織的建議，絕對別在家裡放煙火或仙女棒，尤其不可以在孩童附近。

燈（不會過熱）或考量寶寶安全而設計的夜燈（寶寶碰觸不到裡頭的燈泡）。

- 玻璃製品、瓷器或易碎物品。
- 香水、化妝品、脂粉等。大多數的化妝用品，都有隱含毒性的可能。
- 維生素、藥品、香精或草藥，不管是內服的還是外敷的。
- 輕薄的塑膠袋，比如密封袋、保鮮膜、新衣褲的包裝袋等等，都可能導致寶寶或幼兒窒息。新衣服一買回家或剛從洗衣店拿回，就要馬上拿掉上頭的塑膠袋；家裡用過、等著使用的塑膠袋，更都要擺放在寶寶拿不到的地方。
- 洗潔粉劑與家用清潔產品。就算上頭標示了「環保」或「無害環境」，寶寶也都碰不得。
- 鞋油。一讓寶寶拿到鞋油，後果就一定是一團髒亂——如果還吃下肚，那就更不妙了。
- 樟腦丸。不但會噎到寶寶，還會讓寶寶中毒；不防蟲不行的話，最好是用雪松塊（cedar blocks，別用雪松球以防寶寶吞食）。如果只找得到樟腦丸，就一定要擺放在寶寶的小手到不了的地方；取出衣物穿著前，記得先拿到室外抖去樟腦丸的殘留氣味。
- 木工或編織等工具。含毒油漆，油漆刷、織針（包括紗、線）之類的編織或木工器具與材料，都別讓寶寶接觸得到。
- 食物模型。不管是蠟製、紙製、塑膠製或由其他材料製成，蘋果、梨子、橘子與其他食物的模型都會讓寶寶很想吃上一口；看起來、聞起來都很像冰淇淋聖代的蠟燭，或看起來、聞起來都很像草莓的橡皮擦，也會讓寶寶不嚐不快。

❖廚房的安全防範

廚房既是家人經常進出的地方，寶寶也不例外，為了確保你家寶貝不會在廚房裡碰上意外，你應該先做好以下的防範措施：

- 重新整理儲物區域。把所有寶寶不可碰觸的東西移到廚櫃上層，包括：一摔就破的玻璃製品與陶瓷器皿，有鋸齒狀邊角的食物處理器具，刀具，握把細長而可能戳傷眼睛的物品如串肉杆、筷子、叉子，刨刀，封口夾，可能夾傷寶寶手指的特殊工具（比如打蛋器、胡桃鉗或開罐器），清潔用品、酒精飲料、藥物，任何裝在易碎容器裡的東西，或者對寶寶有潛在威脅的食物（堅果類、辣椒、月桂葉、有黏性或堅硬的糖果、花生醬）；然後，再把危險性很小的東西放在櫥櫃的中、下層，包括：木製與塑膠製的工具，還沒開封但開封也不會有危險的食物，抹布和圍裙。

- 加鎖。先不管寶寶可不可能打得開，只要寶寶打開就會有危險的抽屜或櫥櫃都加鎖防護；這並不是杞人憂天，因為你家寶貝天天都在長大，哪一天他能爬多遠或站多高你很難猜想得到，所以最好周期性地確認所有安全防護措施，而且要盡量高估寶寶的活動力、氣力與運動能力。
- 烹煮食物時盡量用靠牆的爐口，而且無論何時鍋柄都朝內；如果爐火開關設在爐子前沿，買個專用安全蓋罩住。專用的爐門，則可以讓寶寶打不開傳統烤箱或微波爐。記得，某些器具的外殼（以及諸如烤麵包機、咖啡壺及燉鍋）使用時不但會產生高熱，使用過後還會熱上好一陣子，而且熱度足以燙傷寶寶——所以，不論何時都別擺在寶寶碰觸得到的地方。
- 洗碗機沒在使用時都要鎖住，正在擺放杯盤時更要小心——寶寶出手的速度可是迅雷不及掩耳；洗碗機專用的洗滌劑，更別放在寶寶拿得到的處所。
- 海綿要小心。只要咬上一口海綿，寶寶就可能會噎到；就算沒噎到，海綿上的殘留細菌也會傷害寶寶。
- 冰箱加鎖，免得寶寶打開。其他有關冰箱的注意事項還有：冰箱門上夾便條用的小磁鐵，由於大多五彩繽紛又造型可愛，很容易贏得寶寶的青睞，所以吞下肚裡或噎到的機會也很大。吞下磁鐵可不比吞下別的東西，很危險的，所以能不用就不用，要用也得用在寶寶碰不到的高度。
- 別讓寶寶坐在料理檯上。除了不小心滾落的潛在風險，他充滿好奇心的小手也很可能快速抓到不應該碰觸的東西（比如一把刀或烤箱外殼）。
- 小心滾燙的食物。不要一邊抱著寶寶一邊拿滾燙的鍋子或杯盤，也別在寶寶坐在嬰兒餐椅裡時，在寶寶碰觸得到的桌邊擺放熱咖啡或熱燙的食物。
- 垃圾桶與資源回收桶都要用寶寶掀不開的蓋子蓋好，或者就擺在附有扣環或門鎖的廚櫃門裡。
- 一有汁液滴落地面就馬上擦乾，

以免寶寶或家人滑倒。

- 含有毒性物質的洗潔精、刷洗劑、肥皂、擦銀劑等，都要時時擺放在寶寶接觸不到的地方。
- 別把食物和別的東西（比如洗滌用品）擺在一起，要不然，一不小心就會錯把洗潔精當白醋用。
- 清潔用的容器或水桶等，都不要收放在寶寶靠近得了的地方；只要幾公分高的水深，就有溺死寶寶的可能性。

❖浴室的安全防範

對一個好奇寶寶來說，浴室是個魅力無法擋的地方，卻也處處潛藏危險，所以，只要寶寶靠近浴室，你就得時刻留心寶寶的動靜。最一勞永逸的防範方式，當然是幫浴室加鎖，而且不用時都鎖上；然而，總有某些時刻浴室的門是開著或忘了關上的，因此你最好遵守以下的防範措施：

- 如果浴缸不能防滑，就鋪張防滑墊或塑膠浴墊。
- 在浴室地板上鋪個防滑墊，不但可以預防滑倒，也能在不慎滑倒時降低撞擊力道。
- 浴室裡的抽屜和櫃門都加鎖。以下這些東西，平常就都要擺放在加了鎖的櫃子裡：藥品（包括非處方藥與順勢療法用藥）、維生素丸、漱口水、牙膏、髮膠或髮油、護膚用品、化妝品、剃刀、大小剪刀、鑷子和浴室清潔用品（包括馬桶刷與馬桶疏通器）。
- 寶寶正在浴缸裡或玩水時，絕對不要使用吹風機或其他電器用品；只要一使用過，就永遠要拔掉吹風機、捲髮捧和其他小電器的插頭。更別忘了，所有電器用品的電線都有勒住寶寶的可能，所以沒在使用時最好都妥善地收納起來（使用的時候，只要寶寶就在附近就一刻也別隨手放下——更絕對不能一邊抱著寶寶一邊使用）。
- 為了預防嚴重或致命的觸電，浴室（和廚房）的所有電器都要接妥接地線和安裝自動跳電器（一有漏電就會自動跳電，只要按個按鈕就能回復通電）。
- 水溫要保持在 50℃以下，以防寶寶燙傷。小寶寶的皮膚不像你的那麼厚，所以只要水溫來到了 60℃，幾秒鐘就能造成可能必須植皮的三度灼傷；如果你家的熱水無法調節溫度，就買個防燙傷設備（水電行應該就買得到）回來裝上。如果還覺得不夠保險，

你的關照無可取代

該上鎖的都上鎖了，該放在高處的也都歸位，而且你已一而再、再而三的檢查過——寶寶可以保證安全無虞。所以你可以放輕鬆了？那可未必。雖然安全防護措施確實是保護寶寶的重要步驟，但你的從旁關照依然不可或缺；隨時注意寶寶的狀態（就算看不到、也一定聽得到寶寶的動靜），才能最大程度地確保你家寶貝的平安。

不妨養成這個習慣：打開熱水龍頭之前都先開冷水龍頭；放寶寶進浴缸前都要先測試水溫——用手肘或整隻手臂，而且四下撥弄一番，才能真正測出實際的水溫。當然了，你也可以買個浴缸用的溫度計（嬰兒用品店的洗浴部門應該都有銷售）；另外，如果正打算買個新水龍頭，冷熱合一式會比分離式的安全許多。

- 不妨在水龍頭的開關上加個防護蓋，以免寶寶自己打開龍頭，造成沖涼或燙傷。
- 就算使用嬰兒浴椅（由於寶寶可能弄翻，並不建議使用），也別讓寶寶自己待在浴缸裡；除非寶寶已經五歲以上，這個守則都一定要遵守到底。
- 使用過後，浴缸裡的水就要馬上排清。就算水深只有幾公分，不小心摔進浴缸裡的寶寶也可能因而溺死。
- 馬桶沒在使用時都要蓋上，馬桶蓋也必須有防止幼兒打開的裝置；再說一次，只要能淹住口鼻的水深，就可能溺死寶寶。

❖洗衣房的安全防範

不論你是正在清洗、烘乾、洗刷還是擰乾衣物，只要附近有內含有毒物質的洗滌用品，就可能傷害寶寶的小手。要想避免這類傷害，你就必須：

- 不讓寶寶靠近洗衣房或洗衣機附近，有門就要隨時關上，沒有門就得裝個小門或圍欄。
- 沒在洗衣時，洗衣機或乾衣機都要關好；如果你家的洗衣機或乾衣機使用時會產生高熱，就只能在有人幫忙照顧寶寶時才使用。
- 無需使用時，所有的漂白水、洗衣劑、去污劑和其他清洗用品都要放在上鎖的櫥櫃裡；一旦用罄，空罐就要立刻放到緊閉的回收桶或垃圾桶裡。洗衣劑和去污劑

的容器尤其會讓寶寶好奇，也很容易用嘴去嚐嚐看，更要特別防止寶寶接近。

❖車庫的安全防範

大多數人家的車庫（和車棚、溫室、木工房……）裡，都充滿了會讓寶寶窒息與中毒的物品、銳利的工具，以及潛藏的威脅，所以你必須小心：

- 如果車庫連接主屋，其間的門就要隨時上鎖關住；如果車庫是獨立的，車庫門就要隨時關好。停放的車子當然也都要鎖上車門。
- 如果車庫門是遙控開關的，就要確定電動門有自動停止裝置（碰到障礙物或小孩時會自動停止）；美國所有 1982 年後製造的自動門，都規定要有自動暫停的裝置，萬一你家的自動門不是這一種，就趕緊加裝自動暫停裝置。在電動門的底端加貼一道彈性護墊，更可以提供緩衝防護；有事沒事就在電動門下擺個大紙箱，測試一下自動暫停系統能否正常運作，萬一故障了，修復前就先關掉電源。
- 油漆、油漆刷、松節油、除鏽劑、肥料、殺蟲劑、防凍劑、擋風玻璃清潔液和其他汽車用品等，不用時都要放在小朋友拿不到的地方。每一種對寶寶有安全危害的粉劑都別倒出原本的容器而換用其他容器來裝，使用時要控制方向、注意安全；萬一搞不清楚手上的容器裡裝的是什麼，就要馬上丟棄。
- 不論何時，只要寶寶一進到車庫（或木工室、溫室……）裡，就都要抱著他或牽著他，片刻也別離手。

❖戶外的安全防範

雖然大多數寶寶的傷害都發生在家裡，但最嚴重的卻往往是在你家或別人家的後院、在地的遊樂場，當然也包括街道。不說你也知道，你不可能為了寶寶的安全就都不讓他外出（雖然有時你也會後悔沒有這麼做）；不過，防止來自戶外的傷害並沒你想像中那麼難：

- 絕對別讓寶寶自己在戶外玩耍，或獨自睡在位於戶外的嬰兒車或汽車座椅裡。
- 放開寶寶的手之前，都要先檢視一下公共遊樂場所，小心注意地上有沒有狗大便、碎玻璃、菸蒂或其他寶寶不該碰觸的東西。

防毒要領

每一年，美國都有120萬件左右的幼兒不慎誤食有害物質事件——這個數字，一點也不讓人意外。孩童，尤其是嬰幼兒，最愛用嘴巴來探索環境——也就是說，不管拿到任何東西都可能馬上放進嘴裡，不會像大人一樣，先判斷那東西能不能吃——或有沒有毒。他們天真純樸的味蕾和嗅覺，不會因為任何東西難吃或難聞就對大腦提出「可能有毒」的警告。

如果你家寶貝看似中毒，就要趕緊打電話給醫師或急救中心。未雨綢繆之道，則是謹守以下的提醒：

- 收起所有可能含毒的物品並鎖在寶寶接近不了的地方。就算你家寶貝只爬、不會走，他也可能藉由椅子、階梯或墊子攀爬到可以接觸桌上物品的高度。
- 遵守每一項藥品管理的安全規則（參見611頁），永遠別在寶寶面前用「糖果」來稱呼藥丸，更不要在寶寶眼前服用任何藥物。
- 有得選的話，就買附有安全防護罐口的藥品——但也別因為這樣就掉以輕心，還是得儲放在寶寶打不開的櫃子裡。
- 養成鎖緊容器、用後立刻收藏的習慣，不論是為了趕緊回覆電子郵件或有人按了門鈴，都別順手放下可能危害寶寶的洗滌液或清潔劑。
- 食物與非食用物品要分開存放，永遠別把不能吃的東西收放在食物用的容器裡（比如把漂白水倒進蘋果汁空罐），因為孩子開始看得見食物時會學得很快，而且會以為有那種圖樣的容器裡裝的就是那種食物，不會因為「蘋果汁是白的」或「葡萄果凍不是紫的」就心生懷疑。
- 絕對不要在孩子拿得到的地方擺放酒精飲料，而且要把每一瓶酒都鎖在櫥櫃或吧檯裡（如果存放在放箱內，就得擺放在孩子搆不著的高格內）。不論酒精含量有沒有很高，只要是酒精就一定對孩子有害；所以漱口水也不能不小心，因為裡頭

- 別讓寶寶爬進長草叢裡，接近有毒的長春藤、橡樹、漆樹，或可能會讓他打噴嚏的某些有毒植物；這類植物附近，也常有會叮咬寶寶的小蟲（參見437頁）。當寶寶靠近花草樹葉、莓果、松針時，不管他是不是在嬰兒車裡，都要緊盯著寶寶的雙手，因為他不但可以輕鬆摘下一片葉子，塞進小嘴裡（或被松針刺傷）的速

同樣含有酒精。

- 永遠要購買毒性最低的家庭清潔用品，警告與注意事項愈多的商品愈要避開；而且也別忘了，就算是號稱「環保」的商品，對寶寶來說也可能並不安全，所以還是得擺放在寶寶搆不著的地方。
- 丟棄有毒清潔劑時要倒進馬桶裡沖掉——要是對化糞池或水管有害，就參考產品上的標示來處理；倒光後的容器要先沖乾淨（除非產品說明另有指示），再立即放入擺在寶寶接觸不到的回收桶或垃圾桶裡。
- 在每一罐危險液體外都貼上「有毒」的小標籤，藉以提醒家人哪些物品具有毒性；除此之外，也要向家人解釋這個標籤代表的是「危險」。只要三不五時就強調這些訊息，你的孩子有一天也會懂得哪些東西不可以碰。
- 提防二次中毒。被某個物品毒害過一次的孩子，往往會在一年內又犯一次同樣的錯，一定要小心提防。
- 別讓寶寶接近水坑或任何蓄水處（池塘、噴泉、鳥兒飲水臺），即便是水深不到 5 公分也有危險；如果家裡有充氣式兒童泳池，不用時就要立刻排光池內的水、一等乾燥後就收藏起來，免得蓄積雨水。
- 確認寶寶可能會玩的每一個戶外遊戲設備都很安全：結構堅固，組裝正確，繫繩牢靠，而且都安置於距離圍牆或籬笆 2 公尺以上的地方，所有的螺絲和螺栓都要加有護罩，以免寶寶被銳利的邊緣刮傷。時不時就檢查一下螺絲上的護罩有沒有鬆脫，別讓寶寶玩以 S 形掛勾懸吊的鞦韆（鍊子可能會忽然脫開，導致鞦韆墜落），直徑或開口 12~25 公分的環形器材也是，因為孩子的頭可能會卡住；鞦韆的座椅必須是軟性材質，才不會敲傷孩子的頭。孩子的最佳戶外遊樂場所，是由沙子、軟土、木屑或減震材料（比如組合式的膠質軟墊）所構成的，不超過 30 公分高的遊戲池。

度更是快到讓你吃驚。

- 如果讓寶寶玩沙，用不著時沙箱就要蓋上（防止動物糞便、樹葉、隨風飛揚的垃圾……掉進沙盒裡）；如果沙子有點溼，蓋上前先在陽光下曬乾。沙箱用的最好是遊戲用沙，要不然就裝一般海灘上的沙；寶寶玩沙時要時時監看，只要他有亂灑或放進嘴巴的跡象就馬上叫停。

懼高？還不到時候

你以為寶寶天生就能懂得居高思危——所以會自動離開可能致死的懸空高處嗎？對不起，相關研究的結論卻是，直到寶寶來到九個月大之前（或者直到他們從經驗中學會居高思危之前），他都完全沒有你以為的這種「本能」。不到九個月大的寶寶們不但一點也不知道位於高處的風險，還會毫不猶豫地一腳跨下床沿、桌邊甚至樓梯；根據研究者的說法，如果你把寶寶放到一個很容易摔落的地方——比如看得到腳下地板玻璃桌面茶几，寶寶不但大多不會趕緊退開，還更可能一腳就往下跨落。

只有在自己對安危有充分的體驗之後，寶寶才可能主動避開高處的邊緣；這也就是說，你不能寄望寶寶有居高思危的本能，懂得不要讓自己「走下」床鋪或從樓梯摔落。你也必須了解，雖然專家說九個月大的寶寶就能懂得退離高崖，本能卻未必都可以及時教會他們趨吉避凶；所以，別管你家寶貝究竟是九個月大或兩歲大了，趕快做好家裡的安全防護和樓梯口的柵欄吧。

❖教導孩子注意安全

你愈擔心某人會受傷，他往往就愈是會受傷；從這個角度來看，因為寶寶本來就很容易跌倒（絆到，撞到，卡到），所以你當然會很操心。做為他的父母親，你的目標也就該放在盡己所能地減少他的受傷機率。

生活環境裡的傷害防護與家人的不懈關照，的確是好的開始——但可別認為這就夠了。想讓寶寶遠離傷痛，你還得讓他自己也有安全防護的概念；怎麼做呢？不但要教導他哪些東西是安全的、哪些則否（以及為什麼不安全），還得幫他養成（和示範）長保安康的好習慣。

透過建立與使用一些警告的字詞（噢，不行不行，燙燙，尖尖）和話語（「這個不能碰喔」，「這樣很危險喔」，「小心！」，「這會痛痛喔」），你就能慢慢讓寶寶意識得到危險的物品、物質和情境。就和你教導別的東西一樣，一開始，這些紅色警戒寶寶只會左耳進、右耳出，但只要你肯日復一日地再三教導，寶寶的大腦就會儲存並解讀這些攸關生死的訊息——終有一天，你的種種警告便會烙印在他腦海裡，而且奉行不逾。眼下，你該教導寶寶避開的是：

鋒利與尖銳的器具。每當你正在使用刀子、剪刀或其他銳利的工具時，記得趁機提醒你家寶貝那有多鋒利、那不是玩具，而且是只有爸爸和媽媽（以及別的大人）才可以使用的東西。為了強化印象，你可以用手碰觸一下刀尖或刃面，馬上大叫一聲「哎呀」並縮手，同時面露害怕與疼痛的神色。

高熱的事物。就算只有 7、8 個月大，如果你告誡再三，寶寶也會懂得你手上的咖啡（或烤箱、點燃的蠟燭、電熱器、火爐）很燙而且絕對不可以觸摸；這一來，不用多久他就懂得「燙」這個字代表的就是「絕對不可以觸摸」——雖然他還得等上好一陣子才學得會控制碰觸衝動。為了讓他體會「燙」的感覺，你可以拉寶寶的手來摸摸裝有熱咖啡（但不能太燙）的杯子外緣；同樣的，使用（或剛剛添購）會發出高熱的器具時，也要趁機教導寶寶「這個很燙」和「不可以摸」。

腳步。沒錯，為了保護已經會爬或剛會走路的寶寶，你必須做好每處階梯的防護工作；但是，就連在平地上走或爬你也有必要好好教導一番，因為剛學會走路的寶寶不會有「摔倒」的概念（除非已經摔倒過好幾次了），萬一走到沒設柵欄的樓梯頂端，可是極其危險的事；所以，只要家裡有那處的階梯超過三階，就一定要加裝柵門——對一個剛剛學會走路的寶寶來說，「下樓」不但超難也超危險。不過，樓梯底部的柵門倒是可以裝設在第三階上，好讓寶寶有機會安全許多地練習上、下樓。

電器的威脅。電器用品、電線和插座都對寶寶很有吸引力，所以，再怎麼分散寶寶對電器用品的注意力或妥善收藏電線都不為過——同樣地，用驚怕的動作或「哎呀」的聲音來告訴他電器用品的危險也有其必要。

水盆、水池與任何有溺水風險的地方。戲水很好玩也很有教育意義，但是別忘了也要教導寶寶戲水的危險，尤其是：沒有父母或大人陪著時，都不應該（也不准許）接近水盆、水坑、池塘、噴泉。但別忘了，就算孩子雙臂都掛著浮圈也上過游泳課（參見下頁邊欄），你也不

游泳課

急著想把寶寶調教成水中蛟龍——不，小小「游」俠——嗎？在寶寶屆滿週歲之前還是先等等吧。雖然有些研究者說，如果週歲前就讓寶寶學游泳，後來會比較不怕水，但美國小兒科醫學會卻還是持反對意見。

那麼，那些上過號稱「防範溺水」課程的嬰兒呢？那其實是不可能的——嬰兒游泳課只會讓父母心生錯覺，反而是在冒更大的風險。雖然寶寶會因為體脂比高過成人而可以自然漂浮水面，嬰兒游泳課依然無法幫助寶寶擺脫溺水的威脅，長遠來說，嬰兒游泳課也不會讓他比長大後再學的孩子更善於游泳；更別說，嬰兒學游泳還有其他的危險：水中毒（water intoxication，因為喝到太多水而破壞體內的電解質平衡），因為受到感染而腹瀉（喝進池水時也喝進了細菌），游泳耳（swimmer's ear，耳朵進水），以及皮膚疹。因此，你的底線是：不管和寶寶一起泡在泳池裡有多愜意，也不管寶寶是不是安全地躺在你臂彎裡，或者這有多能讓他習慣下水或拍水、潑水有多好玩，眼下都還不是讓寶寶學游泳的好時機。

能認為你家寶貝就「防水」了，無論何時何地，也不管是不是只有幾分鐘，都不可以讓寶寶單獨待在有水的地方，而且一定要守在與孩子最多一臂之遙的近處。

噎到的威脅。只要一發現寶寶把不能吃的東西（硬幣、鉛筆、樂高玩具）放進嘴裡，就要馬上拿開並告訴他「這個不可以放進嘴巴」；此外，也得教寶寶吃東西時要坐著，還要細嚼慢嚥後才能吞下肚裡。

有礙寶寶健康的東西（包括飲料）。對於小心存放家裡的清潔用品、藥物這件事，再怎麼謹小慎微都不為過；然而，某天晚宴過後，也許茶几上會留有客人帶來的伏特加或蔓越莓汁，或者帶寶寶去看爺爺奶奶時，你的爸媽正好在清洗浴缸，順手把清潔劑置放在浴缸邊上。如果你沒在碰上這種狀況前就教導孩子這方面的危機意識，也就怪不得別人了不是嗎？你是應該時時監看寶寶的動靜，但也應該及早開始這方面的教育工作，並且持之以恆，一而再、再而三地告訴他：

避開蚊蟲的叮咬

雖然大多數的昆蟲都不至於咬傷你家寶貝，但叮咬造成的疼癢還是會讓寶寶很不舒服，所以要盡量讓寶寶免於蚊蟲的侵擾（蚊蟲叮咬的治療請參見 657 頁）。

各種昆蟲。寶寶兩個月大起，就可以使用防蟲液了（要買專為寶寶調配的，而且一從戶外回到家裡就要立刻清洗乾淨）：

- 含有「敵避」（DEET）化學成分的防蟲液效果最好，但美國小兒科醫學會卻也警告，不可以讓寶寶使用含有 30% 以上 DEET 的防蟲液；最安全的做法是：選用只含 10%DEET 的產品，而且要先抹防曬油後再噴。
- 含有香茅或雪松成分的產品也能驅蟲，但效果比不上 DEET，而且因為效果不能持久，所以每過一會兒就得噴一次；三歲以下的寶寶，不可以使用含有油脂或檸檬尤加利精油的產品。
- 百滅靈（Permethrin）可以讓壁虱與跳蚤（而不是蚊子）一碰就死，所以能用來防止萊姆病（Lyme disease），但只能噴灑在衣物上——絕對不能直接噴抹在皮膚上。百滅靈的防護作用，就算衣服洗過幾次也都還在。
- 避卡蚋叮（Picaridin）號稱防蚊效果和 10%DEET 一樣好，但在長期研究的可靠證據未出現前，美國小兒科醫學會還不肯為其背書。

蜜蜂。別讓你家寶貝太靠近花圃，也別讓他在戶外吃又黏又甜的小點心；如果避免不了，一吃完就要趕緊幫他擦乾淨手指與臉頰，免得引來蜜蜂。

蚊子。蚊子的叮咬大多只會製造疼癢，但偶爾也會帶給寶寶傳染病。每當黃昏時節、蚊子開始出現在窗邊或門口時，就別再讓寶寶待在戶外；即使是在房子裡，有必要時也得幫他掛個蚊帳。

鹿蜱（Deer tick）。鹿蜱可能攜帶萊姆病菌與落磯山斑疹熱（Rocky Mountain spotted fever），所以，只要來到鹿蜱活動的區域，多幫寶寶添些衣物和噴上防蟲液就很重要了；每晚都得注意寶寶睡覺的地方附近有沒有鹿蜱的蹤影，一發現就要馬上除去（參見 657 頁）。

- 只要不是爸媽或爺爺奶奶給他的東西，就都不能吃下肚裡。這當然不會是一教就懂的事，但一再強調就能逐漸落實——雖然也許得花上一年，說不定還要更久。
- 就算有一些吃起來確實很像，但藥丸與維生素丸不是糖果。總之就是要寶寶明白，除非是爸媽或熟識的大人給的東西，否則都不能吃。
- 只要不是食物，就都不能放進嘴裡。
- 只有大人才能使用清潔用品或洗碗精。每次在寶寶面前清洗浴盆、擦洗料理檯時，就趁機再向寶寶強調一遍。

街道上的威脅。現在起，你就得開始教導孩子街道是怎麼回事了。每逢和寶寶一起過街時，都要趁機對他解釋為什麼你們必須「停，聽，看」，教導他綠燈才能通行（而且得走斑馬線或行人穿越道），一定要等到人行道的綠燈亮起才能過馬路。如果左鄰右舍有車道，除了教導他穿越車道前都得停、聽、看，還要讓他明白車子裡的駕駛看不見他那麼小的身影，所以穿越車道前一定要牽著某個大人的手；一有機會，就要對他說明哪些地方小朋友絕對不能走。

走在人行道上時你應該都會牽著寶寶的手，但很多大一點的孩子往往陶醉於可以自己走自己的路；如果你准許他自己走（某些時候，你大概會覺得讓他自己走沒啥不好），就要時時緊盯著他。

雖然寶寶還小，但也得開始教導他不可以在沒有你或其他長輩陪伴時自己走出家門。

同樣重要的是，你也得教導寶寶不可以碰觸路上的垃圾——玻璃碎片、菸蒂、食物的包裝紙；不過，也別用力過猛，使得孩子怕到什麼都不敢碰——反而應該鼓勵他摸摸花兒（但不可以想摘就摘）、樹木、商店櫥窗、電梯按鈕……。

車上的安全。除了一上車就得讓寶寶坐進汽車安全座椅裡，扣好每條安全帶，還得教導寶寶為什麼這樣做很重要：「如果不扣安全帶，就會受傷喔。」同時，也要向他說清楚其他的安全守則：不可以在車上亂丟玩具，不可以玩車鎖或車窗的電動鈕。

遊樂場的安全。教導鞦韆的安全守則：絕對不要扭轉鞦韆的吊繩、推動沒人坐在上頭的鞦韆，不可以走在晃動的鞦韆前或鞦韆後。溜滑梯的安全也一定要及早教導：永遠不可以直接從滑道往上爬或頭下腳上地溜滑梯，永遠要等到前面的小朋友已經溜下、離開才能往下溜，而且一溜下就要趕緊離開滑梯底（別把寶寶放在你膝蓋上溜滑梯，很多寶寶都因為這樣而受傷）。

寵物的安全。教導寶寶怎麼恰當地和寵物互動——而且避開其他的動物。一有機會就示範給寶寶看，你是怎麼在碰觸別人家的寵物前先詢問飼主；讓他觸摸寵物前，記得讓寵物先吃飽。

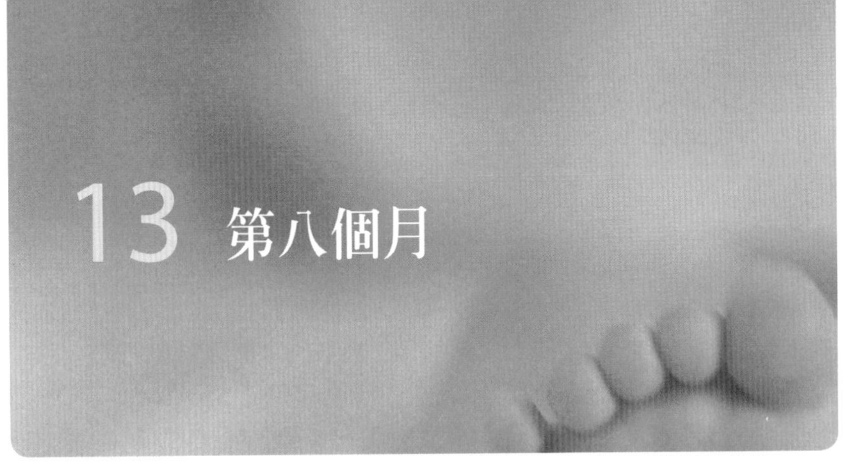

13 第八個月

七、八個月大的寶寶可忙的咧：忙著練習他們已經可以掌控（如爬行）或急著掌控（如拉著東西站起來）的各種技能；忙著玩（用他們那能帶來雙倍樂趣、漸漸靈巧的肥肥小手，以及用他們那至少有兩倍吸收力、日益增進的專注力）；忙著探索、發現、學習，且隨著幽默感的萌芽而綻放愈來愈多的笑容。在這個月，寶寶繼續練習發音，在近九個月大時甚至可能發出那些你期待已久的聲音（「媽媽」或「爸爸」）。此時寶寶的理解力仍然相當有限，但開始能了解一些詞的意義——「不要」可能就是寶寶第一個能掌控、第一個能了解的詞彙。

哺餵你的寶寶：用杯子喝東西

雖然你家寶貝現在看來還很喜歡從你的乳房或奶瓶喝奶（或者輪著來），但進入第八個月卻也是學習使用杯子的極好時機。及早讓寶寶學習使用杯子，便意味著來到斷奶階段時他就會是個擅用杯子的專家了（只要你和寶寶不介意，當然可以再讓他慢一點再斷奶，但專家都建議週歲前就要戒除使用奶瓶的習慣）；與此同時，對寶寶來說杯子也是個有趣又方便的液體載具（雖然剛開始時免不了有些凌亂）。

以下的方法，能幫你教會寶寶好好使用杯子：

- 讓寶寶坐正。坐得好，就一定能喝得好——你家寶貝也不會例外……不管是他自己坐正了，還是你扶著他。
- 做好防備。教導你家寶貝使用杯子可不會是「乾淨利落」的事兒——流下他臉頰的一定比喝進嘴裡的多；所以，在寶寶還沒學會

寶寶的第八個月

睡眠。這個月的睡眠模式和上個月相去不遠，大致說來，你家寶貝每晚會睡上 9~11 小時，白天也還會睡個兩次左右、總共 3~4 小時；也就是說，每一天要睡上大約 14 小時。

飲食。大多數寶寶的重要營養來源還是母乳或配方奶——就算他已經會吃不少固體食物。

- 母乳。每一天，你家寶貝要哺餵個 4~6 次母乳（有些寶寶會喝上更多次），總計大約一天 720~900CC；不過，要是寶寶的固體食物吃得多，母乳就會喝得少一點。
- 配方奶。你家寶貝現在一天大約會喝個 3~4 奶瓶的配方奶，每次 210~240CC，總計一天 720~900 CC（也有些寶寶會維持少量多餐的習性）；同樣的，如果固體食物吃得多，配方奶就會喝得少。
- 固體食物。隨著寶寶的愈來愈習慣固體食物，這個月應該一天會吃 4~9 湯匙的穀物、水果和蔬菜，分成兩到三次吃（有些寶寶會吃得少一點，可你一點都不需要操心——讓寶寶的胃口來決定吃多吃少就好）；至於蛋白質（牛豬肉、雞肉、魚肉或豆腐）的攝取方面，寶寶一

使用杯子的技巧前，練習時最好讓他穿件大圍兜。

- 抓對時機。寶寶心情好時最願意嘗試新的經驗，也比較不會弄得雞飛狗跳。找個堅固、防潑灑（所以你在嬰兒椅上教他使用時才不會被潑得一身溼）、頭輕底重（才不會動不動就翻倒）、以及容易抓握（最好是嬰兒用）的杯子，寶寶大多喜歡有握把的杯子，但你還是必須多試幾個才知道哪種杯子最適合；如果使用塑膠杯，要注意材質是否含有雙酚 A（BPA，目前美國食品藥物管理局不准兒童用杯含有雙酚 A，但早幾年生產的杯子就難說了）。當然了，如果晚餐時分寶寶很想喝一口你玻璃杯裡的開水，只要你從旁協助就沒什麼關係（你握著杯子，寶寶只管吸呷）；試過愈多種杯子的寶寶，愈能更早學會使用杯子。

附有吸口的有蓋杯子（俗稱「鴨嘴杯」或「吸管杯」），可以

天可能吃上六湯匙，但也可能只吃一湯匙。全脂優酪乳和起士也能提供蛋白質，寶寶可能也更愛吃。

遊戲。你家寶貝的活動力已經開始轉強了，所以要提供一些可以讓他移動的玩具（帶有輪子、可以讓他推著滿屋子走的玩具，可以滾動的球，會讓寶寶手舞足蹈的音樂玩具），可以鼓勵他扶著站起來的玩具（比如遊戲桌或不能滾動但可以推動的堅固玩具）此時正合所需；同樣的，能夠讓他學習分門別類或堆疊的玩具、有按鈕或操作桿或撥盤的玩具（例如磁鐵字圖板、串珠等等）都很適合八個月大的寶寶，推擠或搖甩時就會發出樂音的玩具也很好。當然了，充填動物玩具也不錯。別忘了，家裡常用得到的一些容器也是寶寶的好玩具：塑膠盒、木製湯匙、塑膠量杯等，都很能讓寶寶樂在其中……有時還能寓教於樂！

讓寶寶很順利地從「吸吮」過渡到「吸呷」；一般來說，慣用奶瓶的寶寶會比習於媽媽乳頭的寶寶更容易適應鴨嘴杯。只要用上這種杯子，就不必太擔心會四處潑濺（不論造型有多少種，都有個尖起的凸嘴），不過，最好還是早點讓寶寶從鴨嘴杯推進到一般的杯子——而且等寶寶能用吸管從杯子裡喝飲料時，就別再讓他用鴨嘴杯了（參見 446 頁）。

- 從熟悉的飲料喝起。如果杯子裡裝的是寶寶愛喝的東西，比如母乳或配方奶，那麼，他的適應速度就會快得多；但是，你的小傢伙也可能會因為熟悉的食物卻裝在陌生的容器裡而心生疑慮，如果是這樣的話，就改用開水。要是開水也不奏效，就試試稀釋過的果汁（六個月大起就能讓他喝了）。
- 慢慢來。對有生以來就一直以乳房或奶瓶吸入奶水的寶寶來說，以杯子吸呷當然是全新的經驗；

吸吮的感受

誰不喜歡鴨嘴杯呢？比起一般的杯子，鴨嘴杯既不會潑漏又摔不破，所以寶寶不會因為奶水（或果汁）翻倒而大哭，你也不必辛苦擦拭，又很容易清洗，更別說攜帶外出時有多方便了。不像一般開口杯或玻璃杯，鴨嘴杯不但可以在車上、遊戲時、在嬰兒車裡使用，而且——忙碌爸媽最受用的——不必一直在旁緊盯。

然而，相關研究卻也發現鴨嘴杯有些潛藏的風險——尤其是對大一點的孩子來說。因為液體進入寶寶嘴裡的方式，鴨嘴杯其實不大像杯子而更像奶瓶（過程比用真正的杯子緩慢一些，所以液體留在口腔和牙齒上的時間也較長），所以，如果長期使用可能會傷害牙齒……要是你家寶貝已經長牙的話。最好只在兩餐之間讓寶寶使用鴨嘴杯，而不是從早到晚、從很小到滿大了都用，才能減輕風險（奶瓶也是）。另一個經常讓寶寶使用的風險，則是可能會成為細菌的溫床（尤其是如果他把鴨嘴杯放在玩具堆裡，隔天又拿起來吸吮的話）；要是你還一口氣在鴨嘴杯（或奶瓶）裡裝滿果汁，讓寶寶隨時隨地喝，更可能破壞他的正常食慾、攝取過多無益身體的熱量（甚至造成慢性腹瀉）。如果以上所述你都還不覺得有多嚴重，不妨再聽聽專家的另一個警告：長期使用鴨嘴杯可能延緩寶寶的語言發展；他們的理論根據是，以鴨嘴杯喝飲料——不像用一般的水杯

所以，你必須先給寶寶一點適應的時間（觸摸、檢視，甚至拿來當玩具），再由你握著送到他的嘴邊，稍稍傾斜杯口，很小心地送幾滴進他嘴裡讓寶寶嚐嚐。記得，在寶寶完全吞下之前要先暫停一會——要不然，你這剛開始嘗試杯子的小傢伙可能會噎到（吞下第一口時也很有可能會嚇一跳，因而馬上就吐出來）；你家寶貝連張嘴都不願意？那麼你就把杯口送到自己嘴邊，假裝喝上一口（「啊姆，真好喝呀！」）。

- 引誘寶寶分享。他伸手想抓杯子？那麼，就幫忙他握住杯子吧；他不要你幫忙嗎？也由他去——儘管他不大知道該拿手上的杯子怎麼辦。
- 接受拒絕。如果你家寶貝掉頭他顧，就表示他不想再和那個杯子

或使用真正的吸管——的話，嘴部肌肉就得不到足夠的運動量。

不過，鴨嘴杯仍然是從乳房或奶瓶過渡到傳統杯子的好工具，既能大大減輕髒亂，更無可否認地是行動中的好幫手。只要謹記以下的守則，鴨嘴杯就對你家寶貝有益無害：

- 別讓寶寶長期使用鴨嘴杯。給寶寶從防漏水杯吸喝飲料的機會——然後兩者並用，而不是一直給他鴨嘴杯。一旦寶寶再大一點（通常是快九個月大時），就讓他用吸管從一般水杯裡喝飲料；這麼做不只是為了提供寶寶的嘴和下巴一些運動的練習，增進嘴部肌肉的發育，也是因為正常的吸管會讓飲料更快進入口腔，而不是一點一滴地吸吮，語言與牙齒的發展都會因此得利。
- 鴨嘴杯只能在正餐與點心之間使用，而且要有節制。別讓寶寶抱著鴨嘴杯滿屋子爬，也別在寶寶一坐進車裡或嬰兒車時都用鴨嘴杯安撫他；節制使用鴨嘴杯有助於寶寶的語言與牙齒發育、預防喝入過多果汁，也才不會讓他養成依賴心。
- 多讓寶寶用鴨嘴杯喝水。如果鴨嘴杯比奶瓶更能安撫寶寶，別剝奪他的這個嗜好，但要在杯子裡裝開水，才不會傷害他的小牙齒——如果裝的還是含氟的飲水，更有保護牙齒的功效。
- 該不用時就別再用了。一旦寶寶已經學會怎麼以一般的水杯直接或用吸管喝飲料，就是應該放棄鴨嘴杯的時刻了。

有啥牽連（即便他一口都沒喝也一樣）。哪一招都沒用？那就拿開杯子，下一餐再試試看；如果一整天都這樣，那就只好改天再試囉。

你會擔心的各種狀況

❖寶寶是在「說話」嗎？

我的寶寶已經開始會講「媽媽」了，我們都因此十分興奮；直到鄰居告訴我說嬰孩只是在發出一些他們自己也不了解有什麼涵義的聲音。是這樣嗎？

答案只有你的寶寶知道，但他目前還無法告訴你。究竟孩子從哪一刻開始，由無意義的出聲變成有意義的言語，是很難說的。你的孩子現在或許只是在練習「ㄇ」的發音，也可能他是在叫你了；但其實這

吸管之道

一用吸管，你家寶貝就吸不起任何飲料嗎？對寶寶來說，學用吸管本來就是個極大的挑戰，因為這需要用上比吸吮乳房或鴨嘴杯完全不一樣的肌肉和全新的複雜技巧——而在寶寶長到八、九個月大之前，他都無法靈活運用那些肌肉和技巧；就算寶寶都已八個多月大了，要掌控這種機巧也都還是難事一樁。不過，既然使用吸管對寶寶好處多多（比起鴨嘴杯，單純使用吸管對寶寶的嘴巴、下巴和語言發展都更好，也更適合他的小牙牙），很值得你多費一些心力。如果你還懂得一些吸管的知識，就更容易讓寶寶早日學會了。

首先，你得先讓寶寶明白，吸管的功能就是從杯子裡吸出液體。為了幫他產生這種聯想，你當然得證明給他看：把一支吸管放進裝了水的杯子裡，再用食指按著吸管最上端，然後提起吸管、讓寶寶看看你鬆開食指時水如何從吸管裡流回杯子中；表演過幾次後，就可以把吸管中的開水滴入寶寶的嘴裡了（只能一次滴入一點點，免得寶寶嗆到）。

這個花招吸引寶寶的注意力了嗎？接下來，把開水倒進一個保鮮袋裡，但不要裝太滿；然後戳出一個剛好可以容納吸管的小洞，插入一根短一點的吸管，讓寶寶含住吸管，小心擠壓保鮮袋，讓裡頭的一點點開水透過吸

並不很重要。要緊的是：他會出聲，並正在學著模仿一些語音。另有一些寶寶會先說「爸爸」，其間的差別只不過是對他們而言，哪一個比較容易開始而已。

在眾多的語言中，對父母親的稱謂其實都很接近，說它們都是源於寶寶最早期的字彙應不為過。根據專家的說法，一般嬰孩講出有意義的話大約是在十到十四個月之間；有些會早幾個月便開始，而也有一部分完全正常的小孩直到第二年中間，更有極少數會相當晚才發展出來。一個熱中於發展體能方面技巧的小寶寶，可能很早就學爬學走，甚至爬樓梯都行，但在語言方面的進展就比較慢。只要你觀察到他對一般談話的反應能夠了解，就毋需擔心。

早在寶寶吐出他第一個字彙之前，他就已經在發展有關的本事。首先呢，就是理解別人說的話。這種

管流進寶寶的嘴裡。這一來，你就成功製造了「用吸管喝水」的聯結。果汁包很適合用來做這種教學，但你也要有應付狼狽情況的心理準備。

現在，你可以替寶寶打下使用吸管的基礎了。先剪下一小截市售吸管（要夠短才不會讓寶寶吸得很辛苦），放進一小杯水（或母乳、配方奶）中，再捏著吸管（同時握牢杯子）送進寶寶嘴裡，鼓勵他吸出杯裡的飲料；每這樣練習過幾天後，就增加一點吸管的長度。

有些寶寶一下就上手了，有些寶寶則需要多給一點時間。如果你家寶貝學得慢，沒關係，回到先前的步驟，也就是用食指壓住吸管口的表演，但這回要用另一根手指頂著吸管底部，放開上端的食指後鼓勵寶寶吸吮；這一來，寶寶不但可以更容易吸到飲料，運氣好的話還能就此懂得吸管的概念。一次又一次地讓寶寶對著吸管練習，每次都多提取一些飲料，好讓寶寶也能一次比一次吸到更多；如果順利的話，就可以再用杯子練習看看了。

要是你家寶貝真的學得很慢（別擔心，很多寶寶都和他一樣），在他學會用吸管從一般的杯子裡喝水前，都別給他防溢的鴨嘴杯；這是因為，防溢鴨嘴杯通常需要更強大的吸力——所以會適得其反，讓寶寶更感到挫折，甚至因此放棄學習。杯子的開口愈大、吸管愈重，寶寶練習起來就愈輕鬆。

接受語音的能力始自出生便開始培養，然後他漸漸過濾；大約在六個月左右的某一天，你叫他的名字時，他很清楚地轉過頭來。之後，他很快又認識了周圍許多人的名字；再過不了幾個月，他甚至可以領會一些簡單的指示，諸如：「再吃一口」或「來，揮手說拜拜」或「親親媽媽」，這一方面通常比說的能力進展快許多；你可以在日常生活中有意識地激發寶寶聽與說的能力（參見 534 頁）。

❖用手勢和寶寶溝通

我的一些朋友是用嬰兒手語和他們的寶寶溝通——看起來似乎很有成效，但我還是擔心，如果用手語和我兒子交流，會不會減緩他學習說話的進程？

你到處都看得到嬰兒在說話：話語雖少，手勢卻很多。向來只用於

用手勢，變聰明？

你家寶貝會因為多用手勢而更聰明嗎？不見得。雖然一個較早懂得運用正確手勢的嬰兒更容易與成人溝通（反過來說也是），但相關研究卻顯示，這並不會帶給寶寶長期性的學習語言優勢；一旦孩子能說能聽，會用和不會用手勢的溝通能力差距就會快速縮小、消失。會用手勢，只有助於寶寶現在和你的溝通，而不是將來的智商測驗。

失聰者之間溝通的手語，如今已成為那些急於了解孩子的父母，用來和還不會說話的寶寶交流的普遍形式。

其實還不會說話的寶寶早就會用各種手勢和動作表達他們想要什麼了，寶寶餓了或渴了會指著冰箱，想要外出會指著外套，都是用手勢在溝通；看到書上的小兔子會拉自己的耳朵，或招手想讓爸媽知道他要說拜拜——出去玩——的寶寶也是。

然而父母未必總能準確的理解寶寶本能的手勢動作，此一鴻溝會造成雙方的挫折感：寶寶掙扎著要爸媽了解，父母費力的要了解寶寶。語言學家因此建議一種親子交流跨越鴻溝的方法：嬰兒手語。

嬰兒手語有許多好處，最值得一提的，當然是它能增進理解、減少挫折：讓一個九、十個月大還不會說話的寶寶，可以準確的告訴爸媽他需要或想要什麼。更好的溝通帶來更順暢的互動（更少發脾氣），讓親子的相處時間有更佳的品質。知道自己的意思別人能了解也可以增強寶寶的自尊（「我說的有人當回事」），使他同時成為一個更好的人與更好的溝通者；這種自信最後又會強化寶寶說話的動機。研究結果反駁了用嬰兒手語會延緩寶寶說話技能發展的說法；事實上平均而言，使用嬰兒手語的兩歲寶寶，比起不用手語的有更多的詞彙。

然而，嬰兒手語的好處似乎皆屬短期。對早期的溝通而言，用嬰兒手語的寶寶是比較輕鬆，但大多數的研究卻顯示，此一效果往往無法延續到就學時期。一旦寶寶會說話了，嬰兒手語的好處會逐漸遞減到零。因此，不要為了讓寶寶更聰明而使用嬰兒手語；你用它，是因為嬰兒手語是目前你與寶寶交流的好幫手。

如果你想用嬰兒手語，以下是一些建議：

- 盡早開始。在寶寶一顯示出和你溝通的興趣時——至少在八、九個月大時——就可以開始用嬰兒手語了，但更早一點也沒什麼壞處。大多數寶寶在十到十四個月大之間會用手語回應。
- 表達需求的手勢。最重要的手勢就是表達寶寶日常需求的手勢，像是餓了、渴了還有睏了。
- 用自然的手勢。發展出一套對你和寶寶都好用的自然嬰兒手語，任何適合表達一個字句的姿勢都可以（例如揮臂表示「鳥」，抓腋下表示「猴子」，雙手合併放在臉頰邊表示「睡覺」）。有些專家認為，嬰兒並不容易學習成人用的手語。
- 跟隨寶寶的手語。好些寶寶會自己發明手語，如果你的寶寶也是，跟著他用，對他而言，這是更有意義的手勢。
- 給你的寶寶他最需要的手語。對發育與學習最重要的，就是那些寶寶日常表達他的需求的手勢，如餓、渴和累。
- 重複手勢。藉由一而再、再而三的看到同一種手勢，寶寶會很快的了解並模仿這個手語。
- 同時又說又比手勢。為了確保你的寶寶可以學會這兩種技能，你要說、比並用。
- 全家一起比。寶寶周遭有愈多和他說同樣語言的人，寶寶就愈快樂。兄弟姊妹、祖父母、保母和其他花很多時間陪著寶寶的人，至少都必須了解最基本的嬰兒手語。
- 不要逼他用手語。一如所有形式的溝通，嬰兒手語也要順應寶寶自己的步調、自然發展。對寶寶最有效的學習是來自經驗，而不是正式指令。如果你的寶寶似乎對手語有挫折感或拒絕使用，還是顯現出手語超載的跡象，就不要再強迫他。

儘管嬰兒手語可以讓你們在寶寶前語言期時過得輕鬆些，卻既不是良好的親子溝通的必需手段，亦非美好親子關係的要素或語言發展的關鍵。因此如果你覺得正式的嬰兒手語並不適合你和寶寶，不要勉強為之，喜歡怎麼和寶寶溝通就怎麼溝通吧，你和寶寶是否開心才重要（某些非言語的溝通，不管是猜測你的指引或各式各樣的咕噥與大呼小叫，都會自然而然地融入寶寶的認知，而且會產生讓你意想不到的成效）；終有一天，他的嘴裡就會吐出字句來——你們之間的溝通鴻

睡眠倒退

你一直很為家裡的寶貝自豪：夜裡一覺到天亮，白天的小睡也都安穩定時——可到了這個月，他的睡眠狀態卻「倒退嚕」了。突然之間，過去總是睡到自然醒的寶寶突然大作惡夢——夜裡一醒再醒，白天很難哄他小睡；那個睡在嬰兒床裡的冒牌貨是打哪來的？我家本來那個好睡好醒的寶寶又上哪兒去了？

別太大驚小怪，這只是很正常的「睡眠倒退」（sleep regression）現象，很多寶寶都有過這種經歷，一般會出現在 3~4 個月大、8~10 個月大和 12 個月大時，但也可能是其他的階段。每逢成長突然加快、或正在試圖跨越一個發展階段（比如學習翻身、坐起、爬行或扶著東西站起來）時，寶寶就可能會在夜裡經常醒來；這其實很合情合理：練習一種令人興奮的新技能的那種衝動，會讓寶寶不想休息——反過來說，很想休息的你就得經歷輾轉難眠的痛苦，並且深深懷念寶寶一覺到天明的美好時光。

別太難過，因為睡眠倒退現象都是暫時性的，一等你家寶貝克服了成長的新關卡，睡眠模式就會回復正常（最少在他面臨下一個成長的里程碑之前）；現在的你，只要專注在維護睡眠的規律性上，以當初他還很小時的心情來料理寶寶夜半的驚醒（參見 372 頁），並且讓他能從白天的小睡補回夜裡失落的睡眠（說不定會比夜裡哄他再次入睡還辛苦，因為寶寶已經累過頭了）。你也得以很可能用過很多次的熟稔育兒咒語來為自己打氣：「再怎麼苦，也一定會成為過去。」

溝也會就此消逝。

❖寶寶還不會爬

我家寶貝確實會「爬爬走」，可是全都用他的小肚皮在爬而不是四肢；這樣子，是不是表示他不會爬呢？

爬行的模式五花八門——而既然爬行並非成長的必要階段，寶寶怎麼爬也就無關緊要了。實際上，不管寶寶是用肚皮爬行還是只會蠕動，通常都是雙手和雙膝就要開始發展的先聲——不過，有些寶寶也的確完全沒有經歷過以四肢爬行的階段。

爬行並不能當做嬰孩發育的準則，因為不是每個小孩都會經過這個階段；有些小寶寶根本沒爬過，就直接站立起來，沿著家具摸索前進。有些嬰兒六個月就會爬，但較多是在大約七個半月時。只要寶寶有達到其他重要的發育里程碑（如會坐），你就沒什麼好擔心的。那些不會爬的寶寶只是本身的活動受到一點限制，事實上，很多還比會爬的寶寶更早學會走。

寶寶爬行的姿勢也大相逕庭。有些會往後，或往側邊方向爬行，可就是不往前；有的藉助膝蓋；再有部分則是手和腳並行，這個姿勢一出現，離會走便不遠了。然而，爬的方法並非重點，寶寶在試圖靠自己的力量移動才是重要的（但如果寶寶無法均衡的使用身體兩邊——手和腿——的力道，就要問問他的醫師）。

有些寶寶是沒有機會學爬，因為他們成天待在嬰兒床裡，或者被放在推車上、嬰兒揹帶、遊戲圍欄或是學步車中。所以，要盡量讓寶寶在地上活動；你可以在寶寶前方不遠處放置他最喜愛的玩具來吸引他向前。為他準備護膝，以免太冷太硬的地板或是磨人的地毯減低了他對爬行的興趣。

怎麼爬都是爬

只要寶寶很堅定地想從一個地方到另一個地方，他就會把念頭轉換成自己的爬行方式；只要你家寶貝很想在家裡爬爬走，就別太在意他是怎麼爬的。

❖弄得家裡一團糟

自從我兒子開始會爬，就到處把東西扯下來，讓我疲於收拾他製造的殘局。我該設法控制他的行動呢，還是就放棄算了？

混亂也許是你的大敵，卻是充滿犯難精神的寶寶的摯友呢。一個收拾整潔的家，對於剛會行動的嬰兒就像一片汪洋之於哥倫布一般充滿挑戰，值得全力探險。讓他四處漫遊——以及製造混亂，無論就體能上或心智上來說，都是極為重要的一步。而接受這一點，對做父母的你也是有益心理衛生的；否則，你將鎮日陷於疲累焦慮，以及失望的深淵之中。

以下的幾個原則，能幫助你調適得比較順利：

給寶寶一個安全的探險環境。你可以任他將內衣褲扔滿屋子，或是把面紙一張一張抽出來，卻絕不可以讓他拿著空玻璃瓶到處亂敲（參見415頁）。

劃分他的自由天地。給寶寶一個房間，或是界定出一個範圍，讓他能在其中為所欲為，得其所哉。

另一方面，減少形成混亂的可能根源。例如：寶寶搆得著的書架上，所有的書籍都緊密排好，僅留幾本可供他得逞，比較珍貴的櫥櫃則用安全鎖鎖住；將大部分的珠寶、飾品從矮几上移走，留一些可以讓他玩的。為他保留一個抽屜，專放他的玩具，如木製湯匙、鐵杯子、空盒子、塑膠髮捲等等。

你可不必因為禁止他動某些東西或某些地方而內疚；明訂規矩，不僅有助你的秩序維護，對他的人格發展更有裨益——他必須學習旁人也有其權利。

讓寶寶順其自然地發揮天性。最好不要一邊收一邊不停地叨念。他只是在表達他的潛能及好奇心（「如果我把裝牛奶的杯子打翻，會發生什麼事？」「如果我把抽屜裡的衣服統統翻出來，最下面到底有什麼？」），這是很健康的事。

玩得安全。一旦有安全上的顧慮，「不要在寶寶身旁收個不停」的方針就必須改變。灑了滿地的果汁和打翻的小狗水盆要立刻擦乾，丟在地上的書報雜誌也要馬上撿起來，以免寶寶滑倒；同時為了保持交通順暢，要清空通道上（尤其是樓梯）的玩具，特別是有輪子的。

保留一塊禁地。選一個地方當作小

颱風的颱風眼——別讓他去那兒玩也好，或是可以很快地先清理出來也好。那麼，在每個忙碌的日子尾聲，至少你和另一半始終有個寧靜的、可以談心的角落。

控制你自己。別緊跟在寶寶屁股後頭施行你丟我撿，這會使他自覺所做的一切都不被認可，而且毫無成就。他可能隨即又再搞亂你才收拾好的局面，你也會很累。所以，不如一天收拾個兩回：他午睡時一次，晚上再一次。

給寶寶機會教育。雖說不要在寶寶身旁收個不停，然而在每次遊戲告一段落時，應趁機在他面前收拾一些東西，並且問他：「你可不可以幫爸爸把玩具收好呢？」然後給他一點指示，把什麼放到哪兒去。當然，在未來的幾年內他大概都是把房子搞亂的多，但是不厭其煩地如此教育他，會給他一個概念：物歸原處。

❖撿地上的東西吃

我的女兒老是讓她的餅乾掉到地上，再把它撿起來吃。所謂的「五秒鐘規則」，真的能相信嗎？

世界既是你家寶貝這些日子來的牡蠣，也是她自己的吃到飽吧檯；很顯然地，她一點也不知道餅乾掉到地上會沾附細菌——更一點也不會在乎。但你可不能眼不見為淨，最少絕大多數時刻都不可以；當然了，家裡的地板上一定有細菌——不論你有多重視居家衛生——卻未必有你想像的那麼多，而且，這些細菌你家寶貝也早就接觸過了，要是她經常都在地板上活動的話，沒接觸過才怪。這也就意謂著那些細菌對她大致都是無害的，而且透過細菌對免疫系統的挑戰，她的抵抗力還會因此加強；就算她接觸到的是鄰居家裡或托嬰中心地板上的細菌，也同樣有助於加強免疫力。所以，看到她食物掉到地上再撿起來吃（就算光用肉眼就看得到髒污）的時候，請保持冷靜、行動如常，既不需要立刻以抗菌洗劑或抗菌抹布開啟殺菌大戰，更別馬上躍過沙發、搶在五秒鐘裡幫她撿起掉在地上的食物。

說到這個「五秒鐘規則」，就更不能不藉此機會釐清一下真相了。不論你手腳多快，都不可能快得過細菌；只要食物一掉到地上，細菌就能在幾毫秒裡沾附其上（雖然食物落下的地方是地板或其他滿載細菌的地方會有些許差距）。因此，問題不是食物地地面停了有多久（接受這個事實吧，再乾淨的地板也有細菌），而是因此沾附的細菌會不會讓寶寶生病，而這又得視地板的實際情況而定（靠近廚房或浴室嗎，是溼的還是乾的，先前那塊地板上擺著什麼）。

所以，如果你非得阻止寶寶把剛從地上檢起來的食物——她已經又吸又啃了好幾小時的餅乾，上星期就沾染過果汁或香蕉泥的奶嘴——塞進嘴裡，那就儘管飛身趕到、一把抽走，因為細菌就是會極其快速地沾附在溼黏的表面上。更不合衛生（也不應該再吃，不管有沒有超過五秒鐘）的，是掉落戶外地面再撿起來、沾附了更多兇猛細菌的東西（比如沒清乾淨的狗大便）；只要是待在戶外，掉落地面的奶嘴、奶瓶或固齒嚼器都得先徹底清洗後，才能讓寶寶再塞進嘴裡。

就算是在家裡，如果你的房子使用了含鉛油漆，地板上的野餐也不安全，因為油漆中的鉛可能會藉由食物進入寶寶的身體裡。如果住家確實使用了含鉛油漆，務必委託專業人員完全去除；在還沒有清除所有含鉛油漆前，任何掉到地上的東西都別讓寶寶放進嘴裡。有關鉛的毒害，參見363頁。

❖吃土——或更髒的東西

我兒子見到任何東西都往嘴裡放，現在他會在地上玩了，我更難控制他吃進去的食物品質。我應該擔心嗎？

只要大小合適，什麼東西都有機會進寶寶口中：泥土、沙子、狗食、蟑螂、其他昆蟲、菸蒂、腐敗的食物，甚至大便。很少有寶寶在過渡階段未曾吃過一樣父母親會聞之變色喪膽的東西。

你毋需太緊張，吃一口土通常不會怎麼樣，如果喝下幾滴洗潔精那可就是麻煩大了。所以，把重點放在較具危險性的物品上，至於偶或碰上的蟲類就別太大驚小怪。萬一你恰好逮著他一臉怪異，嘴巴不知道在咀嚼著什麼，趕緊用大拇指及食指打開他的嘴，再用手指頭進去把東西勾出來。

除了有毒物質之外，腐敗的食物最令人擔心，而室溫下細菌又繁殖得特別快。所以，務必將壞掉的，以及快要壞掉的食物放在小孩碰不到的地方。通常像是狗碗中的殘渣，廚房中的垃圾桶裡也有一堆。

一些小東西得格外注意，以免寶寶吞下去造成哽塞——如釦子、別針、銅板等。報紙以及含鉛的家具也應拿開，因為鉛有毒性。其他注意事項可參見 424 頁。在你將寶寶放到地上玩之前，記得先檢查一下地板，將直徑小於 3.5 公分的東西統統移開。

❖弄得渾身髒兮兮

如果我不阻止的話，我的女兒就會在遊樂場內滿場爬。可是，地上那麼髒……

放開你的放不開，讓孩子下去玩，弄髒又何妨？一個成天被叮嚀要留心衣角不要弄髒的寶寶可能會很乾淨，但卻絕不滿足。孩子是很容易清洗的，一些明顯的污漬可以用溼紙巾當場擦拭，較難處理的回家用洗潔劑也就沒問題了。就算他們吃下一些塵土泥巴也不礙事——凡是在外頭玩耍的小孩大概或多或少都嘗過泥土味。你看著也許噁心，孩子卻絲毫不以為意；所以，別把神經繃得太緊，需要注意的是地面上有沒有破碎的玻璃屑，或者狗大便等等，讓他有一個可以安全爬行的環境。如果他真的碰到什麼的確很髒的東西，拿溼布幫他拭乾，再讓他回去玩。

也不是所有的小孩都喜歡弄得渾身髒兮兮的，有一些寶寶寧可在一邊旁觀，而不想參與。如果你的小孩就是這樣，你應該清楚確定他不是因為怕你責備才選擇如此；鼓勵他慢慢加入其他小朋友，但不要勉強他。

爬行在水泥地面，軟鞋或休閒鞋可以保護他的雙腳；如果天氣暖和，在草地上則赤足即可。穿上長褲對他的膝蓋比較舒服（但是對你的洗衣技術可能是一樁挑戰）。如果你以一個乾淨清新的孩子為榮，只消在袋子裡多裝一套遊戲服，在放手讓他一搏以前給他換上此特殊裝備，玩完之後，將他清理乾淨，再換回原來整齊清潔的衣服，豈不兩全其美，皆大歡喜?!

❖發現自己的生殖器官

我女兒最近每次在換尿布時都會玩自己的生殖器，在她這種年紀，這是正常的嗎？

人類是這樣的：覺得舒服就去做。這種感覺也是造物主為了繁衍後代而賦予人們的一項天賦。

嬰兒在出生前便是有性動物——許多男嬰甚至在媽媽肚子裡就會勃起。這種興趣是難免，但極為健康，就像他們會玩自己的手指和腳趾一樣。若強力抑止這種行為，反而不妥。

不論你曾聽人說過什麼，嬰兒的這種舉止是絕對不會有所傷害的（要等年紀大一點以後，才可能會是自慰）。如果不斷灌輸給寶寶一個印象說，這樣是骯髒不潔的，或是壞孩子的行為，只會對他以後的性趣及自尊造成傷害；另一方面，也可能使小孩以後對自慰更感好奇。

撫摸生殖器後手指再放入嘴巴裡不衛生也是沒必要的擔憂，在生殖器周邊的細菌都是寶寶自身的，不會有危害。但該注意的是寶寶的手是否乾淨，用髒兮兮的手指探入生殖器內，是可能引起感染的。

等寶寶稍大，聽得懂你的話時，你就應該教育他：身體的這個部分極為隱私，固然他去碰並無不妥，但不能在公共場所這麼做，更不能讓別人碰。

❖勃起

在我幫兒子換尿布時，有時他會勃起。是因為我碰觸了太多次陰莖嗎？

勃起是性器官受到觸摸的正常反應——就像小女孩也會產生陰蒂勃起，只是比較看不出來罷了。所有的男嬰在某些狀況下都出現過此現象，只是有些母親可能沒注意到。然而，你並不需要擔心這個。

❖遊戲圍欄的使用

幾個月前，我們幫寶寶買了個遊戲圍欄；那時他每天都在裡頭流連忘返。但是現在呢，待不了五分鐘他就尖聲大叫著要出來。

在幾個月之前，遊戲圍欄不僅沒有局限住寶寶，反而像是他私人的樂園。而現在呢，他已逐漸了解到外頭有個大千世界等著他去征服，往日圈出他的天堂的四堵牆，如今成為他亟欲跨越的障礙。

所以，盡量少利用遊戲圍欄吧，除非在必要的情況下；例如你得清一下廚房、接個電話，或上個洗手間之類的。讓他待在裡面的時間一次別超過 5~15 分鐘；每一回放在圍欄裡面陪他的玩具最好不同，以免他還沒進去就乏味地大叫。若他希望能看得見、聽得到你，就把圍欄放在你附近；如果他可以自己待一會兒，就把圍欄放在隔壁房間（但須隨時探視）。如果你還沒處理完事情他就受不了了，那麼可以再擺一些新的東西讓他玩——像是去掉瓶蓋的寶特瓶。一旦手上的事忙完了，就趕緊抱他出來。

要提防「小小越獄」；有些精力特別旺盛的寶寶，很有可能攀爬成功——所以，把體積稍大的玩具拿出來，以免成為墊腳石。

我的兒子可以一整天待在遊戲圍欄裡不出來。可是這樣好嗎？

有些安靜的娃娃直到快一歲都可以乖乖地在遊戲圍欄裡玩，也許是他們不了解外面的有趣，也許是他們平和的不想去爭取。這樣雖然可以讓媽媽十分輕鬆自在，然而卻在心智和體能方面都限制了寶寶的發展。所以，鼓勵寶寶從別的視野觀望這個世界；你可以陪他，讓他拿著心愛的玩具，幫他克服可能有的不安全感。

❖寶寶是左利者嗎？

我注意到孩子使用左手的機會不亞於右手；我是不是應該特別鼓勵他用右手呢？

在決定自己應該多用哪隻手以前，左右手都能靈活運用的寶寶很常見。事實是，最快也要到 18 個月大以後，大多數的寶寶才會做出自己的決定，而且兩歲前都未必不會再改變——有些寶寶甚至一直讓爸媽摸不清楚是右利者還是左利者。

單就統計數字而言，你家寶貝（以及同齡的其他 90% 以上夥伴）最後還是會自然而然地成為右利族——只有 5~10% 的小朋友會成為左利者。最重要的關鍵是基因——如果父母親都是左利者，寶寶成為左利者的概率便高達 50%，但如果雙親中只有一位，寶寶成為左利者的機率就陡降至 17%；要是雙親都是右利一族，寶寶是左利者的機率更是低到只有 2%。

那麼，你應不應該干涉他這方面的發展呢？放手讓他自己決定吧；既然決定的關鍵是天性而不是營養，你的介入本來就很難扭轉局面。相關研究早就證實，如果強要一個孩子更改慣用手，就會影響這孩子後來的手眼協調與靈活度（你試過用「不對的那隻手」寫字嗎？想像一下，如果你被強迫用那隻「不對的手」做大部分的事會有多痛苦）。只有時間才能告訴你懷抱中的孩子是左利者還是右利族——你能做的，也只有平心靜氣地等待孩子的天性做出決定。

如果寶寶都還沒 18 個月大就已成了某一隻手的慣用者，最好帶他去看一下醫師。雖然機率很低，但太早就只慣用某一隻手有可能是神經問題的徵兆。

嬰兒書

哪一類書本最適合你家小寶貝呢？你應該本著以下的原則來挑選：

- 不易毀損。壓縮的厚紙板製成的書，周緣沒有銳角，這樣可以耐咬並且好翻。布製的書也很好；線圈裝訂的書更能引起寶寶的興趣。寶寶洗澡時也是看書的大好時機，防水書很適合。但是每次用完都必須擦乾放在通風處，以免發霉。
- 應附有簡明生動的圖案，尤其以熟悉的事物為佳，如動物、汽車、小孩。
- 文字單純。押韻的容易討好，因為寶寶尚不能理解內容，而是先用耳朵聽語調。一頁一個詞的就可以，這樣寶寶較易增進其了解的字彙。
- 立體書。包括在描述遊戲的書（如寶寶在玩躲貓貓），附有各種材質讓寶寶觸摸的書，或者其他內藏玄機的，都可增加小聽衆的注意力。但請留意這類的書也比容易解體，所以寶寶讀這些容易有紙片或零件脫落的書時，一定要有大人在旁邊。

❖念故事書給寶寶聽

我希望女兒可以培養讀書的興趣；如果我現在開始講故事給她聽，會太早了嗎？

在這個電視兒童氾濫成災的時代，念書給寶寶聽永遠都不嫌早。有些人還主張胎教，而更多的是在孩子出世不久後即開始。但是，寶寶大約要到第一年的後半才會開始對你念的故事書投入參與行動——首先是由嚼書頁開始。然後他便對一些音節、語調深表興趣，繼而是書上的色彩和圖案。

利用下列的技巧，會使過程更順利：

身教重於言教。如果你自己花很多時間在電視機前，那麼僅靠念故事就希望寶寶成為愛書人，恐怕不太容易。不管在餵他吃奶、陪他遊玩時，都可以順口念上幾句你正在閱讀的書中章節。

學會用寶寶的方式念故事。你當然知道如何朗誦，但念書給寶寶聽可不止這麼簡單；你必須注意語調、速度，觀察「聽眾」的反應，適時地停頓（「你看，那個小男孩滾下

圖 13-1 故事書時間一定會成為大家都很喜愛的時光。

山了」），或告訴他動物或人（「那是一隻乳牛，乳牛說『哞』」或「搖籃裡有個小寶寶，小寶寶要睡覺了」）。

養成習慣。每天至少兩次，短短幾分鐘也無所謂；前提是寶寶必須清醒而且已吃飽了。休息以前、午餐後、洗澡、就寢時，都是好時機，但是要在他願意的情況下；如果當時他想去爬行，或是玩點音樂，不要勉強他。

圖書館保持開放。除了較昂貴易遭破壞的書籍須妥為珍藏，適合寶寶的書本應置於他拿得到之處；有些寶寶不願意乖乖坐在父母身旁聽故事，卻會自己拿起書來慢慢欣賞（或快快欣賞）。

不可不知：揠苗不能助長

毫無疑問，你一定聽說過：某種炫麗的教育玩具可以怎麼大大開發寶寶的大腦，還能讓他的活動技巧日進千里；或者是某種特殊的軟體，可以讓你家才七個月大的寶寶成為愛因斯坦或莫札特（更別提兩歲大就讓他讀四年級的課本了）；某些特別設計的課程，更保證能讓他成為神童。聽多看多了，你不免要想：我是不是多少也該買個神奇的產品，而且讓寶寶上上某種課程？

也許你該先看完這一段文字再決定。雖然遠在寶寶當真開啟學習人生之前就教導他許多技能（包括認字）——我知你知，即使只多學會一點點都好——並非全無可能，但絕大多數的專家卻也一致認為，長期來看，提前學習並不比遵循傳統的學習階程有何優勢；事實是，研究已經證實，那些號稱專為嬰兒設計的閱讀課程一點也無法教會嬰兒閱讀。

有趣的是，提早學習課程所吹噓的促進腦力和加速語言發展，很可能會導致大不相同的影響。研究顯示，那些定時接受教育影片、電腦課程和類似軟體「教育」的寶寶，認識的字反而沒有不大接觸螢幕的寶寶多——原因可能在於，寶寶花了太多時間在螢幕上，因此大幅縮減了與爸爸或媽媽一對一相處的時間，而那才是寶寶學習語言、文字的最佳途徑。

換句話說，你家寶貝的第一年應該都用來當個寶寶，而不是學生。而且，嬰幼兒時期本來就已經有很多事夠他們忙的了——不僅僅是智力需要發展，情感、身體和社交也都很需要。在這十二個月裡，寶寶必須學習如何與他人（媽媽，爸爸，兄姊，保母）產生聯結，生出信任（「每當我碰到麻煩時，我有爸爸和媽媽可以依靠」），掌握物質恆在的概念（「爸爸在椅子後方消失時，雖然我看不到，但我知道他還在那裡」），必須學習怎麼操控自己的身體（坐著，站起，走路）、自己的雙手（撿起或丟掉東西，或者拿在手上把玩）、自己的思考（以解答類似「我—怎麼——拿到——那輛——我—搆不著—的—卡車」的問題）；他們還得學習理解數以百計的語言，而且理解了還不夠，更得設法運用複雜的聲帶、嘴唇和舌頭等來發出那些語言，也必須學習理解、接受、表達情感——首先是自己，然後是自己以外的人。橫亙眼前的課程之多之廣，就連大學生都可能吃不消，更別說是個嬰兒了，說不定還得把一些科目（包括那些很重要的情感與社交課題）暫且擱置下來。

你怎麼才能確定，養育寶寶時照顧到了每一個神奇的發展環節，所以寶寶可以長成身心健全的個體？與其讓寶寶加入某種課程或上網訂購什麼教育軟體，還不如守著寶寶，在他面臨每個難關時提供鼓勵與支持；透過激發寶寶對這個大千世界的好奇天性（從地板上的一球灰塵到天空裡的一朵白雲），藉由提供各式各樣讓他接受刺激的環境（商店，動物園，博物館，加油站，公園），或者對他說起你看到的人們（「那個人在騎腳踏車」，「那些小朋友正要去上學」，「那個阿姨是保護我們的警察」），以及描述事物怎麼運作（「看見沒，我一打開水龍頭，水就流出來了」）、做什麼用（「這是一張椅子，你就坐在椅子裡」）、彼此有何差異（「貓咪的尾巴很長，豬的尾巴很短」）。你也可以提供寶寶一個充滿語言的環境（花許多時間說話、唱歌、讀書給他聽），盡己所能地拓展他的語言技巧——但也得謹記在心，除了讓寶寶知道狗兒叫「汪汪」、有四隻腳，或甚至認得出「狗」這個字，更重要的是教會他狗兒會咬人、抓人。

一旦你確定寶寶顯露出對文字、語言或數字的興趣，就一定表示他是真的感興趣；但是，也別因此就把逛遊樂場的時間都用在一疊又一疊的字卡上（或者裝了許多軟體的平板電腦上）。學習——不論是怎麼辨認一個字母或怎麼投球，這兩件事，你家寶貝在遊樂場就能學得和課室裡一樣好——如果他覺得好玩的話。而以一個八個多月大的寶寶來說，要學得好、學得快，就應該讓他「做中學」。

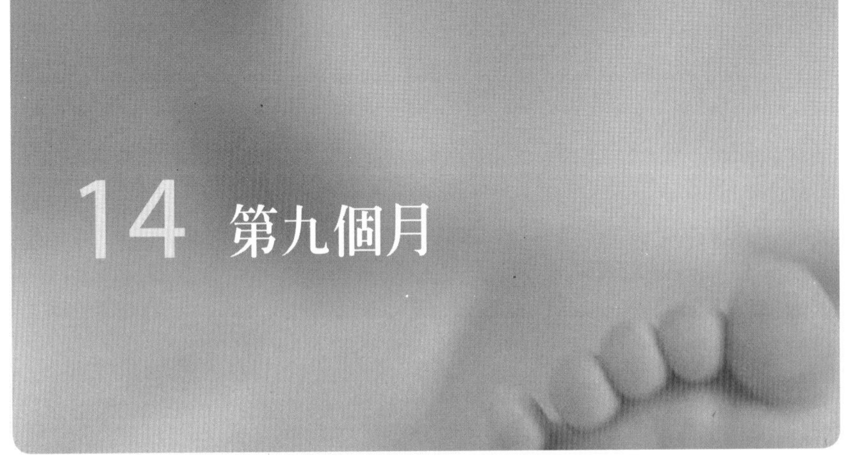

14 第九個月

對一個八個月大的忙碌寶寶而言，醒著的時間似乎再多都不夠用。寶寶變成一個嶄露頭角的喜劇演員（願做任何事以博君一笑），一個熱切的模仿者（以模仿你發出的聲響為樂），更是一個天生的表演者（「如果你們喊安可，我想我可以再假咳一次」）。他已可以了解一些更複雜的概念，如物體恆常性：被遮蔽的物體，如菜單後面的爸爸，雖然看不見，其實還是在那裡；玩耍時也變得更世故。但此一新的成長有其代價：陌生人焦慮。本來好像誰抱都很開心的寶寶，轉眼間就可能大為挑剔他的陪伴者，只願跟爸媽或他最喜歡的保母在一起。

哺餵你的寶寶：終於自食其力

母親餵寶寶吃東西的熱忱通常消失得很快；因為他們的小嘴巴可控制裕如，甚至可以非常迅速地將東西吐掉；他們也會驀地伸手阻撓向他們前進的湯匙，在你能做任何補救之前，東西已掉了一地。所幸，大部分的寶寶在七、八個月大時便可以自己用手吃東西，而且他們會非常喜愛。

一旦寶寶發現他們有能力自己餵自己吃東西時，那送入嘴巴裡的食物種類便迅速增加，技巧也逐步地琢磨出來。一開始他們拿起米果或麵包吃，都還無法順利掌握協調手指；當他們遇到緊握在手中那最後一口不知道該怎麼辦的狀況時，在大感不悅之後就是大哭出聲。一種解決方式是幫他將手攤平再往嘴裡送，另一種是讓他把食物放下，拿的時候多露出一些再送進嘴巴裡。

大多數的嬰孩要到九至十二個月

寶寶的第九個月

睡眠。九個月大的寶寶平均晚上要睡 10~12 小時，白天小睡兩次，每次 1.5~2 小時；也就是說，總計一天會睡 14~15 小時。

飲食。母乳或配方奶依舊是寶寶最重要的食物，但固體食物也會愈吃愈多。

- 母乳。你家寶貝這時一天大約要喝 4~5 次母乳（有的寶寶得多哺餵幾次），總計 720~900CC，不過，隨著固體食物的愈吃愈多，母乳也會愈喝愈少。
- 配方奶。寶寶一天約莫會喝 3~4 瓶配方奶，每瓶 210~240CC；也就是說，一天下來會喝進 720~900CC 的配方奶。同樣的，如果固體食物吃得多，配方奶就會喝得少。
- 固體食物。隨著寶寶的愈來愈能吃固體食物，估計你一天得餵他吃 4~9 湯匙的穀物、水果和蔬菜，少則兩餐，多則三餐。加入蛋白質食物後，寶寶可能每天會吃 1~6 湯匙不等的牛、豬、雞、魚肉，或者豆腐、雞蛋或豆類食品。某些穀類（比如糙米或藜麥〔quinoa〕）和乳製品（優酪乳或起士）也可以為寶寶補充蛋白質。

遊戲。寶寶最愛玩的把戲，還是抓扶物體讓自己站起來（所以要小心這類物體是否夠結實穩固），喜歡可以排列和堆疊的玩具（例如五顏六色的積木、大小不一的環圈），有按鈕、槓桿、撥盤的玩具，按下按鈕或是拉動細繩就會發出聲音的玩具、大球和小球、泡棉磚、填充動物，以及圖畫書。具有鼓勵寶寶學習說話功能的玩具（比如會「說話」或對話語會有反應的玩具），是這個階段很適合為寶寶添加的玩具。

間，才學會用大拇指與食指去拿東西。一旦得以掌握此本領，他們可以送入口中的項目又添了好多，同時也增加了哽塞窒息的風險。

學習用手拿東西吃，是坐在餐桌前自己吃飯的第一步。有些寶寶在第一年中間便可將湯匙操作得很順當；有些則仍較喜愛用手抓食物來吃。另外有少部分的寶寶，則可能基於父母怕浪費時間或弄髒地板，一直沒有機會學習自己動手，便長時間地依賴人家餵他們進食。

適於當成起步的這類食物呢，應該是軟的，毋需過度咀嚼便可吞食的。大小也須注意：較硬者應當小如豌豆顆粒，軟一點的則可以稍大。建議的食物如下：含各種穀類的麵包或土司、入口可化的米果或餅乾、全麥製的穀類麥片（最好是不添加糖的）、玉米或穀類泡芙、小片的天然起士、熟香蕉片、很熟的梨子、桃子、香瓜、哈密瓜或芒果、小塊的紅蘿蔔（煮到爛）、馬鈴薯、番薯、花椰菜（只吃花的部分）、豌豆（切半或壓碎）、魚（煮的、烤的皆可，小心魚刺）、柔軟的肉泥、煮得夠久的各式麵條、炒蛋或煮蛋（注意寶寶可否吃蛋白，在寶寶可吃蛋白前，只放蛋黃）、小塊法式土司或全麥的鬆餅。

餵吃的時候，將食物放在耐摔的碗盤中，或直接放在嬰兒餐椅的托盤上。一次只放四、五塊，太多會引起兩種反應：一是一口氣把所有食物塞進嘴裡，動彈不得；一是寶寶一手就將它們全部揮到地上去了。還有，給寶寶吃用手拿的東西，和吃任何食物一樣，必須教他們乖乖坐好。

為免哽塞，有些食物不應給嬰孩吃，像是沒煮過的葡萄乾、爆米花、花生、整顆豆子、太生的菜或水果（如青蘋果、尚未全熟的梨）、較大的肉塊，或者熱狗（熱狗含太多鹽分及添加物，不是孩子的理想食品）。

如果臼齒長了出來，一些比較需要咀嚼的食物便可加入，像是新鮮的蘋果、小片的肉類、葡萄乾、較硬的蔬果，以及無子葡萄（去皮切半）；早一點的大約是在一歲左右會長出臼齒（第一顆牙齒是用來啃

添加香料

很想為寶寶的食物加點香料嗎？不妨試試肉桂、肉豆蔻、羅勒、薄荷和蒜頭。重點是，如果你家寶貝一直以來都喝母乳，那麼，很多香料他就都「吃過」了。

咬的，並不能增進寶寶的咀嚼能力）。而比較麻煩的食物，如生胡蘿蔔、爆米花、花生、熱狗等等，在三歲之前都不應該讓寶寶吃，一定要等到寶寶咀嚼得很好了，才能讓他吃。

還有某些東西是現在或以後都不該供應的：沒什麼營養成分的垃圾食物、添加大量糖或鹽的食物，以及精製的麵包或穀類早餐。這些當然是在外面遲早會吃到的，但寶寶會認識到那絕對不是每天可以吃的東西。

❖最佳手抓食物

哪種食物最適合讓寶寶第一次用手抓著吃呢？你要找的是吞下前能光靠牙齦就嚼碎或幾近「入口即化」的食材——也就是不必咀嚼的食物（不管你家寶貝是不是已經長牙了），最好是先用湯匙把食物壓成糊狀，再捏成寶寶的小手指可以拿著放進嘴裡的小球或小塊——比較堅硬的食物弄成豌豆大小，軟一點的做成玻璃珠大小。以下的食物，都是不錯的標的：

- 全穀麵包、貝果或烤土司，年糕或一咬就碎的餅乾。
- 切成小立方塊的全穀法國土司、鬆餅或煎餅。
- 燕麥圈餅，嬰兒泡芙。
- 細塊起士或起士條。
- 小塊豆腐。
- 熟透的酪梨切片。
- 熟香蕉切片，熟軟的水梨、桃子、杏桃、哈密瓜、蜜瓜、奇異果和芒果。
- 藍莓（但要先壓碎再給寶寶）。
- 小塊的煮熟胡蘿蔔、馬鈴薯、甘薯、花椰菜或花菜，以及豌豆（先對切或壓碎）。
- 細片烤過或煮過的魚肉（小心剔除魚刺）。
- 軟爛的小肉丸（和醬汁或湯一起熬煮，才不會太堅韌）。
- 小小塊煮過的雞肉或火雞肉。
- 煮到軟透的各種形狀的義大利麵（有必要的話，烹調前或煮熟後撕、切成小塊或小條）。
- 煮到軟爛的豆子或扁豆。
- 炒蛋或全熟的白煮蛋。

餵寶寶吃手抓食物前，先在摔不破的盤子或寶寶用的餐盤裡擺個四到五塊，寶寶快吃完時再放進幾塊。就和餵吃其他的固體食物一樣，讓寶寶自己手抓食物來吃時也得先要他坐好，不能邊爬邊吃或每吃個一兩塊就趴趴走一趟。

圖 14.1 一進寶寶嘴裡就會化開的餅乾，是剛開始手抓階段的寶寶的最佳食物。

有些可口的食物（芒果啦，酪梨啦，豆腐啦），會不會老是從寶寶胖嘟嘟的小手裡滑落下來？如果寶寶還抓不好這類食物，不妨先把煮熟的穀類麥片、小麥胚芽或全穀餅乾壓成粉末，包在這些滑溜的食物上再給寶寶吃；這樣做，不但寶寶更容易抓得牢，也更方便他塞進嘴裡（而且還可以增添營養價值）。

❖往糊狀食物邁進

已經八、九個月大的寶寶，除了手抓食物，還應該透過湯匙餵他吃些質地不同的新食物。你可以上超市買「階段 3」嬰兒食品（參見 404 頁的「即食嬰兒食品三階段」），或者直接把家人餐桌上的食物磨成糊狀：除了餵他吃蘋果泥，也讓他吃些堅韌一點的各色食物。如果本來有餵他吃馬鈴薯濃湯，現在就改換成搗碎的烤馬鈴薯；如果他先前愛吃稀薄的嬰兒燕麥，現在就讓他吃濃稠得多的；另外也可以試試：磨碎粒狀的全脂軟起士或乳清起士，把蘋果或梨子用刀削切成薄片，水果（例如蘋果、杏桃、桃子或李子）去皮磨碎或搗成泥狀，煮得軟爛的蔬菜（比如胡蘿蔔、馬鈴薯、花椰菜或花菜）。小心別讓寶寶吃到水果（像是香蕉或芒果）或蔬菜（如花椰菜、四季豆和甘藍菜）裡的纖維，及肉類的肌腱或軟骨，

手抓食物的禁忌

為了防止寶寶被食物噎到，別讓寶寶吃入口後不會自然化開、只用牙齦咬不碎或很容易堵住食道的食物；所以，你應該避開沒煮過的葡萄乾、水梨（除非是已經磨成果泥的）、堅韌的生菜（胡蘿蔔、甜椒）或水果（蘋果、還沒爛熟的梨子、葡萄），以及塊狀的肉類。

也得小心別在魚肉裡留下細骨。

你會擔心的各種狀況

❖對吸奶失去興趣

每當我坐下開始準備授乳給兒子吃，他就玩我的釦子、扯我的頭髮，或者看電視，就是不想吸奶。

在初期的幾個月中，孩子的生活重心是繞著你的乳頭打轉；那時的你，的確很難想像如今的局面。但是，儘管仍有部分的嬰兒在斷奶前都保持忠貞，大部分在九個月左右便會開始左顧右盼。有些是根本拒吃，有些會先乖乖吸 1 分鐘，然後停止；有些則是很容易受周遭動態影響而轉移其注意力。有時，這種情況只是過渡性的，也許寶寶只是在調整他所需的吃奶量，也許他是不喜歡今天乳汁的味道（可能是你昨晚吃了太多蒜頭），也許他因為感冒或者長牙而頓失胃口。

又或許是寶寶慢慢的對哺乳失去興趣了；儘管寶寶通常都知道什麼對他最好，但在這件事情上可不是如此。根據美國小兒科醫學會的建議，盡可能至少哺乳到週歲，對寶寶才是最好的。因此不要沒有奮戰就輕易投降。假如寶寶持續性地排斥你的奶，不妨試試以下的還擊小訣竅：

- 保持安靜。一個八、九個月的好奇寶寶會受到任何聲響的吸引：電視聲、救火車的警笛聲、狗路過的聲音，要讓他專注於此時此

> **就是不肯坐著喝奶瓶？**
>
> 你家寶貝都喝配方奶，卻怎麼也不肯坐定了喝嗎？一如哺餵母乳的媽媽，你需要同樣的訣竅：盡量在最不會受到打擾的安靜地點哺餵，以及趁著他最想睡的時候哺餵。試過了卻沒有效果？那就只在晨起時（這時寶寶還沒完全清醒）或入睡前（這時寶寶最睏倦）才用奶瓶，其他時刻改用杯子。
>
> 也說不定，你家寶貝需要的反而是更多的干擾；比如說，你可以試試一邊讀書一邊用奶瓶餵他喝奶。如果還沒試過的話，也可以就讓寶寶自己抱著（或你和他同時握著）奶瓶喝看看。稍微施加壓力，也有可能讓寶寶乖乖就範。
>
> 最後，你還得確認一下奶嘴是否適合已經長大不少的寶寶；流速太慢會讓寶寶深感挫折，導致他還沒吃飽就失去食慾。

刻的吸奶任務，在一間安靜的房間裡會是個好辦法。在餵奶時可以溫柔的抱抱他、拍拍他，讓他放鬆。

- 在寶寶想睡時哺乳。在他忙碌的日課表展開之前，一早醒來就先餵奶。在晚上洗好澡、在一回放鬆的按摩後，或在正要午睡之前餵奶。如果他真的夠睏，可能就不知道——或不在乎——什麼東西塞到他嘴裡。
- 邊走邊餵。有些寶寶喜歡成為活動的一部分，以此確保自己沒有錯失了什麼。如果你的寶寶是這種精力充沛型的，就在家裡邊走邊餵他，可以用揹帶揹著他，讓你的手臂少費點勁。

如果他的反應不變，那麼他應該真的是可以斷奶了。也許你自己還沒有準備好，但還是面對事實吧——如果他就是不肯吃，你再怎麼盼望也沒用不是嗎？

理想上，你應該繼續餵寶寶母乳，至少到他週歲。如果你擔心寶寶不夠吃，可能需要換成配方奶粉；如果寶寶開始用奶瓶了，你可以把母乳或牛奶裝在奶瓶裡餵——雖然有少數這個年齡的寶寶既不喜歡吸母乳，也不愛吸奶瓶。若是這樣，或者寶寶從未用過奶瓶，你可以試試用杯子餵。對不肯乖乖躺著吃奶的寶寶這招往往有效。早些用杯子的寶寶到這個年齡應該都很熟練了，那些還沒開始的也會學得很快。

如果你決定要讓寶寶完全斷奶，為了寶寶、為了你好，一步一步的漸進方式仍是較好的斷奶方式。首先，可以讓寶寶漸次地增加代替品（牛奶或者嬰兒配方奶）的量，同時讓你自身能慢慢減少泌乳量，而不至於面臨脹奶之苦（斷奶的小技巧，參見 539 頁；若是寶寶完全拒

可以開始喝牛奶了嗎？

想以牛奶取代母乳或配方奶粉嗎？且慢！牛奶並不適合九個月大的人類，所以美國小兒科醫師協會反對滿週歲前的寶寶喝牛奶。全脂牛奶優格和硬起士是好的副食品（除非寶寶的醫師因你有家族過敏史不讓他吃）；有些醫師則允許少量的牛奶混著穀類麥片吃，或在杯子裡倒一點點讓寶寶練習。但沒有醫師的同意，不要以牛奶替代母乳或配方奶。當你決定要寶寶改喝牛奶時，直到滿兩歲前都只能喝全脂牛奶（除非醫師另有建議）。

吃母乳，參見544頁：如何使硬性斷奶順利一點）。

❖令人頭疼的飲食習慣

當我開始給女兒吃副食品時，她什麼都愛得很；但現在她卻除了麵包之外，什麼都不肯吃。

按照父母的說法，有些小孩就僅僅靠著空氣、愛，以及幾片麵包在過日子；事實上呢，每個小孩自己會懂得攝取所需的養分，除非在一開始就出了什麼差錯。

在這個成長階段，大部分的寶寶仍經由母乳、配方奶粉來獲取絕大多數的營養，另外再隨便吃點副食品也就足夠了。再不然，添一些加鐵的維生素補劑以求安心。然而到了第九個月，寶寶對母乳或配方奶的需求開始減少；為了確保他得到充分均衡的養分，可以在必要時稍微運用以下一些小技巧：

讓他們吃麵包。或者穀類麥片、香蕉，只要是他所愛吃的。很多嬰孩相當極端，在某一段期間之內，除了某樣東西以外，他完全不沾唇。但假以時日，他終將會漸次擴大選擇範圍的。

……但可別給蛋糕。寶寶的小肚皮能夠容納的食物很有限，而且很遺憾地，現實就是如果你讓寶寶在餅乾或蒸胡蘿蔔裡選一樣，很少有寶寶會想吃胡蘿蔔（你自己不也是嗎？）。所以，如果你給他的選項都是健康的食物，你家寶貝現在（和再長大以後）就每次都只能選到健康的食物……即便選來選去都是那幾樣。

適時地增加種類。我們不該強迫孩子吃東西，但讓他在不經意之間多吃一些是值得一試的。試著在麵包上塗上一層薄薄的起士、香蕉泥或其他的水果泥；也可以偶爾來個法式土司（加蛋黃一起煎一下）；或者一開始就買現成加料的土司，例如加南瓜、胡蘿蔔、起士或他種值得推薦的水果。如果你的寶寶只吃穀類麥片，那麼可以混一些胚芽，加一些水果乾或水果片等等。若他對香蕉情有獨鍾，那麼，沾一些牛奶或是在胚芽裡滾一下，加些起士，或者將其塗在土司上，這些都是可靈活運用的技巧。

有什麼就給什麼。在他的麥片裡加上花椰菜葉？是啊，有何不可？寶寶總是很想和爸媽吃一樣的食物，那就從餐桌上給他一些——但不可以強迫他——已經能吃的食物吧。

捨棄泥狀食物。寶寶如果常顯現對稠狀食物的厭棄，可能表示他已準備接受更需要咀嚼的東西了，不妨給他比較硬一點的食品來滿足他那比較成熟的胃口；搞不好經此轉變，他便成為你夢寐以求的會吃、愛吃的小孩。

菜式多變化。孩子的食慾不振，有時是單純的因為他們吃膩了同樣的東西；因此，些許改變便可能帶來意想不到的效果。有時候，則有可能是他們也想受到「平等待遇」：他們想吃別人在吃的食物（若要給寶寶吃新食物，參見 490 頁）。

逆勢操作。寶寶在吃飯時間緊閉雙唇，也許只是為了宣告他堅持要獨立自主，既然如此，你不妨讓他試著自己吃，這樣一來，說不定他吃下去的東西會比你用湯匙硬餵的還要多（該給寶寶什麼食物讓他自己吃，參見 466 頁）。

別灌飽了寶寶的胃口。很多小孩吃不下，是因為他喝得太多了，像是果汁、牛奶或母乳。在我們建議的營養表中，寶寶一天喝的果汁不宜超過 120~180CC，配方奶不宜超過 480~700CC。如果他仍想再喝東西，那就讓他喝水，或是將果汁摻水，分幾次給他喝。若你餵母乳，所餵次數不應超過四到五次。

注意控制零食。寶寶不吃早餐怎麼辦？媽媽可能整個上午都在讓他吃零食，於是他又吃不下午餐了。到下午，他很快又餓了，這時又再吃一堆零食，然後又留不下肚子給晚餐。不管你的寶寶正餐時吃多少，零食頂多只能在上下午各吃一回。如果他上一餐吃太少或沒吃，這當中的零食是可以稍微增加一點點，好讓他撐到下一餐。

保持輕鬆愉快。出現下列情況時，保證你很容易讓寶寶的進食問題更惡化：當他看見裝了食物的湯匙迎面而來便把頭轉開時，你立即不悅的蹙眉；當他東西還沒吃完就想下餐椅時，你不高興的制止他；或者是寧可花上半小時功夫企圖把一匙東西塞進他閉緊的嘴巴裡。孩子吃東西必須是因為他感到飢餓、需要食物，不是因為你希望他吃；所以，不計任何代價，你應努力讓吃東西（或不吃東西）成為重要的課題，就算是省略掉幾頓飯也無妨。如果孩子明確地表示不想再吃，或根本不想吃的話，平和如常地把東西收走。

❖自己進食

每當湯匙一接近我女兒，她立刻伸手搶去；當碗在伸手可及範圍之內，她則馬上用手指進去挖，想拿食物給自己吃。除了弄得一團糟之外，她什麼也沒吃到，然後我被搞得精疲力竭。

很顯然的，把湯匙交出來給下一代的時機到了。你的孩子正強烈的要求獨立，至少在餐桌上。這時，不要壓抑她，你該做的是：鼓勵，以及盡可能循序漸進地傳遞這個責任。

一開始，讓她手裡也握有一根湯匙，而你照舊用你的湯匙餵她吃。這時她大概只會拿著它揮舞，即使你幫她盛了一匙東西，當她拿到嘴巴時，湯匙面大概也是向下的；但無論如何，至少這頗能帶給她滿足感，你也可以順利地餵她一陣子。下一步呢，則是讓她用手抓一些可以用手取的食物，讓她一邊餵自己，你同時也用湯匙餵她。這雙管齊下的法子頗能奏效，但如果你家寶貝是少數非常堅持獨立的孩子之一，那麼，就順著他去吧。

剛開始難免是吃得又慢又難看，然而這種學習會使寶寶更快成為熟練的湯匙操作者（另外，在椅子下墊幾張報紙會比較容易清理）。

不管怎麼做，小心別讓這段時間發展成為戰爭，否則孩子可能以後都會有飲食的問題。如果孩子只是在玩而沒有吃，你可以取過湯匙，重掌餵食局面。但若是孩子拒絕，那麼就喊停，把桌子清理乾淨，等下一餐再來。

別忘了穀類

寶寶已經從受限且無味的飲食邁向多采多姿的口感及食物，恭喜你的小小美食家。但是當你們非常興奮且鼓勵各種高腳椅上的食物冒險時，請別忘了在寶寶的日常飲食中提供富含鐵質的各種穀類。雖然穀類很容易令人生厭，卻是補充鐵質最方便的方法（除非寶寶是喝配方奶），而且不管加入各種水果、蔬菜、優格或是其他穀類都很適合。萬一寶寶不愛怎麼辦？沒必要強迫他吃穀物粥，只要確定他有吃到富含鐵質的其他食物或營養補充品（請見489頁）就好了。

❖奇怪的排便

今天我為女兒換尿布時感到非常困惑。她的大便中似乎有一堆像沙子的東西，但是她從沒在沙堆中玩過呀。

每當你對換尿布感覺乏味時，可能就出現某個意外。有時，要知道為什麼她排出那種便很簡單——嚇人的紅色？通常只不過是胡蘿蔔或胡蘿蔔汁；黑色的線？香蕉；深色的小異物？也許是藍莓或葡萄乾；淺綠色的小丸？豌豆而已。

一來由於他們咀嚼不完全，二來消化道尚未成熟，所以通常寶寶吃下的東西都能保有原來的顏色及質地排出來（所以，某些較硬的食物——如葡萄乾、玉米粒——最好先壓碎再餵）。你所發現的沙狀物相當普遍，因為許多食物在經過消化道後會看似如此——尤以燕麥製的穀物及梨子為然。

會造成大便顏色異常的不僅是天然食物，人工合成的東西也會（通常不該讓這類東西進入寶寶肚子裡的）。

所以，看到這種現象先別緊張，回頭想想她先前吃過什麼，如果仍想不通，再帶些樣本給醫師瞧瞧。

❖頂上無毛

我們的女兒生下來是個禿頭，直到現在呢，也好不過桃子表皮的絨毛。她什麼時候才會長出可看的頭髮呀？

對一個聽膩了別人對著她女兒稱讚說：「噢，多可愛的小男孩。」的母親而言，到第一年的後半依舊近乎光頭，可真是樁惹人心煩的事。但是，就如同口中無齒一般，在這年紀其實很正常，而且不是永久的。時間到了，她自然就會漸漸長出頭髮來；只是一開始大概比較稀疏，等到第二年才多起來。至於眼前，換個角度想，你該慶幸每次洗完頭時，你毋需為了如何弄乾那顆小腦袋上的頭髮而大傷腦筋。

❖沒牙齒

我的女兒已九個月大，卻一顆牙都沒有長。這是什麼緣故？

已經九個月大卻還滿嘴無牙的孩子比比皆是——有些寶寶，甚至還得全用牙齦來啃他們的第一塊生日蛋糕呢。雖然大多數的寶寶都是在七個月大左右開始長牙，但整個來說從兩個月大（還有更早的）到週歲（有些更晚）都有可能；長牙的早晚大多和遺傳有關，而與寶寶的發育無關——雖然第一輪牙齒來得晚的第二輪大概也是，但反正一定

怎麼照料寶寶的頭髮

不管是茂密或稀疏、長或短，頭髮都只是寶寶頭皮上的附屬品，所以他（尤其活動力更旺盛的大寶寶）根本沒有寶貝頭髮的概念。洗髮精？謝了，我寧願糾結不清。修剪一下？你剪你的，我就免了吧。梳理出個髮型來？我想你一定是在說笑對吧？

還好，單就寶寶的頭髮而言，少整理不會比多整理壞到哪兒去；以下的訣竅，就是教你怎麼在寶寶的頭髮這件事上化繁為簡：

- 除非很有必要，都不必用到洗髮精。那麼，怎麼才算「很有必要」呢？一週最多用上兩到三次洗髮精——要是你家寶貝哪天決定把裝滿麥片的碗拿來當帽子戴，多用一次倒無妨；很多寶寶——尤其是天生捲髮或乾性髮質的寶寶——更最好一週只用個一次洗髮精。不用洗髮精的日子，你可以只灑上一些護髮水，再用齒距較寬的梳子清洗掉頭髮上的食物殘渣。
- 保護眼睛。只要流進寶寶的眼睛，就算號稱「絕無刺激性」的洗髮精也會讓寶寶流淚；為了保護眼睛，洗頭時都要用乾淨的毛巾擋在寶寶的額頭上，大一點的寶寶則可以戴上擋水帽。記得，淋洗時手持的蓮蓬頭比較方便掌控水流；要是沒有蓮蓬頭，塑膠製的澆水器或塑膠杯也是不錯的替代品。
- 先理再洗。你家寶貝的頭髮糾結成一團嗎？倒上洗髮精之前最好先梳理一下打結的部分，才不會愈洗愈打結；倒下洗髮精後別搓揉，只要

會來報到。眼下你就放寬心情，好好欣賞她那沒有牙齒的笑容吧。

另外，有沒有長牙都不妨礙你家寶貝吃固體食物的能力。前面已經說過了，寶寶的第一顆牙只能用來啃咬而不是咀嚼；在寶寶長到大約一歲半以前，他都不會有臼齒，只能靠牙齦咀嚼食物——長牙或沒長牙，在這件事上毫無差別。

另一個不那麼重要但有關長牙（也是「每個寶寶都不同」規則的另一個例子）的現象是，在第一對牙齒（通常是上排門牙，但也有寶寶是從下排門牙長起）冒出牙齦後，說不定其他的牙齒就會快速（幾個星期之內）跟著到來，但也可能又得讓你等幾個月，這也是很常見的——更和寶寶的發育沒有關係。

輕輕拍打頭髮就好。洗完後一定要完全解決打結的部分，洗髮時要始終有一隻手顧著髮根，盡量減少拉扯。

- 選擇簡便的產品。想在一個動個不停的寶寶頭上倒洗髮精，你不會有很寬裕的時間；所以呢，只有別用必須多上一兩個步驟才能倒出的洗髮精，你才能倒得很順利。要是你家寶貝真的很難對付，那就買個噴灑式的洗髮精吧。
- 用對工具。先想清楚，你是該用梳子呢，還是刷子？寶寶的頭髮很濃密？齒距較寬的梳子會比較容易對付溼透的密髮；如果頭髮特別濃密或捲曲，就要用刷毛較長、較硬、較疏的刷子。寶寶的頭髮不多？那麼，一把軟毛刷就能梳洗得乾乾淨淨了。
- 安全第一。洗過頭髮後就讓它自然乾——寶寶敏感的頭皮和細緻的頭髮可經不起吹風機的摧殘。就算你家的女娃頭髮又多又長，這個年紀也別幫她綁辮子，也別束馬尾或豬尾——這類的髮型不但會傷害頭髮，甚至可能導致將來的早禿。髮夾如果太小（或上頭有小配件），便有讓寶寶吞進嘴裡而噎住的危險，所以別為了寶寶的美麗而動用複雜的修剪；要是真有必要使用髮夾等，寶寶就寢或小睡前就都得先拿掉。
- 善用鏡子戲法。絕大多數的寶寶都看不膩自己的鏡像（雖然他根本不知道那其實就是他自己），所以，要是寶寶洗髮時太愛動來動去，不妨在他面前擺上一面鏡子，轉移他的注意力。

第九個月

❖牙疼與夜哭

以前總是一夜到天明的我家寶貝，最近都因為牙痛而在晚上哭著醒來；看她這樣我們很難受，卻又不希望她以為我們鼓勵她夜裡醒來，怎麼做才好呢？

真相是：寶寶開啟（或說重拾）夜裡醒來的習慣並不需要誰的鼓勵。只要現在醒來幾個晚上，過一陣子再醒來幾個晚上——然後，一覺到天明的那個寶寶就蹤影難尋了；長牙這回事，沒錯，正是啟動夜哭的開關——可牙疼停止時，夜哭卻不會跟著停止。

如何阻擋這種惡性循環、挽回你們的一夜好眠呢？當然了，你們還是得安撫她，卻一定要謹慎從事，以免因此開啟一個沒完沒了的哄睡習慣（比如餵她喝奶或讓她和你們一起睡）；所以，你們的安撫一定要簡短，要親切但不可以甜蜜到會讓她沉溺其中：輕拍幾下，唱首輕柔的安眠曲，搖搖腕鈴，「沒事，沒事」的輕聲細語，直到她又昏昏欲睡就好。很快地，她就又會懂得夜裡醒來時怎麼讓自己重回夢鄉，你們仨也都能再一夜好眠

如果她的夜哭確實是緣於長牙導致的疼痛，不妨問問醫師，看看能不能開點嬰兒用的乙醯氨酚（acetaminophen）或布洛芬（ibuprofen），讓寶寶在入睡前服用（也問問能不能使用其他的止痛藥，參閱 340 頁）；如果寶寶看來很像染病——例如耳朵感染——而導致夜裡難眠，也要詢問一下醫師的看法。

要是寶寶的夜哭和長牙無關，你又很擔心她一到夜裡就會啼哭，請參閱 450 頁的說明。

❖站立

我的寶寶剛學會站起身子，他頭幾分鐘好像很高興，但卻接著尖叫起來。這樣站立會傷到他的腿嗎？

要是寶寶的腿還不夠強壯的話，他是不會站起來的；他之所以會尖聲叫喊，不是因為痛，而是出於挫折感。對於這個嶄新的姿勢，他不知下一步該如何是好，於是就陷入進退兩難之境，直到不支跌倒，或是有人將他扶好。這便是你該出現的時機，一旦發現他開始焦躁沮喪，就該幫助他慢慢地坐下去——慢慢地，好讓他學會該如何掌握其中要訣。這也許需要幾天，甚至幾週的功夫，在這中間，你就得隨時扮演緊急救援的角色。

我的女兒想藉著屋裡任何東西之助來站立；我需要特別關心她安不安全嗎？

隨著寶寶學會憑藉他物站起來、摸索前行到最後真正會走，他們就進入一個行動先於思考的階段——受傷的風險也因而升高。他們需要體驗真實的世界，你所應該做的，則是使其盡可能的安全。

首先，要確保任何他可能藉力使力的家具都是穩固可靠的；不牢靠的桌子、書架、椅子、落地燈暫時都應該拿開，而桌角則應以保護墊套起來，寶寶有很大的機會摔跤然後撞上去的。一些他以前搆不著的家飾品，若是易碎或具危險性者，就該收起來。為了防止他絆倒或滑倒，電線應妥善處理，地面不能有

散落的紙張，或是任何液體。讓寶寶赤足或者穿防滑襪，不要穿底面平滑的鞋子。

寶寶一開始會站，你就得留神他的「摸索前行」了。某一天你會發現，你明明把他放在這個角落，過一會兒去看時他卻已經跑到另一個地方，甚至可能是另一個房間了。所以呢，家裡的每個角落都必須事先做好安全措施。

❖扁平足

我兒子站著時腳掌看來整個是平的；他會是扁平足嗎？

對寶寶來說，平的腳底板不是例外，而是常態。原因很多：首先，由於嬰兒還沒開始走路，腳底肌肉無以發展成拱形；第二，寶寶腳底有一層厚厚的脂肪，使得形狀更不易顯現出來，尤其是較胖的小孩；而且當他們開始學步時，會將兩腳分開以求平衡，從而加了更多重量在腳掌上，而使得底部呈平坦狀。

大多數的兒童都會隨著發育成熟而出現腳底應有的弧度，只有少數例外，然而那絕非現在所能預先發現的。

❖太早走路？

我們的女兒一直想走路，逮到機會就拚命抓著大人的手想走。太早走路會不會傷到她的腿？

傷到她的腿可能不至於，傷到你的背還比較有可能。其實如果她還沒準備好，就不會急著想這麼做；和提早站立一樣，提早走路也不會導致所謂的O型腿（那在兩歲以前是很正常的現象），或者其他的毛病。實際上，兩者都是在鍛鍊腿部的肌肉，如果赤著腳走，還可加強腦部發育。所以只要你承受得了彎腰駝背地陪伴，她想走就隨她吧。

如果你的孩子這時根本不想走，也不必逼他。每個孩子有他自己的發育時間表，就照這樣一個自然的時間表來吧。

還不會站

你家寶貝都八個多月了還不會站，或者達不到別家小孩已經跨越的里程碑？別擔心，有可能現下你的寶寶還忙著強化他已經學會的技能，一旦搞定，他就會往新的目標邁進了。更多的說明，請參閱下頁的「愈晚會坐，就愈晚會走？」。

❖愈晚會坐，就愈晚會走？

我們頗為擔心孩子的發育：直到最近才剛會自己坐正，也還一點都沒有嘗試走路的跡象；這是不是說，他的身心發展都會比較慢？

也許你早就聽說過了，但很可能（和其他爸媽一樣）你得再多聽幾遍才能拋掉這類的發育疑慮：每個寶寶都不一樣，都有自己發展各種技能的進程。你家這獨一無二的寶貝究竟有哪種技能會發展得快一些，哪種又會慢上一點，完全取決於同樣獨一無二、早就精準設定好何時啟動學習何種技能的基因。你家寶貝之所以會慢上一些，很可能就是還沒來到基因設計好的階段——絕大多數的寶寶，都會在某些領域領先、某些領域落後；比如說，他可能會很快就懂得語言與社交的技巧（笑臉迎人，牙牙學語），身體的重大活動技能（比如坐或站）卻姍姍來遲，或者九個月大就走得很好（另一個重要的活動技能），但鉗狀抓握（也是很重要的技能）卻到了週歲到還不怎麼靈光。更重要的是，不論技能重要與否，早學會晚學會都和智力的發展沒有任何關聯；聰明的孩子裡，有些很早就會坐，有些卻照樣很晚才會。

> **有疑慮，就要查清楚**
>
> 儘管醫師已經說你家寶貝的發展遲緩還算正常，但你就是覺得寶寶有什麼不對勁的地方，那麼，也許除了醫師以外你也該詢問一下發展專家的意見。有時候，由於小兒科醫師大多很忙碌，看診的時間有限，確實會錯過父母看得到或感覺得出來、就連專家都得大費周章才能發現的發展遲緩徵兆。徵詢專家的意見帶有兩個目的：首先，如果檢查結果一切正常，父母就能當真安心；其次，要是果然寶寶的發展確實有問題，及早介入常能事半功倍，往往可以因而讓一個發展遲緩的寶寶步上常軌。有疑慮，就要查清楚。

既然發育的主導權握在遺傳基因手裡，天性（和境遇）就可能阻撓技能的學習，寶寶會不會坐正是如此：如果你家寶貝經常仰躺，老被你扣牢在嬰兒椅裡，或者總是在包內裡和你相依相偎，他大概也就沒有多少嘗試讓自己坐起來的機會，當然這方面的發展就顯得遲緩了。體重也是許多技能的學習障礙——胖嘟嘟的寶寶想要翻滾當然比瘦小的寶寶難上許多，腿腳健壯的孩子，更一定比瘦弱的寶寶更容易站立起來。

只要孩子的發展進程還在宏觀的範圍之中，也確實一個階段達成後就接著朝下一個邁進，比別的孩子快或慢就不是你該擔憂的問題；但如果當真每個階段都比別人慢，就應該讓醫師看看是怎麼回事了。

❖對陌生人的恐懼感

我的小女兒以前不管誰抱她都很開心，可到了最近，她突然不論何時何地都不再願意接受陌生人的親近——甚至不讓祖母靠近她。這是怎麼回事呢？

先前來者不拒的你家寶貝，最近突然變得極其怕生嗎？對一個向來不分生張熟魏的人來說，突然排斥起陌生人也許看來很奇怪，但這種社交上的冷淡可不是冷漠——而是成熟的徵兆，更是這個發展階段再正常不過的現象。當你家寶貝還小的時候，她不會覺得外來的視線有啥好在意的；但現在她長大許多也聰明許多，已經知道媽媽和爸爸是她生命中最重要的親人，其他人等——就算是往昔她也很喜歡的祖母——不但都得靠邊站，而且離她愈遠愈好。

學理上，我們稱這種現象叫「陌生人焦慮」，通常出現在六個月大或更早的寶寶身上，而且大多會在九個月大左右時到達巔峰。這種突然出現的羞怯和未曾有過的內縮會隨著時間而消退，一段時日過後，你家寶貝就會明白她不必那麼嚴格地區分父母與旁人；然而，時日未到之前你可別急著逼她當個甜姐兒。讓她自己適應、自己調整，你就能少費許多功夫，她也可以少掉很多眼淚。

與此同時，如果你還能提醒周遭親友她的小腦袋瓜正在調適，也對改善大家的尷尬大有助益。你得告訴親友們她沒有針對性——你家寶貝只是來到一段焦慮期，需要一點調適的時間；你也應該提醒大家怎麼和她相處，比如說，與其一見面就要抱她，還不如對她輕聲細語、慢慢接近好一些，或者邀請親戚朋友和她一起玩躲貓貓，又或者在你抱她坐在腿上時——也就是她很有安全感時——拿她喜歡的玩具逗弄她。

如果她還是想當她的冰霜美女，就隨她去吧。強迫她面對焦慮——和那些陌生人等——只會讓她更焦慮，由她自己決定何時才要敞開胸

別讓嬰兒床的欄杆成為捕獸夾

寶寶的小手小腳、小臂小腿，是不是說有多可愛就有多可愛？一旦不小心卡進嬰兒床的欄杆時，你就不會覺得可愛了。有些寶寶（通常是好動寶寶）就是比別人家的孩子更會卡在欄杆中，長大一些、更有活動力或更好奇等，也常是他們卡住自己的緣由。一般來說，寶寶都能自己設法脫身，有的則會哭喊自由（通常只需要大人的一臂之力），然而，偶爾總會來上一次，寶寶的膝蓋、大腿或手肘因為卡得太緊而難以脫身；要是這種狀況出現在你家裡，只需幾滴乳液或嬰兒油就能幫寶寶擺脫桎梏。

考慮過用嬰兒床圍包覆欄杆，免得寶寶穿進穿出嗎？你不該這麼做的理由有兩個：第一，不管用什麼東西包覆，都不能確保你家寶貝不會再被卡住（活動力強到可以在嬰兒床裡趴趴走的寶寶，通常也強壯到可以踢開嬰兒床圍或甚至讓自己被嬰兒床圍和欄杆夾住）；第二，美國小兒科醫學會早就建議父母別使用嬰兒床圍了（即便寶寶已經長大），因為嬰兒床圍就和柔軟的寢具和枕頭一樣，都會增添寶寶與睡眠有關的風險，包括嬰兒猝死症、勒扼和窒息。

所以，你不但要放棄加用嬰兒床圍的打算，還要牢記一個令人安心的訊息：能讓寶寶的手腳卡住的地方，就不可能傷害寶寶的手腳；也就是說，這種經驗儘管不甚舒適或讓寶寶難過（最糟也不過如此），卻絕對不會對生命（或四肢）造成重大的威脅。

懷才對大家都好。終有一天，她的陌生人焦慮就會無影無蹤。

❖安撫物

過去幾個月以來，我兒子愈來愈離不開他的小毯子了，他甚至連爬的時候也要拖著它。這意味著他的不安全感嗎？

你的寶寶確實是有點缺乏安全感——但他可不是全無來由。隨著自己的逐漸獨自行動（不管是透過爬行或甚至走路），他已經明白：自己的天地不僅只是爸媽的臂彎，也不再只是爸媽的一件隨身行李；是個可以自己行動的小傢伙，可以隨時離開（或被叫開）你。就和其他的新發現一樣，這個事實既讓他興奮莫名也帶來些許恐慌：他該怎麼做，才能自由行動卻又不必放棄你溫暖的臂彎呢？很簡單：行動時都帶個夥伴。這個能安撫他（或帶給他熟悉感或安全感）的物品，通常也是他的「最愛」，有如爸爸媽媽的替代者——可以隨時（比如他忙著玩你忙著工作時）滿足他的需要。一般說來，安撫物通常會是小巧而能提供依偎的物件（很容易抓著走的小毯子或填充動物）；但也有些寶寶喜歡比較沒有個性的東西，比如棉製尿布、毛巾、T恤，或甚至根本不適合懷抱的玩具。安撫物可能換來換去，也可能一用就是好幾年，大致說來，他應該會在 2~5 歲之間放下安撫物，但也有些孩子要到上學後才肯和安撫物分離——有些人甚至都讀大學了還帶著小時候的安撫物（當然不會明目張膽地帶在身邊）；不得已要和安撫物分離時——不論是自己的決定或不得不爾（毯子斷成兩截或填充玩具身首異處、棉絮脫落等）——都很令人痛苦，卻也可能不知不覺。

眼下的你，就讓他有個安全的港灣吧——除非安撫物有可能危害他的安全（嬰兒床裡是不可以擺放毛毯或填充玩具的）或不該帶進某些地方（毛毯和填充玩具一進浴缸就不能懷抱了），否則就不要限制他。此外，為了全家人著想，寶寶的安撫物也得有些守則：

保持潔淨。愈早和寶寶達成協議愈好：安撫物一定要定時清洗，免得髒臭到只有寶寶能夠忍受；只要寶寶醒著，就誰也沒辦法讓他放下那頭猩猩？那就趁他熟睡時再清洗。

預留分身。一發現寶寶有個安撫物，就趕緊買個一模一樣的放著，好在安撫物破了、丟了或必須拿去洗濯時有個替代品。

多愛他一點。多找機會抱抱他或和他相依相偎，好讓寶寶能從你這兒得到更多他所需要的安撫；而且，千萬別把寶寶的熱愛安撫物解釋成你沒給他足夠的關愛——他只是需要一點兒除你之外的安撫。

有些寶寶從來無需安撫物——或甚至任何形式的安撫；如果你家寶貝正是其中之一，請放心，那也一點都無需擔憂。

不可不知：寶寶玩的遊戲

談到育嬰，很多東西和祖母那時

第九個月

代都不同了，現在講求哺育母乳，使用拋棄式尿布，比較著重寶寶本身的個性。但也有許多事情都還維持原樣——像是用了三代的搖籃，以及寶寶愛玩的遊戲。

像躲貓貓這類祖母的寶寶們酷愛的遊戲，保證你的小孩也同樣喜歡。這些遊戲不只好玩，還可以增進社交技能，幫助孩子明瞭物體恆常性的道理，協調字句及動作的能力，數數兒，以及語言能力。

若是你不知道有哪些可以和小寶寶玩的遊戲，問問你的母親（做母親的絕不會忘記），也可以向其他的親戚朋友打聽或者買書來看，也許你會學到一些頗有淵源、即將式微的兒歌、民謠或遊戲。

喚醒你的記憶，或從以下的清單中學點新遊戲：

躲貓貓。遮住你的臉（用手、毯子的一角、一片布、餐廳的菜單或躲在窗簾後或嬰兒床下）然後說：「媽媽在哪裡？」接著露出你的臉說：「躲貓貓，我看見你了。」或在遮住臉時說「躲貓貓」，露出臉時說「看見你了」。要有一玩再玩、直到你累斃了的心理準備，大多數的寶寶對這個遊戲的胃口奇大。

拍拍手。在你唱著「拍、拍、拍，拍拍你的手」時，抓起寶寶的手教他怎麼拍，或者和躲躲貓摻在一起玩：「拍拍你的手，一二三，和我一起拍拍手；現在你的手不見了，找它來和我們一起玩遊戲。」一開始寶寶的手掌可能不會完全打開，或許要滿週歲後才會，所以別勉強他；同樣的，寶寶要自己學會拍手也需要時間，別急。在這段期間，他可能很喜歡抓著你的手一起拍。

小小蜘蛛。用你的手指——拇指與另一手的食指兩兩交錯——模擬蜘蛛爬著一張隱形的網，然後唱著：「小小蜘蛛爬呀爬，爬上出水口。」接著用你的手模擬下雨，然後繼續唱：「大雨下呀下，沖走小蜘蛛。」接著向上展開雙臂模擬太陽出來的樣子，然後繼續唱：「太陽公公一出來，大雨立刻不見了。」接著回到那張模擬的網，以「小小蜘蛛又爬呀爬，爬上出水口。」結束。

這隻小豬去市場。摸著寶寶的拇指或腳拇趾，然後開始：「這隻小豬去市場。」接著移到另一根手指或腳趾：「這隻小豬待在家。」接著再下一根：「這隻小豬吃牛排。」接著是第四根：「這隻小豬什麼都沒有。」在你移到最後一根並唱著「這隻小豬哇哇大哭跑回家。」時

，用你的手指順著寶寶的手臂指到腋窩或脖子，邊輕輕的搔癢（如果你的寶寶不喜歡搔癢，就以輕戳代替）。

這麼大。「寶寶（或用狗、兄弟姊妹的名字）有多大？」幫你的寶寶盡可能張開他的雙臂，然後大叫：「這麼大！」

眼睛、鼻子、嘴巴。握著寶寶的一雙手，先分別摸你的雙眼，再一起摸你的鼻子、嘴巴（這時要親一下他的手），移動到哪裡就說出這是「眼睛、鼻子、嘴巴、親親」。這是學習這些身體部位最快的方式。

邊跳邊轉圈圈。如果寶寶會走了，牽著寶寶的手（有其他人更好）轉圈圈，然後唱著：「轉呀轉，轉圈圈，口袋裡面都是花，嘩啦啦，嘩啦啦，我們全都倒下啦。」然後所有人全倒在地板上。

一、二，穿好鞋。邊爬樓梯或邊算手指邊唱著：「一、二，穿好鞋。三、四，關房門。五、六，撿棍子。七、八，關大門。九、十，再一次。」

第九個月

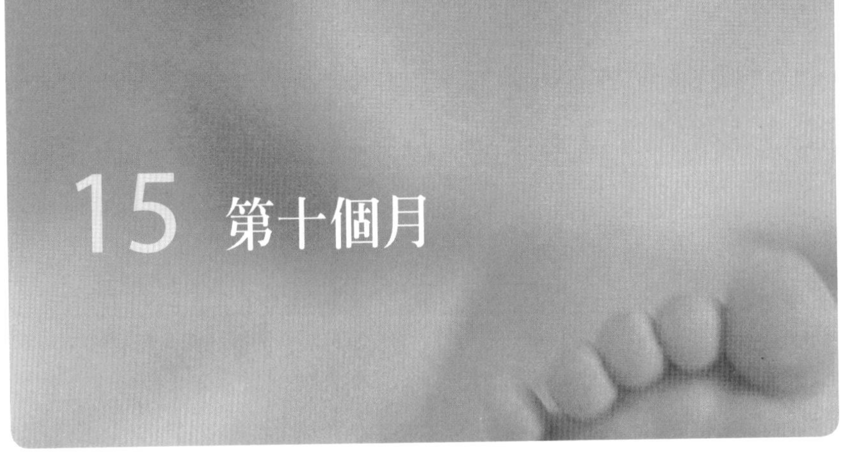

15 第十個月

在這個月，寶寶的發育速率會減緩、減輕，胃口也會變得比較小，這是因為寶寶更想在客廳中探索這個世界，而不願乖乖坐在嬰兒座椅上吃飯。一如任何優秀的探險家，寶寶決定開始探索一些未知的領域，這意味著他會開始攀爬。不幸的是，他們往往向上爬能力有餘，爬下來卻力有未逮，因而使寶寶常陷於進退兩難的情境中（這種進階的冒險也經常令寶寶身處危境，爸媽可不要放鬆警戒心）。

寶寶聽得懂「不可以」，但可能以公然違抗來測試你的底線——或已經可以很機敏地充耳不聞。他們在這個時候的記憶力大有進展，害怕的事（隨著認知技巧的增進）也變得更多——例如變得害怕吸塵器，以致你不得不在他睡著後才能使用。

哺餵你的寶寶：一開始就要吃得好

剛出生後的那幾個月，寶寶所需的營養全都來自媽媽的母乳或配方奶；沒錯，接下來寶寶也開始吃固體食物了，但進到他嘴裡的那些肉汁（或者馬鈴薯泥），與其說是營養（寶寶的發育所需仍然來自母乳或配方奶），還不如說只是「吃」的新體驗。

從現在起，寶寶的體重才真正要開始翻轉；畢竟，一等寶寶過完他的週歲生日後，大多數的營養就不應該來自奶瓶、杯子或你的乳房——即便你很想讓他再多喝幾個月母乳也一樣。

還好，哺餵你家寶貝依舊不是難事——直到他發現世上有油炸食物（和薯片、糖果）之前，你都能在

寶寶的第十個月

睡眠。你的寶寶現在平均晚上要睡10~12小時，白天小睡兩次，每次1.5~2小時；也就是說，總計一天會睡14小時左右。有好消息嗎？有的，75%的十個月大寶寶會開始一覺到天明；如果你家寶貝不巧是那25%之一，而你覺得他應該加入另外75%的行列，參閱372頁。

飲食。母乳或配方奶依舊是寶寶很重要的食物，但固體食物會在這個月逐漸追趕上來，所以你也也得開始計較固體食物的營養成分。

- 母乳。你家寶貝這時一天大約要喝4次母乳（有的寶寶得多哺餵幾次），總計下來仍然約莫要喝720~900CC母乳，不過，隨著固體食物的愈吃愈多，母乳也會愈喝愈少。
- 配方奶。寶寶一天大概要喝3~4瓶配方奶，每瓶210~240CC；也就是說，一天下來會喝下720~900CC的配方奶（有些寶寶會喝得少一些）。同樣的，如果固體食物吃得多，配方奶就會喝得少——但也不會低於720CC。
- 固體食物。估計你家寶貝一天要吃¼~½杯的穀物、水果和蔬菜（食量大的寶寶要這麼吃上兩次），一天要吃¼~½杯的乳製品、¼~½杯的蛋白質食物，以及90~120CC的果汁（想喝就喝，不必定時）。如果寶寶吃得多一些或少一些都不必擔心，事實上，只要寶寶有在健

接下來的這幾個月裡用湯匙哺餵他真正的好食物。別太在意食物的多寡和大小，該注意的，是有沒有給寶寶吃各式各樣的健康食物，以及能不能讓他吃得輕鬆又愉快（也就是不能強迫和推逼）；然後，你就可以往後靠坐在椅子上，看著寶寶健康地吃……逐漸養成健康的飲食習慣。

❖寶寶的健康飲食

寶寶還小時，只靠母乳或配方奶粉就能取得主要的營養，但六個月大後，光靠母乳或奶粉就不夠了，寶寶必須開始從其他食物攝取所需的營養；週歲之後，這些食物更成了寶寶的主要營養來源。在為寶寶計畫菜色時，不妨參考以下介紹的每日十一項營養（當寶寶八、九個

康、強壯地成長，你根本就不必花費心力去計量他的飲食。

遊戲。該是給寶寶一些他能推來推去的玩具（但要堅實又不易翻倒）和他可以駕馭的玩具（寬體、擺在地上玩的，比如有輪子的玩具車、消防車）的時候了。同樣的，你也該為他添購有利身體發育的玩具（讓他爬進爬出的遊戲隧道，可以推滾的大球，爬上爬下的密實枕頭）、具有激發他創造力功能的音樂玩具（遊戲鍵琴、木琴、鑼鼓、鈴鐺和節奏棒），甚至提供他一到兩樣藝術創作工具（看你的小畢卡索會用一隻矮胖的蠟筆在一張大紙上畫出什麼）。隨著小腦袋瓜的愈來愈複雜，寶寶也會開始對著帶給他意外的事物（剛剛那顆球滾到哪兒去了？）開心大叫。積木、遊戲方塊、遊戲圍欄和填充動物依然深得青睞，同樣地，他玩這些東西的方式也更複雜多變；堆疊或分類玩具也是——不過，別太期望寶寶能在沒有你的協助下堆疊得很好或確實分門別類。

月大，可以接受很多種食物後）。別擔心該餵多少種類或多大的量，你應把焦點放在進食的樂趣和營養上，這是及早幫助寶寶養成良好飲食習慣的最佳途徑。

蛋白質。目前寶寶所需的蛋白質多從母乳或配方奶粉中得來，但在他吹熄生日蛋糕上的第一根蠟燭後，情況就會改變了，所以現在正是開始尋找其他蛋白質來源的好時機。蛋黃、肉、雞、魚、起士、優酪乳和豆腐都可以，含鈣食物更是最佳的來源。

鈣質。母乳及配方奶粉能提供寶寶足夠的鈣質，不過寶寶會愈來愈少喝母乳及牛奶，所以應該補充富含鈣質的固體食物，如起士、優酪乳、全脂牛奶、豆腐等。

讓寶寶坐上餐桌

你家寶貝的用餐時間還沒和你步調一致（你對早鳥特餐沒啥興趣）？或者你很怕在餐桌上搞混湯匙，把沙拉送進寶寶嘴裡，自己卻吃掉了他的優酪乳？在寶寶當真能自己進食以前，你也許還是得區分清楚你和他的用餐時間，不過，那也並不意謂他不能在你用餐時坐到餐桌旁——如果你只是想和他來點社交互動的話（也說不定再加上讓他吃幾條起士或幾塊酪梨）。

所以，一旦你覺得可以掌握寶寶的行為後，用餐時就不妨把嬰兒餐椅拉到餐桌旁，給他裝了開水的鴨嘴杯或擺了吸管的水杯、一個摔不破的盤子或碟子（很不容易掀翻的那種），再給他一根湯匙和少許手抓食物。你可以偶爾和他說幾句話——也不妨時不時就用餐巾和他玩躲貓貓——卻千萬別覺得有扮演晚餐劇的義務（用餐的人可是你耶），更別忘了該有的浪漫情調，多留點空間給你和另一半。

全穀類和其他碳水化合物。這一類食品能提供寶寶基本的維生素、礦物質及蛋白質。米精、全麥麵包、乾的全麥穀片（尤其是寶寶可以自己吃的，像是燕麥圈）、煮過的全麥穀片、義大利麵（以一口大小的為首選）、煮爛的扁豆和豌豆等豆類食物，都是很好的來源。

綠色蔬菜和黃色的蔬菜水果。南瓜、地瓜、胡蘿蔔、花椰菜、甘藍菜、杏、桃或 ¼ 杯甜瓜、芒果和水蜜桃，可以提供均衡的維生素 A。只要醫師同意就可以盡量嘗試，看寶寶喜歡哪一些。剛開始須煮爛，等寶寶大些後可改為顆粒，寶寶開始用手拿食物吃時，可以將水果切成塊狀給他。

維生素 C。大多數的醫師，都會在寶寶八個月大之後才建議給他吃柑橘等富含維生素 C 的食物。柳橙、葡萄柚、甜瓜、芒果、花椰菜或加維生素 C 配方的嬰兒果汁，都能提供充分的維生素 C。

其他蔬菜水果類。如果寶寶還能再吃，不妨多餵以下其一：不加糖的蘋果醬、香蕉泥、煮爛的豌豆等豆類或馬鈴薯泥。

高脂肪食物。喝配方奶或母乳的寶寶可以得到所需的脂肪及膽固醇，但換吃固體食物後，就要注意脂肪及膽固醇的吸收量，大多數乳製品都應採用全脂的來餵食。如果你餵的是脫脂奶粉，就要補充脂肪量。如果你們全家都是吃低脂起士，不妨也同樣餵寶寶吃，但應另外加些奶油或全脂的起士。注意脂肪的攝取必須適量，不要太少但也不要過量，免得寶寶超重、消化不了或養成不良的飲食習慣。

富含鐵質的食物。為了避免鐵質缺乏症，應該每天餵食以下幾種食物之一：加入鐵質的嬰兒配方奶或穀類麥片，或加鐵的維生素。其他富含鐵質的食物有：肉類、蛋黃、小麥芽、全麥麵包或穀片、乾燥豆或其他豆類等。含鐵質食物與含維生素C的食物合吃，可以促進這種重要礦物質的吸收。

Ω-3 脂肪酸。Ω-3 脂肪酸（包括DHA〔二十二碳六烯酸〕）是人體所需的脂肪酸之一，更對寶寶的發育、眼睛和智力發展大有助益——可以說是最「補腦」的營養素；母乳中就含有這種了不起的脂肪酸，但很多特殊配方的奶粉和食物裡也攝取得到。一等寶寶吃的本領更上層樓，就可以在他的飲食裡增添富含 Ω-3 脂肪酸的食物，比如魚肉（像是鮭魚）、草飼牛肉、豆腐、亞麻籽油或芥花子油，以及富含DHA 的優酪乳、穀片和雞蛋。

水分。寶寶五、六個月大以內，水分大多來自配方奶或母乳。漸漸地，寶寶須從其他食物中獲取水分，如果汁、水果和蔬菜。要注意寶寶的水分補充，不要因為餵母乳或配方奶的遞減而減少，尤其在夏天，更要多餵水或稀釋過的果汁。

維生素的補充。健康的寶寶通常不需補充維生素及礦物質口服液，除非醫師建議補充一些，以防攝取不足。但每天不得過量，也不要服用未經醫師許可的其他維生素、礦物質補充品（參見 201 頁）。

❖及早養成健康的飲食習慣

寶寶剛開始吃固體食物的一兩個月，他的飲食習慣都還掌握在你手裡（他好奇的小手裡只有可以抓捏的食物）——但要小心，他的飲食習慣已經在逐漸養成之中；此時的口味，很可能會在幾個月或幾年就大異其趣，但研究一再顯示，此時養成的飲食習慣極可能會跟隨他一

這有煮熟嗎？

你怎麼才能確定，晚餐時給寶寶吃的東西有沒有熟透——又會不會有細菌殘留其上？那就量量食物烹煮後的溫度吧（溫度夠高，就表示你不是在給寶寶吃「富含細菌」的牛豬雞肉或魚肉）。以下的食物，都必須烹調到溫度夠高後，才能確保安全：

牛排、牛肉或羊肉、羊排：熟／71°C以上，全熟／76°C以上。

牛、羊絞肉：71°C以上。

豬肉：63°C以上。

熟食火腿：60°C以上。

全雞或整隻火雞：82°C以上。

雞或火雞絞肉：74°C以上。

雞胸肉：76°C以上。

內餡：單獨煮或塞進雞身／74°C以上。

魚肉：63°C以上。

炒蛋或炒菜：71°C以上。

手邊沒有食物用的溫度計，或是上館子打牙祭嗎？一般說來，只要烹調過的肉呈灰或棕色就代表安全（不過，如果用餐地點是速食餐廳，由於肉品先前都冰凍過，即使肉色偏棕也未必代表全熟），禽肉不能是粉紅色的，也不可以還流得出汁液；魚肉方面，要點切成薄片的菜色而且沒有任何半透明的地方（鮭魚要烹調到變成淡粉紅色）。

輩子。這也就是說，現在的你很有機會為他打下一生受用的良好飲食習慣。

為了及早做對這件事，你得先對健康飲食有個基本的理解：

愈白的食物愈要小心。你大概已經知道，碳水化合物並不都含有同樣的營養，種類繁多的碳水化合物可以提供寶寶各式各樣的天然養分，但這些本可以為你家寶貝加油添料的養分，卻也會在精製（讓穀類變得更白）的過程中失落；這些穀物本來也都含有可以平衡血糖的天然纖維。所以，只要一走進超市，你就應該為寶寶選購百分之百全穀製的義大利麵、麵包、穀片、米飯和餅乾；在家裡為寶寶做煎餅或鬆餅時，也應該使用全麥麵粉而不是純白的麵粉。從小就習慣吃全穀食物的寶寶，長大後的飲食選擇也會更明智（一如那句「請只給我全穀製品」的口號所代表的飲食態度）。

摒棄會傷害牙齒的甜食。寶寶不必吃糖就夠甜了，但這可不是現在你完全不該讓他吃甜食（以及攝取毫無益處的熱量）——甚至連這種打算都不應該有——的唯一理由，最少最少，你也不該在他週歲或甚至更大前就接觸甜食。寶寶的味蕾早就熟知甜味了——畢竟你的母乳裡就含有糖分，所以，如果你沒急著讓他吃加糖食物，他會更能接受其他的味道（尖銳的、濃烈的、酸的甚至苦的味道）；你不必因此就不讓他吃很受他青睞的香蕉、桃子或其他含有天然甜味的水果——那是最受寶寶歡迎的補充營養方式，但如果你確實在意趁早培養寶寶的良好飲食習慣的話，就別讓寶寶又吃水果又吃甜食。你很可能會很驚訝地發現，即使不摻糖水或滴入蘋果醬，寶寶也能津津有味地吃優酪乳或全殼麥片。你自己是在每餐飯後都有甜點，或是爸媽都用甜食獎勵你、慶祝節日的環境下長大的嗎？該是在你手上終止——或者最少多所限制——這種壞習慣的時候了，每回想打開糖果罐來獎勵寶寶時更請三思；也請記得，在寶寶還沒吃過第一個杯子蛋糕前，他是不會有舔口糖霜的慾望的。

別放鹽，但可以加香料。在自然而然地發現鹽分的需要之前，寶寶的飲食裡都不必有鹹味——而且，現在就讓他習慣少鹽還可以降低長大後對鹹味的渴求（吃得過鹹會有高血壓、心臟病的風險；所以，無論你正在幫寶寶打理何種食物，現在都可以直接略過鹽罐（當然不包括其他的家人），為寶寶或兄姊買現成食物時，也要選擇沒加鹽的產品。不過要記得，你想避開的是鹽而不是風味，所以不妨用肉桂、肉豆蔻、薑、大蒜、羅勒、小茴香、牛至、韭黃、胡椒或咖哩粉來挑戰一下寶寶的味蕾。

多樣化。誰說嬰兒食物非得平淡又乏味——而且就連吃起來都得像，呃，嬰兒食物呢？如果你肯試試混合菜色，寶寶和你都會比較開心；所有，讓自己多點冒險性吧——掙脫嬰兒食品盒、罐、袋、包（在小兒科醫師的指導下精準標示寶寶適合食用的年紀）的思維限制，用完全不一樣的形式哺餵寶寶乳製品：優酪乳、卡特基起士、切達起士、碎帕爾瑪起士；在寶寶常吃的蔬菜水果如胡蘿蔔、豌豆和香蕉之外，加入更多樣的選擇：酪梨，蒸軟的花椰菜和蘆筍，馬鈴薯塊，切碎煮

第十個月

熟的茄子，熟透的甜瓜、芒果、木瓜、西瓜和奇異果，剝開的藍莓，磨碎的梨子，各種穀粒。你也可以在寶寶的燕麥粥裡加上胡麻，讓他試吃各色米飯（黑色的糯米、白色的蓬來米和棕色的糙米）、藜麥、大麥、二粒小麥（farro）、全麥粗粒（whole-wheat couscous）和全穀玉米糕；買麵條時，要選全麥、糙米、蕎麥、斯佩爾特小麥（spelt）、卡姆麥（kamut）製成的。讓寶寶吃豆腐時（大多數寶寶都很愛吃，而且完全不需要醬料），加上一點鷹嘴豆泥、芝麻醬、毛豆或其他你想得到的豆類。現在就讓寶寶的口味多樣化，並不意謂他從此不會挑食（小傢伙們大多會在某個階段突挑食起來），卻可讓他長大後更勇於挑戰各種食物的風味（和營養）。

以身作則。你想撫養出熱愛花椰菜的孩子，還是速食至上的孩子？一個不愛甜食的少年，還是甜甜圈的粉絲？蘋果——或者棒棒糖——通常不會從樹上掉下來，所以你得注意自己都吃些什麼、不吃什麼——寶寶的眼睛不但經常盯著你看，也會模仿你的飲食習慣，不管是好習慣或壞習慣。

你會擔心的各種狀況

❖一場糊塗的進食習慣

我的兒子從不乖乖吃東西，老是把東西壓碎，然後塗到自己頭髮上。我們是不是應該好好教他學會一些餐桌禮節？

和一個十個月大的小孩共同用餐，可能會使任何人倒盡胃口。對孩子而言，他吃的和他用來玩的食物差不多，往往到最後，入他腸胃的東西遠不如那些在他身上的（或是衣服、小餐桌上面的）。

但這是因為用餐不再僅僅為了獲得養分，還是為他的探索及新發現提供絕佳機會。就如同在浴缸裡或是沙堆中，他熱中於研究各種東西的因果互動，它們的質地、材料、觸感以及溫度的差異。當他捏著一團蛋糕，把番薯泥塗到桌上各處，將香蕉揉到自己衣服上，拚命在果汁杯中打出泡泡，或是用手指頭把餅乾一塊一塊捏碎……凡此種種，對你是不斷的夢魘，於他卻只是一段又一段的學習歷程。

做好心理準備，未來幾個月的用餐時間大概都是孩子從各個角度去認知食物的過程，因此你會需要成箱的紙巾備用。另一方面呢，你也該採取某些步驟來保護你的家，同時為寶寶將來的餐桌禮儀鋪路：

使用各種遮蔽用具。一點點的防範，就可以省下一大堆紙巾。用得上的就盡其所能：寶寶的餐桌椅下多鋪幾張報紙，餐後便可丟棄；保護小孩前胸和肩膀清潔的圍兜，這圍兜必須戴起來舒服，才不至於被孩子扯掉；把寶寶的衣袖捲到手肘以上，以保持乾爽清潔（當室溫夠暖的情況下，讓寶寶僅穿著尿布進餐可能是最理想的狀況）。

定量供應。一次只在寶寶面前放一點食物——寶寶面對太多選擇很容易失去主張，然後會開始玩耍翻攪，很可能會把一半的食物亂撒。所以一次只給一部分，等寶寶吃完再幫他加。

拿走不必要的東西。就算你不願意妨礙寶寶的這種實驗過程，恐怕你也不想讓他太輕易地造成一團混亂。所以，把他的食物放在碗裡，不要放在盤子中，那樣食物才不至於太容易被推出來；或者你乾脆將食物放在他用的小餐椅托盤上（但必須確保托盤完全乾淨）。如果寶寶願意，把他的飲料裝在有蓋的杯子裡（蓋子上有洞口可以讓寶寶啜飲），這樣可減少飲料溢出的機會。若他不願意用這種杯子，就用普通杯子裝 30CC 左右的飲料，而且是在他想喝時才給他，不喝時則擺到他拿不到之處。

讓他多接觸湯匙。即使他大部分時間仍以手指當作輸送食物的主要工具，拿著湯匙恐怕只會是在空中揮舞的分；但無論如何，如果每餐之初你都塞給他一支湯匙，他終將領會到要用它來進食。另外也可以給寶寶一些香蕉或酪梨，讓他在你用湯匙餵他的時候，手上有東西可以忙。

保持中立。你大概已經了解到：孩子天生有表現慾。如果你對他在餐椅上的東抹西塗微笑，不啻是在鼓勵他再接再厲；然而，他們也無法接受批評或叱責。所以「你馬上給我住手！」不僅不會有效制止他的行為，反而會助長其變本加厲。最好的對策是：對差勁的表現不予置評。然而，當寶寶很難得地用湯匙或手指頭乖乖地將食物送入口中時，就大方地鼓勵、讚美他吧。

適時叫停。當你發現孩子花在玩食物的時間遠比吃它們來得多時，那便是用餐結束的時間了，你得立刻收拾餐桌，將孩子抱下餐椅。

❖撞頭，搖晃

我的兒子會用他的腦袋瓜去撞牆壁或嬰兒床的護欄。我看了都會痛，他卻一點事都沒有——反而一副自得其樂的樣子。

聽起來，你的兒子大概是發現他抓到了節奏，而這是他表現的方式——至少在他轉變成以跳舞或打擊樂器的方式表現之前。用頭撞牆（或者搖頭晃腦，都是這個年齡常見的動作），是一種屬於節奏性的運動，這種自發性動作對寶寶充滿了吸引力。雖說大部分寶寶是在清醒時、聽到音樂時會開始擺動，但這絕非唯一狀況。據推測，某些寶寶試圖藉此模擬父母抱著他們搖晃的感受；如果是正在長牙的小孩，則是用以克服某個程度的痛楚——通常等牙齒長出後，便會停止這種性質的晃動，除非已成習慣。

至於在上床睡覺時間或半夜醒來會有此行為的寶寶，這樣的活動無異有助其入睡，並有可能幫助紓解白天累積的壓力。這樣的行為可能會因寶寶生活中某些外加壓力而增強（如斷奶、學步、換保母等等）。而以頭撞牆來說，男生比女生更為常見。

一般而言，搖頭晃腦約始於六個月左右；用頭去撞東西則大概到九個月開始。這種習慣持續時間不一而足，幾週、幾個月，甚至一年以上都有可能。但大多數的寶寶會在三歲之前自動停止這些動作。你的叱責、笑謔或任何其他強調他這些行為的舉措，都不僅無益於戒除，反而會使問題更嚴重。

聽起來也許有點難以置信，但是這些個搖擺震盪其實對寶寶的健康並無損害；就一般正常小孩而言，也與神經或心理上的異常完全扯不上關聯。只要你的孩子挺快樂的，生氣時不會猛撞牆，也不會三不五時渾身瘀青（然而偶或黑那麼一塊不足為奇），那就沒啥好擔心的。但假設你的寶寶太常做這些動作，還加上其他某些異於平常的舉止、發育遲緩，或總是不快樂，就有需要和他的醫師談談這個問題了。

在孩子覺得時機成熟之前，你並不能強迫他停止任何一項上述行為，但是有些妙方能幫助你及你的孩子度過這段時間：

- 這是寶寶吸引你注意的方法。白天也好，上床時間也好，多給寶寶一些愛與關注、擁抱、搖晃。

- 為孩子提供一些節奏性的活動，諸如：抱著他一起坐在搖椅上，或教他自己坐小孩專用搖椅；給他一些玩具樂器，甚至僅僅一根湯匙加上一個水壺，他便能敲出聲音；陪他玩拍手或其他手指的遊戲，配上音樂更佳。
- 讓孩子在白天能盡興的遊玩，而上床就寢前要有足夠時間讓他平靜下來。
- 建立一套睡前儀式，包括有較靜態的遊戲、擁抱、按摩，以及一些搖晃（但不能搖到他睡著）。
- 如果你的孩子拿頭去撞東西大部分是發生在嬰兒床中，就別太早放他進去，直到他很睏倦時。假使寶寶在小床裡又蹦又跳，或者撞來撞去，你可能會想做一些事來保護你的家具、牆壁及地板。小床下面最好有一塊厚厚的地氈；拆掉四個輪子，以免在地板上壓出四個印子；讓小床遠離牆壁或其他家具，可能的話，周圍加上一些墊子以緩和萬一造成的撞擊。如果寶寶常撞來撞去，記得隨時檢查嬰兒床的螺絲是否有鬆動。
- 想減輕寶寶頭部承受的力量，你當然也可以在小床四周圍上護墊，或在他特別情有獨鍾的地板上鋪條毯子——只是呢，一旦你這麼做了，他很可能會積極地另外開發撞起來比較夠力的新據點。

如果寶寶常常撞頭跟搖晃，而且似乎可能傷到自己或是影響日常活動，就應該問問醫師的建議。

❖拉扯頭髮

女兒想睡或鬧脾氣時就會用力拉扯自己的頭髮，這是怎麼回事？

寶寶吃母乳或吸奶瓶時通常會摸媽媽的乳房或臉頰，或是拉她自己的頭髮；於是，每當她想紓解一些情緒壓力，或是想睡、企圖營造躺在媽媽懷裡的舒適感時，她很可能就會這麼做。而通常這種情況特別容易發生在她極度疲倦或焦躁不安的時候。

這種行為一般可能還加上吸吮大拇指。如果僅是偶發性的，不會有什麼不良後果。但若是不斷地而且用力地拉扯頭髮，而造成不少頭髮脫落的話，顯然需有介入處理，例如提供別的東西讓她去拉扯——例如長毛的填充玩具，或是直接輕輕的擁抱他。試試上一個問題提到的解答，找出可以讓寶寶放鬆並感到舒適的方法。

遮擋陽光

天氣預報說今天是個豔陽天嗎？雖然寶寶的嬰兒車都有遮陽蓋，卻未必能完全隔絕陽光的曝曬。為了提防紫外線，也許你已經幫他多穿一件衣服，還在他柔嫩的肌膚上塗抹了防曬乳液——但可別因此就忘了他還有眼睛需要防護。寬邊帽當然很有幫助，最好還是在防曬的全套配備裡加入一副太陽眼鏡。就像戴了帽子（和塗抹防曬乳液），豔陽天裡戴上太陽眼鏡再出門也是從小就該養成的好習慣；購買時，記得要選鏡片能隔絕紫外線的產品，因為這種鏡片可以同時隔絕 99% 的 UVA 和 UVB 兩種紫外線。不能隔絕紫外線的太陽眼鏡也許相對便宜許多，但也許沒戴還比戴上好，因為這種眼鏡只會製造寶寶已經受到保護的假象。為了不讓太陽眼鏡滑開（或更常見的——被寶寶扯掉），最好同時使用特別設計給孩童用的眼鏡帶。

❖咬人

我的寶寶最近會開始因為好玩而咬我們——肩膀、臉頰、任何柔軟的部位。起初我們覺得那很可愛，現在卻開始擔心他會不會養成壞習慣了——而且他咬得還真痛。

說起來，你的兒子想在所有可能的地方進行對他兩排牙齒的測試，這基本上是很自然的一件事；然而，你不想被咬也是再自然不過的反應。設法停止他這種行為是對的，否則那真會演變成壞習慣，而且隨著他牙齒的增加，受害者的痛苦會更厲害。

起初，咬人只是出於好玩與實驗性質，寶寶完全不自覺他這樣會傷到別人。在這之前，他咬了那麼久的玩具、小床的護欄也沒聽見任何抱怨，不是嗎？等他咬的對象是人的時候，往往有強烈動機促使他再繼續——他發現他咬媽媽肩膀時，出現在媽媽臉上的表情十分有趣；爸爸的話呢，那種驚跳的反應真是新鮮刺激；祖母甚至會說：「你在咬我呢，多好玩哪！」這不是鼓勵是什麼？有意思的是，就算得到生氣的斥責，他也不退反進；也許他認為好玩，或者是具有挑戰性，也可能兩者皆是。若反咬回去，只會讓情況更糟；因為那不僅殘忍，而且暗喻的教訓是「以牙還牙」。即使父母或祖父母是由於愛和好玩而輕咬寶寶，無論如何對他的咬人行

給領養寶寶的爸媽：該告訴孩子了

不知道該在何時——或如何——告訴孩子他是領養來的嗎？專家的看法是，再早都不嫌早；愈早讓孩子熟稔「領養」的概念，就愈能讓寶寶往後更自在——就和其他寶寶領會「我是被你們生下來的」的概念一般。

而且，你可以現在就開始，趁著寶寶還小、根本不明白你在說什麼的時候就開始；就像親生寶寶的爸媽偶爾也會和孩子談起他降生那天的事：「那是爸爸媽媽最開心的一天！」三不五時，當你正和寶寶咕咕噥噥時，也可以對他說：「領養了你，爸爸媽媽才算有了個家！」或「領養到你，真是最最開心的事！」雖然就算你用最淺顯的字句，你家寶貝還是得到三、四歲大才可能約略懂得你的意思，但如果你能在這時就種下這個概念的種籽，一定大大有助於將來他的真正領會。不過，可別因此用力過猛——要盡量順其自然、若無其事，而不是強迫他吸收這個概念。

另一個幫他體會領養這件事的好方法，是早早幫他製作一本紀念性的剪貼簿或相簿，除了照片還可以收納領養第一天起的紀念品，包括領養時分、帶他回家的路上你們是怎麼相依相偎的情景記錄。如果你領養的是外國寶寶，相簿的記錄效果就更棒了——將來還能供他一瞥出生地的種種場景；如果是公開的領養，孩子親生母親照片（尤其是如果她是親手將寶寶交託給你們的話）更能加深孩子對領養這件事的體會。不論相簿裡的照片是多是少，包含了哪些情景，只要你常和孩子一起觀賞，就是他成長過程中你們的美好互動——因為，那些收藏品記下了你們和他是怎麼成為一家人的。

為也是一種支持。

最有效的方法是立即將他拉開，冷靜而堅決地告訴他：「不可以咬人。」然後用其他的活動轉移其注意力。每當他一開始咬人便重複這種做法，不久他便了解該怎麼做才是對的了。

❖眨眼睛

過去幾週以來，我的女兒眨眼次數非常頻繁。她看起來倒也沒什麼不舒服，視力應該也沒問題，但我忍不住擔心她的眼睛是不是有什麼不對勁。

比較可能的是：關於她的好奇心。她已然知道張開眼睛看到的世界是什麼樣子，那麼，假設眼睛半閉著會如何？或是說，眼睛很快地睜開又閉上、睜開又閉上會如何？這實驗的結果可能便有趣到讓她試個沒完沒了（等她再大一點，差不多兩歲左右，她大概也會對耳朵做類似的實驗，用手蓋住耳輪看會對聲音造成什麼不同）。

當然，假如你的寶寶在辨識人或物方面有困難，或是不大能夠對焦，你應該立即通知她的醫師。

斜視也是某些幼兒為了改變視覺所刻意製造的暫時現象。同樣地，你毋需以此為憂；但如果伴有其他症狀，或者持續太久，還是得告知孩子的醫師。

❖屏住呼吸

最近我的寶寶在哭泣時會開始屏住呼吸。今天他竟久到昏厥過去。這會不會有危險？

當小孩屏住呼吸時，不可免地，是大人在受苦；然而當大人因目睹這一幕而心驚肉跳不已時，剛才臉色發青而不醒人事的寶寶卻在瞬間完全恢復正常。

孩子的屏息，通常是源於憤怒、沮喪或痛楚。他的哭泣在此時不僅沒有紓解功能，反而逐漸歇斯底里，寶寶因而換氣不及，以至於暫時停止呼吸。情況較輕者嘴唇變青，更厲害的例子中，小孩甚至會全身發青然後意識昏迷，有時身子更會變得僵硬，甚至抽搐。整個過程通常在一分鐘之內便告結束——絕不足以造成任何腦部傷害。

屏住呼吸的情形在嬰孩中發生的比例約為20%。有些純屬偶發性，而有的則一天一到兩次。通常會出現此現象多半在家中，年齡約在六個月到四歲之間，或早或晚一點也有。這和癲癇應該很容易區別：一般的屏住呼吸會先有哭泣，然後寶寶在失去意識之前先變青；如果是癲癇，通常沒有任何前因，而且孩子在發作之前也不會轉為青色。

孩子因為屏息而暈過去並不需要特別加以治療。但是，雖說對此現象除了假以時日之外別無良方，根本上的使性子倒是可以想點法子：

- 讓寶寶得到絕對足夠的休息。一個過累或玩得過了頭的寶寶，遠比一個得到適當休息的寶寶容易大動肝火。

- 別把每件事都弄得不可收拾。毫無疑問你是權威，你也確實比他大、比他聰明，但也不必時時刻刻證明這一點。
- 在孩子使性子以前，想辦法讓他平靜，可利用音樂、玩具或其他轉移注意的法子（可別用食物，這只會造成另一個壞習慣）。
- 盡可能減低寶寶身邊的緊張情緒——你的或其他家人的也一樣。
- 當屏息狀況開始時，冷靜處理；焦慮只會讓事情更糟而已。
- 事件過後，別任孩子予取予求。一旦讓他曉得屏住呼吸是討東西的好辦法，他可就沒完沒了了。

若是你的寶寶屏息情況很嚴重，持續達一分鐘以上，和哭泣無關聯，或有其他令你擔憂的因素，都應趕緊和孩子的醫師討論。

❖恐懼

我兒子以前很愛我啟動吸塵器，可是現在他忽然變得很怕吸塵器，以及所有會製造巨大聲響的東西。

在更小的時候，寶寶因為不知道這些東西有可能會帶來任何危險，所以不感覺害怕；如今，隨著對世界認知得更多，尤其自己可能還有過幾次鼻青臉腫後，他已逐漸體會到周圍充斥著一些安全上的威脅。

在孩子的生活中，有太多可能讓他驚恐的事，在你看來也許完全不算什麼。包括聲音，諸如吸塵器、果汁機、狗吠、警笛、沖水馬桶、浴缸水流下去的漩聲；衣服蓋住整個頭；被舉高（尤其在他自己會爬，或有了高度意識之後）；被放在浴缸之中；某些機器玩具的震動。

所有的小孩在某個階段都會經歷到恐懼，儘管有些能迅速克服，連父母都感覺不出來。而某些孩子，如果個性屬於「高感應」、生活的環境又比較雜亂，就會較早經歷這些恐懼感，特別在家裡有寵物或兄姊時。

遲早，大部分的寶寶都會將這些扔在腦後，成為一個個有勇無謀、搖擺學步的探險家。但在那日來臨前，你可以多少幫助寶寶克服這種心理障礙：

不要強迫孩子面對恐懼。給孩子時間適應，硬把他拉到吸塵器前只會加深他的恐懼感。儘管對你而言他的恐懼毫無道理，對他可是合情合理的，他需要在自己覺得安全時，以他自己的方式、時間克服這隻嘈雜的怪物。

寶寶的社交舞臺

你當然還是寶寶的最佳玩伴——但這並不意謂他只能有你這個玩伴。既然寶寶現在需要的娛樂已非你單獨能提供了，加入遊戲團體可以滿足他的渴望。這麼做不僅對寶寶有好處，你獲得的可能比孩子更多。團體遊戲的好處包括：

大人可以聊天。寶寶的咿咿呀呀對你而言可能有如天籟，但如果你也像大多數父母，尤其是成天在家的父母，應該也會希望多些的成人對話。與團體中的家長碰面，能提供你講話和說出完整句子的機會。

為寶寶提供娛樂。儘管對寶寶的社交生涯而言，期望他融入團體遊戲中還嫌太早，但在接近一歲時，大多數寶寶其實已能以某種方式與同儕進行有意義的互動——通常是在肩併肩遊戲的形態下。即使只是看人玩，對寶寶也能提供許多有價值的娛樂——如果遊戲場所是在別人家，你的寶寶還可把玩新的玩具。

為你們倆建立友誼。這需要你和寶寶共同努力。如果這個遊戲團體運作得很成功，你的寶寶就可能有機會和同一群小孩結為好幾年的好夥伴；而如果這個遊戲團體中的孩子都是鄰居，可能就會成為你的寶寶上小學後的同學，這種親密感會在寶寶上學的第一天發揮安撫的功能。對你而言，這個全新的朋友網絡更是結交志趣相投者的良機，對那些老朋友尚未有孩子的人尤其如此。

獲得更多諮詢對象。不論是你想找個新的小兒科醫師，或對何時、如何斷奶沒把握，應該都可以從遊戲團體中的父母那裡得到忠告或推薦。

互相支持。定期與其他父母碰面，可以提醒你自己並不是唯一有這些可憐遭遇的爸媽：(1) 寶寶不睡覺；(2) 沒有屬於自己和另一半的單獨時間；(3) 工作生涯受挫；(4) 家裡亂到跟遭小偷沒兩樣，或 (5) 以上皆是。

有很多方式可以加入遊戲團體：到處問問，比如在附近的小商店、圖書館地區分館、社區活動中心、工作坊、醫院或診所找找看。如果你（和一群朋友）寧可自組新的遊戲團體，有些事情是你必須先考量的，包括：

- 孩子的年齡層：他們不太可能都剛好同齡，但在這個年紀，以月當成限制範圍比以年為宜。這能確保他們可以玩同樣的玩具，在好些層面上也有相同的水準。
- 遊戲團體多久聚一次：每週一次，

一週兩次，還是兩週一次？

- 什麼時間對大多數人最方便？一旦選定時間，就要盡可能堅持下去；持續性，是這種團體成功的要素。
- 遊戲團體要在哪裡聚會：固定在某人家中或每家輪流？在附近的公園或社區中心？輪換聚會點的好處，是可以讓遊戲團體的孩子們保持興奮感，同時每位家長也可以平均分攤責任，也意謂著孩子們每次都會有好多不同的玩具可以玩。天氣許可時可改到公園聚會，則提供每一位參與者調整步調的好機會。
- 會有多少參與者：遊戲團體的父母及孩子成員有限制嗎？人數過多（如有十五個寶寶）會搞得整個遊戲團體天下大亂，太少（只有兩三個寶寶）則可能刺激不足（還要考慮到不是每次聚會都能全員到齊）。
- 會有茶點嗎：做東的家長需要準備點心嗎？如果有，會考慮到有對某些食物過敏的寶寶嗎？有限制甜食、甜飲料嗎？還是全由主人做主？
- 這個團體是親子共玩，還是小朋友一起玩、大人們社交？謹記，在寶寶夠大（至少三、四歲）之前，父母得花很多時間做裁判和和事佬，才能讓孩子們玩得開心。
- 事後的清理工作，也要大家一起來嗎？為了讓寶寶逐漸懂得聚會後整理玩具的樂趣，家長們應該負起這方面的教導責任。
- 有紀律和行為的遵行守則嗎？你可能得說明所有父母只對自己的寶寶有監控行為的責任。
- 生病的寶寶又有何限制呢？規定生病的寶寶不得參加是個好主意，但你也別忘了，就算沒有真的生病，寶寶也有可能經常掛著鼻涕或輕微咳嗽好幾週，所以這方面的規定要有彈性。你也要謹記在心，來自不同家庭的寶寶本就帶有不同的細菌，而這種必然性未必都要想成是一件壞事（寶寶小時得過愈多次感冒，他的免疫系統就會因而更強大，未來更不容易感冒）。在遊戲團體中最重要規則是：確保所有的寶寶和父母都打過必要的預防針。

對你和寶寶來說，參加這種遊戲團體都是苦差事一樁嗎？寶寶還小——尤其是還沒週歲大——時，與其他小朋友的社交互動並非必要之舉，所以，千萬別勉強自己和寶寶參加遊戲團體；要是參加之後懊悔莫及，更要鼓起勇氣及早退出。透過即興參與某些場合或到遊樂場得到些許社交機會，不見得比不上待在固定的遊戲團體裡。

不要嘲笑孩子。看到孩子因為一部吸塵器而驚慌失措，也許你不免會覺得好笑，但譏笑孩子的害怕心理會傷及自信，也會影響他應對恐懼的能力；所以，對他的恐懼你要嚴肅以待——像他一樣的嚴肅以待。

接受與體諒。適時地安撫他，可減輕孩子的心理壓力，且幫助他度過。當他在你使用吸塵器而哭叫的時候，過去抱他起來，給他一個溫暖的擁抱；但也不能太過火，否則會加深他的信念：某件事物的確非常恐怖。

給予支持，建立信心與技巧。雖然你應該同情他的恐懼感，但終極目標還是幫他克服。而唯有了解才能改變想法，因此你可以讓寶寶在機器靜止時過去撫摸。一旦寶寶習於這種東西，可以視其反應，在吸地時用一隻手抱著他，然後告訴他如何開關。若抽水馬桶令他害怕，讓他自己丟衛生紙下去，再鼓勵他自己去按沖水器——這一切，都應是在他準備好時，切忌勉強。

❖幼兒教室

琳瑯滿目的嬰兒課程廣告讓我不得不考慮，是不是也該為了女兒的發展讓她去上這種課程。

不管是音樂、藝術、運動、感官、游泳或任何廣告所宣稱的項目，對一個都還沒辦法靠自己雙腿站立的寶寶來說，上課都不可能是什麼身心發展的捷徑；只要你還相信讓寶寶自己探索和學習（加上身邊大人的一臂之力）是最好的發展之道，就別急著幫她報名參加任何幼兒教室。換句話說，寶寶最好的發展和學習方式就是經由親自體驗，而不是課堂教學；事實上，強迫寶寶在特定時間、地點以特定形式學習的話，只會抑制她天生的好奇心和探索精神。

不過，雖然幼兒教育絕對不是寶寶成長的必需之道，但如果慎選課程和機構，讓寶寶得以藉此和其他同齡小朋友齊聚一堂，卻也不見得全無好處；畢竟，除了你家寶貝可以因此多些玩伴，你也會得到與其他家長相處（而且分享經驗與育兒訣竅）的機會。當然了，你得小心選擇課堂——為了讓寶寶盡情遊戲而設，而且可以做自己想做的事（就算只是在遊戲墊上翻滾）、或旁觀別的寶寶遊戲的課堂；不要讓孩子參加上課時間、科目都極其正式的學園，而要選擇管教非常鬆散、有彈性、不會給孩子壓力的機構。報名前能先去參觀一、兩次最好，為了找到最適合你生活步調的地方，更要上網搜尋、閱讀報章雜誌、逛逛社區活動中心、詢問小兒科診所相關訊息——或者在帶寶寶到遊樂場時四下打聽。

你也可以採取更積極主動的方式：把課堂帶進家裡。有些幼教老師是願意到府教學的，所以如果你有夠大的空間，又拉攏得到一群父母，也不妨乾脆成立你們自己的幼兒教室。

不可不知：訓練規矩的開始

當寶寶成功地抓著東西站起身時，你熱烈地鼓掌叫好；當他從蠕動變成爬行的那一剎那，你也曾驕傲地大聲在一旁為他喝采。這一切，現在回想起來，你可能會再問：當初怎麼會那麼高興？因為，隨著行動力的與日俱增，另一個淘氣阿丹誕生了。如果你的寶寶不是在你錄心愛的節目時，聰明地學會了如何關掉錄影機，就是正在餐廳裡想方設法扯下桌巾——連同桌上擺著的水果盤，或是將浴室裡捲筒衛生紙慢慢捲下來，放進抽水馬桶中。以前，你只須把小孩放在某個安全的角落就毋需煩憂；如今呢，這片天堂不再。

這可能是你首次不因孩子的探險精神而驕傲，反而愁眉不展。有關規矩的問題，也大概在寶寶出世後第一次出現在你心中。的確，這正是時機。一旦小孩過了十個月大，愈晚教導他守規矩就會愈困難；而在此之前呢，由於記憶力的發展尚不成熟，再努力也是徒勞。

為什麼要管束小孩？首先，是為了灌輸是非的觀念。雖然孩子仍得經過相當時間才可能真正了解規矩的意義，但你必須從現在起，透過言教及身教教導他。其次，是要訓練他能自制。同樣地，這在短期內也不可能開花結果，但除非有做，否則孩子永遠也學不會適當的進退。第三，教小孩尊重他人的權利與感受，如此一來，他才有機會由一個凡事以自我為中心的小孩，成長為善體人意的青少年及成人。最後呢，是為了保護小孩，保護你的房子，還有住家的整潔——現在，以及未來的幾個月。

在你設定一套規矩之前，有幾件事應該記在心裡：

由愛出發。有效的規矩該有什麼樣

的基礎呢？就是無條件的愛——存在於父母與孩子之間、看不見卻也不會斷裂的紐帶。每一天裡的每一刻，不論當下寶寶是迷人的天使或小惡魔，你們之間的愛都不會有所改變；比起他正在調皮搗蛋或她正在無理取鬧，既然寶寶在你臂彎中時你更容易和他溝通，教導寶寶規矩時，當然也就不能忘了你倆之間的愛。

因性施教。每個孩子都不一樣，每個家庭都不一樣，每個情境也都不會和上一個完全一樣；雖然確實有概括適用每個人、每個時候的行為通則（不可以打人，不可以咬人），但是沒有一體適用的紀律途徑。想弄清楚你的孩子要遵守什麼樣的紀律，你就必須把性格（你和你的孩子）、環境因素（在超市和在家中的行為準則可能不一樣，寶寶重感冒情緒低落時，可能和他活蹦亂跳時的行為準則有差異）都包括在內，還有從家庭的角度來看什麼規則才是正確的（就像每個家庭都有不同的規矩一樣，你家該強化哪些部分也和別人家不同）。

設定限制。沒錯，他們會挑戰底線、測試底線，可不管你相不相信，小寶寶們也一樣渴望限制。知道期待什麼和受到怎樣的期待（只要那些期望是公平的、一致的而且是適齡的），會讓孩子們感到踏實、安全和被愛——換句話說，使得他們自然而然地更守規矩。有人這樣說：對小寶寶而言，就算設限也有它的限度；所以，你得針對那些頂重要的事項來規範你的寶寶。事先制定底線，比如說，你的小寶寶不可以扔沙子，拿玩具車當炮彈射，激烈地爭執娃娃推車而惡化成拉扯頭髮的舉動，或是年幼的寶寶不斷地要拿你手上的熱咖啡。

堅定地保持一致性。就像設定那些少數的關鍵限制一樣重要，你的堅定態度很有強化作用。如果昨天你不允許寶寶玩你的手機，但是今天你卻用另一種態度來看待這個舉動，或是假如上星期撕碎雜誌是錯的行為，而在這星期出現同樣的舉動卻大都被忽視不理，你的小孩只會得到一種教訓：世界是令人困惑的，規矩是沒有意義的（所以為什麼要遵守它們呢？），你的紀律沒有可信度，父母的威信不見了，寶寶當然也就不再順從。星期一不可以打人？那麼星期二、星期三和星期四應該也不可以——而且不管是在媽媽看管下，爸爸的看管下，或是保母的看護下（沒錯，外公在照看也一樣沒得商量）。假如你的規矩到處都能夠落實，那麼寶寶的行為舉止一定也會如此。雖然那並不意謂你不能偶爾通融不那麼重要的規則，卻不可以三不五時就違反你自己立下的規矩——如果對紀律的態度不斷前後矛盾，紀律的崩解也就可以預見。

避免「不可以！」的遊戲。不斷地隨口說「不行，不行，不行！」會剝奪非常重要的字意的力道和速度——更別提那會讓蹣跚學步的孩童更沮喪（他就近在眼前）。所以，你得挑選適當的戰鬥對象，首選則通常偏向事關安全和健康（人和事物）的規矩，重點是別讓每件事情都成為爭端。你可以藉著在家中創造一個保護兒裡安全的環境，來限制你使用「不可以！」的次數，孩子也可以在你不必擔憂的情況下，有許多機會進行探索的活動。

如果你還能更進一步做到的話，就把「不可以」轉為「可以」：說「我們是這樣愛撫貓咪喔！」而不是「不要拉貓咪的尾巴！」要試著為每個否定的態度提出另一個肯定的、可供選擇的方式：「不可以，你不能玩爸爸的書，但是你可以看這一本」，或是「你不能清空麥片架，但是你可以清出塑膠收納箱的東西」；不要說「別碰媽媽書桌上的文件」，試著說「那些文件應該放在媽媽的抽屜裡，我們來看看是不是可以把文件放回抽屜，然後關上」。傳達諸如此類訊息來教導經驗，才是雙贏的處理方式——不會發展成非建設性的負面情況。

別忘記寶寶的年齡。同樣的行為舉止規範，不能同時用來要求五歲的孩子（他控制衝動和理性思考的能力處於發展階段）和一歲以下的寶寶（他明顯沒有這方面的能力）；不一樣大的孩子，本就不該以同等的規範來對待。例如，「處罰」這件事就對嬰兒或是蹣跚學步的寶寶沒有效果，因為他們還沒有持續的注意力、記憶或是認知的能力，可以幫他理解「坐那裡，冷靜想想你幹了什麼好事」這樣的罰則。制定規則時，也應該把年齡的限制包括在內；你可以要求五歲的孩童不要干擾你的電話對談（至少大部分時間），或是上床睡覺前收好玩具（跟在一旁提醒他），但是，以此要求任何一歲的嬰兒就不切實際了。符合年齡而設定的限制，可以讓你更能得到期待的順從。你的要求如

打屁股：不可以

讓我們誠實面對吧——為人父母不是一件容易的事，有些時候甚至非常、非常辛苦：有時候你疲累不堪、體力耗盡，有時候小寶寶不斷測試你自我控制的底線，讓你的控制力愈來愈接近爆發點的邊緣。你感覺自己可能會崩潰……而且或許，你會有打小孩的衝動。這種衝動是屬於人性的正常面，但也只有當你認為自己不過是個人類（和你的寶寶一樣）而已時才算正常。尤其在你成長的階段，如果你的父母也使用打屁股的方式來要求你守紀律（你不是也成長得很好嗎？），那更是再自然不過的事了。畢竟，打屁股是由來已久的傳統懲罰方式，更早就在很多家庭裡代代相傳。

但是，幾乎所有的專家都同意：應該是永遠不再使用體罰的時候了。相關研究顯示，打一個小孩（打屁股、打耳光或是其他方式的狠狠揍打）是一種沒有效力的懲罰方式。首先，那是一種攻擊、好鬥的示範，而大部分父母都不希望自己的小寶寶有樣學樣。眾多的研究都已證實，常挨打的小孩更可能使用肢體暴力來對待同儕，最後連自己的小孩也難逃這樣的對待。打屁股的另一種衝擊是：它代表一個強勢的、強大的群體虐待（或欺凌）一個相對柔弱的小衆——你當然不希望哪天會在遊樂場看見你家孩子採用相同的模式。最後，體罰或許能阻止一個孩童不再重複不當的行為，可是他的順從卻是來自對另一個人的處

果超越小寶寶能夠履行的能力範圍，基本上可以預料紀律會失靈。

重複再重複。嬰兒只擁有極其有限的記憶、最短暫的注意力和極低的衝動控制能力，所以，規範你的小寶寶會是一個辛苦的過程——需要一段很長的時間，而且必須一再反覆的過程。你只是希望他不要亂按遙控器？要有心理準備可能得告訴他 100 次——而且每次他去抓時，你都得把它從他手上拿走。你只想告訴他「嘴巴是用來咬食物不是用來咬人」？那也並不意謂以後你就不必老是把他的嘴巴從你的肩膀移開。要有耐性、要堅持而且要有不斷重複告知同樣訊息（「不可以吃狗飼料」）的心理準備，在他逐漸完全理解之前，得持續好幾週或甚至好幾個月每天說上兩三次。而且

罰的恐懼，而不是來自律己能力的發展——畢竟這才是最終目標。除非你打算跟在小寶寶身邊一輩子，他們就必須學會判斷壞的行為和好的行為的差異，而不只是區分出各種行為中哪些會帶來懲罰，哪些則會安然無事。

不要使用體罰或是其他方式的欺凌，最重要的理由是：那會傷害你的寶寶。身體上來說，從重擊或打耳光到更具傷害性的舉動，都是為人父母很容易就跨越得過的界線。以感情上而言，體罰同樣會產生負面的影響，動搖一顆幼小心靈的安全感，有時候會逐漸毀壞父母和小孩之間的親密關係。縱使有一些小懲罰，孩童能不能快樂、健康地而且非常適應地成長嗎？當然——但相較於懲罰，如果你能提出具有說服力的理由，又何必往那個方向走去？

最好的策略是：在家中採取不體罰的原則——就算是處在那些特別難挨的情況之下（眼下的你，還會有更多嚴峻的考驗）。為了獲得最佳效果，與其體罰，不如採取另一種更有效率、更少風險的守紀律策略。

同樣的，這裡要更進一步強調搖晃小寶寶的舉動的風險。許多從不考慮打小孩的父母，搖晃起小寶寶時卻從不猶豫，特別是在憤怒激動的當下。劇烈晃動小寶寶是極危險的舉動，會導致眼睛或腦部承受嚴重的傷害，或甚至死亡。因此，請絕對、而且永遠不要搖晃一個小寶寶。

，就算他明白你的意思了，面對誘惑時手指也可能抵擋不住已經啟動的渴望。不要放棄，不要屈服——但確實要給它時間。

在暴風雨中保持平靜。沒錯，你也是個有脾氣的平常人，而且身為寶寶的父母，他也是個人類，所以某些時候你不免會大發脾氣。但是，請盡最大的努力去調和你的脾氣，因為發怒並不能解決任何問題。一旦怒氣沖沖，你就會失去耐心和正確的判斷力（這兩者是你在規範幼小的孩童時很需要的東西）；你還會塑造一種行為模式，讓自己老是試著約束、遏止你家寶貝（失去控制）的行為，而非總是嘗試鼓勵（練習自我控制）。假如你經常生氣，你甚至可能會嚇到自己的孩子，傷害了他正要浮現的自我感知。

另一個重要的理由可以說明，為什麼不受控制的脾氣是沒有效率的：它無法教導你從錯誤中學習正確的觀念。在氣頭上的高聲尖叫或是打罵，或許可以讓你短時間得到釋放——甚至能夠震懾住你的小寶寶，使他服從——但是對於鼓勵良好行為的長遠目標來說，他並沒有因此往前邁進。事實上，它所提升的感知正好和你的期望完全相反（尖叫者和打人者往往養育出尖叫者和打人者——觀察任何一座遊樂場你就會明白）。

所以，你得盡可能在暴風雨中保持平靜。當小孩子做了某些讓你感到生氣的事時，請在試圖教訓他之前先讓自己冷靜下來一陣子，然後再平靜地回應，簡單地說明你的寶寶是哪裡做錯了，導致的結果會是如何。「你把卡車拿起來丟了。卡車不是用丟的，所以我要拿走這輛卡車。」是一個不錯的典型事例，可以抓住教導的時間點，讓寶寶所做的事與產生的結果產生連結——最棒的是，良好的紀律會藉此一點一滴地發揮效果。更別說，你的表現也才真正像個大人。

但是，因為你也只是個一般人，一定會有幾次踩不住剎車，而讓脾氣失控。只要情緒崩潰的情況發生的次數沒有太多，或是時間沒有持續太久——而且要針對小寶寶的行為，不是寶寶個人——就不會妨礙實際上的教養，或甚至是你的整體常規策略。如果你真的失控了，要記得對寶寶表達歉意：「對不起，我對你吼叫，因為我太生氣了。」給一個安慰的擁抱和和再三保證「我愛你」，會讓你的小寶寶明白，有時候我們會對親愛的人生氣，而這沒關係——那是生而為人的一種天性。

❖有效的規範

面對一個不足週歲的寶寶，你很難想像怎麼開始選擇為他制定的規範，因為他們的年紀甚至都還無法理解規矩，遑論遵守。不過，只要堅守單純和直接，規範就更容易產生效果：

留意寶寶的表現。藉由提醒來要求良好的行為，你就能愈要求愈多。所以呢，你要向寶寶解釋如何好好地翻開書頁（而不是試著撕破它們）；當寶寶把玩具交給你，希望你幫他歸位到架子上面時，要記得說謝謝；當你在摺疊、收納洗好的衣物時，如果寶寶靜靜地在一旁玩玩具，就別吝於稱讚；看到他把撕碎

情緒失控

就算是最慈愛的父母，有時候也會靠發脾氣來取得最大的優勢。但是，假如你無法控制自己的脾氣，導致你在失控狀態中打罵或者搖晃寶寶，譬如一掌打出去了就會接著第二掌，如果下手夠重，而且對準臉、耳朵、頭上打，更足以在孩子身上留下傷痕；或者，假如你使勁痛打的緣由是受了酒精和藥物的影響；那麼，你都應該盡快跟孩子的醫師談談自己的感受和行為，或是找家庭治療師、專業人士幫忙，或是諮詢兒童防護機構裡的人士。雖然你可能還沒有嚴重地傷害到小孩，但是潛在的肢體和情感的傷害已經留下印痕了。在怒氣爆發導致更嚴重的傷害之前，現在是尋求某種專業協助的時候了——即使嚴重的傷害不是來自肢體而是語言的虐待也一樣。

假如你的配偶以怒氣和侵犯行為來表達他的不滿，而你認為對方的行為有潛在地傷害寶寶的身體或情緒的傾向，就得尋找專業人士的協助——馬上求助。

的起士放到嘴裡去，而不是撒在地板上，更要鼓掌喝采。

規範要適當。當寶寶把書架上所有的書都拉下來時，要求他一本一本地拿給你，幫忙你放回原位。假如寶寶把積木丟得到處都是，就先拿走積木、不讓他再玩。如果寶寶咬你的手臂，立刻面對寶寶，用堅定的口吻告訴他：「不可以咬人。你咬我時，爸爸就無法抱你了。」

轉移注意力。一不在你的視線中，大部分的寶寶——特別是年幼的寶寶——馬上就會讓人抓狂；所以，你現在就得制定一種能夠讓他分心他顧、特別巧妙的常規策略。寶寶在前往公園的路途中大發脾氣？轉移他的（幸好是有限度的）注意力到兩隻在樹上嬉戲的松鼠。他朝上漆的松木餐桌椅丟擲物品？馬上讓他換玩不會刮傷桌椅的玩具，像毛絨絨的填充玩具狗。只要能適時轉移注意力，每個人都會是贏家。

利用嚴肅的聲調。當你在告訴你的寶寶不可以做什麼事的時候，話語要聽起來就像那麼一回事。要讓寶寶對你說的話當真，再有力的措辭都需要有力的行為作後盾，也就是要說到做到，而且說的時候不要語帶惡意。拉低你平常的高聲調，以節奏平穩的、活潑的、對寶寶親密的聲音，也就是高一個或兩個八度音的聲音，就能吸引他的注意力，讓他明白你們都在忙碌中——而且房裡還有大人在。口氣堅定但是就事論事——尖叫可能只會嚇到你的寶寶，過多的尖叫聲最後可能只會得到不理不睬的回應。

一笑置之……有時候。在特別情境下感到無可奈何時，幽默確實可以發揮作用——它是一項規範策略，可以用來緩和無數潛在的激烈爭論的場合。要是碰上其他惹你惱怒的情況，例如，當寶寶拒絕讓你穿上雪地裝時，就開明地拿出你的幽默感。不要以尖叫聲抗議或開戰，而是以一些不可預期的愚蠢行為阻止爭端；比如說，你可以把雪衣穿在狗兒身上（或是自己身上），然後假裝那本來就是你想做的事。你所採取的無厘頭行為，很可能會讓寶寶有夠長的時間放下對抗的心思，讓你幫他搭上衣服。那張黏糊糊的臉很需要清理乾淨，但只要提起毛巾，你就知道不可能成功了？那就用好玩有趣的歌謠來說服寶寶（「我們就是這樣洗洗臉，洗洗臉……」），或是用古怪笨拙的現場報導方式（當毛巾猛撲下去而且「鯨吞」滿是果醬的臉頰時，馬上跟著說「你看，清理怪獸來了」），或是在鏡子裡擺出卡通人物模樣的臉，讓他從討厭的舉動中分心。然而，如果情境需要嚴肅的態度來處理，就千萬別讓自己忍俊不住。

16 第十一個月

這個月你可能會有一個胡迪尼寶寶——一個隨時可能從你手中消失的脫逃大師，他會全神貫注於做他不該做的事，而不做他該做的事。對滿十個月大的寶寶而言，再高的護欄、再難開的櫥櫃抽屜都阻止不了他的探索與破壞任務。身為脫逃藝術家，管你是換尿布、放進嬰兒車或嬰兒餐椅中—任何讓他受限的情況下——寶寶隨時都可能掙脫。而伴隨著生理發育大躍進的（少數甚至可能踏出他的第一步），是神奇的語言大突破：會說的字句雖然增加的不多，讓人聽得懂的話卻多很多。在開始認得甚至會指著家庭照的同時，寶寶對書本也產生了更高的興趣。事實上，用手指已成為寶寶做任何事時最喜歡的活動——這是他可以不用嘴巴溝通的方式之一。

哺餵你的寶寶：戒斷奶瓶

如果你問小兒科醫師「寶寶該在什麼時候戒斷奶瓶」，大多數的答案會是一歲以前——而且絕對不要超過十八個月。如果你問父母他們的寶寶真正戒斷奶瓶的時間，大多數會說，呃……比這個晚多了。父母（和寶寶）依賴奶瓶的時間之所以比醫師建議的長，理由可是一大串：為了爸媽的方便，為了讓寶寶舒服，為了減少其他人的麻煩等，再加上父母的疲憊和寶寶的依戀，難怪有數百萬的兩歲、甚至三歲的孩子都放不下奶瓶。

但是，有些與奶瓶相關的資訊是專家要父母注意的：在一歲——或一歲之後愈早愈好——戒斷奶瓶對寶寶是最好的。這有幾個好理由，

寶寶的第十一個月

睡眠。和上個月一樣，你的寶寶現在平均晚上要睡 10~12 小時，白天小睡兩次，每次 1.5~2 小時，總計一天會睡 14 小時左右。有些寶寶會從這時起開始抗拒早上的小睡，如果你的小傢伙有這種傾向，就要注意他晚上有沒有睡夠。

飲食。因為固體食物吃得更多，這個月寶寶的母乳或配方奶會喝得再少一些；隨著愈來愈接近週歲，他一天只需喝上 3~4 次就夠了，總計大約 720CC；如果喝得比這個更多，固體食物的胃口就不大好。你家寶貝一天還要哺餵四次以上的奶水？只要他還吃得下固體食物，你就不必擔心。

你家寶貝這個月一天大概要各吃 ¼~½ 杯的穀物、水果和蔬菜（食量大的寶寶會吃更多），¼~½ 杯（以上）的乳製品、¼~½ 杯（以上）的蛋白質食物，以及 90~120CC 的果汁（想喝就喝）。吃得多一些或少一些都不必擔心，只要寶寶的體重增加很正常，健康又快樂，你就不必花費心力計量他的飲食。

遊戲。積木、堆疊類的玩具、拼圖、遊戲小釘板（peg boards）、串珠架（bead mazes）、活動方塊，以及其他可以強化手眼協調的玩具，都很適合剛剛跨過十個月門檻的寶寶。另外，兒童用的籃球和籃框也是加強手眼協調與身體發育的好玩具（雖然你家寶貝現在還不大會灌籃）；說到身體發育，你還得時時在寶寶身邊置放可以推著走的玩具，鼓勵他學站學走。角色扮演遊戲——尤其是可以讓他摸仿爸爸媽媽的迷你模型（比如玩具電話或鑰匙）——更會是你家寶貝很愛玩的東西。此外，可以增加肌肉發育的玩具還包括：玩具鍵琴、木琴、鑼鼓、鈴鼓、腕鈴和節奏棒；也別忘了為你的小小創作家提供許多粉蠟筆、可水洗馬克筆，以及可以讓他塗鴉的白板。但是，要注意這些東西的成分有沒有毒性，因為除了在紙、板上塗畫之外，寶寶恐怕更常放進嘴裡。

首先，一如所有童年時期的依戀物件（如安撫奶嘴、有人搖才能入睡等），老習慣最難改；而且習慣（和寶寶）愈老，要戒掉它們就愈難。比起要從一個意志堅定的兩歲孩子手中搶下奶瓶，讓一個一歲的寶寶戒斷奶瓶要容易太多了。

其次，大一點的寶寶吃奶瓶，很可能會造成牙齒的傷害。小寶寶通常是在爸媽的懷抱中吃奶，一個有移動能力的幼兒卻會帶著他的奶瓶到處走，這種邊走邊喝、隨時在喝的方式，讓寶寶的牙齒整天泡在牛奶或果汁裡，容易導致蛀牙；同樣地，抱著奶瓶入睡、夜裡時不時吸吮幾下或一大早就抱著奶瓶睡去也都會有這種後遺症。週歲之後再抱著奶瓶邊喝邊入睡（或者躺在床上用奶瓶喝奶），還有另一個風險：可能因此染患耳疾。

最後，用奶瓶喝奶或果汁的寶寶往往會喝過頭，也就是吃了太多的液體食物、太少的固體食物。這不僅讓他們成為挑食者（想想看他們一肚子的果汁和奶水，你就不會意外了），更容易因此導致缺乏一些重要的養分；如果奶瓶裝的是果汁——尤其是蘋果汁——寶寶很可能最後會罹患慢性腹瀉。

如果這還不能說服你在這一兩個月內讓寶寶改用杯子，想想以下缺點：拿著奶瓶走到哪喝到哪的幼兒，只有一隻手供他遊戲和探索——而且嘴巴也常常滿到說不了話。

如果你的寶寶尚未使用杯子，參見 444 頁的小提示，它會告訴你如何開始。要讓寶寶全然放棄奶瓶、改用杯子喝的挑戰可能大一些，遵循以下的建議，能讓你的寶寶從奶瓶轉換到杯子的過程平順一些：

拿捏好時機。雖然你最好別期望寶寶週歲前就能戒除奶瓶，但還是得及早開始，而且要抓對時機。別在寶寶不舒服、非常疲倦或很餓的時候戒奶瓶，一個正在鬧脾氣的寶寶可不會讓你的企圖輕易得逞。在歷經巨大的轉變、更換保母或其他壓力較大的時刻，也要等寶寶安定下來之後再打算。同樣地，如果寶寶還不大能用杯子，也別急著要他立刻戒斷奶瓶，在他熟習杯子的使用前還是得讓他有個奶瓶——要不然寶寶就什麼都沒得喝了。

慢慢來。毫不妥協的立刻戒斷奶瓶，應該是用來對待較大幼兒或學前兒童的技巧，對你的小寶寶最好的方式是：階段式的將奶瓶轉換至杯子。有好幾種方法可供你採行：

- 先用杯子代替奶瓶餵一頓奶，隔

個幾天或一週再餵一次。中午那一餐可能容易些，早餐或晚餐通常沒那麼容易戒斷——如果你家寶貝已經習慣在午睡前喝上一瓶的話；要是睡前也有同樣的習慣，那就更急不得了。

- 倒入奶瓶的奶量（一歲以下是配方奶，一歲以上才用牛奶）減少一些，等寶寶喝完奶瓶後用杯子接著餵。逐漸減少奶瓶中的牛奶，並增加杯子中的。
- 奶瓶只用來裝水，在每次進食的一開始給他，牛奶或果汁等則倒在杯中；這樣一來，你的寶寶就可能會覺得奶瓶不再有什麼價值了。不過，要確認寶寶攝取了足夠的牛奶或來自其他食物的鈣質（比如讓他多吃起士或優酪乳）。

讓寶寶看不到奶瓶。眼不見，心不想——希望如此。把它藏在櫥櫃裡或在高架上，一旦決定讓寶寶徹底戒斷時就扔掉奶瓶。在此同時，要讓寶寶在屋子裡可以隨處——冰箱裡、廚房流理檯上或餐桌上——看到他的杯子。

引起寶寶的興趣。給寶寶色彩鮮豔、有他喜歡的圖案或可以看到液體晃動的透明杯子，任何可以激起他的興趣、讓他想拿來用的都好。

準備好迎接一場混戰。除非你是使用防濺的鴨嘴杯（不應太常用），否則可以預期的是，在寶寶能好好掌控他的杯子之前，溼漉漉的意外會常常發生。讓你的寶寶親身體驗前，要先用報紙、圍裙或毛巾護著地板、牆壁和你自己。別為了結束這場混亂而拿開杯子或自己拿杯子餵寶寶；奶瓶是由寶寶掌控的，杯子也應如此。

期望少一點。意思是寶寶在戒斷期間對配方奶或牛奶的攝取量會減少；一旦他對使用杯子喝東西習慣之後，進食量自然會增加。記得，寶寶長到週歲以後就不再需要那麼多配方奶了（大約只需要 480~720 CC），所以週歲臨屆時是戒除奶瓶的最佳時刻。

動作示範。這個年紀的寶寶喜歡模仿大人（特別是他們愛的大人），好好利用這一點，和寶寶一同拿起杯子喝水（或找哥哥姊姊示範）。

正面的鼓勵。每一次寶寶使用杯子時，就給他積極的回應：在他拿杯子時（即使沒喝）鼓個掌，啜一口時大聲歡呼。

要有耐心。一如羅馬，戒斷奶瓶不是一天造成的，兩三週、甚至一兩

個月都屬常見。起初幾天總是最難熬的，但就像其他的養育課題，多一點的耐心，一段時間之後轉換就會變得平順許多。如果因為寶寶對奶瓶的依戀太深而需要花更長的時間，請不要放棄，只要能達到目標，花再多時間都沒關係。

多一點愛。對許多寶寶而言，奶瓶供應的除了營養，還有安適感。在減少寶寶使用奶瓶的同時，你要給他更多的擁抱、更多的遊戲、更長的睡前故事時間，以及多一個填充娃娃，讓他感覺到安全與舒適。

你會擔心的各種狀況

❖青蛙腿（O型腿）

我女兒正開始學步，但是，她看起來竟是嚴重的O型腿。

兩歲之前的O型腿，四歲時的A型腿（膝蓋能併攏，然而腳踝卻分開），幾乎所有的小孩都是如此過來的。直到十幾歲，兩條腿才能發育得逐漸正常筆直。不需要特殊的鞋子或矯正器，在寶寶正常發育的情況下，這些東西也沒作用。

少數情況之下，醫師會發現真正的異常腿型；也許只有一條腿呈彎曲，也許是在寶寶學步後O型腿的狀況更惡化。或者，當家族中有O型或A型腿的前例，那麼寶寶可能應該再做一些測試，由小兒科或骨外科醫師做都好。是否須進一步治療則視情況而定。值得慶幸的一點是：昔日曾為永久性青蛙腿成因的佝僂病，在今天已經幾乎銷聲匿跡；這要歸功於富含維生素D的乳類製品、嬰兒奶粉以及母乳。

❖跌倒

從我兒子開始會走會爬的那一天起，我就天天膽戰心驚；因為他時常被自己的腳絆倒，額頭撞到桌角，或是把椅子弄翻……

有許多父母相信他們或者孩子都熬不過這個階段：動不動就嘴角裂傷、眼睛瘀青，以及數不清的大包小包，簡直要讓做父母的嚇出心臟病來。

然而寶寶卻毫無懼色：有些會很快地學會小心，在第一次弄倒小茶几之後，可能會歇個兩天，下一次開始會相當謹慎；另外一群更是大無畏，他們不懂小心，不知害怕，也不怕痛；茶几倒了十次，他們仍會嘗試第十一次。

學步的過程是由一堆嘗試與錯誤

串起的——更正確的說，是不斷的跨出去和跌倒。在這當中，你所該做的是確保孩子跌倒時不至於受到太大的傷害，而絕非緊張兮兮地處處施以干擾，阻礙他的學習。撞到一張桌子的圓角也許很痛，但不會像撞到銳角一樣血流滿面；因此，你的工作是盡力營造一個安全的環境，讓寶寶無虞地活動（參見 415 頁）。還有，無論屋內看來多麼不危險，你仍是能保障安全的第一要角，所以，一方面不要干涉他的嘗試，一方面絕對要有大人在一旁照顧其安全。

儘管如此，事情仍可能有萬一。所以你必須知道發生意外時所須採取的步驟，早點學會嬰兒心肺復甦術及急救程序。

父母過度緊張，會使孩子的反應也變得誇張。如果每次跌倒都馬上有大人趕來身邊連聲地問：「有沒有事？疼不疼啊？」這個小兵丁沒多久大概就變得相當脆弱——明明不很痛偏偏哭得十分慘烈，並且比較可能怯於再做其他方面的嘗試。相反地，倘若父母的反應只是平靜地說：「喔，跌倒了啊？沒事沒事，站起來就好啦。」那麼，你的寶寶大概就會成為一個獨立堅強、跌倒馬上會自己再站起來的小勇士。

❖學步鞋

我們的女兒剛剛開始學步，此時她需要什麼樣的鞋子？

對初學走路的嬰孩而言，最好的鞋子是——不要穿。醫師發現：手和腳都一樣，在沒有掩蓋限制的裸露情況之下發育得最好；赤腳走路能幫助腳底弧度的出現，以及加強足踝的力量。另外，就如同寶寶的雙手在暖天不需要戴手套，他的腳在室內和安全的戶外地面也毋需穿鞋——除非地面很冰冷。即使是走在不平穩的表面，比如沙堆，也有益鍛鍊其肌肉。

但為了安全、衛生（你當然不希望他踩到碎玻璃或狗大便）以及美觀的理由，幾乎每次外出時，你的寶寶還是需要一雙鞋，參加特殊場合也是。盡量從下列條件去考量，挑選出最接近不穿鞋狀態的鞋子：

合腳。最理想的鞋是「剛剛好」，太大可能會容易掉或害寶寶摔倒，太小會磨腳或限制活動。檢查寬度的方法是：用手去捏鞋子最寬部分，如果捏得起一點點，表示寬度可以；如果可捏起來一大塊，那就太寬了；反之，一點點都捏不起來表示太窄，也不好。長度方面，你可

以用大拇指壓鞋尖，看寶寶的腳趾頭和鞋尖的空隙有多少，如果約有一個拇指的寬度（差不多 1.2 公分）則最為理想。腳跟部分也該留有一點點餘裕。當你看見寶寶脫下鞋後，趾頭或腳有發紅現象，也是一個不合腳的訊號。

重量輕。對學步兒來說，要往前跨出連續的步伐可不是件輕鬆的事，過重的鞋子會讓寶寶的每一步變成更大的挑戰，所以請盡量選擇比較輕的材質：軟皮、帆布或棉布都適合。

伸縮性強的鞋底。這種鞋最不妨礙腳本身的動作。很多醫師推崇運動鞋的伸縮彈性，而某些則相信傳統的學步鞋更具柔軟性，寶寶也比較不易摔倒。在做決定之前，可以先請教你的小兒科醫師，或在店裡盡量測試一下。

平口鞋。不要為小寶寶挑高筒鞋，大部分的學者專家都認為它們局限範圍大，並且有礙足踝運動。如果寶寶尚未開始學走路，更不要買高筒鞋給他。

襯墊。鞋子必須提供堅固的支撐，但是腳跟及腳踝的部位需要有防磨墊、跟鞋面也要有舒適的襯墊。

安全固定。無論鞋子是用魔鬼氈、扣帶或是鞋帶固定，都要注意是方便你幫寶寶穿脫，又不會輕易滑落的。懶人鞋可能很容易穿，但也要小心容易掉。

價格合理。鞋子製造出來就是給人穿的，不能保證永遠不壞。更何況寶寶每三個月就會長到鞋子穿不下了。

另外也請記得一雙好鞋還須有好襪相配，襪子就跟鞋子一樣，必須合腳、材質透氣（例如棉質襪）。太緊的有礙足部成長；太大則會造成皺褶，引起不適。如果脫下襪子會留下一圈痕跡在腿上，那就表示你該給寶寶換大一號的襪子了。

第十一個月

❖還站不起來

雖然不斷地嘗試了一段時間，我女兒仍站不起來。我真怕她發育不正常。

對寶寶而言，生活是一連串體能上（以及智能上、情緒上）的挑戰。大人視為理所當然的一些動作，在在是他們需要費相當力氣才能克服完成的障礙，例如翻身、坐起來，以及站立。

不同的寶寶學會站立的時間可能

隔得很遠。有些寶寶五個月大便可站立，有些則要到一歲多，大部分落在這之間。寶寶的體重也是個影響因素，太重的小孩比較不容易站起來；但若是四肢強壯、協調性很好的話，即使重上一截也可以站得很好。一個成天放在推車、躺椅或遊戲圍欄中的小孩，沒什麼機會練習站立；周圍的家具很不牢靠或寶寶的鞋襪太滑溜，都有可能對他的學習站立產生障礙。為了鼓勵他，你可以在稍高的位置擺上他心愛的玩具，吸引他直起身子去拿。另一方面，也可以常常扶著寶寶讓他站在你的大腿上，這對建立他的信心頗有正面效益。

一般幼兒會站起身來的平均年齡是九個月大；大多數在十二個月以前都能完成這個里程碑，但並非全部。當然，為求心安，你的孩子若在一歲時還不能站，就帶去給醫師看一下。而目前呢，你大可安心地等你的女兒按她自己的時間或站或走。擁有這種尊重，小孩通常會獲得自信；相反的，你若是強迫孩子，她可能不進反退。

❖牙齒的損傷

我兒子跌倒後摔掉了一顆牙，我該帶他去看牙醫嗎？

那些珍珠般可愛的小牙齒終究有一天會脫落，讓位給恆齒的，有那麼一點損傷並無大礙，只要想想一天中這個小學步兒會跌倒多少次，你就知道它有多常見了。然而，如果你不是只為了美觀，確認一下寶寶是否有問題倒是個好主意。首先，快速檢查一下寶寶的牙齒，如果留有銳緣，一有機會就給牙醫打個電話，他可能會把銳牙磨平或套個塑膠牙套。如果寶寶似乎覺得痛（即使是在幾天後）、牙齒錯位或受到感染，或是你發現受損的牙齒中間有粉紅色斑點，更要立刻打電話給牙醫，因為以上的任何一種症狀，都表示碎片已經壓迫到神經了。在這種情況下，牙醫會在照過 X 光之後決定是否要拔牙或做嬰兒的根管治療。如果不加以治療，任何牙神經受傷的狀況都會損及在寶寶口中已經成型的恆齒。無論如何，試著微笑面對吧——在寶寶成長的路途上各種撞擊還多著呢！

❖成長忽快忽慢

小兒科醫師告訴我：我兒子的身高由原來所在的第 90 百分位降到現在的第 50 百分位。她說這並不

足為慮，但我仍很擔心是有什麼因素影響了寶寶的發育。

當醫師評估小孩的發育狀況時，他看的絕不只是他在身高體重曲線圖的位置而已。他會綜合觀察，例如：身高與體重的成長幅度是否一致？寶寶通過發育里程碑（如：坐直、站立等）的時間是否正常？孩子看來是否愉悅？和母親的關係良好與否？毛髮皮膚夠不夠健康？即使圖表上的記錄有些明顯往下，聽起來醫師都很像十分滿意寶寶往上提升的的成長和發展。

大部分看來好像突然出現的成長變化，都只是判斷錯誤的結果——可能是上次看診時間測得的結果，或是那次的前一次。寶寶通常是躺著測量身高，當身體扭動時很容易弄混了結果；而當孩子漸漸可以立起身子來測量時，也許實際上會很明顯地在高度上掉個幾公分，因為當他站立時骨頭會下沉一些（更別說，要一個學步兒挺胸站直，為了精確的讀數保持不動的姿勢本來就很不容易）。

寶寶在這種時間點的成長變快的另一個尋常原因，是天生繼承了體型高大的一方的血統，或是他剛開始成長快速，一旦愈來愈接近天生注定的體型大小階段時，成長速度就緩慢下來。如果雙親長得都不高大，就不要期待你的兒子可以達到第 90 百分位——大自然本來就沒有這個打算。然而，身高並不是繼承自單方的基因，所以如果寶寶有 180 公分高的爸爸和 150 公分高的媽媽，成年以後會與其中一方有同樣的身高比例（或者比另一方高些或矮些），而且更有可能最後的高度是居於兩者之間。無論如何，一般而言，每一代都會比上一代長得略高一些。

除非有某種理由（除了身高的落差），讓你相信小孩的成長與發展出了問題，否則你應該信任醫師的看法。如果你心裡老覺得不安有所掛慮，就尋求更多的保證和肯定。

輕傷難免

就算家裡的安全防範無微不至，隨時都有人盯著寶寶的一舉一動，輕微的傷害（撞到桌角、膝蓋磨搓、鼻青唇腫）還是在所難免；大多只是親他兩下就可以安撫的小傷小痛，但有些不只需要小心觀察、照料，偶爾還得送醫治療。相關的照護與治療，請參閱 641 頁起的第 20 章。

聰明的點心吃法

由於電視迷長期以來總是懶散地坐在沙發上吃馬鈴薯片，毫無自覺地吃進一堆熱量（而且千方百計不讓媽媽覺得那會破壞晚餐的胃口），點心當然早就備受批評，也就是說，讓我們有很好的理由……總而言之啦，我們總得找出個反對一頭栽進多力多滋（零食業巨人）大袋子裡的好理由。但是，在正確的時間吃正確的點心其實是很明智的，特別是對你可愛的小寶寶而言，只要你別忘了：

巧妙地安排規定。媽媽對點心的看法是對的：點心的時間愈靠近用餐時間，愈會影響寶寶正餐的食慾。所以你要在兩餐之間安排點心，以避免胃口被攪亂到一團糟。

別讓寶寶不停地吃。點心不離口地吃一整天——又叫做「放牧」——對一頭小羊來說不是問題，但是對你那位小小人兒來說就不是件好事了。想知道為什麼嗎？不停地吃點心可能會：

- 引發牙齒的問題。嘴巴老是塞滿食物，表示口腔很適合腐蝕牙齒細菌的繁殖；就算是健康的零食（像是全麥餅乾和優格餅）裡，也會有細菌喜愛享用的糖分，讓你的牙齒保健計畫功虧一簣。
- 讓寶寶體重減輕。當然了，你的寶寶會有好多年不用當心腰圍的問題（那是件好事——圓滾滾的肚子對幼兒來說是標準條件）。但是，如果小寶寶老是吃個不停，是學不會調節食慾的（肚子餓的時候才吃，感覺飽了就停止進食，又餓了就再吃）。嘴巴裡老是有東西，長大以後可能會出現腰圍的困擾。
- 講話速度放慢。有過嘴巴塞得滿滿

❖吃點心

我的寶寶好像整天都想吃東西。多少量的點心對他有好處呢？

點心是有害的嗎？沒那麼嚴重。適度的點心，對一日三餐的孩童扮演著重要的支持角色。以下就是理由：

點心是一種經驗學習。用餐時間寶寶表現得如何？通常是，從碗裡一匙匙的餵。吃點心的時候，他咀嚼的情形如何？用他胖嘟嘟的手指，拿起一塊香蕉或是一片薄脆餅乾或的還開口說話的經驗嗎？這不但不禮貌，也不雅觀——此外，它還讓別人很難理解你要表達的意思。小嬰孩每天清醒的時刻，幾乎都在體驗新的聲音，要是嘴裡永遠塞滿東西，會阻礙他寶貴的言語練習。

- 限制寶寶的遊戲形態。手中老是握著零食（比如吸管杯或奶瓶），一定會妨礙遊戲和探險的活動……要是寶寶還是雙手並用的零食愛好者，那就更糟糕了。手拿著餅乾匍匐前進或四處遊逛？肯定很不容易。

有正當理由才吃。吃點心這件事，總有好的理由和沒那麼正當的理由。如果寶寶只是感到無聊，要避免提供他點心（拿玩具來轉移他的注意力，不是用泡芙）；同樣地，受傷時（以擁抱或是唱歌撫慰他，不是用吸管杯的飲料）或完成了一件值得鼓勵的事（來個拳頭碰以示鼓勵，而不是滿手的餅乾糖果）時，也別總是給他點心。

安全地吃點心。要像用餐一樣，嚴肅地看待吃點心這件事。吃點心的時候，寶寶要坐著，最好是坐在高腳的嬰兒椅上。怎麼說呢？這樣比較安全（寶寶躺著吃東西，或是邊吃邊到處爬或走動，就會很容易噎到），可以教導餐桌禮儀（餐桌總是最好的學習地點），而且對你來說也比較輕鬆（你會發現，這一來沙發上沒有碎屑，地毯上沒有不小心潑灑出來的漬痕）。當然，如果你出門在外，到了吃點心的時候，剛好寶寶在嬰兒車裡或汽車安全座椅上，你也可以直接就在那兒讓他吃點點心，卻別給你那愛吃點心的小寶寶一個觀念，認為點心是他待在那個狹窄空間裡的一種補償——接受嬰兒推車或汽車安全座椅的束縛，不應該和帶上餅乾和吸管杯飲料劃上等號。

是泡芙，想辦法自己操控、送進嘴巴裡——想想他的嘴巴有多小，協調性都還沒開發，你就知道這可不是一件簡單的事情。

點心填補空隙。寶寶的胃很小，很容易填滿也很快就會空了，表示他們在兩餐之間無法維持太長時間。點心會填滿這個小容器，維持血糖平衡，而且當固體變成寶寶的主要食品，營養的缺口就會由此補足。

點心讓寶寶暫且休息。戲耍是寶寶的工作，就像也有工作的大人一樣，在工作日期間孩子也需要偶爾休息一下。點心提供一個短暫的休息時間——回到工作崗位之前，有機會開心地享受奶酪和餅乾。

點心讓他得到品質更好的睡眠。在（希望是）漫長的夜晚裡，血糖可能降低——也可能確實會減少寶寶應有的睡眠長度。將正當的點心時間排進睡眠常規，可以幫助小朋友很快的穩定下來，而且保持比較長久的平靜狀態。在小睡之前給予正確的點心，也能夠得到相同的效果——會讓你的小寶寶醒來時感覺更精力充沛，而且比較不會哭鬧。

點心提供口腔的滿足。嬰兒是十足的口腔取向——手上一抓到東西就往嘴裡塞，對他來說是再自然不過的事。點心給他們一個樂於接受的機會，可以自己把東西放進嘴巴裡，不需要吃下從父母手中撈出來的東西。

點心為寶寶必將到來的斷奶做好準備。寶寶何時斷奶？你得未雨綢繆——不管是在週歲前戒斷奶瓶，或是週歲後的某個時點結束哺乳。養成吃點心的習慣之後，可以在後來的大躍進裡幫助你的小寶寶，讓他幾乎可以無縫接軌（現在的睡前小點心可以補充睡前餐，往後再以固體食物取代）。

你的目標，要擺在讓寶寶早上吃一次點心，下午一次，而且（如果你認為寶寶需要——不是每個都有需要）直到睡前才再吃一次。你可以把一天最後一次的點心時間制定為睡前的日常行事，但一定要安排在刷牙時間之前。

❖分離憂慮與日俱增

以前我們把寶寶留給保母時，他似乎從來不會給保母帶來什麼麻煩；但是，現在每次我們才剛要走出大門時，他就開始哭鬧不休。

分離的焦慮會影響大部分的嬰兒和學步期小孩的情緒，有些寶寶的感受尤其更是強烈，更多寶寶不會那麼強烈……但也會深受影響。這就表示，當與父母分離的時刻來臨時，你們的缺席不只會加深這種情緒，他的哀號聲也會愈來愈淒厲。

雖然看起來你的小寶寶是退步了——畢竟，以前你的來來去去從來沒有讓他感到困擾——但事實是，分離的焦慮是他成熟的一個象徵。首先，他變得更獨立了，卻也學會了情感上的牽絆……對你。當他用兩隻腳（或是以兩隻手和膝蓋）去探索這個世界時，只要一覺得需要你，他很安心地明白你離他只有幾步之遙；什麼時候他要與你分開（當他從遊戲室或是遊樂場的這一端到另一端去探險時），那是他訂的規則，他說了才算數。現在，你卻是要離開的那個人，而他是被留下來的——分離焦慮之門由此開啟。

其次，現在的他已經能夠理解這複雜的（就一個嬰兒來說）物體恆存性的概念——當某個人或是某個物件看不見了，並不就表示消失。當他還小的時候，你離開了他不會想念你——沒在他的視線中，就表示你不在他的心思中。現在，當你沒有出現在他的視線裡時，卻還是確實地存在於他的心裡——表示他會想念你。而且因為他尚未理解更複雜的時間概念，所以他不知道你什麼時候、或甚至會不會回來，這也讓他增添更多焦慮。

增強的記憶力——另一個愈來愈趨向成熟的跡象——也同時扮演著舉足輕重的角色。你的寶寶現在已經可以明白，當你穿上外套對他說「Bye-Bye」時代表的是什麼意思。他現在能夠預見，只要你一走出大門，就會消失一段時間。就算寶寶不常被留下跟保母一起（而且總是很快就看到父母回來），他還是會懷疑你是否每一次都會回來。這種懷疑會不斷地轉化為更大的焦慮。

雖然早在七個月大左右，有些寶寶就會表現出分離焦慮的跡象，但大部分寶寶這種情緒的尖峰期，通常是在十一到十八個月之間。從孩童發展的各方面來看，分離焦慮出現的時間點很不一致；有些小嬰兒永遠體會不到，而有些則是更晚時候——大概三到四歲左右——才開始會對分離感到焦慮不安。有些寶寶的這種情緒只會延續幾個月，其他寶寶則可能會長達好幾年，有的是持續狀態的焦慮，有的是斷斷續續、時有時無。特定的生活壓力，像是搬家、新增的弟妹、新來的保母，或甚至是家中的緊張氣氛，都可能引發首度的分離焦慮，或是前所未見的情緒發作……也可能是一步步地往上拉高。

分離焦慮最常見的打擊，是你把孩子交到別人手上，轉身離去——你早上出門上班、下午外出，或是白天把孩子交給托嬰中心。但是它也可能發生在夜晚，你讓孩子上床睡覺時（參考下一個問題）。無論是什麼促發了這種情緒，症狀都是一樣的：他是在對你表達愛的聲明（以超級寶寶的臂膀和可愛的手指，和讓人難以抵禦的魅力），只有你才能讓他止住哭號，明白表示其他任何人都做不到；簡單地說，他是在使出所有懂得的招數好讓你走不出家門，他的每一個舉動，都是要讓你在離開他時感到愧疚和壓力重重——有時你甚至會因而放棄外出。

然而，即使你覺得很不安（而且看起來寶寶比你還難過），分離焦慮也還是寶寶成長中不得不然的必要經歷，就和他總得學習走路和說話一樣正常（雖然相較之下沒那麼不可避免）；現在就幫他學習克服這方面的焦慮，總比未來再面對要好得多（特別是分離變得更有挑戰性時……比如第一天進幼兒園）。

在你把他留在家裡、自己走出家門之前，如果能遵循以下的步驟，就可以減緩寶寶的分離焦慮：

- 選個可以應對這種焦慮的保母。留下寶寶之前，要確認你找來的保母不只擁有相關證照，可靠，有經驗，而且一旦你關上前門後，不管寶寶的表現有多歇斯底里，保母都不但熟悉寶寶的這種分離焦慮，而且有同理心；不過，在真正把寶寶交給保母之前，你要先用只離開一小段時間——比如一小時左右——來測試保母的安撫能力。
- 不要保母一來就離開。必須把寶寶交託給保母時，要讓保母提前15分鐘來到，好讓寶寶能在你就在身邊時和保母混熟（和保母一起玩積木、玩具，和泰迪熊玩家家酒）。但要記得，就算你還在家裡，你的寶寶也可能會拒絕搭理保母（即便他是一個很熟的人……比如說外婆）；畢竟他會覺得，如果同意和保母一起戲耍，就可能意味著他默許被你留下和她在一起。這一點倒不用擔憂——一旦你出了門，他幾乎可以確定就願意加入大夥兒之中。
- 解除焦慮的啟動裝置。你可能已經注意到了，當寶寶疲憊或是飢餓時，也就是他能夠一瞬間就被融化的好時機；所以，最好試著在他剛剛小睡過或是餵食過後再離開。寶寶因為感冒或是長乳牙而哭鬧沮喪時，這些因素會讓你的離去變得更加痛苦——所以，在你離去前和回來後，都要多給寶寶一些會讓他感到額外安慰的鼓勵；當你不在的時候，也得要求保母多給一些。
- 不要從後門偷溜出去。當然，入夜後寶寶看來好像睡著了，或者是小寐未醒之前，還是剛好他沒注意到你，這種時候離開確實比較輕鬆——但這樣的策略會很快就適得其反，讓寶寶更加焦。突然發現你不見了（或醒來時發現你不在家），他可能會驚慌——短期來看或許只是一場哭鬧，長期而言卻是信任的危機。這一次你或許能避開這樣的場面——但下一次就可能會出現你想像不到的、力道強得多的場面。而且，因為害怕你可能隨時不聲不響地離開，就算你人就在他旁邊，他也會變得比以前更黏人。除非事出突然、你必須在他睡覺的時候離去，都要避免悄悄離開。

- 要認真地看待寶寶的焦慮，但是不要太過嚴肅。分離的焦慮既是正常現象，也有適齡性，而且對寶寶來說那種情境更是真實的，所以不可一笑置之或視而不見，更絕對不要為此大發脾氣。你必須承認且接受他的感受——讓他明白你接受他的沮喪難過——然後很平靜而且慈愛地對他再三保證你很快就回來。你得保證你會遵守約定——讓他明白你對他的眼淚和焦慮都能感同身受。畢竟，你不想讓他感覺到你的離開確實需要擔憂。
- 讓他知道你什麼時候會回來。你的寶寶絕不是個不斷看錶的人（時間的流逝對他而言沒什麼意義），但是，現在就開始對她植入時間概念也不壞，讓他最終可以理解：「你小睡後我就會回來」或「你吃晚餐時我就會回來」，或是「你醒來時我就回來了」。
- 從一個令人愉悅的傳統道別開始。「待會兒見，小虎……就一下子喔，小虎」是一個很古老但也很受尊重的用法，讓你的小寶寶可以因此對你的離去和歸來產生聯想。除了面帶微笑、快速的擁抱和一個親吻的道別，你還可以加進其他的小舉動：出門時回頭送他一個飛吻（寶寶很快就學會回送你一個飛吻），做法獨特的揮手示意；要是你們之間隔著窗戶，就讓保母抱著寶寶站在窗邊，如此一來你就可以在窗外向他揮手。
- 一旦到了你得離開的時間，就走。要讓這部分的過程既短又甜蜜——而且不會變來變去。重複出現在門口（在家時就仔細檢查再檢查，確保你的皮包和車鑰匙都帶上了，就不用再為此回進家門），會使得你的離去讓大夥兒都更難處理——尤其是你的寶寶，除非他確信你真的已經離開，否

扮演藍隊、粉紅隊……或是保持中立？

寶寶的架子上排滿了各式各樣的玩具，從洋娃娃到牽引車，以及兩者之外的其他東西——換句話說，性別徵兆比較中性的東西。那麼，為什麼你的小女兒會老是伸手去拿娃娃，或者你的小兒子會毫不考慮就抓著車子玩？

父母親的不安，以及很想打破過時的性別刻板印象不難理解，可是，有時醫院裡的護士似乎很明顯地都用藍色或粉紅色的布娃娃來搭配寶寶的性別。雖然每一個孩子都存在很多明顯的個體差異，也有許多重疊的部分，但有些小寶寶就像天生就不屬於藍隊或粉紅隊。總的來說，由於在子宮裡接觸不同的荷爾蒙，男孩和女孩往往嬰兒期就呈現發展差異；從一出生開始，女孩兒（總體來說）對人和臉孔比男孩兒展現更多興趣，很可能這就是為什麼，小女孩基本上更喜歡玩洋娃娃的原因之一。

從另一個角度來看，男孩子天生肌肉就比較發達，這可能是為什麼他們（總體來說）有更多體力上的活動，而且或許身體方面的增長會比女孩更快速的理由。在男孩的成長過程中，他們也都很典型地擅長——傾向於學習——充分利用自身機械和空間技能的活動，像是玩積木、翻轉開關和按鈕操作。儘管男孩也可能很想努力讓自己像女孩一樣臉上常保笑容，然而，某種程度上男孩還是傾向較不著重臉部表情、而更聚焦在實體物件上。

則他就不會安定下來。

要知道，分離的焦慮並不會永久持續——不過，可能要到你的小寶寶不再需要緊緊依附人類之前一年（也可能更早）。不用多久，你的小寶寶就會從你那兒學得不費力而且不帶痛苦的分離；對你而言，說不定還會覺得有點過於輕鬆而且不帶傷感。有一天，你的青少年孩子上學去時，可能只會含糊地給你一句「Bye」和（如果你婉言相求）一個不怎麼熱情的擁抱；那時候，你就會很懷念當初那些怎樣都無法從你的腿上掰開小手指和小手臂的時光。

❖就寢時間的分離焦慮

我們的寶寶一向容易入眠，而且一覺到天亮。可是突然間他會黏著我們，而且一把他放到床上就開始男孩和女孩如何展現自我、在不一樣的事情上運用能力，天性肯定在其間扮演了某種角色，也一直都被認定有相當程度的貢獻——也因此，在人們想辦法擺脫的當下，那些社會的「準則」總能長久存在。即便懷抱著最大的善意和刻意的努力來照顧孩子，以保持性別中立，為人父母的，可能還是會不經意地選擇了基於長久以來對粉紅和藍色認知的某一邊——嬰兒室內顏色的安排等等。爸媽倆，都會傾向於對小女娃兒多說話，至少比對男寶寶來得更頻繁；強化女孩所擁有的任何生物學上的本質，著重於社交能力的發展。在提供溫柔慰藉方面，父母或許對小女孩做起來更自在，提供的滋養也可能更甚於對待一個小男孩。男孩子可能因此在慰藉方面吃了點虧，但是在打打鬧鬧的事情上，所得到的樂趣可比女孩們多著呢！

這絕對不表示，你的小寶寶從一出生就得被性別模式化，注定扮演積極活躍的藍隊，或是善於社交的粉紅隊。很多嬰兒從一開始就對性別的傾向逆勢而進——而且顯而易見，所以，你既應該鼓勵他們以最喜愛的顏色來裝扮自己的世界（粉紅色、藍色或是某種介於兩者之間的獨特顏色），更不表示你得放棄嘗試打破那些過時的粉紅和藍色模式。讓寶寶的玩具箱裝滿娃娃、卡車、球類、娃娃車、積木、蠟筆是一個很好的開始——同樣地，你既應該滿足男孩兒在話語和情緒方面的不足，也要關注女孩兒體能上的需要。

哭鬧——也會在半夜醒來啼哭。

分離焦慮這個白天經常出現的麻煩精，也會在夜晚蹦出來——對某些寶寶來說，晚上的焦慮感更會比白天強烈得多。這其實沒啥好大驚小怪的，畢竟，一旦處於半夜的分離情境（如果寶寶睡在自己的嬰兒床，而且是在自己的房間），那就表示不只是被留下，而且是孤單地留下……更經常出現在黑夜裡（哈囉，討厭鬼）。一如白天的分離焦慮，夜晚時大駕光臨的種種情緒也都是正常且適齡的表現；雖然不是每個孩子入睡前都會伴隨這樣的情緒，但就某個程度來說，大部分的孩子睡下時的確多少都是如此。焦慮感也有相同的激發因素：你的寶寶增進了他的記憶、他的獨立性和機動性、他日趨成熟的感官和其他種種（從嬰兒期開始，他就已經能夠相當程度地意識到），而且在這同時，他的成熟度偏偏又還不夠（還在對外在的世界和自己所處的境地進行分類整理）。

如果你與小寶寶同睡，那麼，沒有分開就表示不會有分離焦慮……也沒有什麼問題會出現（這是說，除非你預期小孩子會在剛入夜、而且沒有你陪伴時就可以自己入睡）。但是，如果你決意讓他自己睡，就要想辦法找出一些方法來舒緩寶寶有時半夜突如其來的焦慮，讓其他人無法得到需要的休息。以下的這些策略，可以防患睡眠焦慮於未然：

- 來點就寢時間的平靜前奏曲。在持續的一兩個小時之間，盡可能地讓他平靜、安心、提供營養，為睡眠時間做好準備，尤其是如果你已經工作了一整個白天，或者家務事多得讓你忙到團團轉，都要努力做到你所能給予寶寶的關注，暫且擱下所有其他事務（像是忙著準備晚餐或是趕著忙完白天沒做完的工作），直到他入睡為止。當他已積聚了一些記憶的儲量，而且當他最需要爸媽的安撫時，晚些時便可以好好利用，有助於在睡前消弭他的壓力指數。
- 依賴例行程序。睡眠儀式不只是睡眠的引導方法——在寶寶的生活中讓他感受到安慰的一個時間——而且是持續又固定的。每個夜晚對你的寶寶（很快就步入蹣跚學步期了）提供安心保證，既可以讓他消除恐懼疑慮，也可以因而讓他預期同樣的時間會出現同樣的事情——沒有意外的事發生，就表示焦慮感更低。就寢的例行程序同時也可以成為夜晚的開端，你的小寶寶會期待一個良好的情緒聯結——而不是恐懼。更多有關就寢儀式的資訊，請參閱 378 頁。
- 以慈愛來拉近彼此的距離。一個過渡性（或是撫慰）的對象，通常有助於你的寶寶從清醒的狀態轉移到進入原本棘手的睡眠；可能是一個小動物填充玩偶，或是一條可以緊緊抓住的小毯子（在這個年齡階段，不建議用大毯子當蓋被）。當然了，不是所有的嬰幼兒都可以從一條毯子或其他形式的寶貝裡得到慰藉——但對很多寶寶來說是行得通的。如果對你的寶寶有用，試試又何妨！可否想過，你的寶寶因為被獨自留在黑暗之中，以至於情緒無法安定下來？只要一盞夜燈，說不

定就可以安撫他的需要。

- 讓他感到安心。把寶寶放進嬰兒床之前，先給他一個溫暖的擁抱和親吻，再向他道晚安。這種恆常性也是十分珍貴的——如果能夠維持道晚安的動作，而且和其他的就寢儀式（像是，「晚安、睡個好覺、明天早上見囉！」之類）一樣地成為慣例，那就更好了。聲音中帶有一種慈愛和輕柔的音調，同樣也很有效果。就像白天的情形一樣，如果寶寶在就寢時間察覺你為了和他分離而擔憂，他就很可能也會有相同的感受。

如果你的寶寶哭鬧不依，要持續以平靜的態度和溫言軟語來讓他安心——等到他已經安定下來，再輕柔地把他放回床上躺著。如果你的寶寶在半夜裡醒來，也要採用這樣的策略；堅持用你的方式來安撫——用同樣的技巧，同樣的話語——同時也努力試著每晚慢慢遞減（一開始從嬰兒床旁撫慰他，漸次地離他一兩公尺遠，再退到門口處），說一些像「媽媽（或是爸爸）就在這兒。快睡吧！明天早上見」的話，就能強調一個訊息：長夜之後就是黎明，明天太陽依舊升起。要不然，也可以只重複你選定的晚安話語。

- 要堅持不懈。這個重點說再多次都不嫌多。對小寶寶而言，如果缺乏始終一致的穩定性，生活就是混亂的，而且會出現不必要的緊張感。沒有了持續性，就算最被推薦的父母經所教的訣竅也起不了什麼作用；所以，就算一開始你為分離進行的新策略好像沒有舒緩寶寶的焦慮感，你還是得繼續努力，以一種堅定的方式來面對，你的寶寶才能終於學會處理夜晚的分離——停止與就寢時間和睡覺這件事抗爭。
- 制止站在門口前的罪惡感。正如同一起睡覺是一種健康選項，當你決定要分開睡覺時，也要先讓自己明白那沒有什麼不對。一旦你做了決定，就要很自在地去感受美好的那一面，而不是任由自己心懷愧疚。你的終夜陪伴小寶寶身旁，並不能幫助他克服夜晚分離的焦慮（比在他清醒時刻躲開、留下他與保母一起更無助於幫他克服分離焦慮），但是，努力維持一種例行程序、細心周到地確實進行卻一定可以做到……總有一天。

給爸媽：再生一個的時機

不管是不是源於母性的衝動（和避孕的失敗），等上幾個月或幾年這種再次懷孕的決定，雖然大多是夫妻兩人的共同決定，但不同的夫妻對於這個主題還是有很不一樣的看法。有些夫妻會非常強烈地覺得應該一勞永逸，把孩子集中在一起養育；別的爸媽卻同樣強烈地認為，在前後兩胎之間應該留有更多年的休養生息空間。有些夫妻，在真正成為父母之前，光是想到換不完的尿布和睡眠不足的夜晚的現實問題（「或許在我們要再試一次之前，需要休息一陣子」），就已經覺得間隔生育（「隔一年再生不是很好嗎？」）才是王道，沒啥好再思、三思的。

在這種決定上，沒有多少十分堅定且不可改變的因素可以幫助父母親們。大多數的專家都同意，在有一個小孩之後，至少延長一年時間受孕會比較好，因為這能在生育的循環再次啓動之前，讓母體得以在懷孕和生產的疲累狀態中恢復元氣。撇開健康的問題不談，已有一個小小的證據指出孩子間隔生育更完美：雖然研究員還沒發現間隔的長短，但已證實這會影響智力或情緒的發展，或手足間的感情（與人格有很大的關係，而非年齡的差異）。

底線是：這都是你自己能決定的。對你而言，最好的時機就是當你的家庭已經準備好、可以增添家中成員的時候。

還是沒個頭緒嗎？自問下列這些問題：

我們能夠同時處理兩個小寶寶的問題嗎？兩歲以下（或甚至直到三歲）的小寶寶很纏人——需要持續的注意和照顧。如果你的第二個寶寶在老大兩歲之前誕生，你就得做兩份替換尿布的工作，忍受無止盡的睡眠不足的夜晚；更別說，如果他們的年紀真的很接近，你們就要一次面對兩個學步孩童更多的不同行為問題（像是發脾氣、耍性子和消極負面態度）。反過來說，雖然同時照顧兩個年齡相近的寶寶一開始會讓你疲憊不堪，可一旦熬過前幾個年頭，你就能完全克服那樣的挑戰（除非你還沒熬過就決定再添第三個，讓一切重新再來一遍）。年齡間隔愈小同時也是表示，你不必那麼徹底地再一次研究、記憶照顧嬰兒的基礎技巧（雖然其他的建議或許能產生很快速且意想不到的改變）。給爸媽另一個提點：年齡相仿的兄弟姊妹有可能會喜歡相同的玩具、電影、活動和度假計畫。

我們真的想再經歷一次嗎？一旦你處在嬰兒的氛圍模式裡，有時候更容易適應那樣的生活方式，將育兒的時間段合併得更短（如果間隔更緊湊的話）。嬰兒床架好了，溼紙巾也就位，嬰兒車還未放進儲物間蒙塵，安全門還立著，你也差不多忘了睡好覺或是性生活的滋味了，所以當它們再一次消失時，你並不會留戀。生育間隔拉長時，你就必須再次調整自己，接受又一回擁有寶寶時必備的要求，那時剛好大寶寶已經上學、可以獨立，你也已讓自己的生活上軌道了。當然，等到第一個孩子出生的幾年之後再迎接新寶寶，是可以讓你在增添成員之前，擁有悉心照料一個孩子的充足時間；也因為年紀大的孩子可能不會整天待在家中，你因此可以利用同樣有利的環境，提供小寶寶個別的照料。

我在體力方面已經做好準備，可以再經歷新的孕期嗎？這個問題，只有身為母親的人才能回答。或許你就是感覺自己還沒準備好這麼快再次懷孕，尤其當第一個寶寶很讓你感到頭痛時；想像一邊追著一歲的小娃兒跑時，還得一邊衝向浴廁去孕吐——這樣的畫面大概不會讓你感到超級興奮。或者你也可以想像一下：當你挺著如西瓜大的肚子時，還得背著學步期孩兒（就別談什麼「懷孕時不可舉過重的東西」的警告了）。再次懷胎和哺乳之前，或許你只想要一段中場休息時間。

換句話說，如果懷孕和育兒讓你得到無上的快樂，或許你就不會覺得，有什麼該延後這份新的喜悅的理由；又或者是生理時鐘的催促，也或許是你自己就是覺得應該在某個特定年齡間完成生育大事……，這些原因，都可能會讓你堅決地想要早些或晚點再次懷胎。

什麼樣的間隔會讓孩子們之間更親密？這個議題的結論當然也莫衷一是，而且必須考量的因素也很廣泛：孩子們的性格，手足間衝突的解決方式，家中瀰漫的氛圍，以及其他林林總總的因素。例如，若是手足間年齡的間隔太長，成長過程中就會感覺彼此一點都不像有兄弟姊妹的情誼——但也可能彼此之間會有一種十分特殊的情感連結。比起年齡相近的狀況，手足之間年齡間隔較長可能會較少出現一些競爭行為，因為最年長的小孩已經有家庭外（學校、運動、朋友圈）的生活體驗，可能實際上會更喜歡家中添新成員，甚至會幫忙照顧小寶寶。

另外，手足不在同一水平發展的領域裡活動，也就沒有彼此競爭的必要；但是，較年長的手足也可能會很厭惡家中有個小寶寶，因為那會讓他增添不想要的職責——或者必須調整社交生活來因應。

如果你的小寶寶們年齡相近，並不用刻意讓他們親近，只要他們發展過程很類似，就可能很自然地成為彼此的玩伴；當然了，那些相似處也會讓他們更容易出現兄弟鬩牆的狀況。事實是，他們可能會喜愛同樣的玩具，如此既可能帶給雙方便利（不必購買太多玩具），卻也會生出接連不斷的爭執（為了只有一個的玩具而你爭我奪）。讓孩子在年紀上相近，可以讓幼小的兄姊在面對新成員的弟妹時只需進行最小程度的調整——畢竟，如果做為家中單一寶寶的時間不那麼長的話，就不會有「我不再是獨生子女」的懸念。反過來說，如果兄姊還非常年幼，也可能對突然之間短少了許多必需的大腿空間而感到憤怒。

我們怎麼辦呢？當你們考慮在什麼時

❖放棄小睡

我的兒子突然早上不再小睡了。一天只有一次小睡，對他來說足夠嗎？

雖然你難免會覺得，小傢伙一天只小睡一次應該不夠，但是，有些接近一歲的寶寶確實只需要那樣的睡眠時間。寶寶最先放棄的大多是早上的小睡，但也有些寶寶先是不要中餐後的午睡；雖然比例很低，但也有寶寶甚至會在這時間點上試著中止兩次小睡（不會吧？）。其他運氣好的爸媽，他們的寶寶則繼續保持一天兩次小睡的習慣，順利地邁入第二年；而那也算是完全正常，只要它看起來好像不會干擾夜裡的好眠就行。

但是，當你哀嘆小寶寶失去早上的小睡時，有件事也要牢記在心：真正重要的不是你家寶貝一天睡幾次，而是他的睡眠效率如何（至於你如何善加運作，好讓寶寶有好品質的睡眠，那可就完全是另外一回事了）。如果略過小睡不會帶來哭鬧的情緒，而且假如這不會讓他累到想安靜下來睡個長長的午覺，而且總有一夜好眠，那麼，你可能就得吻別他一天兩次小睡的日子了。

如果你的寶寶抗拒早上的小睡，但是一向都在那天稍後顯得過累，那麼，他拒絕額外休息的原因，就間點把家庭成員從三個人擴增到四個人（或更多）時，很明顯的，你就會以一個團隊的考量來做出決定：大人的工作和嬰兒的照護，夫妻的相處時間，浪漫的氛圍……和是的，你們的性生活。

我的手足之間，彼此的年齡間隔有多近？如果在你的成長過程裡，你有很多與很年長的兄姊或是很年幼的弟妹一起成長的體驗，你可能會希望自己的小孩也有相同的經歷。如果你發現自己總是和年齡相仿的姊妹爭吵，或是感覺和你很小時就已經很大的哥哥十分疏離，你可能就會選擇拉大或縮小自己孩子的年齡差距。

正在考慮再次擴張家庭嗎？坊間已有很多關於懷孕的步驟措施，你和配偶可以採納來改善提高懷孕的成功率，但願你們能擁有安全妊娠及健康的寶寶。

你們很滿足於唯一的孩子，也對不久的將來沒有更多的期盼——或甚至想都不願想？順其自然、隨心動念可能也是完美的決定。

可能是因為早上的小睡會削減他忙碌的行程。與其做睡眠這種浪費時間的事，他會認為，花時間把書從書架上拉出來，或是試著把手機拿來吃還比較划算。無論如何，不在需要的睡眠上花時間，會導致你有個白天較不開心的寶寶——而且常常會因為過度使用體力而在夜裡無法安定平息。

要讓寶寶得到他需要的睡眠，比起就寢時間的堅持例行事務，嘗試維持小睡的慣例會是更簡潔的版本。你可以透過餵食和更衣，創造一個放鬆的氛圍（例如轉暗房間的燈光，哼唱搖籃曲），讓他平躺下來。如果他沒有很快就入睡，也千萬別放棄，因為白天裡有些寶寶本就需要更長的時間來安定情緒。如果他還是抗拒，你可以嘗試睡眠訓練法（參閱 372 頁），但請放心，這不會讓你花上夜裡那樣長的時間（也就是說，不會哭鬧超過 20 分鐘後才開始小睡）。

你已經可以確定，他不會為了早上的小睡躺下去，但也發現一到平時的午睡時間之前他就會一直揉眼睛？那麼，不妨考慮讓他在剛進入下午階段的時候就睡個午覺，讓（你的——或他的）暴躁情緒遠離。如果必要的話，你可以把晚上的就寢時間提早一點點，來調節已經提前的小睡。

❖「忘記」了某項技能

上個月我女兒會不斷地揮手說再見，可是現在她卻似乎忘了怎麼做。這是怎麼回事？

那是因為，她正在朝其他的技能發展方面前進。寶寶很常見的一種行為是：在某段時間內不斷地反覆練習某種動作——一方面他自己高興，同時他也知道旁人會因此大樂；而一旦自覺熟練到完美境界，他就會把這項技能扔到一旁，轉而學習新的挑戰。雖然你的孩子對揮手道別已感厭倦，但她極可能正忙著演練其他新動作，像是每見到四腳動物就連吠幾聲啦，或是玩躲貓貓、拍拍手等。而這一切呢，隨著吸引力的喪失，也可能很快就要面對被他打入冷宮的命運。所以，毋需憂心她好像忘記了什麼，轉而注意及鼓勵她目前發展的新技能才對。

只有在寶寶突然間不會做他平時所做的許多事，而也沒有學任何新東西時，你才真正應該警覺。若真是如此，趕緊和醫師討論一下。

不可不知：幫助寶寶說話

一個只能用哭來溝通的初生寶寶，六個月大時就能領略一些話語，表達喜怒哀樂；八個月後，更可以憑藉一些聲音和手勢傳遞訊息。現在呢，十一個月大的他已經能（或即將可以）吐出第一個真正的字彙。儘管他已經歷了這樣快速驚人的成就，更了不起的成長還在眼前。在未來的幾個月中，孩子的理解能力會以不可思議的速度進展；到了他一歲半左右，語言表達能力更有想像不到的增長。

這兒提供一些幫助寶寶語言發展的技巧：

命名，命名，再命名。寶寶的世界裡，每樣事物都應有其名稱——你的責任就是說出來。用嘴巴指明環境中的物體（浴缸、馬桶、水槽、爐子、嬰兒床、遊戲圍欄、燈、椅子、沙發等等）；玩「眼睛—鼻子—嘴巴」的遊戲（拿起寶寶的手來撫摸你的眼睛、鼻子、嘴巴，然後親他的手心一下）；指出身體其他部位的名稱；當你們外出散步時，告訴他什麼是小鳥、狗兒、樹木、葉子、花朵、汽車、卡車以及飛機等。也別忘了「人」：誰是爸爸、媽媽、寶寶、女人、男人、女孩、男孩，還有他自己：常常叫他／她的名字，以培養寶寶對自我的基本認知。

傾聽，傾聽，用心聽。和對孩子說話一樣重要的，是你給他多少機會講話。即使一個字都聽不懂，你也應該側耳傾聽，並且適時回應：「啊，真好玩。」或是：「喔，真的嗎？」之類的。當你問了他一個問題，就要等等他的反應，即使只是一個笑容，興奮的身體語言，或是無法辨識的話語。即便當下你仍無法辨識，但很多寶寶的字彙已然隱藏在這些模糊不清的嘟囔中，所以，做父母的要細心傾聽才能發掘其中的寶藏。試著去「連連看」：將寶寶的聲音與某樣可能性高的物體連接在一起；也許聲音實在相距甚遠，但如果他真的常常用同樣的「字」來表示某件東西，那也算是所謂「真正」的字彙了。如果你實在搞不清他在說什麼，可以指著可能的物體（你是要這顆球嗎？還是這個瓶子？這個玩具？），讓他有機會告訴你你的猜測是否正確。無疑的，起初雙方會產生不少挫折感，但如果你願意不斷嘗試，一方面既能加速寶寶語言能力的進展，另方面也能給予他一種逐漸被理解的滿足感。

強調觀念。周圍許多我們認為天經地義的事，對寶寶而言卻是完全嶄新的。這兒提一些觀念是你可以幫助寶寶培養的，你還可以推想其他更多的觀念。

- 熱與冷：讓寶寶去碰觸你的咖啡杯外緣，再讓他試著去摸裝著冰塊、汽水的杯子，然後再摸裝著熱水的；讓他吃點溫的燕麥粥後再喝些冰牛奶。
- 上與下：溫和地將寶寶舉到空中，再放到地上；拿一塊積木放到化妝臺上，再放到地板上；讓寶寶玩蹺蹺板，體會那一上一下的感受。
- 裡面與外面：把積木放在一個盒子裡面，然後倒出來。
- 空的與滿的：把一個容器裝滿水，倒掉；小桶子裡裝一堆沙，再把它倒空。
- 站與坐：抓著孩子的手，一起站起來，再一起坐下去。
- 溼與乾：比較一條溼布與乾毛巾；或是寶寶剛沖完水的頭髮與你乾燥的頭髮。
- 大與小：小球旁邊放一個大的；讓寶寶看到鏡子裡的你們：「媽媽很大，寶寶很小。」

解釋環境和因果關係。「太陽很亮，所以我們有光。」「冰箱讓食物處在低溫下，所以食物才能保持新鮮。」「媽媽用小刷子幫你刷牙，中刷子為你梳頭，大刷子來刷地板。」「如果你把書撕破，我們就再也不能看到它了。」諸如此類。對寶寶學習語言的過程而言，只像鸚鵡學舌一樣模仿聲音是沒有多大意義的，更重要的是對其所處環境的認識，以及對於其他人的敏感，體會到別人亦有其需要與感受。

對色彩的敏銳度。一有適當時機就為他指出顏色區別。「你看，那氣球是紅色的，和你的衣服一樣。」或者「那輛卡車是綠色的，和你的娃娃車顏色相同呢。」但要記得，大多數的孩子要到三歲左右才能「學會」色彩。

使用兩段式講法。先用成人的語法，再轉譯為寶寶的話：「你和我現在要去散步了。媽媽、寶寶，去玩玩了。」這樣經過兩次註解，寶寶也能有雙倍的領悟。

像對大人般對他說話。使用簡單的大人話語，比用嬰兒語更能幫助孩子即早學會正確講話。「小明要奶瓶嗎？」就要比「寶寶喝奶奶？」來得好；但是用一些代名詞——如「狗狗」——倒是無妨，因為本質上比較傳神。

介紹代名詞。雖說你的寶寶一年半載之內大概還不會用代名詞，然而現在卻是開始讓他們熟悉用法的極佳時機。「媽媽要幫小明準備早餐——我要幫你弄些吃的。」「這本書是媽媽的——它是我的；那本書是小玲的——它是你的。」後例也能同時教導孩子關於擁有的觀念。

鼓勵寶寶回應。用各種方式促使孩子做出反應，以口頭或是以身體表示都好。提供一些選擇：「你要吃麵包還是餅乾？」或者「你想穿哪一件睡衣？有米老鼠的還是有飛機的？」然後給寶寶回答或指出的機會，此時你應再重複他所選擇的東西名稱。多問問題：「你累不累？」「你想不想吃點心呀？」「你要盪鞦韆嗎？」在他會用嘴巴回答好或不好之前，大概都是點頭或搖頭，但這也是值得重視的回答。要寶寶幫忙找東西（東西不見得真的不見了），「球在哪裡？」「你找得到米老鼠嗎？」讓孩子有充裕的時間去挖掘，並以熱烈的擁抱歡呼當作獎勵。就算他只是把頭轉向正確的方向也算：「對了，米老鼠在那裡。」

簡化指令。這個年齡的寶寶，大部

分都只能夠了解簡單的要求，所以呢，一次給一個步驟的指令即可，例如把「拜託你拿起那支湯匙來給我」拆成兩段式：「拜託你把那支湯匙拿起來」，等寶寶照辦以後，再要求他：「現在，再請你把湯匙拿給媽媽。」另外呢，趁寶寶正要進行某個動作之前給他指示，也能讓他輕易地體會到成功完成指令的喜悅。例如，當他準備去拿餅乾，你就說：「把餅乾拿起來。」這些技巧都有助於他的領悟力——而這種能力的發展應優先於說講能力。

謹慎地更正錯誤。別指望你家寶貝現在就能懂得字句的意義，即使只是一個單字，這麼小的寶寶也都很少能正確發音；要每個字都說得如同大人一般準確，那更是絕無僅有的了。很多名詞也許寶寶在幾年之內都無法說得很好，當他講錯的時候，不用像學校的老師一樣嚴格糾正。太多的批評只會讓孩子提早放棄學習，還不如換個比較溫和的方式告訴他，以保護他那稚嫩的小小自尊。當寶寶指著天空喊道：「阿機。」你要說：「對，有一架飛機。」雖說寶寶的童言童語很逗人，你卻不應起而效尤，否則會使他們心生困惑（在他們心裡，正確的說法他們是明白的）。

增加你念給孩子聽的故事內容。這個階段的孩子，仍然最喜歡有韻腳的童謠，以及有圖片的故事書，像是動物、汽車、玩具、小孩。少數小寶寶已經可以接受一些簡單的故事，然而可能無法聽一本書超過3~4分鐘——因為在此階段，他們的忍受度還是滿有限的；盡量少去探討那些插畫，像是說：「瞧，這隻貓戴了一頂帽子！」多去要求孩子指出他們比較熟稔的事物（再過一陣子以後，再叫他們試著說出其名稱）。至於孩子不記得或是沒見過的東西，就念出來給他聽。要不了多久，你的寶寶就會接口說出某些韻腳，或某些東西的名稱了。

凡事數量化。數數兒還有好一段時日才辦得到，但要區別一個以及多數就不會那麼遙遠了。一些敘述句能夠開始建立基本的數字概念，諸如：「來，給你一塊餅乾。」或者「你看，樹上有好多隻鳥兒呀。」當你牽著寶寶的小手爬樓梯時，嘴巴數著：「一、二、三……」唱一些有關數字的歌謠也很有用，同時用手指頭數。盡量將計數的動作融入生活中：當你做仰臥起坐時，從一數到十；或者當你加香蕉片到孩子的穀類麥片中時，口裡也念著：「一片、二片……」

使用手勢。使用手勢，不但能夠在寶寶學會說話前大幅降低你們倆的挫折感，也確實能增進親子間的溝通（寶寶的小手指，是真的會「說話」的），而且一點都不會減緩寶寶的語言發展——事實上，某些研究已證明手勢能促進語言的發展。有關更多使用嬰兒手語的細節，參見 447 頁。

17 第十二個月

對這個年紀的寶寶而言，生活是一場遊戲；或者更正確的說，由於注意力集中的時間仍無法太長，生活是一場又一場快速接連而來的不同遊戲。其中，有個遊戲很快就會成為他的最愛：丟東西（寶寶總算知道怎麼放掉手上的物品了），看著它們掉落，看著爸媽把它們撿起來，然後一次又一次地重複這個過程一直到爸媽腰桿直不起來、耐性全失為止。手推車可能成為他最喜歡的玩具，在寶寶面對他掌控大動作技巧中難度最高的挑戰——走路——時，這些玩具可以提供他站立時的保障，讓他能夠安心地往前再跨出一步。儘管還是那麼可愛，但在這個月，你可能會發現寶寶已不再是小寶寶的跡象。你慢慢會瞥見某些預示著他邁向未來一年基調的行為舉止（漸增的獨立性、抗拒性萌芽、脾氣愈來愈大、自以為是的心態）：我是學步兒，聽我怒吼！

哺餵你的寶寶：考慮斷奶

剛開始哺育母乳時的情景——每次都是手忙腳亂，花在減輕乳頭疼痛的時間和哺乳時間一樣長，泌乳經常使你情緒低落——似乎變得十分模糊了，現在，哺乳已儼然成為你和寶寶的第二天性——有時甚至可以在你們倆都睡著時哺餵（或許還成為常態）。你覺得彷彿必須——或許是希望——一直這麼餵下去；但與此同時，你也可能時不時就會想：是不是該給寶寶斷奶了？

❖ 何時該斷奶？

這個問題沒有標準答案，即使是所謂的「專家」。終究你得自己決

寶寶的第十二個月

睡眠。隨著第一個生日逐漸迫近，你的寶寶現在每晚還是會睡上 10~12 小時，白天小睡兩次（時間會比上個月短一些）或只睡一次——總計一天要睡 12~14 小時。

飲食。母乳或配方奶會喝得再少一些，一天只需不到 720CC；隨著愈來愈接近週歲，可能會下降到一天只喝 480CC 左右；與此相反，固體食物的胃口則會愈來愈大。每個寶寶的胃口都不一樣，所以有些寶寶吃得多、有些吃得少，但平均數量如何呢？一天大概要吃兩次各有 ¼~½ 杯穀物、水果和蔬菜，¼~½ 杯（以上）的乳製品、¼~½ 杯（以上）的蛋白質食物，以及 90~120CC 的果汁（同樣的，隨時都可以喝）。記得，越過週歲的門檻後，有些寶寶的食量會變少，成長也會暫時趨緩。

遊戲。寶寶已經會（或就快會）走了？可以讓他推、拉的玩具會成為他的最愛，所以你要為寶寶準備玩具嬰兒推車、玩具購物車，或者附有輪子、可以讓寶寶推著滿屋子走的遊戲圍欄；可以坐在裡頭「駕駛」的玩具車，則很能強化寶寶的獨立活動發展。但是，也別因此就忽略了傳統玩具：積木與其他堆疊類的玩具，拼圖與形狀配對玩具，木偶，活動方塊，音樂玩具，粉蠟筆，可水洗馬克筆；當然了，圖畫書更是多多益善。隨著寶寶的想像力日漸增強，模仿力突飛猛進，角色扮演玩具也更加受到青睞（娃娃、玩具屋、玩具廚房、家家酒用的餐桌、玩具電話、玩具工作檯、玩具醫師診療箱都可以考慮）。

定。親愛的媽媽，你可能同時要衡量一些個人因素及學理上的因素：

事實。我們提過：即使只是短短幾週，哺餵母乳仍對寶寶仍大有裨益。美國小兒科醫學會建議理想上至少哺乳一年，而只要寶寶和媽媽都願意，可以一直餵母乳。滿週歲才斷奶的寶寶可以跳過配方奶粉，直接從母乳過渡到全脂牛奶。

然而，由於較大嬰孩所需的蛋白質更多，其他一些重要成分如鋅、銅、鉀等礦物質的需求也隨著增加，僅僅依靠母乳並不足以供應均衡的營養，因此寶寶需要牛奶中所含的營養成分。

並沒什麼證據顯示一歲以上——甚至兩歲、三歲——的寶寶喝母乳會造成情緒發展上的影響，他們與較早斷奶的嬰兒同樣覺得安全、快樂和獨立。

如果你決定寶寶滿週歲後繼續哺乳，有幾項事實需要考量：首先，過度延長的吸吮母乳有可能造成齲齒，就如使用太久奶瓶一般。另一種可能風險是耳朵發炎，因為許多喝母乳的小孩常常是躺著吸，尤其在睡覺前。

你的感受。你是依然沉醉於哺乳之中，抑或開始對成天必須掏出乳房塞進孩子嘴中而感到不是很舒坦？你會不會企盼著某種似乎和授乳永不相連的自由與空間？對於哺餵一個較大的嬰孩吸母乳，你會不會心理上感覺怪怪的？任何你對此關係的情緒都會立即被寶寶察覺，他們甚且會以為你的排斥感是針對他們，而不是對哺乳的事件本身；所以呢，如果你有這些疑慮，就差不多該是斷奶的時候了。

寶寶的感受。有些寶寶會自己自動斷奶，這可由其行為及反應中得知（吸奶時毛躁不定，時間也倉促短暫）。但必須注意他們的行為或許有別種涵義：五個月大的寶寶若對乳頭失去興趣，可能是由於對周遭環境的好奇；七個月大時，可能是對體能上的活動具有比對食物更大的興致；九個月以上呢，則通常表示他們漸趨獨立成熟。而在任何一個年齡，疾病與長牙都是可能的因素，千萬別以為是因為寶寶不喜歡你（看似對哺乳失去興趣的寶寶，往往可以說服他們繼續，那些較易分心的寶寶也是）。寶寶通常是在九到十二個月大之間斷奶；如果你的孩子到了一歲半時，對你的乳頭的眷戀絲毫未減半分，那麼他大概是不會自動採取斷奶的步驟了。

你的立場。很多情況會令一個原本熱中於哺乳的母親逐漸冷淡：因為種種不便與日俱增，工作、上課、運動、性生活或任何生活中的活動，都可能受到哺餵母乳的妨礙。一旦有此狀況，母親的負面情緒就立刻會傳給寶寶，使得哺乳對雙方都不再輕鬆愉快。此時，斷奶當然是可行的步驟，但還是要盡量避免一次太多變化——當生活中出現重大變化時，也許就不宜同時斷奶，好讓寶寶順利調整。生病或者旅行也都是斷奶的理由，因為那往往會造成突然性的斷奶。

寶寶的立場。對寶寶而言，斷奶的最佳時機是天下皆太平狀態。如果處於生病、長牙、搬家、旅行、你回去上班、換保母或任何足以令他沮喪不安的情況之下，就最好不要進行斷奶，以免加深他的困擾。

寶寶的奶瓶和使用杯子的技巧。如果你家寶寶因為你經常擠奶到奶瓶裡哺餵，所以用起奶瓶來得心應手，以改用奶瓶來戒斷從乳房喝奶就會容易得多；同樣的，如果寶寶使用杯子的技巧已相當熟練，就可以直接讓他改用杯子喝奶，完全不必藉助奶瓶——而且一點都不難。萬一你家寶貝就是非得從你乳房喝奶不可，那就只好靜待他學會使用奶瓶或杯子（差不多是寶寶即將週歲時）再說了。

斷奶的決定，只不過是冰山的一角而已，接下來你還得面對新的問題：轉而喝奶瓶呢？還是吃副食品？無論如何，對多數女性而言，斷奶時期的情緒都極為錯綜複雜。一方面她們會感到鬆一口氣，並為了寶寶邁向新的成長階段感到驕傲；而同時呢，她們卻也因此悲傷：寶寶不再像以往一般地需要母親——而且永遠也不會了。

或早或晚，斷奶是嬰兒成長史上不可或缺的一頁。度過之後，寶寶很少會再回顧，而母親也都很堅強——儘管說，當她們見到其他的母親哺乳時可能會有一陣痛，即使在多年以後。

❖斷奶的步驟

面對這個可能是你為人父母以來最巨大的挑戰，稍堪告慰的是，你可能已開始做了：第一次用杯子、用奶瓶或用湯匙給寶寶喝東西時，你就往戒斷哺乳靠近了一步。

基本上，斷奶有兩個階段：

階段一：讓寶寶慢慢習慣從你的乳房以外的來源吸收營養。既然要讓一個吃母乳的寶寶改用杯子得花一個月以上的時間（光要他願意試試看可能就得一段時間），你最好在希望他徹底斷奶之前就讓他開始學

（如果你打算以奶瓶取代之，最好也得在一歲過後不久就戒斷奶瓶，以避免寶寶蛀牙）。這正是為何現在是開始斷奶第一階段的好時機——即使你計畫依照美國小兒科醫學會的建議，一歲後再讓他斷奶。使用乳房替代品（這個年紀用杯子很理想）的時機愈晚，斷奶行動可能就愈緩慢也愈困難，這是因為寶寶長得愈大，就愈可能抗拒改變。如果寶寶對用杯子反應很強烈，你可能需要試試其他方法：

- 寶寶餓了再試。不是要讓他挨餓，只是使他有點餓的感覺。試著在一天中延遲或少哺乳一餐，改用杯子餵。沒了其他選擇，寶寶可能就會喝一口。
- 讓寶寶看不見你。如果你以奶瓶替代，寶寶在別人餵他時可能比較願意用杯子。
- 讓杯中物多樣化。有些寶寶喜歡杯子裡有像母乳的東西，另一些則只要不讓他們聯想到哺乳就會勇於嘗試，在這種情況下，一歲前可以讓他喝配方奶或果汁兌水，一歲之後可轉換成全脂牛奶。
- 讓杯子多樣化。如果你已試過一般的杯子，再試試鴨嘴杯；或者反過來。有可愛圖案的杯子往往最受寶寶青睞。
- 堅持下去。要有耐心而且不必太在乎（好像你不太關心寶寶是否拿起杯子），給他多一點時間，到最後每個小朋友都一定可以學會用杯子喝東西的。

階段二：慢慢的斷奶。戒煙或戒巧克力般壯士斷腕似的方式，絕對不適用於寶寶斷奶，同樣也不利於媽媽的乳房。就寶寶而言，這樣的變動太劇烈了；對媽媽來說，這不但會使情緒受創（荷爾蒙的分泌不穩定更使之雪上加霜），還會損及身體：一旦突然停止哺乳，溢奶、脹奶、乳腺阻塞或感染等麻煩可能就隨之而來。因此除非生病、突然要外出旅行而不能帶小孩，或有其他使你必須匆忙斷奶的情事發生，盡可能慢慢來，把成功斷奶的日子排在開始行動之後的幾個星期——甚至幾個月——之後（只要你減到一天只餵一餐，可以考慮離開寶寶的視線一到兩天，把他留給爸爸、祖父母或是其他照顧者。這種媽媽假期的方法，有時候可以讓斷奶最後的調整變得比較順利）。

漸進式斷奶最常用的方法有以下兩種：

- 每天減少哺餵一餐，等過幾天（最好是一週）寶寶和你的乳房適

第十二個月

給爸媽：乳房的調適

對你家的小寶貝來說，適應斷奶大概不至於太難捱——多關照他一些，少干擾他的作息，他就會水到渠成地揮別哺乳的日子；但對你和你的乳房來說，斷奶就比較……沉重了。雖然放慢斷奶的節奏多少可以減輕你的負重——斷奶後，你的乳汁分泌也會跟著減少，乳房就變輕了——卻不保證你就能順利度過這個階段；某些難受的部分是上天的賦予，所以如果你三兩下就讓寶寶脹奶，就可能得面對十分難受的脹奶——幸好，這回的脹奶不會像初乳來時那麼教人吃不消，只要用溫水淋浴、輕柔地揉擠、有必要時吃顆止痛藥，就不會那麼難受了。要是還不能減輕痛苦，也可以擠些乳汁出來（可別擠到刺激泌乳的程度）而消除腫脹。

斷奶幾星期後，你的乳房就似乎再也沒有奶水了，但要是一連幾個月都還擠得出奶汁的話也別太驚訝；就算一年多後都還會出奶，也是很正常的事。同樣的，如果你的乳房回到、或接近懷孕前的大小，那也並不奇怪，既可能比往日大，也可能變得小一點，更經常出現一大一小的狀況。另外，斷奶還有一個讓人料想不到的副作用：懷孕時變得茂密的頭髮會開始掉落；有時候，這種正常的產後掉髮就是會延遲到斷奶之後才發生。

斷奶也可能導致你的情緒低落，因為你的荷爾蒙分泌必須隨著乳房的「退休」而調整——這種調整不會在一夜之間完成（女性的出乳並沒有說停就停的開關）；你也許會變得暴躁易怒、情緒起伏不定，悶悶不樂，甚至有點沮喪。更別說，從此與寶寶再也沒有那個最特別的親密關係的失落感或悲傷，還可能讓你出現類似產後憂鬱症的症狀；但這非但不難理解，也很正常（可如果你不只是有點憂鬱而已，就得去看醫生——有時候，產後憂鬱症會在斷奶後才真的找上你）。

應了之後，再減少一餐。對大多數的母親而言，最容易排除在外的似乎是寶寶最不感興趣或受到干擾最多的午餐。兩週後減至一天兩餐（通常是對母親和寶寶而言都最安適、最愉悅的大清早和睡前），然後是一餐（睡前那餐通常是最後才戒斷），你也許會想將這一餐延續至幾週、幾個月，甚至到寶寶主動斷奶為止。每減少一餐母乳就務必要補充一餐配方奶，較大的孩子或學步兒則可用適當的點心或飯（配上一杯喝的）代替，也別忘了營養補充品，當然還要加上你對寶寶的關注與愛。

- 每餐減量而不是每天減餐。你可以這麼做：一開始，先給寶寶喝配方奶當點心（超過一歲的寶寶則給全脂牛奶），並縮減哺乳的時間；慢慢的，幾個星期過後，每一次喝牛奶或配方奶的時間與分量漸增，哺乳則漸減；最後，寶寶可以喝完足量的牛奶時，斷奶也就完成了。

斷奶時或斷奶後，寶寶會尋找其他的慰藉，如吸吮手指或經常抱著某條毛毯，這是正常且健康的。他也可能渴求你更多的關注，請不要吝惜。大部分的寶寶似乎都不會太想念母乳，事實上，在媽媽憶起昔日哺乳的美好時光而淚水盈眶時，有些寶寶早已將這些事兒拋到九霄雲外了。請記得，哺乳只是親子關係的一部分，斷奶並不會影響母子之間的緊密連結。事實上，許多婦女都發現，寶寶斷奶後，反而因為餵奶時間減少、親子互動時間增加，使得媽媽與寶寶的關係更棒。

你會擔心的各種狀況

❖還不會走

今天是我兒子的一歲生日，而至今仍然毫無任何跡象顯示他想學走路。在這個年紀，他不是應該會走了嗎？

一個嬰孩如果能在他一歲生日那天踏出第一步，那可相當理想——尤其對大人來說；只可惜真的這麼做到的僅屬少數。雖然有些寶寶較早能走，但也有一些會慢很多（常常是爸爸媽媽不在身邊的孩子）。儘管在一歲當天還不會走是件令大人們很失望的事（即便一歲半前小傢伙都會自己邁出第一步），但絕不意味孩子有任何發育上的問題。

其實，大多數的小孩是在一歲過後才開始會走。孩子什麼時候跨出這第一步，不論是九個月大還是十五個月、甚至更晚，都不會影響到他未來在任何領域的發展（即使是運動方面）。

寶寶何時走路和基因有相當程度的關聯，和體格發育也有關——一個靈巧健壯的寶寶比瘦弱的小孩大概比較早會走，而擁有短而精悍的腿的孩子，通常也比那腿兒又細又長的更早會走，因為後者較難平衡。另外，孩子什麼時候會爬、爬得好不好，也是可能的影響原因——如果他爬得不太俐落或是根本不爬，很可能反而會先開始學走；而那爬得飛快的寶寶可能還會繼續靠他那矯健的四肢來移動。

不好的經驗——像是一個開始就摔得很慘很慘，也可能促使寶寶不肯放開母親的手。被心急的父母逼著勤練走路的寶寶也許會反彈，乾脆在他可以好好操控自己雙腳前放棄努力；耳朵發炎、感冒或其他疾病也可能會使走路的進度落後。

寶寶若是整天待在塞滿東西的遊戲圍欄裡（使他連練習站立的機會都沒有），常常坐在嬰兒車上，或者就是沒什麼鍛鍊腿部肌肉或建立走路信心的場合，都極可能會讓寶寶比其他小孩晚一點開步走——甚且牽連其他方面的進度。同樣地，一個稍大的寶寶如果總是坐在學步車裡，而沒有獨自嘗試行走的真正滋味，大概也比較難開始自己走路。給你的寶寶足夠的機會和場地來練習起身站立，捱著家具前進、終至放手邁步；房間裡不要有突起的毯子，或是太滑的地板，要有許多可以讓他安全攀附的家具來扶著前進，這樣他對走路比較容易產生信心。一開始最好是光著腳；穿襪子會太滑，鞋子也可能太硬且太重。

雖說許多正常甚至很聰明的小孩直到快兩歲才會走，但寶寶如果在十八個月後還不會走，最好帶去給醫師檢查，確定不是任何生理或情緒上的毛病所致。即使到此階段孩子還沒開始行走，也毋需太過緊張——更別說僅僅在十二個月大的時候了。

❖害羞

我先生和我都非常喜歡交際，看到小女兒那麼怕羞，讓我倆都很失望。

這個年紀的寶寶在面對新情境與陌生人時顯現的試探天性，一般而言並非害羞，而是正常且適恰的成長行為。對一般的學步兒來說，有幾個因素會影響到這種行為：

- 陌生人焦慮。有些寶寶早在七個月大時，看到爸媽以外的人就悶不吭聲，但大多數的孩子在近週歲之前都不太害怕陌生人（參見479頁）。
- 分離焦慮。社交性場合往往意謂著必須與爸媽分離，因此在面對一群玩伴或一個想抱她的親朋好友時，女兒會緊抓著你，未必是

她害羞的表現——而是因為在這個發展階段，她會擔心你不陪著她冒險（參見 522 頁）。

- 「不熟悉的」焦慮。對一個新生的好動嬰兒而言，這世界是個刺激的探險地，卻也教人害怕。伴隨著靠自己的雙腳站立而來的獨立性雖然令人興奮，同時也會讓人氣餒。面對這麼多的改變，大嬰兒和小學步兒往往畏懼不熟悉的事物，游移於進退之間；如果他們決定探索未知，你最好有個心理準備：他們有自己的面對方式（比如想辦法繞過賣場裡的人群——這是你不該界定為是對「不熟悉的」焦慮，反而應該為了她的安全而讓她留在你身邊）。
- 社交焦慮。寶寶之所以看起來害羞，可能只是因為缺乏社交經驗，特別是如果你的女兒幾乎只跟你或某個固定的照護者相處，而較少與其他小朋友接觸（例如托嬰中心）時。別忘了：你已經和生活中的無數大人交談過——你家寶貝卻根本還不會說話；你幾乎走遍了你們居住的城鎮——你家寶貝卻還走不出遊戲房；他的體型更比每一個想和他互動的大人都小得太多，也難怪他會畏懼社交不是嗎？別擔心，到三歲左右，很多之前「害羞」的孩子在社交技能上會有長足的進步。

當然，有些寶寶天生就較害羞，就像有的孩子本性就外向一樣。事實上研究顯示，好些人格特質至少有部分是基因決定的，研究者發現，害羞有 10% 是天生如此（意思是另外 90% 由後天決定），但也有專家認為基因扮演的角色更重。即使父母可以成功的幫助孩子修正他們的害羞，卻不可能——也不應該——完全將之抹滅。害羞應該視為孩子人格的一部分而予以尊重。

儘管為數不少羞怯的小孩終其一生都是個內向的人，然而有更多則轉變為相當樂群的成人。究其原因，動力絕非由於父母的壓力所致，反倒是愛心的灌溉與支持。視子女的羞怯性格為缺陷，並不時加以張揚，只會打擊他的自信心，從而使他更為內向自閉；反之，讓他對他自己有信心，將可幫助他和別人在一起時比較自若，進一步能消弭他的羞澀。

現在你該做的是鼓勵你的女兒參與社交情境（在一個幼兒的生日派對中坐在地上陪她玩，在朋友趨前向她打招呼時抱好她），但戒之在急。讓你的女兒以她的方式、依她的步調回應他人——而且讓她知道，一旦她有緊抱一隻腳或找個肩膀藏住臉的需要時，你永遠都在。

❖社交技巧

過去幾週，我們參加了一個遊戲團體；我注意到我的女兒都不和別的小朋友玩。怎麼做才能幫助她更社會化一點？

別急，放輕鬆——她的社會化還得再等一等。即使兒童是天生的社會性動物，在十八個月大之前他並不具備這種能力。他們多數只能從事平行遊戲——各玩各的，卻無法一起玩。他們可能喜歡看別的小朋友玩，卻未必有興趣加入他們。天生且正常的自我主義，使他們看不出來其他的小朋友有值得成為玩伴的地方。事實上，他大致上仍然視他們為物體——會動又好玩的物體，但畢竟只是物體。

這些行逕完全符合他們的年紀。一個有許多團體活動練習機會的寶寶，在社會性成長方面固然會有較快速的進步，其實每個兒童終究會有進展的。強迫你的女兒與團體中的其他寶寶一起玩，只會導致她全面的從這種活動中退卻，最佳方案是，提供你的女兒社交的機會，然後讓她依照自己的步調社會化——不管她的步調是快是慢。

當然了，更多的社會化機會也會製造更多爭奪玩具、動手動腳的機會——但對這個年紀的寶寶來說，都是很正常的表現。這方面，你也必須多加留意，因為很多這類的行為都會在週歲時就出現。

❖讓斷奶的寶寶上床

我從來沒讓女兒醒著上床——她一直都是邊吃奶邊睡著的。一旦她斷奶改用杯子喝以後，我該如何讓她晚上能好好入睡呢？

你女兒和你向來都是多麼輕鬆平和地享受晚上的睡前時分啊。然而，如果你真想幫她斷奶的話，你們倆就難免花費一番功夫。

小心小手

既然現在寶寶可以兩腳站立了，你可能會忍不住想玩玩小孩子最喜歡的遊戲：抓著手盪鞦韆（爸媽各抓一手）。千萬別這麼做。這麼小的孩子關節還很鬆軟，抓著他的手盪或突然扭、拉，都可能造成手腕或肩膀十分疼痛的脫臼（即使很容易復原）。

任何幫助睡眠的癮頭——安眠藥也好，夜間電視節目也罷——都是戒得掉的。一旦成功，你的寶寶可就完成她一生最重要的本領之一：自己獨自入睡的能力（事實是，不論你有多不捨，她終究得學會在沒有你的哺乳下入睡的能力）。照著下列的計畫，事情會更順利些：

睡前的儀式。每晚上床前遵循同樣的規矩做每一件事，對幫助睡眠很有奇效；不僅小孩如此，大人亦然。如果你至今尚未開始，那麼在你計畫正式斷奶之前的起碼兩個星期前，就該進行這麼一套儀式。同時，周遭環境也要盡量配合，營造出有助入眠的氛圍：寢室弄暗，除非寶寶偏好有盞小夜燈；溫度勿太冷太熱；要安靜，但家中其他的人和其他地方則保持平常活動的聲響，讓寶寶知道大家都在附近，以得到心安（378 頁還有更多方法）。

增添小點心。在斷奶一週前的再早個幾天，你可以在睡前儀式中增加個小點心，這樣東西應該是在他換上睡衣後方便吃的，時間則是在你為他唸故事的同時。分量要輕，但有飽足感（果汁、餅乾和半杯牛奶或一片起士都不錯），他若喜歡，讓他坐在你大腿上吃也沒關係。這個小點心不僅可取代他原先的母乳時間，而且牛奶有幫助入眠的效果。當然，如果你原先都在稍早時先幫寶寶刷牙，現在就得將刷牙安排在小點心之後了。而當他刷過牙後仍感覺口渴，給他水喝就可以了。

別又建立了另一個安眠的癮頭。如果你用了別的方式來幫助寶寶睡著，如搖晃、輕拍、唱歌等，那你只不過是又建立了另一套待破除的習慣而已。真正的獨自入眠的本事，是孩子只靠他自己一個人的力量完成時才算。你是可以在睡前儀式中來一些擁抱、音樂之類的，但絕對不能進行到他入睡為止。把他留在睡床上準備睡覺——尿布換新，愉悅的，蓋好了被子的，但絕對必須是清醒的。

如果你想多待一會兒，輕拍他讓他安心也不錯。如何幫助寶寶讓他獨自入眠，參見 372 頁更多的小提示。

準備承受一些哭聲。可能還不只「一些」。你的寶寶大概會非常不能接受這種轉變，事實上，很少小孩在過渡期沒經過一番吵鬧。可喜的是，那哭聲在幾晚之後會漸弱漸短，終至完全消失，就像斷奶一樣。

人生第一個生日宴會

許多積極籌劃兒女第一個生日宴會的父母親，往往被興奮沖昏了頭，而忘卻一個簡單的事實：孩子仍只是個嬰孩；他們還不適合成為一個大場合的主角或貴賓，處在那種壓力之下，他們極可能因為承受不了而變成淚水滂沱的小可憐。

要準備一個令人難忘的週歲慶生會，有幾個準則可依循：

不要邀請太多客人。即使都是些熟面孔，但如果將客廳塞得滿滿的，仍可能使小壽星吃不消。那一大串名單留到將來他的婚禮再用，目前只須限於少部分極為親密的親人和好友。若平常他與同齡小朋友常互相往來，可以邀兩、三個來參加；否則，不要考慮將他的一歲生日當成社交場合。

布置也別太過火。就像太多客人一樣，太過繁複的布置也會招致反效果。以某個主題做適當的安排，例如你知道他喜歡米老鼠或是其他卡通人物。還有，假使你將利用一堆氣球來烘托氣氛，宴會過後務必收拾乾淨，否則孩子會在無意中吃進洩了氣或破掉的氣球，因而導致窒息。

提供安全的食物。許多宴會都提供過多有窒息風險的食物，包括 M&M 巧克力、彩虹糖、軟糖，以及橄欖、爆米花、堅果和迷你熱狗；所以，你要小心挑選寶寶宴會上的食物。

抓對時間。舉辦孩子的生日宴會，時間抓得好，成功就在望。安排一切活動的前提是讓寶寶能有充分的休息，肚子餵飽（不要為了使他能在稍後的宴會上多吃一點，而故意延誤他正常的進餐時間），作息也都盡可能正常。比如說，萬一寶寶通常在早晨會小睡一頓，就別將慶生排在早上——讓一個疲倦的寶寶參加慶祝活動不過是

❖ 換床

再六個月，我們的第二個寶寶就要來臨；我們該在什麼時間、用什麼方法讓我們的兒子由嬰兒床改睡普通床呢？

寶寶的最佳睡眠處所是他的嬰兒床——就算即將成為哥哥也還是。何時才是讓寶寶從嬰兒床轉換到一般床上的好時機呢？專家的建議是兩歲半到三歲之間，也就是大約他長到 90 公分（但是，如果他很早

在自找罪受。整個宴會的時間也應有所控制，最多一個半小時，如此一來，孩子才不會在慶生結束後抓狂，甚至還沒結束以前就開始不耐煩。

別找小丑。魔術師也一樣，任何可能會嚇到寶寶或其他小朋友的表演都別考慮。一歲的小孩子極其敏感，而且反應無法預期；這一分鐘令他們興高采烈的事物，下一秒可能會驚嚇到他們。也不必設計什麼正式的遊戲給這些初學走路的小人兒——他們還不到那個時候。然而，假如有幾個小客人會光臨的話，是可以預備一些玩具，而且最好同款的多準備幾個，才不會發生你搶我奪的局面。

有租下一處遊戲場的預算嗎？這可能是個好主意（如果場主提供布置、清理場地並可以照料小朋友的員工，更是輕鬆愉快的好選擇）——你只需要確認宴會很適合一歲小朋友就好。

不要批評孩子的表現。如果你的寶寶會對鏡頭主動微笑，對同伴很友善，打開禮物時有熱情的反應，那當然很棒——但是，別期望事情會這麼發展。在慶生會的前一個月內也許你可以教他學會吹蠟燭，但是，完全的合作演出機率絕非百分之百，而你也絕不應對他施加任何壓力。就讓他做他自己吧，即使這意謂著合照時他會在你的懷裡扭來扭去，希望他表演走個幾步時，他連站都不要站，或寧可玩空盒子也不要裡面的貴重禮物。

留下記錄。這場宴會將過得飛快，孩子的童年也是。所以，像這類特殊節慶場合，最好用相機、攝影機等方式保存下來，日後你將發現其價值。另外，說到樂在其中這回事——你自己的快樂也別忘了；小型、非正式的宴會就有另一個好處：你比較不會因為顧此失彼而樂趣全無，更容易玩得開心——也就是說，你身邊的人也都會跟著開心。

就長得這麼高，如果還不會爬出嬰兒床，最好還是等到接近三歲再換床）；在此之前，你的寶貝兒子待在嬰兒床裡會安全得多——尤其是他都還沒試著攀出嬰兒床外的話（絕大多數一歲大的寶寶都不會嘗試脫逃），畢竟，對他來說夜裡在家中趴趴走還是件很可怕的事。就算家裡要添小寶寶，也不是讓哥哥換床的好理由，最好是再買或借張嬰兒床給新來的弟妹，最多也只能讓在他可以接受的狀態下換睡小床，或者是先讓新來的弟妹睡嬰兒搖籃，直到哥哥願意離開他的嬰兒床或換睡大床時才換給弟妹睡。

❖使用枕頭和毛毯

為了防範嬰兒猝死症，我一直沒有讓我的寶寶用枕頭或毛毯。但她現在十一個月大了，讓她睡枕頭、蓋毛毯安全嗎？

對你而言，沒有一個（或兩三個）枕頭讓你枕著頭的床，可能就不能稱之為床了；但對一個一出生後向來就平躺在床墊上，不枕枕頭、不蓋毛毯的寶寶來說，根本就不是問題，沒有這些他不知道的東西他還是睡得好好的。儘管已度過窒息與嬰兒猝死症的高危險期，大部分的專家還是不建議讓寶寶在嬰兒床裡使用枕頭；另外，因為這時寶寶入睡後還會經常翻身、轉向，便難免會有趴在枕頭上的時候，所以，還是等到他能睡大床後再給他枕頭會安全許多。

毛毯亦然——愈晚愈好。儘管有些父母在寶寶一歲時就用毛毯將他裹起來，大多數的專家則建議最好等到至少一歲半時。使用毛毯的風險，尤其對一個好動的寶寶而言，窒息的危險性不高，比較可能發生的意外是當寶寶想站起來時，毛毯可能會纏住他，導致跌倒、摔傷和挫折。許多父母會在輕薄的棉睡衣外再套上一件連身睡衣，好讓寶寶在寒冷的夜晚保暖。

如果你決定給寶寶用枕頭或毛毯，別讓你的偏好成為選擇的準則，你該挑的是小小的、很平的「學步兒」枕頭，以及很輕的毛毯。

那麼，如果你家寶貝最「寶貝」的就是條小毛毯怎麼辦呢？只要合於安全考量，那種他從不離手、用來安撫自己的小毛毯威脅不大；但如果從衛生的角度來看（如果他當真從不離手的話）……呃，那就是另一回事了。這方面的問題，請參閱 480 頁的說明。

❖胃口變小

我兒子以前都吃得像是這餐過後就不會再有下一餐，但突然之間對他的正餐好像失去興趣了——每次就只隨便碰碰食物，然後便迫不及待地想爬下他的小餐椅。會有可能是他病了嗎？

其實這絕對有可能是大自然的安排，讓他開始節制飲食。如果他像第一年那樣吃法，維持同等的體重增加速率，他很快就會膨脹得像顆

不能喝牛奶

你的一歲寶寶已經準備好告別配方奶、改喝牛奶了，問題是，他對牛奶過敏，而你的小兒科醫師建議以豆奶替代。但由於豆奶的脂肪含量只有全脂奶的一半，你不免擔心你的學步兒無法從飲食中攝取足夠的脂肪。別擔心了，儘管只喝豆奶不足以供應兩歲以下寶寶大腦發育所需的脂肪，但奶品並不是你的學步兒飲食中脂肪的唯一來源，包括肉類、魚、禽肉和食用油在內的均衡飲食，都能提供他充足的脂肪。問問醫師，以下哪些食物最能滿足寶寶的重要脂肪需求——一般來說，他可以從包含酪梨、花生醬（如果你家寶貝不會對花生過敏）、牛豬雞肉或魚肉，以及烹調用油裡獲得足夠的脂肪。過了兩歲，他對脂肪的需求就會調整到大約與成人相同。但是，牛奶中的鈣和其他營養又怎麼辦呢？某些乳品就會不像牛乳那麼容易引發過敏，所以最好詢問一下醫師，你家這還沒週歲的寶貝到底比較適合以下所列的哪種乳品（不管你最後選擇了哪一種，都必須是無糖製品）：

- 豆奶。豆奶中的蛋白質可以和牛奶相提並論，鈣質也是（但得選購鈣質強化的豆奶），脂肪量則大約相當於牛奶的 2%。
- 杏仁奶的脂肪（有益健康的單元不飽和脂肪）含量和豆奶差不多，而且富含維生素 E 和鈣質；購買時，要挑選鈣質與維生素 D 強化（市售產品幾乎都有）的杏仁奶。缺點是：杏仁奶的蛋白質含量較低，也不能讓對堅果過敏的寶寶喝。
- 椰子奶富含脂肪，卻較缺蛋白質與鈣質（有些椰子奶會特別添加鈣質與維生素 D ）。
- 米漿的脂肪和蛋白質都不多，但熱量高過上述奶品——也最沒有引發乳品過敏的危險。有些米漿會添加鈣質與維生素 D 。
- 大麻仁奶（hemp milk）富含 omega-3 與 omega-6 脂肪酸，以及不會太多也不會太少的蛋白質，但大多品牌的產品都加稠，不怎麼好喝。

球。大部分寶寶在第一年中，體重會比出生時重三倍；第二年則僅僅增加大約體重的四分之一。為了使體重能如此正常發展，他的胃口勢必得縮小。

但是，讓他食慾低落還有別的理

由。其一是對周遭世界日漸增長的興趣。在他生命中的第一年，吃東西時間大概是他的重點；現在則不然，倒成了某個阻礙。因為一個會爬會走的小孩有那麼多事要做，那麼多地方要看，那麼多麻煩要製造——而一天的光陰卻那麼短暫。

愈來愈強的自主意識也會產生影響。他可能決定了他才是餐桌前的主宰，不是你。他也許對口味的堅持會有劇烈的變動——這個星期，每樣東西都得塗上花生醬他才肯吃，而下週呢，凡是帶有一點點花生口味的他概不受理。與其和他作戰，索性讓他做主（只要他選擇的東西是營養的），這挑剔也會慢慢消弭於無形。

或許他不喜歡被外放在一邊坐他自己的小餐椅。果真如此，可以讓他加入全家人的餐桌。或者他是沒耐性久坐，那麼，只有在準備好食物時再將他放在椅子上，而一當他開始不安靜，就讓他下去。

有些寶寶會因為長牙而暫時喪失胃口。只要你觀察到他的食慾不振伴隨著焦躁、咬手指或其他長牙的現象，那麼你就可以確信：一旦這些不適消失，食慾就會恢復正常。然而若伴隨的是疾病的徵兆，諸如發燒、疲倦或沒精打采，就該帶他去看醫師。需要藉助醫療諮詢的還包括：體重完全停止增加、看起來很瘦、很虛弱、反應淡漠、易怒，或頭髮特別乾燥易斷，皮膚缺乏水分。

你的底線，是尊重他的胃口。只要寶寶長得好、長得壯又沒有患病的徵兆，你就不必為他的食慾操心；更別說，你的催促、逼迫他再吃一口或非得清光餐盤，只會讓他更抗拒進食。事實是，能依自己胃口進食的健康寶寶或幼兒，都會因成長與建壯之需而讓自己吃得恰到好處；你的工作是：提供營養的食物，他的工作則是：依己所需多吃一點（或少吃一點）。

❖食慾增加

我以為一歲大的孩子胃口會變小，我女兒卻明顯地增加。她不胖，但我忍不住會擔心：以這樣的吃法，有一天她會變成什麼樣子？

她吃得多，有可能是因為她喝得比以前少。剛剛斷奶的寶寶，從牛奶或其他飲料得到的熱量很有可能會比斷奶前少，所以就會由副食品中來彌補。表面上看來你女兒似乎攝取了較多熱量，實際上也許和以往差不多，甚至比較少，只是以不

來點核果好嗎？

一說到花生醬，大部分的兒童——還有父母——都會口水直流：小孩愛它的味道，爸媽則喜歡它的便宜，富含蛋白質、纖維素、維生素E及礦物質等營養，而且再挑嘴的孩子不用拜託他也會吃（更何況可以保鮮好幾個小時，做三明治或點心都很容易）。

但好些孩子會對食物過敏，花生過敏的比率更是逐年上升，使得這個午餐盒中的熱門角色漸受冷落。如果你沒有過敏的家族病史，小兒科醫師可能會允許你在寶寶一歲時給他吃些滑順的花生醬（為免噎到，要塗得很薄，絕對不能用手指或湯匙直接從罐子裡挖出來吃，大口大口吃更要等到孩子四歲大之後）。如果有家族過敏史（花生或其他食物），除非醫師首肯——可能要到兩歲、三歲、四歲，甚至更大以後——就不要給寶寶吃花生製品。

其他堅果類應該比照辦理。整顆的堅果有噎著的風險，要等到孩子四、五歲之後才能端上桌。

同的形式吃進肚子裡。也有可能是她正好面臨一個階段的生長快速期，或者她變得比較活躍（像是走路走得很多），因而需要更多熱量。

健康的寶寶按照正常速率成長，即使食慾極好或不怎麼好，只要你女兒的身高體重沒有突然偏離正常，就沒什麼好擔心的。與其費神注意她吃的量，不如多關心「質」；別忘了，你的寶寶就和大人一樣，很容易養成不良飲食習慣，讓她的好胃口浪費在一些於健康無益的食品上，尤其是很容易導致肥胖的高脂肪食物。同時，也應掌握她進食的動機。例如說，她吃東西不是出於飢餓，而是因為無聊，那麼你可以在正餐之間為她安排一些活動；或者你認為她這麼會吃可能是情感上得不到滿足，那就盡量給予充分的注意和關愛，在她跌倒或受傷時給她一個擁抱，而不是一片餅乾。

❖拒絕自己進食

我知道兒子會自己吃東西——他做過好多次，而且做得很好。但是現在他卻完全拒絕自己去拿奶瓶、杯子或湯匙，如果我不餵他，他就不吃。

對你的兒子來說，想繼續做個嬰

兒與想長大的內在掙扎才剛剛開始。這是他首度有能力照顧自己，但如果說代價是付出身為一個嬰兒所能享受到的安全感，他便會猶豫究竟如何取捨。

別強迫你的孩子成長得太快，當他還不想自己動手吃東西時，隨他去吧；如果他希望由你餵，就餵他。順著天性任其發展，大男孩終究會戰勝小寶寶的——儘管這種內在的鬥爭會在他成長的每個階段重複上演。在此同時，隨時讓他有自給自足的機會——把奶瓶、杯子、湯匙放在他唾手可得之處，但切勿迫使他自己用。多給他一些用手抓的食物，點心或正餐，因為絕大多數這個年齡的孩子仍無法靈活運用湯匙，用自己的十根手指頭來吃東西會令他們比較有信心一點。同時你也要記得不要因為你對清潔的堅持而讓寶寶覺得他的努力受到否定。

每當他自己餵自己吃的時候，記得在一旁給他充分的讚美和鼓勵，重點是讓他了解：放棄讓媽媽餵並不表示將失去媽媽。

❖日漸獨立

我的小女兒好像總無法決定她要什麼。一會兒她滿屋子緊追著我，抱著我的腿，不讓我做事；而一等我坐下來抱住她，她卻又極力想掙脫我。

內心的衝突，是身為一個正常的一歲寶寶普遍會有的感覺。就如同拒絕自己進食一般，你的小女兒會陷入想獨立、又害怕代價太高的這種矛盾之中。當你忙於別的事務，尤其當你移動的速度快到她跟不上時，她便恐懼著失去你的關愛；而在另一方面，如果你一直陪在身邊，她卻又想再測試一下自己的獨立能力。

隨著逐漸體認到你永遠會是她的媽媽，她愈來愈安心，也會逐漸地減少對你的強烈依附。但這樣的矛盾在未來幾年中仍會偶爾出現，甚至到她自己身為人母。

除了陪伴，你也可以幫助她學習獨立：讓她有足夠的安全感。如果你在廚房削胡蘿蔔，她被隔在起居室裡，就盡量和她聊天，間或放下手邊的事到她身邊去，或者讓她坐在小椅子裡，坐在你附近。支持並讚美她邁向獨立的每一步，而當她遲疑，轉頭奔向你懷中時，你也應展現完全的耐心和理解。

然而，回應她的時機也得務實。有些時候你得讓她抱著你的腿哭喊

：像是在準備晚餐，或忙著平衡家計時。讓她了解到別人也有其需要的重要性，並不亞於讓她知道你永遠愛她，會極盡所能滿足她的重要程度。

❖為反對而反對

自從我的兒子學會搖頭說「不」之後，他就以此當作對每一件事的答覆——甚至連某些他明明想要的事情。

恭喜你！你的寶寶正式成為學步兒啦。跟隨這個成長過渡期而來的，是某個行為模式的開端——為反對而反對，在未來的若干年中，好戲還會緊鑼密鼓、接連不斷地上演呢。

這種堅持反對令父母頭大，然而就一個小孩的發育而言，卻是正常且健康的一部分。這是他首次可以做自己，握有某些力量，試測他所能達到的界線在哪裡，以及挑戰父母的權威。最要緊的是，他可以清晰明白地表達屬於他個人的意見。他並且發現，這些意見中最具影響力的，便是一句簡單的「不要！」

幸運的是，在此階段，你的孩子口中雖說「不」，並不見得真正意謂如此。事實上，很多時候他根本沒那個意思。比方說，你遞給他一條他要了半天的香蕉時，他竟說「不要」；或者在你要帶他去玩鞦韆的時候他會搖搖頭。就像站立或走路一般，學習說「不要」以及搖頭也都是新的技能——而他需要勤加練習，即使時機和地點未必恰當。此外，小寶寶總是先會搖頭，之後一段時間才又學會點頭，其實和反對心態無關，而是前者比較不複雜，比較容易學會，也比較不需要那麼多的協調性。

運用一點說話的技巧，有時可以避免挑起這些無謂的反對。如果你不希望聽到「不要」，就別問可以用「不」回答的問句。與其問說：「你要吃一個蘋果嗎？」換個方式說成：「你想吃蘋果還是香蕉？」但是，某些孩子仍會給這些複選題一個標準答案：「不要。」

有的時候，一個十二個月大的小孩便提前演出「恐怖的兩歲」的前奏曲。通常一些行為是滿好笑的，而旁人的發笑只會鼓勵那些行為一再出現。置之不理雖不見得能對稍大的孩子奏效，但是通常的確可以讓一個一歲大的小孩放棄他的掙扎，然後乖乖地玩他自己的玩具。

你家中的這些「不要」大概起碼還會縈繞耳朵附近一年——而且還

一元復使，萬象……依舊

覺得你看夠為反對而反對了？認為寶寶已經夠任性了？這不過是學步兒歲月的預演罷了，還有更多類似的學步兒行為——讓你著迷又火大，歡喜快樂又啞口無言，興奮又挫折——測試你們為人父母的機智與耐性。從對食物愛不釋手到敷衍了事，就算過了週歲，學步兒還是會以一種獨特的過日子方式讓父母不斷猜測——並且四處尋求如何應對這個古靈精怪的獨立個體的最佳忠告。由於學步兒的好些舉止會在近一歲時才開始出現，本章中有一些學步兒期的應對技巧。

可能會變本加厲。這段期間，最好的應對方式是不理睬那些為反對而反對的行為；你愈想糾正寶寶說「不」的習慣，他愈會「不要」個沒完。坦然接受之外，保持幽默感更有助於你度過這段時期。

❖看電視

我覺得有罪惡感：當我要準備晚餐時，我就打開電視讓女兒看卡通。可是，這又是眼下我唯一能夠暫時不顧著她的方法。

誰能拒絕可以讓寶寶照護者暫時擺脫叫喚、陪伴、取悅的辛苦，好讓自己掙得一點自由時間的機會呢？可如果那個替代者名叫電視，專家就大概會勸你寧可不要——除非你當真無計可施又不得不離開寶寶。儘管許多電視節目都宣稱是為嬰兒或幼兒製作的，來自美國小兒科醫學會和其他單位的研究卻大多強烈建議，不要讓兩歲以下的寶寶看電視，而且很有道理；這是因為，寶寶電視看得愈多，就愈少有跟大人說話的機會——即便是號稱有益智力發展的電視節目，比起人與人的互動，虛擬的電視節目對年幼且正在快速發展的大腦助益有限得多；都還沒滿週歲的寶寶，更不可能跟得上電視節目轉眼即逝的飛快節奏，電視帶給他們的影音會不斷堆積，使得寶寶的小腦袋瓜、感官與情緒都負荷過重，更沒有來自大人的單純字彙所能挹注大腦發展的好處。結果就是，他的語言發展會因此遲緩。

更糟的是，電視的可能危害不只語言發展遲緩而已，花在注視螢幕的時間愈久，就代表活動、參與遊戲、動用想像力、好奇與創作，以及——誰都預想得到——看書（和未來的讀書）的時間愈少，也與孩子後來的過度肥胖、注意力缺失和攻擊性行為大有關係。

讓寶寶看電視就真的這麼有百害而無一利嗎？對很多父母親來說，最少有個顯而易見的好處：電視可以提供寶寶一整段時間的娛樂，好讓爸媽能暫且脫身喘一口氣或為家人準備晚餐，就像在寶寶身上按下「暫停」鍵般好用。聽起來很像在說你嗎？那你可一點都談不上孤單。90% 左右未滿兩歲的寶寶都看過電子媒體（電視、平板電腦、智慧手機應用程式）——也就是說，大多數的父母都面對與你一模一樣的現實：不管有多少專家的多少研究做過多少建議，你家寶貝還是躲不開電視，而且經常都躲不掉。

讓寶寶面對電視、按下開關的底線何在呢？能不要就不要。非得借用電視的力量時——有些時刻確實在所難免——就要遵循以下的規則，才能讓寶寶從看電視上得到最多好處，避開最多害處：

- 嚴控時間。本來的「只要給我 5 分鐘洗碗的時間」很容易就會拖長到 20、30 分鐘，甚至 1 小時又 1 小時又……你懂我的意思。所以，首要之務就是嚴守一天只讓寶寶看 10~15 分鐘電視的規則；有必要的話就設定鬧鈴來提醒自己，卻一定要嚴格執行，而且別讓寶寶看太長的節目，只看製作精良的短節目。
- 和寶寶一起看。專家的看法是，寶寶看電視時如果有父母陪同，就比較能透過詢問、互動和討論而吸取更多有價值的經驗——要是你把電視當保母用，當然就不可能有這種效果。但專家可不是說你就得一直和他坐在電視機前（啥事也做不了），而是說如果你正在準備晚餐的話，每過個兩三分鐘就對寶寶說句和電視節目有關的話：「他好棒喔，肯讓別人玩他的玩具！」又或者與電視節目合唱某一首歌。
- 慎選節目。就算你每天都只讓他看 15 分鐘電視，節目的好壞還是很重要。要選擇為小寶寶製作的、用語和段落都很簡潔的節目，動作也夠緩慢，配有能夠吸引寶寶注意力、鼓勵他和節目裡的角色互動的歌曲或音樂，而且還有一些教育功能（比如數數兒、比較各種物體的形狀）；事先看過節目可以讓你更清楚有沒有教育功能、是否有益身心健康，尤其是確保不會有暴力內涵（卡通裡的暴力就常多到讓人吃驚）。另一個好原則是：選擇不會插播廣告或置入性行銷的節目——比如公共電視臺的大多數節目。

你家的小寶貝已經會按遙控器了？看電視的習慣，往往比父母的想像更早就養成了——但另一個事實是，未來再也不會有更容易養成限時習慣的好時機。現在就以更多、更豐富的互動（趁著你還做得到）來讓寶寶忘記電視，你所要克服的困難一定會比未來少得多。

❖高科技玩具

寶寶老愛和我爭搶智慧型手機和iPad，而且很受觸控螢幕的吸引。我該特別為他下載一些軟體嗎？

你的小可愛應該現在就開始用他的小指頭在面板上點來點去、滑來滑去嗎？雖然他未來肯定要過高科生活，你卻不見得必須這麼早就扮演領頭羊。事實上，大多數的專家都認為，螢幕時光——不管是電視的、電腦或筆電的、iPad或智慧型手機的——都要等到寶寶兩歲以後才開始；在那之前，每個小寶寶都不應該上線（或最少遠離電線）。

現在就讓寶寶吃科技大餐有壞處嗎？拿一件事來說就好：電腦或手機對寶寶大腦的刺激，根本比不上真實世界的遊戲。比如說，如果他是在客廳的地板上玩拼圖，他就得先學會怎麼捏起一塊拼圖，然後在小手掌裡轉上幾下、研判這塊拼圖可能是什麼，再用手指把拼圖放到正確的地方；要是在電腦上玩拼圖呢？那他就只能靠按鍵盤或滑鼠來揀選、拉動拼圖，而且還不必十分準確電腦就會有反應。電腦也沒辦法培養他的創造力，你家寶寶的電腦視野是由軟體或網站決定的，但如果他玩的是和熊寶寶扮家家酒或有著各種玩具車的車庫，他的想像力便毫不受限了。除此之外，太常和電腦互動也會排擠寶寶（或幼兒）從現實生活中培養可貴社交能力——諸如調控情緒、分享和與人相處——的機會。人性介面？沒有哪個程式真有這種東西。

嬰兒與幼兒能從探索環境中學到的東西，都比螢幕多得多，所以你家寶貝的大多數時間都該花在傳統的活動上——把玩真實的玩具，比如積木、洋娃娃、玩具卡車、拼排七巧板、看書，以及在公園裡望著鳥兒從這棵樹飛到另一棵樹、學著把沙剷進沙桶裡、嗅聞花香、用粉蠟筆塗鴉、哄搖熊寶寶入睡、在浴缸裡盡情玩水。

這倒不是說，你非得讓寶寶完全

和高科技絕緣——或甚至一無所知（尤其是如果你的手機就經常擺在你或寶寶伸手可及之處，那更無疑痴人說夢），只是希望你能明白現今盡量讓寶寶「低科技」的好處。研究顯示，太常接觸電腦遊戲、應用程式和其他吸睛電子產品的話，會阻礙創造力、社交技巧、語言能力的發展，導致眼睛過勞、刺激過多，及身體活動不可避免的相對減少（在鍵盤上敲敲打打可不是寶寶需要的運動）；此外，在寶寶的這個生命早期階段，環繞著他的一切（從超市裡的親切女士到馬路邊樹上的松鼠，從呼嘯而過的消防車到踩著自行車經過他身邊的小女孩）都還是你家寶貝探索世界的最佳入口——人生與學習的樂趣都齊聚於此，對他的智力發育最有助益。

你該怎麼讓寶寶接觸科技，卻又不至於負擔過大呢？謹記以下的原則：

- 別讓寶寶玩過頭。一次的使用時間限制在 10~15 分鐘，在電腦或平板電腦上面花太多時間，會侵蝕寶寶在社交、情緒、生理和智能方面的發展運作，減少他以做中學的老方法習得事物。同時要注意，別強迫一個已經厭倦敲打鍵盤的寶寶——他現在可能想在玩具工作檯上敲打——這種時候還要他繼續在電腦前坐好，他可沒有這樣的耐性和專注力。
- 使用要有好理由。電腦遊戲或應用程式確實有娛樂效果，帶些刺激，還有一點點教育性卻不會增進寶寶的智商、讓他在學校中高人一等或變成電腦神童。
- 和寶寶一起按滑鼠、打鍵盤。與其讓寶寶自己待在電腦前或給他平板電腦，不如藉著高科技影音和他互動；如你們一起讀書一般，看見新的畫面或聽到新的聲音就提問（「凱蒂貓在哪兒？」），同時指出他可能還不認得的事物（「看見花了嗎？它是紅色的，叫玫瑰，是一朵紅玫瑰。」）
- 慎選遊戲。尋找圖像和樂音都不複雜的遊戲，先上網讀讀應用程式或軟體的相關說明，或者在網路上檢視遊戲的評論與排名，而且讓寶寶玩之前自己要先試玩幾次，檢視的方向包括：確認遊戲內容是否適合小寶寶（沒有暴力內容、嚇人的畫面或太嘈雜尖銳的聲響），遊戲本身是否含有你想讓寶寶學習——以及學習怎麼學習——的內涵。
- 適合寶寶的年紀。不論遊戲的內涵和評價看起來有多好（或影音有多吸引你的小傢伙），如果遊戲是為更大的孩子設計的，就不適合你家的小寶寶，因為那很可能會讓一個才剛接觸現實世界（別把虛擬世界考慮在內）的小寶寶興奮過度、刺激過重。所以，一定要剔除大小孩玩的遊戲——仔細上網查看或閱讀產品說明書，小心揀選，才能找到適合你家寶貝年紀的好遊戲。

- 別強迫寶寶。不論你最後決定要讓寶寶玩什麼虛擬遊戲，都別帶著寶寶能夠破關斬將的期望，未來和未來的未來，他都有很多時光可以在虛擬世界大展拳腳。

不可不知：激勵學步兒的成長

開始會說話了，開始邁出步伐。對學步兒來說，多了這兩項技能，無異如虎添翼，整個學習的遊戲較之以往實在刺激有趣得多。世界霎時雲開天闊。藉著下列幾種做法，盡量給孩子機會去探索這個不斷開展的大千世界，並加強他各方面的發展及學習，例如體能方面、社交方面、智能方面以及情緒方面。

適合寶寶探險的安全所在。總是擔心家中剛站穩雙腳的新兵突然走動（或是攀爬）而遇上麻煩嗎？這的確是提高警覺的好理由，但不要過度保護了。你該鼓勵寶寶多走，但必須全力戒備，注視其一舉一動可能牽涉的危險，尤其靠近大街、馬路、車輛通道等地。至於還不太會走的小寶寶，可以擺些具吸引力的東西在他伸手無法觸及的地方，以誘發其站立或是沿著家具前進。寶寶都很愛爬梯子（當你不在附近時，一定要用安全門攔著樓梯），用四肢攀上滑梯（你必須守在一旁，以防萬一），或是從矮椅、床上下來。隨他們去——但要看著，一有狀況便可及時解危。

誘使孩子積極從事體能活動。如果

了解眼神

所有父母都希望寶寶會望著他們尋求指導。呃……根據某些有趣的研究，兒童的確會這麼做——而且比我們想像的更早。科學家發現，如果一個成人看著某樣東西，一歲寶寶往往也會朝那個方向看；研究者認為，這表示即使是這麼小的孩子也了解眼神的意義——並以之做為社交的線索。

你家寶貝不愛動，就可能需要一些誘因使其活潑一些；你可以趴在地上爬行（一邊說「試試看，來抓我！」），鼓舞寶寶學你爬或是跑過來，或是故意嚇他：「媽媽要來追你嘍。」來激發寶寶盡力遠離你。把他喜愛的玩具之類的東西放在一點距離之外，然後鼓勵他去拿回來。較膽怯的寶寶也許還需要一些精神上——以及實質上——的支持，所以你要盡量說服他嘗試，但不要強迫，或因為他不想做而貶低他；像是陪著膽子小的寶寶爬上滑梯，然後一起滑下來，直到有一天他想自己獨立完成為止。孩子有學走路的意圖時，伴著他走，並給予一隻手或雙手的扶持。在你的孩子願意冒險單獨坐「寶寶用」鞦韆以前，你就抱著他一同坐上「大孩子用」的鞦韆晃一晃吧。

帶他見識多變的環境。每天只面對自己家裡、車中及超市的寶寶，一定會覺得世界十分厭煩無趣。外面的世界多變而有趣，應該讓寶寶每天多看看。即使是雨天也是很好的學習經驗（當然要避免傾盆大雨的情況）。帶寶寶四處遊覽，走遍遊樂場、公園、博物館（寶寶特別喜愛圖畫及雕塑，不妨在平常人少時帶他們去美術館）、玩具店、餐廳、寵物店、百貨公司或其他可以逛可以看人的繁忙場所。

提供豐富的玩具。這世界已經夠好玩的了，但你還是要提供孩子廣泛而多樣的體驗讓她有最好的機會能夠鍛鍊各種肌肉和能力（包括創造力、想像力、智力和社會能力）。你可以給孩子：

- 推拉式玩具。需要推或拉的玩具可以提供剛開步的寶寶練習的機會，以及增強體力和自信心。坐在可以移動雙腳的玩具上可能有助於一些小孩練習走路，但對另一些不這麼認為的小孩，學步車不但無助於學走，反而有礙。
- 給他創造性工具。一歲左右的孩童體內都住著一個藝術家，你只需要釋放這個內在的創作天才就好了。給寶寶蠟筆，或是可水洗的畫筆。用膠帶將畫紙固定於桌上、地上或畫架上以防滑落；一個畫板或畫架（如果寶寶可以站得很穩了）、可擦拭的黑板或白板、可以畫粉筆的走道都適合留下寶寶的代表作。如果寶寶畫到不該塗鴉的地方或將手中的蠟筆放入口中，應立即沒收蠟筆，教導他正確的用法。千萬不要讓他

安全的顧慮

你家寶寶愈來愈聰明了——但離自我判斷仍有一段距離。除了過去所做的安全措施外，你現在要顧慮的事更多更廣。

隨著寶寶運動技能及攀爬技術的發展，家中所有沒有上鎖隔離的物品都可能被寶寶的小手觸及。所以要再做一次安全檢查，不但要收好擺在地上的危險物品，也要一併消除經由攀爬可能觸及的安全威脅。

要有警戒心：這個年紀的寶寶企圖心十分旺盛，對想得到的東西常不擇手段運用各種可能的方法，諸如攀爬堆疊的書籍或玩具。與此同時，也要注意所有孩童攀爬的工具是否足以支撐他的重量及堅固性。記得不斷提醒孩子（「不可以！你不可以爬上去！」），但也不必期望他明天仍會記得。

使用鋼珠筆或鉛筆，除非在嚴格監控下，因為筆尖過於尖銳容易造成意外。有些小孩喜歡用手指沾染塗料作畫，有些則就算知道可以洗乾淨也不喜歡滿手油污。

- 音樂性玩具。讓寶寶盡情演奏玩具鍵盤（真的也行）、木琴或鼓，搖搖鈴鼓或節奏樂器。寶寶也可學習即興創作音樂，例如利用木湯匙敲打鍋底。當然也可以播放簡單的歌曲讓寶寶隨之起舞。
- 教他取放玩具。寶寶喜愛把東西放下去和拿起來，只不過後者常常比前者先學會。你可以買特別設計的玩具或利用家中現成的東西，以把一個籃子中放滿各類小東西（不要小到可以放進嘴中）當作開端，但要有心理準備：大多數的時間你會扮演玩具收拾者的角色。用勺子舀水、沙子、米（在屋內多半限於浴缸或嬰兒椅中）深受寶寶的喜愛，不過需要父母在旁嚴密的監視。
- 讓他玩形狀分類遊戲。早在寶寶學會說出圓形、方形或三角形的名稱之前，他們就已能辨識這些形狀，並能放置於適合的組合玩具中。這些組合玩具也能同時教導寶寶靈巧性和辨識色彩。不過記住，寶寶需要很多示範及協助才能熟練。
- 靈巧性玩具。這類玩具鼓勵孩子使用雙手來扭轉、推壓、抽拉等。父母可能要花上好些時間來為

寶寶示範如何操作，可一旦學會了，寶寶可能會專注地一次就玩上好幾小時。木釘插板、安全黏土（要等寶寶不會隨便放進嘴裡才能給他玩）、撥珠玩具、木偶還有組合積木，都能提供他們練習精細動作的好機會。

- 準備洗澡時的玩具。這類水中玩具會教導孩子許多觀念，兼具水中玩耍的樂趣而不至於弄溼地板和家具。不同尺寸的杯子可以教寶寶大小的概念（裝滿水跟空的杯子也能讓寶寶學習「空空的」跟「裝滿的」）。動物形狀的洗澡玩具（橡膠鴨子或噴水大象）可以讓寶寶認識動物，黏在牆上的字母可以向寶寶介紹 ABC。浴缸中也很適合玩吹泡泡遊戲，不過恐怕要由你來擔任吹泡泡的角色，讓寶寶練習用眼睛跟手捕捉泡泡。
- 一起看有圖片的報章雜誌還有書籍。你不可能把活生生的馬、大象、獅子等帶進家中，卻可在書籍雜誌中一睹牠們的風采。每天應帶著寶寶讀幾回書，每一回可能只有數分鐘長，因為寶寶的注意力為時甚短，但累積起來的卻是未來喜愛閱讀的穩固基礎。
- 陪寶寶玩家家酒類的想像遊戲。玩具盤子及廚具、假食物、玩具房子、小汽車、帽子、大人的鞋子等——幾乎任何東西都能神奇地轉換成孩子想像的模仿遊戲。這類遊戲有助於孩子社交能力的發展，以及各種機制的協調（諸如穿上及脫下衣服、假裝在炒菜或煮湯等）、創造力和想像力。

鼓舞（但別過頭），並保持耐心。。當寶寶掌握了新技能時，務必給予鼓舞。每一種成就的達成都必須適時給予肯定，但注意不要給得太多或太頻繁，否則寶寶可能會上癮——太依賴喝采而不會主動挑戰自我。自我滿足（為自己的成就感到驕傲）也很重要，有時，寶寶需要的就只是對自己滿意。

學步期的寶寶雖然各方面的技能都大大超越六個月大時，但注意力卻還是持續不了太久。寶寶可能會花滿長的時間在某些玩具上，但當你試圖說故事給他聽，或和他玩別的玩具時，寶寶卻常安靜不到 5 分鐘。務必了解這些極限，不要對他們的成長或注意力感到絕望。

18 和寶寶一起旅遊

在為人父母之前，任何季節都是旅遊季節。夏天到朋友的鄉間別墅度假，冬天遠避在南太平洋的熱帶島嶼——愛上哪兒，就上哪兒。

但現在呢？光是帶寶寶到市區逛逛都要大費周章——時間的計畫，正確的執行，寶寶及其所有的裝備放在你痠痛的肩膀上；不管是兩星期的旅行或回娘家待個兩天，都可能因心裡害怕而考慮是否去嘗試。

然而，你不必等到你的小孩年紀大到足以攜帶自己的行李或參加夏令營，才能滿足你的旅行癮。雖然帶著寶寶度假不太可能休息，且總是一種挑戰，但仍是可實行以及歡愉的。

事前的計畫

比起以前到了週末由於一時興起，而將少許的衣服及盥洗用具丟入平日隨身的背包裡，想去哪裡就去哪裡，現在你必須花更多的時間來計畫外出。帶著寶寶出遊有一些有條理的準備方法，包括：

彈性安排你的時間。忘掉在匆忙的五天內遊覽六個美麗城市的緊湊旅遊行程吧！取而代之的是找一個適切的速度，擁有很多時間——假使情況許可的話，旅途中你應該安排多餘的一天，在海邊安排多餘的一個下午或在游泳池邊安排額外的一個上午。

護照的更新。你不可以用你的護照帶著寶寶出國，每一個旅行者，不管他們的年齡如何，都需要擁有自己的護照。

事先準備醫藥箱。如果要出國，你得先向醫師請教一下，確定寶寶的預防注射都打過了。如果要前往某些國家，可能還需要打特別的疫苗（例如傷寒）或預防注射（以避免瘧疾或 A 型肝炎）。你可以上疾病管制局的網站查詢旅遊地區的疫情，或是先查詢目的地的醫療資源。

在做長途旅行之前，先帶寶寶做一次身體檢查——如果與上次的檢查已距離一段時間。這不但可以更確定寶寶處在良好的健康狀況，也讓你有機會與醫師討論你這次的行程，而且可以請教你所去的地方有比較可能染患哪些疾病。如果你的寶寶幾個月前已做過身體檢查，只需要電話諮詢即可。

如果你的寶寶正在服藥，藥量要確定帶夠或帶著處方箋，以防藥品遺失、撒落或碰到其他的意外。如果藥品需要冷藏，想在旅途中持續放在冰箱中可能會有困難，不妨請醫師換開其他不需要冷藏的替代藥物。由於鼻塞會影響寶寶的睡眠，而且飛行時會引起耳朵疼痛，所以如果你的寶寶得到感冒，也要請醫師建議一些通鼻的藥。如果你要去的地方飲食不太衛生，可能會讓你和寶寶水土不服，就請醫師開一些治療腹瀉的處方。帶藥去旅行，都得先確定孩子年齡的安全劑量，及該如何處理某些突發狀況，了解可能產生的副作用。尤其是你若要延長你的旅程，就必須知道旅程各站有哪些醫療諮詢機構。

事先安排住處。無論你們會住在飯店或是阿嬤家，務必確認每晚寶寶都有安全的地方可以睡覺。大部分的飯店、旅館、渡假村大都有提供嬰兒小床，有些需要收取費用。事先聯絡並確認嬰兒床的安全性（請見第 52 頁「有關嬰兒床安全性的注意事項」）。你們也可以自己攜帶，但對某些旅行而言方便的選項應該是租借寶寶的用品，包括嬰兒床（還有嬰兒車），先做好功課，找到有口碑的線上或當地店家租借，有必要的話還提供寄送跟歸還服務（當然費用都包含在內）。

如果寶寶已經會爬或會走了，就要考慮帶著插座保護蓋、馬桶安全鎖，或任何你覺得會用到的安全用品。到達你們住宿地點時，記得先確認窗戶、百葉窗拉繩、電線、小酒櫃之類的東西都不在寶寶可以接觸的範圍內。

每一天要何時開始你們的行程，都必須視寶寶的作息、對改變的反應如何、旅行的型態、你的目的地及多久可以到達下一個地點而定。不妨考慮在淡季旅遊的好處，淡季時，可能比較有空位讓你的幼兒有

爬行的空間，而且也較少有乘客覺得被干擾。

如果你的寶寶習慣在車上睡覺，而你正在計畫一趟長途的開車旅程，可能的話，選擇在寶寶通常會睡覺的時間來開車——不論午睡時間或是夜晚。否則，當你到達目的地時，可能你的孩子已睡了一整天，而準備在應該入睡的夜晚當夜貓子大玩特玩了！如果你的寶寶在火車上或飛機上可以睡得很好，但醒來時會因為狹隘的空間而吵鬧的話，那麼你就要先調整他的睡覺時間和旅遊時間。要是寶寶在此種情況下總是興奮得無法入睡時，就要計畫在他睡醒之後才開始旅程，以避免旅途上的吵鬧。

也許你會認為愈快到達目的地愈好，事實上並不盡然。例如對一個活潑的幼兒而言，在轉換班機時，讓他有機會下飛機發洩精力，也許會比一班長時間的直飛班機來得順利。

事先訂餐。坐國際班機時，即使是較大的幼兒，也不要餵他吃飛機上的標準餐，因為這些食物大都不適合嬰兒。你可以事先預訂一份特別餐給你較大的幼兒，例如一份加了鮮乳酪的水果拼盤和全麥麵包。通常只要在 24 小時之前打通電話預訂特別餐，或是在確認機位時加以安排即可。然而，即使你已經訂了特別餐，也要隨身準備足夠的小點心。當飛機延誤，或特別餐沒有準備時，兩餐之間相隔太久是會令幼兒——以及周遭的所有人——陷入悲慘情境的！

有一些航空公司（尤其是國際航班）還可能提供幼兒食物、奶瓶、尿布以及小搖籃。訂機票時，這些都要詢問清楚。

安排適當座位。如果你要搭飛機旅遊，可以選非旺季的航班，或請航空公司多留個空位給你（兩歲以下的幼兒有半價優惠）。請記得在座位上安裝背向型安全座椅——起飛、降落或遇到亂流時，把寶寶放在膝上並不安全。

你可以坐在靠走道的座位（方便進出），讓寶寶坐靠窗的位置（有雲飄過或日出，寶寶會覺得很有趣），但不一定都能如你所願。無論如何，不要接受中央長排座的中間位置，這不僅是為了你自己，同時也為了坐在你身邊的乘客著想。

臺灣的火車只能預劃座位，而沒有包廂的設計，但國外一些長途火車上，你可以指定臥舖。這些小房間可提供你隱私，當你和一個幼兒必須花數個小時甚至數天坐火車時，你會非常感激有這些小房間的。

自備裝備。如果你有以下正確的裝備，在人群中周旋將會更容易些，特別是當只有你一個大人或與不止一個孩子同遊的情況：

- 嬰兒揹帶——如果你的寶寶還很小的話。如此可以讓你的手空出來搬行李——特別是在上下交通工具時，這點非常重要。但拿東西時別直接彎腰而忘了彎曲膝蓋，以免寶寶掉出來。
- 小而輕便的嬰兒車，給較大嬰兒使用。
- 手提式的嬰兒座椅——布質的座椅幾乎不會增加你行李的重量。
- 幼兒汽車安全座椅。
- 吸引寶寶的玩具。周圍有軟墊的玩具鏡子、一兩個會發出聲音的玩具、小的填充動物玩偶可以幫助吸引小寶貝的注意力。大一點的寶寶可以帶遊戲板、硬紙板書，還有可以操作的玩具，像是撥珠玩具、鑰匙圈或是積木。外出的玩具不適合有太多零件，可能會弄丟或是太笨重不容易攜帶或在狹小的空間玩，會製造噪音（及頭痛）的玩具也一樣不適合。如果寶寶正在長牙，就要多準備兩個固齒器讓他們盡情的啃。
- 換尿布用的防水墊無論是在飛機上或是住宿處都是很重要的。

避免在啓程前破壞現狀。為了避免在旅遊中產生不必要的困擾，不要在出發前做任何不必要的改變。例如，不要在出發前試著給孩子斷奶——不管是否有其他壓力的存在，對於環境的不熟悉及例行公事的改變，都會使得事情變得棘手。而且，旅途中沒有其他方式會比餵母乳更簡單，以及提供寶寶舒適的感覺。也不要在接近出發前才開始餵食固體食物——縱使只是嘗試以湯匙餵食，也足以成為一項挑戰（對你及幼兒兩人而言皆然）。然而，如果你的寶寶已準備好食用「手抓食物」，可以考慮在出發前幾週開始讓他學用手抓。隨身攜帶一些需要慢慢咬的食物，可以讓寶寶在旅途中保持忙碌而且快樂。

如果你的寶寶還不能睡上一整夜，現在並不是訓練他睡過夜的好時機；在旅途中，可能反而會造成他更容易醒的情況（甚至持續到回家後好一陣子）。況且讓孩子在旅館或祖母家中大哭，並不會使你旅途愉快或受歡迎。

❖開車旅行

不管是在空闊的道路或擁擠的高速公路，長途開車旅行都得遵行以下守則：

別在沒有安全座椅的狀態下上路。不管旅途是遠是近，也不管你開的是誰的車（沒錯，包括租用大小車輛），這一點都很重要。如果你得經常出遠門——或常搭計程車——就要學會怎麼在各種車輛裡用安全帶幫寶寶架設安全座椅（計程表開始跳動前，就先在家裡熟練安裝技巧）；如果你都租車，就要求租車公司提供安全認證的最新款汽車安全座椅（付費），而且要在出發前問清楚他們提供的是哪一種安全座椅。最好的做法，當然帶上你自己的。

做好遮陽準備。好一個豔陽天——卻直射寶寶的雙眼？那可有你受的。所以，如果汽車後座的玻璃窗都沒有窗簾，出發前就要安裝妥當。

娛樂節目不可少。別忘了，寶寶不會喜歡老是待在車子裡——誰在車子裡待久了都不會開心，所以如果車上沒有給寶寶用的後照鏡（寶寶坐在背向式安全座椅裡時可以看見你的動靜），出發前就先安裝一個，好讓他有點娛樂，同時也幫他多準備幾個安全無虞的玩具。上路前，更別忘了下載一些寶寶會愛聽的兒歌，你自己也得重溫一下往昔常唱給寶寶聽的兒歌，在寶寶情緒不穩時唱給他聽。

化整為零。記得，車上有個小寶寶時，旅程就不會充滿樂趣（甚至可能全無樂趣可言）……而且也許得花上兩倍的時間。當然了，最好的上路時刻是寶寶的午睡時光，但如果寶寶醒著，就要把一整段旅程拆分成好幾段，經常下車呼吸一下新鮮空氣，幫寶寶換新尿布，餵他吃點東西，伸展一下手腳；而且，如果寶寶已經會走了，就讓他隨意逛逛，好讓血液循環流通。

慎選上路時間。天還沒亮或夜色已深時——視你家寶貝的睡眠習性而定——出發，寶寶就能睡過大半旅程；更重要的則是：駕駛要先睡飽——充分休息後再開車上路，輪流開車，一覺得疲累就停車休息。

別忘了帶清潔用品。和寶寶一起出門是不大可能乾淨清爽的，所以出門前一定要確認帶了夠多的抹布、溼巾、收拾尿布（和暈吐用）的小塑膠袋、飲料潑灑時用的厚紙巾，以及為寶寶和陪伴寶寶的人多準備一套衣物（擺放在照顧寶寶的人手邊）。

安全上的顧慮。為了行車安全，請注意：

- 啟動前，確認大家都繫上了安全帶。
- 嚴禁疲勞駕駛（這是很多車禍的起因）。
- 喝酒不開車，開車不喝酒。
- 開車時不講手機，就算使用耳嘜，也很容易危及開車安全。
- 開車時不傳收簡訊、即時通訊、電子郵件。
- 大件行李放進行李廂或用覆蓋物繫牢。
- 不用說，開車時嚴禁抽菸。

❖搭機旅行

打算和寶寶一起搭乘飛機去旅遊？以下的原則請謹記在心：

提早訂位。除非事出突然，都要預訂機票，因為預訂機票時，很多（雖然不是全部）航空公司都可以讓你挑選座位。一到機場就趕緊劃位，如果可以的話，離家前就先在家裡列印登機證，或者用手機下載登機證的條碼，這會讓你節省許多排隊等候的時間。

避開尖峰時段。候機的人愈少，安檢的人龍就愈短；飛機上的乘客愈少，舒適度就愈高，服務也愈好，寶寶可能打擾到的旅客也愈少。所以，預訂機票時就要選空位較多的班次，也得把飛航時是不是寶寶日常的睡覺時間考量進去（遠程飛航選擇夜間，短程選午睡時間），說不定，只能這樣指望啦，你家寶貝因此可以一路睡到目的地。要有「計畫趕不上變化」的心理準備，因為不管你多小心預訂，還是可能碰上延遲起飛的意外狀況。

能不轉機就別轉機。大致說來，愈快到達目的地愈好，但是，如果飛行時數因而過長也會讓人很難熬（你的寶貝，你自己，以及鄰近你們的旅客）。要是你覺得寶寶大概吃不消直達班機的長時飛行，不妨選擇必須轉機的航班（說不定票價還便宜許多）；不過，一定要避開那種必須又跑又衝才趕得上轉機的航班，最好那個空檔長到足以讓你和寶寶都能好好吃上一頓、梳洗一番、換塊尿布（在候機室的洗手間換尿布，可比在飛機上輕鬆多了），還能讓寶寶活動一下，張望一會兒此起彼落的飛機，以及——如果機場裡有設置的話——到幼兒遊樂區玩玩。不過，要是等待轉機的時間太久，也會讓人……寧可一路飛到底。

多買一張機票。雖然大多數的航空公司都不加收兩歲以下寶寶的費用（如果你讓他坐你膝上），讓寶寶自己有個座位說不定會更好。為了本來免費的寶寶多花一張機票似乎相當不智，卻可以為你們倆帶來乘坐、遊戲、飲食的充裕空間，更別說寶寶的安全也會大幅提高——坐在航機專用的安全座椅裡，寶寶就不會在碰到亂流等的情況下意外受傷。如果一直坐在父母親的大腿上，那就難說了。

如果你們倆之外還有別的大人，或者你挑選到了不那麼擁擠的航班，就可以在訂位時為寶寶選擇靠窗的座位，你則坐走道邊，讓中間那個位置空下來——如果你預先告知，除非位子實在不夠，航空公司大多願意幫你空下這個座位，你和寶寶之間就又多了一席免費的座位；要是最後那個空位還是賣出，不論男性女性，也一定都願意和你或寶寶更換座位，免得航行途中一再被你們倆所打擾。

坐走道邊的好處。盡量選擇走道邊的位子——要不然，航行中你就得一再因為要幫寶寶換尿布或帶他走走而擠進擠出，不斷騷擾坐走道邊的旅客（但要記得，如果寶寶坐在走道邊，機上人員就不會准許他坐安全座椅）。為人父母的，總希望能買到「隔間座」（bulkhead seats，也就是飛機分隔牆前的第一排座位），好讓寶寶多點嬉遊的空間，而且有些飛機的隔間座還留有擺放嬰兒搖籃的地方；但這也有一些缺點：餐盤通常只能擺放在你腿上，經不起寶寶的騷動；座位間的扶手通常不能拉起（意謂你家寶貝不能平躺在相連的座位上睡覺）；如果牆上有個大型螢幕，就會很有壓迫感；最糟的是，你再也不能把某些行李塞進前面的座椅下（每一件手提行李，包括尿布袋，都得在起飛與降落時擺在頭上的行李廂裡……因故停在跑道上時也是）。

托運行李。為了避免在機場裡拖拉一堆行李的窘境，登機前就要把飛行時用不到的行李裝箱託運，只留下必要的一小部分（尿布袋與隨身物品）放進揹袋中；為了不必從頭到尾都得抱著寶寶，最好帶著輕便的嬰兒車，登機時才交給空服員（如果不希望嬰兒車摔壞，交出前先套上防護袋）。

提前做好安檢的準備。可能的話，愈早愈好。如果你打算經常帶著寶寶飛行，又不想每次都得在安檢時加入大排長龍的行列，不妨善用「快速通關系統」（臺灣的機場都能辦理）；加入快速通關的辨識系統後，下回搭機時，就不必再和一堆人排隊，等候瑣碎的通關查驗了。只要有辦過快速通關的大人陪伴，十二歲以下的孩童也能一起快速通關，對家族旅遊來說好處多多。

如果你家的寶貝已經大到可以放在推車裡了，輕便型的遮陽推車（umbrella stroller）就是搭機旅行時的最佳幫手；這種推車不但開展、收起都很快速，也能輕鬆地放上 X 光檢驗帶（應該也可以一直用到登機再交給空服員，他們則會把推車放在門口，讓你降落後一出機門就能使用）。容易穿脫的便鞋，則是接受安檢時的次佳幫手（不論能否快速通關，都不會因為被要求脫鞋時而大費周章——可別因為忘了穿襪子而只好赤腳走過髒兮兮的走道）。你應該可以抱著寶寶（大概不能用揹巾或揹帶）一起通過安檢門，但如果檢查人員認為有必要以手持檢驗器分別掃描你和寶寶——要是你抱著寶寶通過安檢門時發出警告聲響——的話，有個輕便推車可以暫時放置寶寶就好多了。這方面，如果你辦理過快速通關，安檢也會簡單得多。

寶寶航程中所需的配方奶、母乳、嬰兒食品或果汁瓶等，應該都可以帶上飛機，不過，由於這方面的法規變動很快，出門前最好還是再確認一遍比較好。

提前登機有利有弊。就算你選擇的航空公司有家族提前登機的優待，接受前請三思。沒錯，提前登機有不少好處：沒人跟你爭搶行李廂，有更多安置寶寶、幫他繫好安全帶、備妥寶寶所需物品的時間；但寶寶愈早登機也會更快無聊，因為那代表你和他大概會在飛機上多待半個小時——有經驗的父母，應該都不會覺得那對一個好動的寶寶會是什麼好事。

找尋友善的空服員。如果除了你就沒有其他大人，就別擔心麻煩空服員（態度當然要溫和）；畢竟，手上抱著寶寶很難把行李放進頭上的行李廂，所以，有需要時就立刻尋求空服員（或鄰座旅客）的援手。

別指望能在機上吃飽。國內航班通

常不會有餐點，只會有一兩包小點心，所以出發前最好先用電話詢問清楚，看看能不能預訂一份寶寶餐（有些國際航班可以免費提供）。如果只給小點心，通常也都不是可以給寶寶吃的東西；就算航空公司說有寶寶餐，也別因此就不幫寶寶準備他愛吃的食物，因為起飛延誤司空見慣，寶寶的腸胃可等不了那麼久，要是座位靠後，餐車來時寶寶可能早就餓得哭鬧不休了。更別說，航空公司答應你的「寶寶特餐」也許還會無故消失（就算有，講白了，大概也沒有多「特別」）。

有備無患。只要隨身揹包塞得下，就盡量多帶幾個寶寶的玩具；尿布、溼巾、方巾都要帶上平日用量的兩倍，最少要幫寶寶多帶一套衣物，以及讓你臨時替換用的T恤（要是忘了這個，保證你一定會在航程中被寶寶的嘔吐、潑灑、亂扔而搞得狼狽不堪）。此外，別忘了幫寶寶帶件外套——寶寶很容易在飛機上著涼；可能的話也要帶上小毛毯，因為飛機上的毛毯往往都已經被旅客一用再用了。

安全第一。如果有為寶寶訂位，就幫他帶個合於安全認證的輕便型安全座椅，而且預先熟習安裝的方法；飛航途中，寶寶的安全座椅都應該面向椅背。就算你沒幫寶寶訂位，也不妨帶上安全座椅——說不定你們的運氣不錯，鄰近的座位正好沒有人坐；如果沒有空位，空服員也會在登機後主動幫你收妥安全座椅。如果只能讓寶寶坐在你的大腿上，別把他和你一起用安全帶綁著——即便是很輕微的震盪，也可能帶給寶寶極大的傷害；要先確實扣好你的安全帶後，再把寶寶放在腿上，起飛或降落時更多要雙手環繞著他。別放任寶寶自己在走道上爬或在你前方的地板上睡覺或玩耍，因為那會在飛機碰上亂流時讓寶寶陷於危險之中。

同樣的，要仔細閱讀安全訊息，弄清楚氧氣罩位於何處；如果寶寶沒有自己的座位，更要及早明瞭特別為幼兒而設的氧氣罩位置。飛機上的每一排或每一區，應該都有這種加裝的氧氣罩；記得，正如起飛前的影音示範所說，危急時你要先戴上自己的氧氣罩再照料寶寶，要是反向而行，說不定幫寶寶戴上氧氣罩前你就已經因為氧氣不足而昏迷了。

起飛前先擦乾淨座椅。上飛機坐定後，就要先用溼巾把每個寶寶可能接觸到的地方（也就是先前的乘客可能碰過的地方）都擦拭乾淨，包括椅背、扶手、餐盤和窗戶。

紓解耳壓。寶寶的耳朵很難適應高度與氣壓的改變，所以起飛或降落之前都得讓寶寶喝點水，因為吞嚥有助於紓解耳壓（飛機開上跑道準備起飛就讓他喝水，駕駛宣佈即將降落時再讓他喝一次），不管是用奶瓶、鴨嘴杯或吸管杯都可以。沒水可喝？只要能讓寶寶順勢吞嚥口水，奶嘴也有類似的效果；雖然喝奶永遠是安撫寶寶的好法子，但為了寶寶的安全起見，別在起飛或降落時餵他喝奶。

要是哪種方法都失效，寶寶因此在起飛和降落時尖叫個不停，也別理會某些乘客的異樣眼光（同情的眼光應該會多很多）；最少最少，寶寶的尖叫也有紓解耳壓的效果。

已經買機票了，寶寶卻為鼻塞所苦？最好先讓醫師清除鼻涕再搭機，因為鼻涕會阻塞耳咽管而在飛行時加劇耳壓。你也可以在起飛或降落時，往寶寶的鼻子裡滴些生理食鹽水滴鼻劑（saline drops）。

❖搭乘火車旅行

不趕時間嗎？那就輕鬆點，帶寶寶搭火車吧，既不必一邊開車一邊祈求寶寶不會大發雷霆，又不必帶著大包小包在機場裡橫衝直撞；更別說，寶寶還會更多活動空間、更多可以讓他分心的事物（既然誰也不必盯著路面，大家就都更有旅遊的好心情），以及不停變換的窗外風景。謹記以下的原則，你的家庭火車之旅還會更輕鬆愉快：

提前訂位。透過網路或電話提前預訂，你就可以帶著火車票進車站，不必和一堆人大排長龍等買票，說不定還可以預訂適合的座位。

慎選車班。尖峰時間的火車站經常人滿為患，尤其是長假或年節期間；如果你家寶貝不大戀床，夜間發車的班次就是你們的好選擇。

帶夠行李。如果選搭夜間列車，你和寶寶也得打包過夜的行李，包括多帶點衣服、尿布和其他嬰兒用品；但這也可能讓你原本輕巧利落的行李變得臃腫，所以最好打包成一大一小，上車後就把大行李箱擺放到行李架上，只留隨時用得到的小揹包在座位上。

早點到車站。打聽清楚你要搭的那班車會提前多久抵達月臺，如果抵達到出發之間有 10~15 分鐘的空

檔，寧願到月臺等火車靠站也別在最後一分鐘才趕到。這是因為：讓大家都能安穩就座。如果座位不能預訂，而與寶寶同行的大人有兩個以上，就先讓其中一個先上車佔位，好讓抱著寶寶的那一位可以慢慢來，不必和爭先恐後的人群推擠。先上車的那一位，如果還能佔到靠窗的位子（當然了，以及相連的走道邊位子），寶寶一路上就可以盡情欣賞窗外風光了。

請服務人員幫忙。如果月臺上有車站的工作人員，別遲疑，立刻請他幫忙；一般來說，站務人員都樂於幫你和寶寶搬提行李到車上，省去你一手寶寶、一手大包小包的辛苦，更可能指揮人群讓你和寶寶輕鬆上車。

排遣無聊。再漂亮的車外風光，吸引寶寶的時間都有限度，所以要多準備玩具、圖畫書和蠟筆、紙張。

有機會就下車逛逛。有些大站，往往一停就是 15 分鐘，你和寶寶正好可以趁機下車走走，說不定還可以帶他瞧瞧車輪與鐵軌，甚至車廂與車廂是怎麼聯結的（當然得有人幫你看著行李，更別逛到火車要開了都還沒上車）。

帶著自己的餐點。就算你搭的火車附有餐車，也不保證裡頭有寶寶能吃（或愛吃）的餐點；所以，不管是搭火車或飛機旅行，都要先備妥寶寶的飲食。

19 讓寶寶常保健康

如果有任何人看起來比生病中的寶寶更傷心難過，那就一定是寶寶的爸媽了。甚至寶寶只出現一陣子抽鼻子的聲音，就會讓爸爸和媽媽陷入沉重打擊的狀態，尤其是第一個寶寶身上出現的第一次吸鼻涕聲。要是體溫還逐漸升高——就算只是提升了一點點——爸媽的焦慮更是馬上三級跳。隨著時間一分一秒的過去，以及每個出現的症狀（那是咳嗽聲嗎？），心裡頭便累積了一堆問題：我們該去掛急診嗎？還是該等到早上醫院開門，或者捱到星期一（寶寶似乎總是在半夜或是週末假期生病），或是先打電話再說？等醫師回電話之前，我們該餵寶寶吃藥退燒嗎？醫師到底會不會回電話？（不過才經過五分鐘，但感覺卻像永遠那麼漫長！）

還好，嬰兒的病情通常是輕微的——多給他些一如平日的懷抱，寶寶總是很快就會回到活動良好的情況。所以，盡可能預防各種可能性是有道理的——透過健康的飲食、良好的習慣、按時間表準時帶寶寶接受嬰兒健康檢查和接種幼兒疫苗。當然，即使是最佳的預防措施，也不一定都能剛好制止特定的菌源，所以，每當寶寶生病時，學習如何處理就是一件很重要的事：如何評估症狀？如何測量和解讀寶寶的體溫？如何餵食生病中的寶寶？最普遍的孩童疾病是什麼？如何在家治療？

你對健康檢查的期待

如果你像大多數的父母一樣，就應該會期待嬰兒健康檢查——很期待。打從最後一次看醫師後，你不僅想看看寶寶成長了多少，心裡頭也有一籮筐希望能夠得到解答的疑

第一次健康檢查的結果

如果他們沒有事先拿給你新生兒篩選檢查（針對苯酮尿症〔PKU〕、甲狀腺功能過低和其他先天性代謝異常）的結果，那麼第一次嬰兒建康檢查過程後你就有可能拿到。如果醫師沒有提到測試結果，那麼很有可能你的寶寶是正常的，但還是必須跟他們要一份，給自己留做記錄。如果你的寶寶在做這些測試之前就已經離開醫院，醫師或許會等到第一次健康檢查時才進行。美國有些州，關於在什麼時候完成健檢有特別的規定。你應該根據你居住地方的相關規章詢問小兒科醫師，弄清楚你的新生寶寶出院後是否得重複任何代謝疾病的篩檢。

問。那麼，你最好把問題列出來，看診時帶在身上……而且不要忘記提問。

剛從醫院被抱回家後，幾天之內寶寶通常就會有最初的門診。接下來一整年的安排將會變成在不同的診間看診（依照各人的健康和考量），但是大部分的醫師都建議，寶寶在一、二、四、六、九和十二個月的年紀時，進行健康嬰兒檢查。

雖然每次的健康檢查都大同小異，但是醫師會關照你的小嬰兒成長中所有的健康和發展。在每一次的檢查中，你應該想到下列大部分的問題，但是要記得，你可能會沒注意到一些身體項目的檢查，因為醫師會很快速的進行，所以你應該：

- 在上一次檢查之後，蒐集有關寶寶的問題，把握這個機會提出詢問。
- 醫師會詢問有關你和寶寶的狀況如何、寶寶的進食、睡眠和發展情形。
- 測量寶寶的體重、身高和頭圍（你可以根據這些數值標出成長圖表，觀察寶寶的發展過程）。
- 視力和聽力的評估。
- 身體的檢查包括以下全部或大部分的項目：
  - 利用聽診器檢查寶寶的心跳和呼吸
  - 輕按寶寶的肚子，感覺是否有任何異常
  - 檢視寶寶的臀部，確定沒有異位（醫師會轉動你小寶貝的腿部）
  - 檢查寶寶的手臂、腿、背部和脊椎，確保他們有正常的成長

給爸媽：小兒科醫師在產後憂鬱症中扮演的角色

當然了，小兒科醫師是你的小寶寶的醫師，但是母親的健康狀態，會在很多方面影響他的寶寶。產後憂鬱症會讓一位剛生產完的媽媽不想照顧他的小寶寶，這種情形可能導致發展遲緩（身邊有個沮喪媽媽的寶寶會少發出聲音、少活動、臉部表情較少，憂慮、消極和退縮的情緒反應較多）。比起產科醫師，小兒科醫師有更多與剛生產完的媽媽互動的機會（有些產後憂鬱症不會在六週的產後複診之前出現，有些則在此之前就有明顯的徵兆），所以他們被認為是對抗產後憂鬱症的第一線。那也是為什麼美國小兒科醫學會建議，在嬰兒一、二和四個月大回診時，讓兒科醫師篩查產後憂鬱症，以各種問題詢問剛生產完的媽媽來完成簡短的調查表，稱為愛丁堡產後憂鬱量表（Edin-burgh Postnatal Depression Scale）——基本設計的十個問題，可以從而得知這個新媽媽是否在跟產後憂鬱症搏鬥。假如你認為自己或伴侶可能有產後憂鬱症，就得要求兒科醫師做個檢查，要是對方沒有提供這項服務（如果症狀會嚴重到干擾生活功能，不要等到下一次門診才處理——馬上尋求協助）。及時的診斷和正確的治療，可以幫助剛生產完的媽媽與他的新生兒展開完全不同的生活。

和發展

- 檢查眼睛（利用檢眼鏡或是鋼筆形小電筒），觀察它的反射和聚焦的問題，還有淚腺管的功能
- 耳朵的檢查（利用耳鏡）
- 檢視一下鼻子（同樣使用耳鏡），確保黏膜狀態是健康的
- 快速地檢查口腔和喉嚨（使用壓舌板），查看是否有色澤、疼痛和腫脹方面的問題
- 觸診頸子和腋下，檢查淋巴腺
- 查看生殖器，檢視疝氣和睪丸未降的情形（醫師進行診斷時，也會從鼠蹊部檢查股動脈搏動，看它的強度和穩定度）
- 查看肛門，檢視有無肛裂或潰瘍的情形
- 檢查臍帶和割包皮的復原狀況
- 針對寶寶皮膚的色澤和健康狀態做全面評估，查看皮疹或胎痣

充分利用每月一次的檢查

就算是健康的寶寶，也得在醫師的診間花上很多時間。出生第一年寶寶的健康檢查的排程都已預定好，讓醫師能夠持續追蹤嬰兒的成長和發展情形，確保每件事情都進展順利。而且對你來說，這無疑是難得的好機會，可以順勢詢問醫師上次看診後所累積下來的一長串問題，然後輕輕鬆鬆就得到如何照顧好嬰兒的寶貴建議。

為了確保你有充分利用每次嬰兒健康檢查的機會，你要記得幾個原則：

正確的時間點。安排看診時間的時候，要試著避開寶寶的睡眠時間——以及平常寶寶容易煩躁不安的時候。同時最好也避開：醫師看診的尖峰時段，像是候診室顯得擁擠，或是等候隊伍大排長龍的情形。早上的時段通常比較安靜少人，因為年紀大的小孩必須上學——所以，一般說來，午餐前的時段比下午四點的尖峰時間來得有效率。如果你覺得自己需要更多的時間（比平時有更多的問題和憂慮要請教醫師），先提出要求醫師就能有心理準備，你也不會因此而焦躁。

尊重看診的禮節。依約定的時間準時到達，假如醫院常有拖慢預定看診時間的情形，那麼可以在約定時間的半個小時前左右打電話，確認一下什麼時候到院比較適合。如果必須取消看診，要盡量提前一天通知院方。

填飽肚子。一個處在飢餓狀態下的患者，就會是脾氣暴躁而且不合作的病患，所以在帶嬰兒去健康檢查時，請帶著一臉滿足的寶寶就診，或者早點到、利用等待時間餵食（一旦寶寶學會手抓食往嘴裡送時，你也可以準備一些小點心讓他在候診室有事可做）。無論如何都要記得，看診前過度餵食小寶寶母乳或是牛奶，也就意味著一旦檢查開始時，寶寶可能正好開始吐奶（最後，大家可能得忍受吐奶的異常酸味）。

衣著要容易穿脫。帶寶寶看診前，選擇衣服時要考量穿脫時費不費事。盡

- 特別針對寶寶的年紀，快速地測試他的反射動作
- 隨著嬰兒的成長，評估寶寶與他人相關的全面活動情形、行為和能力
- 在寶寶的餵食、睡眠、發展和嬰

量避開有一堆扣子的衣服，因為那會讓你彷彿永遠都在打開、按上扣子。太合身的衣服則不容易拉扯超過頭部，假如寶寶不喜歡光著身子，不要太急著幫他剝光——要等到即將開始檢查才脫衣服。

讓寶寶感到舒適自在。幾乎沒有嬰兒會享受醫師的戳觸撥弄——不喜歡待在診療桌上、寬闊開放空間的寶寶也多不勝數。假如你的寶寶屬於這樣的案例，看診時就要詢問醫師，診斷過程中是否有些時候能讓寶寶坐在你的大腿上。但你還是要小心照看，因為有些年紀大一些的寶寶會發現，抓取診療桌上的報告文件很有趣——但是，那同時也是一個可以讓人接受的轉移注意力方式。

記錄。有辦法在腦海裡記下你打算跟醫師提問的那兩百個問題嗎？你沒辦法，一旦花上 20 分鐘在候診室，另外再花 20 分鐘在診療室，一路上你只能忙著讓你的寶寶（和你自己）保持忙碌和平靜；所以，寧可帶個你可以直接讀取的備忘錄（寫在紙上或是記在手機上），也千萬別想只依靠自己的記憶。同時要確保趕緊記下醫師的回答，加上醫師提供的其他建議和指示，還有當次訪診時寶寶的身高、體重和疫苗接種等。

相信你的直覺。醫師一個月只看一次你的寶寶——而你每天無時無刻都在面對自己的小孩。這就表示，你可以注意到醫師都不易察覺的微細之處。假如你覺得寶寶有哪裡不對勁——就算你不確定是怎麼回事——就要利用你的直覺。記得，在寶寶的健康照料方面，你不但是醫師很重要的夥伴，你的直覺更應該算是最具觀察力的診療工具之一。

結束不合適的關係。對寶寶的醫師不再有喜愛的感受？就算最好的夥伴關係，也不免有時會意見不一致，假如你開始懷疑這位「對」的醫師跟你和寶寶似乎處處都不對盤，也許就該當機立斷、換個醫師了。要確保沒有把寶寶的健康保健放任不管，尋找下一位醫師時，你仍要與原來的醫師保持良好的關係。一旦你已經確定兒科醫師的新人選，更別忘了轉調小寶寶的醫療記錄。

兒安全方面的問題，提出建議。

- 免疫接種是否有依照預定的排程進行，而且沒有因醫療上的理由而延遲（參閱 584 頁）。這些疫苗的接種，基本上都是安排在最後項目，所以寶寶的哭鬧不會干

給領養父母：領養兒的醫療

你有從醫療保健制度趕不上已開發國家標準的地區領養小孩嗎？儘管你是初次為人父母，也跟在臺灣領養或是生小孩的父母沒有兩樣（不管寶寶在哪裡出生，嬰兒就是嬰兒），針對國外的領養，或許會出現一些微不足道或事關重大——而一般的兒科醫師可能無法解答——的問題。所以，你也許應該尋找一位深諳在國外出生（特別是開發中國家或未開發國家）的寶寶，而且對於當地的醫療、情緒、發展和行為問題有豐富經驗的兒科醫師。具備這種條件的醫師，可以基於當前的醫療記錄提供領養前的諮詢（包括潛在健康危機的評估），同時可以提供領養後有關照護的意見，且依據對小孩祖國的背景了解，特別做些例行性篩檢。

雖然大部分的養父母都不認為自己需要領養方面的醫療專業咨詢，但是你可能會發現它其實大有助益——除非你一點也不關心新生寶寶的健康問題。你可以上網尋求熟悉領養問題的醫師，或是請教在地的兒科醫師。你的社區找不到恰當的人選？那就向你的兒科醫師求助，看他能否找到一個可諮詢的相關同業，針對你的一些疑慮提出回應。

擾到檢查的過程。

回到家後，將每個事項（寶寶的體重、身高、頭圍、血型、測試的結果、胎痣）記錄在永久保存檔案，或是兒童健康手冊之中。

疫苗接種

也許你聽過像是麻疹、腮腺炎和脊髓灰質炎……的兒童疾病——但你也很可能根本不知道它們實際上是怎麼回事，甚至更有可能永遠也不知道，有誰染上過這類的疾病。原因在哪裡？在免疫接種——這是歷史上最重要也最成功的公共衛生醫療介入。因為疫苗接種，曾經大為流行的疾疫如天花、脊髓灰質炎、白喉、麻疹、風疹和腮腺炎——嚴重威脅孩童的可怕疾病——幾乎都已成為過去。

大部分……但不是完全。世界上仍然有兒童疾病蔓延，甚至美國也逃不掉，通常存在於沒有接受完整

疫苗接種的兒童，有些兒童甚至根本沒接受過疫苗注射。因為疫苗保護所有的孩童，所以，每一個孩童都必須注射疫苗。

為人父母的，總是不樂見針頭往寶寶細嫩的皮膚上扎，但是跟進醫界推薦的疫苗接種排程，才是目前為止最能夠維持你的寶寶（和你社區裡的所有其他寶寶）健康的最佳策略。繼續閱讀下去，可以了解更多。

❖DTaP、MMR……和IPV……的基本認識

這些基本知識，可以幫助你了解往寶寶身上扎的針管裡頭裝填的內容物是什麼。你的小寶貝出生第一年或一年後，可能會接種以下的疫苗：

白喉、破傷風、無細胞百日咳混合疫苗（DTaP）。你的寶寶需要注射 5 劑 DTaP（通常會結合其他疫苗以減少嬰兒的挨針之苦），而且醫界的建議是，分別在 2、4 和 6 個月大，15 到 18 個月大間，還有 4 到 6 年間，共分 5 次完成。這組混合疫苗要對抗的，是三種重大的疾病：白喉、破傷風和百日咳。

白喉的感染途徑是透過咳嗽和噴嚏的飛沫傳染，最先出現的症狀，通常是喉嚨痛、高燒和發冷，然後喉嚨出現一片片厚膜，堵塞呼吸道而導致呼吸困難。如果沒有接受適當的治療，因感染引起的病毒會擴散到全身，結果可能出現心臟衰竭或是癱瘓的情形。白喉患者的死亡率，尤其高到大約十分之一。

破傷風不是傳染性疾病，但本質非常猛烈。如果在土壤或污泥裡發現有破傷風桿菌污染，通常就是由此經過傷口進入人體，導致感染。外顯的症狀包括頭痛、煩躁不安、肌肉痙攣疼痛。在一些病例中，破傷風是致命的。

百日咳（又名哮咳）是一種傳染力非常強的空氣細菌傳染，會引起劇烈且急促的咳嗽，吸氣時伴隨著「哮咳」聲。同時，十分之一的小孩患者會發展成急性肺炎。百日咳也可能併發痙攣、腦病變，甚至導致死亡。

多達三分之一的孩童，通常在接種 DTaP 混合疫苗的兩天內會出現非常輕微的局部反應，像是觸痛、紅腫和赤熱。有些孩童會一連持續好幾個小時，也可能是一兩天的哭鬧不安或是沒有食慾，也可能發展出低燒狀態；這些反應，大都比較常出現在後期第四或是第五劑的疫

接種須知

接種疫苗本就是非常安全的事，如果父母和醫師雙方能夠採取正確的措施，相對來說就更安全了：

- 確定你的小孩在疫苗接種前有接受檢查。如果你的寶寶生病了，接種前就要讓醫師知道；一般感冒或是其他輕微的病情，不會是考量延後疫苗接種時間表的原因，但是發高燒就另當別論了。假如醫師建議延後接種苗，要確保一旦寶寶狀況好轉時就趕緊再安排接種時間。
- 問清楚有關接種後的可能反應。接種疫苗的反應大都很輕微（有點哭鬧不安，注射的部位也許會有些疼痛），沒有什麼好擔憂的。然而，向醫師詢問有關接種後可能產生的一系列反應還是不錯的想法，可以讓你藉以觀察寶寶接種疫苗後的三天內有沒有出現任何狀況（以麻疹疫苗為例，接種後就要有一到兩星期的觀察時期）。為了以防萬一，假如寶寶出現如下所述的症狀（這些反應通常不嚴重），就打電話給醫師。記得，任何看起來像是與注射疫苗有關的症狀，都有可能是非相關的疾病觸發的——那又是一個打電話給醫師的更好理由：
  - 超過 40°C的高燒
  - 癲癇發作／抽搐（肌肉痙攣或是短時間的眼神茫然且沒有反應，持續大約 20 秒左右，身體通常是發熱的〔高燒引起現象〕但是不嚴重）
  - 注射後的 7 天之內意識上出現重大的變化
  - 精神萎靡、反應遲鈍、過度嗜睡
  - 過敏反應（口腔、臉部或是喉嚨腫脹，呼吸困難，立即性出疹）。注射的部位出現輕微的腫脹和熱度是一般現象，不必擔心（涼敷一下會紓緩狀況）

  記下寶寶免疫接種後出現的反應或健康記錄。
- 確保疫苗工廠的名稱和料號／批號、你提報的任何疫苗接種反應都有標示在孩子的記錄表上。每次健檢時都要隨身帶著孩子的疫苗接種記錄，方便更新。
- 出現嚴重的反應症狀時，應該經由你的醫師或是你自己通報衛生署。

苗接種之後。有時候，小孩子會有超過 40℃的高燒。

小兒麻痺疫苗（IPV）。寶寶都應該接受四次不活化的小兒麻痺疫苗注射——第一劑在出生後 2 個月時，第二劑在 4 個月，第三劑在 6 到 18 個月，第四劑在 4 到 6 歲之間（除非有特殊狀況，像是國際間的旅行，而目的地的小兒麻痺仍盛行，在這種案例下，就要重新設定時間表）。

脊髓灰質炎（也就是小兒麻痺症）是一種可怕的疾病，曾經每一年都使得成千上萬的孩子肢體殘壞，但透過疫苗的接種，世界上大多數國家內幾乎都被消滅了。脊髓灰質炎是經由接觸被感染者（比如換尿片時）的排泄物，或是咽喉分泌物裡的病菌而傳染的。

這種疾病，可能在數週內導致嚴重的肌肉疼痛和癱瘓，不過，也有某些帶有這種疾病的小孩僅出現輕微的類似感冒症狀，或甚至一點症狀都沒有。

就一般所知，除了注射部位會出現小小的疼痛或紅腫，脊髓灰質炎疫苗並不會引起任何副作用，而且很少有過敏反應。萬一孩童注射第一劑時就出現嚴重的過敏反應，醫師通常就不會再施打後續的藥劑。

麻疹、腮腺炎、德國麻疹疫苗（MMR）。孩童都要接受兩劑 MMR，第一劑在出生 12 到 15 個月之間注射，第二劑在 4 歲到 6 歲之間（然而，它可以在第一次注射之後 28 天的任何時間進行）。如果寶寶在那個期間要出國去旅行，建議提早注射可以預防（當地可能有染患的風險就非打不可）麻疹、腮腺炎和德國麻疹 MMR 疫苗（6 到 12 個月之間）。

麻疹不但是一種很危險的疾病，有時候還伴隨著嚴重的、潛在的致命併發症。風疹（也就是大家所熟知的德國麻疹）的症狀更通常都很輕微，以至於往往會被忽略。然而，因為孕婦感染後可能會導致胎兒出現先天性的缺陷，建議家中孩童在媽媽懷孕早期就施打疫苗——一則能夠保護母親胎兒的發展，二則減少受感染的孩童暴露在孕婦（包括自己媽媽）之前的風險。

孩童時期腮腺炎的發作，很少出現嚴重的問題，但是，如果是在成人階段感染卻可能導致嚴重的結果（例如不孕或是失聰），所以推薦早期的疫苗接種。

因接種 MMR 三合一疫苗而出現

給爸媽：打疫苗不只是為了小孩

馬麻和把拔（或是阿公、阿嬤……或是叔叔、阿姨）們，回想一下你們那個年代的常規疫苗接種、疫苗加強劑，那時常聽到的一句話「只不過痛一下」，究竟打從啥時起不再出現了？同樣的，成年人也需要接種疫苗——不只是因為你想要保持健康的身體來照料寶寶，也是因為你願意為減低接觸嚴重疾病的風險做任何預防措施。假如你接種了可預防疾病的疫苗，可能就比較不會得到那樣的疾病，更不至於傳染給你疼愛的小寶寶——事情就是這麼簡單。

建議你（和任何照顧嬰幼兒的成人，包括保母）接受下列的疫苗接種，當然了，要把你的醫療史和其他狀況考慮在內：

流行性感冒（又稱流感）疫苗。假如你成人後還有接受過任何疫苗注射，可能就是這一種。那是因為每年秋季或是冬季，當局都會建議接受流感疫苗注射（或是流感疫苗的鼻腔噴劑）。流感疫苗注射可以有效地預防一些可能會讓成人產生非常不適現象的流感病毒，而且，對嬰兒、年幼孩童、年長者和任何患有慢性疾病者或免疫系統出問題的人（包括懷孕婦女），更會有更嚴重（甚至致命）的影響。所以，如果你正在照料小寶貝的生活起居（或是如果懷孕了），就要接受疫苗接種，而且要確保你那出生超過六個月的寶寶也接受了疫苗注射。要記得，你本身（和寶寶日常生活周邊的其他成年人和小孩）需要在每年秋天接受流感疫苗的接種：不像其他疫苗，這種保護措施無法持久，部分原因是流感病毒每年都會出現變異的情形。

破傷風、白喉、百日咳疫苗（Tdap）。Tdap 也就是 DTaP 的青少年和成人疫苗。如果過去十年來沒有接受這些

的反應通常都很輕微，而且一般都是直到注射一兩個星期之後才會發作。有些孩童可能會有輕微的發燒或是紅疹（會自己消失，而且無論如何都不會傳染，所以無須擔憂）。研究報告一再而且明確地顯示，接種 MMR 疫苗絕對和自閉症與發展障礙沒有關連。

水痘疫苗（Var）。第一劑水痘疫苗建議在寶寶 12 到 18 個月大之間接種，另一劑則在 4 到 6 歲之間。如果你家孩子得過水痘，就不需要

嚴重疾病的加強輔助劑注射（或是孩童時期就沒有接種疫苗），你現在就需要打一針；這不僅是為了自我保護，也可以保護你的寶寶。例如，百日咳最常傳染給寶寶的途徑就是沒有接種疫苗、或是接種不完整的父母親。你應該注射 Tdap 疫苗，但不必追加無法對抗百日咳的破傷風／白喉疫苗。不管之前是否有注射過，準媽媽們都應該在懷孕期接受一劑增強藥效的輔助劑——美國衛生福利部疾病管制署建議，最好是在妊娠晚期（27 到 36 週之間）時注射。

麻疹、腮腺炎、德國麻疹混合疫苗。記憶中，好像你已經接種過對抗這些高傳染性疾病的疫苗了嗎？要是它的抗體已經消失了，那麼，這三種疾病就可能會對你（特別是假如你計畫再次懷孕）和你那沒有防護的寶寶產生威脅。這是因為，這些疾病仍存在世界上某個角落虎視眈眈，加上國際間的旅遊盛行，表示這些重大的疾病可以經常穿越國界。事實上，最近這些年來，美國已經有無數個麻疹和腮腺炎的爆發病例。

水痘疫苗。如果你小時候沒有得過水痘——或是沒有接種過疫苗——而長大成人後卻感染上，這種病症可能會造成非常嚴重的結果（成人出現的症狀比孩童可怕得多）。有多糟呢？不管寶寶還在你肚子裡或已經出生，對他們而言都是非常危險的威脅。

除此之外，這裡還要提醒成人注意沒有施打 A 肝疫苗的風險（如果因為工作或是旅遊而暴露在 A 型肝炎的環境下，或是居住在高發生率的地區，或是必須利用血漿代用品來幫助解決血栓的問題），以及考慮施打 B 型肝炎疫苗的必要（如果你是健康保健工作者，或是洗腎病患，或是得到 B 肝盛行的地方旅遊的人）。

再接種預防（通常不會二度感染）。目前看來，第一劑疫苗就可以保護 70~90% 曾經接種的人，第二劑的保護率更是接近 100%。有很小比例的人，在接種第一劑疫苗之後仍然得了水痘，但是出現的症狀通常會比沒接種過的人輕微許多。

直至最近，水痘都還是一種最常見的孩童疾病。透過高度傳染途徑的咳嗽、鼻涕和呼吸，水痘會導致高燒、嗜睡，還有像紅疹般佈滿全身、會發癢的水泡；雖然症狀通常

跟上最新訊息

疫苗安全問題上的最新研究結果和最近對你的寶寶有關接種疫苗的建議，請參考衛福部的網站（http://www.cdc.gov.tw）。無論何時，診所的醫師注射疫苗時依法都要提供適當的資訊，但是，提前查閱一番還是能讓你更熟悉疫苗的利益、風險、副作用和禁忌。

都很輕微，有時卻也會導致更嚴重的問題像是腦炎（腦部發炎）、肺炎、繼發性細菌感染，而且雖然比例極低，甚至有致命的危險。年紀較大的患者感染這種疾病時，比較可能發展出嚴重的併發症；風險較高的孩童，像是白血病患者或是免疫功能有缺陷，更可能有致命的危險——因為他們的用藥會抑制免疫系統（比如類固醇）。此外，未接種疫苗的準媽媽的新生兒也是高風險群。

水痘疫苗十分安全，幾乎不會出現接種部位的疼痛或紅腫，最多也只會在接種後幾週出現輕微的紅疹（就只有少量的斑點）。

B 型流感嗜血桿菌疫苗（Hib）。你的寶寶，應該會在他 2、4 和 6 個月大時各接種一劑 Hib 疫苗，而在第 12~15 個月時接種第四劑（某個廠牌的疫苗只需要施打三劑——在 2、4 個月和 12~15 個月大時施打）。

施打這種疫苗的目的，在於阻止致命的 B 流感嗜血桿菌（它和流感不相關），它在嬰兒和幼童之間的傳播極廣，是一種非常嚴重的傳染病。這種疾病透過咳嗽、流鼻涕，甚至呼吸的空氣傳染——採用這款疫苗之前，成千上萬染病的小孩，呈現嚴重的血液、肺部、關節和腦的外膜（腦膜炎）的感染現象。Hib 腦膜炎往往會導致永久性的腦部傷害，而且每年殺死成千上百的孩童。

Hib 疫苗如果真有副作用，其案例也是少之又少。很少百分比的小孩會出現發燒、紅疹，或是注射部位出現輕微疼痛的現象。

B 型肝炎（hep B）。你的小孩需要注射三劑這種疫苗。建議第一劑在出生時就注射，第二劑在出生後 1~2 個月注射，第三劑是 6~18 個月。假如 B 型肝炎疫苗與其他疫苗結合施打，藥劑注射就要換成 2、4 和 6 個月，除此之外，加上新生兒劑量（無論從哪個角度來看，「額外」加一劑新生兒B型肝炎都有益無害）。如果產前測試顯示你是B肝帶原者，你的寶寶在一出生之後就會馬上接種一劑免疫球蛋白，加上B肝的新生兒注射，以保護他不要被你感染。

B型肝炎是一種慢性的肝臟疾病，透過接觸感染者的血液和其他體液傳播。受感染者可能會出現嚴重的問題，像是肝硬化（肝臟瘢痕化）或是肝癌。美國每年都有將近5000人死於慢性的B型肝炎併發症。多虧有了B肝疫苗，你的小孩很可能永遠都不用擔心得到這種可怕的疾病。

B肝疫苗的副作用——很經微的疼痛和吵鬧不安——並不常見，而且即使出現也很快就會自然消失。

A型肝炎（hep A）。居住在高風險地區（詢問一下醫師看你是否住在高風險區）的孩童，建議在12個月和2歲之間注射兩劑A型肝炎疫苗；也就是當寶寶週歲時打第一劑，兩歲時再打加強劑。第二劑也可以早一點打，但必須在第一劑施打過的至少6個月後。同時，如果你家確實位於高風險區，家中的兄姊假如早期沒有接受過疫苗注射，就趕快讓他們接受A肝疫苗接種。

A型肝炎也是一種肝臟疾病，美國每年都有125,000~200,000人受到感染，其中有30%為15歲以下的孩子。這種病毒的感染途徑是人與人的接觸，或是吃到、喝到被感染的食物或水。年紀超過6歲的孩童，致病時出現的症狀包括高燒、沒有食慾、腹痛、嘔吐和出現黃疸現象（皮膚或眼睛呈黃色）。雖然A肝很少會像B肝一樣出現終生的影響，卻還是一種大意不得的傳染病，而且孩童早期的疫苗預防注射就可以輕易又安全地避免。

A肝疫苗會有一些副作用，像是注射部位輕微的疼痛，或是發低燒，這些情形偶會發生，但是無害。

肺炎鏈球菌疫苗（PCV）。寶寶應該在出生2、4和6個月後各接種一劑PCV疫苗，12~15個月大時再補充加強劑。

肺炎鏈球菌疫苗所要對抗的肺炎雙球菌株，是在孩童之間引起嚴重或是侵略性疾病的主要原因。它是透過人與人接觸而傳染的，最常出現在冬季和早春的季節期間。

大量研究和臨床實驗都已證實，PCV疫苗可以非常有效預防某種

領養寶寶的預防接種

如果你領養的是年紀較大的寶寶，就要更加注意他的預防接種情形。因為有些領養機構並沒有準確的相關記錄，就算有接種，也很難知道你的小寶寶施打了哪些疫苗。假如你的小寶寶是從國外領養來的，就很有可能不是按臺灣建議的接種排程注射疫苗。就算你家這位從外國領養來的寶寶有接種記錄，仍不能保證有足夠的防護，因為很多開發中國家的記錄並像我們這樣有效又一致地保存，也常沒有適當的管理措施。

在確認你家寶寶的免疫程度方面，兒科醫師可以進行血液測試來檢出他體內含有哪些抗體。如果測試結果顯示缺少對某種疾病的抗體，你的寶寶就得接受該項疫苗的接種。不要擔心萬一你的寶寶會不會因為兩度接受同樣的疾病疫苗而導致潛在的問題，相對於預防注射的任何有害反應（通常是很少而且相當罕見），注射兩劑遠比染上疾病要安全得多。

國際間領養的大小孩，如果先前曾經住在或旅經各種疾病，像是肺結核和B型肝炎的高風險區，同樣需要經過篩檢。

類型的腦膜炎、肺炎、血液感染，及其相關疾病，有時還能隔絕威脅到性命的感染流傳。比如說，雖然疫苗並不是設定來預防耳朵感染，但是不知怎地，就是能夠有效地預防由這些相同細菌引起的問題。

副作用偶爾會出現，像是發低熱或是紅腫和注射部位輕微的疼痛，但是無害。

流感疫苗。在流感盛行季節一開始時，就先接種一劑流感疫苗（通常是每年的十月或是十一月），建議給六個月是或更大年紀的小孩注射。小於九歲、第一次接種流感疫苗的孩童，需要再接種兩劑，其間至少要相隔四個月的時間。一旦你的孩子超過兩歲，就可以每年接受疫苗噴霧藥劑了；這是一種利用鼻腔噴霧劑的方式，但效果足以替代針筒注射疫苗。如果你的寶寶年紀小於六個月，而且又處於流感的季節，那麼，要生活在他周遭的每個人接種疫苗就是一件重要的事。

流感是一種季節性疾病，透過患者咳嗽、流鼻涕甚至講話的飛沫傳染，病菌落到鼻子或是口部，或是後來因接觸而傳染到皮膚表層（或是經由寶寶的口部進入體內）。流感病菌（有很多不同的菌株）會導致高燒、喉嚨痛、咳嗽、頭痛、發冷和肌肉痛。併發症的範圍可以從耳疾到鼻竇發炎到急性肺炎甚至導致死亡。流感和其他大部分疾病不同，菌種會不斷地改變，意即今年的疫苗接種很可能無法對抗明年的流感病毒；這也正是為什麼，專家都建議每年施打一次疫苗，才能在流感盛行的季節減低 80% 得病機率。有關流感議題的更多闡釋，請參閱 622 頁。

輪狀病毒（Rota）。這種口服疫苗（以滴劑的方式），可以預防輪狀病毒——是一種腸病毒——所引起的嘔吐、水瀉和常見的脫水現象。輪狀病毒有極強的傳染性，很容易經由接觸而受污染的雙手或物品而傳染，而且能夠以空氣為媒介傳播，尚未接種疫苗之前，幾乎所有五歲以前的小孩都有受感染的危險。疫苗劑數則視生產的廠商而定，不是在 2、4 和 6 個月大時，就是 2 和 4 個月大時各施打一劑。研究指出，這款疫苗預防了 75% 的輪狀病毒病例和 98% 重症病例。

打電話向醫師求助

假如你覺得自己的寶寶真的生病了，不管是白天或晚上，大部分的兒科醫師都希望你打電話過去。但是，你怎知道應該在什麼樣的情況之下打電話求助？寶寶發燒到幾度時？流鼻涕時應該打電話嗎？要是咳嗽呢？

以下，就是有關求助醫師時你必須知道的事項。

❖什麼時候求助

決定什麼症狀出現就要「馬上打電話給醫師」，什麼症狀可以「今天找個時候打電話問看看」，什麼時候不妨「先觀察再說」，都並不那麼容易判斷——尤其是對新手爸媽而言。那就是為什麼，你要在寶寶平安無事時，就問清楚寶寶的醫師、護士或是醫師助理明確的細節；但什麼時候才該打電話請求提供建議呢……最好是在爆發初次症狀之前。哪幾個兒科醫師會透過電郵或簡訊回應寶寶爸媽的提問？如果會，你也要先問清楚溝通形式包含哪些（不過，有時礙於時間、情勢，電話就是比電郵更方便——像是

有關疫苗的迷思與事實

家長對有關免疫接種的大部分擔憂的情形——雖然完全可理解——都是無事實根據的。別讓下列的迷思阻擋你的寶寶的疫苗接種：

迷思：一次注射多種疫苗——不是在同一次健檢完成，就是進行組合注射——是不安全的。

事實：不管是採取結合一起接種或是分別接種的方式，目前的疫苗施打都同樣安全和有效（MMR 和 DTaP 混合疫苗已經是常規——和安全——而且持續了很多年）。近些年來，更多的混合疫苗也都被醫界接受了，比如把以往單獨接種的小兒麻痺疫苗、B 肝疫苗和 DTaP 混合成一劑來接種。這些混合疫苗最棒的部分，是替寶寶減少挨針的次數——你們倆應該都很能理解。在同一次健診施打不同針劑這件事，也不可以拿來說成安全或效益的議題。

迷思：假如大家的小孩都接受了預防接種，我的寶寶就不可能得病。

事實：有些家長認為，只要其他小孩都已經接受預防接種，自己的孩子就可以不必注射疫苗了——因為如此一來，他的周圍便不再有任何疾病出現；然而，這種所謂的「群體」理論是經不起檢驗的。首先存在著的，就是其他家長跟你秉持同樣看法的風險，意即他們的小孩也因而不參與接種疫苗，造成一種可預防性疾病爆發的潛在危機。第二，沒接種疫苗的小孩，會增加接種過的（與未接種和沒有接種完全的）孩子受到這種疾病侵襲的風險；因為疫苗具有 90% 的保護能力，所以高比例的個人免疫注射得以限制疾病的傳播，但仍不是完全消滅。所以不只是你有可能讓自己的小孩陷於危險境地，而且還牽連了其他孩子。其他必須注意的事情包括：有些疾病，像破傷風，就不是源於人傳人；只要孩子沒接受過疫苗接種，就可能因為被生鏽的物體割傷，或是由於污染的土壤從傷口滲入而染上破傷風——也就是說，即使社區中的每個小孩都免疫，也無法提供你家寶貝保護傘。

迷思：疫苗已經消滅了孩童的疾病，所以我的孩子不會得病。

事實：為什麼你要勞煩孩子去接種，對抗似乎早就成為歷史的疾病？事實是，那些你以為絕跡多年的疾病仍有不少存在於我們周遭，而且可能會傷害未接種疫苗的孩子。實際上，在 1989~1991 年之間，由於 MMR 疫苗

接種率流失，導致美國學齡前小孩罹患麻疹案例數目遽增── 55,000 人得病，120 人死亡。2006 年美國中西部少數幾州也爆發過腮腺炎的疫情，侵襲超過 4,000 人；專家認為，那次的爆發── 20 年來首見──起因於一位受感染的旅者從英國（那裡疫苗接種率較低）來到美國，因為疫苗接種不完整，使得疫情在美國蔓延開來。2010 年美國紐約也出現過腮腺炎疫情爆發，侵襲超過 2,000 個孩童和青少年，讓其中不少人遭受嚴重併發症之苦。別的不說，百日咳就絕對仍躲在暗處伺機而動，每年都引發重大的疾病和許多死亡案例，有時還進入流行病的程度。專家們提出的數據裡可見，打從 1996 年以來，麻疹病例最多的反而是 2014 年──大多攻擊未接受疫苗接種的孩童和成年人。

迷思：只要施打過一劑疫苗，就可以提供孩子足夠的保護。

事實：不進行第一劑後的疫苗注射，會讓你的小孩陷入更大的染病危險處境，特別是麻疹和百日咳。所以如果專家建議要連續接種四劑，就要確保你的孩子全都按照時程施打，才不會得不到保障。

迷思：對這麼年幼的寶寶進行多功能疫苗的注射，會增加他們罹患其他疾病的風險。

事實：沒有證據顯示，多功能免疫接種會增加罹患糖尿病、傳染性疾病，或是任何其他疾病的風險。也沒有任何其他證據指出過，多功能疫苗和過敏性疾病之間有關聯。

迷思：對一個小嬰兒來說，注射是非常痛苦的事情。

事實：與疫苗在對抗的那些嚴重疾病帶來的痛苦相比較，注射疫苗的疼痛是瞬間的而不是重大久遠的；更別說，我們還有其他可以將寶寶的疼痛感減至最低程度的方法。研究指出，被父母抱住或是轉移注意力的寶寶，接受注射時就比較不會哭鬧，如果在接種疫苗之前或是過程中適時施以哺乳，也會減少疼痛感。同時你也可以向寶寶的醫師要求，在施打疫苗前給予甜藥水（來減緩疼痛），或是在注射前一小時擦抹麻醉膏。

迷思：疫苗裡面有汞的成分。

事實：大部分醫界推薦的兒童疫苗（例如 MMR、IPV、水痘和 PCV）裡，從來就沒有絲毫汞（硫柳汞〔thimerosal〕）的成分。而且，自 2001 年以來所有按常規推薦的疫苗，其中要不是沒有汞的成分，就是（比如流感疫苗的例子）只含有極為少量的汞。少到什麼地步呢？每劑大約只有12.5微克——用客觀的態度來看這樣的數字，罐裝的一大塊170克白鮪魚就含有52.7微克的汞。最重要的是，很多研究都已經證實這麼低劑量的硫柳汞不會帶來傷害；而且，這種被利用來製作疫苗的汞的類型，比在魚身上發現的汞可以更快速地排出孩童體外，幾乎沒什麼累積的機會。同時，也有不含硫柳汞的流感疫苗，所以如果你還是感到憂心，不妨請教寶寶的醫師。

迷思：疫苗會導致自閉症或是其他發展性障礙問題。

事實：儘管眾多大規模的醫學研究（包括美國國家醫學院〔Institute of Medicine〕一項累積多年資料的研究）都不認同自閉症和疫苗有何關聯性，它依舊是一個拋不開的爭論議題——反正只要世界還存有網路間互傳的言論和名人效應，錯誤的訊息就會不斷傳遞下去。就連美國聯邦法院都

寶寶正在發高燒，或是跌倒？或者說，簡訊比其他兩種都理想？）。

無論你得到怎樣的指示說明，如果你真的覺得寶寶不對勁——就算你不能確定它的症狀是否合於求助的條件，或甚至你完全無法準確地指出寶寶有哪裡不對，還是要馬上打電話（假如連絡不到醫師就直接殺到急診室）。父母親——沒錯，甚至是新手爸媽——通常才是最了解狀況的人。

如果你的寶寶出現以下的任何症狀，就表示不能等閒視之。要是出現的症狀給了你正當的理由在上班時間撥電話，卻剛好遇到週末不上班的日子，你可以等到星期一再與醫師連絡；如果出現的症狀需要在24小時內打電話詢問，而不巧正值週末，那麼就還是得在那個時間範圍內打電話，就算你必須打到醫師的語音信箱留言也一樣。

❑ **高燒**（除非有其他具體的指定方式，這裡的溫度是指肛溫）

- 出生兩個月以下的寶寶，發高燒到攝氏38℃或更高時——馬上打電話。
- 出生超過兩個月的寶寶，發高燒到40℃或者更高時——即刻打電話，特別是他表現得非常不舒服的話。
- 寶寶出生2~6個月，發高燒超過38.3℃時——要在24小時內打電話。

已裁定，例行的兒童疫苗注射（包括媒體爭相報導的 MMR 疫苗）與自閉症並沒有（再強調一次，沒有）關聯，也沒有可以支持這種說法的證據，都依然撲滅不了這場野火。造成疫苗和自閉症相關聯說法的全面恐慌，始於 1998 年一位英國醫師發表的一篇研究（只有 12 位孩童參與），暗示了 MMR 疫苗和自閉症之間可能有些關聯。備受全球醫界重視的醫學期刊《刺絡針》（*The Lancet*）雖然在 2004 年發佈了他的研究報告，後來卻也在 2010 年發現，這位醫師之所以得出錯誤的研究結論，其實是藉由捏造資料而操縱實驗結果（他的行醫執照也隨後就被當局撤銷）。隔年《英格蘭醫學期刊》（*British Medical Journal*）也說，這個有瑕疵的研究是「精心製造的騙局」。換句話說，疫苗導致自閉症的理論從來沒有可信度可言，不但目前不可信，過去也從沒有什麼可信的證據。

- 寶寶出生超過 6 個月，發高燒超過 39.4℃——要在 24 小時內打電話。
- 寶寶出生超過 6 個月，發高燒到 38℃以上，有輕微的感冒或流感症狀，持續超過 3 天以上——在一般的上班時間打電話。
- 退燒藥在 1 小時內一點都沒起作用—— 24 小時內打電話。
- 38℃或是更高的體溫已經持續一到兩天，或是寶寶突然出現感冒或流感的生病現象（表示有二度感染的可能性，像是耳朵感染）——要在 24 小時內打電話。萬一寶寶出現更不舒服或是呼吸變得快速和費力，別遲疑，即刻撥打電話。
- 有一段時間暴露在一個外在高溫的環境下，像是烈日下的太陽，或是炎熱的天氣中關在密閉的車內——需要緊急的醫療照護（參閱 653 頁中暑的處理）。
- 當小寶寶體溫達中等發燒熱度，被過度用衣物包裹或用毯子捆成一束而導致體溫突然升高。這種情形應該以熱病來處理——馬上打電話。

❑ 高燒伴隨著以下情形

- 倦怠或是反應遲鈍——馬上打電話求助。
- 抽搐痙攣（身體變得僵硬、眼球左右轉動、四肢舞動）——萬一出現這種症狀時，第一時間就趕

建議的疫苗接種排程表

以下所示，是一張由美國疾病管制局制定、美國小兒科醫學會推薦的孩童疫苗注射排程表。要注意的是，來自不一樣廠牌的同種疫苗，也許會有一些對投藥劑量、頻率的不同要求，有些疫苗可能會以組合的方式施打（對寶寶來說是一件不錯的事，因為那表示可以減少針扎刺痛的次數）。如果孩子因故落後排程，需要趕上進度時，兒科醫師也可以幫忙做一些調整。

年齡	DTaP	IPV	MMR	Hib	A肝	B肝	水痘	PCV	輪狀病毒	流感
出生						×				
2個月	×	×		×				×	×	
1~2個月						×				
4個月	×	×		×				×	×	
6個月	×			×				×	×	
6~18個月		×				×				
6個月以上										×
12~15個月			×	×			×	×		
12~18個月										
12~24個月					×					
15~18個月	×									
4~6歲	×	×	×				×			

緊撥打電話。如果你的寶寶過去有過抽搐，就在24小時內打電話，除非你的醫師曾有其他處理方式的建議（參閱610頁）。

- 抽搐持續超過5分鐘之久——馬上打電話給119要求緊急協助。
- 異常哭鬧、無法安撫（換句話說，不是腸絞痛）持續了2或3小時——馬上打電話。
- 哭喊，而且被觸摸或移動時寶寶的身子似乎處於痛苦中——馬上打電話。
- 全身皮膚出現紫色斑點——馬上打電話。
- 呼吸困難——馬上打電話。
- 過度流口水且拒絕吞下流質——

馬上打電話。

- 頸子僵硬（寶寶抗拒將頸子往前移向胸前）——馬上打電話。
- 輕微的出疹（顏色不是呈現暗沉或紫色）——平常上班時間電話詢問。
- 不斷嘔吐（寶寶無法進食）——6~12 小時之間打電話。不停歇且嚴重的嘔吐——即刻打電話。
- 輕度的脫水（典型的跡象參閱 629 頁）—— 12 小時內打電話。
- 任何看起來比「輕微」還嚴重的脫水情形（典型的跡象參閱 629 頁）——馬上打電話。
- 異常的行為舉止——過度的任性暴躁或是哭鬧，過度嗜睡、無精打采、不睡覺、對光線敏感、完全沒有食慾，比平常更愛搔耳朵—— 24 小時內打電話。

❑ 咳嗽

- 輕微的（並沒有大聲響或是喘咳）持續超過兩星期——一般上班時間撥電話。
- 咳到晚上的睡眠不安穩——一般上班時間打電話。
- 如果咳嗽導致出現帶血的痰——馬上打電話。
- 出現狗吠似的或痰多的咳嗽時——一般上班時打電話，要是併發呼吸困難的問題，就應該盡快打電話（參閱下文）。

❑ 咳嗽伴隨著以下症狀

- 呼吸困難（看起來就好像寶寶呼吸很費力）——馬上打電話。
- 哮鳴（呼氣時產生一種尖嘯聲）——一般上班時間打電話，要是呼吸很吃力，就馬上打電話。
- 內縮（每次呼吸時肋骨之間的皮膚似乎往內塌陷）——馬上打電話。
- 呼吸急促（參閱 593 頁）——在一般上班時間打電話。如果持續不斷或伴隨高燒的話，再打一次打電話。

❑ 出血

出現以下的任何徵候時，馬上向醫師報告：

- 尿液裡出現血跡。
- 糞便見血，但如果只是小條痕的血跡，就可以等到一般上班時間再告知醫師。
- 咳出的痰中帶血。
- 從耳朵中流出血來。

❑ 一般的行為異常

假如你的寶寶展現任何下列的症狀，馬上打電話：

- 明顯的嗜睡，不管有無發燒；一

父母的直覺

有時候你無法準確地指出任何明確的徵候——或者你已注意到症狀，只是看起來不像這個章節提出的檢查表那麼嚴重——但是你的寶寶看起來就是讓你「覺得不對勁」，就打個電話給醫師吧。很可能你只是想讓自己安心，但也有可能你身為父母的直覺會找出一些需要注意的微小細節。

直處於半醒狀態中，無法完全喚醒；反應遲鈍。

- 當移動或者碰觸時，他就會哭鬧或呻吟（好像處於痛苦中）。
- 持續超過三小時無關腸絞痛的哭鬧、尖聲的哭叫、輕微的呻吟聲或是嗚咽。
- 都已超過正常用餐時間幾個小時了，仍然拒絕吃喝任何東西。

❑其他

- 腺體腫大，變得紅腫、發熱和疼痛—— 24 小時內打電話。
- 身體劇烈的疼痛（一個不會言語的嬰兒可能緊握拳頭、拉扯或是重擊受感染的身體部位）——馬上打電話。
- 眼白或皮膚泛黃——上班時間打電話。

❖打電話給醫師之前

一旦你決定有必要打電話給醫師（或是你覺得可能該打——心裡有點猶豫時，就跟著你的直覺走），在電話中要描述寶寶的症狀時，必須盡可能地明確，以及詳實回答醫師的每個提問。

有關寶寶的症狀的訊息。通常，只要看一下寶寶你就知道哪裡不對勁了。但是醫師或者護士需要更多的資訊來判斷發生了什麼事。所以打電話告知生病時，檢查一下以下的任何相關症狀：

- **體溫**。如果寶寶的前額摸起來有點涼（用手臂或是嘴唇），你可以推測沒有發燒的跡象。假如你感到微暖，就用溫度計測出更精確的溫度（參閱 604 頁）。
- **呼吸**。新生兒在正常的狀態下每分鐘大約 40~60 次，大一點的寶寶大概 25~40 次，活動期間會比睡眠期間速度更快（包括哭鬧），而且生病的當下也可能加速。如果你的寶寶咳嗽或是看起來呼吸急促或不規律，檢視一下呼吸（呼吸的頻率）。如果寶寶的呼吸變得比平常更快或更慢，

或者在正常範圍外，或者他的胸腔在呼吸時沒有明顯的起伏，又或是呼吸出現吃力或發出沙啞聲（不是鼻塞）的現象，就將以上的情形跟醫師報告。

- **呼吸系統症狀**。你的寶寶流鼻水或是鼻塞？鼻涕是水漾還是濃稠？透明、淡黃色、黃色或是呈現綠色？如果咳嗽了，是無痰、乾咳、劇烈、喘鳴或是如吠叫聲？寶寶有沒有在一陣強烈咳嗽間咳出痰？
- **行為表現**。寶寶是否有任何異常改變？困乏無力嗎？還是吵鬧易怒？或毫無反應？你能夠逗他一笑嗎？
- **睡眠**。寶寶是否睡得比平常多？或一直想打瞌睡？或是睡不著？
- **哭泣**。寶寶是否比平常愛哭？哭聲和激烈程度有無不同？（例如哭聲是否比平時更高更尖？）
- **胃口**。寶寶是否吃得和平常一樣多？或是不吃母乳或奶瓶？或是抗拒任何固體食物？或是吃得很正常？
- **皮膚**。寶寶的皮膚是否出現異狀？是否有紅腫現象或蒼白？或青灰？是溫熱潮溼（流汗）還是溼冷？或比平常乾燥？嘴唇、鼻頭或臉頰是否有過度乾燥而皸裂的現象？寶寶皮膚上有沒有斑點或傷痕（注意其手臂、耳後、四肢軀幹或其他地方）？你如何分辨與描述它們的顏色、形狀、大小及質地？寶寶會試著抓它們嗎？
- **口腔**。牙齦、臉頰內側、顎、舌頭，有出現任何發紅或是可見的白斑？有出現流血現象嗎？
- **囟門**。寶寶頭頂的囟門是否有下陷或凸起的現象？
- 眼睛。寶寶的眼睛是否看起來異於平常？是否有眼神呆滯、空洞無神、淚水汪汪或紅腫的現象？有沒有黑眼圈？或不能完全睜開？如有分泌物，顏色、濃度和分泌量又如何？你有注意到眼瞼是否出現「小膿包」？你的寶寶是不是瞇著眼睛看人，或是在燈光下不願意睜開眼睛？
- **耳朵**。寶寶會不會用手抓耳朵？是否有分泌物從耳中流出？如果有，看起來是什麼樣子？
- **上消化系統**。寶寶有沒有嘔吐現象（而且和以往的嘔吐不一樣，是把胃裡的東西都吐出來）？多久吐一次？是乾嘔或吐出許多東西來？吐出物有什麼？（是乳狀物？黏稠物？帶桃紅色的或血絲？）嘔吐的時間很長嗎？是不是只要吃了東西就吐，或者咳嗽？

你知不知道，或猜測得出，你的寶寶吃下了什麼有毒物質？唾液有異常增加或減少嗎？口水流個不停？或任何明顯的吞嚥困難？

- **下消化系統**。寶寶爬行是否有異常？是否腹瀉，排泄物是水狀或稠狀？糞便中是否帶血？排便的次數、情況如可？有無便祕？再者，吞嚥有沒有困難？會不會直流口水或減少流口水的現象？
- **泌尿系統**。寶寶的尿片乾溼情形是否異於平常？顏色（暗黃色或粉紅色）、氣味有沒有異狀？
- **腹部**。寶寶的肚子是否看起來異於平日（很平坦或過於圓凸）？當你輕壓他的肚子，或將他的膝蓋彎向肚子時，他會痛苦嗎？疼痛的位置又在何處？右腹或左腹？上腹或下腹？
- **運動方面的症狀**。你的寶寶是否有顫抖、僵硬或痙攣的現象？脖子是否僵硬？下巴能抵到胸部嗎？身體各部位的移動有困難嗎？
- **其他不正常的症狀**。你有從寶寶的嘴巴、鼻子、耳朵、陰道或肛門嗅聞到不正常的味道嗎？這些地方，有沒有出血的狀況？

目前為止的病況。不論病情、症狀能不能說得一清二楚，你都應該向醫師報告以下的事項：

- 病徵是從何時開始的？
- 如果其來有自，引發寶寶生病的是什麼？
- 白天裡病情有變化嗎？（夜裡是否變得更嚴重？）
- 如果已經在家裡或到醫院做過治療，是哪一種治療？
- 你的寶寶最近曾經接近過病毒或帶菌者——兄姊有腸胃疾病，保母感冒，或遊樂場有人得了結膜炎——嗎？
- 你的寶寶最近出過意外（例如跌倒），因此也許有些看不出來的內傷？
- 你的寶寶最近吃喝過新的、奇怪的或有可能已經腐敗的食物嗎？
- 最近你和寶寶有沒有出過國門？

你家寶貝的健康史。如果醫師手上沒有你家寶貝的健康記錄（這種情況偶會發生，尤其是你打電話到醫師家裡時），你就必須告訴他寶寶最近的健康細節；要是醫師必須開處方，這些細節就更重要了：

- 你家寶貝的年紀和目前的體重。
- 你家寶貝是否罹患某種慢性病，而且正在服藥治療。
- 家族裡，是否有對某種藥物的過敏問題。

- 寶寶是否有過對藥物的不良反應或已知的過敏。
- 常去的藥房的電話、傳真或電子郵件信箱（如果處方必須以電話、傳真或電郵告知的話）。

你的疑問。除了寶寶的病症細節之外，你所憂慮的事項（比如醫師建議的飲食改變情況如何，服藥後的病況沒有轉好等等）往往也很幫得上醫師的忙，所以要先寫下來再打電話。如果能把寶寶的每場疾病都寫進（寶寶健康史的）筆記本裡，未來碰上這種時刻時，你就能很快地回答醫師的詢問，不必絞盡腦汁地回想寶寶不能吃哪些藥和感染過幾次耳疾。

發燒的應對

現代科學相信「發燒」有其一定作用：若有病毒、黴菌或細菌入侵，體內的白血球細胞就會製造出一種荷爾蒙（白細胞介素）至腦中下視丘，並發出指令使體內的體溫調節裝置上升——在體溫較高時，體內其餘的免疫系統較能發揮對抗感染的力量。病毒和細菌容易在較冷的環境中滋長，因此發燒讓身體較不易受到感染。「發燒」亦可降低體內鐵質的濃度，但同時又使侵襲身體的細菌及病毒對此種礦物質的需求提升，這種相當於「餓」死它們的方法十分有效。而當病毒已開始侵害我們的身體時，「發燒」則可以幫助體內產生更多干擾素，及其他抗濾過性病毒的物質等。

在所有發燒的寶寶中，大約有80~90% 的人和自限性病毒感染有關——不須治療便可逐漸好轉。時至今日，大部分的醫師都已不再推薦父母為六個月以上的寶寶做退燒處置，除非其體溫已超過 39℃。有些醫師之所以遲遲不建議父母打開醫藥滴劑（除非寶寶不舒服），其實是在等待更高的溫度。有時醫師會在寶寶微燒時就使用兒童鎮痛解熱藥物，目的也只在減輕疼痛，使寶寶比較舒服好睡，甚至只為了讓緊張的媽媽覺得好過一點。就另一方面而言，若疾病是由細菌所引起，則必須加以處置；使用抗生素可治療感染而間接降低體溫，但視疾病的不同，抗生素的選用也不同。依寶寶舒適程度及發燒程度的差異，抗生素及解熱劑有可能會同時使用，亦可能不會。

如果寶寶的發燒現象並不像一般常見的是由感染所引起的，而是與侵犯人體的細菌及其擴散有關，可能導致休克（比如敗血症），便須立即送醫診治，以降低寶寶的體溫。中暑引起的發燒也一樣。

正常情況下，寶寶的體溫在凌晨2~4點時最低（口溫最低可達35.8℃），起床時仍持續低溫（最低可至36.1℃），然後開始緩慢地升高；最高則在晚上6~10點左右，可達約37.2℃。天氣熱會稍高，天氣冷則稍低，而運動時亦會較休息時為高。記得，嬰幼兒的體溫變化程度本就較成人來得大。

不同疾病引發的發燒情形亦不相同。有些病症會讓寶寶持續發燒、直到完全痊癒為止；可是有些疾病竟會固定造成寶寶早上體溫降低，但晚上又再上升，長期如此，也可能說來就來、說去就去，沒有一定的模式。有時候，發燒產生的形式有助醫師診斷病情。

若所出現的發燒症狀單純是身體對疾病的一種反應時，熱度應很少會超過40.5℃，超過41℃的更是聞所未聞。但假如所出現的發燒症狀是因為身體本身調節溫度的機制出現了問題（如中暑），則熱度甚至可能高達45.5℃。會有如此高的體溫出現，有可能是身體製造了過多的熱能，或是體內無法有效降溫之故。這既可能是身體內部的異常，更可能是因為來自外部的熱源使身體過熱，例如洗蒸汽浴等，或者是熱天裡（室外溫度30℃）留在車內（即使有打開車窗，車內溫度卻仍可能急速上升至45℃）。

嬰兒及較大的幼兒大部分都很容易得熱病，那是因為他們的體溫調節系統無法有效運作。若是因為體溫調節失效而導致發燒，發熱的出現不只無益，甚至很危險，必須立即處理。若體溫出現41℃以上超高溫之症狀，亦須立即處理，以免腦部或其他器官受損。

❖如何測量寶寶的體溫

大部分的醫師，都會採用比父母的吻還精確的方法來測寶寶的體溫（雖然不舒服的寶寶比較想要的是父母的吻）。

若是能在寶寶生病期間測量出體溫變化，則可以對「所做措施能有效降低溫度嗎？」或是「如果發燒的溫度持續上升，是不是就意味狀況惡化了呢？」這類問題有答案。雖然所讀出的溫度是有用的，但並不需要每個小時都量一次。對一般病例而言，早晚各量一次體溫便已足夠（還得考量寶寶是不是剛起床或才從豔陽高照的戶外回家），只

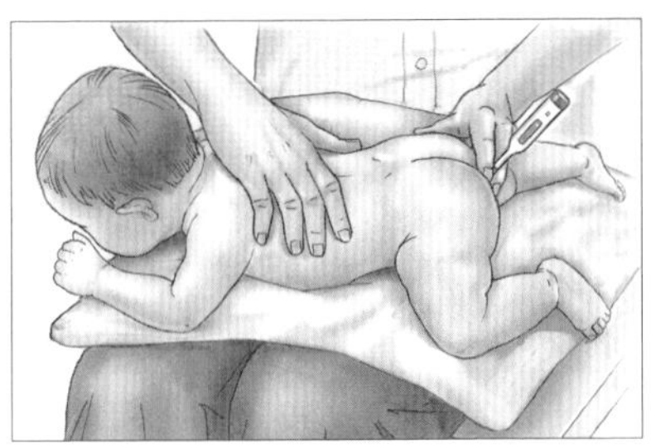

圖 19.1 讓寶寶趴躺在你大腿上，是為好動寶寶量體溫的好方法。

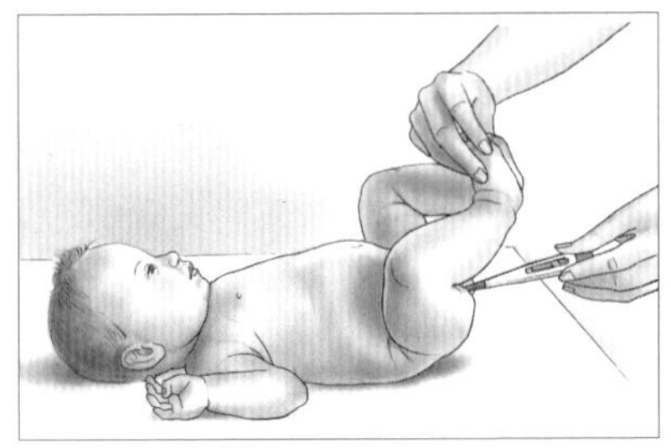

圖 19.2 以換尿布的姿勢，稍稍提高寶寶的屁股，就很容易測量肛溫。

有在寶寶的病情突然惡化時才需要額外加以測量。而如果寶寶顯然已有好轉的現象，而且你的唇也測出寶寶已退燒，那麼你其實並不需要體溫計提供你其他的意見。

我們的身體上有幾個部分最能準確地反映出身體的溫度，即嘴巴、直腸（肛門）、腋窩（胳肢窩），或耳朵。把體溫計直接放入寶寶口中是非常危險的，因此大部分醫師都不主張經由口腔的溫度來了解寶寶身體狀況，除非你的孩子已四、五歲大了。所以，你得使用其他方法來了解體溫的高低。

你該使用哪種溫度計呢？玻璃製品當然不在考量之內（即使是不含水銀的也不安全，因為使用中可能會破碎），而即便市上有不少塑膠製又不含水銀的產品，大多數的父母仍會選購帶有數字顯示功能的數位溫度計，因為這種溫度計不但容易判讀度數、相對來說還算便宜、使用方便、測量快速（只需 20~60 秒），很適合用在不停蠕動的寶寶身上。測量體溫的方法很多（有些方法只能用某種體溫計）：

肛溫的測量。準備好體溫計（用凡士林潤滑感應器前端），並且把寶寶的臀部露出來，然後盡你所能地安撫寶寶。將寶寶的肚子置於你的膝蓋上（這樣做寶寶的腿也可以呈 90 度懸著，使得體溫計較易插入寶寶的肛門，參見圖 19.1）。另外，你也可以像是要換尿布般，把寶寶放在床上或是放有小枕頭或折疊好的浴巾桌上，有這些東西枕在寶寶下方，可以稍微提高寶寶的屁股，使得體溫計較易插入（參見圖 19.2）。為了分散寶寶的注意力，試著在這個時候唱些寶寶喜歡的歌，或者放個他喜歡的玩具或書在他

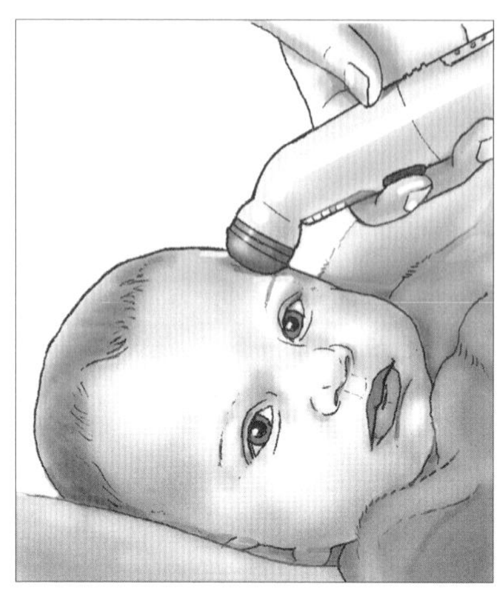

圖 19.3 額溫槍

視線範圍內。要先用一隻手分開寶寶的臀部，讓肛門露出來；再用另外一隻手將數位體溫計（記得先閱讀說明書，因為每一款數位體溫計都不大一樣）插入寶寶肛門內約 2.5 公分深，不過小心不要強行塞入。記得用你的食指與中指握住體溫計，直到數位體溫計發出嗶聲，其他手指則設法按壓著寶寶臀部——一方面是以防體溫計掉落，另一方面也可防止寶寶掙脫。可是，如果寶寶開始出現很強的抵抗情形，就必須立即取出體溫計。

額溫的測量。這種無需進入人體就能測得寶寶體溫的額溫槍，是從顳動脈（temporal artery）來測量體溫。做法是把感應頭置放在寶寶前額上方正中央（髮際線與眉毛之間後，按住按鈕不放，然後從前額正中央往耳朵滑動；記得，滑動時不要讓額溫槍的感應頭離開皮膚（如下圖），所以，如果寶寶動個不停的話會有點麻煩，直到感應頭來到耳邊髮線時才停止，放開按鈕。幾秒鐘內，額溫槍就會發出嗶聲，顯現寶寶寶的體溫。額溫槍的另一個好處，是可以趁著寶寶睡著時測量；研究顯示，額溫槍的準確度在耳溫槍和腋溫計之上，但還是沒有肛溫那麼準確。

腋溫的測量。當寶寶有腹瀉的情形，或無法為了量肛溫而持續躺著，或只有量口溫的體溫計時，只好使用這種方法（記得千萬不要用量口溫的體溫計去量肛溫）。你可用數位體溫計或量口溫的體溫計來量腋溫。先移開寶寶的衣服，使寶寶的皮膚與體溫計間沒有衣物阻隔，再確定寶寶的腋下是乾的，才將體溫計前端插入腋下，讓寶寶的手臂輕輕地蓋在上面，並將寶寶的手肘靠著身體邊緣按壓著。有時也得分散寶寶的注意。

口溫的測量。不用說，大人用的口溫計當然不適合小寶寶使用了；奶嘴體溫計（pacifier thermometer）

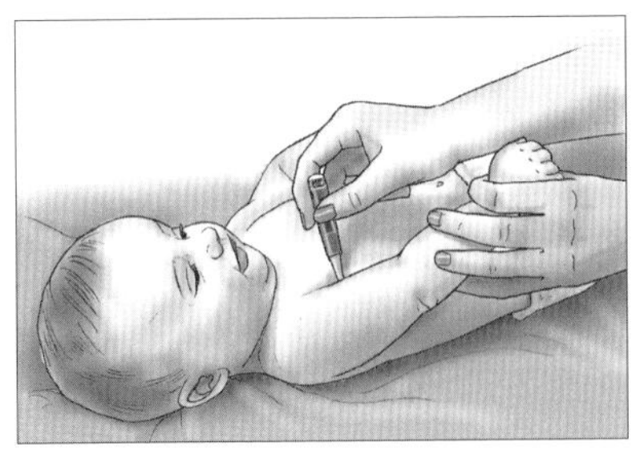

圖 19.4 腋溫的測量

雖然有便宜又好用的優點，但也有幾個會讓你三思而後行的缺點。首先，口溫沒有肛溫、顳動脈溫、腋溫可靠；其次，奶嘴體溫計必須在寶寶嘴裡待上一分半鐘以上才測得出確實的溫度，要是寶寶不肯含上那麼久，就得重來一次；最後，因為奶嘴體溫計的奶頭比一般奶嘴長，有些寶寶會排斥。不得已而必須使用奶嘴體溫計時，要盡量讓寶寶含著 2~3 分鐘。

耳溫的測量。六個月大以下的寶寶不建議使用耳溫槍，因為這種年紀的寶寶耳道仍很狹窄，很難插入耳溫槍。雖然耳溫槍很安全又能快速測出體溫，但就算寶寶已經六個月大了，也還不是很方便——如果沒有正確地插入耳道，測得溫度就可能不準確，寶寶的耳垢也會干擾耳溫槍的測量。一般來說，耳溫不但沒有肛溫那麼準確可靠，甚至比不上腋溫。如果你還是想用耳溫槍幫寶寶測量體溫，除了要買專用的耳膜溫度計（tympanic thermometer），還要請醫師或護士示範怎麼使用（最少也要詳細閱讀說明書）；多練習幾次，就能抓到要領。

體溫計使用過後，須用冷肥皂水洗淨，並用酒精擦拭，然後收好。小心不要弄溼數位顯示窗、開關、電池蓋。

❖發燒症狀的評估

寶寶的體溫代表了什麼意思？要先看你是從哪兒測得的體溫。醫師認定的發燒溫度是看肛溫，所以如果你量的不是肛溫，找醫師時就要先說清楚。

- 肛溫。正常的肛溫是 37℃，但從 36.7℃到 37.8℃也都沒問題；

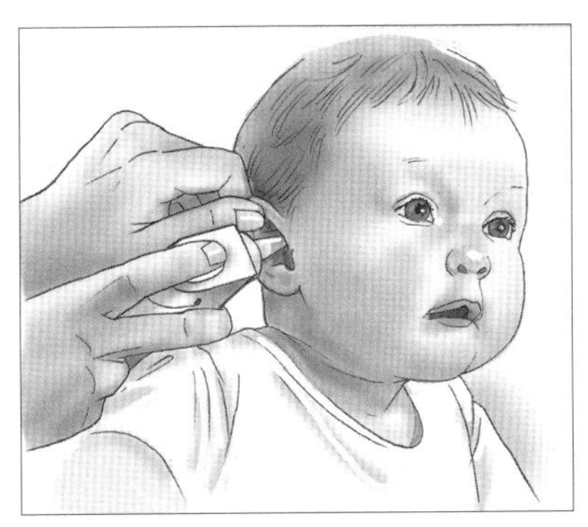

圖 19.5 以耳溫槍測量耳溫

要是高過38℃，就算是發燒了。

- 顳動脈溫很接近肛溫，所以只要寶寶的顳動脈溫超過38℃就算發燒（但如果你家寶貝還不到三個月大，就需要再量一次肛溫才可靠）。
- 腋溫。正常的腋溫是36.4℃，但從35.6℃到37.2℃（也就是比肛溫低個1~2℃）都不必擔心；如果腋溫超過37.2℃，就視為發燒了（但如果你家寶貝還不到三個月大，就需要再量一次肛溫）。
- 口溫。奶嘴體溫計得出的溫度會偏低一些，所以要加個0.5℃；如果奶嘴體溫計顯示寶寶體溫超過37.8℃，那就得當發燒來處理（但如果你家寶貝還不到三個月大，就需要再量一次肛溫）。
- 耳膜體溫計可以測出接近肛溫的準確度，但不建議六個月大以下的寶寶使用。耳溫超過38℃時，就要當成發燒來處理。

❖發燒的處理

不同的發燒程度需要的治療也不同——有時甚至完全無需治療。由病毒感染而引起的發燒（九成以上的嬰兒發燒都起因於此），會隨著病毒來去，也就是說，不發燒了就表示疾病已經痊癒。雖然醫師也許會讓寶寶服用含有乙醯氨酚（Acetaminophen，兩個月大以上）或布洛芬（Ibuprofen，六個月大以上）的藥物來紓緩寶寶的痛苦（尤其是發燒影響了寶寶的睡眠或胃口時），退燒並不會讓寶寶更快痊癒。

細菌引起的發燒通常——但非絕對——可以用抗生素治療，藉由消除感染而間接降溫（差不多一天左右），但也要視感染的菌種、用了多少抗生素、寶寶不舒服的程度和發燒的程度而定；有時醫師還會讓寶寶同時服用抗生素與退燒藥。

如果發燒的原因是環境炎熱（寶寶所在地點溫度太高或包得太緊）引起的疾病，就要立刻治療，參見653頁。

一般而言，寶寶發燒時可採取以下步驟（除非醫師有別的指示）：

保持寶寶涼爽。穿得輕便一點，寶寶的身體才可以充分散熱（在熱天時甚至連尿布也不再需要）。要讓房間內的溫度保持在20~21℃。為使房間內空氣保持涼爽，必要時也可以用空調系統或電扇，不過記得不要讓冷風直接吹向寶寶；要是寶寶有打顫或起雞皮疙瘩的情狀，就表示室溫過低，反而會讓寶寶的體溫繼續上升。

增加流質的攝取。因為發燒時體內的水分會藉由皮膚大量流失，所以對一個正在發燒的寶寶而言，補充適當的流質是必要的。較小的寶寶可以多餵幾次母乳或配方奶；對於較大的寶寶，可以經常供應一些流質食物，包括已經稀釋的果汁及多汁的水果（如柑橘及哈蜜瓜之類），另外還可提供水、清湯、果凍類甜點等。可以鼓勵他們多喝一些，不過不要用強迫的手段。假如寶寶已經有好幾個小時拒喝流質食物，則須盡快通知醫師。

服用退燒藥。只要寶寶已經兩個月大，無需請教醫師就能讓他服用乙醯氨酚，六個月大以上則用布洛芬，劑量一定要確實遵守說明書的指示；兩個月大以下的寶寶，如果發燒了就一定要請教醫師，除非醫師建議，都別讓寶寶服用乙醯氨酚和布洛芬之外的藥物；如果你懷疑寶寶的發燒是因炎熱而引致，更別讓寶寶服用任何退燒藥物（包括乙醯胺酚）。

減少寶寶的活動量。不管有沒有發燒，只要寶寶覺得不舒服了自己就會減少活動量，讓身體得到休息。你家寶貝明明都發燒了，卻還是繞著你跑（或爬）？這很正常，別擔心。注意寶寶的活動情況——如果他就是想動，就由著他，但要在活動量過大時幫他踩煞車，因為劇烈的活動會拉高體溫，所以要讓他轉向比較溫和的活動。

補充熱能。發燒會耗用身體的熱能，也就是說，寶寶發燒時你得多為他補充熱量而不是減少；同樣的，可以鼓勵但別強迫。

不可不知：寶寶服藥

有時候，生病的寶寶只需要一些懷抱、安撫、休息就能康復了；有時候，不吃點藥病就不會好。不過，在讓寶寶吃藥——不管是處方藥或非處方藥——之前，你一定會想確定自己有沒有選對時間和藥物。以下所述，就是確認的途徑。

❖取得藥物的資訊

不論是醫師建議的非處方藥或開給寶寶吃的抗生素，你都不能只管到藥房拿藥就算完，還應該弄清楚：那是什麼樣的藥、有什麼療效、一次該吃多少、怎麼吃、怎麼存放

熱痙攣

六個月到五歲的孩子中，每 100 個就有 2~5 個有過抽搐的經驗（眼球翻白，身體僵硬，手腳不由自主地抖動），起因則幾乎都是高燒。雖然這種熱痙攣（febrile convulsion）會讓父母嚇出一身冷汗，但相關研究卻顯示並不全都有礙健康，也不會造成神經的傷害；而且即便熱痙攣大多源於家族遺傳，但也只會在孩子的大腦尚未完全發育成熟時發作，一等大腦的發育成熟了，痙攣就不會再突然出現。

如果你家寶貝的熱痙攣發作，要保持冷靜（記得，這種突如其來的痙攣並沒有危害健康的危險），遵循下列的處置步驟：

- 記下時間，你才會知道發作了多久。
- 輕柔地環抱寶寶，或者讓他緊貼著你躺在床上或柔軟的地方；如果可以的話，就讓他側躺下來，而且頭部比身體其他部位都低。
- 別用任何強制的手段來抑制他的痙攣。
- 打開衣物較緊繃的部位。
- 別放任何東西到寶寶嘴裡，包括食物、飲料或奶嘴。如果寶寶嘴裡有東西，比如還沒吞下的食物、奶嘴或別的東西，都要趕緊取出；取出時，只用一根指頭去掃會比用兩根指頭去夾要好，免得弄巧成拙，讓寶寶嘴裡的東西更深入口腔。

痙攣途中可能會有短暫的止歇，但會很快就又發作，前後可能只會持續個一到兩分鐘（你的感覺卻可能有如一輩子）。

痙攣一停止就打電話給醫師（除非不是第一次，而且醫師說再發作時不必再打電話給他），要是找不到醫師，可以讓寶寶服用乙醯氨酚試著退燒。別因為想退燒而讓寶寶在浴缸裡浸泡，要是寶寶的痙攣又再發作，會讓他喝進浴缸裡的水。

如果痙攣過後寶寶的呼吸仍不正常，或者痙攣時間超過 5 分鐘，就要打 119 叫救護車；為了消除這種複雜抽搐症（complex seizure）的病因，跑一趟急診室有其必要。

、有哪些副作用……。醫師開藥時都能提供相關資訊的話當然再好不過（要是啥也沒說，但願你都記得開口發問），可你到藥房時卻也應該再請教一下藥劑師；無論如何，只要事情牽扯到寶寶和藥物，多費點心神都是值得的。

藥劑師給藥時所附的說明，通常都包含了以上種種（最少是大部分）資訊。處方藥——和某些非處方藥——通常也都會附有詳盡的說明書，拿藥時要確定有沒有附加的說明書，如果對說明書的解釋仍有疑問，就請教一下藥劑師或醫師；以下所列，就是你讓寶寶吃藥前應該問個清楚明白的問題：

- 這種藥有沒有其他（更便宜）的學名藥？效果是不是和原廠藥一樣好？
- 這種藥物的療效何在？
- 存放時要注意什麼？
- 有特別為寶寶考慮過口味嗎？還是藥劑師可以添加容易入口的東西？要知道，有些寶寶什麼藥都吃，一點也不在乎苦口與否；有些寶寶則只要是藥就拒絕吞下肚裡——但你總是得嘗試一下這類的方法。
- 一次吃多少？
- 多久吃一次？是不是得在半夜裡叫醒寶寶（還好，非這麼做不可的藥物很少）？
- 餐前吃，還是餐後吃？
- 可以和配方奶、果汁或其他飲料一起吃嗎？有什麼忌口食物嗎？
- 如果一天裡要吃三次以上，可不可以調整一下劑量，只讓寶寶吃一到兩次？
- 如果寶寶吃了就吐掉，必須再給他吃一次嗎？
- 如果漏餵一次，下次餵藥時劑量得加倍嗎？如果不小心多吃了，要不要緊？
- 服藥後，應該多久就會出現療效？如果全無好轉，該打電話給醫師嗎？
- 可以見好就收嗎？還是非得吃完所有醫師開立的藥量？
- 一般來說，會出現什麼副作用？
- 可能會出現什麼不良反應？哪一種不良反應出現時該連絡醫師？
- 這種藥物，會讓寶寶本來就有的慢性疾病更惡化嗎？
- 如果我的孩子已經在吃別的藥（不管是處方藥還是非處方藥），再吃這種藥會不會有問題？
- 這種藥有別的藥物可以替代嗎？
- 這種藥可以保存多久？如果沒吃完，下回醫師開了同樣的藥時寶寶能不能吃？

❖正確地用藥

藥是用來治病的，但如果使用不當，反而會造成傷害。用藥時請遵守下列規則：

乙醯氨酚，還是布洛芬？

市售的止痛藥和退燒藥品類繁多，但只有兩種可以讓孩童服用：兩個月大以上吃乙醯氨酚類（比如泰諾〔Tylenol〕、坦普拉〔Tempra〕、普拿疼〔Panadol〕），六個月大以上吃布洛芬類（比如摩純〔Motrin〕、安舒疼〔Advil〕）。在還沒有請教過醫師之前，別讓寶寶服用任何藥物，就算非處方藥也不行。

雖然小兒科醫師通常都會建議寶寶服用乙醯氨酚或布洛芬來止痛或解熱，但這兩種藥的作用與副作用並不一樣。乙醯氨酚的效用只在鎮痛與解熱，並沒有消炎作用，而且必須嚴守醫囑（每 4~6 小時吃一次）才不會有危險；這是好事，因為寶寶週歲前你會經常用到它，不過，就算按時餵藥，也不可以讓寶寶服用超過一星期，因為長期服用乙醯氨酚有傷害肝臟的危險。也因為大劑量的乙醯氨酚（一連吃 15 劑）會嚴重傷害肝臟，所以你該注意把藥物擺在寶寶碰觸不到的地方。你家寶貝就是不肯喝液態藥品嗎？寶寶六個月大以後，問一下醫師能不能讓他使用乙醯氨酚的栓劑（Feverall）。

相對地，除了鎮痛與解熱，布洛芬還有消炎的藥效，所以對因發炎而引起的疼痛（例如長牙）療效更好，藥效也比較持久（所以只需 6~8 小時服用一次）。一般而言布洛芬比乙醯氨酚更安全，唯一的缺點是可能會讓胃不舒服；為了減少這方面的問題，最好讓寶寶空腹時服用，更別拿來治療胃痛。

絕對別給寶寶大孩子或大人吃的藥（就算減量也不行），寶寶只能吃寶寶專用的藥。

- 兩個月大以下的寶寶不要給他未經醫師處方的藥，就算連非處方藥也不行。
- 除非醫師特別聲明沒有問題，別讓你家寶寶服用任何藥品（非處方藥，他之前沒吃完的藥或別人沒吃完的藥）；更明確地說，也就是醫師沒有指示之前（舉例而言，醫師也許會告訴你，如果寶寶發燒超過 38.9℃就讓他吃乙醯氨酚，要是哮喘發作就讓他吃氣喘藥），都別讓寶寶服藥。
- 除非醫師另有指示，用藥時劑量一定得遵照原廠所附的說明書。

- 除非醫師或藥劑師同意，不可讓寶寶一次服用兩種以上的藥物。
- 服用前，都要先確定藥物還沒有過期。過期的藥物（包括先前醫師開給寶寶、但沒吃完的藥品）不但療效較差，有時還可能會出現有害身體的化學變化；每次到藥房拿藥或買藥時都要先看清楚使用期限，餵藥前再看一次——要不然，也許一兩小時後你就又得跑藥房了。
- 遵照瓶罐上或藥盒裡的說明書存放藥物。如果藥品必須存放在低於室溫的地方，就放在冰箱裡冷藏；必須帶著出門時，要用密封袋包起，再和冰袋放在一起。
- 永遠遵照醫師（或藥劑師）的囑咐、或根據藥品的說明書保存藥品，如果瓶罐上——或原廠印製、擺在藥盒裡的說明書——的指示和醫師說不不一致（或寶寶的適用年紀不一樣），餵藥前就要先打電話問一下醫師或藥劑師；不管是服藥時間、需不需要搖勻還是能不能和食物一起吃，都要確實遵循指示。
- 每次餵藥前都要再看一次用藥說明，一來可以確認沒讓寶寶吃錯藥，二來也能再一次提醒你劑量、時間和其他注意事項；如果是在夜裡餵藥，更要開燈看個清楚明白。
- 劑量要準確無誤。一旦倒出正確劑量，就要小心盛放；你可以用標準的餵藥專用湯匙、滴管、注射器、杯子或奶嘴式餵藥器（如果寶寶願意吸吮的話——有些寶寶就是不肯），除非醫師指示，就絕對不要增加或減少劑量。
- 如果寶寶吐出止痛藥劑、維生素或服藥後嘔吐，別讓他再吃一次——用藥太少總比用藥過多安全。不過，如果寶寶吐掉的是抗生素的話，就要問一下醫師該怎麼辦才好。
- 為了防止寶寶被藥物噎到，餵藥時別擠壓寶寶的臉頰、捏住寶寶的鼻子或強迫他仰著頭。如果寶寶已經會坐了，就讓他坐正了再吃藥；如果寶寶還不會坐，先用手撐好他的背再用滴管餵藥，才不會讓寶寶噎到。不要把滴管伸進口腔深處，因為這麼做可能會導致窒息。
- 除非醫師建議，不要把藥物放進瓶裝或杯裝的母乳、配方奶或果汁裡，因為你家寶貝有可能因為喝不完一整瓶或一整杯而服藥不足；寶寶開始吃固體食物後，可以問問醫師吃藥時能不能搭配食

寶寶不能吃的藥

市售的某些藥物可能反而對寶寶有害，包括：

咳嗽藥和感冒藥。研究顯示，幼兒非處方咳嗽藥與感冒藥不但不能真正止咳、治療感冒，還有危害寶寶健康的副作用，例如讓寶心跳加快、導致抽搐；也正因為如此，美國食品藥物管理局才會建議別讓兩歲以下孩童服用此類藥物。就連這些藥物的說明書，也不建議家長讓四歲以下的孩童服用。

阿斯匹靈（以及任何含有水楊酸鹽〔salicylate〕的藥物）。美國的醫師多年來都在努力勸阻家長別讓孩童服用阿斯匹靈，但說再多次都不嫌多：除非醫師建議，別讓18歲以下的青少年、孩童服用阿斯匹靈（包括幼童用阿斯匹靈）或含有阿斯匹靈成分的藥物，因為阿斯匹靈可能會導致雷氏症候群（Reye's syndrome），而這是一種足以讓孩童喪命的疾病。不僅如此，美國雷氏症候群基金會還建議，別讓孩子服用任何含有水楊酸鹽的藥物；所以，就算你給孩子吃的不是阿斯匹靈，也都要先仔細閱讀藥品說明。

物（比如說水果泥）——但是，只有在你確定寶寶會吃下所有藥量時才能用這種方法。

- 除非醫師同意，否則就算你覺得寶寶已經完全康復了，也還是得讓寶寶服用完醫師交代的抗生素劑量。
- 用藥時間屆滿後，就別再讓寶寶繼續服藥。
- 如果寶寶看似對藥物出現不良反應，就要暫停用藥，立刻詢問醫師的意見。
- 要是寶寶白天裡得由保母或托兒所餵藥，就須確認他們都熟稔用藥的規範。
- 別騙寶寶藥物是點心。當然了，這會讓寶寶更願意吃藥，卻也可能讓他不小心拿到藥物（或別的藥物）時，以為那是「點心」而服用過量。

❖幫助寶寶服藥

學習如何用藥對父母而言只是第一步，而且往往是最容易的。對小孩來說，治療可比生病痛苦得多；

可以吃草藥嗎？

草藥被用來紓解症狀已逾百年，成分天然，完全無需處方，但是，草藥真的安全又有效嗎？要是用在寶寶身上呢？

誰也不敢打包票。沒錯，草藥確實有其療效（有些藥效強大的藥物就是從草藥萃取成分的），但只要是治療疾病用的就應該視之為藥物；這也就是說，服用草藥時同樣得遵守用藥原則。

草藥的使用還有其他疑慮：政府既無法監控草藥的療效，也無法管理草藥的安全性。所以，每回你拿到一種草藥時，就既弄不清楚那是不是一如你的想像，也無法完全確定裡頭是否含有你絕對不想吃下肚裡的材料或成分。因此，就像你不會讓寶寶服用未經醫師同意的藥物，你也不應該讓寶寶吃下未經醫界（健康食物專門店裡那位叫賣的傢伙可不算在內）認可的草藥，包括治療腸絞痛、胃脹氣、長牙等等的順勢療法。總之，給寶寶任何藥物之前都要問過醫師。

吃藥被視為苦差事，常常藥才一吃下去，馬上又吐得到處都是。

如果你的小孩一看到藥（即使是各種有怪味的維生素、抗生素、止痛藥），就會如小麻雀般張開口等著被餵食，那你真的太幸運了。運氣不佳（也是大多數）的父母，不管餵他什麼藥都會抗拒。對這類小孩，可能沒有什麼法子使他們視吃藥為樂事，但以下的提示多少可幫父母餵藥順利一些：

時間。除非規定要飯中或飯後餵藥，否則可在飯前餵藥。因為寶寶肚子餓時較易接納，也可以避免寶寶嘔吐時吐出太多東西。

吃法。先問過藥劑師：可不可以在不影響藥的效力之下冰涼藥物，讓藥味減輕一些；是否可用一些調味品把藥味蓋過（任何藥物都必須放在寶寶搆不著的地方，尤其是寶寶很喜歡那種味道的話）。滴管、藥用湯匙或塑膠注射器可把藥注射進寶寶嘴裡，但要注意注射器噴出的量要能使寶寶一口嚥下。如果寶寶拒絕用滴管、湯匙或注射器，可試著將藥放在奶瓶中供他吸吮，再把飲水裝在同一個奶瓶裡，讓殘留的藥也能被寶寶吃到。

位置。味蕾的位置剛好在舌頭的前端跟中間，所以餵藥時避開這些對味道很挑剔的位置，可以讓寶寶比較順利吞下。

溫度。問問藥師溫度會不會影響藥效，如果不會的話就給寶寶冰涼的藥水，低溫會讓藥味變得比較不明顯。如果藥物不能冰，就在吃藥前先給寶寶一些冷飲（比較大的寶寶可以給他一些冰的果泥），這樣寶寶的舌頭會對味道變得比較遲鈍。

計巧。餵藥時輕輕吹寶寶的臉頰，這可以幫助寶寶放鬆吞嚥。你也可以在把藥注射或滴進寶寶口中後，立刻給他安撫奶嘴，透過吸吮可以幫助他順利將口中的藥吞進去。

口味。現在的藥品已經有專門為孩童設計的兒童製劑，易吞嚥、不苦、好入口，有助寶寶順利服下，你可以向醫師及藥師詢問。

嬰幼兒常見的健康問題

一歲以下的嬰孩通常是健康的，容易感染的疾病多半一次就能免疫。但是，有些常見的疾病或常會再三發生的病症父母還是要詳加了解，包括：過敏、普通感冒、便祕、耳朵感染及引起腹瀉、嘔吐的胃腸病。

❖一般感冒

寶寶之所以比大人更容易罹患一般感冒，是因為他還太小，體內還沒培養起足以抵抗環境中五花八門感冒病毒的免疫力；所以，直到寶寶一歲多以前，你隨時都要有照顧一個鼻涕蟲的心理準備，要是交給保母或托嬰中心或家裡有大孩子，時間更可能再久一點。

症狀。還好，感冒的症狀都不大嚴重，包括：

- 流鼻水（先是鼻水，接下來是黃色的鼻涕）。
- 打噴嚏。
- 鼻塞。
- 有時會輕微發燒。
- 有時喉嚨會刺痛發癢（寶寶太小

正確的劑量

當寶寶大到可以服用成藥（如乙醯氨酚或布洛芬），劑量的大小就是依寶寶的體重來計算而不是根據年齡。這也是為什麼你需要根據醫師及藥師指示的劑量讓寶寶服藥的原因。

的話很難發現）。

- 乾咳（躺下或到感冒後期時可能更嚴重）。
- 輕微疲勞。
- 沒食慾。

成因。和大家的想像正好相反，感冒並不是由於天寒、冬天沒帶手套、腳打溼了、風吹……而引起的（雖然受寒確實會降低嬰兒的免疫力）；感冒（又稱「上呼吸道感染」）的成因其實是病毒，而這一類的病毒要不是經由人手傳染（感冒的寶寶用手揩過鼻涕後再和另一個寶寶握手，病毒就這麼傳染過去），就是由於咳嗽、打噴嚏而飛濺傳染，或者是由於接觸了沾有病毒的物品——比如一個先前被感冒兒童啃咬過的玩具。光是目前所知，世上就已經有超過 200 種感冒病毒，也難怪感冒會這麼「一般」。

感冒病毒的潛伏期大約 1~4 天。一般來說，出現症狀的前一到兩天傳染性最高，但症狀開始後也同樣具有傳染性；鼻涕開始減少、變乾後，傳染性就不高了。

持續時間。一般感冒通常只有 7~10 天（高峰期大多是第三天），不過，後期才會出現的夜間乾咳也許會拖得久一點。

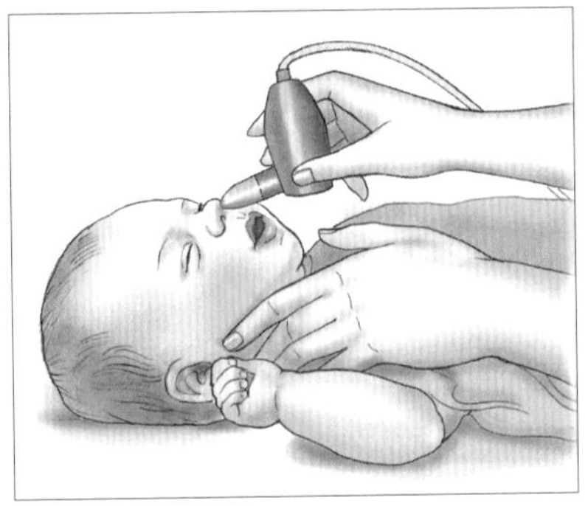

圖 19.6 寶寶如果因為鼻塞而呼吸困難，可以用生理食鹽水鼻滴劑來軟化鼻涕，再以吸鼻器吸出來緩解。

治療方法。沒有特效藥，但一些措施可治療感冒的症狀：

- 用吸鼻器吸出鼻內的黏液（參見圖 19.6）。如果鼻涕較凝固，可先以生理食鹽水鼻滴劑沖洗再吸出黏液。如此有助寶寶餵食及睡眠（如果寶寶不讓你吸鼻子，可用生理食鹽水鼻滴劑軟化黏稠的鼻涕，讓它流出或吞下去）。
- 使空氣潮溼些以減少鼻塞，幫助寶寶呼吸順暢。入夜以後，開啟冷水噴霧機（比溫水噴霧機安全，但要保持潔淨）潤溼寶寶的房間。
- 以凡士林或類似的軟膏輕輕塗抹於鼻孔外部，以免皮膚皸裂或紅腫。但小心別讓凡士林進入鼻孔中而阻塞了呼吸。

- 讓寶寶仰睡，並墊高頭部（在床墊下塞枕頭或支撐物，別直接用枕頭墊在寶寶的頭部），以助呼吸。
- 在醫師准許下，使用乙醯氨酚（兩個月大以上）或布洛芬（六個月大以上）來幫寶寶退燒（感冒不見得都會導致發燒）。
- 增加許多流質的攝取，尤其是溫熱的流質以取代發燒、流鼻水、以口呼吸的水分損耗。如果寶寶夠大，可以用杯子代替奶瓶餵食流質食物，較有助於維持呼吸順暢；如果寶寶還小，不會吃固體食物，記得多讓他喝母乳或配方奶，已經可以吃固體食物的寶寶，就要每天都讓他多吃富含維生素C的食物。少量多餐會比正常的一日三餐好。

預防。感冒的最佳預防之道，是多幫寶寶洗手。出門在外，找不到水龍頭嗎？溼紙巾可以應急，雖然洗淨效果不比肥皂加水更能驅除細菌；此外，還要盡量讓寶寶遠離感冒罹患者，以殺菌劑擦洗可能沾染感冒病菌和各色病毒的家具表面（參見626頁）。母乳中有抵抗感冒病毒的成分，但防護效果並非百分百，總之，切記沒有任何方式可以讓寶寶完全隔絕感冒，所以寶寶一年大約都得感冒個6~8次，但只要健康長大，就不必再操這個心了。

何時該找醫師。一般來說，普通的感冒沒有必要看醫師，但如果這是你家寶貝有生以來第一次感冒或還沒三個月大，就算只是為了安心，打個電話給兒科醫師都是不錯的主意。

如果寶寶出現以下的症狀，也要打個電話給醫師：

- 嚴重昏睡。
- 完全沒有食慾。
- 晚上幾乎無法入睡，或夜裡經常因為痛苦不堪而醒來（太小的寶寶很難判斷是或不是）。
- 身體發出異味，鼻涕或咳出來的痰呈黃綠色黏稠狀。

感冒常患軍

你家的小寶貝，是不是已經成了「感冒常患軍」的一員──只要兄姊感冒他就一定感冒，或者每個星期都會在保母家或托嬰中心遭到感染？但也不盡然全是壞事，信不信由你：頻繁性感冒（和其他病毒的侵襲）可以強化寶寶的免疫系統，使得你家的小寶貝長期而言更能抵抗病毒。

- 哮喘。
- 呼吸明顯比平日急促。
- 即便其他症狀都已減輕了，卻咳嗽得更厲害。
- 吞嚥有困難。
- 不分日夜，不斷地拉扯耳朵。
- 發燒超過 38℃ 或雖然不是高燒卻 4 天都不退燒。
- 感冒症狀持續超過 10 天。

如果你家寶貝看來是感冒未癒而又感冒了、長期性地流鼻涕，或者一感冒就要很久才會好或太常感冒（尤其是伴隨著黑眼圈），就要問問醫師是不是過敏（雖然就還沒一歲大的寶寶來說很罕見）。

❖耳部感染

症狀。耳部感染也就是急性中耳炎（acute otitis media, AOM），常見症狀如下：

- 耳朵痛，晚上常常情況更糟；寶寶有時只會拉著耳朵，或者摩擦耳朵或者握住。但除了哭以外，並無其他症狀出現，有時甚至根本連哭或拉耳朵都沒有。當吃奶的時候哭，可能顯示耳朵的狹窄入口已有東西滲入。
- 發燒（可能很輕微，也可能很嚴重）。
- 疲倦。
- 偏執又暴躁。

在檢查時可發現耳膜一開始會出現粉紅色（感染早期），然後變為紅色，並且有膨脹凸出之現象。一般來說，耳部感染無需治療大都可自行痊癒（但必須由醫師決定需不需要治療），如果未加以處理，耳內壓力可能會脹破鼓膜，耳內膿液會流入耳溝中，疼痛情形才會減輕，最後耳膜仍會痊癒。可是若能進一步加以處理，便可防止更進一步的傷害。

常見的狀況是，即使經過治療，中耳還是會充滿膿液，形成化膿性中耳炎，症狀包括中耳的聽力喪失（你家寶貝可能無法一一回應周遭的聲響，包括你的叫喚）；雖然這只是暫時性的（通常只會持續 4~6 週），但要是這種情況持續了好幾

> **還沒一歲就過敏？**
>
> 好消息是，一歲以下的寶寶很少罹患吸入性（花粉，寵物皮屑，塵蟎，霉）的過敏，大多是由於食物（參見 345 頁）和溼疹（參見 344 頁），如果長輩有過敏、哮喘、花粉熱或溼疹的病史，寶寶就比較會有這兩種過敏。

抗生素的好搭檔？

無論你有多勤於清洗你和寶寶的手或是使用清潔劑，或遲或早，你家寶貝還是會因為受到感染——就說是中耳炎好了——而必須使用抗生素。雖然抗生素對於消除病菌的效果很好，但廣效抗生素（broad-spectrum antibiotics）其實並不「對症」——分不清體內導致感染的細菌或有益身體的細菌；也就是當抗生素努力消滅壞菌時，同時會殺死一些對人體來說很重要的細菌，導致一種讓人不大愉快的後果：腹瀉。

預防因抗生素而導致腹瀉壞菌方法（除了買吸收力更強的尿布）之一，就是讓寶寶攝取益生菌。益生菌（活性益生菌，例如嗜酸乳桿菌〔Lactobacillus〕或比菲德氏菌〔Bifidobacterium〕）是有益身體的好菌，可以制衡抗生素的負面影響；研究顯示，攝取益生菌可以減少 75% 寶寶因抗生素引起的腹瀉，因此，小兒科醫師在開給寶寶抗生素的同時，通常也都會建議寶寶攝取益生菌。此外，益生菌也還有一個好處：抑止因使用抗生素而導致的念珠菌（鵝口瘡的禍首）增生。

益生菌的優點更不僅於此，還可以擊退一般的腹瀉與便祕、鼻竇與呼吸道的感染，甚至可以對抗氣喘與哮喘；有些研究還顯示，益生菌有強化免疫系統的作用，讓寶寶不會一受到感染就生病。你可以把益生菌想成一支儲備部隊——為了幫助人體內的好菌擊退壞菌而增派的援軍；這群優質的小小兵，還可以強化人體的腸道內膜，阻止壞菌進入血管。此外，益生菌也能讓腸道環境的酸性更強，使得壞菌難以增生。

那麼如何寶寶攝取益生菌呢？有些配方奶粉就加了益生菌不說，如果你家寶貝可以吃固體食物了，最顯而易見的管道就是優酪乳（寶寶愛吃的話），記得要選購活性產品——標籤上都會註明；你也可以問問小兒科醫師，請他推薦你好的益生菌補充品（這類的非處方補充品種類繁多，有粉狀也有專為寶寶設計的滴劑），別忘了問清楚該讓寶寶多久吃一次、吃藥後多久才能吃（益生菌不可以和抗生素同時服用），以及怎麼儲存最好（有些益生菌補充品得存放在冰箱裡）。

個月都沒送醫治療，又受到其他感染，就可能完全喪失聽力。

成因。中耳炎雖有可能因過敏症而導致，但通常都是因細菌或病毒感染之故。中耳炎並非直接傳染，但白天託人照顧的小孩因經常感冒，因此較易受侵襲；寶寶之所以很容易受到感染，可能是因為他們的耳咽管形狀的關係，也可能是他們的呼吸道很容易感染（呼吸道感染通常會早於耳朵的感染），也可能因為他們的免疫系統反應尚未完全發展成熟，也有可能是他們常躺著被餵食的緣故。耳咽管負責將流質物及黏液由耳中往下排至鼻子及喉嚨，但嬰兒的耳咽管比成人短，所以病菌很容易由此進入中耳。尤其嬰兒的耳咽管是水平的，而不像成人是垂直的，加上嬰兒長期以背靠著或躺著，所以其導液效果更差。也因為耳咽管比較短，故常會因過敏或感染（如感冒）引起的症狀而腫起來或扁桃腺腫大，造成阻塞。若其中的液體無法正常排除，則會聚集至中耳而造成化膿性中耳炎。當其中液體四處流動造成耳內壓力改變時，耳咽管可能因此而功能衰退，內部流質物則會增長——而這種環境正是細菌繁衍的最佳場所。

持續時間。雖然經過治療後，寶寶的疼痛、發燒和其他症狀通常就會明顯減輕，但即使用上抗生素，還是得花上 10 天才能真正痊癒；中耳裡的膿液，更得等上更久才會不見。

治療方式。一覺得寶寶可能染患中耳炎，就要打電話給醫師、安排檢查；如果確診，醫師應該會開立抗生素的處方（「先觀察一段時間」只適用於已經兩三歲大的孩子），你大概會希望寶寶回診，但一般而言沒有這個必要——要是寶寶明顯好轉就更不用說了。

醫師很可能會讓寶寶服用乙醯氨酚（兩個月大以上）或布洛芬（六個月大以上）以紓緩發燒和疼痛，熱敷、泡溫水或冰敷都能減輕疼痛，睡覺時放幾個枕頭在床墊下，但不要直接枕在寶寶頭下。

預防。不過最近的研究有如下的一些建議，可減低寶寶成為中耳炎受害者的風險：

- 母乳的餵哺至少要持續六個月之久，最好持續到週歲以上。
- 盡量避免讓寶寶暴露於病菌的環境之中，因為即使是最常見的感冒也可能導致中耳炎；也就是說，除了讓寶寶遠離生病的孩童，你和寶寶也要勤於洗手。

- 讓寶寶施打最新的疫苗。舉例而言，本是用來預防肺炎和腦膜炎的肺炎鏈球疫苗（pneumococcal vaccine），也能降低中耳炎的感染風險；既然中耳炎經常源於感冒，孩子六歲以後請每年都讓他打一劑流感疫苗。
- 餵食時應採直立的姿勢，尤其寶寶患有呼吸道感染疾病時，更要注意。
- 限制寶寶在白天吸奶嘴，睡著後就要拿掉奶嘴。
- 週歲起就讓寶寶戒掉奶瓶。
- 屋裡不可吸菸（二手菸容易引起充血，而導致嚴重的中耳炎）。

何時該找醫師。如果你懷疑寶寶染患了中耳炎，就要在醫師上班時間打電話給他（除非情況嚴重、需要急診）；要是三天後病情還不見好轉（不管是不是用了抗生素），或者病況似乎好轉了卻又惡化（也許是慢性中耳炎的徵兆），就要再打一次電話。如果發現寶寶有聽力弱化的現象，也要打電話給醫師。

❖流感

症狀。流感（「流行性感冒」的簡稱）最常發生的大流行期間，是每年的十月和四月（也就是「流感季節」），症狀包括：

- 發燒。
- 乾咳。
- 喉嚨疼痛（你家寶貝可能會拒絕吃喝，或者吞嚥時面露痛苦）。
- 流鼻水或鼻塞。
- 肌肉疼痛。
- 頭痛。
- 極度倦怠，無精打采。
- 寒顫。
- 沒有食慾。
- 小一點的寶寶有可能會嘔吐或腹瀉。

成因。流感的源頭是每年都會捲土重來的流感病毒（雖然機率不大，也有可能是變種的病毒，比如H1N1流感病毒），途徑也許是帶有病毒的病人（尤其是這位病人就在寶寶身邊打噴嚏或咳嗽的話），也許是碰觸或含咬了某些沾有病毒的東西（玩具、手機、購物車的手把、鴨嘴杯）。流感病毒的潛伏期一般是2~5天，如果寶寶不幸感染，病症會持續差不多一星期，嚴重一點也有可能長達兩週。

治療方式。治療流感的方法有兩種：增加流體的攝取和多多休息。緩解症狀方面，可以增加寶寶房間的

給爸媽：你自己也別生病

媽咪感冒了？把拔得了流感？病菌總有它感染你全家的戲法。寶寶長大後，他自己就會從學校裡帶回來各式各樣的細菌；在那之前，你和家人都很有機會讓他免於病菌的侵擾。

不讓寶寶被你傳染感冒——或任何家人感染到的任何疾病——的最好方法，就是在每一次接觸寶寶、或餵食寶寶任何東西之前都先洗手（除了你的雙手，還包括奶瓶、奶嘴和你的乳頭），也別和寶寶使用同一個杯子；別讓寶寶碰觸唇皰疹或具有傳染性的疹子，只要你有一點受到病毒感染的跡象就別親吻寶寶，而且流感季節來臨前都有施打疫苗（參見588頁邊欄），除你之外，每一位和寶寶同住或照料寶寶的人也都得如此。順便一提：就算你生病了，也還是可以哺餵母乳；你的母乳可以增強寶寶的免疫力。

再怎麼說，你都別忘了時時提醒自己，一歲大以前，你家寶貝幾乎不可能完全不感冒；就算你的防範措施再嚴密，寶寶某天還是會打噴嚏——而那還是因為他和你經常親密相處、弱點相似（寶寶體內的免疫力都得自於你不是嗎），所以，比起對街那個打噴嚏的傢伙，寶寶更可能從你那兒傳染到感冒。

溼度，要是寶寶疼痛難耐或發燒，就讓他服用乙醯氨酚或布洛芬類藥物（千萬別讓寶寶服用阿斯匹靈或成分中含有阿斯匹靈或水楊酸鹽的藥物）；要是病情嚴重或有引起併發症的可能，醫師也許會開給寶寶（甚至新生兒）抗病毒藥，但必須在病發的兩天內才會具有效療效。

預防。由於五歲以下孩童的流感併發症特別嚴重，所以你必須盡己所能地阻隔寶寶的感染，包括讓大一點的孩子施打疫苗（參見592頁），而且要所有可能照顧寶寶的人也都施打，同時遠離流感病患。

何時該找醫師。只要你一察覺寶寶得了流感（如果無法確定，就比對一下上面的症狀描述），就趕快打電話給醫師。

❖呼吸道融合病毒

呼吸道融合病毒（respiratory syncytial virus, RSV）是嬰幼兒下呼吸道感染的主因。在週歲前大約有三分之二的嬰兒會感染呼吸道融合病毒，大部分都不嚴重。然而有些寶寶會有嚴重的後果。

症狀。大部分症狀和感冒很像：流鼻水、微燒、胃口不好、易怒。

有些寶寶有時會產生下呼吸道（肺）的症狀（細支氣管炎）：呼吸急促、鼻腔發炎、心跳過快、乾咳、發出呼嚕聲、嘴巴周圍明顯發青（發紺）、呼吸時發出氣喘聲、呼吸時肋間的皮膚收縮、昏睡、脫水等現象。

成因。呼吸道融合病毒是成人和兒童都很容易感染的病毒。一般感冒病毒或輕微的呼吸道融合病毒感染只影響鼻子和肺的上半部，但若病毒感染了肺部，使肺的下半部和細支氣管發炎，有些寶寶的症狀就會急速惡化，導致呼吸困難。大部分感染此病毒的寶寶症狀都很輕微，但高危險群寶寶（如早產兒的肺部還未發育好，也沒有從母體得到足夠的抗體對抗呼吸道融合病毒）較容易罹患細支氣管炎，且須住院。

傳染途徑。呼吸道融合病毒很容易傳染，可直接由手接觸傳染，也可經由空氣傳染（咳嗽及打噴嚏），傳染性最強的時期是感染後的 2~4 天。冬季和早春，是呼吸道融合病毒的活躍期。

持續時間。感染輕微呼吸道融合病毒細支氣管炎的寶寶，治療後在家休息個 3~5 天即可痊癒，但早產兒或有併發症時會拖得久一點。

治療方式。如果只是輕微的呼吸道融合病毒感染，像感冒一樣治療（參見 616 頁）即可，若罹患嚴重的細支氣管炎，有幾種治療方式：

- 噴霧器，可以暢通呼吸道。
- 有些時候必須住院、給氧和靜脈注射。

預防。如果想防範呼吸道融合病毒的侵襲，你就必須：

- 盡量餵母乳。
- 勤洗手。
- 較大的兄姊若有流鼻水、感冒、發燒等症狀，盡量別讓他們接近寶寶。
- 在呼吸道融合病毒流行的季節，別帶高危險群寶寶到人多的地方（如購物中心）。
- 別在寶寶周圍抽菸，也別讓寶寶待在有人吸菸的地方。
- 接種疫苗可預防呼吸道融合病毒（不是治療），但疫苗無法長期預防，高危險群嬰兒必須在流行

的季節每個月都到醫院接種，而且所費不貲。

何時該找醫師。如果寶寶出現以下症狀，就要帶他去看醫師：

- 呼吸困難或呼吸模式改變（呼吸加快、哮喘或呼吸時肋骨附近的肌膚會隨著呼吸而凹陷）。
- 持續發燒四至五天，或吃了退燒藥物燒仍不退。

❖哮吼（croup）

症狀。哮吼（又稱咽氣管支氣管炎〔laryngotracheobronchiolitis〕）是傳染病，晚秋時期和冬季是病毒活躍期，會導致咽喉與氣管發炎，以及聲帶之下的氣管腫脹而變得非常狹窄，症狀包括：

- 呼吸時很吃力或有異聲——寶寶吸氣時，你可能會聽到尖銳的聲音（正式的說法是「喘鳴」〔stridor〕）。
- 有如海豹叫聲或狗吠聲的咳嗽，而且通常是在夜裡。
- 肺部內縮（隨著每次呼吸，肋骨附近的皮膚都會往內塌陷）。
- 有時會發燒。
- 聲音嘶啞。
- 流鼻水（很像感冒的症狀也許會先出現）。
- 吞嚥困難。
- 暴躁易怒。

成因。哮吼是幼年孩子常見的疾病，起因則大多是感染副流感病毒（非關感冒的呼吸道病毒），但也可能是其他的呼吸道病毒，包括流感病毒。傳染的途徑一如其他傳染性病毒：也許是因為接接觸了其他帶有哮吼病毒的孩子（比如家裡的兄姊或保母的孩子），尤其是透過打噴嚏或咳嗽，也有可能是碰觸了感染的孩子接觸過的物品（病菌可以存活於諸如玩具的表面）。

持續時間。哮吼不但可以拖上好幾天到一星期，而且還可能復發。

治療方式。雖然哮吼令人驚恐，但只要應付得當，哮吼的寶寶就不至於經受太多不舒服：

- 吸入蒸氣。帶著寶寶一起進浴室，關門後用淋浴頭噴灑熱水，直到寶寶的呼吸聲不再那麼粗礪為止。
- 飽含水分的涼空氣。選個涼一點的夜晚，帶寶寶到戶外呼吸15分鐘新鮮空氣；或者打開冰箱，讓寶寶呼吸幾分鐘冷藏室的冰涼空氣。
- 增加溼氣。買部加溼冷霧扇，寶

控管病菌

病菌無孔不入，也經常都在你和寶寶身邊等待機會，在它們導致你的家人生病之前，你可以經由以下的手段來控管病菌：

- 勤洗手。洗手大概是防範病毒入侵最有效的方法了，所以你得讓洗手成為家庭規範——不管家人有沒有生病。碰觸自己的嘴巴、鼻子或眼睛之前都要先洗手，用餐前或上菜前都要先洗手，用紙巾擤鼻涕或咳嗽後都要洗手，上過廁所一定要洗手，接觸過任何病人就要洗手。找不到水龍頭嗎？沒辦法隨時洗手或外出時，記得隨身攜帶抗菌溼紙巾。
- 隔離病患。就算是家人，生病時也要盡力保持隔離狀態，尤其是剛剛罹患傳染病的前幾天。
- 隔離髒紙巾。家裡的人生病時，是不是走到哪紙巾就丟到哪？那麼，他們就是在到處散播細菌。不論用過就立刻以馬桶沖掉或丟進有蓋的垃圾桶，病人用過的紙巾一定要完全隔離。同樣的，幫寶寶擦屁股的紙巾也不能亂丟。
- 咳嗽時遮住口鼻。提醒家人（爸爸、媽媽、保母、兄姊），如果咳嗽或擤鼻涕時手邊沒有紙巾，就別用手掌遮掩口鼻，而要用臂彎，沒洗過前別讓寶寶的身體接觸到那個部位。
- 不要共用一個杯子。不管是刷牙用的，還是喝東西用的，都別兩個人共用一個杯子（家人都該有自己的杯子或用後即棄的紙杯、牙刷和毛巾），也別共用餐刀、叉子或碗盤。
- 注意家具表面的清潔。經常有人碰觸的「熱點」（比如水龍頭、電話、遙控器、玩具、鍵盤、門把……），要經常用殺菌清潔劑擦拭乾淨。

寶睡覺時就讓它開著。

- 多讓寶寶坐正，這樣他的呼吸會比較順暢。睡覺時放幾個枕頭在床墊下，但不要直接枕在寶寶頭下（嬰兒床上不可以有枕頭）。
- 安撫與擁抱。盡量別讓寶寶哭，因為那會加劇病情。

何時該找醫師。如果你懷疑寶寶得了哮吼，就要打電話給醫師，如果是第一次罹患，一定要打電話。如果並非第一次，就先照醫師上回的囑咐處理，但要是出現以下症狀，還是得打電話給醫師：

- 水蒸氣或涼霧扇都無法緩解。
- 寶寶的臉色不對（例如他的嘴巴、鼻子或指甲出現淺藍或淺灰的色調時）。
- 寶寶的呼吸上氣不接下氣（尤其是白天），或者呼吸時肋骨附近的皮膚有凹陷現象。
- 白天裡你聽見他在喘鳴（呼吸時發出尖銳的、音樂般的聲響），或者夜晚喘鳴時沒辦法藉由蒸氣或涼霧緩解。

一般而言，小兒科醫師都會開給寶寶類固醇來緩解氣管的腫脹，讓寶寶可以更順暢地呼吸。

❖便祕

這個問題很少發生在以母乳餵哺的寶寶身上（即使他們很少進行腸子的蠕動且腸子的蠕動似乎很難將東西排出），因為他們的腸子蠕動從不顯得困難（吃母乳的新生兒若排便量很少——無論大便多軟——表示吃得不夠，參見 187 頁）。但是，喝配方奶的寶寶就可能發生便祕的情形了。

症狀。提到大便，重要的就不是時間了——事實上，醫師診斷你家寶貝得了便祕時，主要的根據是大便的品質而不是次數；大一點的孩子如果一兩天沒大便根本不必擔心（就好像嬰兒一天大便四次也沒啥好憂慮的），只要大便時並不困難又看起來很正常（還沒吃固體食物前要很軟，吃固體食物後得成塊但不硬），就表示寶寶沒有便祕的問題。反過來說，如果只喝配方奶的寶寶一天只排出不到一次固狀大便，或者大一些的孩子糞便很硬，常常是一小粒一小粒的，且很難排出，他大概就有可能是便祕了。

成因。消化系統蠕動緩慢，生病、飲食缺乏充分的纖維質、喝水太少、未適當運動，或因肛門有裂縫使得排便疼痛；有時候是因有嚴重的疾病。

治療方式。幫你家的大孩子擺脫（或預防）便祕的方法很多，包括：

- 纖維。多給孩子吃高纖食物，比如新鮮水果（熟透的水梨和奇異果最棒）、煮爛的水果或小塊果乾（特別是葡萄乾、梅乾、杏仁和無花果）、蔬菜，以及全穀食物。別讓寶寶吃精製過的穀類（尤其是沒有標明「全穀製」或「糙米製」的麥片）。
- 益生菌。這種有益腸道的細菌可以幫助排便，所以你應該讓大孩子多吃富含益生菌的全脂優酪乳，或者要醫師推薦你優良的益生菌補充劑。

- 多喝飲料。一天最少要讓寶寶喝1公升飲料，尤其是才剛戒斷母乳或配方奶的寶寶（很多改用杯子喝奶的寶寶都會喝得比以前少）；某些果汁（例如梅子汁或梨汁）的效果較好，但光喝水也很不錯。
- 運動。你當然不必帶寶寶上健身房，卻一定不可以讓寶寶整天躺在嬰兒床或嬰兒車裡。運動可以增強寶寶的消化系統，要是寶寶還不會爬或走，就握住他的兩隻小腳丫，幫他平躺著做踩自行車的運動。
- 潤滑。在寶寶的肛門塗抹一點油膏，往往有幫助排便順暢的效果；要是情況有點嚴重，不妨以沾了油脂的肛溫計插入寶寶的肛門來刺激排便的肌肉。

除非醫師指示，千萬不要使用輕瀉劑、灌腸劑或任何藥物來幫寶寶治療便祕。

何時該找醫師。出現以下症狀時，就該找醫師了：

- 只喝配方奶的寶寶一天只排出不到一次固狀大便，或者大孩子已經4~5天都沒上過大號，或者排便困難、排出的又是一粒一粒的硬塊大便。
- 便祕伴隨著腹部疼痛或嘔吐。
- 大便裡或外部帶血。
- 長期便祕，而且上述療法全都無效。

長期便祕非但痛苦不堪，還會影響孩子的食慾與睡眠，有些孩童甚至因為長期便祕而導致肛裂（肛門附近的皮膚裂開），使得大便時都會流血；不過，如果便祕治好了，肛裂也會跟著痊癒。

❖腹瀉

這個問題同樣地不常發生在以母乳餵哺的寶寶身上，因為母乳中有某些物質會破壞能引起腹瀉的微生物。

症狀。當你家寶貝的大便不怎麼像是大便（有如流質般非常鬆軟——不像哺餵母乳的寶寶有粗粒——而且一天好幾次），你碰上的，就應該是腹瀉的問題了；其他腹瀉的症狀，包括顏色和／或氣味大異平日、糞便裡有黏液，或者便中帶血又臀部紅腫。如果腹瀉延續好幾天或甚至一週，就可能導致脫水與體重

脫水的徵兆

寶寶因腹瀉或嘔吐而流失體液，有可能會導致脫水；如果你家寶貝嘔吐、腹瀉或發燒、或有其他疾病時出現以下徵兆，就趕快打電話給醫師：

- 黏膜硬化（你可能會發現嘴唇皸裂）。
- 哭泣時沒有眼淚。
- 排尿減少。如果一天裡尿布溼不到六次或尿布 2~3 小時都很乾燥，就表示寶寶的排尿出了問題；要是尿液呈暗黃色或濃濁，也要提高警覺。
- 囟門凹陷。
- 精神萎靡。

隨著以上這些脫水的徵兆，如果還伴隨下述的情形，就一點時間都不能延宕，必須即刻求醫或送寶寶到急診處：

- 手、腳的皮膚都過度冰涼又有斑點出現。
- 黏膜嚴重硬化（口乾、唇裂、眼乾）。
- 沒有小便（尿布一直是乾的）已達六小時以上。
- 極度暴躁或過度困倦。

減輕的後果，但你也必須記得，有些寶寶就是大便得比較頻繁，只要糞便夠硬——即便次數多了點——就很正常，不必當成腹瀉來看待。

成因。孩童的腹瀉成因很多，但最常見的是病毒感染，也就是吃進了有害消化系統的壞東西。吃太多水果、喝過多果汁（例如蘋果汁）或所謂的「食物不耐受」（food intolerance，比如鮮奶）等，也都可能導致腹瀉，但也和便祕一樣可以治療（例如使用抗生素）。如果腹瀉時間超過六週（而且上述種種成因都已排除），就算是頑固性腹瀉（intractable diarrhea）了，而且可能與甲狀腺過度活躍、囊腫纖維化（cystic fibrosis）、乳糜瀉（celiac disease）、酵素缺乏症（enzyme deficiencies）或其他失調有關係。

傳染途徑。易發生的例子，是藉由糞便等排泄物到手再到口的傳染途徑；另外亦可藉由被污染的食物來傳染，或者由對特定飲食的過敏而促發。

持續時間。偶爾腹瀉（通常少到數小時，多到數十天都有可能）並不

生病的寶寶該喝什麼樣的果汁？

研究人員發現，用白葡萄汁取代蘋果汁和梨汁既可幫助腹瀉的寶寶盡快恢復，也比較不會復發，可見白葡萄汁中的糖和碳水化合物對消化系統較有幫助。蘋果汁和梨汁中有山梨醇（無法消化碳水化合物，會引起脹氣及不舒服）和大量的果糖，但葡萄糖較少；白葡萄汁就沒有山梨醇了，而且果糖和葡萄糖含量一樣。

但在改喝白葡萄汁前得先問問醫師的意見，他可能會建議你以水或電解質口服液代替。有時候，喝太多這種果汁也會使肚子不舒服。記得，不管是哪一種果汁，都要先以開水稀釋再讓寶寶喝，或者只讓寶寶喝開水、配方奶或母乳。

大需要擔心，但有些例子卻可能變成長期性的症狀，因為並未真正發現病因或未真正加以改善之故。

治療方式。必須視病因而定，但大部分最常做的處置便是飲食控制：

- 繼續哺餵母乳，因為經常腹瀉的寶寶可能會發展出乳糖不耐症；如果是喝配方奶的寶寶，就換不含乳糖的配方試試。
- 多多攝取流質。確保你家寶貝的母乳或配方奶喝得多多（最少要和沒腹瀉時一樣多），如果孩子夠大，開水或稀釋的白葡萄汁也許就可以對治輕度的腹瀉（比蘋果汁好——腹瀉還沒痊癒之前最好都別讓寶寶再喝）。如果有長期性的脫水現象，而且還偶有嘔吐，就要問問醫師是否該給（大一點的孩子）喝電解質口服液（比如倍得力〔Pedialyte〕），以補充體內因腹瀉而流失的鈉和鉀，防止脫水。
- 吃對食物。你的小傢伙已經開始吃固體食物了嗎？多吃點固體食物可以改善輕度的腹瀉。如果是嚴重的腹瀉（不管有沒有伴隨嘔吐），第一天起（當然要由醫師決定）就需要電解質口服液，幾天後再慢慢恢復正常飲食。
- 攝取益生菌。已有研究證實，益生菌有助於預防嬰兒的腹瀉。如果你家寶貝喝的是配方奶，就幫他選擇有益生菌的配方；要是孩子已經能吃固體食物了，多吃含有活性益生菌的優酪乳或補充品

（滴劑或粉末都可以）可以預防或治療腹瀉——尤其是接受抗生素治療期間。

預防。腹瀉並無法完全預防，但至少可以減少其產生之次數及風險：

- 只要兒科醫師贊成，就多讓寶寶攝取益生菌。
- 遵循安全的餵食準則（參見 490 頁）。
- 上廁所或換過尿布後都要洗手。

何時該找醫師。一兩次排出鬆軟的糞便並不需要太在意，但若有下面所顯示之腹瀉情形，便可能必須特別注意了：

- 出現脫水的徵兆（參見 629 頁邊欄）。
- 寶寶已持續 24 小時排出鬆軟且水狀之糞便。
- 寶寶一再嘔吐，或已持續嘔吐現象達 24 小時。
- 不肯喝東西。
- 寶寶便中帶血，或者嘔吐物呈綠色、帶血或看起來就像咖啡渣。
- 浮腫或腹部腫脹或其他看似比輕微的肚子痛還嚴重的情況。

❖泌尿系統感染

症狀。寶寶泌尿系統感染的症狀並不明顯，但若寶寶生病發燒且排尿疼痛，就得趕快求診。症狀包括不明原因的發燒、排尿時帶血或有疼痛的徵象、胃痛或背痛（在嬰兒身上很難察覺）、尿液很臭或渾濁、頻尿、嘔吐或腹瀉（伴隨其他泌尿系統的症狀）、無精打采。

成因。泌尿系統包括腎臟、膀胱、把尿液從腎臟輸送到膀胱的管子（輸尿管），以及把尿液從膀胱輸送到體外的管子（尿道）。泌尿系統感染是細菌（或病毒、真菌，但很罕見）開始在泌尿系統裡滋長，女孩尤其常見（如果染患的是男孩，很可能就是先天性泌尿道異常），因為女生的尿道很短，讓細菌很容易侵入膀胱。

治療方式。抗生素可有效治療泌尿系統感染，但同樣重要的是：確保孩子的流質攝取充足。

預防。想要預防泌尿系統感染，就要在幫寶寶換尿布時特別注意：從背部往下擦乾淨，換尿布後立刻洗手；再強調一次，一定要確保孩子的流質攝取夠多、尿布經常更換，不要用可能引發泌尿系統感染的泡泡浴或香皂。

何時該找醫師。一發現寶寶有泌尿

系統感染的可能，就要聯絡醫師。

最常見的慢性疾病

❖哮喘

這是什麼？這是出現在一個小的呼吸管道（也就是支氣管）的健康狀況，有的時候會發炎、紅腫，而且多痰，通常是因為氣管受到刺激而做出的反應，像是感冒（或是過敏，但比起大小孩來說，嬰兒和學步期的寶寶較不常見）。哮喘突然發作時，可能導致呼吸急促、胸部緊迫感、咳嗽、哮鳴——當這些現象發生在你的寶寶身上時，你們倆大概都會嚇得不知所措。在年幼的孩童身上，有時唯一的症狀可能是反覆發作的哮吼，活動或夜晚時分，這種「狗吠樣」的咳嗽會更嚴重，有時候可能還會導致嘔吐。與此同時，可能伴有急促或嘈雜的呼吸，胸腔內縮（肋骨之間的皮膚在每次呼吸時似乎往內塌陷）和胸悶。

哮喘是孩童身上最常見的慢性疾病，而且兒童哮喘的 70% 病例都發生在 3 歲以前。某些遺傳和環境的危險因素可能讓孩童更容易出現哮喘，包括：哮喘和過敏的家庭病史，溼疹或其他過敏的健康狀況，與吸菸者生活在一起，在子宮時就暴露在二手菸的環境裡，居住在市內、污染地區，出生體重過低或過重。

嬰兒身上通常不易診斷出哮喘，因為病毒性呼吸道感染（例如呼吸道融合病毒）和病毒導致的哮喘很難辨別，畢竟兩者症狀十分相像。這也就是說，醫師相當依賴你所觀察得到的、有關寶寶身上出現的症狀。所以，你要很仔細地記下寶寶的狀況，看看是多久發生一次，在怎樣的情形下出現——門診時要帶著這方面的記錄。醫師也會詢問有關家族病史（寶寶的爸媽有哮喘或是其他過敏的狀況），試著確定寶寶是否因遺傳傾向而發展出哮喘。

處理方式。依據你家寶寶哮喘的性質，醫師可能會開出一或兩種用藥方式：

- 一種快速緩解（短效型）的「救援」藥品，也就是支氣管擴張藥，當呼吸道因受到哮喘攻擊而腫脹時，它能很快地打開寶寶的氣道。
- 預防型（長效型）的藥品，像是一種抗發炎的皮質類固醇，打一開始你的寶寶就必須每天服用，以防呼吸道受感染而發炎。

不像其他的藥品都用口服的液體方式，大部分哮喘藥則是用吸入式，如此一來，才可以直接被輸送到寶寶的呼吸道裡。醫師會開出一種定量吸入器，連接一條塑膠管狀（噴霧暫留容器）的間隔裝置，讓吸入器更容易操作和更有效率（藥物能因此而更深入呼吸道）。你必須先把接在間隔裝置上的面罩蓋住寶寶的口鼻，藉著壓縮容器啟動吸入器，讓正確的劑量送入間隔裝置，在你的寶寶經過幾次正常的呼吸後，藥物就會一路來到他的呼吸道。

另一個選擇是噴霧器，它會產生一種液體藥劑噴霧，經過面罩被帶入寶寶體內（參閱圖 19.7）。噴霧器有動力裝置，只要插上插頭、啟動氣泵就可運作。

不管醫師有沒有開給你的寶寶處方藥物，都要盡可能預防小寶寶因為感冒、流感和其他感染而加劇症狀（六個月大以上有哮喘的寶寶必須注射流感疫苗），這一點很重要。益生菌或許也有助於對治哮喘，因為它能全面地強化免疫系統。

預後情況。很多哮喘的小孩到了接近青少年時期後，會出現長時期的症狀緩解現象，但呼吸道的過敏反應是終生的，就算到了成人時期，

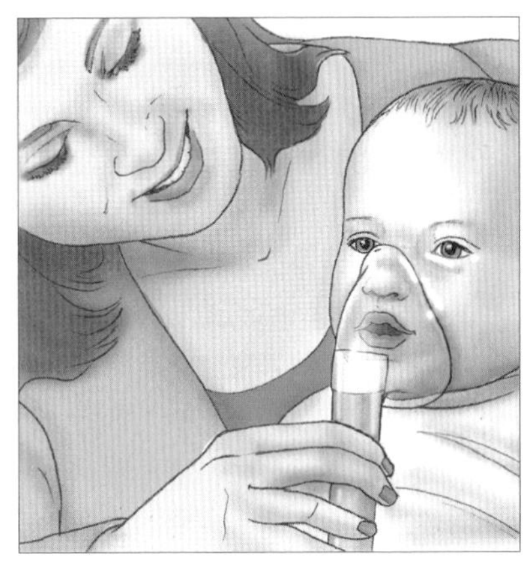

圖 19.7 哮喘用的噴霧器。

症狀還是會經常出現，雖然有時候只是輕微且斷斷續續地發作。不過，就算哮喘一直持續到成人期，在正確的藥物、醫療保健和自我照顧下，大部分的哮喘患者仍可以過著相當正常的生活。

❖乳糜瀉

這是什麼？乳糜瀉是一種自體免疫系統的消化性障礙，源於對麩質（存在於小麥、黑麥和大麥裡）的過敏。在消化的過程中，當麩質接觸到小腸時，會干擾、破壞小腸從食物中吸收養分的能力。寶寶或是孩童、成人的任何時期的飲食，一旦開始引進含麩質食品，乳糜瀉就隨時可能啟動。

哮喘……或是反應性呼吸道疾病

你的寶寶感冒了，接著開始發出喘息聲，而且只要你的小寶貝一生病，就會出現這樣的喘息聲。你已經做好哮喘診斷的心理準備，但是，醫師卻告訴你這其實是反應性呼吸道疾病（RAD）。兩者之間有什麼不一樣呢？事實上，沒有差多少。兩種疾病的症狀（和醫師的看待方式）都一樣：伴隨著感冒（而且是經常是持續數週後流鼻水的症狀才會消失），殘留的病毒性炎症和停留在你小寶貝小小的氣管中過多的痰，導致他的咳嗽和哮喘。但是，由於從一個小寶寶身上診斷出哮喘經常充滿了不確定性，醫師因此大多稱之為「反應性呼吸道疾病」，而如果哮喘一直不消失，還會重複發作，加上經常咳嗽，或如果有哮喘或過敏的家族病史，那麼，醫師才會正式稱它為哮喘。事實上，50%的3歲以下寶寶遇上的都是反應性呼吸道疾病，其中只有三分之一的孩子到6歲時會持續發展成真正的哮喘。

症狀顯現的範圍很廣（有時甚至沒有症狀可尋），但是大部分患有乳糜瀉的嬰兒和學步期小孩，都會腹痛、腹瀉（少數情況下可能會便祕）超過幾個星期，腹脹，不容易健壯成長。有時候，他們唯一的症狀就是瘦弱。

有些專家估計，每200人之中就有一個人患有乳糜瀉，但其實有很多病例都未經過確診，因為乳糜瀉是遺傳性的，如果父母親的任何一方，或是任何手足出現這樣的情形，那麼得病的機率就很高了。

如果你懷疑自己的寶寶可能已出現乳糜瀉的徵兆，就要請醫師做相關的檢測。驗血可確認你的寶寶某種與乳糜瀉相關的抗體有否增加。如果血液中的抗體呈現陽性反應（或是不確定性），醫師可能會利用內視鏡通過口腔和胃部採集小腸切片，檢視絨毛的受損情形；所謂的絨毛，是沿著小腸壁排列的指狀突起物。

處理方式。一旦診斷確立，你就必須讓寶寶進行嚴格的無麩飲食。含麩質的食品包括大部分的穀物、義大利麵食和麥片，還有很多加工食品。但是，米、玉米、大豆、馬鈴薯或其他不含麩質的麵粉也可以輕鬆代替傳統穀物，做出烘焙食品和義大利麵食。讓人開心的是，大部分超市都有出售無麩質產品（檢視標籤，找出不含麩質的全穀類的食品）。再者，也有很多「一般」產品很適合搭配無麩質飲食——像是水果、蔬菜、乳製品、蛋、魚、肉和禽肉。有一些初步的研究指出，益生菌可能對腹腔疾病有所助益。

預後。令人安慰的消息是，只要實施無麩質飲食，就可以讓寶寶保持終身不會出現乳糜瀉的症狀。

❖胃食道逆流疾病（GERD）

這是什麼？首先要注意的是，這裡說的是 GERD，而非 GER。一般所稱的「胃食道逆流」（也就是 GER）只是為嘔出的動作而設的別出心裁用詞，那是大多數寶寶在出生第一年都會出現的情形，只要沒有伴隨體重過輕、痛苦，或其他胃食道逆流疾病的症狀（參考下述內文），就沒有什麼好憂心的。

從另一方面來看，雖然胃食道逆流疾病很常出現在未發育成熟的嬰兒身上，但也不能因此就說它是正常的，事實上也沒有那麼普遍。正常狀態下，吞嚥期間食道會靠一連串的擠壓動作把食物和流體推進胃裡；食物一旦進入胃部，就會開始和酸液混合，進行消化作用。混合的動作一開始，食道下端的環形肌肉便會變得緊密以防止食物回流，但早產兒和某些嬰兒的胃部和食道之間的連接部分還沒完全發育，因此，有些應該緊密的時候卻反而鬆弛了。肌肉一旦鬆弛，液體和食物就有了回流的空隙，而當胃酸回流到食道或甚至往上到喉嚨時，就會引起胃食道逆流疾病的症狀，可能包括某些或是全部的下列情形：

- 頻繁地回流或是嘔吐（有時是強勁的嘔吐），而且刺激食道。
- 口水流個不停。
- 餵食期間出現咕嚕聲、堵塞或是喘息聲。
- 突然間或是極度沮喪的哭鬧（通常是由於嚴重的疼痛），或是比平常易怒。
- 餵食期間拱起背部（同樣的，這也是因為疼痛）。
- 反覆無常的飲食模式（例如寶寶不斷地拒絕食物，不吃不喝）。
- 體重增加的速度遲緩。

胃食道逆流疾病通常始於嬰兒出生後的 2~4 週，有些案例還會拖延至 1~2 歲左右。4 個月左右是病症的巔峰期，到了 7 個月左右、可

噴射性嘔吐

新生兒常會嘔吐——而且很多寶寶的嘔吐還會相當嚴重。一般而言，新生兒的消化狀態出現胃食道逆流的情況比較常見，胃食道逆流疾病就少得多；另一方面來說，多數情況下，症狀也大多會隨著孩子的成長而遞減。但是如果你的寶寶嘔吐頻繁而且劇烈，嘔吐物直接從消化道傾瀉而出，那就另當別論了——有可能是幽門狹窄，胃部出口通道的肌肉增厚和過度生長，因而出現堵塞的情形，然後引起愈來愈嚴重和劇烈的嘔吐（吐到超過 30 公分遠）。幽門狹窄的症狀在男孩比較常見（每 200 個男孩就有 1 個，女孩則每 1000 個才有 1 個），通常出現在出生後的 2~3 週左右。

要是寶寶嘔吐十分猛烈，就跟醫師連絡。如果確實是幽門狹窄（醫師或許能感覺到團塊或是注意到肌肉痙攣，依據這樣的症狀來確認，或是透過超音波檢查診斷），進行手術或許能夠修正這類異常。幸運的是，手術過程非常安全而且幾乎都能完全奏效，也就是說，手術後你家寶貝的消化系統功能就會提升，而且開始正常運作——通常只需要一個星期，效果便立竿見影。

以坐直而且接受更多固體食物時，症狀就開始和緩了。很明顯地，胃食道逆流疾病比較少出現在喝母乳的寶寶身上，因為比起配方奶母奶更容易、也更快速地被消化吸收。

處理方式。這方面的治療並不是以治癒病症為目標，而是幫助寶寶緩解症狀，直到隨著年紀增長而自動改善：

- 提供少量多餐的母乳、配方奶或是固體食物，代替次數少而大量的餵食。
- 如果你的寶寶喝的配方奶，詢問醫師轉換配方能否改善症狀。
- 給你的寶寶吃益生菌。可以用滴劑，或是在裝母乳的奶瓶裡摻入粉狀的益生菌；如果寶寶喝的是配方奶，那就選購含有益生菌成分的配方奶，或者把益生菌混入奶水之中。
- 經常幫寶寶拍嗝。
- 如果可以的話，餵食期間撐直寶寶身子，直到飯後 1~2 小時。如果你的寶寶經過餵食後很睏，記得墊高嬰兒床的床墊（放一兩

個枕頭在床墊的頭部下方），才能讓他躺下時還保持一個斜度。不要使用任何特殊設計的睡眠定位器或是楔形物（甚至號稱專為胃食道逆流疾病孩童而設計的產品），因為專家都認為那不安全，而且存在嬰兒猝死症的風險。

- 避免一餵食完畢後馬上做劇烈地跳動。
- 餵食後試著給寶寶安撫奶嘴。透過吸吮的動作，通常可以紓緩回流的情況。

詢問醫師可以減少胃酸、中和胃酸或可以更有效率地進行消化作用的藥物（像是蘭索拉唑〔Prevacid〕或是善胃得〔Zantac〕），有些依循正規處理方式卻不見改善的病例，這些藥物會安全又有效。一定要記得的是，這些藥物偶爾也會出現一些副作用，而且不是用來因應一般嘔吐情形的，所以只有確診是胃食道逆流疾病時才能使用。

預後。好消息是，幾乎所有患有胃食道逆流疾病的寶寶，症狀不但都常隨著成長而減緩，而且一旦如此也通常不會復發。不過，有時候回流的情形可能一直延續到進入成年期。

❖聽力損失或障礙

這是什麼？聽覺障礙或是聽力損失要看程度，不是所有聽力損失的孩童就該判定為耳聾。所謂耳聾，是指孩童有很嚴重的聽力損失，而且無法單憑透過聽力來了解語言，就算利用輔助器的協助也達不到。

年幼的孩童裡，有兩種主要型態的先天性聽力損失：

- 傳導性聽力喪失。這種類型的聽力喪失，有可能是耳道的構造不正常，或是中耳部分（位置剛好在耳膜的那一邊）有液體流入，使得聲音不能有效地透過耳道或是中耳傳達，進入耳朵的聲音聽起來極低沉或是根本聽不到。
- 感音神經性重聽（sensorineural hearing loss）。這種型態的聽力喪失，是由於內耳或內耳到大腦的神經通路損壞，通常出生時就已存在。這種型態的聽力損害，大多數情況是一種遺傳性疾病，也有可能是出生前在子宮內感染而導致，或是準媽媽服用某種藥物所引起。

每一年，新出生的1000個寶寶裡就有2~4個會出現一些聽力喪失的問題。有些只是單耳失去聽力，有的雙耳都失聰。大部分的新生

有特殊需求的寶寶

經過 9 個月的期待，你當然希望自己能產下非常健康的小寶寶，但你也可能會事與願違，很心碎地發現自己的寶寶有天生的缺陷，或者有某些需要特殊照顧的狀況。假如這樣的情形還是產前完全沒有偵測到的，震驚之餘，還可能混合著痛苦和失望的感覺。還好，多虧先進的醫學成就的巨大發展，很多有特殊照顧需要的嬰兒，預後都已有長足的改善。許多案例中，先天性疾病——甚至是第一眼就讓父母大受驚嚇的疾病——某種程度上已都可以輕易地藉著手術、藥物、物理療法或是其他的治療方式來矯正。在另外一些情況下，更加令人擔憂的狀態——寶寶的前景——也可以得到很大的改善。剛開始你可能還沒辦法想像，但不用多久，你就會找出一個方法來撫養你這個有著特殊需要的寶寶，這會讓你的生命增添另一個角度——即使他一出生你就面對艱難挑戰，基本上還是豐富又充實。雖然照料特殊需要的寶寶可能倍覺辛苦，但也可能獲得更多的回報。隨著時光的逐漸流逝，你或許會發現，你的孩子除了教會你勇敢面對挑戰，還讓你更懂得愛的本質。關於寶寶的特殊狀況，需要相關的資訊、處理技巧和有助益的資源時，請參考 WhatToExpect.com。

兒，都會在醫院一出生時就進行聽力測試，如果你的寶寶沒有接受新生兒聽力測試，或如果現在你懷疑寶寶聽力喪失（就算孩子在嬰兒時期「通過」聽力測試，後來也可能發展出聽力喪失），就要找兒科醫師對寶寶進行聽力測試（參閱 134 頁邊欄）。因為聽力障礙的情形在新生兒加護病房更為常見，早產兒應該更仔細地篩檢。

處理方式。早期診斷出聽力喪失和確定損害的程度是很重要的，因為寶寶的症狀可能會從輕微發展成嚴重的狀態。只要一診斷出聽力喪失症狀，就要即刻進行治療，因為這對你的小寶寶未來的聽力和語言發展有極關鍵性的影響。

治療的方式是依據導致的原因，可能包括：

- 助聽器。如果聽力喪失是由於中耳或內耳出現畸形，那麼，助聽

起因於耳內流體的聽力損害

非先天性的短暫聽力喪失，可能是某些時候耳內出現久久不散的流體所造成。有關這種型態的第一線治療方式，是經過一段時間仔細地觀察，偶爾以服用抗生素來測試。如果這種持續性的流體存在問題隨著寶寶進入孩童時期，醫師可能會建議插入導管；可喜的是，導管可以解決任何短暫聽力喪失的問題和語言遲緩的導因。

器（增強聲量）也許可以讓聽力恢復到正常（或是接近正常）水平。助聽器同時可以輔助感音神經性重聽的患者，有多種設計型態，要依小寶寶的年齡和聽力喪失的類型來選擇。

- 手術。耳蝸植入術（用外科手術的方式，將電子裝置植入耳後的骨頭內），或許再加上增強音量的助聽器，往往能夠藉著恢復聽力來大幅改善全聾小孩的說話能力。孩子愈早（尤其是在1~3歲之間）接受耳蝸植入愈好。
- 教育。一旦診斷出聽力喪失時，就應該馬上開始進行教育計畫，可能包括：教導你的小寶寶使用聽或說的輔助設置；暗示法，也就是聽障者用讀話術（或是讀唇語）的溝通系統；全套的溝通程序設計，結合讀話術、手語和聾啞字母表，可能也同時增強聽的技巧和言語的產生。此外，說話的能力或方式與語言理論（還有為父母親而設的諮詢和訓練）等，也同樣是學習過程的一部分。兒科醫師和聽力專家可以與你一起努力，幫助你找到最適合寶寶需要的做法。

預後。經過正確而且積極主動的治療後，聽障的孩童也能擁有完整、豐富的人生。當其他人（像是那些被評估更重度的聽力損害個案）還在努力學習想透過手語溝通時，有些孩子可能已經有聽和說的能力了。到底有聽障問題的小孩該不該歸屬主流（讓聽障孩子接受正規的課程），則要依據孩子的個別差異、在地學校提供的課程，還有社區的主流學校有沒有口語和語言發展的特殊班級而定。

20 急救注意事項

意外都會發生的——即使再周到的父母和照顧者都不能完全避免。不過，我們卻能在意外發生時（如割傷、擦傷、燒傷等），採取正確的措施以避免更嚴重的傷害。這一章，就是要幫助父母處理這些問題。加強急救的訓練會很有幫助，但不是等到寶寶跌到樓梯下或吃了杜鵑花葉時，才學習如何提供緊急救助。現在——在意外尚未發生時，當你在幫寶寶洗澡或換尿布時——就要力求熟悉各種處理一般傷害的過程，而且也要了解較少見的急救事件（例如，當你外出露營時受傷）。任何一個幫你照顧小孩的人，也都須了解這些緊急措施。

未雨綢繆

由於碰上意外時快速反應至關重要，所以，千萬別等到你家寶貝的手伸進熱咖啡裡或大口喝下洗衣精時，才來尋找應對緊急意外的方法；所謂的未雨綢繆，就是在意外都還沒臨身時，就已經清楚明白該怎麼做。這當然也包括日常的受傷，但在與重大意外（例如被蛇咬）不期而遇之前（例如你和家人正打算去野營），你就應該模擬情境、了解關鍵的處理原則。

光是這樣，也都還不夠周延。讀過急救手冊——即便讀得再熟——是一回事，碰上突發事件時有沒有足夠的應對技巧又是另一回事；所以，除了好好閱讀本章的內容，有機會的話，你也該去上上有關幼兒安全、心肺復甦術與基本急救等的課程。社區或大型醫院裡都有很多這類的教學課程，消防隊、救護隊、紅十字會……也常舉辦類似的講座，不妨上網好好搜尋一番，或者問問你的兒科醫師，讓他推薦你最好的上課機構；有些持有救護證照的專家，還能提供到府教學的服務（這一來，不只是你，每一個有機會照料寶寶的人，包括孩子的祖父母、阿姨、叔叔和保母也都能和你一起在家上課）。你的急救技術必須與時俱進，而且定期溫習（比如透過影音教學影片），好讓自己熟練到隨時都能派上用場，同樣的，不論分量多寡，其他可能照料寶寶的人也都必須熟練急救技巧。

為確實做到未雨綢繆，你可以：

- 和寶寶的醫師討論一下，看看哪種急救法既可以應付沒有生命危險的傷害，又能在情況緊急時挽救寶寶，並且問清楚：何時該打電話給醫師，何時該送寶寶去急診室（或兩者同時進行），何時打 119 叫救護車，何時又該有別的舉措。寶寶只受輕傷時，急診室——一等就是老半天，空氣中充滿病菌，優先處理重大傷患——也許不是什麼好去處。
- 家裡的急救包或急救箱要放在寶寶接觸不到的地方，而且必須容易整理、方便攜帶；家裡的電話或手機都別忘了充電、擺放在很容易就拿得到的地方，好讓你可以在意外一發生時就即刻撥打求救電話。
- 以下的東西要隨時備妥（並且每位照料寶寶的人都容易取得）：
—緊急求救電話，包括兒科醫師、毒物防治諮詢中心、你信任的醫院急診室、你平常拿藥的藥房、緊急醫療服務（打 119 就問得到）、你工作的地方，以及緊急時可以求救的親朋好友、左鄰右舍；經常負責照料寶寶的人，還得把這些電話號碼都存進手機之中。
  - 個人資料（一有變動就立即更新），包括寶寶的年齡、大致的體重、疫苗施打記錄、傷病史、過敏史，以及有沒有任何慢性疾病。一有緊急事故，就要立刻提供這些訊息給急救醫療者，和／或交給醫院或急診室。
  - 家庭資料，包括詳細住址（略加描述附近街道、地標更好）、電話號碼——讓保母或其他照料寶寶的人可以帶在身邊。
  - 便條紙與筆，以便打電話求救時記下醫療人員的指示。
- 隨時保持門牌的潔淨，如果夜裡看不清楚就要裝燈照明。
- 弄清楚從家裡到急診室或醫師推薦的緊急救護機構的最快途徑。
- 如果你住在大城市裡，就要在家

裡預藏一些現金，並準備一張可以在搭計程車前往急診室等地時使用的輕便嬰兒汽車座椅（如果你很焦慮，或者必須一邊照料寶寶，最好就別自己開車送受傷的幼兒去急救）；如果請了保母，也得讓保母知道急用現金藏在何處。住在大城市裡，這方面的選擇很多：某些計程車公司（尤其是新興的 Uber）都能一聽到你的住址就快速趕到，有時甚至只需幾分鐘，而且一定照表收費，不會趁火打劫。

- 如果你有遇事驚慌的個性或很容易被突發事件嚇到，今天起就得學習怎麼冷靜對應你家寶貝的受傷和病痛；只要平日親自照料寶寶的小傷小痛，緊急狀態出現時你就可以冷靜以對，不致驚惶失措。先來幾下深呼吸可以幫你放鬆心神、聚焦在眼前的意外上；記得，你的反應、聲調和動作舉止都會影響寶寶對傷病的態度，要是你顯現出來的是慌亂，寶寶大概也會跟著慌亂——不大可能配合你的舉措。不配合的寶寶，恰恰是最難療傷止痛的寶寶。
- 在寶寶發生意外時，不管嚴重與否，都要立刻以三種以上的舉動來分散他對傷痛的注意力：站在寶寶看得見你的地方，冷靜地以他聽得清楚的聲音對他說話，以手碰觸他沒有傷痛的身體部位。

週歲前的急救

以下所述，是幼兒最常遇到的受傷情況、你該有的了解、如何治療（或不要治療）這些傷害，以及何時該尋求醫療上的協助；編排順序是依照注音符號排列（需要快速查詢某項急救措施者可先參閱〈目錄〉），並將其他個別的傷害加以編號，以易於前後參照。

❖鼻子受傷

1. 流鼻血：讓幼兒垂直的姿勢或稍微向前傾，用大拇指及食指捏住鼻子 10 分鐘（寶寶會自動地用嘴呼吸），同時試著讓寶寶安靜下來，因為哭鬧會增加鼻血的流量。如果流血未止，就再捏住 10 分鐘以上。如果這些方法仍然無法讓流血停止，就應該打電話給醫師——在你打電話的同時，仍要保持小孩垂直。經常性的流鼻血，即使很容易便停止，仍應告訴孩子的醫師。

2. 鼻子內有異物：呼吸困難或氣味污穢，有時流鼻血、流鼻水，都可能是鼻子內有異物的徵兆。保持寶寶安靜且鼓勵他用嘴呼吸，如果可以用手指輕易觸摸到，可用手指挖出異物；如果寶寶不能安分地坐著，則不能用鑷子或其他東西來挖，因為這可能會傷害到鼻子或使異物推至鼻子的內部。如果你不能除去異物，就擤自己的鼻子，讓寶寶模仿你的動作。如果仍然失敗，就帶寶寶去醫師那兒或急診室。

3. 鼻子受到重擊：如果有流血，保持寶寶垂直或稍向前傾的姿勢，以減少血的回流及窒息的危險（見第 1 點）。使用冰袋或冰敷來減輕腫脹，再帶去給醫師檢查鼻梁是否有斷裂。

❖皮膚外傷

重要事項：皮膚受傷是有可能變成破傷風的。在你的小孩皮膚受傷時，要確定他是否需要破傷風疫苗，同時也要留意一些可能感染的徵兆（腫脹、發熱、虛弱、受傷部位變紅、傷口流膿），如果有此現象，立刻打電話給醫師。

4. 瘀血或呈青紫色：為了讓受傷的部位休息，要鼓勵孩子玩一些靜態的遊戲。用冰袋或手帕裡面包冰塊來冰敷傷口半小時（不可把冰塊直接放在傷口上）。如果皮膚裂開，就像處理割傷（見第 6、7 點）那樣來加以治療。如果這個瘀傷是由於移動車輪的輪輻絞擰到手或腳所引起的，要立刻打電話給醫師。若瘀血無緣無故地出現或伴隨著發燒，也要去給醫師看。

5. 擦傷或磨破皮：在這種受傷中（最常發生在膝蓋及手肘），只是皮膚最表層被磨到，使得這個地方變得比較新嫩及柔弱；若再磨厲害一點，就會有輕微的出血。用無菌的紗布、棉花或乾淨的布，輕輕地用水及肥皂洗去周圍的髒土及異物。如果寶寶激烈地反對用這種方法，試著將擦破的地方浸泡在浴盆內。如果流血沒有自動停止的話，可加壓止血，再貼上無菌 OK 繃。大多數的擦傷都會很快復原。

6. 小的割傷：用乾淨的水和肥皂清洗受傷部位，再將傷口置於水龍頭下沖掉髒土及異物，然後貼上無菌 OK 繃。如果要預防感染，可在貼繃帶前塗殺菌劑或抗菌膏（如枯草菌素，依醫囑使用）。如果割傷是在寶寶臉上，就要請教醫師。

7. 大的割傷：用無菌的紗布、乾

淨的尿布或衛生棉、乾淨的布、你的手指按壓止血；如果需要，把受傷部位抬高使其高於心臟。要是施行止血後 15 分鐘血仍然在流，增多乾淨的紗布或布及增加壓力（不用擔心過多的壓力會造成傷害），直到救援到達或你帶寶寶去看醫師或到急診室。如果尚有其他的部位受傷，試著用繩帶或綳帶綁住傷口，這樣你的手才有空去處理其他的傷。當血止住後，綁上無黏性的無菌綳帶，但不可太緊，以避免血液循環受到影響。沒有醫師的指示，就不可用碘酒或抗菌藥膏。如果傷口很深或在半小時內未能止血，立刻帶寶寶去看醫師（先打電話）或送急診室。臉部割傷若超過 1.2 公分，傷口深或出血量大，都可能需要縫合或手術。

8. 大量流血：如果四肢有殘缺現象及大量出血，立刻打電話給 119 或當地的緊急醫療服務中心詢問急救處理，或將孩子送到離家最近的急診室（見第 52 點）。用紗布、乾淨的尿布、衛生棉或潔淨的布或毛巾來止血，如果血流不止就要增加止血的壓力。在沒有醫師的指示下不要採用止血帶，因為也許會造成更大的傷害。持續加壓，直到救援到來。

9. 刺傷：如果可能，把傷口浸泡在溫肥皂水中 15 分鐘，再諮詢寶寶的醫師或去急診室。不要移動突出於傷口的任何物體（像刀或棍子），因為這有可能導致更嚴重的流血。保持原狀，讓寶寶保持安靜，並盡量避免翻動而使傷口更糟。

10. 裂傷或戳傷：用水和肥皂清洗受傷區域，再用冰袋使之痲木。如果刺物已嵌入肉裡，試著用酒精消毒或火消毒的縫衣針來挑開。如果可以看見刺物，試著用鑷子（也用酒精或火來消毒）取出來；不要試著用你的指甲，因為那可能很髒。在你取出刺物後再清洗一遍。如果刺物不容易取出，試著用溫肥皂水泡 15 分鐘，一天三次，泡幾天，就比較容易取出。如果仍不行或受傷部位受感染（發熱及紅腫），就要向醫師請教。如果刺物很深而寶寶的破傷風疫苗已過期，也要請教醫師。

❖腹部受傷

11. 內出血：一拳打在寶寶的腹部，就會引起內臟受傷害。這種傷害的徵兆包括：瘀血或腹部變色；嘔吐或咳嗽吐血，血為黑紅或鮮紅色，而且像咖啡渣一樣（這也可能是小孩吞了腐蝕性東西所引起）；大便或尿液裡有血（可能是黑紅或鮮紅色）；休克（冷、溼黏蒼白的皮膚，虛弱，脈搏快速，打寒顫，混亂，以及可能引發暈眩、嘔吐或呼吸困難）。必須撥打 119 尋求緊急醫療救助。如果寶寶出現休克症狀（見第 26 點），就必須立刻治療，更不要餵食食物及飲料。

12. 腹部的割傷：就像其他割傷那樣治療（見第 6、7 點）。嚴重的割傷腸子可能會露出來，不要試著把它們再塞回去，而是用一塊乾淨潮溼的布或乾淨的尿布蓋住，再立刻送醫急救。

❖電擊休克

13. 關掉電源，讓帶電的物質與身體分開；如果可能，用乾燥、非金屬的物體如掃把、木梯、繩索、墊子、椅子，甚至一本書，把小孩移開。如果寶寶接觸到水，你自己要注意不能直接碰到水。移開電源後就馬上打 119 求救，如果小孩沒有呼吸心跳，施行心肺復甦術（參見 664 頁）。如果有燒燙傷就參考第 38 點說明。

❖凍傷和體溫過低

14. 小孩特別容易凍傷，尤其是手指、腳趾、耳朵、鼻子及面頰。凍傷的部位會變得很冷且轉為白或淡黃灰色。如果你發現你的小孩有類似的徵兆，就要立刻試著弄熱凍傷的部位——打開你的外套及襯衫，把小孩貼身包在裡面，再盡快找醫師或急診。如果不是立刻可行的，就帶到室內，開始逐漸加熱溫暖的步驟。不要把凍傷的小孩驟然放在火爐、熱燈或暖氣爐旁邊，因為這樣會使得凍傷的皮膚燙傷；也不要試著把小孩放在熱水中，這樣也會增加傷害。只要把受傷的手指和腳趾泡在水中，水溫大約是 39℃，比正常體溫稍微高一點或觸摸時覺得溫溫的即可。對於不可浸泡的部分，像鼻子、耳朵及面頰，利用同樣的水溫暖敷（溼布或溼毛巾），不可太用力。浸泡到皮膚恢復正常顏色，通常需 30~60 分鐘（需要隨時加溫水以維持水溫）；在此同時，亦可用杯子或奶瓶來餵孩子一些溫的（不是熱的）流質。當受凍傷的皮膚在弄熱後呈現紅色及輕微腫脹，就可能形成水泡；如果小孩受傷到這程度仍未去看醫師，立刻取得醫療救助就非常重要了。

如果受傷的部位已逐漸好轉，而你需要帶孩子去看醫師（或到其他地方），外出途中要特別留意讓受凍的部位保持溫暖，因為融解的組織再受凍會引起嚴重的傷害。

凍僵比凍傷常見。凍僵的部位通常摸起來冷且蒼白，但回溫較快，也比較沒那麼痛、不那麼腫。和凍傷一樣，必須避免乾熱與再度受凍。雖然沒必要去看醫師或急診，最好還是打個電話給醫師。

長期暴露在冷空氣下，小孩的體溫會降到正常體溫以下，就像低體溫症一樣，需要急救——沒有時間可以浪費，如果小孩體溫似乎低得不正常，就要帶他去最近的診所。在途中要抱緊小孩，用你的體溫來溫暖小孩。

❖頭部受傷

重要事項：如果寶寶從比自己身高還高的地方跌至堅硬的表面，或遇到重擊，通常頭部的傷會是比較嚴重的。此外，頭部側面的傷比頭部前後的傷還嚴重。

15. 頭皮割傷或瘀血：由於頭皮有許多血管，所以頭部割傷，甚至只有很小的傷口，大量的流血也是常見的，而瘀血會在短時間內腫成雞蛋般大的包。治療方法就像其他部位的割傷（見第 6、7 點）或瘀血（見第 4 點）一樣。不管大傷或小傷，都要諮詢醫師有關頭皮的受傷情況。

16. 頭部嚴重外傷：大多數的幼兒，一歲前都會經歷一些輕微的頭部碰傷。通常這些碰撞只須父母的親吻就會好轉，不過，仔細觀察寶寶頭部碰撞後 6 小時的狀態是比較明智的做法。如果你的小孩在碰撞後有以下一些症狀出現，就要打電話給醫師或尋求緊急援助：

- 失去意識（不過，小睡一下——不超過 2 或 3 個小時——是常見的，不須太擔心，小睡的程度和時間可做為你判斷的指標）。
- 很難被搖醒（在碰撞後的 6 小時內，於白天小睡中每隔 1 或 2 個小時，或在晚上每隔 2 或 3 個小時，試著搖醒小孩，以確定小孩有反應）；如果你無法叫醒睡夢中的小孩，檢查他的呼吸（參見 667 頁）。
- 嘔吐。
- 眼睛或耳朵後面周圍出現瘀青。
- 頭殼上有凹陷。
- 受傷的部位腫脹，無法看出是否凹陷。

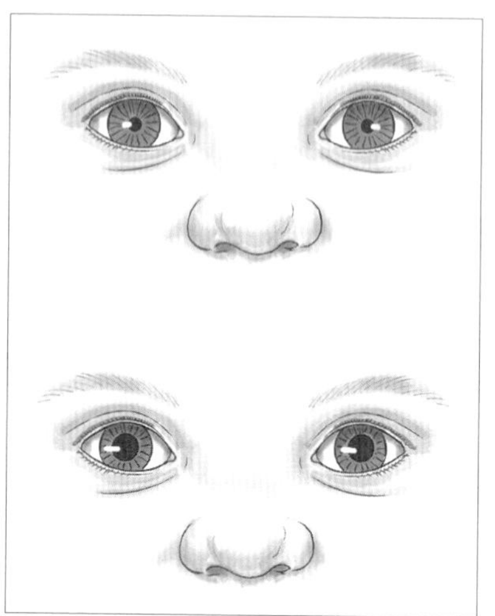

圖 20.1 正常的瞳孔會對亮光有反應（如上圖般縮小），光線移走時則會放大（如下圖）。

- 從耳朵或鼻子流出血來，或有水狀流體。
- 手腳活動不靈活。
- 在受傷後 1 個小時有持續的暈眩（寶寶像是失去平衡感）。
- 瞳孔大小不一樣，或瞳孔對光或燈沒有反應（見圖 20.1），或是把光移走，瞳孔仍不會放大。
- 不尋常的臉色蒼白且持續一段時間。
- 痙攣（見第 25 點）。
- 寶寶行徑不尋常——暈眩、迷亂、認不得你、非常不靈活……。

等待救援之時，讓寶寶安靜地躺下來，頭轉到側邊。如有需要，見處理休克的方法（見第 26 點）；如果寶寶停止呼吸，則實施心肺復甦術（參見 664 頁）。除非你詢問過醫師，否則不可給寶寶任何食物或飲料。

❖脫臼

17. 肩部及手肘的脫臼：對正在學走路的小孩來說，肩部及手肘的脫臼是較常見的，大多數是因為被成人用力拉抱所致（或被抓住手臂往上拋）。脫臼時手臂不能動或無力，通常會伴隨著持續的哭鬧——由於疼痛，這是典型的徵候。趕緊到醫師診所或急診室，那兒有專業的醫師會將脫臼的部位接回去及止痛。如果疼痛仍然嚴重，離去前醫療人員會用冰袋及夾板固定。

❖吞下異物

18. 硬幣、彈珠等圓形物體：若寶寶吞下這類東西，但看起來沒什麼異狀，最好讓他自行排出；大部分寶寶在兩、三天內可排出，排出前要隨時檢查寶寶的糞便。但若吞下的是水銀電池，則要馬上找醫師。

吞下這類東西後，要是寶寶出現吞嚥困難、喘氣、流口水、作嘔、

照顧小病人

嬰孩通常都是不合作的病人。不管他們的傷勢是多麼地不舒服，或是他們傷處有多痛，他們第一個想到的是治療的「可怖」。由於理解力的限制，告訴他們加壓會使流血的傷口較快痊癒，或是冰敷能讓瘀青的手指免於腫脹，似乎都不會有所幫助。但是，在治療時分散他們的注意力是不錯的方法。

製造一點娛樂（在治療之前，最好是在他們掉淚之前），用音樂盒、CD、錄影帶，或一隻玩具狗、一列穿越咖啡桌下的火車，或是父母跳些滑稽的舞步，唱些好笑的歌——只要能哄住他們就是成功；如此也能改變治療的成果。或許也可以在水盆中放幾隻小船，替玩具熊量體溫，幫洋娃娃餵藥，替玩具狗冰敷，等等。

你對治療的成果有多在乎，則視疾病的嚴重與否。輕微的瘀傷並不會讓你六神無主，小孩也會拒絕冰敷；然而，如果是嚴重的燙傷，就一定要浸泡冷水，即使小孩在治療過程中嚎啕大哭也必須完成。大部分的情況，都應以最短的時間治療或察看孩子的身體狀況；即使只是幾分鐘的浸泡也會減少傷口發炎，冰敷幾分鐘就有降低腫脹的功效。但你要知道何時得叫停，如果小孩的沮喪成分大過治療的功效，那就放棄治療吧。

嘔吐等現象，很有可能是東西卡在食道裡，得趕快打電話給醫師，並送急診。

如果寶寶咳嗽且看起來呼吸困難，可能是吸入而不是吞下，必須做哽塞的處理（參見 661 頁）。

19. 鈕扣型電池：如果寶寶吞下任何種類的鈕扣型電池，馬上聯絡醫師然後到急診處。這種電池的危險在於它會卡在消化道中（從食道到大腸都有可能），然後開始腐蝕器官，造成嚴重的傷害甚至死亡，因此在幾個小時內送醫是有必要的。

20. 尖銳的異物：如果吞下尖銳的異物（大頭針、魚刺、邊緣銳利的玩具），必須到急診處以特殊工具取出。

❖溺水

21. 即使一個小孩在落水失去意識後迅速被救醒，仍須進一步的醫療評估。如果仍持續無意識，就要趕緊求救；如果可能，可先實行心肺復甦術（參見664頁）。假使現場沒有人有空可以打電話求救，可以先實行心肺復甦術再打電話。在小孩甦醒前及救援到達前，不管時間多長，都不要停止心肺復甦術。如果有嘔吐現象，將孩子的頭轉向側邊以避免哽塞；要是你懷疑頭或頸部有受傷，就不要移動那些部位（見第24點）。

❖骨折

22. 手臂、腿、鎖骨或手指骨折：寶寶有否骨折，是很難分辨出來的。骨折的症狀包括：意外發生時有輕脆的聲響；受傷部位變形（雖然這也可能是脫臼，見第17點）；不能移動或負載重量；極端疼痛（哭鬧不停可能是一條線索）；麻痺或刺痛（小孩是不可能會告訴你的，你得自己觀察）；腫脹及變色。如果懷疑四肢有骨折，在醫師尚未做初步的檢查之前，不可以移動小孩——除非是為了安全性。如果你要立刻移動小孩，首先試著將患部用夾板、尺、雜誌、書或其他堅固的物體固定住，再放上一層軟布以保護皮膚；或用小的硬枕頭來當夾板。安全地綁好患部，上下都用繃帶、布條、圍巾或領帶固定住，但不可綁太緊，以免血液循環受阻。如果手邊找不到木板以固定，試著用你的手臂來固定受傷的四肢。雖然對小孩子而言，骨折通常痊癒得很快，但仍需要有適當的治療。如果你懷疑小孩有骨折，就要趕緊帶他去看醫師。

23. 開放性骨折：如果骨頭突出穿過皮膚，不要碰骨頭。如果可能，找一塊無菌的紗布或乾淨的布蓋住傷口；如果有必要，先加壓止血（見第7點）再請求緊急救援。

24. 脖子或背部受傷：如果察覺脖子或背部受傷，千萬不要移動小孩，立即求救。等候救援時蓋住並保持孩子的舒服，如果可能，放些較重物體（像書一類）在頭的周圍，以幫助固定。不要餵食物或飲料。如果有嚴重流血（見第8點）、休克（見第26點）或暫停呼吸（參見664頁），就要立刻處理。

❖痙攣

25. 痙攣發作的症狀：虛脫、眼睛往上吊、口吐白沫，身體僵硬伴隨不能控制的抽搐動作，嚴重時還會呼吸困難。發高燒時出現短暫的痙攣，並不算罕見（參見 610 頁處理熱痙攣的說明）。處理一般痙攣發作的方法：將小孩四周的環境整理乾淨，但除非是要避免受傷，否則不要限制他。把頸部及腹部的衣服鬆開，讓小孩側躺且頭部低於臀部。打電話給醫師，不要放任何東西在其嘴巴裡，包括食物或飲料、乳頭或奶瓶。

如果小孩沒有呼吸心跳，立刻實施心肺復甦術（參見 664 頁）。如果周遭有其他人，請他們打 119；如果沒有其他人在場，那就先急救等孩子恢復呼吸或幾分鐘內都沒恢復的話再打電話。如果痙攣持續超過 2~3 分鐘，情況很嚴重，或是持續發作好幾次，也要先打 119。

痙攣可能是因為誤食處方藥物或是毒性物質而造成的，所以請確認附近有沒有跡象顯示寶寶可能吃到這類物品的跡象，如果都沒有看到可疑物品，也可能是寶寶已經吞下了，請見第 27 點的處理方式。

❖休克

26. 休克常因一些嚴重的受傷或疾病而所引起，讓腦跟身體器官無法得到充足的含氧血。癥狀包括：冷、溼黏、蒼白的皮膚、脈搏快而微弱、發冷、痙攣，通常還伴隨反胃或嘔吐，極度口渴和呼吸淺促。最好馬上打電話求救，救援到來之前先讓小孩平躺，臉朝上，鬆開束縛的衣服，把腳放在枕頭上或摺疊的衣服上，讓血液流到腦部，蓋上薄被以避免失溫或打寒顫。如果呼吸似乎很吃力，輕輕抬起寶寶的頭及肩膀。別餵任何食物和飲料。

❖中毒

27. 吞嚥有毒物質：任何不能吃的東西都有潛在的毒性。比較常見的中毒症狀包括：昏睡、騷動或其他異於平常的現象，急速而不規則的脈搏跳動或呼吸急促，腹瀉或嘔吐（此時應將寶寶的頭轉向側邊，以免嘔吐物造成哽塞），大量流淚、流汗、流口水，皮膚及嘴巴乾熱，瞳孔放大或收縮、眼睛閃爍游移、發抖及痙攣。

如果你的寶寶有上述的症狀（及他們無法表達的痛苦），或你可證明你的寶寶確定或可能吞食了一些不明物質（你看到或發現有打開的藥瓶、衣服上留有可疑的液體、地上有遺落的藥丸、寶寶呼氣聞起來有化學藥劑的味道），不要試著自己處理，立刻打電話給醫師或附近的急診室尋求指示。即使沒有症狀也要打電話——因為可能不會在短時間內出現症狀，打電話時，封好寶寶誤食的東西，或是保管好吃剩的東西，告訴醫師這物質的名字（或寶寶誤食花草的名字或外觀）、寶寶吃下去多久了、吃了多少（不確定的話就大略估計一下），同時確認寶寶的年齡、身高、體重及症狀還有你做了哪些處置。最好拿紙筆確實記下醫師指示的處理步驟。

如果你的寶寶在吃下（或疑似吃下）危險物質後口水過多、呼吸困難、抽搐或是過度嗜睡，請打 119 叫救護車。如果寶寶失去意識，就要立刻實施急救（參見 664 頁）。

沒有醫師的指示，不要任意做出處理。在給寶寶服用任何東西（包括食物、飲料或是止吐劑）前都要尋求專業醫療建議，錯誤的處理反而會使傷害更嚴重。

28. 吸入有毒的氣體或瓦斯：汽油、汽車廢氣及一些有毒的化學物質所產生的廢氣及濃煙都有毒，如果小孩暴露在上述的危險中，就趕快讓他呼吸新鮮空氣（開窗或到戶外）。如果寶寶沒有呼吸，立刻實施心肺復甦術（參見 664 頁），直到呼吸恢復正常或救援到達。如果可能，當你在做心肺復甦術時，請別人打電話求救。如果沒有人在旁邊，實施 1 分鐘後就趕緊打電話，再回來繼續做心肺復甦術。除非救護車已在路上，否則趕緊帶寶寶去醫療中心；但這並不意味心肺復甦術可以停止，而且你必須是健康未中毒，判斷力也未受影響。最好由別人開車去醫院。即使你自己可以幫寶寶恢復呼吸，也要立刻求救。

❖植物中毒

29. 大部分接觸過毒常春藤、毒橡樹、毒漆樹的寶寶，都會在 12~48 小時內出現過敏反應（紅腫、發癢、起疹、起水泡、滲水），且會持續 10~28 天。如果你知道寶寶接觸了這類東西，先用手套、紙巾或乾淨的尿布把自己的手包起來，以免碰到樹汁（會引起過敏反應），再脫掉寶寶的衣服。洗掉樹汁後（愈快愈好，最好是在 10 分鐘內），疹子不會人傳人，也不會從身體的某一部位傳染到其他部位。為了避免樹脂黏在皮膚上，須用肥皂徹底清洗，再以冷水沖至少 10 分鐘。情況緊急時可用擦的。任何接觸到這些植物的東西都要清洗（衣服、寵物、嬰兒車等），要不然，留在這些東西上的樹脂一年內仍會引發疹子。鞋子如果不能洗，也要徹底擦乾淨。

如果有過敏反應，可使用卡露明洗劑或卡拉達爾洗劑來止癢，但不可用含抗組織胺的藥膏（若是嚴重的毒常春藤中毒或敏感部位紅腫，醫師可能會要你服用口服抗組織胺來止癢，或服用幾天類固醇）。乙醯氨酚、冰敷或燕麥沐浴劑也可舒緩不適。剪短寶寶的指甲以免抓傷。如果疹子變嚴重或蔓延至眼睛、臉部或生殖器，還是要去看醫師。

❖中暑

30. 中暑或體溫過高：輕微中暑或發燒比較常見，徵兆包括多汗、口渴、頭痛、抽筋、頭暈、噁心（寶寶可能會躁動、拒食或嘔吐），這時候體溫通常會升高到 38~40℃。處理中暑的方法是將寶寶帶到涼爽的地方（打開空調，如果有的話），然後給他一些冷飲。用溼毛巾擦拭身體或是電風扇應該也有幫助。如果寶寶沒有很快恢復正常，或是喝飲料後嘔吐、體溫沒有下降，那就要打電話給醫師。

嚴重的中暑或高燒比較少見而且需要特別注意。典型的中暑會在寶寶待在高熱情況之後突然出現，像是在大熱天待在沒開空調的車子裡面。看得出的徵兆包括皮膚乾熱（偶爾也會有潮溼的皮膚）、體溫很高（有時會超過 41℃）、腹瀉、躁動或昏睡、混亂、痙攣及失去意識。如果你懷疑你的寶寶中暑了，就要用一大塊浸過冷水的毛巾包住身體，立刻尋求救援或送寶寶到最近的急診室。如果毛巾變熱了，再重新浸泡冷水。

❖手指及腳趾受傷

31. 瘀傷：由於小孩比較好奇，常常會被門或抽屜夾到手指而造成疼痛的瘀血。對於此種瘀血，最好把手指放在冷水（可以加入幾塊冰塊降溫）中浸泡，建議最好浸泡 1 個小時，而且每隔 15 分鐘休息一下讓手指回溫，以免凍傷。雖然你可以用強迫手段或其他分心的方法再讓他多坐幾分鐘，但很少有小孩子可以坐那麼久的時間。腳趾頭也可經由浸泡來改善症狀，但如果小孩不肯合作也仍然無法實行。最簡單的方法是將瘀青的手指或腳趾保持舉高，這樣會消腫一些，不過一樣很難讓小孩配合。

如果受傷的手指或腳趾在短時間內腫脹得很大，有點變形且無法伸直，則可能有骨折現象（見第 22 點）。如果瘀血是由於絞擰所造成，或手、腳夾在正在滾動的輪子輻條，就要立刻打電話給醫師。

32. 指甲內出血：當手指或腳趾嚴重瘀血時，指甲下面就可能出現血塊，引起疼痛。如果血從指甲下方滲出，壓住指甲讓血流出來可以減輕壓力。如果孩子可以忍受就用冰水來浸泡，如果疼痛仍然持續，就需要在指甲上弄一個小洞來減輕壓力。這需要醫師、或者讓醫師教你該如何處理。

33. 指甲破裂：如果只是一小塊指甲破裂，可以用有黏性的繃帶或 OK 繃貼住，直到破裂的指甲慢慢長至可以修剪的部位。破裂的指甲長得差不多後，可以沿著邊稍微修剪再貼上繃帶，直到指甲長得足以保護手指（或腳趾）為止。

34. 指甲分離：指甲會自行脫落，不需剪掉。不要用水浸泡，因為沒有指甲的保護，潮溼的指甲肉容易感染真菌。一定要保持乾淨，可擦抗生素藥膏，但不一定要擦（問醫師的意見）。可貼 OK 繃，若指甲開始生長，就不需再貼了。通常要四至六個月指甲才會長好。如果有紅腫、發炎或感染，就要打電話給醫師。

❖燒燙傷

重要事項：如果孩子的衣服著火，利用外套、毛毯、小塊地毯、被單或你自己的身體（確定你不會被燒傷）來熄滅火焰。

35. 局部燙傷：燙傷部位（手、腳、指頭）浸泡到冷水之中（如果寶寶合作，把受傷部位置於水龍頭下沖水）。若臉或軀幹受傷，可以冷敷（10~15℃）直到寶寶覺得不再疼痛為止，通常需要半小時。不可以用冰塊、奶油或軟膏，因為這些東西會使得皮膚的傷害更為複雜；而且如果有起水泡，不可以弄破。浸泡完後，輕輕地拍乾燙傷部位，並用沒有黏性的物質（像無黏性繃帶，緊急時甚至可用鋁箔紙）蓋住。如果紅腫跟疼痛持續幾個小時，就需要看醫師。

若燙傷部位看起來紅腫、起水泡（二級燙傷），或是肉色變白或燒焦（三級燙傷），以及發生在臉上、手上、腿上或生殖器上，或是範圍超過寶寶手掌大小，就要立刻帶

他去看醫師。

36. 大範圍的燒燙傷：立刻打 119 叫救護車。讓孩子保持平躺，除去燙傷部位的衣服（必要時可以剪破衣物，但不要用拉扯的），這樣才不會附著在受傷處。冷敷受傷的部位（但一次不可超過身體的 25%），並讓孩子保持溫暖。如果是四肢灼傷的話，就將受傷的部位抬高於頭部。不要在患部用任何壓力帶、軟膏、奶油或其他油脂、粉末或含硼酸的肥皂。如果寶寶意識清醒且嘴部沒有太嚴重的燙傷，可以餵他水或其他流質以防脫水。

37. 化學燒傷：腐蝕性物質（像鹼及酸）會導致嚴重的燒傷。用乾淨的布輕輕地從皮膚上掃掉乾的化學物質，並移開被污染的衣服。立刻用大量的水清洗皮膚，打電話給醫師或急診室尋求專業協助。如果較難處理或者呼吸痛苦，可能表示肺部受到化學煙霧的傷害，就要立刻求救（如果誤食化學物質，見第 27 點）。

38. 電擊導致的燒燙傷：立刻切斷電源，如果可能，用乾的、非金屬的物質像掃把、木梯、繩索、墊子、椅子或甚至是一本書——但不可用你的手——讓寶寶離開電源體。如果孩子沒了呼吸，立刻實施心肺復甦術（參見 664 頁）。所有電擊受傷都需要由醫師診斷，所以立刻打電話給小孩的醫師，或送他去急診室。

39. 曬傷：若你的寶寶（或家庭中任何一人）曬傷了，冷敷 10~15 分鐘，一天三到四次，直到紅腫消退；蒸餾水可以幫助冷卻皮膚。在這期間，可用純的蘆薈膠（藥房有售，或直接取自蘆薈）擦拭，也可用溫和的保溼乳液來擦拭患部。不可以用凡士林，因為它會封死空氣，而傷口是需要通風的；另外，除非得到醫師的處方，否則不可以用抗組織胺劑。對於嚴重的曬傷，類固醇軟膏或乳霜是可以用的，大的水泡要等水流乾再包紮。幼兒乙醯氨酚可以減少一些不舒服，如果患部有腫脹，異丁苯乙酸是很好的選擇。和其他燒傷一樣，若被曬傷的是嬰兒就要趕快看醫師。大面積的曬傷會有嚴重的症狀，如頭痛、嘔吐，需要馬上治療。

❖嘴部受傷

40. 嘴唇皸裂：很少有寶寶在一歲前嘴唇不曾皸裂，還好，這些裂傷通常痊癒得非常快。為了平息疼痛及止血，可使用冰袋或讓較大的寶寶吸吮冰棒。如果傷口裂開或在10~15分鐘內不能止血，打電話給醫師。有時候嘴唇受傷是由於小孩子咬到電線，如果懷疑是如此，也要打電話給醫師。

41. 嘴唇或嘴內部的割傷（包括舌頭）：這類的傷害，較小的寶寶也常見到。小嬰兒使用冰袋，稍大的寶寶就讓他口含冰棒，以減輕疼痛或止住嘴唇內的流血。如果舌頭出血不能自動停止，就用一塊紗布或乾淨的布壓住受傷的部位。如果是傷到喉嚨後面或軟顎（口腔後上方），或被尖銳的物體戳了一個洞（像鉛筆或牙籤），若在10~15分鐘內流血不止，就要打電話給醫師。

42. 牙齒被撞落：牙醫為寶寶重新植入掉落牙齒的機率不大（因為這種移植較易引起膿瘡或很難保住），所以保存這顆牙齒是不必要的。但牙醫仍會檢查牙齒，以確定是完整的——若有碎片遺留在牙齦內，可能會掉出來而被寶寶吸進肺裡或哽塞住。所以你得帶著這顆掉落的牙去找醫師，如果找不到醫師，也可直接到急診室。

43. 牙齒破裂：用溫水和紗布或乾淨的布，小心地清除寶寶嘴巴裡的髒東西及碎屑，且要確定破碎的牙齒沒有留在寶寶的嘴巴裡，因為那會造成哽塞。在受傷牙齒區域的臉部冷敷以減少腫脹，再立刻打電話給醫師以得到進一步的指示。

44. 嘴巴或喉嚨裡有異物：取出嘴裡很難抓住的東西需要很有技巧，動作要很小心，否則可能把東西推到更深處。如果塞進嘴裡的東西是軟的（像是衛生紙或是麵包），捏住寶寶的臉頰讓她張開嘴巴，然後用鑷子夾出異物。其他東西可以試試用手指刮出來，彎曲你的手指（拇指或是小指），從物體的側面快速的刮起。如果你看不到東西的話，就不可以用手指。如果異物卡在喉嚨，那就要用661頁處理哽塞的方法急救。

❖耳朵受傷

45. 異物跑進耳朵裡：試試以下的方法清出異物：

- 若是昆蟲跑進去，用手電筒試著把牠引誘出來。
- 若是金屬物，可試著用磁鐵把它吸出來（但不可以把磁鐵插入耳內）。

- 若是塑膠或木材類物質，且不深可看見，輕輕塗一點快乾膠（不可用多，因為可能黏在皮膚上）在拉直的迴紋針上，用迴紋針去碰觸它——但是要注意不要探觸到內耳，等膠水乾了再拿出迴紋針，異物應該會黏在上面。不過，要是沒有人幫忙把小孩抱住不動，最好不要嘗試這種方法。

如果以上的方法都無效，也不要用手指或其他器具把異物挖出來，應該立刻帶寶寶去診所或急診室。

46. 耳朵受傷：如果有尖形物體碰到耳朵，或寶寶出現耳朵受傷的症狀（比如耳道流血、暫時的聽力喪失及耳垂脹大），立刻打電話給醫師。

❖咬傷

47. 動物咬傷：避免移動傷口的部位，且應立刻打電話求醫。先用肥皂和清水徹底清洗傷口，但不要使用抗菌藥品或其他相關藥品，再幫寶寶止血（見第 6、7、8 點），且用無菌的繃帶蓋住。試著把動物關起來以便帶去檢驗，不過要避免被咬到，因為狗、貓、蝙蝠、臭鼬和浣熊可能是凶猛的，尤其當牠們無正當理由攻擊人時。發炎（發紅、虛弱及腫大）是貓咬傷的一般症狀，且需要使用抗生素。

被危險性低的狗（沒有狂犬病）咬傷不需用抗生素，但被任何動物咬傷都要諮詢醫師的意見，以決定是否使用抗生素及狂犬病疫苗注射。傷口若有紅腫、碰觸會疼痛等現象，就要趕快就醫。

48. 被人咬傷：寶寶如果被兄弟姊妹或別的小孩咬傷，要是沒破皮就不用擔心；有破皮的話，就以溫和的肥皂及冷水徹底清洗，並在水龍頭下沖洗，或用罐子、杯子裝水沖洗。別摩擦傷口，或用任何噴劑或軟膏（抗生素等）。用消毒紗布輕覆傷口，然後打電話給醫師。如果需要，可加壓止血（見第 7 點）。醫師可能會開抗生素來預防感染。

49. 昆蟲咬傷：治療昆蟲叮咬的方法如下：

- 如果被蚊子咬到，可將卡露明洗劑塗在患部。
- 若是蝨子，就用較鈍的鑷子或指甲迅速除去蝨子，不過要用衛生紙、紙巾或手套來保護手。捉蝨子要盡可能靠近嬰兒的皮膚，夾住頭穩定地往上拉起；不要扭曲、急拉、壓擠或刺破蝨子。不要用傳統的治療方法，像用凡士林、汽油或火燒，這樣只會讓事情更糟。保留蝨子做檢查，如果你懷疑會感染萊姆症，就要打電話給醫師。

- 如果是被蜜蜂叮咬，馬上用奶油刀的鈍邊、信用卡或指甲輕刮皮膚，刮出蜜蜂的刺，或用指甲或鑷子輕輕拔出來，不要用擠的，這樣會讓更多的殘留毒液滲進皮膚。
- 用肥皂和水清洗被小蜜蜂、黃蜂、螞蟻、蜘蛛或是蝨子咬到的地方，如果傷口腫大或疼痛的話，就用冰敷。
- 如果被蜘蛛咬到而顯得非常疼痛，就要先冰敷，然後再去急診。最好能找到那隻蜘蛛並帶到醫院去（小心別被咬傷），或至少可以描繪出牠的樣子，因為蜘蛛可能會有毒。如果你知道這蜘蛛是有毒的——像黑寡婦、隱士褐蛛或塔倫吐拉蜘蛛甚至蠍子，症狀出現前就應該趕緊施行急救（打119 叫救護車）。
- 若被蜜蜂、黃蜂或大黃蜂叮到，就得注意有無過敏的徵候出現，像嚴重的疼痛或腫大或呼吸短促等。約有九成的寶寶對蚊蟲叮咬會在傷口五公分範圍內出現短暫的（少於 24 小時）紅、腫、痛症狀。另外一成的寶寶在傷口外10 公分範圍都會出現嚴重腫脹，而且 3~7 天內都不消。第一次被叮後就出現嚴重反應的人通常都會發展出毒液過敏的症狀，這種情形若沒有立刻緊急治療，後來再被叮到就可能會致命。致命的過敏反應（這並不常見）通常在被叮咬後 5~10 分鐘就會開始。症狀包括臉或舌頭腫脹，喉嚨腫脹的跡象（喉嚨癢、阻塞、吞嚥困難或聲音改變），支氣管痙攣（胸悶、咳嗽、哮喘或呼吸困難），血壓下降造成眩暈或暈厥，和／或休克。嚴重的過敏在幼兒期很少見，若孩子被叮到後出現身體其他部位的反應，就要立刻就醫。出現嚴重過敏症狀，醫師可能會建議你去做過敏試驗。如果被診斷為過敏，在蜜蜂盛行的季節，你可能必須要帶著蜂螫急救箱才能和寶寶一起出門。

50. 被蛇咬傷：嬰兒被毒蛇咬到是比較罕見的，但萬一發生就非常危險。因為嬰兒的身體小，只要一點點的毒液就會致命。若被咬到，保持嬰兒或咬傷部位不動才是最重要的。若咬到四肢，需要的話就用夾板固定，保持傷口在心臟以下。用冷敷來解除疼痛，但不可以用冰或在沒有任何醫療指示下使用藥物。盡速送醫急救，如果可能，要辨別是何種毒蛇；要是 1 小時內不能送醫急救，就用一條鬆的束帶（像皮帶、領帶或髮帶，鬆到足以讓你的手指從下面滑過）在咬傷處以上 5 公分的地方慢慢環繞（不要綁在手指、腳趾、脖子附近、頭及軀幹），並要經常檢查止血帶下的脈搏，確定血液循環沒有受到阻礙；如果四肢出現腫脹的現象，就要鬆開帶子，並記錄下綑綁的時間。立刻用嘴吸出（吐掉）毒液會比較有效，但是不可以用割開傷口的方式——除非救助要到 4、5 個小時之後才能到達，或傷口呈現嚴重症狀。如果嬰兒沒有呼吸，給他施行心肺復甦術（參見 664 頁），若需要的話，先治療休克（見第 26 點）。

治療無毒蛇的咬傷就像一般刺傷（見第 9 點），但還是要通知醫師。

51. 水中生物螫傷：這類的螫傷通常不會很嚴重，但有時嬰兒或小孩會有嚴重的反應，所以還是要立刻實施醫藥救助。急救的方法與水中動物的種類有關，但一般來講，黏在傷口的碎片要用布（保護你的手指）小心翼翼地除掉。對於大量流血（見第 8 點）、休克（見第 26 點）或呼吸暫時停止（參見 664 頁）的處理，如果需要，要立刻開始急救（不要擔心少量的流血，它會幫助排除毒素）。像魟魚、獅子魚、鯰魚、石頭魚或海膽這些動物的刺，應在溫水中浸泡，如果時間允許，可以泡個 30 分鐘或直到援助到達時。對於水母或僧帽水母刺的毒素，可以一般白醋或消毒用酒精擦拭（放一包酒精藥棉在你的海灘袋裡，以防萬一）。沒有調味的嫩精、小蘇打粉、氨水，還有檸檬汁也可以用來防止疼痛。

❖嚴重的四肢或指頭受傷

52. 這類嚴重的傷害較為罕見，但一旦發生意外就要知道如何處理，因為處理的結果也許會影響到保有或失去肢體。受傷嚴重時，請立刻採取以下步驟：

- 試著止血。用一些無菌紗布、潔淨的尿布、衛生棉或乾淨的布在傷口上加壓。如果血仍然在流，加重壓力，不要擔心因壓太重而造成傷害。在沒有醫師指示下不要用止血帶。
- 如果有休克現象發生，要立即處

理。如果小孩的皮膚呈現蒼白、冷及溼黏，脈搏快速而微弱，呼吸很淺的話，要趕緊鬆開衣服，給寶寶蓋一層薄被以避免體熱的散失，並把腳抬高放在枕頭（或摺疊的衣服）上，讓血流入腦部。如果呼吸仍然顯得費力，輕輕抬高寶寶的頭及肩膀。

- 如果寶寶沒有呼吸，施行心肺復甦術（參見664頁），以重新調整呼吸。
- 盡可能保存好斷肢或指頭，用溼的、乾淨的布或海綿包好放在塑膠袋裡，在袋外放一些冰塊並包好綁緊。不要直接放入冰塊，不可用乾冰，而且斷肢不可以浸到水或防腐劑。
- 找救援。打電話或找人求救，或直接到急診室，但最好先打電話，讓他們在你來到時有所準備。記得要帶著冰凍的殘肢，手術也許可以重接縫合。在運送過程中如果需要的話，繼續加壓止血，以及採取其他的急救方法。

❖眼睛受傷

重要事項：不可以施壓力在受傷的眼睛上、用你的手指碰觸眼睛，或未經醫師的指示而自行點藥。避免讓小孩揉眼睛，用小的杯子或玻璃蓋住眼睛；有必要時，還得綁住孩子的雙手。

53. 異物跑進眼睛裡：如果你可以看見異物（例如一粒砂），洗淨你的手，用溼的棉花棒輕輕地嘗試從寶寶的眼睛取出異物，不過需要有人幫忙抱住小孩（只能用於眼角、下眼瞼或眼白，不可摩擦瞳孔），或試著把上眼瞼拉下蓋過下眼瞼幾秒鐘。如果沒效，且寶寶很不舒服，也可以試著用溫熱的水（同體溫即可）沖洗眼睛以取出異物，不過需要有人幫忙抱住小孩（小心不要讓水流進鼻子）。

如果經過這些嘗試後，仍然可看到異物在眼中，或寶寶仍感覺不舒服，就要去找醫師，因為異物可能卡在眼睛裡或刮傷眼睛。不要試著自己取出嵌入眼睛的異物。送往醫院途中，可以用無菌的紗布輕輕蓋住眼睛，也可以用一些乾淨的紙巾或一條手帕，以減輕孩子的不適。

54. 腐蝕性物質侵入眼睛：立即並徹底用乾淨溫熱的水沖洗15分鐘（可用杯子或茶壺盛水），並用你的手指撐開眼睛。如果只有一隻眼睛受傷，把寶寶的頭側轉，讓未受傷的眼睛高於受傷的那一隻，化學

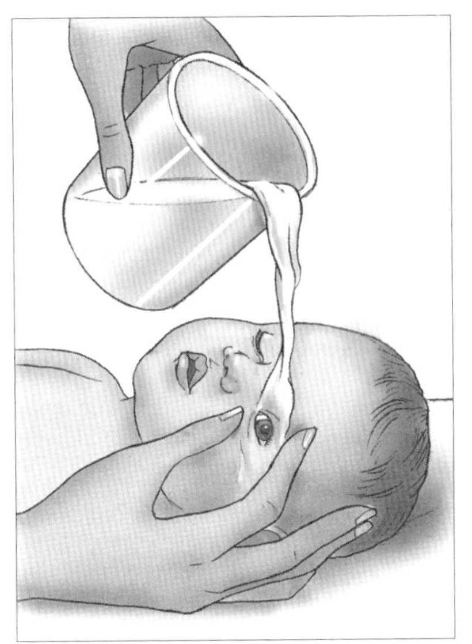
圖 20.2 寶寶不可能喜歡你用水沖他的眼睛，但你還是必須盡快幫他沖掉腐蝕性的物質。

物質才不會流到未受傷的眼睛裡。不要使用藥水或藥膏，更別讓小孩揉眼睛。打電話給醫師或急診室，以獲得更多的幫助。

55. 尖銳物刺傷眼睛：當你在尋求幫助的同時，維持小孩在斜躺的位置。如果物體仍在眼睛裡，不要試著取出；如果已經不在，用紗布墊、乾淨的布或面紙輕輕蓋住眼睛，不可用力。任何一種情況都須立刻去急診，因為當眼睛刮傷或刺傷時，即使是很輕微的情況，傷害看起來也比實際情形嚴重，最明智的方法是去找眼科醫師諮詢。

56. 被鈍的東西戳傷：讓孩子臉朝上躺著，用冰袋或冰敷布蓋住眼睛約 15 分鐘。有需要的話可以每小時敷一次，以減輕疼痛及腫脹。如果他眼框變黑、看不清楚或持續揉眼睛，或物體以高速撞擊眼睛，都要立刻找醫師。

❖暈厥或失去意識

57. 檢查呼吸及心跳。如果呼吸有短促的現象，立刻實施心肺復甦術（參見 664 頁）。在你檢查呼吸時，讓小孩平躺，並蓋上薄被以保暖。鬆開脖子附近的衣服；將孩子的頭轉至一邊，清除他嘴裡的東西，趕快檢查寶寶是否吞了藥物或清潔劑（如果是，趕快打 119），不要餵任何食物或流質，立刻打電話給醫師。

嬰幼兒哽塞及呼吸急救

以下的說明只是再次強調，你必須——為了小孩的安全——去參加寶寶的心肺復甦術課程（去請教醫師、地區醫院或紅十字會所舉辦的課程），以確定在急救過程中可以確實執行。定期地重複閱讀一些指導原則或從課程中獲得的知識，至少每個月都用娃娃練習一遍（不可以拿你的寶寶或其他人甚至寵物來練習），才能在意外發生時自然會很熟練的操作。常常參加一些急救課程訓練——不僅可以溫習你的技巧，同時可以學習最新的技巧。

❖當寶寶發生哽塞

咳嗽，是一種想要把異物從呼吸道中排出的自然反應。一個小孩（或任何人）如果被食物或異物阻塞呼吸道，都會用力呼吸、哭及用力咳嗽，此時不應干涉他。如果 2~3 分鐘後寶寶仍在咳嗽，就得打電話求救。當他顯得呼吸困難、無法有效地咳嗽、發出尖銳的叫聲及臉色變青（通常都是由嘴唇先開始）時，要立刻進行以下的急救程序。

重要事項：會厭感染也可能引起呼吸道的阻塞。一個哽塞的小孩看起來像生病的樣子，立刻需要緊急救助。不要浪費時間在嘗試減輕問題上，那是危險及徒勞無功的。

1. 尋求幫助：如果有人在場，要求他立刻打電話求救（先打 119 求援，手機打 119、112）。如果你單獨一人、不熟悉急救的過程或因為驚慌而忘掉，立刻帶寶寶到電話邊或拿行動電話到寶寶旁邊打電話求救，通常 119 的值勤人員在救護人員抵達之前，會給你急救的步驟建議（可能的話請把電話切換到免持聽筒模式，以便空出雙手操作）。

如果寶寶失去意識，直接進行下列第五項步驟；如果寶寶還有意識，就從第二項開始：

2. 寶寶的位置：讓寶寶臉朝下，用你的前臂支撐著他，頭低於身體（大約 60 度，見圖 20.3）。將抱著他的那隻手的拇指和其他手指分開，穩穩撐住他的下巴以支持頭部。如果你是坐著，把上臂靠在大腿上以便支撐。如果孩子太大，你無法用前臂支撐得非常舒服，就坐在椅子上或跪在地上，把小孩的臉朝下，讓他的身體趴在你的膝蓋上，同樣採頭低於身體的姿勢。

3. 施行背部拍擊：用你另一隻手掌根，在寶寶兩側肩胛骨之間連續拍擊五下（見圖 20.3）。拍擊的時候要稍微用點力道，才能把異物拍出來。

4. 施行胸部按壓：如果沒有跡象顯示異物已取出或鬆落（強力咳嗽

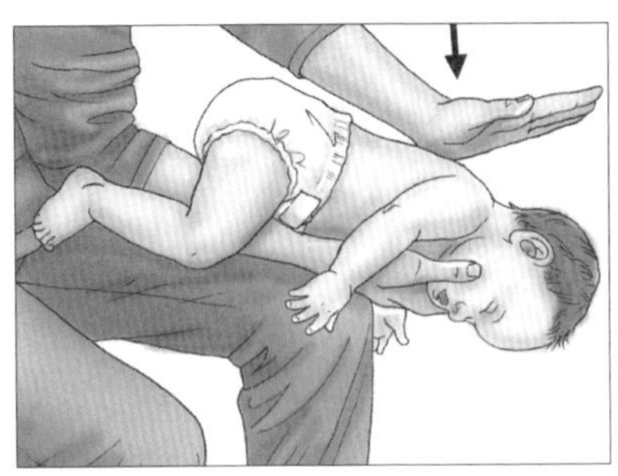

圖 20.3 背部拍擊。用你的前臂當支撐，讓寶寶的頭低於身體，再以另一隻手的掌根連續拍擊寶寶兩側肩胛骨之間五下。

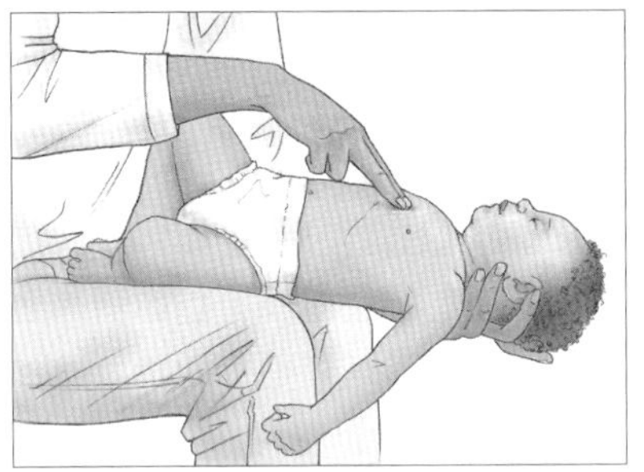

圖 20.4 胸部按壓。讓寶寶仰躺，頭部低於胸部，以食、中二指連壓五下寶寶兩乳間的胸骨。

、正常呼吸、吐出異物），把你空的那隻手平放在寶寶背部，同時支撐其頭部、脖子，用放在寶寶胸部的另一隻手將孩子轉過身，頭要低於身體。用你的手支撐頭及頸部，你的前臂放在大腿上比較好著力（見圖 20.4，如果寶寶太大不好抱，可放在你的膝蓋或穩固的地方，臉要朝上）。

想像兩乳之間有一條水平線，把你的食指指腹放在這條線與胸骨（胸部兩側肋骨交會處的扁平骨頭）的交叉點上；在這交叉點下一個指幅寬的位置。用兩根手指（或三根，如果兩根不能有效地施力；但位置一定得在雙乳水平線下一指寬處，在胸骨之上）在寶寶的胸骨上連續按壓五下，下壓深度約 4 公分或胸部厚度的三分之一，且讓胸骨在按壓之間回到正常位置，但不用移開你的手指。

如果寶寶有意識，持續做背部拍打及胸部按壓的動作，直到呼吸道通暢，寶寶可以用力咳嗽、哭或呼吸；如果寶寶漸漸失去意識的話，就馬上打 119 求救，並進行下一個步驟。

5. 異物檢查：用肉眼檢查寶寶口中有沒有異物。如果看得見而且容易取出的話就直接用手指把它清除（如圖 20.5）。

6. 兩次人工呼吸：如果寶寶仍然沒有正常呼吸，採取把寶寶的頭向後傾／下巴抬高（見圖 20.6）的方法疏通呼吸道，並用你的嘴蓋住小孩的鼻子和嘴巴，向內吹氣兩次（見圖 20.7）。如果每一次吹氣寶寶胸部都有起伏，表示呼吸道已暢通；如果沒有，就重新再做一次疏通呼吸道及人工呼吸的步驟。如果吹氣仍無法讓寶寶的胸部起伏，就做胸部按壓心肺復甦術（想像兩乳之間有一條水平線，把你的指腹放在這條線與胸骨的交叉點上）。每十八秒做 30 次胸部按壓（每分鐘約 100 次）。每次按壓必須達到胸部凹陷約 4 公分，或胸部厚度的三分之一（見圖 20.8）。

7. 重複急救：如果呼吸道受到阻塞，仍要重複做上述的動作直到呼吸道通暢（依 2~6 的步驟做），寶寶恢復意識及呼吸正常，或直到救援到達為止。

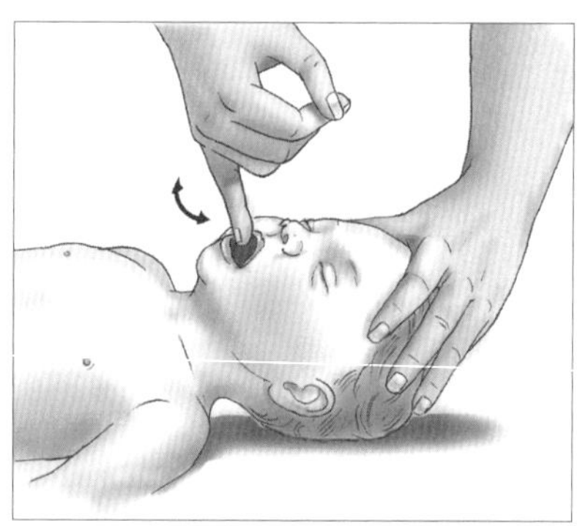

圖 20.5 用手指清除異物。如果異物看得見，想辦法用手指清除；看不見就別伸手指進寶寶嘴巴，以免把異物推至呼吸道內更深的地方。

重要事項：即使你的寶寶可以很快地從哽塞的小插曲中迅速恢復，醫療仍是需要的。打電話給寶寶的醫師或急診室。

心肺復甦術：人工呼吸和胸部按壓

心肺復甦術是在當小孩停止呼吸，或呼吸有困難及嘴唇、指尖變青時才用得到。

如果寶寶呼吸困難但臉未變青，打電話求救或到最近的急診室；同時盡量保持孩子溫暖及安靜，讓他有舒適的感覺。

如果復甦術仍需要，按照以下三步驟來查看寶寶的情況：

1. 檢查意識及寶寶：先確定你們所處的位置是安全的，然後檢查寶寶的意識。對於已無意識的小孩，試著輕拍小孩的腳底並大聲叫名字來喚醒他：「安妮，安妮，你聽得見嗎？」

2. 求救：如果沒有反應，在你做下一個步驟的處置前，請在場的其他人打電話求救。如果只有你和寶寶在家，而你懂得心肺復甦術，立刻去做不要遲延，並且一邊做一邊大聲向鄰居或路過的行人求救。然

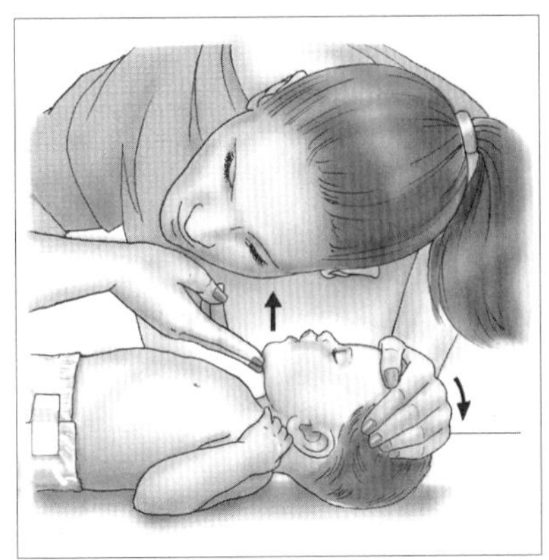

圖 20.6 打開呼吸道。輕柔地壓住寶寶額頭，讓頭稍向後傾，同時抬起他的下巴。

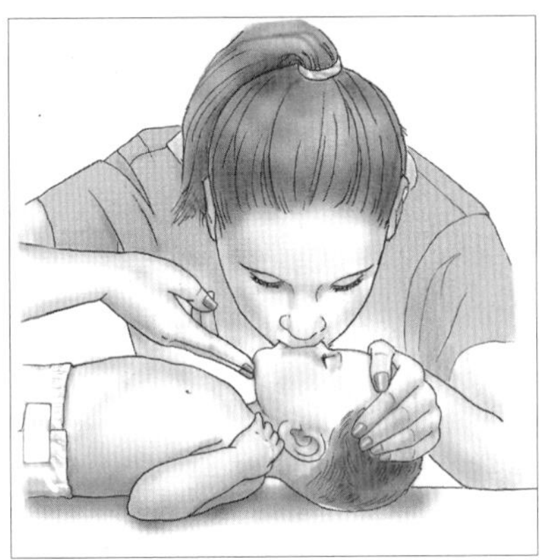

圖 20.7 幫助寶寶呼吸。嘴巴覆蓋寶寶的嘴巴及鼻子，緊緊扣住，然後吹氣。

而，如果你不熟悉心肺復甦術或因悲傷而不知如何是好，就要立刻帶著孩子找到最近的電話（前提是寶寶的頭部、脖子或背部沒有受傷的徵兆），或最好拿行動電話坐到寶寶旁邊撥打 119，值勤人員會教你如何處理。

重要事項：打電話給 119 的人，要能在電話中提供對方必要的資訊。這些資訊包括：寶寶的姓名、年齡及體重，有沒有過敏、慢性病及服用藥物，目前所在位置（地址、街道特徵、門牌號碼、最快的路線），寶寶的情況（是否清醒？仍有呼吸？流血？休克？有無心跳？），引起的原因（跌倒、中毒或溺水等）。如果是請人替你打電話求救，請他打完電話後向你回報。

3. 安置孩子：移動孩子時，小心地支撐他的頭、脖子及背，找一個堅固、平坦的表面，小心的支撐寶寶的頭、頸及背部。迅速地平放寶寶，臉朝上，頭與心臟齊高，馬上進行以下所述的 C — A — B（胸部按壓—維持呼吸道通暢—人工呼吸）三步驟。

如果你懷疑寶寶的頭、脖子、背部受傷（可能是從床上跌落或車禍意外），請從 B 步驟開始。移動寶寶前先觀察、傾聽、感覺他的呼吸，如果寶寶有呼吸，除非有火災、爆炸等立即的危險，否則不要移動寶寶；如果沒有呼吸，若寶寶目前的位置無法進行急救，將寶寶翻轉

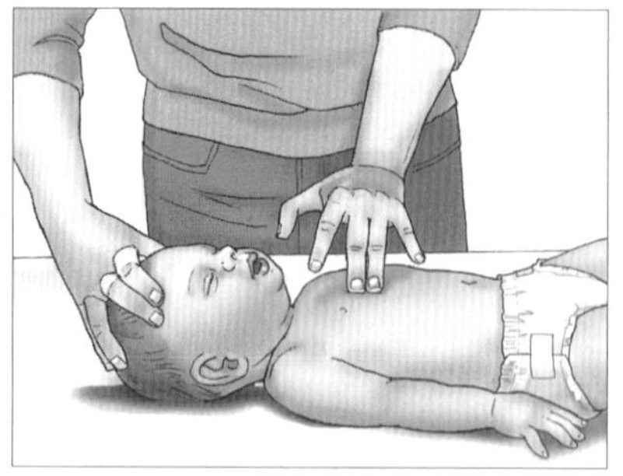

圖 20.8 胸部按壓心肺復甦術。

過來臉朝上，但翻轉過程中寶寶的頭、脖子和背部不可扭轉。

❖C. 胸部按壓

1. 按壓的位置。將你空出的那隻手的中間三根指頭放在寶寶的胸部，想像兩乳之間有一條水平線，把你的指腹放在這條線與胸骨的交叉點上。按壓的位置就是交叉點下方約一個指幅寬（見圖 20.8）。

2. 開始按壓。用兩根或三根手指往下按壓約 4 公分深，共 30 次。按壓之間要讓胸骨回到正常位置，但不用移開你的手指。每次按壓時間要短於 1 秒鐘。

❖A. 維持呼吸道通暢

把手放在寶寶的前額上端，另一隻手的二或三隻手指頭（不是大拇指）放在下顎處（如圖 20.6）。壓著寶寶的額頭，輕輕地把寶寶的頭稍向後傾及抬高下巴。如果寶寶的頭、頸或背部可能受傷，在維持寶寶呼吸道通暢的過程中盡可能不要動到頭部跟頸部。

重要事項：失去意識的寶寶的呼吸道容易被鬆弛的舌頭、會厭或異物堵住，一定要在寶寶恢復呼吸前清理乾淨（見圖 20.5）。

❖B. 人工呼吸

在寶寶頭向後傾／下巴向上揚之後，用嘴吸一口氣，用你的嘴完全蓋住寶寶的口鼻（見圖 20.7）。慢慢吹兩口氣到寶寶嘴裡（一次吹約一秒鐘）。每次人工呼吸前要暫停（你可以抬起頭再次吸氣，也讓空氣能從寶寶嘴裡呼出）。每次吹氣都要注意寶寶的胸部，當胸部升高時就停止吹氣，等到胸部落下時再吹另一口氣。進行兩次成功的吹氣（觀察到胸部升高）後，重複 C — A — B 三步驟，每三十次胸部按壓再做兩次人工呼吸。

重要事項：如果吹氣無法讓胸部起伏，可能是你吹氣太輕或是寶寶的呼吸道阻塞。重新調整頭向後傾／

當寶寶恢復呼吸

如果寶寶已恢復正常的呼吸，仍要以頭向後傾／下巴向上揚的方法來維持呼吸道暢通。如果尚未有人去打電話，此時立刻打電話求救。

如果寶寶恢復了意識（且沒有受傷，則可以移動他），把他轉向側躺。如果寶寶開始自主地呼吸，及開始激烈地咳嗽，可能表示寶寶想要排出呼吸道內的異物。這時不要干涉他咳嗽。

不論任何時間發生嘔吐，立刻把寶寶轉為側面，用手指清除嘴裡的嘔吐物（見圖 20.5），再恢復平躺頭向後傾的姿態，並迅速地開始急救的過程。如果寶寶有頭、頸或背部受傷的可能，就要盡可能小心支撐住頭、頸及背部，千萬不可扭轉或抬高頭部。

下巴上揚的位置，以及試著吐進更多的空氣。如果需要的話，可以用力一點。如果胸部仍未有動靜，可能是呼吸道被食物或異物阻塞住，這種情形就應立刻把異物弄出來，參見 661 頁的步驟。

❖打電話求救

如果你單獨一人及無法找人幫忙打電話求救，在實施心肺復甦術後 2 分鐘，趕快打電話求救。如果附近有電話就把電話帶到寶寶身邊打，如果沒有，確認孩子頭、頸和背部沒有受傷，就抱著他去打電話，可能的話繼續進行人工呼吸。快速並清楚告訴 119 值勤人員：「我的寶寶沒有呼吸。」然後確實回答值勤人員的問題，保持通話直到對方掛斷。可能的話在通話中繼續胸部按壓，如果不行的話，等講完立刻繼續心肺復甦術。

重要事項：直到取得自動體外心臟電擊去顫器（AED）或專業醫療救援人員趕到之前，都不要中斷心肺復甦術的進行。

2015 兒童及嬰兒民眾版心肺復甦術參考指引摘要表

摘自衛生福利部公告 105.5.19

<table>
<tr><td colspan="2">對象
步驟 / 動作</td><td>兒童
1~8 歲</td><td>嬰兒
（新生兒除外）< 1 歲</td></tr>
<tr><td colspan="2">確認現場安全</td><td colspan="2">確認環境不會危及施救者和患者的安全</td></tr>
<tr><td colspan="2">（叫）確認意識</td><td colspan="2">無反應</td></tr>
<tr><td colspan="2">（叫）求救，打 119 請求援助，如果有 AED，設法取得 AED，進行去顫 ※</td><td colspan="2">先打 119 求援（只有一個人時，先進行五個循環的 CPR，再打 119 求援）</td></tr>
<tr><td colspan="2" rowspan="2">CPR 步驟</td><td colspan="2">確認呼吸狀況： 有呼吸或幾乎沒有呼吸</td></tr>
<tr><td colspan="2">C-A-B</td></tr>
<tr><td rowspan="5">（C）胸部按壓
Compressions</td><td>按壓位置</td><td>胸部兩乳頭連線中央</td><td>胸部兩乳頭連線中央之下方</td></tr>
<tr><td>用力壓</td><td>至少胸廓深度 1/3，勿超過 6 公分</td><td>至少胸廓前後徑 1/3</td></tr>
<tr><td>快快壓</td><td colspan="2">100 至 120 次 / 分鐘</td></tr>
<tr><td>胸回彈</td><td colspan="2">確保每次按壓後完全回彈</td></tr>
<tr><td>莫中斷</td><td colspan="2">盡量避免中斷，中斷時間不超過 10 秒</td></tr>
<tr><td colspan="4">若施救者不操作人工呼吸，則持續作胸部按壓</td></tr>
<tr><td>（A）呼吸道 Airway</td><td colspan="3">壓額提下巴</td></tr>
<tr><td>（B）呼吸 Breaths</td><td colspan="3">吹兩口氣，每口氣 1 秒鐘，可見胸部起伏</td></tr>
<tr><td colspan="2" rowspan="2">按壓與吹氣比率</td><td colspan="2">30:2</td></tr>
<tr><td colspan="2">重複 30:2 之胸部按壓與人工呼吸直到患者開始有動作或有正常呼吸或救護人員到 為止</td></tr>
<tr><td rowspan="2">※（D）去顫
Defibrillation</td><td colspan="3">盡快取得 AED</td></tr>
<tr><td colspan="2">優先使用兒童 AED 及電擊貼片；如果有，則使用成人 AED 及電擊貼片</td><td>如果沒有可以使用手動電擊器的救護人員，則使用兒童 AED 及電擊貼片；如果仍沒有，則使用成人 AED 及電擊貼片</td></tr>
</table>

21 體重過輕的嬰兒

大多數即將為人父母者，都希望他們的寶寶能在預產期前後的幾天或幾個星期誕生；事實上，大部分的寶寶也的確如期誕生——為自己在子宮外的一生做好充分的準備，他們的父母也有充分的時間來準備迎接孩子的降臨。

但在美國，一年約有 12% 的案例（編按：臺灣約為 8~10%），重要的準備時間意外地被縮減——有時是危險的——寶寶太早出生或太小。體重略少於 2500 公克的寶寶，大多能迅速且輕易地趕上其他足月出生的小孩；但也有些嬰兒尚未在子宮內完全發育好就出世了，甚至小得可以放在手掌中，必須靠著密集的醫療護理以協助他們長大，這本來應該是在子宮內做的。

由於寶寶太早出世，很多父母也沒做好準備。對他們來講，在產後的頭幾天（有時是幾週或幾個月），不是忙著學習如何包尿布，調適家中多了一個小孩，而是在讀醫院的說明，學習用胃管餵食及調適自己家中暫時沒有小孩。

雖然體重過低的嬰兒（不論是否早產）的確比一般正常的嬰兒面對更高的危險性，但還是可以在醫院完善的醫療下快速成長，非常接近一般正常健康的寶寶。但是，在父母很驕傲地從醫院帶寶寶回家之前，寶寶和父母面前還有好長的一段路要走。

哺餵你的寶寶：早產兒或體重過輕

❖嬰兒的營養需求

即使是足月的嬰兒，要學習第一次在子宮外進食也不是件容易的事——必須掌握以乳房或奶瓶進食的

出生後的體重減輕

做為早產兒或體重過輕新生兒的父母，當你發現寶寶出生後體重又往下降時，心中的焦慮可想而知；但可別因為這樣你就喪失了信心。對一個早產兒（足月出生的寶寶也一樣）來說，出生後在開始長肉前先掉個幾十公克——約莫他體重的5~15%——是很正常的。一如足月出生的寶寶，早產兒丟失的體重大多是水分，卻得在年生兩週以上後才補得回來；但只要體重一開始從谷底回升，速度就會讓你喜出望外。

訣竅。對早產兒來說，這個挑戰更是艱鉅——寶寶愈小，挑戰愈大。早產三至四週的寶寶必須掌握訣竅才能好好地吃奶，而傳統的餵食方法卻無法滿足三十六週前出生的寶寶的營養需要——因為他們實在是太小了，而且成長速度又比足月的寶寶還快，無法有效地吸吮乳汁，消化系統也尚未成熟。

這些小寶寶需要的營養是他們仍在子宮內所能接受的營養，可讓他們的體重快速增加。此外，這些營養必須盡可能地濃縮，因為早產兒和體重過輕的嬰兒一次只能吃少量的食物——因為他們的胃很小，消化系統也還沒發育好，食物消化得較慢。還有，他們的吸吮能力較差或不會吸吮，無法從乳房或奶瓶進食。所幸，母乳、強化母乳或特殊配方奶可提供早產兒成長茁壯需要的所有營養。

❖在醫院哺餵寶寶

身為早產兒父母，你很快就會發現，餵食及監控體重增加已成為在醫院照顧寶寶時最耗神的工作——不管是時間上或情感上。專責照顧新生兒的醫師和護理師會盡可能地保證你的寶寶會得到適當的營養，以增加體重。而寶寶要如何獲得營養，則端視他提早出生的時間。

餵食靜脈注射液。當一個很小的新生兒立即接受一些密集醫療看護，像靜脈注射液、葡萄糖以及一些特定的電解質時，通常可以預防脫水或電解質流失。對於重病或極小（懷孕不到二十八週就出生）的嬰兒，醫院會持續地以靜脈注射的方式餵食，稱為「全靜脈營養」（total parenteral nutrition, TPN）或「靜脈高營養法」（parenteral hyperalimentation），用來平衡蛋白質、脂肪、維生素、礦物質的含量。餵食

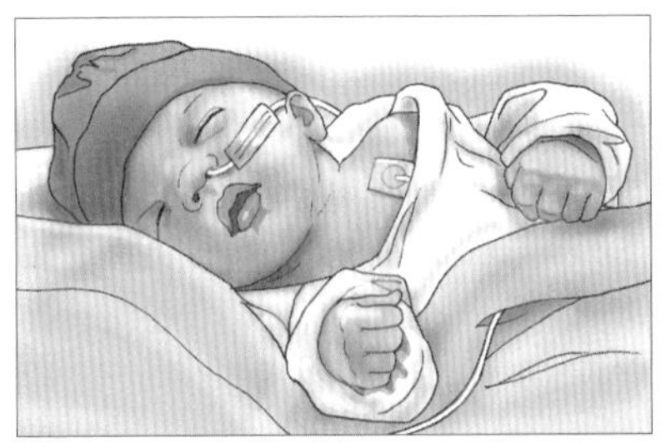

圖 21.1 還無法吸吮乳房或奶瓶的寶寶，必須以細小、柔軟的胃管從鼻孔或嘴巴餵食。

靜脈注射液會一直持續到寶寶可以吃奶為止，一旦寶寶可以開始用胃管餵奶（參見下文），就可減少餵食靜脈注射液。

胃管餵食。懷孕二十八至三十四週就出生的嬰兒若不需用靜脈注射的方式餵食，可用胃管——不需吸吮，因為寶寶太小，還未有吸吮的反射（這種方法也適用於已開始用靜脈注射液餵食但仍無法吃奶的寶寶）。把細的軟管（胃管）放進寶寶的嘴巴或鼻子，直通到胃裡。每隔幾小時輸入母乳、強化母乳或特殊配方奶（母乳的好處，參見下頁）。兩次餵食期間胃管可移出或留在原位（胃管不會讓寶寶不舒服，因為對塞口物的反射反應要到三十五週才會發育完成）。

到你能餵母乳或用奶瓶餵食可能還需要一段時間，在那之前，你仍可以參與餵奶——提著胃管看寶寶吃了多少，摟著他（如果可以的話），用胃管餵食時讓寶寶練習吸吮你的手指（可強化他的吸吮反射，且令他將吸吮和填飽肚子聯想在一起）。

自行吸吮。待在醫院的早產兒，從胃管餵食轉成自己吸吮奶水是個重大的轉折點。面臨這樣的轉折點，寶寶們的反應很不一樣，有些早在三十至三十二週時已準備好要大吃特吃，有些則直到三十四週才會吸吮，還有一些會晚至三十六週。

在你可以開始餵母乳或以奶瓶餵奶前，新生兒的醫師會考慮幾個因素：寶寶的情況穩定嗎？他可以在你的臂彎裡好好吃奶嗎？其他生理需求都具備了嗎——舉例來說，像寶寶可以有節奏地吸吮，可一邊吸吮一邊調節呼吸，清醒的時間夠長，有腸子蠕動的聲音，已有胎便排出，胃腸沒有膨脹或感染的跡象。

小嬰兒自行吸吮奶水是很累的，剛開始很慢——一天一、兩次，可交替用胃管餵食。呼吸道有問題的嬰兒更困難，餵食的時候若出現呼吸暫停的現象，得補充氧氣（他們可能太用力吸吮而忘了呼吸）。若寶寶無法掌握吸吮的訣竅，可用特

為早產兒擠乳汁

即使原本就打算哺餵足月的嬰孩母乳，為早產兒授乳仍然絕非容易下的決定。主要是母與子的親密關係及接觸已被冰冷的機器所阻隔，而這種親近卻正是餵母乳的重要誘因。儘管如此，仍有許多早產兒的媽媽們不計一切麻煩與辛勞，設法擠出她們自己的乳汁貯存起來，因為她們感覺唯有如此，才能為那辛苦的小生命貢獻起碼的愛與關懷。

下列幾點可能有助於事半功倍：

- 向醫院護理人員詢問相關設施。有些醫院有專為擠母乳設計的房間，不僅備有舒適座椅，並且有吸奶器；不過，還有一件事更重要——你得先熟稔這些機器和擠乳的方法（參見177頁）。你可以租用醫院級的擠乳器，也可以買具雙管電動擠乳器，先在家裡擠好母乳再帶到醫院去；如何儲存及攜帶擠好的母乳，請參閱183頁。
- 即使你的寶寶還不能吸奶，也要一分娩完就盡快開始擠奶。如果寶寶立即要開始飲用的話，就必須每2~3個小時擠一次；若是準備將奶水冰凍起來、稍後再用，就要差不多間隔4小時。對某些母親而言，也許半夜起來擠一次奶有助於乳汁的分泌，而對某些人呢，則可能是一整夜好眠更有幫助；對你來說，

殊設計的奶嘴幫他們練習。

已準備好自行吸吮的寶寶，就可餵食母乳、強化母乳或配方奶了：

- 母乳。許多專家推薦母乳勝過一些配方奶，對早產兒來說，益處更超過一般足月嬰兒。第一個理由是，剛生完早產兒的母親比起足月生產的，乳汁中多了更多寶寶所需養分（蛋白質、鈉、鈣及其他營養素），而配方奶中此類物質含量較少；這些物質可預防早產兒流失太多體液，並可幫他們維持穩定的體溫。此外，母乳也較易消化，讓寶寶長得更快。

  第二，母乳中有許多配方奶沒有的重要物質，初乳（早期母乳）蘊含豐富的抗體及對抗感染的細胞，對容易感染或早產的寶寶非常重要。

  第三，研究顯示，餵母乳的早產兒較不會罹患壞死性腸炎（這是一種早產兒特有的腸道感染，參見697頁），也較容易餵養，不易過敏，發育較快，還能得到

怎麼做最好只有你自己才知道。

- 小寶寶看來似乎根本消耗不了你擠出的乳汁，但就算如此，也千萬別因為認定那是一種浪費就縮減你的擠奶量。寶寶完全脫離機器的時刻終將來臨，屆時暴增的需求量，就得靠現在你穩定努力的擠奶方能滿足。至於目前那些多餘的乳汁，可以註明日期後冷凍起來。
- 當你發現每天（甚至每個小時）之間的奶水供應量不甚穩定的時候，不必為此感到氣餒；其實那是正常現象，只不過一般直接哺乳的母親不易察覺而已。另外，用吸奶器擠奶的量顯得不夠，或者是在若干星期之後出乳量減少，也都是很自然的。你的寶寶將是最有效能的乳汁催化劑，一旦真正的哺乳開始，你的奶水供應量幾乎毫無例外地會在極短時間內立即增加。
- 當寶寶準備好用嘴巴進食時，先讓他試試從你的乳房吸吮母乳，別急著塞奶瓶給他。研究顯示，對體重過輕的嬰孩而言，吸吮乳頭要比奶嘴容易。如果寶寶較適合以奶瓶餵奶也沒關係——當寶寶吃母乳吃到不耐煩時再讓他用奶瓶（先哺乳，再用奶瓶餵），或採用哺乳輔助系統（參見 184 頁）。記得，不管最後你是採取哪種方式哺餵母乳，都不會比你就在他身旁鼓勵他喝奶還重要。

足月嬰兒得自母乳的所有好處（參見第 12 頁）。即使你不打算長期哺餵母乳，也可在寶寶住院期間餵母乳，盡量讓寶寶有好的開始。

要確定寶寶在早期餵母乳時能得到足夠的營養（有時寶寶吸吮能力較弱，或你的奶水不足），可以在不妨礙餵奶的情況下採取以下步驟，但仍要諮詢醫師的意見。

- 以胃管餵食輔助。
- 採用哺乳輔助系統（參見 188 頁）。

如果你擠奶，那麼你可以：

- 要是胃管還在，就用奶瓶餵母乳。
- 以手指餵食。
- 用特製的杯子餵。
- 以注射器餵食。
- 用附有流速較慢的奶嘴的奶瓶餵食。

更多用母乳餵養早產兒的資訊，請參見 685 頁。

- 強化母乳。有時候，早產兒母親的母乳並不適合早產兒，尤其是體型非常瘦小的，會需要更多濃縮的營養——包括更多的脂肪、蛋白質、糖、鈣及磷，也有可能需要更多的鋅、鎂、銅及維生素 B_6 ——母乳可經由胃管或奶瓶餵食，並且在其中添加母奶強化營養品（Human Milk Fortifier, HMF）。粉狀的母奶強化營養品可摻在母乳中，液狀的母奶強化營養品則可在母乳不夠時使用。
- 配方奶。配方奶也是很好的選擇——特別是早產兒專用配方奶。就算你哺餵母乳，也還是可以另外用奶瓶或哺乳輔助系統來哺餵寶寶早產兒專用配方奶。可以用有刻度（CC 或 ml）的小塑膠奶瓶，這種奶瓶的奶嘴都特別設計過，不需太用力吸吮。請護理師示範如何正確用奶瓶哺餵早產兒——這和哺餵足月的寶寶有點不同。

❖餵奶挑戰

哺餵新生兒通常都會遇到許多挑戰。哺餵早產兒或體重過輕的寶寶更要面臨多重挑戰：

愛睏的寶寶。許多早產兒很容易疲累，且想睡的欲望往往超過吃的欲望。然而出生時非常小的嬰兒特別需要規律的餵食，因此要確定寶寶不會因睡覺而耽誤了進食。

保持呼吸。有些寶寶（尤其是出生時呼吸就不協調的寶寶）在吃奶的時候會忘記呼吸，這不只會讓寶寶疲累，大人也會擔心。如果你發現寶寶吸了幾口後臉色發白，必須馬上把奶嘴從他嘴裡拿出來讓他呼吸。如果寶寶吃奶時似乎都會屏住呼吸，可在他每吸三、四口後把奶嘴拿出來。

口腔厭惡感。在新生兒加護病房待過一段時間的寶寶，會由嘴巴聯想到不愉快的經驗（胃管、通氣管、抽吸管等等）。因此他們回家後，只要有東西在嘴裡或嘴邊，就會產生很強烈的厭惡感。你可以用些讓他舒適的方法來解決這個問題，比如溫柔地用手輕觸寶寶的嘴邊，讓寶寶吸奶嘴或你的手指，或鼓勵寶寶摸摸自己的嘴巴，或吸吮自己的指頭。

胃食道逆流。很多早產兒容易有胃食道逆流疾病（GERD）。相關的因應方法請見第 199 及 635 頁。

❖在家餵奶

早產兒出院回家後，如果你只餵母奶，那一切都會準備就緒。你的泌乳量會隨著寶寶的需要而增加。如果你是餵配方奶（或搭配母奶），不一定要繼續餵早產兒專用的配方奶。醫師會依照寶寶的情況建議你適合寶寶的配方奶。你可能會決定繼續使用在醫院用的小奶瓶，特別是寶寶仍然需要少量多餐，但要記住，寶寶回家後會不斷長大，那些東西可能很快就會變得不適用。

總之請記得，隨著寶寶回家和開始長大，先前醫院的哺餵經驗可能都不再適用了，所以你得花點工夫琢磨琢磨。

那麼，早產兒何時開始吃固體食物才好呢？和足月的寶寶一樣，早產兒也應該在四至八個月大時開始餵固體食物。但對早產兒來說，餵食的時間得看他們的確實年齡而非出生後所計算的年齡（如果提早兩個月出生，早產兒就要到八個月大才能開始吃固體食物）。而有些早產兒發育較慢，即使寶寶已到了可吃固體食物的年齡，還是得看寶寶是否準備好了（參見336頁）。有些早產兒較難接受固體食物——尤其是較大塊的固體食物，那是由於寶寶提前出現了所謂的「口腔嫌惡感」（oral aversion）；別擔心，等他稍大一點後，經由語言或專業治療就能去除這種嫌惡感，而且一輩子都能很正常地吃喝。

你會擔心的各種狀況

❖親子聯結

如果我的小寶貝一出生就得在新生兒加護病房裡待上好幾個月，我怎麼和她培養親子聯結呢？

寶寶剛生下來時，你都還沒能好好看上一眼就被抱走了，也沒能親自哺餵他喝過一次母乳；理當經常依偎在你懷中的寶寶，事實上卻總在護理人員的臂彎裡。這也難怪，你會擔憂無法和寶寶培養出親子間的聯結——對足月出生的寶寶和他的媽媽來說，這似乎是再自然不過的事。但是，真正的親子聯結其實是：爸爸、媽媽和孩子在好幾個月、好幾年的朝夕相處中，慢慢建立起來的互愛和彼此依附，遠遠不是出生後那兩三個月的親子關係所能比擬。所以，如果眼前你沒能和你的早產兒建立起殷切期盼的親子聯結，也絕不能說是斷了聯結——事實上，你們什麼也沒斷落；更別說

袋鼠護理法

所謂「袋鼠護理法」(kangaroo care)，絕非光只讓人看來覺得溫馨而已——研究顯示，用這方法來照料寶寶也很明智。向有袋動物學來的這種肌膚貼著肌膚地懷抱嬰兒（尤其是早產兒）照料方式，不但從孩子還住在保溫箱裡就對他大有助益，對身為母親的你也是。

你可以從肌膚相親，也就是這種袋鼠護理法做起，一等到新生兒專家說你的寶貝已經夠穩定為止——即便他還很病弱、還得靠機器維生。袋鼠護理法非但完全不會傷害你的寶寶，還能讓他獲益良多：你的寶貝不只能從你的心跳、氣息，以及你的話語和呼吸得到慰藉，還可以保持體溫、穩定他的心跳和呼吸頻率，體重和心智因而得以飛快成長；除此之外，袋鼠護理法還能讓寶寶睡得更安穩綿長，醒來後不再只會緊張和哭泣——這更有助於他的身心發展。

袋鼠護理法幫到的人也包括你。由於得以親近寶寶（就算還不能親自授乳），母乳的分泌會因此增加，讓你後來的哺乳更有成功的機會；當然了，誰也猜想得到，你和孩子一定可以透過這種親暱的相處建立親子聯結，建立你初為人母的信心。（當寶寶大

，你還有非常多和早產兒開始培養親子聯結的方法——就算他仍得待在醫院裡一段時間，你還是可以：

要一張寶寶的照片且寫一些字。如果你的寶寶從所生產的醫院移到另一家醫學中心做更進一步的治療（對他的存活有必要的話），而你也尚未出院，可以要一張寶寶的照片帶在身上。你的配偶或醫院員工可以為你取得，讓你能在見到寶寶之前有張照片可以隨身。即使你所見的導管與輔助器多於寶寶的部分，親眼所見，也總比自己想像的少一些害怕與增加一些自信。一張照片的功效如此，但你仍會想要有一些文字——由你的配偶或醫護人員提供的——仔細描述你的小孩的長相及起色如何。

學習用手抱他。一般似乎認為，瘦小容易受傷的嬰兒最好不要碰他，但醫學研究報告指出，早產兒在新生兒加護病房時若被撫摸，都能比未被撫摸的早產兒長得好且更敏捷、活潑及行為成熟。最好是由寶寶

多時間都還只能待在由陌生人照料的新生兒加護病房中時，這也是少數你能為寶寶而做的事。）

更重要的是，就算每一天你和寶寶只能肌膚相親一小段時間，你們也能一點一滴地累積親情；所以，只要時間和寶寶的情況許可，又不違背醫療原則，能給寶寶愈多袋鼠式護理——最好是一天不少於一小時。

不只媽媽，爸爸也能提供寶寶袋鼠式護理——完全無需特殊器材（就算爸爸胸毛濃密寶寶也不會在意）。你只需要讓寶寶趴躺在你赤裸的胸膛上（如果你是媽媽，就讓他躺在雙乳之間），肚皮貼著肚皮，再用一條毛毯

或一件厚衣服完全包覆住寶寶；然後，你只需要好好享受寶寶的氣息，閉起眼睛，完全放鬆，就能給寶寶（和你自己）一段美好的愉悅時光。

的手臂及腿開始，因為這兩個部分比較不那麼敏感。試著一天至少花20分鐘來撫摸寶寶（有些太早出生的早產兒對撫摸會產生壓力，如果醫師建議你盡量不要觸摸寶寶，你就應該盡可能地陪在他身邊——只要不去碰觸他就好了）。

像袋鼠媽媽一般地照顧他。肌膚接觸不但可讓你和寶寶更親密，也可讓他長得又好又快。研究顯示，接受過貼身照顧的寶寶會比較早離開新生兒加護病房。像袋鼠一樣懷抱著你的寶寶，把他放在你胸前的襯衫裡，讓他能直接碰觸到你的肌膚（他可能只包著尿布、戴著帽子，帽子可預防體溫從頭部流失）。鬆開你的襯衫替他保暖，或用毯子包裹。

對他說話。可以確定的是 ，起初這只是單向的說話——你的寶寶既不會說話，也可能還不會哭；當他在新生兒加護病房時，他甚至可能聽不到。但他會知道那是你的聲音，也是他在加護病房中最熟悉的聲音

（在子宮中他可能就已聽了幾個月），聽得到這些聲音會使他感到舒適。如果你不能如你所願一直陪在他身邊，就問護理師是否可以播放你說話、唱歌或輕聲讀書的錄音給寶寶聽（任何時候在寶寶旁邊都要輕聲細語，因為他們的耳朵對聲音非常敏感。對某些非常小的早產兒來說，任何額外的聲音都是很大的干擾，因此和醫師談談，哪些對寶寶有益，哪些有害）。

和他眼神交會。如果寶寶因黃疸而採用光線治療法，因此得把眼睛矇起來。那麼，在你以袋鼠式護理擁抱他或到隔離艙（參見676頁）外看他時，就要求關掉燈光、拿掉眼罩至少幾分鐘，好讓你和寶寶可以有眼睛對眼睛的接觸——在親子聯結力中，這是非常重要的一部分。

暫代護理師。當你的寶寶已脫離危險，加護病房的護理師會很高興地教你如何換尿布、餵食及洗澡，甚至是一些簡單的醫療處置。父母們最喜歡的第一個任務，則是替寶寶量體溫。在你去看寶寶時多學著照顧他，可以幫助你在扮演父母的角色上更容易，且在往後的幾個月（尤其是剛抱寶寶回家的第一個星期）可以提供你一個有價值的經驗。要是護理師沒有主動提供你夠多的學習機會，不要猶豫，儘管開口要求。

❖新生兒加護病房的景象

我的寶寶一出生就被送進新生兒加護病房，那些圍繞著他的醫療器材……吊掛在他身上的管線……看起來都很嚇人。

新生兒加護病房給人的第一印象，確實可能有點嚇人，尤其如果你的小孩是躺在其中的一位小病號。認識你將見到的現象，可將毋需有的恐懼消弭於無形。下列即一般新生兒加護病房可能見到的情形：

主要的育嬰室包括一個大房間或一些相臨的房間，沿著牆邊的是嬰兒床區，另外可能還有一些隔離室。緊臨旁邊的是一些小家庭房，好讓媽媽在那兒擠奶（通常都備有吸奶器），等寶寶健康一點，也可以在那兒和家庭成員聚一聚。

忙碌的氣氛。許多醫師、護理師忙碌地穿梭，治療並監看嬰兒。父母可也照顧或餵食他們的寶寶。

相對安靜。這是醫院最忙碌的地方，卻也是最安靜的地方，因為太大

的聲音會讓這些小病人緊張，也會傷害他們的耳朵。所以你必須低聲說話，輕輕地開關門窗，不要讓東西掉在地上，也不能把東西重重地放在保溫箱上（有一種聲音對你的早產寶寶很重要，那就是你的聲音，參見677頁）。

昏暗的燈光。由於寶寶敏感的眼睛需要保護，新生兒加護病房的工作人員通常會控制育嬰室裡的光線。有時候某些區域的光線會很強烈，好讓醫師、護理師方便工作，但大部分地區的燈光都比較昏暗，為的是模擬子宮中的亮度。在寶寶的隔離艙上覆蓋毛毯也能做到這一點——但要先詢問醫護人員，因為不讓寶寶一直處在黑暗中也很重要。研究顯示，一直讓寶寶處在昏暗光線下會破壞寶寶睡眠週期，延緩他的成長；在模擬日夜的自然光線中接受照料的早產兒，已經證明成長速度比經常處於黑暗或光線中的早產兒都來得快。

嚴格的衛生標準。讓傳染疾病的細菌遠離育嬰室，是新生兒加護病房最優先的任務。你每次進新生兒加護病房都得用抗菌肥皂洗手（育嬰室門外有洗手臺），可能還得穿上醫院提供的外袍。如果你的寶寶被隔離，你還得戴手套和口罩。

自己成為照護團隊的一員

別忘了，你才是寶寶照料團隊中最最重要的成員；所以，打從寶寶一進入新生兒加護病房裡，你就要盡快學會操作病房中的機器、熟稔各種流程，比誰都清楚自家寶貝眼前的狀態和進步程度。你得要求醫護人員教會你操作人工呼吸器、看懂監視器上的各種訊息，讓自己聽得懂醫護人員的專業術語，盡力熟記加護病房的規矩：探視時間與探視守則，護理師何時換班，醫師何時巡房；另外還要問清楚誰是那個應該向你說明寶寶目前狀態的人，你又可以在哪些地方找到這些人。把手機電話留給每個可能聯繫你的人，好讓他們隨時都找得到你。

到處都是小嬰兒。你會看到嬰兒躺在保溫箱或隔離箱（箱子是封閉的，四面有小窗讓醫護人員伸手進去照顧寶寶），或是在開放的嬰兒搖籃中。還有些嬰兒被放在保溫桌上，上面有保溫燈；有些寶寶更被包在玻璃紙裡，以防止他們的體液和體溫流失。這些設施都可幫助寶寶保溫（尤其是那些體重低於1800

巴掌仙子

足月出生嬰兒的模樣，常常使第一眼見到他們的父母為之驚訝；而早產兒的父母在初見孩子的那一剎那，就也許只能說是「震驚」了。典型早產兒重量介於1600~1900公克之間，有些則甚至遠輕於這個數字。體型最小的，大約只不過是普通成人一個巴掌大，手腳纖細異常，一枚結婚戒指都有可能穿得過手腳。透明的皮膚下，動脈靜脈血管清晰可見；由於表皮下缺少一層脂肪，顯得十分鬆弛（使得早產兒無法自行調節體溫），皮膚上還布滿了細細的胎毛。當他們被改變位置或是進行飲食活動時，皮膚顏色就會隨之改變，原因是他們的循環系統未成熟。早產兒的耳朵可能是扁平的、皺褶的，或者塌塌的，因為用以支撐形狀的軟骨尚未發育。而且因為肌肉無力，早產兒的手臂和腿都伸得很直，不會彎曲。

一些性別特徵通常也都尚未發育完全——睪丸可能還沒降下，男孩的包皮及女嬰陰唇的內部皺褶都不成熟，乳頭周圍可能沒有乳暈。另外，由於肌肉及神經的發育皆不完全，許多反射動作也許都不會出現（例如攫取、吸吮、驚嚇、尋找乳頭等本能）。再加上缺乏力量與中氣，他們極少哭，甚至根本不哭；有時可能發生呼吸暫停現象，即一般所說的「早產兒呼吸暫停」。

然而，所謂「早產」終究只是一種過渡階段，一旦早產兒按妊娠算滿四十週，也就是達到所謂「足月出生」的年紀時，他們在體型大小及發育方面，都會與一般正常嬰孩無異。

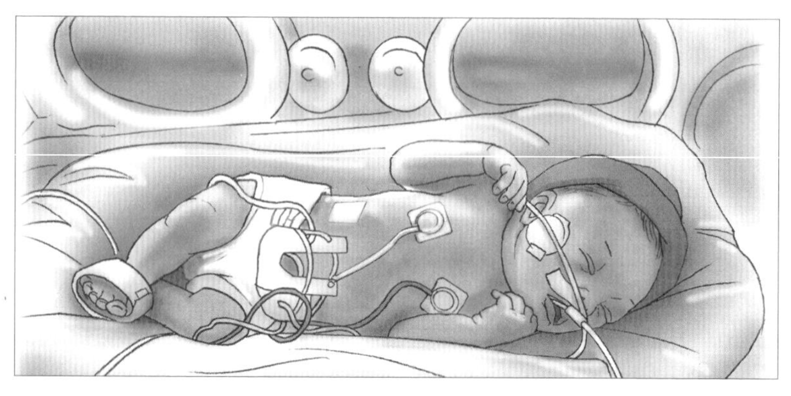

公克的嬰兒，即使用毯子包住，還是缺少調節體溫的脂肪）。

成排的器械。每張床旁邊都有一大堆器械。記錄生命跡象的監視器（並有警報器，一旦有任何急需處理的變化就會發出警報聲）用導線連接在寶寶身上，也許是用膠布黏在皮膚上，或是用針插入皮下。此外，寶寶身上也可能插了胃管、靜脈注射管（手臂、腿、手或頭部）、臍帶蒂導管、體溫探針（貼在皮膚上）和光脈式血氧濃度計（pulse oximeter，綁在寶寶的手或腳上的小燈，用來量測血液中的含氧量）。如果寶寶在媽媽肚子裡不足 30~33 週，會用呼吸器幫寶寶正常呼吸，或者用面罩、鼻管輸氧。還有抽痰器，可定時吸掉寶寶過多的呼吸道分泌物；或是用光線療法治療黃疸（接受此治療的寶寶必須全身赤裸，並戴上眼罩保護眼睛，以免受光線直接照射）。

有個讓父母坐下抱抱寶寶的地方。在這些高科技設備之間，有搖椅讓你餵餵寶寶，或抱抱他。

訓練有素的龐大醫療團隊。在新生兒加護病房裡照顧寶寶的有：新生兒醫師（專門照顧新生兒的小兒科醫師）、小兒科住院醫師、護理師、營養師、呼吸治療師，此外，還有因你家寶寶的特殊需要而找來的某種專業人員，以及社工師、物理治療師、職能治療師、X 光師、實驗室技術員和哺乳專家。

❖新生兒加護病房的漫漫長夜

醫師說，我早產的孩兒必須在醫院裡待上好幾個星期；究竟他得待多久，而我又該怎麼度過這漫漫長夜呢？

你得先有個心理準備：身為早產兒的父母，應該都得等到寶寶的妊娠週期達到三十七至四十週才可以帶他回家——有時甚至得等到寶寶足月時；萬一寶寶還得接受其他的治療，等待的時間還會更長。無論你的寶寶何時可以出院，你都會覺得等待的時間很漫長。如果想讓這段時間過得快一點，可以試試以下的方法：

締結夥伴關係。一開始，早產兒的父母通常會認為他們的寶寶是屬於醫師或護理師的，因為他們比較有能力且比自己會做更多的事。我們並不是鼓勵你要與這些專業人員競

早產兒的類型

你的早產兒該怎麼照料、該在新生兒加護病房待多久、會不會出現併發症等，都得看寶寶是哪一類的早產兒而定；一般而言，愈早出生的早產兒就更辛苦，也得在新生兒加護病房裡待得愈久：

輕度早產兒（懷孕 33~37 週出生）。愈是臨近預產期，寶寶就愈不容易有嚴重的呼吸問題（歸功於子宮內肺部成長得夠健全），但還是會有血糖方面的困擾，以及比較高的感染風險，比足月出生的寶寶更常有黃疸問題，需要光照治療。此外，這類的早產兒吸奶上也可能會有些困難；不過，大多數臨近預產期出生的寶寶都不必在新生兒加護病房待很久（如果得待的話），也只需少許治療。

中度早產兒（懷孕 28~32 週出生）。不到 31 週大就出生的寶寶，很多都有呼吸方面的障礙，必須藉助人工呼吸器好一段時間；也因為這麼早就出生，所以沒得到最後三個月母體免疫抗體的挹注，比較容易遭受諸如低血糖症和低溫症（寶寶不容易保持體溫）的侵襲。中度早產兒通常沒辦法一生下來就喝母乳或以奶瓶哺餵，可以喝母乳時也大多還會有些吸吮乳頭方

爭，而是要試著與他們一起工作。了解護理師（如果你的寶寶在每一輪替中都有一位專責照顧他的護理師）、新生兒專科醫師、住院實習醫師，讓他們知道你願意為你的寶寶做一些雜事或跑腿——這可以幫他們節省時間，並讓你感覺到自己是有用的人。

學習醫學上的知識。學習新生兒加護病房常用的一些術語或專門用語；請求醫院員工（當他們有空時）教你如何解讀寶寶的檢查報告；向新生兒醫師請教有關你寶寶的詳細狀況——如果不懂，要更進一步弄清楚。許多早產兒的父母到最後都變成新生兒醫學或研究方面的專家，比如一聽到 RDS，就知道說的是「早產兒呼吸窘迫綜合症」，幫起嬰兒插管時更有如專業醫護人員般駕輕就熟。

經常守候寶寶身旁。有些醫院會讓你搬進加護病房，萬一不能，也要盡可能花時間陪你的寶寶，與你的配偶互相輪流。這個方法不僅讓你

面的困難。

極度早產兒（懷孕滿 28 週前出生）。這些袖珍寶寶的呼吸問題都極為嚴重，因為他們的肺部離成熟還很遠，無法主自性地呼吸；除此之外，極度早產兒也是低血糖症、低溫症等早產併發症的高風險群（參見 694 頁）。

早產兒也並不只以分娩時間來分類，新生兒加護病房在照顧早產兒的健康或考量治療方式時，還得參考寶寶出生時的大小——大致說來，體型愈小的寶寶就會在新生兒加護病房待愈久，也更容易遭到併發症的侵襲：

- **體重過輕**。指的是出生時體重不到 1500 公克的寶寶。
- **體重極輕**。指的是出生時體重不到 1000 公克的寶寶。
- **袖珍早產兒**。這是最小也最早出生的寶寶，指的是懷孕不到 26 週就出生，而且生時體重不到 800 公克的早產兒。

值得慶幸的是，醫學的長足進步已能料理過早或過輕寶寶的健康問題，甚至大大增加了袖珍早產兒的存活率。根據某些研究，懷孕才 23 週就出生的寶寶存活率已超過半數，懷孕 25 週便出生的寶寶更有 75% 以上生存下來；26 週才出生的，存活率更已高達九成以上。

了解寶寶的醫療問題，同時也可了解寶寶（如果你有其他的小孩在家，也要確定他們有實質擁有媽媽或爸爸的一段時間，參見 689 頁）。

讓寶寶感覺就像在家裡。雖然待在保溫箱，對你的寶寶來講只是暫時的一個階段，但也要盡量讓寶寶感覺像在家。若得到允許，可以放一些可愛的填充動物在寶寶四周，或將圖片（也許包括刺激較強的爸爸媽媽的黑白放大相片）放在他可以看見的地方，或者掛上一個音樂盒、在夜晚及白天播放一些音樂或你的錄音（如果醫師允許的話）。然而，記住所有你放在寶寶四周的東西一定要先殺菌，並避免干擾到維生系統，聲音也要盡量放低。

充分準備乳汁。你的乳汁是早產兒最好的食物，擠壓你的乳房以便「非直接」的餵食及後備補充，直到他能自己吸吮。光是擠奶，就能讓你有一種有用的感覺。

上街購物。因為你的寶寶比預期來

得早，你可能沒有時間事先準備寶寶的家具、初生嬰兒用品、尿布等等。果真如此的話，現在就是上街購買這些必需品的好時機。如果你對寶寶未回到家屋中就放滿他的東西而感到不吉利，可以把你的訂購單送貨日延到寶寶回家的那一天。你不僅要在寶寶住院治療期間做一些瑣事來填補冗長的時間，也必須做一個整理（至少是對你自己），這樣你就會有信心接他回家。

❖雲霄飛車般的感受

兒子一被送進新生兒加護病房，我就努力要讓自己堅強起來；但我既害怕又大受驚嚇，感覺已經掌控不了自己。

你並不孤單，大部分寶寶在新生兒加護病房的父母都經歷了一連串情感的變化，包括驚駭、憤怒、緊張、痛苦、恐懼、麻木、挫折、失望、困惑、悲傷、極度悲痛，以及充滿希望。寶寶身上的各種醫療設備和醫護人員的措施可能會讓你受不了，寶寶所經歷的過程或無助的挫折感也可能把你擊倒。你的女兒出生時的樣子不是你所預期的，你會感到失望；你無法帶她回家會讓你很挫折；寶寶出生時你並不快樂讓你有罪惡感，寶寶的未來不確定又讓你發狂，尤其是她又弱又病；你甚至會無意識地和她保持距離，因為你發現很難和她建立關係。或者你和你的寶寶都得面臨挑戰，因此你會產生強烈、深刻、無法妥協的情感。你可能對自己的反應很生氣，或因你和配偶沒有默契而氣憤，或因你的家人和朋友的不理解而生氣，對醫師無法阻止這一切而氣憤。這些複雜的感情，通常都會產生極大的衝突或波動——比如，這分鐘充滿希望，下分鐘完全無望；今天深愛著寶寶，明天又害怕去愛他。無時無刻守在寶寶身邊或不斷擠奶而造成的乳頭皸裂、疼痛，都會讓你筋疲力盡，讓你生產後一直沒恢復的身體更加衰弱。

要對付這些情緒並不容易，但記住以下幾點會有幫助：

- 你的感覺、所說的話、所做的事都是正常的。幾乎所有早產兒的父母，都經歷過這類極端甚至矛盾的情緒（雖然你可能認為沒有人會有同樣的感受）。
- 你所有的感受都是對的。你的感受可能和配偶不一樣，和寶寶在隔離箱中的父母不同，也和其他早產兒父母有異。每個人對這件事的反應都不一樣——但也全都

是正常的。你也必須記得，每當你和其他早產兒的父母交談時（你也確實應該和他們談談），就算外表看來他們似乎沒有你的這些感受，那也只是因為這些父母把感受壓抑下來、沒有顯現出來而已。

- 表達自己的感情很重要，悶在心裡只會讓你更孤獨無助。要讓新生兒加護病房的工作人員明白你的感受和恐懼，他們不但要了解你所經歷的煎熬（幫助父母也是他們的主要工作），也能提供你解決問題的方法。
- 要和你的配偶相互扶持。你們可以從相互支持中獲得力量——而且團結起來力量更大。坦誠的溝通可以避免壓力傷害到你們的關係。
- 最好的支持來自理解你的人。在新生兒加護病房中和其他父母聊聊，你會發現他們同樣感到孤單、徬徨、害怕。在新生兒加護病房裡很容易交到朋友，因為他們也和你一樣需要朋友。許多醫院的新生兒加護病房的社工師會組織一些團體以提供必要的支援，你的經驗是最好的資訊——分享你的智慧和同理心。你也可以在網路上的早產兒父母論壇中找到很好的支援，尤其是寶寶在新生兒加護病房待過很久的父母。
- 得有長期抗戰的心理準備。在寶寶的狀況穩定前，你的情緒不可能平復，情況會時好時壞。記住，你的感受是正常的——所有早產兒父母在寶寶平安回家前都是這樣的，別想甩掉這些情緒，除非你能很透徹地處理這些情緒。如果你懷疑自己染上了產後憂鬱症，請參見 581 頁的說明來幫助自己盡快擺脫桎梏。記得：除了竭盡所能地照料寶寶，你也得好好照顧自己。

❖親自授乳

由於寶寶是 28 週的早產兒，我決定親自哺乳。目前我都把乳汁擠出來，透過管子來餵他，但以後改成吸吮時，他會不會有麻煩呢？

你的做法很正確。打從寶寶出生起，你就以管子這種早產兒唯一能夠吸收養分的方法提供孩子最好的食物——媽媽的乳汁。當然了，你也會很自然地擔心：在他學會吸吮後，是否能順利地繼續吸收這種完美的食物。

最新研究顯示你毋需擔憂，因為即使僅有 1300 公克重、或者懷孕

別累壞了自己

可想而知，你一定很希望自己能時時刻刻都待在新生兒加護病房裡，時而以袋鼠式護理法懷抱寶寶，時而幫忙護理人員哺餵，時而對寶寶低唱一首搖籃曲，時而伸手到隔離箱裡輕撫寶寶——如果你正是媽媽，還得經常擠乳來滋養你最心疼的早產兒。

然而，每一位爸媽也都需要偶爾休息一下——尤其是早產兒的父母，也更應該讓自己停下來喘口氣。所以，情況許可時就休息一下吧，而且一點都別讓自己覺得內疚；不論你是和伴侶去看場電影、與親朋好友共餐、到湖邊漫步，或者到商場購買寶寶的衣服，回到醫院時你都會重拾精力、重新振作，更有力氣面對艱困的前程。更別說，休息還能讓你學會一件重要的、為人父母的功課：要給寶寶最好的照顧，便意謂著你也得好好照顧自己。

才 30 週就出生的早產兒，吸吮乳頭不僅沒有困難，而且可能會比吸奶瓶來得容易。

當你把寶寶放在胸前餵乳時，要把情況安排到最有利：

- 餵乳前請先閱讀第 75 頁起的哺乳須知，同時請教授乳專家（但願你所在的醫院裡就有）。
- 如果在餵乳過程中，醫師或護理師需要連接監控器以觀察寶寶的體溫或氧氣的變化，要有耐心。這不會影響餵乳本身，而且如果寶寶對餵食沒有很好的反應，可以藉著儀器發出的警示來保護寶寶。
- 要放鬆，寶寶一定得是清醒並機敏的，這段期間護理師會注意寶寶是否穿得夠暖。
- 詢問醫院的員工，是否有為早產兒的母親準備特別餵食的區域，或至少有一個隱密的角落，放一張搖椅；或有屏風遮蔽。
- 找一個舒服的姿勢：把寶寶放在枕頭上，支撐住他的頭。許多母親發現，美式足球式抱法比較舒服且方便（參見 81 頁）。
- 如果你的寶寶仍然沒有出現覓乳反射（也許沒有），幫助他找到乳頭的位置，放在他的嘴巴裡。用你的手指輕輕壓它，讓寶寶比較容易吸取到（參見 80 頁），繼續這麼做直到他可以自己做到

為止。

- 注意看以確定寶寶有吸到奶。剛開始吸吮的幾分鐘，寶寶的速度非常快，這種非關營養的吸吮目的在於刺激泌乳。你的胸部已經習慣機械性的壓擠，因此必須花一段時間來反應寶寶嘴巴不同的需求，但是很快地，你會發現吸吮已慢下來，且寶寶開始在吞嚥。這就讓你知道泌乳已開始，且寶寶正在吃奶。
- 如果你的寶寶對你的胸部不感興趣，先試著擠幾滴在寶寶的嘴裡，讓他嘗嘗味道。
- 盡量讓寶寶在胸前待久一點。研究早產兒餵食的專家建議讓寶寶留在胸前，直到寶寶停止吸吮動作後至少兩分鐘。據了解，較小的早產兒可能需要將近一個小時的吸吮才會滿足。
- 如果在第一階段甚至前幾個階段沒有成功，不要氣餒，許多足月寶寶也都需要花一段時間來適應，更別說早產兒了。
- 如果你無法哺乳時，要問清楚要用管子（經由鼻子）還是奶瓶代替。如果你的寶寶原先是用奶瓶餵食，當你試著親自授乳時，乳頭錯亂可能會干擾你的努力。如果想以強化母乳或其他營養補充劑來幫寶寶補充營養，也要問醫師是用管餵法還是用哺乳輔助系統（參見 188 頁）。

你可以從寶寶每天增加的體重看出吃母乳的好處。如果他持續每天增加 1~2% 的體重，或一個禮拜增加 100~200 公克，就表示他會成長得很好；到達正常足月的時間後，他應該就可以達到一般正常嬰兒的體重，也就是大約 2600~3500 公克。

❖懷抱小小孩

到目前為止，我只有從保溫箱的箱孔抱過我的寶寶一次；他是那麼地瘦小且脆弱，我非常擔心，當他回家時我到底要怎麼抱他才對。

當你的寶寶在接受長期治療後終於回家，事實上他可能已變得圓胖而強健，不再那麼瘦小又脆弱；就像許多早產兒一樣，他可能比出院前所需達到的標準體重 1800~2250 公克還要重上一倍，所以，你就跟一般足月新生兒的媽媽一樣，不會有更多的麻煩。事實上，如果你在寶寶回家之前曾在醫院做過一些照顧寶寶的工作（有些事你必須堅持自己做，尤其是如果他需要特別的

帶寶寶回家

你的早產兒寶寶，什麼時候才能離開新生兒加護病房呢？如果你的寶寶已達40週的足月期，就可帶他回家了——雖然有些寶寶可能會早個二至四週出院。大部分醫院沒有特別的體重要求，大都是依從以下的標準：

- 可在開放的嬰兒床上維持正常體溫。
- 能夠吃母乳或已經以奶瓶餵食。
- 能夠憑吃母乳或奶瓶餵食增加體重。
- 可自行呼吸。
- 沒有窒息的跡象（呼吸中止）。

照護時），你會很快地駕輕就熟。但這不是說就此一帆風順——很少有新手父母（無論是早產兒還是足月嬰兒的父母）會有這種感覺。

如果你懷疑沒有護理師和新生兒科醫師從旁觀察，你與你的寶寶是否能做得很好，那麼你可以從頭一步一步來；但請放心，如果寶寶仍需要全天專業的照顧，醫院不會送寶寶回家。然而，有些父母，特別是寶寶需要一些額外設備像呼吸監控器、氧氣罩的父母，寶寶一回家，就會找一位對早產兒及他們的醫療照顧有經驗的人，在前幾個禮拜幫忙照顧寶寶。如果你覺得自己來會驚慌失措，可以考慮這個方法。

❖永久性的問題

雖然醫師說我們的寶寶會很好，我卻仍然很害怕——他所歷經的這一切，是否已對寶寶造成永久的傷害？

現代醫學中最偉大的奇蹟之一，便是早產兒存活的比率快速增長。從前若寶寶的體重只有1000公克，是沒有機會可以存活下來的；但現在，感謝新生兒科技的進步，許多嬰兒甚至比1000公克更小，都有希望存活下來。

三個早產兒中，如今已有超過兩個可以完全正常發育，而且可能有問題的也只有輕微到中度的障礙；也許學習問題會有較高的發生率，但智商大都是正常的。真正需要擔心的永久性問題，大多出現在妊娠23~25週就出生、和／或出生時體重不到750公克的孩子身上；只要能夠存活下來，四成以上都可以成

給哥哥姊姊：你的小弟妹

你正擔心是不是——或有什麼——必須對早產兒的兄姊說明一番嗎？你的第一個直覺，或許是少說為妙、以免嚇著了年紀還小的哥哥姊姊（特別是他們如果真的還很小）；然而，即便年紀很小，孩子們能從父母身上感受到的還是會比大人多——要是憂慮沒能得到撫慰，感受到的緊張就會既難以紓解又很可怕。為什麼家人全都那麼心煩意亂？為什麼日常生活突然毫無規律？為什麼爸爸和媽媽都眉頭深鎖？而且，既然媽咪的大肚皮已經消失了，應該已經生下來的小寶寶在哪裡呢？對年紀還很幼小的寶寶來說，想像往往比事實還讓他畏懼——未知的傷害更遠大於已知。

所以，與其隱而不言，還不如告訴小哥哥、小姊姊一些早產弟妹的大致狀況，向他們解釋：因為太早從媽咪的肚子裡出來，發育不足，所以小寶寶必須在醫院裡待上一段時間，夠大了才能回家。如果院方並不禁止，就帶小哥哥、小姊姊去醫院探望一下弟妹；要是探視的狀況不錯而小哥哥、小姊姊還想再去，就在固定的時間裡多帶他們去幾次。雖是兄姊，但如果年紀還很小，也許本來會對那些醫療管線產生恐懼感，但如果每次都有爸媽陪著、解說給他們聽，說不定反而會很感興趣——與其讓他們緊張兮兮、胡思亂想，還不如給他們信心、讓他們開心。讓小哥哥、小姊姊得以探視隔離箱內的弟妹，會讓他們感覺自己也是照料團隊的一員；如果小哥哥、小姊姊有意願，醫護人員又准許，更不妨讓他們梳洗乾淨後透過箱窗輕碰小小弟妹，鼓勵他們唱歌、說話給小嬰兒聽、和新來的弟妹對看。即使只能透過隔離箱而行，他們之間所建立的早期聯結，也能在寶寶出院回家後讓小哥哥、小姊姊更加疼愛弟妹。你家的小哥哥、小姊姊沒那麼感興趣？這也沒關係，一如往常，讓他們自己做決定就好。

與此同時，你也得盡力保持家中生活的「日常」性，並且確保在家裡幫你照料小哥哥、小姊姊的人都很清楚他們喜歡吃什麼食物、讀什麼書、聽什麼音樂、玩什麼玩具或遊戲，而且，當然要按時就寢。儘管不得不處在變動與壓力——寶寶住在新生兒加護病房裡已無法避免——之下，只要感覺家中生活一如往昔，小哥哥、小姊姊的心靈就很容易平撫。

在家照料早產兒的要訣

即使到了足月寶寶的年齡，早產兒仍需一些特別的照顧。當你準備帶寶寶回家時，要記住以下幾點：

- 詳讀本書每個月的成長章節，因為它們同樣適用於你的早產寶寶，但須謹記寶寶的正確年齡。
- 讓家中保持溫暖，尤其在寶寶剛剛回家的頭幾個星期，室內溫度最少都必須維持在22.5℃以上。一般不足月嬰兒可以回家時，體溫調節功能大概都已能夠有效發揮，但是，由於他們的體型小，以及相對於脂肪而言表皮面積較大，因此需要一些外力幫助才能保持溫暖。此外，由於必須燃燒額外的熱量來保持體溫，體重增加的速度有可能較為緩慢。如果你的寶寶顯得過於煩躁不安，就檢查一下室溫夠不夠暖，並且探觸寶寶的手臂、腿以及頸背，以確保不是太寒冷之故（但也不可使室內過熱）。別因為擔心寶寶受涼，就讓他睡覺時包得像顆粽子，這可是很危險的舉動。
- 購買一些早產兒專用的尿布，也可以選購一些為早產兒設計的小衣服——但不要一次買太多，因為孩子很快就會穿不下。
- 問問醫師，若是用奶瓶餵食的話需不需要消毒器。第一次使用奶瓶前要用水煮沸，以後每次使用前都要在洗碗機裡用熱水清洗。這個步驟對足月兒也許並非必要，然而對於抵抗力弱、易受感染的早產兒來說，則十分重要。持續幾個月，直到醫師指示說可以不必再消毒為止。如果你是擠奶後用奶瓶哺餵，擠奶器也要經常消毒，所以要問問醫師

長得很不錯。

早產兒逐漸長大後，通常會有一段追趕期，你會發現他的成長雖然看似落後其他同年紀的小孩，但他的進步其實很接近與他「正確年齡」相同的小孩。而且如果出生時非常瘦小或在新生兒時期有嚴重的併發症，也可能會比其他有著相同年齡的小孩落後，特別是在運動神經發展方面。

早產兒神經的發育也比較慢，一些新生兒早期的反射動作像僵直頸部、驚嚇反射及攫物反射（參見154頁），即使以正確年齡來算，也不會如期消失；由於他們的肌肉狀態不正常，可能會頭過分下垂，

怎麼做最安全；專為消毒嬰兒餵食用具的微波袋，會讓你消毒起來事半功倍。

- 哺餵的次數要頻繁……要有耐心。早產兒的胃納量極小，可能每 2 小時（從上次開始哺餵的時間到這次即將開始前）便需要吃一次。此外，他們的吸吮本領可能遠不如足月的嬰孩，因此填滿肚子所費時間也相當長——可能要 1 個小時。千萬不要快馬加鞭，讓他們從從容容。
- 加料……如果醫師有要求的話。有些早產兒會特別需要補充熱量，所以醫師可能建議你在奶瓶裡加點特殊配方奶，或者到了某個成長階段時要你添加穀粉。記得：除非醫師確實有指示，要不然就別自作主張地幫寶寶加料。
- 問問醫師，你的寶寶是否有必要補充多種維生素和鐵質。因為早產兒比足月兒容易發生維生素攝取不足的現象，他們必須額外加以補充，比較保險。
- 在醫師許可之前，不要擅自讓早產寶寶進食固體食物。一般而言，他們可以吃固體食物是在其體重達 5900~6800 公克，或每天能喝下 900CC 以上的配方奶，而且持續至少一週，或者是正確年齡足六個月。如果寶寶對於僅喝配方奶或母乳感到不滿足，只要其正確年齡滿四個月，也可以偶爾提供一些副食品給他。
- 放輕鬆。毫無疑問，你和寶寶都經歷了許多事。但一回到家，你留意了前面幾點該注意的事，就得試著放下以前的那些經歷。儘管你還是有過度保護的衝動，但現在必須把他當正常、健康的小孩看待了。

或引起腿部僵硬或腳趾往下點。雖然這些症狀在足月寶寶身上發現時常是嚴重的警訊，但若發生在早產兒身上，危險性就小得多（但仍應讓醫師評估，若必要就做治療）。

早產兒發展過程較慢，這不僅不該引起緊張，而且是可預見的。然而，如果你的寶寶在幾個禮拜甚至幾個月內沒有任何進步或似乎沒有反應（當他沒有生病），就要告訴醫師。如果確實發現問題了，愈早診斷除了可以及早治療外，還能引導正在進行的訓練及照顧，這將會讓寶寶生命最基本的本質有很大的不同。

早產兒疫苗

早產兒在頭兩年中必須謹慎計算他的正確年齡，只有在接種疫苗時例外。大部分嬰兒疫苗不會因早產而延後，是根據寶寶的出生年齡來接種。如果你的寶寶早兩個月出生，那他打第一劑疫苗的時間就在兩個月大時，而不是四個月大時。

但有一種情況例外：早產兒出生後不會打B肝疫苗（有時足月嬰兒也一樣），醫師會等到寶寶至少有2000公克時才打。

不要擔心你的小寶貝打了疫苗卻沒有產生抗體。研究發現，即使寶寶出生時非常小，仍然帶有和同年齡寶寶同樣的抗體。

專家用妊娠年齡——通常稱之為「正確年齡」——來評估早產兒從出生到兩歲或兩歲半之間的發展過程。這個階段之後，兩個月的差異會失去意義——再怎麼計較，一個四歲大的小孩和差兩個月滿四歲的小孩之間都不會有太多的發育差異。隨著你家寶貝的長大，實際年齡及出生年齡之間的行為差距就會跟著漸漸減少，最後終告消失；就像他與他的同輩（偶爾，將小孩推向平衡點，額外的營養是需要的）之間的發育差異，也會逐漸減少。同時，如果你覺得用正確年齡跟陌生人討論你會比較舒服，那就這麼做吧，尤其是當寶寶達到的發展進程確是如此的時候。

你可以鼓勵寶寶運動神經的發展，讓小孩趴在床上，臉朝外面向房間而不是面向牆壁，看他可以忍受多久（你必須小心看顧）。這是因為，早產兒及體重過輕的寶寶花了生命中最初的幾個星期或幾個月在保溫箱裡躺著，常會堅持仰躺的姿勢，但適度訓練他們手臂及脖子的強硬度也是必須的。對你們倆來說，讓寶寶趴躺在你膝上或胸前當然都更有趣……要是還能一起經歷袋鼠式照護的肌膚貼肌膚，收穫就更豐盛了。

❖迎頭趕上

我們的兒子比預產期幾乎早了兩個月出生，現在的他，與一般三個月大的寶寶比較起來似乎差距還很遠，他可以迎頭趕上嗎？

他可能一點也不落後。在傳統的觀念裡，寶寶的年齡是從出生就開始計算。但是這個制度卻讓一些發展良好的早產兒，由於不是足月即出生，無法計算他們的年紀而有所誤導。舉例來說，你的寶寶比正常嬰兒提早兩個月出生，當他兩個月大時，以妊娠的年齡來講（是從實際應該出生的日期算起），不過相當於一個新生兒；他現在的四個月大，其實是兩個月大。當你比較他與其他小孩的年齡或平均發育圖表時，要把這點記在心裡。舉例來說，雖然平均七個月大的小孩可以坐得很好，你的小孩可能要九個月才可以，也就是當他到達實際年齡七個月大時。如果在新生兒時期他老是生病或很瘦小，就有可能更晚才學會坐。一般來講，早產兒運動神經的發展會比感官神經（例如視覺及聽覺）的發展要落後。

❖早產兒的汽車安全座椅

我們的汽車安全座椅對我的寶寶而言似乎太大了，難道在我的手臂裡會比較不安全嗎？

讓寶寶（早產兒或足月寶寶）待在媽媽（或其他人的）手臂中、而非坐在汽車安全座椅裡，是非常不安全的。無論寶寶多小，乘坐移動中的交通工具時，都必須妥適地安置在汽車安全座椅中。然而對有體重過低嬰兒的父母來說，標準的背向型嬰兒安全座椅確實可能會有非常嚴重的問題；以下所述，便是為早產兒挑選汽車安全座椅時應注意的事項：

- 替寶寶挑選適合的安全座椅，要選專為嬰兒設計的、而不是通用安全座椅。挑選胯下至椅背的繫帶短於 14 公分的安全座椅，以免寶寶傾倒。此外，安全帶的繫點最高處不可高過最低處 25 公分，安全帶也不可以橫過寶寶的耳朵。
- 把安全座椅調整得更為合適。用上安全座椅專為新生兒所用的附加物（絕大多數安全座椅都有附贈），讓寶寶可以得到繭狀的保護；如果寶寶實在太小，這樣做都還感覺不安全，就把捲起的毛巾或毯子塞在寶寶頭部兩側，或買一個嬰兒安全座椅專用的頭部捲墊。如果寶寶的身體和安全帶之間的空隙很大，可把毛巾或毯子捲好塞在空隙裡，但不可墊在寶寶的身體下面。

你也可以找尋一位獲有安裝認證的安全座椅專家，幫你看看怎麼讓你家的早產兒坐得更安全——除了讓寶寶得到最可靠的保障，也要請他教會你有需要時如何調整座位。

有些早產兒坐在半傾斜的椅子上時，呼吸會有麻煩。一份研究報告指出，這類小孩坐在安全座椅中會導致缺氧現象，有時會持續 30 分鐘或更久，有時會有短暫的呼吸暫停現象。若要坐安全座椅，寶寶出院前一定要有醫護人員照顧監看，如果他坐在安全座椅裡確實有問題，可以改用通過碰撞試驗的汽車嬰兒床，讓寶寶用躺的，以避免呼吸出問題。如果你沒有為早產兒設計的安全座椅或汽車嬰兒床，寶寶又有呼吸暫停一段時間的現象，那就只好在頭一、兩個月少帶寶寶出門。或者你可以詢問醫師：當寶寶坐在一般汽車安全座椅內時，你應如何檢視他的呼吸問題？至少每隔一小段時間就要檢查一次，看看一切是否正常。

在較小的早產兒身上，同樣的呼吸問題也可能發生在嬰兒椅或搖籃上，所以，只要醫師還不同意，就別讓寶寶使用這些用具。

不可不知：體重過輕新生兒的健康問題

早產很危險，因為小嬰兒身體並未完全成熟，許多系統（體溫調節、呼吸和消化系統等）都還不能發揮功能，許多初生兒的疾病就會因而產生。但隨著使這些嬰孩活下去的醫療科技的改良，大家更會注意這些常在早產兒身上發生的種種狀況，成功的治療案例也已愈來愈多（新的治療方式時有所聞，這裡就不再多所著墨，但是你必須問你的小兒科醫師最新的發展）。經常危及這些早產兒的醫療問題包括：

新生兒呼吸窘迫症候群（RDS）。因為器官尚未發育完全，不成熟的肺通常會缺乏一種類似清潔劑的表面活性物質，可避免肺泡塌陷。沒有這些組織，肺泡就會像氣球般塌掉，使嬰兒的呼吸更為困難。通常若嬰兒在母體子宮內歷經子宮的壓迫及陣痛的生產過程，這股壓力會加速肺部的成熟，嬰兒也就比較不會出現這種問題。

RDS 是常見的早產兒肺部疾病，以前一度是致命的問題，但是拜醫學對這種病症的了解和新興治療的方法，今日罹患 RDS 病症的嬰孩有 80% 的存活率。使用氧氣罩或鼻管輸氧或持續性呼吸道正壓呼吸器（CPAP），持續的壓力可避免肺部塌陷，三、五天後身體就會開始製造足夠的表面活性物質。有

嚴重 RDS 的寶寶可以插管或用呼吸器，表面活性物質經由管子直接進入寶寶的肺裡。如果在生產前測知肺部功能發育不完全，則 RDS 可以完全經由一種可以加速肺部發育和生產肺表面活性物質的荷爾蒙控制住。

輕微的 RDS 通常會持續至出生後一週，若寶寶使用呼吸器，會恢復得比較慢。嚴重的 RDS 在寶寶兩歲前會增加感冒或呼吸道疾病的風險，童年時更可能會有氣喘之類的毛病，且可能得經常住院。

肺支氣管發育不良（BPD）。有些嬰孩，尤其是體重較輕、長期的氧氣不足與使用機械呼吸導致肺部發育不完全者，都會產生 BPD 或慢性肺病。這種疾病是因為肺部有損傷，通常發生在嬰兒經過三十六週的妊娠後仍需氧氣的情況下，一般透過 X 光檢查可以看到一些肺部的變化。有 BPD 問題的嬰兒必須比別的寶寶呼吸得更用力，吸吮母乳與用奶瓶喝奶更是困難；為了呼吸得到足夠的空氣，也為了能吃飽，他們需要更多的熱量。由於體重增加較為緩慢，有 BPD 問題的寶寶通常必須調整營養的攝取。

BPD 是一種慢性問題，唯一的治療之道則是耐心等待；因為隨著寶寶的長大，新的肺部組織就會生長出來，症狀也就因此緩解。這正是為什麼，BPD 的治療其實只是在等待肺部發育成熟前減輕症狀；一些嬰兒在回家後還是需要氧氣，得持續使用機械呼吸，服用支氣管擴張劑（擴張呼吸道）或類固醇（消炎），有些嬰孩則需要限制體內流質的攝取量或使用利尿劑（體內流質過多會阻礙呼吸），施打呼吸道融合病毒疫苗（參見 623 頁）和流感疫苗。還好，絕大多數肺支氣管發育不良的寶寶都能擺脫苦境，健康地成長。

早產兒呼吸暫停。雖然這種病症有可能發生在每一個新生兒身上，但還是以早產兒比較普遍，這是因為：早產兒的呼吸系統和神經系統尚未發育成熟。沒有呼吸現象超過 20 秒，或呼吸短促並伴隨心搏徐緩（心臟跳動緩慢）是主要症狀；或者寶寶呼吸停止且皮膚蒼白、粉紅或發青。幾乎所有懷孕三十週以下就出生的嬰兒，都有這個毛病。

治療這種疾病，可摩擦或拍打寶寶的皮膚以刺激他重新呼吸；或投以藥物（咖啡鹼或茶鹼）；或用持續性呼吸道正壓呼吸器治療——用

學會 CPR 再回家

因為寶寶太早出生，所以你來不及學會 CPR（心肺復甦術）嗎？別忘了，寶寶還會在醫院裡待上一陣子，所以你有學習的時間。雖然這是沒有哪個家長願意用上的技術，卻也是每位家長都該學會的技能，更別說是早產兒的父母了；就算寶寶所在的醫院看來並沒有這方面的教學課程，你還是應該開口問上一問。

壓力把氧氣經由細管從寶寶的鼻子輸入。許多這一類的寶寶，長到妊娠時間三十六週時就不會再有呼吸暫停的現象；然而，就算有些寶寶出生十週後就再也沒有呼吸暫停的跡象，但回家後還是得密切監控。早產兒呼吸暫停和嬰兒猝死症沒有關聯，如果寶寶的呼吸暫停似乎已經消失了，後來卻又發生呼吸中止的現象，就很可能是有其他方面的問題。

開放性動脈導管。胎兒體內有一連接左邊肺動脈（連接到肺的動脈）與主動脈（把血液從心臟輸送到身體各處）的導管，稱為動脈導管。母親懷孕時血液內高含量的前列腺素 E（身體產生的脂肪酸），會使帶走肺內失去功能的血液的動脈導管保持開放。正常情況下，生產後前列腺素 E 會下降，而使胎兒的動脈導管在出生幾小時後關閉；但是，有大約一半的「小型」早產兒（體重在 1500 公克以下者），其體內的前列腺素 E 不會下降，因此動脈導管也就會一直開著，即為開放性動脈導管。除了偶爾可從嬰兒的心臟雜音及呼吸短促或嘴唇變青等不尋常跡象看出一點端倪，這種病症通常是沒有徵兆的。有時動脈導管會於嬰兒出生時即自行關閉，有時卻會有嚴重的併發症，但可用抗前列腺素類藥物（非固醇類抑炎藥）加以控制；如果不行的話，手術也可以解決這個問題。

早產兒視網膜發育不全（ROP）。嬰兒眼睛的血管，要到妊娠三十四週後才會完全發育成熟；要是寶寶太早出生，視網膜上還不成熟的血管有時就會開始快速生長，傷及視網膜。所謂的「早產兒視網膜發育不全」，指的就是這種視網膜血管不恰當的生長導致的傷害；不過，絕大多數早產兒視網膜血管生長都會自然放緩，視覺也會跟著正常發展。出生時體重過輕，常導致

ROP 的罹患機率相對增加；出生時體重不到 1250 公克的寶寶中，有超過半數出現 ROP 的問題，但大多只是中等程度，真正嚴重的病例，大多出現在妊娠不到 28 週即出生的嬰兒身上。

大部分 ROP 都會慢慢自行痊癒，無需治療，寶寶最終也不會有視覺上的問題。不過，由於 ROP 可能會在視網膜上留下傷疤、讓視網膜變形，增加罹患近視、弱視、眼球震顫、甚至失明的機率，所以最好帶去給兒童眼科醫師看看。嚴重的 ROP 嬰兒可能必須接受治療（雷射治療、低溫療法或動手術），才能終止不正常的血管生長。

腦內出血（IVH）。這在早產兒身上很常見，因為他們正在發育的腦內血管很脆弱，很容易出血。體重低於 1600 公克的早產兒中，有 15~20% 會有 IVH，且大都發生於出生後 72 小時內。出血最嚴重的寶寶（占非常早產嬰兒的 5~10%）需要密切觀察，以免發展成更嚴重的問題，如腦水腫（脊髓液積滯）。一般都會以超音波處理這類問題。出血極為嚴重的嬰兒容易出現癲癇，且日後容易有其他方面的功能障礙。IVH 沒有特殊療法，手術無法防止或治癒出血。輕微 IVH（大部分的寶寶）的出血會被身體吸收。通常對發育正常的早產兒，會以頭部超音波繼續追蹤。

壞死性大小腸炎（NEC）。NEC 是一種腸道因感染而逐漸壞死的情況，要是沒有對症下藥，腸壁就會出現破洞，使得腸內的物質流入腹腔，成病原因不明，目前只知道寶寶愈是早產，NEC 的發生率愈高，醫界的推測，是太早出生的嬰兒腸子還未發育好，無法完全進行消化。吃母乳的寶寶比吃配方奶的寶寶較不易罹患 NEC。症狀有腹脹、吐膽汁、呼吸暫停及便中有血。患 NEC 的嬰兒通常得以靜脈注射的方式攝取營養，並使用抗生素。如果病情嚴重的話，手術去除受傷的部位是必須的。不幸的是，早產兒如果必須接受 NEC 的手術治療，可能會延緩生長速度、營養吸收有困難，肝和膽的功能也會較差；另外，NEC 似乎也會增添發展遲緩的機率。

貧血。許多早產兒有貧血（紅血球太少）現象，因為他們紅血球的壽命比成人的紅血球短（如果寶寶的血型和媽媽不一樣，還會更嚴重），剛出生的數週裡，早產兒製造的

再度住院

大部分早產兒都可以快樂地出院回家，但有些早產兒在第一年中會再度住院，通常是治療呼吸道疾病或脫水。這會讓父母非常難過，因為他們曾在新生兒加護病房苦苦守候，好不容易才可以和寶寶開始過著正常的生活。過去的記憶和所有熟悉的情緒，常會在寶寶再度住院時又潮湧而來：罪惡感（「我做錯了什麼？」）、害怕和恐慌（「如果寶寶病得更重該怎麼辦？」）。最後寶寶回家讓你照顧時，你還是會覺得無法掌控一切。

要知道，重回醫院根本對你給予寶寶的一切毫無影響，也和你為人父母的技巧沒有關係；從健康的觀點來看，既然早產兒本來就比足月寶寶脆弱，就算只是生場小病，早產兒也會需要只有醫院才能提供的特殊的醫療照護和預防措施。

你也應該記住，再度住院通常不會很久，就像寶寶出生時待在新生兒加護病房一樣，最後一定會出院的（可能會待在小兒科加護病房）——屆時你就能再帶寶寶回家了，這次一切都會很好。

紅血球很少（和所有嬰兒一樣），而且頻繁的採血檢驗會使紅血球很難補足。輕微的貧血，如果紅血球的數量足夠運送寶寶需要的氧就*毋*需治療，嚴重的貧血則需要輸血。由於早產兒（無論是否貧血）出生時鐵質就比較少，因此需補充鐵質，好幫他們儲備所需，以製造更多紅血球。

感染。早產兒因為來不及在出生前從媽媽那兒獲得抵抗疾病的抗體，因此很容易感染各種疾病；而且早產兒的免疫系統還未發育成熟，比較難對抗細菌，包括那些經由胃管、靜脈注射管、驗血帶入的細菌。早產兒容易感染的有肺炎、尿道感染、敗血症和腦膜炎。檢驗寶寶的血液、尿液和脊髓脊椎液呈陽性時，就表示受到感染，治療辦法為靜脈注射抗生素的完整療程，因為這通常可以清除感染，讓寶寶的健康重返常軌。

黃疸症。早產兒比足月嬰兒更易得黃疸，因為他們的膽紅素較高，黃疸的持續時間也就更久，參見 159 頁黃疸的症狀和其處理方式。

低血糖症。早產兒或出生時體重不足的嬰兒，通常都有血糖過低的問題或甚至是低血糖症。由於大腦是以血糖為燃料的來源，所以一定要盡快補充寶寶的血糖，以免導致更嚴重的（和更罕見的）併發症，比如大腦受損；問題是，由於徵兆很不明顯，因此新生兒很難看出有沒有低血糖症。還好，只要進行簡單的驗血，就可以從血糖含量的多寡看出有沒有低血糖症，對症下藥，而且效果通常也能立竿見影。治療之道包括攝取含葡萄糖的食物，可以簡單到例如以靜脈注射為寶寶輸入葡萄糖與水的混合溶液；要是寶寶喝奶沒有問題，也可以哺餵母乳或含有葡萄糖成分的配方奶；這方面，母乳對低血糖症的療效一如配方奶。治療過後，要密集地監測寶寶的血糖含量，看看低血糖症有否復發；要是真的復發，追加治療也能再次奏效，而且完全不會有長期性的負面影響。

國家圖書館預行編目（CIP）資料

新生兒父母手冊：0~12 個月寶寶的學習成長與健康照顧／ Heidi Murkoff and Sharon Mazel 著；劉慧玉等譯 . -- 四版 . -- 臺北市：遠流 , 2016.12
面；　公分 . --（親子館；A5036）
譯自：What to expect the first year, 3rd ed.

ISBN 978-957-32-7920-4（平裝）

1. 育兒

428　　105021039

親子館 A5036
新生兒父母手冊（新世代增訂版）
0~12 個月寶寶的學習發展與健康照顧

作者：Heidi Murkoff and Sharon Mazel
譯者：劉慧玉、杜墨瑋、吳佩芬、趙曼如、陳錦輝、鄭初英
主編：林淑慎
責任編輯：廖怡茜

發行人：王榮文
出版發行：遠流出版事業股份有限公司
104005 臺北市中山北路一段 11 號 13 樓
郵撥／ 0189456-1
電話／（02）2571-0297　傳真／（02）2571-0197

著作權顧問：蕭雄淋律師
□ 2016 年 12 月 1 日　四版一刷
□ 2024 年 7 月 16 日　四版十五刷
售價新臺幣 600 元（缺頁或破損的書，請寄回更換）

ISBN 978-957-32-7920-4　（英文版 ISBN 978-0-7611-8150-7）
YLib 遠流博識網
http://www.ylib.com　E-mail: ylib@ylib.com